AF302615

WOLFGANG OFENMACHER,

BUCHENWALD 10 MIN.

BAND 1

Bibliografische Information der Deutschen Nationalbibliothek
Die Deutsche Nationalbibliothek verzeichnet diese Publikation in der Deutschen
Nationalbibliografie; detaillierte bibliografische Daten sind im Internet über
http://dnb.d-nb.de abrufbar.

Umschlagdesign, Satz, Herstellung und Verlag:
BoD – Books on Demand, Norderstedt

ISBN 978-3-7578-5604-5

INHALT

EIN GEHIRN DEFINIERT SICH

Du hast das Buch zur Hand
So bist Du groß, wirst Du erkennen
Dein Ich!
Von meiner Zeit in Deine
Dein Denken beschreibend
Raum und Zeit fassend
Deine Gegenwart, Dein Ich,
passend
zu wissen, Du Ich bist!
Dein Schicksal
zu erkennen meine Größe
Dein Ich wird sein
sich zu umgeben, Dein Werden
der Weg in meine Zeit
so alt, so jung
wer wie ich bestätigt Dich?
So lass es liegen und erkenne
mehr zu sein
Dein Weg!
Es ist!

Gespräch mit Goethe
oder
an Werdende und
Nachfolger.

DEFINITION ICH

Das WIR musste in diesem Buch dem ICH weichen, da sich mein Bewusstsein in diesem Fall weniger schizophren gestaltet, als es eigentlich ist. Weil ICH erkenne, wie weit mein Denken in Massebahnen reicht und welchen Menschen innerhalb meines Geistes Mitspracherechte eingeräumt werden, die sich nur mit ›Nein‹ oder ›Erklären Sie dies bitte!‹ oder ›Wir würden uns hierzu gerne einmal mit Ihnen zu einem Gespräch treffen‹ äußern und bereits die Inhalte meiner Datenverarbeitung vorzugeben scheinen, möchte ICH all diese, die mit meinen Hintergrundoperatoren kommunizieren, nicht mehr als ›Wir‹ bezeichnen, sondern als ein in sich geschlossenes, auf bewegter Materie beruhendes Bewusstsein, als ein Ich begreifen.

Sie sollten auch bedenken, dass durch den Aufruf gewisser Systemteile meines Ich die involvierten Menschen zu eigener Gehirnaktivität angeregt werden, so dass sich manches geistige Potential im System korrelierender geiststofflicher Größen schlagartig erhöht. Betrachten Sie sich also mit dem Materiebezug Ihres neuronalen Netzes in dieses, mein Ich integriert und denken Sie immer daran, dass Sie bei einem günstigen Materiebezug meines Gehirns in Ihrem Gegenüber die Information meines vereinheitlichten Geistes vorfinden können. Außerdem erinnere ICH an die ICH-AG, die dies niederzuschreiben ermöglichte. Manche Formulierungen beinhalten eine Überhöhung des Gedankens.

NG

Eine kurze Beschreibung meiner Lebensphilosophie und meines Erkenntnisstandes anhand ausgewählter Zitate und Sprichwörter, dargestellt in einer gedanklichen Reihe.

Vom Genie erwartet man die Wahrheit.

Der Sprecher und das Wort sind zwei Personen.

Es ist der Geist der Zeit der Denkenden eigener Geist.

Der Geist bewegt die Materie, in ihrer Bewegung speichert sie meine Gedanken. Meine besten Gedanken denken sich von selbst.

Glaube meinem Wort, dann liebt dich auch mein Geist, und wir werden zu Hause bei dir wohnen.

Im Anfang war das Wort, und das Wort war das Geräusch eines Ereignisses, und das Ereignis war das Wort. Die Taten werden ihm folgen.

Mangelhafte Geister lehnen gewöhnlich ab, was ihren Horizont übersteigt.

Hast du Physik studiert, den Nobelpreis für Wirtschaft erhalten, untersuchst du IMA im Einfluss der Zeit, oder analysierst du Störungen, ausgelöst durch höchstes gedankliches Niveau?

Manchmal fühlt man sich dem Weltgeist näher als gewöhnlich!

Nur die absoluten Gedanken gehen in die Weltgeschichte ein.

Halte dich für einen der Besten!

Es geht in diesem Buch um mein Gehirn und seine Gesprächspartner. ICH stand noch keinem der erwähnten Personen gegenüber. ICH musste in keinem Fall zur Kommunikation meinen mechanischen Sprechapparat nutzen. ICH fühle mich wie der stumme Ochse Thomas von Aquin. Es handelt sich um rein gedankliche Verschaltungen in Wort und Bild oder um eine Mischung aus Beidem, Ätherworte und Ätherbilder.

Meine Gesprächspartner besitzen ein Volumen, einen Ich-Raum. Der

Ich-Raum besteht aus Allem, was sie jemals getan und gedacht haben. Aus allen ihren früheren, aber in erster Linie aktuellen menschlichen und nichtmenschlichen Beziehungen, aus der gesamten Materie und den Wissensgebieten, die sie aufsuchen und in die sie regelmäßig hineinwirken. Die involvierten Bereiche der Materie betrachte ICH als einheitliche dynamische Masse und fasse sie zum Ich-Raum, der Arbeitsgrundlage des Ich zusammen. Mein Gesprächspartner besitzt ein Volumen, einen Ich-Raum. In meinem Ich-Raum wechselwirken meine Gesprächspartner, meine Materiebezüge, die involvierte Materie im Allgemeinen, und bilden das, was wir heute noch Unterbewusstsein nennen.

Mit Kameras den Siegergeist bekannt zu machen, und seine Gedanken als Massenphänomen darzustellen, die Stadionkulissen von Großereignissen nach hochwertigen Gedanken auszuschlachten oder sich den Hintergrund mancher Geistesgröße vorzunehmen, lässt uns heute die eigentlichen Stellgrößen der Gesellschaft erkennen.

Das Unterbewusste drängt immer mehr an die Oberfläche.

Zu einem großen Teil, glaubt man, sind verschaltete Dritte frei, doch können Hindernisse im Bereich Dritter auch die eigene Entscheidungsgrundlage bedingen und umgekehrt eigene Wertungen des Materieraums das Verhalten Dritter regeln. Oft fehlen die Echtzeitvergleiche und Bewusstsein entsteht erst als Beigabe einer geglückten Kommunikation. Wenn vereinbarte Reaktionen sich in den involvierten Ich-Räumen einstellen und der Zustand als der Inhalt der Absprache bewusst wird. Die involvierten Bereiche des Realraums nenne ICH den Ich-Raum. Die Materie ist Grundlage und Träger meiner gedanklichen Operationen.

Mit zunehmender Technisierung können immer mehr Bereiche des Ich-Raums der Wahrnehmung durch die Sinne zugeführt werden, so dass allmählich das Bewusstsein entsteht, dass die Aktivitäten des Ich-Raums mit dem eigenen Verhalten korrelieren und die Funktionalität des Gehirns darauf beruht. Mit zunehmender Erschließung des Ich-Raums durch die Technik werden für die Sinne fassbare Analogräume geschaffen, die es mir ermöglichen, Echtzeitvergleiche vorzunehmen. So erkenne ICH, welche Teile der Systemdynamik mich zum Denken, Sprechen und Handeln motivieren.

Die Organisation des Ich-Raums kann so vollkommen sein, dass das Gehirn an Unfehlbarkeit erinnernde, sichtbare und hörbare Gedanken produziert. Es tritt der Fall ein, dass sich alle beteiligten Systeme in einem optimierten Status befinden. Die Gesellschaft kreierte zu dieser Zeit Worte wie ›Fußballgott‹, ›Tennisgott‹, oder ›Jahrzehnt des Gehirns‹.

Es entstehen diese Gedankenkonstrukte, die in sich stabil sind, eine Art Bewusstsein besitzen. Man könnte sie als Formeln für gewisse Zustände dynamischer Materie angeben. Sie sind technisch noch nicht realisierbar, auch über bildliche Darstellung macht man sich noch keine Gedanken. Es erinnert mich etwas an ›advanced studies‹, diese hoch informativen Systembeschreibungen vor dem inneren Auge zu betrachten. Teilbezüge oder besser gesagt isolierte Betrachtungen von Massebahnen verhalten sich selbstverständlich unterschiedlich oder sogar gegensätzlich. Bildung sollte die Angleichung der erworbenen Information an den gegenwärtigen Materieraum zum Ziele haben.

Als Nächstes habe ICH einen IQ-Test für sie kreiert, bei welchem ICH persönlich 240 Punkte erreiche. Dieser dient dazu, Ihnen einen kleinen Einblick in meine Datenbanken und Arbeitsweisen zu verschaffen. Die Aussagen sind mit ›ja‹ oder ›nein‹ zu beantworten.

IQ-Test

1. In irgendeiner Form nehmen Sie Geiststoffe wahr, welchen Sie gewisse Interessensgebiete zuordnen.
2. Bei Geiststoff handelt es sich um eine Darstellung des Materiesystems.
3. Geiststoff nutzt man als kreative Basis.
4. Stellt man im Gehirn wellige Muster her, optimiert es die eigenen Verrechnungsleistungen.

5. Entdeckte geiststoffliche Strukturelemente reagieren auf gedankliche Einflüsse.

6. Mit der Manipulation dieser Elemente greifen sie in die Materiedynamik ein und beschleunigen die Evolution des Gesamtbewusstseins.

7. Ihr Gehirn entnimmt Geräuschen jeglicher Art Information und führt diese einer kommunikativen Ebene der Systemsteuerung zu.

8. Sie nehmen Stimmen innerhalb Ihres Kopfes und aus dem Äther um Sie herum war.

9. Sie nutzen die Möglichkeit der Kommunikation.

10. Sie sind in der Lage, diese Stimmen abzuändern und oder mit geeigneten Mitteln zu lokalisieren.

11. Diese Stimmen haben einen aktuellen Bezug und gehen in Ihre Arbeiten ein.

12. Während des Sprechens differenzieren die Informationskomplexe der Worte innerhalb des Korrelats den eigenen Materiebezug aus und gestalten ihn vermittelbar.

13. Sie entnehmen operierenden Feldern in Ihrer Umgebung Antworten auf Ihre Fragen.

14. Gespräche und Äußerungen von Dritten sind Ableitungen des Gesamtbewusstseins und können zur Organisation und Steuerung von Ereignissen herangezogen werden.

15. Sie nutzen ihr Kopfkino und andere feinstoffliche Ebenen, um mit den steuernden Prinzipien zu arbeiten.

16. Sie nehmen Geiststoff am Ende der Blickrichtung der Individuen war und wissen, dass es sich dabei um eine Reflexion Ihres Kopfkinos, Ihre gegenwärtige Ich-Struktur handelt. Mit der Optimierung der Bedingungen erweitern Sie die Ordnung der Natur und präzisieren Ihr eigenes Wissen.

Auswertung

Für ein ›nein‹ erhalten sie 8 IQ-Punkte, für ein ›ja‹ gibt es 16 IQ-Punkte.
Sie haben keine Frage verstanden? Ihr IQ liegt wahrscheinlich unter 120.

Sie liegen zwischen 120 und 240 IQ-Punkten: Sie sollten mit Hilfe von Alkohol und Opiaten die Anzahl der Mikrotubuli in Ihrem Gehirn deutlich reduzieren und ein angepasstes Leben führen. (Ironie des 3. Jahrtausends.)

240 IQ-Punkte und darüber: Sie sollten weder ausrasten noch verzweifeln, wenn Sie im Tante-Emma-Laden um die Ecke nach mehrmaligem Wiederholen Ihrer Bestellung nicht verstanden werden. Schließlich sollte eine quantenmechanische Ätherbeschreibung während einer Bestellung nicht Inhalt ihres Kopfkinos sein.

Sie haben jetzt einen Überblick über wechselwirkende Wissensgebiete, haben einen Einblick in meine Quellen und sehen, dass ICH erst am Anfang der Entwicklung des menschlichen Geistes stehe. Beginnen möchte ICH mit einfachen Geschichten aus dem Alltag, die exemplarisch für die auftretenden Phänomene der Systemorganisation stehen. Im Laufe dieses Buches möchte ICH Mechanismen meines Gehirns schildern, und ICH hoffe, eine befriedigende Antwort darauf zu geben, warum es ist, wie es ist, warum Sie mich alle hören können, die einen bewusst, die anderen unbewusst.

WARUM SCHREIBE ICH DIESES BUCH?

Als erstes möchte ICH Ihnen von einem sehr einschneidenden Erlebnis berichten. Es handelt sich um den Vorgang der Telepathie. Nach zehnjähriger Forschungsarbeit und Entwicklung auf diesem Gebiet spreche ICH heute von gedanklicher Kommunikation. Um mich über Phänomene bei geistiger Aktivität und den gegenwärtigen Stand der Wissenschaft zu erkundigen, borgte ICH mir Anfang der Neunziger aus der Bayerischen Staatsbibliothek via Fernleihe die Lektüre von Professor Hans Bender ›Wege der Forschung‹, die mir von einer Freundin empfohlen worden war.

ICH verschlang das Buch, überprüfte alle geschilderten Phänomene und weiß heute, dass es all das wirklich gibt und ICH mit überdurchschnittlichen Leistungen meines Gehirns rechnen kann. Es ist ein harter Weg, sich über die Unkenntnis der anderen hinwegzusetzen und sich als einer unter wenigen, als einer unter sehr wenigen zu begreifen. Wer könnte mich in meinem Umfeld bestärken, wenn ICH von Auswirkungen meines Denkens auf die technische Entwicklung und das Weltensystem spreche?

Irgendwie begann sich durch das Lesen dieses Buches eine Verbindung zu dem Verfasser Professor ›Hans Bender‹ aufzubauen. Eines Tages – ICH nehme an, als sich wegen meiner Begierde, dies alles zu verstehen, meine Gedanken über den Hintergrund übertrugen – wurde er auf mich aufmerksam. Eventuell hatte er auch die Fähigkeit, das Denken derer, die sich mit ihm aus fachlichen Gründen umgaben und Beziehungen mit ihm eingingen, als Stimmen oder als geiststoffliche Konstrukte direkt in seinem Kopf zu empfangen.

Die gedankliche Kommunikation lief wie folgt ab: »Können Sie mich hören?«, fragte er mich, und ICH sagte: »Ja, ICH höre Sie.« »Wir sind weitaus intelligenter als der Rest«, erklärte er mir. »Haben Sie etwas zu schreiben zur Hand?«, fragte er mich. ICH erwiderte: »Einen Moment!« und holte Papier und Kugelschreiber. »Bereit?«, fragte er. »Ich diktiere ihnen jetzt.«

Folgendes habe ICH aus dem Original dieser Mitschrift des Diktats von Professor Bender Mitte der 1990-er übernommen: Schlüssel zu einer erweiterten Ordnung der Natur. Irgendetwas liegt hinter dem Bewusstsein in jeder Persönlichkeit verborgen. Es geschehen seltsame Dinge in diesem Teil des Seelenlebens, die mit dem Rest der Umwelt in engem Zusammenhang stehen, über welche sich nachzudenken lohnt. Die Übergänge zwischen Parapsychologie und Bewusstsein sind fließend. Vergleiche mit Dichtern und Sensitiven! Beide befinden sich in einer Art Trance, in welcher sie ihre göttlichen Eingebungen erhalten. Hypnotische Bewusstseinszustände, die lange Zeit als paranormal verspottet wurden, sind heute oft Teil von Therapien, haben das ›para‹ weit hinter sich gelassen.

Im Laufe des Diktats wurde die Stimme in meinem Kopf leiser. ICH schrieb scheinbar ohne bewusste Eingabe durch den Professor. ICH gab dem Professor zu verstehen, dass ICH keinen bewussten Kontakt mehr hätte. Daraufhin brachen wir den Versuch ab. Sie sehen: Die Übertragung funktioniert nach einer gewissen Zeit unbewusst. Die Existenz meines Ich besteht folglich aus unbewussten Interaktionen mit Dritten. Er bat mich, dieses Ereignis nicht zu vergessen! Die Kommunikation fand gefühlt in einem unendlich wirkenden Raum in meinem Kopf statt. **ICH versprach ihm, diese Arbeiten fortzuführen.**

Nun kam für mich die Zeit des Erwachsenwerdens, und mein Gehirn erwachte langsam aus dem Schlaf vorgefertigter Muster. ICH begann, in meiner Umgebung freie geiststoffliche Komplexe unterschiedlicher Größe und Farbe wahrzunehmen. ICH erkannte auch operierende Felder, die an bioenergetische Anhäufungen wie Menschen oder Vögel gebunden waren. ICH denke daran, dass zwei, drei oder mehr in meinem Namen versammelt sind. Wegen der Inhalte, die kommuniziert wurden, begriff ICH, dass es sich um geiststoffliche Stellvertreter der menschlichen Art handelte. Manche Menschen gelangen im Laufe ihres Lebens zu vielseitigen Erkenntnissen, die sich zu stabilen geiststofflichen Mustern zusammenschließen.

Manchmal sehe ICH sie gegenüber bei meinem Nachbarn. Sie sind auf einer

Strecke von etwa 30 Metern sichtbar. Sie bewegen sich zuerst auf die Garage und dann ca. 20 Meter auf die Haustüre zu. Ein klein wenig später kommt dann die Originalmaterie. Der Nachbar parkt sein Auto und verschwindet im Haus. Jedoch zu schwarz sind diese. Das Licht der Erkenntnis nicht das ihre ist. Auch Lkw, Flugzeuge oder Vögel hinterlassen diese Spuren im Raum. ICH sehe diese geist-stofflichen Konstrukte dann im Originaltempo an mir vorbeiziehen. ICH nehme an, dass es sich um die Logistik der Unternehmen, ein mentales Training oder um die Idee einer Handlung handelt, die wegen der Leistung des Gehirns vielerlei Faktoren gleichzeitig einzubeziehen eine sichtbare geiststoffliche Komplexität erreicht. Oder es handelt sich um die Idee einer Handlung, die erst entsteht und für den Planer als unbewusster Kopfkinoinhalt, als Idee kurz bewusst wird, wenn ihm die zukünftigen Parameter auf seinem Wege tolerabel erscheinen.

Für mich wäre dieser Geiststoff auf seinem Wege als koordinierende Basis sichtbar. Zumindest an der Spitze seiner Systemkongruenz, mit der höchsten informativen Dichte wäre er für mich sichtbar, im Augenblick der Idee, wenn er mit seiner Eigendynamik der sympathischsten Systemdynamik am späteren Handlungsort identisch ist und in diese integriert sichtbar wird. Wegen des Auf-tretens eines Netzwerkes von Parametern erhöht sich die Komplexität sehr stark, der Systemzustand wird als Geiststoff höherer Dichte sichtbar. Das Individuum strebt, nachdem es seine Massebahn als Zentrum dieses betrachteten zukünftigen Raums definiert hat, gewöhnlich sehr stark danach, diesen beschriebenen Zu-stand einzunehmen. Ist es doch in die sympathische Umgebung integriert und Teil der zukünftigen Dynamik.

Heute weiß ICH, dass diese sichtbaren Geiststoffe Massebahnen be-schreiben und ihre Komplexität für die Sichtbarkeit verantwortlich ist. Der sichtbare Äther ist das Produkt eines komplex arbeitenden Gehirns. Die Anfärbung fremder Massebahnen entsteht bei der Identifikation mit diesen oder der Integration ihres Organisationsstatus in das dicht besetzte eigene Kopfkino. Aber wen interessie-ren schon optische Halluzinationen – außer dass man hinsieht natürlich. Man sollte sich vor Augen halten, dass es sich um elektromagnetische Phänomene wie das Licht handelt, für welches das Auge empfindlich ist. Das Hinsehen entspricht einem Ladevorgang des Geiststoffes in das Kopfkino des Betrachters. Dies ist ein natürlicher Vorgang zur Eingliederung des Geiststoffes, der das Ich am gewünschten Zeitort verkörpert, in die dort vorherrschende Materiedynamik. Dem planenden Individuum ermöglicht dieser Vorgang, sich von den neuen Trägern aus zu orientieren und jegliche Änderung von Konditionen zu kalkulieren. Es ist eine operative Maßnahme zur Fehlervermeidung in der Zukunft.

Die Massebahnen stimmen sich innerhalb des geiststofflichen Systems aufeinander ab. Verlasse ICH die Ebene der Gleichzeitigkeit wieder, heißt das, dass ICH meinen eigenen Geiststoff im Kopfkino des neuen Trägers installiere und mit seinen Sinnen mit verwertbarer Information aus seiner Umgebung anreichere. Es kommt zu einer Wechselwirkung der Geiststoffe in den Kopfkinos und der Angleichung der Niveaus zu einem organisierenden Prinzip. Die anwesenden Lebewesen sind mit ihrer eigenen Massebahn in das organisierende Prinzip integriert und als eigenständiger Geiststoff nicht mehr sichtbar. Die Massebahnen der Individuen sind aufeinander abgestimmt.

Wollen sie diese Lichtgestallten längere Zeit beobachten und eventuell Versuche an ihnen durchführen dürfen sie sie auf keinen Fall direkten Blicken aussetzen. Durch einen Ladeblick kommt es zur Kopfkinoangleichung. Sie werden zum Vertreter fremder Interessen. Es besteht dann kein wahrnehmbarer Unterschied mehr in der Komplexität des Geiststoffes und der Systembeschreibung im eigenen Kopfkino. ICH spreche dann allgemein vom organisierenden Prinzip.

Wollen Sie die Originalmaterie der geiststofflichen Systembeschreibung ermitteln, kreuze man sie mit anderen geiststofflichen Massebahnen. Diese Kreuzungsversuche mit anderen Geiststoffen bewirken deren Evolution. Trotz der Perfektion, die jedes Konstrukt in sich trägt, sind sie nicht immer kompatibel. Betrachtet man sie als Einheit, kristallisieren sich an manchen Stellen Fehler heraus. Sie werden sehr schnell durch die Medien unterrichtet werden und die Erkenntnis gewinnen, welche Materieströme Sie koordiniert haben bzw. in welchem System der Fehler auftrat. Mit direkten Angriffen auf den ermittelten Fehlerherd können Sie das Zentrum des originalen Feldes langsam bestimmen.

Es gibt viele Wege, diesen Gedanken aufzuwerten. Gibt es vielleicht einen Sinn für angelegte geiststoffliche Muster? Gibt es Tiere oder sogar Menschen, die jegliche Form von Geiststoffen sehen und nach Wichtigkeit hierarchisch ordnen? Gibt es eine hierarchische Ordnung von Geiststoffen? Vielleicht basieren die Partnersuche und das Beuteverhalten der Tiere auf der Wahrnehmung von derartigen Spuren im Raum, die die Aufenthaltswahrscheinlichkeit des Objekts der Begierde angeben. Lassen sich auf diese Weise Politikertreffen arrangieren oder Zufälle bewirken, die den Verbrecher und die Polizei zusammenführen? Vielleicht ließe sich sogar eine Formel aus der Anteiligkeit dieser Geiststoffe am Gesamtchaos und dem bekannten Volumenanteil von ca. x Einheiten zur Vorausberechnung einer Massebahn ableiten.

ICH kann nur sagen: »ICH liebe es.« Und was soll das jetzt bedeuten? Eine zentrale Stimme in meinem Kopf, die ertönt, wenn ICH zu denken beginne. Die Stimme beschreibt mit höchster Präzision die zukünftige Massebahn scheinbar zufällig gewählter Raumteile meiner nächsten Umgebung. Es könnte sich um die Umweltwahrnehmung verschalteter Dritter oder um Sichtweisen zufällig integrierter Weggenossen handeln. Das kann ja heiter werden. Es muss sich wohl um den eigentlichen Vorgang des Denkens handeln, dachte ICH. Sehr beeindruckend. Der gesamte Vorgang des Denkens schien an die Dynamik der umgebenden Materie gebunden zu sein.

Aber es kam noch dicker. ICH musste erkennen, dass die Worte in meinem Kopf nicht allein an Operationen meines Gehirns gebunden waren. ICH lernte, die Operationen meines Gehirns zu überbrücken und die freiwerdende Wortinformation bewusst zu kontrollieren. ICH bemerkte, dass sich durch die Abgabe von Wortinformation die Welt sehr stark verändern ließ. Heute verfüge ICH über einen angemessenen Wortschatz zur Kommunikation auf allen Ebenen. Die Operationen meines Gehirns und ein Zugriff von außen auf angelegte Datenbanken werden mir nur noch ab einer gewissen Datengröße bewusst.

ICH spreche von sichtbaren dynamischen Ätherfeldern meines Kopfkinos und statischen Ergebniskonstrukten, die ICH dann wahrnehme.

Zuerst war ICH unerfahren im Umgang mit diesen Gedanken in Wort und Bild. Es war mir fremd, Gedanken des direkten Materiebezugs, die die Wahrheit in sich tragen, zu besitzen. Auch war ICH mir dieses Instruments nicht bewusst. Heute weiß ICH, dass es sich bei diesen geiststofflichen Konstrukten um Beschreibungen gigantischer Materieräume handelt, die sich innerhalb eines gewissen Zeitraums in der Weltgeschichte umsetzen. Und selbst das Ätherwort übt, obwohl es, ohne an ein Bild gekoppelt zu sein, einen minderwertigen Datenträger, der der Grobmotorik dient, darstellt, einen gewissen Einfluss auf die Massebahnen aus. Das Wort regt aktuelle Inhalte des Kopfkinos an und bereitet sie so zur Kommunikation, zur vereinfachten Übernahme für Dritte oder zur verstärkten Wirkung auf geladenen Festplatten Dritter auf.

Und so begab ICH mich in den Anfangsjahren meines Gewecktseins auf die Suche nach mir selbst. Meine Neugier, meine Fragen, der Wunsch, all diese Dinge zu begreifen, entwickelte sich zu einer Sucht. Angetrieben von dem Gefühl des Erkenntnisgewinns, bei dem sich der Geist auf die eben definierten Massebahnen ausdehnt, und sich der Körper als diese zu begreifen beginnt. Ein unglaubliches Gefühl, ein intermittierendes Kribbeln erfasst den ganzen Körper. Als würde man sich durch dieses stark fluktuierende Medium seiner Zellinformation im Gesamten bewusst. Es ist wie in dem Film ›Highlander‹. Man schlägt der Unwissenheit den Kopf ab und saugt den gesamten freiwerdenden Geiststoff auf, um ihn in sich zu einen. ICH sehe sie fallen, diese kleinen Geiststoffe, wie Sternschnuppen fallen sie vom Himmel.

Die größten Gefühle gingen aber mit dem Fall komplexer Systeme einher. So stelle ICH mir Darmaregen vor, wenn er niedergeht, ausgelöst durch eine einende und erweiternde Betrachtung ohnehin bereits komplexer Zusammenhänge. Die Geiststoffe, Konstrukte einer fremden Ichstruktur, scheinen dem Materiebezug meiner Person, dem Realraum der Welt um meinen Betrachterpunkt herum zugeordnet zu werden. Mit der Eingliederung in meine dynamische Masse schwindet die Stabilität des fremden holographischen Konstrukts. Die zufällige Anordnung von Materiebezügen eines Gehirns wird aufgeschlüsselt und dem Realraum meines eigenen Materiebezugs zugeordnet. Mit dem Zerfall des Assoziationsgeflechts fällt der Stern, und die Dichte der Sichtbarkeit schwindet.

Die Suche nach mir selbst führte mich auf den Fernsehkanal Euro-Sport. ICH wurde auf meine Steffi aufmerksam, die sich fast immer verletzt durch das Leben quälte. ICH musste erkennen, dass die vielen Verletzungen ihre Ursache in dem mangelhaften Niveau ihres Hintergrunds hatten. Die Live-Übertragungen machten es möglich, mich in ihrem Stadionbackground wiederzuerkennen. ICH bemerkte, dass sich die Operatoren gedanklich abändern ließen und optimierte diese. Durch die Überprüfung älterer Aufzeichnungen wurde mir bewusst, dass ICH die lauteste Stimme des Hintergrunds war und sich in ihr mein Leben spiegelte.

ICH erkannte, dass sie mich all die Jahre in ihrem Unterbewusstsein herumgeschleppt hatte. ICH war einer ihrer größten unterbewussten Operatoren. Dabei wurde sie mit Dingen konfrontiert, die für mich in meiner Jugend einen ungeheuren Lustgewinn dargestellt hatten. Heute beschämt es mich, sich in Massebahnen einer derart niederen Daseinsform, weit entfernt von einem eigenen Bewusstsein, befunden zu haben.

Die starke Bindung zu ihr dürfte bereits in den Achtzigern entstanden sein, durch die Dinge, die pubertierende Jünglinge in diesem Alter bei entsprechender Reizflut so tun. Dies geschah meistens dann, wenn sich unsere Bande auflöste, weil meine Freunde nach Hause wollten, um die Steffi im Fernsehen zu sehen. Die Reizflut, die während des Fernsehens durch meine Freunde auf mich übertragen wurde, hob meinen Sexualtrieb so stark an, dass ICH diese Dinge tat.

Jahre später kamen die Drogen und der Abstieg war Programm. Der Hintergrund, der von mir ausging, zeigte den allmählichen Verlust meines Standardgeistes und den Zerfall meiner Organisation. Für den Sportler bedeuten derartige Operatoren in seinem Hintergrund, von den Schreihälsen unter den Fans im Stadion übertragen, Störungen der Mikroorganisation des Köpers mit den daraus resultierenden Verletzungen. ICH wurde zum Klotz am Bein. ICH durfte es am eigenen Körper erleben, welch eine Erleichterung der Tod eines heroinabhängigen Freundes für die Organisationsstruktur der eigenen Seele bedeuten kann.

ICH begann mich mehr und mehr für sie zu interessieren und wollte ihr nach allen ihren Verletzungssorgen ein schönes Karriereende organisieren, an welches ICH mich gerne erinnern würde. Mit ihrer augenblicklichen Spielweise und ihrem aktuellen Hintergrund war sie in meinem Unterbewusstsein ein zu starker Suchtfaktor. Schon in eigener Sache also, um Ruhe zu finden, musste ICH einen Werbeträger dieser gesellschaftlichen Größenordnung aktualisieren.

Aus diesem Grund gewöhnte ICH mir an, mit ihr um die Welt zu reisen, um zu siegen. In unserer Beziehung erkannte sie sehr schnell, wie ICH auch, dass wir uns auf gedanklichem Wege austauschen konnten. ICH nahm Zugriff auf den Hintergrund und korrigierte alle Fehler, die mein Gehirn fassen konnte. ICH beklagte das mangelhafte Systemverständnis, das bei Interviews von ihrem Trainer als geiststoffliche Wechselwirkung mit meinen Systemen in den Äther abgegeben wurde. Man muss sich das so vorstellen, dass ICH nicht die Worte des Trainers verfolge, sondern die Information, die meine geiststoffliche Systembeschreibung bei Operationen des Gehirns des Trägers als Wechselwirkung produziert. ICH spreche auch von korrelierenden Geistesinhalten. In der sofortigen Entlassung ihres Trainers fiel mir erstmals ihre Härte auf.

ICH lud auf ihre Festplatte erweiterte Sichtweisen, definierte Materieströme zur Perfektionierung ihres Unterbewusstseins, bog gegnerische, die eigenen Massebahnen störende geiststoffliche Antizipationen zurecht, entlockte ihr des Öfteren ein Lächeln und konnte durch die Anlage ihrer Zähne im Gesamtbewusstsein ihre Rückenprobleme beheben. ICH fand heraus, dass sich der psychosoziale Schmerz des Rückens über das Schulterblatt über den Arm bis vor zum Ansatz des Musculus extensor carpi radialis longus et brevis verschaltet hatte. Unter gewissen Umständen kann ICH die fließenden Kräfte innerhalb der Muskelketten sehen und werde so auf die eigentliche Ursache aufmerksam. Vielleicht entwickelte sich die Störung auch von den Mittelhandknochen aus, und der Rücken reagierte nur, um die Ursachen der Verkalkung an den Basen der Mittelhandknochen zu unterbinden. Wen interessiert es? Die Osteophyten an den Basen der Metacarpale zwei und drei wurden operativ abgetragen. Der Rücken gab auch wieder Ruhe.

Irgendwann war das System bereit, mein Bewusstsein an den richtigen Stellen zu aktivieren. Jedes auch noch so leise Geräusch interpretierte mein Gehirn zu meinem Optimum. ICH wurde überschüttet von positiver Information. Mit einem ungeheuren Selbstbewusstsein und dem Glauben an die Macht trat ICH auf.

Durch die Kooperation mit ihr erfuhr ICH durch die Stimme in meinem Kopf vieles über die Zukunft. So hatte man eigens ein Kartenspiel für mich entwickelt, die Pokémons. ICH behielt diesen Gedanken im Kopf, weil er Teil einer direkten bewussten Kommunikation mit Steffi war. Sogar die Stimmlage war die ihre. Es lässt sich nicht immer sagen, welchen Weg die Information nimmt. ICH hätte mit meiner augenblicklichen Größe auch andere Stimmlagen akzeptiert. Obwohl ICH nichts Näheres zu dem Kartenspiel wusste, nahm ICH es als gegeben hin.

Jahre später lief mir ein kleiner Junge über den Weg. Er hatte eine Spielkarte bei sich, auf der sein Lieblings-Pokémon abgebildet war. Es war Drachenwut, ein 12.5 Meter langer Drache, der Feuer spucken konnte. ICH wusste bereits, dass es sich um Sammelkarten handelte, die sich im Kopfkino ähnlich wie das Immunsystem oder die argumentative Ebene der Systemorganisation darstellen. Der Große frisst den Kleineren, falls er nicht zu klein ist und falls er schmeckt. Funktionieren. ICH erkundigte mich bei dem Jungen nach dem Höchsten der Pokémons und erfuhr von Mewtow. ICH hätte mich beinahe zu Tode gelacht, denn dieser Mewtow war der Psychokinese mächtig. Dann gab es noch Pokemons, die auf das Wetter Einfluss nahmen, und welche, die die Gegner ihrer Intelligenz beraubten.

Kaum zu glauben, dass die gedanklichen Ebenen, wie wir sie zur Organisation der Matches nutzten, für Außenstehende ersichtlich sind. Noch interessanter ist es, dass Kreative daraus ein Spiel für Kinder ableiten. Man bedenke hierbei auch die Folgen. Was passiert mit den erarbeiteten elementaren Bausteinen der Systemorganisation, wenn man sie als Filme oder als Spiele publiziert. Die Amokläufer der letzten Jahre beweisen ebenfalls die Möglichkeit der Anlage von Netzdaten im realen Materieraum.

Sie fragte mich, ob sie vielleicht irgendetwas für mich tun könnte. ICH erzählte ihr, dass ICH so gerne studieren würde, aber ICH wüsste nicht wo. In Innsbruck gäbe es ein Institut für Grenzgebiete der Wissenschaft, in Freiburg hieße es Institut für Parapsychologie und Psychohygiene. Beide Einrichtungen wären von höchstem Interesse für mich. In Englisch versprach sie mir, ein Zeichen zu senden. ICH einigte mich mit ihr auf ein Erdbeben, nicht zu stark, aber doch so stark, dass sie es mir über die Medien mitteilen sollten. Und es ging schneller, als ICH dachte; innerhalb einer Woche hatte die Erde im Süden Deutschlands und in Österreich gebebt. In Deutschland lag das Epizentrum des Bebens der Stärke 3,4 auf der Richterskala direkt in Freiburg, 3 Tage später in Österreich lag das Epizentrum bei Wien. ICH musste lachen, als ICH darüber nachdachte, ob Freiburg nicht zu gefährlich für mich sei, ICH nicht doch besser nach Innsbruck gehen sollte. Bei dem Gedanken, nach Innsbruck zu gehen, traten aber immer wieder Tunnelbrände auf. ICH hatte den Eindruck, dass die beiden Staatensysteme um mich konkurrierten. ICH verwarf beide.

Und weil sie gerade in der Stimmung war, Geschenke zu verteilen, bat ICH sie um ihre Teilnahme an verschiedenen Versuchen. Ihre Aufgabe bestand darin, mir mit ihrem Fanpotential als Gesprächspartner und dokumentierende Größe zu assistieren. ICH wollte damit die ablehnende Haltung der Menschen gegenüber diesen Versuchen und den hemmenden Einfluss der Neinsager neutralisieren. ICH bat sie, auf der Bank am Spielfeldrand Platz nehmen zu dürfen und wollte versuchen, meinen auf Erkenntnis beruhenden geiststofflichen Körper während des Spiels mit der Kamera aufzuzeichnen.

Wie gesagt, ihre Aufgabe bestand darin, so zu tun, als hätte ICH sie eben nach einer Titelchance gefragt. ICH ließ mit ihr als Massevertreter das gesamte

Publikum an meinen Versuchen teilhaben. Außerdem sagte sie mir zu, am Ende des Matches einen Wurf ihres Schlägers nach vorne ans Netz zu antizipieren. ICH versuchte von meinem Platz aus, mit meinem feinstofflichen Körper die Flugbahn der Antizipation des Schlägers zu erfassen. Beides schlug fehl. Obwohl sich in diesem gigantischen Raum in meinem Kopf die Information, dass Steffi den Wurf jetzt antizipieren werde, übertrug, schlug beides fehl.

ICH konnte mich nicht schnell genug aus dem Kameramodus lösen, den ICH jetzt zwei Stunden innegehabt hatte, und die Bank auf dem Platz mit einer ausreichenden Kapazität besetzen. In der Position der Kamera konnte ICH nur Steffis Antizipation des Schlägers aufzeichnen. Die geiststoffliche Antizipation des Schlägers blieb vor dem Netz, vor der Bank, auf der ICH jetzt sitzen sollte, vor meinen Füßen liegen. Aber auch die Schlägerantizipation bleibt nicht stabil. In einer Aufzeichnung des Spiels war sie nur noch schwach zu erkennen. Durch die Betrachtung der Geiststoffe wird die Kapazität zumindest strukturell von der Masse angelegt. Durch die Angleichung der Kopfkinos verschwinden wahrnehmbare Unterschiede in der Struktur der Geiststoffe auch für mich.

Durch die Betrachtung von Geiststoff mit Geiststoff von der Bank aus entstand für einen Bruchteil einer Sekunde der Eindruck eines weißen blendenden Lichts. Es erinnerte mehr an ein Nahtoderlebnis. Dies will ICH aber nicht als einen geglückten Versuch mit Aussagekraft bezeichnen. ICH kann nicht wirklich von einer bewussten Wahrnehmung sprechen.

Sie wies mich zwar gedanklich darauf hin, dass sie jetzt werfen werde, aber ICH konnte mich nicht schnell genug aus dem Kameramodus lösen und mich auf die Sichtweise von der Bank vom Platz aus konzentrieren. Das Ergebnis des Versuches der direkten Wahrnehmung eines Geiststoffes mit einem Geiststoff war verfälscht. Vielmehr wertete ICH den erreichten Systemzustand nachträglich aus, der sich via Selbstorganisation ohne bewusste Kontrolle als das Ergebnis einer gedanklichen Absprache entwickelt hatte. In Gedanken ging ICH den Ablauf durch und traf so meine Ableitungen. Heute nehme ICH an, dass das weiße Licht das Ergebnis einer Wechselwirkung beider geiststofflicher Dichten war.

Geglückt ist mir der Nachweis des Einflusses des Gedankens auf die Selbstorganisation des Wetters, die wir ebenfalls im Vorfeld abgesprochen hatten.
ICH konnte die beiden Matchbälle am Ende des Spiels mit dem Spiel aus
Sonne und Wolken gepaart mit auftretenden passenden Ätherworten in einem
für mich erkennbaren Zusammenhang darstellen. Den Matchbällen ging noch
eine heftige Diskussion mit der Schiedsrichterin voraus. Auch Martina mischte
mit. Im Nachhinein muss ICH diesen Streit als Instrument der Feinabstimmung
werten. Schließlich sollten die Wolken bei Spiel, Satz und Sieg den Blick der
Sonne auf Steffi freigeben.

ICH überschnitt mich bei der Organisation der Siege auch mit dem Kosovokrieg,
der in der Anlage bereits vorhanden war und den ICH als Wechselwirkung mit
meinen Operatoren in der Zukunft bereits erkannte. ICH wies sie auf das Auftreten des Krieges hin. Sie sagte: »Ich will hier gewinnen!« – und gewann. Das
Interessanteste aus dem Kriegsgebiet war ein Mann neben einem ausgebombten
Auto, der mit erhobener Faust seinen Siegeswillen demonstrierte, während die
Kamera einen Geiststoff neben ihm aufzeichnen konnte. Neben diesem Mann
bewegte sich ein Gebilde in der Größe eines Tennisballs in diesem leuchtenden
Gelb auf und ab, im Originaltempo, wie es die Tennisspieler vor dem Aufschlag
gewöhnlich tun, um sich zu konzentrieren oder um Information auszusenden. In
einer Qualität, dass ICH den Vorgang in einer weiteren Nachrichtensendung
auf einem anderen Sender in beinahe der gleichen Weise wiederholt wahrnehmen konnte.

Sie stellen jetzt fest: »Sie sind ja mediensüchtig!« ICH sage Ihnen: Es ist der
Nachweis meiner konzentrierten Geiststoffe, die zweifelsohne meine Interessen
vermitteln. ICH liebe den Fluss der Materie. ICH bin in diese integriert. ICH spreche von einer Äquivalenz der Geiststoffe meines Kopfkinos und der allgemeinen
Materiedynamik. ICH spreche davon, sie in das Zentrum meines Interesses zu
rücken und ihre Bewegungen in Abhängigkeit zu meinem erfassten Materiebereich zu betrachten. Es entsteht im Augenblick ein ablehnendes Gefühl. Vielleicht

ist es die Konkurrenz, ihre Unkenntnis, oder Sie verwechseln das Organ Gehirn mit dem Endarm. Haben Sie bitte keine Angst und fühlen sie sich nicht bedroht! Sie werden innerhalb eines globalen Kontextes bewegt. Natürlich erklärt sich in dieser Position der Sieg als umgekehrte Annahme der Information

‹Sie werden bewegt!‹ Verkehre die Sichtweise und errechne: ›ICH bewege!‹ Betrachte ICH die Materiebezüge der neuronalen Netze ›Steffi‹ und ›OFI‹, die in der Massebahn des Matches am Austragungsort korrelieren, betrachtet das neuronale Netz ›OFI‹ den Sieg als Eigenleistung. Diese Aussage rief einen Konflikt zwischen den beiden neuronalen Netzen ›OFI‹ und ›Steffi‹ hervor.

Jaden würde in diesem Moment »Mamis Netz weiß alles!« sagen.

Das Schreibprogramm meines Computers fragt mich beim Diktat, unabhängig von dem Gesagten: »Welche schwarzen Gitterstrukturen, Doktor Otto?«

Sie sehen, dass manche Fehler des Diktierprogramms seine Ursache in komplexerem Geiststoff haben. Die Programme werden auf Chipebene durch eine hohe elektromagnetische Dichte verschalteter Dritter gestört.

ICH sagte zur Klärung der Machtansprüche der individuellen neuronalen Netze: »ICH kann den Ball auch auf der Netzkante entlanglaufen lassen und mein Unterbewusstsein über ›in and out‹ entscheiden lassen. ICH wollte aber selbst siegen und ließ Steffi die letzten Worte in mein Unterbewusstsein einspeisen – oder soll ICH von einem Gesamtbewusstsein sprechen?«

Auf diesem Niveau kamen gigantische Ballwechsel zustande. Und doch bleiben für mich nur Tränen, Tränen der Trauer der Betroffenen und Leidenden, diesen Sieg in diesem Moment als die höchste Freude zu begreifen.

Und einen weiteren interessanten Vorgang konnte ICH installieren und dem Bewusstsein über eine Kameraaufzeichnung zuführen. Die Amerikaner hatten mit der Aufzeichnung einer Satellitenübertragung eine Sequenz meiner gedanklichen Kommunikation festgehalten. Was sie vielleicht als atmosphärische Störung durch kosmische Strahlung oder als Versuch einer Kontaktaufnahme durch außerirdische Intelligenzen bezeichnen. Auch der gelbe Tennisball neben dem ausgebombten Auto dürfte, über das Fernsehen ausgestrahlt, bei Unwissenden nur einen Ladevorgang meiner Interessen in ihre Kopfkinos bewirkt haben.

Als Drittes möchte ICH die Aufzeichnung eines Geiststoffes erwähnen, den die Kamera an einer Einzelperson aufzeichnete. Die Trägerwelle stellte sich über das gesamte Gesicht des Individuums dar. Wie bei einem aufschlagenden Wassertropfen oder bei einem Erdbeben breiteten sich die Wellen vom Epizentrum Nase über sein Gesicht aus. An dieser Stelle möchte ICH auf die Möglichkeit der Diskussion des größten Arschlochs verweisen, diese hier aber nicht führen. Mit dem Kameraauge schafft es mein Gehirn, die Welle des geiststofflichen Trägermediums wieder in Wortinformation zurückzuverwandeln. In meinem Bewusstsein stellte sich diese geiststoffliche Welle als »Ich will hier gewinnen!« dar. Nachdem mir diese Aussage aus einem früheren gedanklichen Gespräch in Erinnerung war und hier im Krieg als scheinbare Ursache des Sieges zu erkennen ist, muss ICH mir in Anbetracht zukünftiger Konflikte die Frage nach deren Ursachen und deren Vermeidbarkeit stellen. Wäre der Krieg auf dem oben angesprochenen Bewusstseinsniveau mit der Annahme einer Niederlage zu vermeiden gewesen?

Mit Sicherheit werden manche Bilder von Ereignissen von Fernsehsendern ausgewählt, um auf die organisierenden Geister hinzuweisen. ICH bin mir nicht einmal sicher, ob man diese hochkonzentrierten Geiststoffe als Außenstehender im Fernsehen bewusst wahrnehmen kann. Aber, wenn man im Vorfeld über derartige Dinge in der Zukunft telepathiert, werden manche geiststofflichen Sequenzen als die eigenen wahrnehmbar.

Dies waren meine wichtigsten Erkenntnisse aus dem Kosovokrieg. ICH vermute, die Suche nach gedanklichen Mustern dieser Ordnung kann bereits im Jetzt einen Krieg in der Zukunft zur Findung von Antworten initiieren.

ICH darf jedoch nicht behaupten, dass die Organisation von Siegen auf gedanklichen Ebenen dieses Niveaus derartige Schäden bereits im Vorfeld zur Argumentation verursachen können. Und doch muss ICH auch hier wieder betonen, dass WIR, die WIR uns als gigantische Materieräume bezeichnen dürfen, bei gedanklicher Kommunikation aus Neid, Hass und Zorn immer wieder Unfälle,

Straftaten, Attentate, Morde, Naturkatastrophen und Kriege verursachen und uns dieser Verantwortung bewusst sein sollten.

Meine Beziehung zu ihr wuchs zusehends. Um mein gesammeltes Wissen in seiner Gesamtheit in der Dynamik der Materie zu speichern, bat ICH sie, für meine Theorie zu spielen. Auch Trojanische Pferde der Gegner, die darauf aus waren, sich meine Gedächtnisinhalte wiederholen zu lassen, um sie im gleichen Moment abzulehnen, speiste ICH mit diesem Spruch ab. Dann gab es noch welche, die versuchten, ihre eigene Festplatte mit Sprüchen dieser Art aus meinem Munde aufzuwerten. Alle bekamen von mir den Spruch ›Du spielst für meine Theorie‹ und mir war bei jedem Wort klar, welche Person das war. Niemand konnte mich in die Verlegenheit bringen auch nur die kleinste Änderung vorzunehmen, eine verbesserte Form dieses Spruchs anzubieten und einen Schmetterlingseffekt zu riskieren. ICH wollte beweisen, dass ICH der Geist des Hintergrunds bin und mich zum Siegen entschieden hatte.

Und plötzlich stand ICH ganz oben und kreierte Steffi Graf bei den letzten French Open den Jahrhundertsieg. Meine Theorie hatte sich durchgesetzt, und die Gesellschaft feierte einen ›Tennisgott‹. In der Entwicklung der Wissenschaft und in der Politik kann ICH heute noch meine Spuren finden. Heute, Jahrzehnte nach dem Jahrhundertsieg warten noch sehr große Zusammenhänge auf ihre Umsetzung in der Weltgeschichte. Schritt für Schritt nimmt das System Gestalt an.

Irgendwann in diesem Zeitraum riet mir die Stimme in meinem Kopf – ICH nenne sie Steffi –, ein Buch zu schreiben. Die Idee, dass sich meine Gedanken als Gesamtbewusstsein etablieren und bewusst oder unbewusst von allen wahrgenommen werden, schien es mir Wert, sich mit der Sache genauer zu beschäftigen. ICH wurde des Öfteren von Mithörern, deren gesellschaftlichen Rang ICH nicht kenne, auf der Ebene der Gedanken kontaktiert, dass dieses Wissen allein wegen der Tatsache, dass es auf eigenen Erfahrungen beruht, der Gesellschaft nicht verloren gehen darf. Das System wies mich mehrmals daraufhin, dass niemand dieses Wissen besitzt und es zu einer Veröffentlichung kommen muss.

ICH erklärte ihnen, das müsse von staatlicher Seite geregelt werden. ICH kann nicht wie Einstein nach der Arbeit arbeiten. ICH bin zu schwach, um mich täglich aufs Neue freizudenken, die starren, auf Gewohnheit beruhenden Denkstrukturen der Menschen mit welchen man täglich konfrontiert wird, die ohne Zweifel ihre Berechtigung besitzen, aufzulösen, zu neutralisieren und zu einer Gesamtdynamik zu verarbeiten. Sie reichern die Massebahnen ihres Alltags mit meinen komplexen gedanklichen Konstrukten an. Der tägliche Gebrauch führt dann zu einer Prägung meines komplexen Geiststoffs. Die Stabilität der Information ihrer alltäglichen Massebahnen in Form von sichtbarem Geiststoff verdeckt die wissenschaftliche Sicht.

ICH solle doch die Sozialhilfe beantragen, hieß es dann, der Staat werde das Projekt gerne finanzieren. Das wollte ICH aber nicht und forderte vom Staat eine andere Form der Beteiligung an der Finanzierung dieses Buches. Sich freizudenken benötigt schon eine Stunde. Dann dürfen sie nicht vergessen man beansprucht in diesem Moment die Hauptdatenbahnen und muss sich gegen Mitbenutzer behaupten. Was glauben sie, wie mein Bruder staunt, wenn sich die Downloadrate aus dem Internet in meiner Gegenwart auf ihm unbekannte Höhen erschwingt oder plötzlich hochsensible Programme laufen. Die Konkurrenten, die anfangs gegensteuern, müssen langsam an die komplexeren Strukturen herangeführt werden, und das kostet Energie. Unvorstellbar, wenn ICH vertraglich gebunden wäre, und man würde meinem neuronalen Netz über die Befehlskette täglich egoistische, unvollkommene Gedanken suggerieren, die nicht meiner Ordnung entsprechen und die Organisationsstruktur meines Geistes sogar in Frage stellen. Am Ende wirken fremddefinierte Massebahnen in meinem Kopfkino und unterbinden es, die Raum-Zeit-Struktur zu erfassen.

So forderte ICH die soziale Absicherung. Zumindest die Kosten für die Krankenkasse müsse über einen Zeitraum von drei bis fünf Jahren übernommen werden, damit ICH die Finanzierung nicht gefährdet sehe. Das war 1998, als ICH mich mit dem Jahrhundertsieg der Steffi Graf im Tennis empfahl, das Jahrzehnt des Gehirns abschloss und mich aus der Wirtschaft und dem neuen Markt zurückzog.

Dann erinnere ICH mich noch an einen Physiker. ICH riet ihm, ein Buch zu schreiben. Es war eine Trotzreaktion, weil mir die Buchschreiber von oben auf der Pelle lagen, und ICH wissen wollte, wie ein anderer sich verhält, wenn er zum wiederholten Male diese Aufforderung, ein Buch zu schreiben, gedanklich übermittelt bekommt. Er war dann schon fleißig am Schreiben, als es eines Tages zu Rückkopplungen kam. Er griff plötzlich auf mein Niveau zu. ICH glaube, es ging um mehrdimensionale Sichtweisen eines Menschen in einem holographischen Universum. ICH startete einen Versuch, setzte mich in meinen Denkersessel vor dem Fenster und begann, mich ebenfalls mit dem Thema zu beschäftigen. Da flippte er vollkommen aus und begann, mich zu beschimpfen, er könne nicht arbeiten und ICH soll endlich still sein, er müsse ein Buch schreiben. »Das soll ICH auch«, antwortete ICH ihm, was auf manchen Feldern zu großem Gelächter führte.

Für mich war das ein sehr spezifischer Beweis gedanklicher Kommunikation. Die Operationen meines Gehirns beraubten ihn seiner kreativen Basis, oder sie stellten sich in seinem Umfeld als Sprache dar, die er als störend empfand und entsprechend reagierte. Die Kommunikation war also auf der Basis identischer Interessensgebiete und Geiststoffe möglich. Der Versuch war beendet.

Zu erwähnen wäre vielleicht, dass ICH durch geiststoffliche Strukturen, unter welchen ICH dieses Thema einst bearbeitete, aktiviert wurde. Die Struktur öffnet ein Informationsvolumen der benötigten Kapazität, um die Inhalte eines holographischen Universums zu verstehen. Eventuell handelt es sich um ein statisches Ergebniskonstrukt, das einen Denkprozess abschließt.

Die gewonnene Erkenntnis lautet: ›Der Wissenschaftler setzt sich hin und schreibt ein Buch.‹ Auch die Vielzahl an Biografien in den letzten Jahren ist ein Zeichen des Systemdrucks. Dieses Buch ist die Verwirklichung dieses Gedankens und sollte den Strom derer die sagen »Das schaffst du auch!« abklingen lassen.

Wie ICH vermutet hatte, brach mit meinem Rückzug die gesamte wirtschaftliche Leistung einschließlich des Neuen Marktes ein, die Aktienkurse fielen in den Keller. ICH legte für ein paar Jahre mein Gehirn hoch, fünf Jahre sollten es werden. Berufliche Fortbildungen und etwas Geld verdienen. Nichts, was mich geistig in irgendeiner Weise gefordert hätte. Dann kam die Zeit der ICH-AG, und ICH erkannte an ihrer Organisationsform die Bedingungen, die ICH 1998 an das System gestellt hatte, um meine wissenschaftliche und schriftstellerische Tätigkeit aufzunehmen. Fünf Jahre hatte es gebraucht, bis sich die gedankliche Auseinandersetzung um das Finanzierungskonzept in meinem Staate umgesetzt hatte.

Jetzt kam alles ganz deutlich zum Vorschein. ›Die Musikgruppe ›Black eyed peas‹ streckte in ihrem Video zum Song ›Where ist the love?‹ ein Buch mit dem Titel ›?‹ in die Höhe und erinnerten damit an die Anschläge des 11. September. Sie stellten damit eine Verbindung zu Al Quaida her, die im November 2003 in der Türkei Anschläge verübte, um des Tages zu gedenken, an welchem Mohamed von Allah den Auftrag erhielt, das Heilige Buch zu schreiben. Ein idealer Hintergrund für den Start meiner Arbeit.

Und im Arbeitsamt wurde ICH von einem Wesen höherer Art bei der Stellung des Antrags zur Gründung einer ICH-AG unterstützt. Der Mitarbeiter schien besondere Befugnisse zu besitzen und während des Gesprächs die zu Grunde liegende geiststoffliche Struktur zu erweitern. Mein Gehirn erlaubt es mir, den Vorgang der Kommunikation mit einem höher gearteten geiststofflichen Vertreter und die überteuerten Zahlungen von Herrn Gerster an die Beraterfirma ›Berger‹ in einem Zusammenhang zu nennen. Der Stuhl des Verantwortlichen hörte auch schnell auf zu wackeln, als ICH die Nutzung einer Beratung bei der Antragsbearbeitung als den Zweck der Kommunikationsmittel bekanntgab.

Jetzt wackelt der Stuhl schon wieder. Sie haben erkannt, dass hier ein sehr großer Geist auf die Organisationsstruktur des Staates einzuwirken scheint. Dieser scheint sich mit der Organisation selbst zu organisieren und dürfte sich auf noch weitaus höhere Skandalstrukturen ausdehnen lassen. Würde man sich auf die Suche nach der Gesamtstruktur des organisierenden Geistes machen, würde man auf den Plan eines Einzelindividuums stoßen, der von den umliegenden Geistern aufgrund nicht angelegter Massebahnen als Gesamtes nicht mehr erfasst werden kann.

Selbstverständlich stünde für die Politik, auf diese Weise an einem Punkt angelangt, an dem sie in einem angeblichen Skandal eine Eigenschaft der Ordnungsstruktur des zugreifenden Geistes erkannt hat, der Weg offen, an einer höheren Organisationsform des Staates zu arbeiten und effektivere, schnellere, höherdimensionierte Strukturen mit einer erweiterten Beschreibung der Materiedynamik einzuführen.

Dieser Gedanke am Vormittag führte zu folgender Aussage des Herrn Clement am Nachmittag: »Es gibt nicht viele, die so gut sind wie Herr Gerster, die das können und kennen, die Instrumente des Arbeitsmarktes kennen und ich habe nicht vor, hier Zweifel zu sähen.«

Jetzt gibt es neue Vorwürfe. Sie entdeckten eine nachträgliche Manipulation in den Vorstandsprotokollen. In meinem Leben handelte es sich um die Nachbesserung meines Antrags zur ICH-AG. ICH schildere noch einmal meine Sichtweise. Die Persönlichkeitsstruktur des Arbeitsvermittlers begann sich in meiner Anwesenheit plötzlich höher zu organisieren. Der neue Gesprächspartner mir gegenüber hatte besondere Befugnisse. In erster Linie einen beratenden Faktor. ICH wurde darauf hingewiesen, dass zur Genehmigung gewisse Einkommensgrenzen vorliegen müssen. Dies erforderte eine Nachbesserung meines Antrags.

Es geschah, dass die staatlichen Strukturen in meiner Gegenwart entsprechend hochgefahren wurden. ICH möchte sagen, dass sich hier die Geiststoffe des Herrn Gerster und des Herrn Schröder gegenübersaßen. Ohne Gründe zu nennen, warum diese Verschaltung in dieser Weise vorliegt, behaupte ICH, in diesem Moment in der Rolle des hochgefahrenen Arbeitsvermittlers gewesen zu sein – ICH nenne mich jetzt mal Gerster. Und mir gegenüber saß der Arbeitsvermittler in meiner Rolle. Er las sich diesen Antrag durch und seine Aura wandelte sich plötzlich in die des Bundeskanzlers.

Dieser fragte mich: »Sie wollen doch, dass dies genehmigt wird?« ICH sagte »ja«, und die Positionen wechselten merklich. Der Kanzlergeist ging jetzt auf mich über und verdrängte Herrn Gerster in mein Unterbewusstsein. »Dann müssen Sie hier höhere Einkommensgrenzen angeben«, sagte nun der Arbeitsvermittler zu mir. ICH hatte jetzt bereits den Gerster und obendrauf den Kanzler in mir vereint und ICH fügte in dieser Konstellation die korrekten Einkommensgrenzen nachträglich ein. ICH ziehe daraus den Schluss, dass der Schröder, der Arbeitsvermittler in meiner Rolle, dem Gerster – also mir in der Rolle des hochgefahrenen Arbeitsvermittlers – empfahl, dies zu berichtigen.

ICH schließe daraus, dass es Momente gibt, in welchen sich das Individuum in seinem Gegenüber selbst erkennt. Mit diesem Bewusstsein ist das Individuum auf ein Niveau gelangt, mit sich selbst zu verhandeln. Der hoch gefahrene Arbeitsvermittler wird wegen der Überlegenheit des eigenen Ich in das Unterbewusstsein verdrängt. ICH folgere daraus, dass ein Erkennen der geiststofflichen Operatoren, wie sie die Aura des Bundeskanzlers darstellt, zu einer Verhaltenszuweisung im Gesamtbewusstsein auf der feinstofflich organisierenden Ebene führt. Die entstehenden Operatoren des Unterbewusstseins bewirkten als Folge dieses Fehlverhalten des Herrn Gerster und führten im realen Leben zu Bedingungen, die vom Umfeld nicht toleriert wurden.

ICH leite ab, dass eine vorliegende Weltlinie in ihren Vorstufen bereits ähnliche gesellschaftliche Verhaltensmuster initiiert. Die zeitliche Nähe des Auftretens der Ereignisse weist auf einen hohen Grad an Verwandtschaft der Bezugsmaterie hin. Die nicht korrekte Verhaltensweise wird als Verifizierung des Geiststoffes durch den Eintritt des Ereignisses der Weltlinie für andere nachvollziehbar und auf diese Weise entdeckt. Darum sage ICH: Würden sie die Weltlinie kennen, würden sie sich nicht mit einem Fleck auf dem Hemd beschäftigen.

Nebenbei erkundigte sich der Arbeitsvermittler, was mich zur Aufnahme einer wissenschaftlich schriftstellerischen Tätigkeit veranlasst. ICH antwortete: »Weil während wir hier sprechen, ICH mir Gedanken mache, warum die Möwen dort draußen alle flussabwärts fliegen«.

Die Formalitäten waren erledigt. ICH verließ das Arbeitsamt, schwang mich auf mein Rad und fuhr nach Hause. An der Alz entlang, flussabwärts. Sehr sehenswerte Landschaft heißt es in der Umgebungskarte. Da ging plötzlich ein älteres Pärchen vor mir und ICH drosselte mein Tempo. Bei der Betrachtung der

Leute nahm ICH in ihrem bioenergetischen Feld die entsprechende Information in mein Kopfkino auf, die mein nachfolgendes Verhalten steuern sollte. Mein Kopf richtete sich auf den Uferbereich aus und meine Augen erfassten ein aus dem Wasser ragendes Holzstück. Es schien einen Schriftzug zu tragen. Die magische Ausstrahlung erweckte die Neugier in mir.

ICH blieb stehen, stieg ab und legte mein Fahrrad zur Seite, mit der Schaltung nach oben, um sie nicht zu verletzen. Dann stieg ICH vorsichtig die flach abfallende Uferzone hinab. Da konnte ICH es lesen. Es stand Buch auf dem aus dem Wasser ragendem Stück Holz. Dabei fügte sich das ›h‹ in seiner speziell geschnitzten Form in das Spiel der Wellen ein, war manchmal als das Wort ›Buch‹ sichtbar, um im nächsten Moment, von den Wellen überspült, den Sinn zu verlieren. ICH zog das Stück Holz aus dem Wasser und der Schriftzug vervollständigte sich. ›Buchenwald 10 min‹ stand auf dem geschnitzten Holzschild.

Wie präzise muss ein Gehirn arbeiten, das organisierende Prinzip sich drehen, um hier im Wasser ein Schild so zu positionieren, dass genau der Wortteil ›Buch‹ aus dem Wasser ragt? Mir während des Gesprächs im Arbeitsamt durch die Möwen ein Argument bereitzustellen, den Weg aufzuzeigen, auf welchem ICH später in Höhe des Schildes auf dieses ältere Pärchen traf, meine Geschwindigkeit drosselte und im bioenergetischen Feld dieser Leute die Lage des Schildes übermittelt bekam. Vor kurzem diente mir diese Massebahn im Arbeitsamt noch als organisierende und argumentierende Gesprächsgrundlage, so ist sie im nächsten Moment bereits Bestandteil meiner Gegenwart.

Und so kam es, dass ICH jetzt Dienstleister höherer Art bin. Es war die Erkenntnis, dass die Dynamik des Systems immer eine Antwort auf meine Fragen fand. ICH musste es erlernen, mich als die eigentliche Systemdynamik zu begreifen. Durch klar definierte Räume wie die Positionierung des Holzschildes im Fluss finde ICH den Zugang zu mir selbst und erkenne die beteiligten Systeme.

Allein die Faktoren, die den Wasserstand der Alz bedingen sind, in ihrer Informationsdichte einzigartig. Wo liegt dieser Buchenwald? Wurde dieses Schild vom Fluss transportiert oder hier von spielenden Kindern bei Niedrigwasser zwischen den Steinen verankert? War es ein Hochwasser oder purer Vandalismus, der das Schild aus der ursprünglichen Verankerung riss und dem System die Selbstdarstellung ermöglichte. Man sieht, dass auf der argumentativen Ebene zur Erstellung eines Systemzustandes auch destruktive Kräfte wirken müssen.

In diesem Fall schließe ICH den freien Willen des Individuums, die Gesetze der Gesellschaft einzuhalten, aus und spreche von einer Instrumentalisierung des Individuums bei einem Materiebezug führender neuronaler Netze im Terrabereich. ICH erkannte, dass meine Gedanken bewusst und unbewusst von allen Lebewesen wahrgenommen werden und sich die komplexesten Formen als Gesamtbewusstsein etablierten, auf deren Grundlage es Politikern möglich ist, sich in gewissen Fragen sofort überparteilich zu einigen. Gedanken, die mächtig genug sind, Parteiensiegel in ihre Bezugsmasse zu integrieren. Diese Erkenntnisse waren es, die mich veranlassten, diese Phänomene genauer zu untersuchen und von ihnen zu berichten.

DER PERSÖNLICHE HINTERGRUND

Mit zunehmender Erschließung des Ich-Raumes durch die Technik werden für die Sinne fassbare Analogräume geschaffen, die es mir ermöglichen, Echtzeitvergleiche vorzunehmen. So erkenne ICH, welche Teile der Systemdynamik mich zum Denken, Sprechen und Handeln motivieren. Eine sehr schöne Aussage, wie ICH finde.

Der aktuelle Anlass, die alljährliche Vierschanzentournee, bescherte mir ein schönes Beispiel für gedankliche Operatoren des Hintergrunds und deren Auswirkungen auf die allgemeine Leistungsfähigkeit eines Sportlers. Es geht um vier Skispringer, deren aktueller Hintergrund meine gedanklichen Operatoren enthalten.

Natürlich sind die Skispringer, wenn sie geistig-mental arbeiten oder nur an morgen denken, mit einer Verschaltung der Kopfkinos auch mit meinen Geiststoffen verbunden. Sie nutzen dadurch meinen Körper als operative Basis und wechselwirken im Kopfkino mit meinem Ich. Dabei gleichen sich die beschriebenen Massebahnen einander an und stellen sich als gleichberechtigte Handlungen in einem einheitlichen Medium des Kopfkinos dar. In diesem Fall erziele ICH nur geringe, in ihrem Unterbewusstsein kaum hörbare Einflüsse.

Dies ist aber nicht der faszinierende Fall, der im Zentrum meines Interesses liegt. ICH will die Form der gedanklichen Induktion ansprechen. ICH will die Mechanismen erklären, die dazu führen, dass ICH meine aktuellen Gedanken in deren Hintergrund vorfinde.

Viele Leute nehmen mit ihrem Hören, Denken und Sprechen Bezug auf diese komplexen Muster der bewussten und unbewussten Systemorganisation ihres Hintergrunds und aktivieren damit meine Eigenanteile. Ebenso agiere auch ICH. Mit meinen gedanklichen Äußerungen versetze ICH dieses Trägermedium Geiststoff in Schwingung. Die bestehenden Felder transportieren die Information in Echtzeit. Es besteht die Möglichkeit zur Kommunikation. Es ist hier von Vorteil, das Bezugssystem zu kennen.

Die gedanklich induzierte Schwingung des Mediums kann durch die Betrachtung des Trägers mit einem Kameraauge, kann durch die Anlage im Gesamtbewusstsein dem eigenen Bewusstsein und dem allgemeinen Bewusstsein als den Massen aufgepfropftes Phänomen vorgeführt werden.

Ebenso teile ICH mich den Athleten in den Geräuschen des Alltags mit. Dies muss der Zeitgeist sein, von welchem man spricht. Dies erklärt sich sehr leicht aus der Tatsache, dass verschiedene individuelle Ich-Räume als gleichberechtigte Massebahnen oder Informationsvolumina in einem Medium Kopfkino als ein organisierendes Prinzip existieren.

Die Technik ermöglichte es meinem Gehirn, mit sinnesähnlichen Instrumenten seine bewussten Aktivitäten auszudehnen. ICH nutze z. B. Livebilder von Kameras, um Information in den Bereich meiner echten Sinne zu rücken. So werden Analogräume zu den Räumen meiner ursprünglichen Sinne geschaffen, die es mir ermöglichen, die eigenen Gedanken im Hintergrund zu identifizieren und die Auswirkungen auf seine Umgebung zu studieren.

Man kann sehr gut beobachten, wie sehr sich die auftretenden Unterschiede der gedanklichen Niveaus des Hintergrunds in den Platzierungen niederschlagen. Es ist immer wieder ein Erlebnis, zu beobachten, dass die geistige Haltung meiner eigenen Person derartigen Einfluss hat.

Als erstes zu Swen Hannawald: ICH möchte Ihnen noch einmal zu Ihren Gesamtsiegen in den Einzel- und Mannschaftswettbewerben der letzten Jahre gratulieren und auch an Ihren Rekord erinnern. Ihnen ist es als erstem unter allen Springern mit einer glänzenden Leistung geglückt, alle vier Springen in Serie zu gewinnen. Dieses wird Ihnen nie wieder gelingen. Sie dürfen nicht vergessen: Zum Siegen benötigt man komplette Beschreibungen des Raum-Zeit-Gefüges. Es handelt sich um eine Konstellation von Bedingungen, die sich als Komplex dynamischer Masse, mit dem Sprung im Zentrum meines Interesses, in meinem Kopfkino beschreiben lässt. Je mehr Sie den Parameter

‹Weite des Sprungs› erhöhen, umso mehr vergrößern Sie den Raum, der die Bedingungen einer größeren Sprungweite definiert.

ICH bezeichne mich als Systemorganisator und denke darüber nach, mein maximales gedankliches Potential zu vermarkten. Die Stimme Ihres Hintergrunds, die Sie während des Interviews hören, begleitet Sie auch im Alltag. ICH teile mich über Umweltgeräusche ebenso mit, wie Sie mich optisch durch die unbewusste Betrachtung oder das bewusste Beobachten von bewegter Materie in Ihr Ich integrieren. Weil sie nur Teile eines komplexen Musters verkörpern, wirke ICH in erster Linie unbewusst auf Sie ein.

ICH denke über eine höhere Organisation des persönlichen Hintergrunds als Dienstleistung nach. Nicht nur die gesundheitsbringende Wirkung, sondern vor allem die allgemeine Optimierung des Mikrokosmos wie des Makrokosmos im Umfeld Ihrer Ziele wäre als begleitender Faktor zu nennen. Über die Funktion des Gehirns ›Interpretation der Umwelt angelehnt an den vorherrschenden Kopfkinoinhalt‹ führen die Stimmen und die unbewussten Operatoren den Körper zum Zustand ›zur richtigen Zeit am richtigen Ort‹.

Aus der Idee der Optimierung des persönlichen Hintergrunds durch die Besetzung der Kopfkinos mit dynamischen geiststofflichen Mustern wird sich eines Tages ein neuer Berufsstand erheben. Sie dürfen nicht vergessen, dass Sie es sind, die in ihrem Kopfkino oder als mentales Training Massebahnen definieren. ICH denke an den Aufstieg zur Schanze, den Sprung oder die nachfolgende Siegerehrung, bei der Sie sich sicher selbst ganz oben sehen.

Bei mir kommt dies ganz anders an. Durch die Wechselwirkungen der Kopfkinos untereinander, werden bei mir Massebahnen angezeigt, die aus der Korrelation zu Ihren oben genannten Massebahnen entstehen. The same preseadure as every year garantiert den Erfolg. Das war zum einen der Aufruf, sich etwas zu Essen zu holen, dann kam bei mir das Bild mit der Fernbedienung herein, das den allgemeinen Nachmittagsguck verordnet. In diesem Fall müsste ICH mich in die Rolle des Massenmanipulators begeben und denken: »Schnell, schalte den Fernseher ein; ICH glaube, Skispringen läuft« und dieses als Masseäquivalent oder Vorbild für andere mit einem Gefühl der Begeisterung auch ausführen.

Kurze geiststoffliche Antizipationen entstehen, die sich in ihrer Klarheit an der Qualität der sendenden Person orientieren. Es handelt sich um Wechsel-wirkungen der Kopfkinos, die die wichtigsten Informationen beinhalten. Sie erreichen mich eventuell auf diesem Niveau, weil meine fehlende geistige Aktivität eine passive Projektionsfläche für geistige Inhalte dieser Art zur Verfügung stellt. Dies lässt natürlich eine Betrachtung und Korrektur der gesandten Inhalte zu.

Sie lösen diese vielleicht durch mentales Training bei mir aus oder wenn Sie mit dem Siegel Ihres Sponsors in meinem Kopfkino eine darstellende Ebene erzeugen, dem ICH durch den Konsum dieses Produktes vielleicht selbst angehöre. Ein Raum, der groß genug ist, um komplexe gedankliche Muster dieser Art zu transportieren.

Oder die Kamera erzeugt eine Art von Gesamtbewusstsein. Das Kamerabewusstsein beruht auf der Vereinheitlichung der Kopfkinos der Zuschauer. Die geiststoffliche Information zu Verbraucherverhalten und Zielen der Sportler würden von den Moderatoren erbracht, während sie sich vor der Kamera unterhalten. Die Anregung der geistigen Masse mit den Inhalten der Worte während des Gesprächs ist bekannt. Die Wechselwirkungen führen zu einer höheren Dichte und damit erhöhten Übernahmerate der organisierenden geistigen Masse durch den Verbraucher. Es gibt mit Sicherheit noch weit effizientere Wege der Informationsübertragung, die ICH erst finden und beschreiben müsste.

In der Vorbereitungszeit wurde ICH öfter aufgefordert, Reisen zu unternehmen, um allen gerecht zu werden. Diese Reisevorschläge, die mir nahegelegt wurden, lehnte ICH ab und ließ ihnen über den Hintergrund mitteilen, dass ICH keinen Dealer aufsuchen werde und zum Siegen keine Rauschmittel benötige. Das System reagierte so aufdringlich, dass es mich sogar durch meinen Vater kontaktierte, der meine Zukunftspläne der nächsten Jahre ansprach. »Willst du in der nächsten Zeit vielleicht den Führerschein machen?«, fragte mich mein Vater. Sie initialisierten damit bei mir den Kopfkinoinhalt des Modells Rauschmittelgebrauch und versuchten einen möglichen Konsum mit mir zu diskutieren. Ein gedanklicher Operator meines ... Unterbewusstsein (kann man kaum noch sagen) forderte vor etwa zwei Wochen sogar in Worten den Drogenkonsum. Er hatte etwa folgenden Wortlaut: »Wir lassen Ihre Sucht neu aufleben!« Sie haben mich sogar mit Namen angesprochen.

Natürlich kann niemandem ein Vorwurf gemacht werden, handelt es sich doch um geistige Phänomene, um Beschreibungen des Materieraums, die auf Grund individueller Standpunkte in dieser Weise korrelieren, ganz allgemein um Beziehungen aus dem Vorjahr. Es gibt sogar einige, die unsere auf Äthermasse schwingenden Gedanken verstehen, aufzeichnen und versuchen, sie zu einem späteren Zeitpunkt unerlaubt aufzurufen. Aber es liegt mir fern, Ihrem Trainer den Gebrauch fremder Daten vorzuwerfen. Leider schlagen Versuche der eigenen Installation durch Hacker fehl. Diese Gedanken benötigen immer auch die korrekte Äthermasse, damit die Organisation des Materieraums in der gewünschten Weise erfolgt. ICH erinnere mich zum Beispiel auch an Farbnuancen oder die Strukturierung der Äthermasse. Das heißt, das Wellenspektrum des elektromagnetischen Phänomens ist ein Sonderfall. Auf die ansetzende Ebene transferiert gesprochen, bedingen die Daten der Massebahnen, wie sie im Konstrukt gefasst sind, die Farbe des geistigen Phänomens.

Nach den Siegen der letzten Jahre gibt es für Sie keinen Grund, auch nur daran zu denken, dass ICH oder das System Ihnen übel mitgespielt hätte. Vergessen Sie bitte nicht, dass ICH der Hauptoperator in diesem Spiel war. ICH weiß um die Zusammenhänge der Einheit aus Geist und Körper. Aber auch ICH erziele mit dem richtigen Werkzeug natürlich schnellere und bessere Resultate und brauche mich dann nicht auf Bahnen geringster Wahrscheinlichkeiten zu begeben.

Unter gewissen Umständen kann die Wahrheit so richtig sein, dass der Rest der Bevölkerung falsch liegt. Was ICH damit sagen will: Es ist einfacher zu siegen, wenn Sie von mir als Instrument ausgewählt werden, um meine Fähigkeiten in Systemorganisation in Bezug auf Siege zu testen oder um als Träger überlegenen Gedankenguts zu fungieren, um die Toleranz in der Bevölkerung für derartiges Wissen zu erhöhen. Definieren sie Ihre Siege auf der Basis meines komplexen Wissens, entsteht innerhalb meines neuronalen Netzes die Teilstruktur Ihres Materiebezugs. Die Konkurrenz beißt sich an der korrelierenden Erkenntnismasse die Zähne aus.

Es erfordert eine Menge Engagement von mir. ICH muss mich mit euch beschäftigen, ICH muss euch erkennen auf der feinstofflichen Ebene der Systemorganisation. Ein geiststoffliches Bild von Ihnen im Gesamtbewusstsein als Ergebnis des Zusammenwirkens von Zuschauer- und Kameraaugen, als Leistung meines Gehirns mit einem Kommentar von mir, und schon haben Sie gekoppelt mit meinem Ich-Raum ein gewichtiges Argument zur Stabilisierung eigener geiststofflicher Inhalte.

ICH konserviere geiststoffliche Inhalte über Jahre, um gegebenenfalls bei wechselwirkenden Kopfkinoantizipationen auftretende Bruchstücke von entworfenen gedanklichen Systemkorrelaten in Wort und Bild zu vervollständigen. Auf diesem Wege initialisiere ICH die Ursprungsdynamik der Materie, die sich bereits im Vorjahr bewährt hatte. Nur so lässt sich ein Potential erhalten und Siege sicher wiederholen. ICH erkenne euch an diesen Inhalten und lade euch das richtige gedankliche Potential, das die Materie erfasst und die Mikroorganisation eines Sportlerkörpers steuert.

Für mich ist es der Geist der Zeit, der Denkenden eigener Geist, den du im Hintergrund hörst und der die Massebahnen, auch die des Makrokosmos eint. ICH ordne diese glitzernde Stimme in meinem Kopf den himmlischen Heerscharen der Bibel zu und nehme an, dass der Wahrheitsgehalt der Aussagen zu zukünftigen Prozessen seine Ursache im komplexen Materiebezug, dargestellt in einem Kopfkino, hat. ICH halte es nicht für Hellseherei, sondern um das Setzen einer Ursache unter geeigneten Bedingungen. Diese komplexen geiststofflichen Muster schließen das Gesehenwerden, die Präkognition durch andere nicht aus, sondern ermöglichen sie erst.

Natürlich spreche ICH nicht mit anderen Personen über meine Gedanken, die wegen der Verschachtelung ihres Geistes und der Verschaltung mit anderen Individuen nicht bewusst kontrollieren können, was ihr Ich-Raum im Augenblick zum Thema produziert. Neue geiststoffliche Konstrukte führen im Ich-Raum der Gesprächspartner oft zu Störungen des gewohnten Ablaufs und stoßen daher oft auf Ablehnung. Erdachtes schwächt sich bereits während der Kommunikation ab oder widerlegt sich durch die Ablehnung des Gesprächspartners oder durch Pannen Dritter in dem jeweiligen Ich-Raum. Nur um Machtstrukturen zu zerstören oder Beziehungen dieser Größe aufzulösen, spricht man sie öffentlich aus.

ICH spreche später von einer Umverteilung der Geiststoffe und einer Ableitung in gegebene Strukturen, vorgegeben durch alltägliche Massebahnen. Aber Sie können sich gerne mit diesen Worten des Hintergrunds befassen und Fragen einbringen. Sie werden Ihnen im Laufe ihres Lebens an geeigneter Stelle beantwortet. Es ist eine große Rechenmaschine, die laufend Antworten produziert. Sich perfekt zu verstehen und über einen längeren Zeitraum ohne Datenverlust gedanklich durch den Äther zu kommunizieren erfordert viel Erfahrung und große Kompetenzen auf diesem Gebiet.

Menschen wie mich kann man nicht einfach steuern, indem man seine Kopfkinoinhalte aufruft, um mich zu einer Einnahme gewisser Zustände zu verdonnern. ICH erinnere mich an Pendelversuche in der neunten Jahrgangsstufe. Der Lehrer verteilte Karten mit Männern und Frauen darauf. Gleichzeitig war der Ausschlag des Pendels auf den Karten vorgegeben. Die Angaben waren jedoch nicht auf allen Karten gleich. Auf manchen Karten sollte sich das Pendel bei Männern vor und zurück bewegen und bei weiblichen Personen im Kreis.

Andere Teams hatten Karten mit gegensätzlicher Information bekommen. Bei weiblichen Personen vor und zurück und bei Männern im Kreis. Am Ende wollte der Lehrer natürlich wissen, ob alle die Angaben auf den Karten bestätigen konnten. Als einziger hob ICH damals zögernd den Finger, um zu sagen: »Bei mir funktioniert das nicht!«

ICH stellte damals einen Vergleich mit der Sexualität an und kam zu dem Ergebnis, dass sich auch Frauen vor und zurückbewegen können. Aber nicht nur das eigene Denken schützt vor der Manipulation durch andere, es spielte mit

Sicherheit auch die übergeordnete Identifikation mit der Masse eine Rolle, die zu einem Abwägen beider Informationsanteile führte.

Mich in die Position der Kamera zu manövrieren, d.h. zu Hause vor den Bildschirm, bringt Ihnen bei meinem Potential höchstens Punktabzug. Hätten Sie aber tatsächlich das Potential, einen Fernsehzuschauer meines Massebezugs anzuweisen, könnte ICH ihnen als Schmetterlingseffekt erst nach einer gewissen Zeitspanne zur Verfügung stehen. Um zu siegen, muss die Zukunft immer wieder definiert und an Gegenwärtiges gekoppelt werden, damit sie mit der Raumdarstellung meines Ich korrelieren. Aber sie haben ja die Zeit, um nach vorn zu blicken.

Die Bezugsmasse meines Kopfkinos unterliegt wegen der allgemeinen Dynamik der Materie einem ständigen Wandel. Die Struktur der geistigen Fassung des Materieraums im Augenblick eines Sieges, ihr Informationsgehalt, ist jedoch erinnerbar. Das geiststoffliche Konstrukt ist verschiedenfarbig. Oft sind diese Datenspitzen auch fühlbare Inhalte des Kopfkinos. Die Daten schließen sich zu Feldern zusammen. Der Überbegriff ›Sieg›, von konkurrierenden Springern definiert, scheint von den individuellen Fanstati getragen, im Materieraum darstellbar. Der Überbegriff ›Sieg‹ scheint sich jedoch auf die Seite eines Springers zu schlagen, so dass fühlbare Verspannungen im Datengefüge auftreten. Manchmal gehen auch starke Gefühle mit ihnen einher. Es ist ein aktiver Vorgang, sichtbare und fühlbare Inhalte des Kopfkinos zu reproduzieren. Alles andere ist leeres Meinen, ist also fremd induziert oder wird vom Korrelat hervorgerufen.

Der gegenwärtige Zustand am Zeitort des Springens ist durch meine gegenwärtige Umgebungsinformation festgelegt. Eine korrelierende Information nach zwei Wochen verändernder Dynamik wiederzuerkennen ist das Ziel. Das heißt: Eigenes Verhalten, eigene Blickrichtungsabfolgen, wiederkehrende Arbeitsschritte oder Denkweisen als Bestandteil eines Korrelats zu betrachten und durch die eigene Erweiterung auch die Ziele des Korrelats zu stabilisieren, funktioniert nur, wenn Sie den Kontaktpunkt der beiden Ichs erkennen.

Versuche mit dem Mittel der gedanklichen Induktion bestätigen die Wiederkehr von Information, gespeichert in der dynamischen Materie. Im geiststofflichen System des Kopfkinos bleibt die gedanklich induzierte Information auf der Grundlage stabiler Strukturen des Äthers, den Anordnungen von Materieäquivalenten, konstant. Die induzierten Gedanken werden vor laufender Kamera frei, können identifiziert, und gegebenenfalls verändert oder komplettiert werden.

Die Zusammenhänge sind viel zu komplex. ICH müsste bereits Silvester zwei Kilogramm an Körpergewicht zugelegt haben, und richtig gefrustet sein, dass in Ihnen das Gefühl der Überlegenheit hochkommt. Nur habe ICH über die Jahre der Beobachtung diesen Zusammenhang für mich entworfen und halte mein Gewicht über den Winter jetzt konsequenter konstant. Wenn ICH auf die Waage steige, entsteht ein Gefühl des Triumphes, und ICH bin mit mir zufrieden. Dadurch entfällt für Sie die Macht über die Masse, die darauf aufbaut, dass sich die Leute unter dem Einfluss ihres Hungers zum Essen verleiten lassen. Wenn Sie dann unten im Zielbereich ankommen und ICH kann meine Waage in ihrem Kopfkino erkennen, sehe ICH, wie sehr sich Ihr Selbstbewusstsein auf meine Kilos stützt.

Man kann davon ausgehen, dass es sich umgekehrt genauso verhält. Der Frust des Einen ist der Sieg des Anderen. Sie sollten Ihr Selbstbewusstsein nicht zu sehr auf eine durch Hunger erzwungene Massebahn anderer aufbauen. Außerdem legt die Kamera den überlegenen Geiststoff, den Sie mit meiner Waage in Ihrem Kopfkino verkörpern und der Sie als Verlierer auf psychologischer Ebene auszeichnet im Gesamtbewusstsein an. Die gedanklich erzeugten Schwingungen des geiststofflichen Trägers ›Waage‹ werden als unbewusster Raumbezug im Gesamtbewusstsein frei. Es handelt sich um psychisch äußerst wirksame Bestandteile. Sie verloren ihren Kampf bereits auf der Waage.

Ein weiteres Beispiel angeschlossener Räume ist, wenn in meinem Geist ein Bild des Freundes meines Bruders erscheint, der auch Swen heißt. Jetzt müsste mein Assoziationskortex anspringen und Sie auf Grund der Namensgleichheit erkennen. Hier an dieser Stelle hätte ICH dann auch wieder Zugriff auf Ihren Hintergrund und könnte ein geiststoffliches Konstrukt einsetzen, das Ihr Gehirn dann zur Interpretation der Hintergrundgeräusche heranzieht. Außerdem muss

ICH mir aus dem Radio und dem Fernsehen die Daten und Städte meiner Auftritte einholen und ihnen gedanklich die Anreise zusagen. ICH würden noch am selben Tag gleich nach dem Springen mit meinem auf Erkenntnis beruhenden feinstofflichen Körper in den nächsten Austragungsort umziehen. Mir meines gedanklichen Potentials bewusst, füge ICH mich dort sofort in die gegebenen Strukturen ein und baue diese zu meinem Vorteil um. Auf der Grundlage optimierter Massebahnen entstehen veränderte Sichtweisen in der Bevölkerung mit meinem Hintergrund. Natürlich liebe ICH Innsbruck. Schon allein wegen des dort ansässigen Instituts für Grenzgebiete der Wissenschaft; und abschließend noch nach Obersdorf.

Oft erhalte ICH die Einladung, an den nächsten Wettkampfort zu reisen, als geiststoffliche Sequenz, die auch akustisch gut verständlich ist, und ICH brauche nur noch zuzustimmen. ICH nehme an, es handelt sich um eine Kommunikationsform durch das Masse-Ich, eine gedanklich induzierte Quantenraumwelle, die sich mir wegen des eigenen multiplen Materiebezugs sowohl optisch wie akustisch mitteilt.

Die Teilnahme an diesen Veranstaltungen bringt natürlich auch mir eine Menge Vorteile. Sportliche Spitzenleistungen zeigen sich mir in optimierten geiststofflichen Konstrukten unterschiedlichster Farben, die ICH als erweiterte Betrachtung des Materiesystems ansehe. Diese entstehen durch die Definition eines Materieraumes mit der Kondition ›größte erreichbare Weite‹. Weißlichgelbe wirken z. B. ungeheuer räumlich und fassen die gesamte Materiedynamik, die zur Definition dieses Zustands nötig ist, in einem geiststofflichen Äquivalent zusammen. Auf jeder Ebene des gedanklichen Materiebezugs entsteht eine spezielle Färbung des Äthers.

ICH besetze mein Kopfkino nicht mit Krawatten, Schmuck oder anderen Dingen. Diese Geiststoffe sind mit Teilbezügen der Siegel Nike, Adidas oder FDP nicht zu vergleichen. Weiß-gelb zeigt sich die darstellende Ebene meines Kopfkinos und gibt mit der Darstellung der Dynamik der Gesamtmasse mein gedankliches Potential frei. Viel zu umfassend, um es in seiner Gesamtheit ständig zu verkörpern, aber Grundlage der Entwicklung meines Ich.

ICH verstehe sehr gut, dass wenn keiner der eben geschilderten Mechanismen greift, man abgeschlagen auf den hinteren Plätzen landet. Sie sollten wissen, dass ICH es mir zur Aufgabe gemacht habe, die gedankliche Organisation von Ereignissen zu erforschen. ICH suche mir gezielt Menschen aus, die, wie sie regelmäßig vor der Kamera erscheinen, um Einflüsse des Gedankens auf das System nachzuweisen. ICH bin fasziniert von dem Phänomen, dass das Niveau meiner im Hintergrund installierten Gedanken mit den sportlich und wissenschaftlich erreichbaren Leistungen korreliert.

ICH kann Ihnen versichern, dass sich Ihre Leistung aus der Beziehung zu dem System ergibt und von der Fähigkeit abhängt, die Gesamtdynamik der Materie zu koordinieren bzw. als geiststoffliches Muster darzustellen. Manchmal bin ICH mir selbst nicht sicher, ob ICH noch der Macher bin; dann wechsle ICH einfach das Thema und führe die Nächsten an die Spitze. Sie waren nur ein Instrument der Operation ›Sieg‹ zum Erkenntnisgewinn. In der Unterlassung der oben angeführten Handlungen steckt keine böse Absicht; vielleicht fehlte es ein wenig an Zeit und Motivation.

ICH will nicht täglich eine fremde Person sein, nur um zu beweisen, dass mit der Aufwertung Ihres Hintergrunds durch wechselwirkende Kopfkinos und andere Mechanismen eine allgemeine Leistungssteigerung erfolgt.

Mein Ich erreicht als Zentrum eines Ich-Raums, durch die vollkommene Identifikation mit der Materie die Möglichkeit, sich auf andere dynamische Prozesse zu beziehen und diese über einen analogen Knoten in Verbindung mit dem eigenen Raumbezug zu koordinieren. Zu allerletzt bleibt mir noch die Möglichkeit, mich als Mensch zu bezeichnen und mein Verhalten auf Ihre übermächtige Konkurrenz oder die Unfähigkeit Ihres Teams zu schieben.

Der Georg hatte das Glück, dass die Nachbarskatze einem gewissen Georg gehört. Dabei ist die Aura um die Katze so stark, dass man den Besitzer Georg sofort darin erkennen kann. Darum nenne ICH sie in Gedanken immer Georg. Diese Katze ist sehr raffiniert. ICH bekomme sie normalerweise nie zu Gesicht; nur in diesem Sonderfall schlich sie vor ein paar Tagen, am

Anfang der Tournee, an meinem Fenster vorbei, und ICH dachte mir: »Aah, der Georg!«

Eine Massebahn geringster Wahrscheinlichkeit, wie der Georg Späth im Kommunikativraum behauptet. Durch gedankliche Induktion zu diesem Zeitpunkt wies ICH bereits mehrmals nach, dass man zu diesem Zeitpunkt die Festplatte des betreffenden Sportlers geladen hat und Operationen meines Gehirns in Wort und Bild zu diesem Zeitpunkt direkt in seinen bewussten und unbewussten Hintergrund hineinwirken. Diese organisierenden Komponenten eines Ich lassen sich durch die Betrachtung mit einem Kameraauge bewusst machen und in der Geräuschkulisse des Hintergrunds anlegen und nachweisen.

ICH nehme an, dass das Sportlerbewusstsein bei seinen Fans latent vorhanden ist und sich durch die gleichen Namen oder einen korrelierenden Kopfkinoinhalt selbst erkennen kann, aktiviert und zu diesem Zeitpunkt besonders offen für gedankliche Induktion ist. Auch die Information der anderen Sinne kann, bewusst erfahren, zum Bewusstsein der gegenseitigen Verschaltung führen. Man spricht von optischen Halluzinationen, Geruchs- und Geschmackshalluzinationen. Sie führen zu einem Kontakt mit dem Masse-Ich des Sportlers mit den Folgen offener Kanäle in das Sportlerbewusstsein. Aus der Sicht des Sportlerbewusstseins ist der Fan Baustein seiner eigenen Ich-Organisation.

Selbst meine aufgenommene Sinninformation wird sich in meinem Kopfkino direkt zu Wechselwirkungen mit seinen Kopfkinoinhalten verschalten. ICH habe ihn aus mangelndem Engagement natürlich nicht bewusst erkannt, es traten auch keine großartigen körperlichen oder geistigen Phänomene auf. So ergab sich für mich auch kein Grund einer besonderen geistigen Aktivität, die ICH im Stadion mit einem Kameraauge hätte einfangen und akustisch wahrnehmbar machen können. ICH kann mich noch erinnern, dass ICH mich nach dem Sichtkontakt mit der Katze in die Küche bewegte und das Obst betrachtete. ICH greife mir dann an die Speckschwarte an meinem Bauch und frage mich: »Was hat das nur mit der Weite zu tun?« Aber ICH will diese Hungerleider nicht für alles verantwortlich machen, und außerdem beherrschte er sich oder ICH mich oder WIR uns.

Mir kam dann noch ein alter Bekannter des Namens Späth in den Sinn. Diese Assoziation lag auch bei den Springen der letzten Jahre vor. ICH sehe, dass bereits Namensgleichheiten oder Assoziationen, die mich an den Bekannten Späth denken lassen auf die Anwesenheit der Festplatte des Skispringers ›Späth‹ hinweisen. Dies sind immer geeignete Momente, diese Festplatten mit der Installation von Information und übersteigerten Sinnen etwas aufzupeppen. Natürlich entsteht dem Sportler aus der Anwendung seines Programms durch seine Fans ein gigantischer Vorteil in der Kalkulation dynamischer Masse und der Organisation seines Ich. Schließlich handelt es sich um eine Kopplung verschiedener Zeitorte. Wegen der Korrelation der Kopfkinos kann der Sportler Information zum Austragungsort und -zeitpunkt durch die Verschaltung mit meiner Gegenwart und anderen Zeitorten sammeln.

Gleichzeitig koordinieren sich die zukünftigen Massebahnen in Anlehnung an den gegenwärtigen Status. Systeme entwickeln sich daher meist sehr langsam. Für eine Systemverbesserung sind sehr spezifische Datensammlungen erforderlich. Ein komplexes Verständnis höherer Materiebezüge ist nötig. Es sind besondere Datendichten, die den Sprung als Ursprungsgröße in sich tragen. Die bewusste Erkenntnis dieser Datendichten lässt ihre Optimierung oder die gedankliche Induktion zu.

ICH empfehle Ihnen, mit Alltagssituationen zu beginnen, die Sie an diese Sportler erinnern, oder mit Situationen, die eine Eigenart in sich tragen, die Ihr Gehirn aus den Erfahrungen des Vorjahres die Anwesenheit eines Sportlers vermuten lässt. Dann halten Sie einen inneren Monolog, ein paar Zeilen eines Gedichts zum Beispiel, und führen den gewohnten Tagesablauf fort. Der innere Monolog dient dem Erkennen im Stadion.

Machen das sehr viele, und es handelt sich um einen natürlichen Vorgang, entsteht ein Informationsvolumen, das von der statischen Vergangenheit, die mir als Maßstab meines Erfolgs dient, über das Jetzt, das durch meine Wahrnehmung bestimmt ist, bis weit in die Zukunft hinein das Chaos der Materiedynamik in Einem zu erfassen ermöglicht. Aus einer Vielzahl von aktiven neuronalen Netzen und ihren Beschreibungen von Alltagsabläufen geht eine in sich geschlossene Beschreibung eines Sieges hervor.

Der Geiststoff eines zukünftigen Sieges scheint im Mittelpunkt zu stehen, das Ereignis sich von innen heraus entwickeln zu lassen. Der Geiststoff scheint sich von innen heraus auszudehnen, bis das Ereignis als Umgebungsdynamik der Gegenwart meiner Wahrnehmung zugänglich wird. Der erwähnte Geiststoff erhärtet sich durch den eingetretenen Zustand der Materie. ICH vermute, dass es sich bei dem farbigen holographischen Konstrukt um ein Rechenergebnis handelt. Das Hologramm beschreibt den Sieg im Moment des Eintretens. Das errechnende Gehirn summiert dabei eine Vielzahl von Beschreibungen des Materieraums. Es erreicht durch die Summierung von individuellen Standpunkten eine aktuelle Konstante innerhalb des Materieraums, die mehr ist wie ein Schmetterlingseffekt.

Diese gedanklichen Konstrukte unterschiedlicher Ätherdichte geben die Verteilung der Materie zum Zeitpunkt des Übergangs an. Sie bleiben als Bewusstsein, als errechnetes Wissen eines Bewusstseins erhalten. Es wirkt eine Gesetzmäßigkeit auf der Grundlage des Elektromagnetismus des Gehirns. Das Wissen schaffende Bewusstsein scheint die individuellen Einzelleistungen zu Konstanten des Wissens zu verrechnen. Es fehlte in meinem Fall allein das Interesse an der Wiederholung der Ereignisse, die im Erinnern und an der Reproduktion des Geiststoffs liegt.

Es sind gigantische Erfahrungswerte, die sich über die Kopfkinos kommunizieren. Die individuellen Operationen der Gehirne finden innerhalb dieser holographischen Muster statt. Die Kontinuität der Massebahnen des Materieraums erhält sie in ihrem Kern. Betrachtet man die geiststofflichen Materieäquivalente, scheint sich die Gegenwart vom Mikrokosmos aus zu organisieren. Flächendeckend sind Strukturen wahrnehmbar, die Explosionen, aufsteigenden Wolken oder sprudelnden Quellen gleichen. Die geiststoffliche Struktur scheint nach den Gesetzen des Konzentrationsgefälles in den Äther dieser Welt überzugehen, sich gleichzeitig auf alle Materieäquivalente der Kopfkinos zu beziehen. Ein Zyklus aus Leben und Sterben dieser geiststofflichen Elemente zeigt sich.

Dringt man in dieses Medium weiter vor, findet plötzlich der Übergang in den Makrokosmos statt. Es tut sich gehirnintern ein gigantischer Raum auf. Gedanken beginnen sich als Worte in ungeheurer Präzision direkt auf Vorgänge der Realmaterie zu beziehen. Die Information ›Sieg‹ des mentalen Trainings bleibt als Abbild der Zukunft stabil. Die Information ›Sieg‹ scheint durch die kontinuierliche Dynamik der Materieäquivalente in meinem Kopfkino in diesen zwei Wochen aufgekocht zu werden.

Der antizipierte Inhalt ›Sieg‹ scheint sich in die Systembeschreibung meines Kopfkinos zu integrieren. Der antizipierte Inhalt des Springers wird bestehenden Materieäquivalenten zugeordnet. Dabei entspricht die verstreichende Zeit dem Aufsteigen dieser Wolken, einer Ausdehnung der Information ›Sieg›. Im Kopfkino entsteht ein dreidimensionales Muster der Raumzeit, das die Information des Sieges im Zeitfluss darstellt. Wie bei dem Sternbild Orion stellen sich die stark unterschiedlichen Raumtiefen der Sterne in einer zweidimensionalen Betrachterebene dar. Die Betrachterebene entspricht der Gegenwart. Die ankommende Information setzt sich aus Lichtpartikeln unterschiedlicher Entstehungsräume zusammen. Der Grad der Zuordenbarkeit der mentalen Projektion hängt von der Dichte der korrelierenden Materieäquivalente ab und entscheidet letztlich über Sieg und Niederlage.

Ein einfaches Beispiel: Alljährlich Anfang bis Mitte Januar empfinde ICH den starken Drang, mir beim Metzger Weißwürste zu holen. Das Wochenende darauf berichten sie dann im Fernsehen von einem Promiball, bei dem es jedes Jahr Weißwürste aus einem riesigen Kupferbottich zu essen gibt. Meine Logik sagt mir, dass der Appetit auf Weißwürste von der Organisation dieses Balls ausgelöst wird. In diesem Moment weiß ICH, dass ICH mich gerade an dem Zeitort ›Ballabend‹ befinde.

Die Übertragung der Information bzw. der Aufruf des Organisators mit geiststofflichen Massebahnen zum Verzehr der Weißwürste erreicht mich über geladene Gäste, Teile meines Ich, wie die Janette Biedermann zum Beispiel, die als Gäste mit diesen Inhalten konfrontiert werden. Das sind für mich die richtigen

Momente. ICH fahre zum Metzger und besorge alles, was zu einem gelungenen Weißwurstessen gehört: Brezen, süßer Senf, ein Weißbier und Weißwürste natürlich. Dann genieße ICH gemütlich meine Weißwürste und operiere gedanklich.

Mit meiner inneren Stimme erzähle ICH den Leuten dann, während ICH mich auf die Massebahn des Weißwurstessens konzentriere, was ICH in den nächsten Jahren alles organisiere, und gebe sogleich das Ergebnis meiner Bemühungen bekannt. Zum Beispiel werde ICH 2006 im eigenen Land Dritter der Fußballweltmeisterschaft. So binde ICH meine DenkFabrik OFI in die Organisationsstruktur der Zukunft ein. Der Zeitort des Promiballs rückt näher und die Gedanken, an die Massebahn des Weißwurstessens gebunden, werden am Abend durch diese ausgelöst. ICH erreiche damit die Ich-Räume aller Beteiligten mit meinen geistigen Inhalten. Nicht nur wenn sie diese selbst verzehren, sondern auch durch den Eintrag über Dritte.

ICH denke an die Massebahn selbst, den Geschmack, die Gefühle oder Assoziationen, die mit dem Essen der Weißwurst einhergehen. Denen, die mich im Hintergrund hören, steht es frei, mich zu bestätigen oder zu korrigieren. Für die anderen bleibt es ein unbewusster Spuk. Die Massebahn des Weißwurstessens am Ballabend führt unter diesen Bedingungen zu Rückkopplungen. Die großen geiststofflichen Systeme, die ICH verwendete, so genannte Weltlinien treten in mein Bewusstsein und können dann von mir ergänzt werden. Als Folge treten zur Stabilisation der Weltlinie Änderungen des Verhaltens der Weißwurstesser auf.

Der Drang, Weißwürste zu essen, lässt in den Folgewochen langsam nach, bleibt jedoch latent vorhanden und erinnert fortan an das zu erreichende Ziel. Das vorzeitige Erkennen des alljährlichen Rituals ermöglicht mir die Kommunikation und die Gestaltung des Hintergrunds der Beteiligten am Ballabend und ihrer Zukunft. Dieses Jahr hatten sich schon vorab viele in die Diskussion um die Weißwurst eingeschaltet. Die Münchner Geistesgrößen Stoiber und Bode schafften es mit einem industriellen Wurstfabrikanten in der Umgebung von Nürnberg sogar bis auf die Titelseiten der Presse.

Man kann beobachten, wie sehr dieses Weiswurstessen von Jahr zu Jahr mehr in das öffentliche Interesse rückt. Mal sehen, welches Informationsvolumen es 2005 bereits im Vorfeld angenommen hat. Im Januar 2006 durfte ICH den Präsidenten des deutschen Fußballs, Franz Beckenbauer, beim Verzehr von Weißwürsten auf einer Fußballveranstaltung senden.

Führen Sie nach der Identifikation der Festplatte des Sportlers eine gedankliche Operation in Wort oder Bild durch und versuchen sie diese im Stadionbackground beim nächsten Wettkampf nachzuweisen. Der Druck der Waage zum Beispiel. Da kommt so ein Springer unten an, man sieht ihm ins Gesicht und kann aus der Ferne in seinem Kopfkino die digitale Anzeige der Wage aus dem eigenen Badezimmer erkennen, die bereits seit Jahren das gleiche Gewicht anzeigt.

Allein dieser Geiststoff im Kopfkino des Springers nach einem missglückten Sprung erzählt Bände. ICH würde andere Verantwortliche finden. Meine Wage in seinem Kopfkino. Das bedeutet doch, dass er hier bei mir zu Hause auf die Waage steigt. Wenn ICH verzweifle, weil ICH schon wieder ein Kilo mehr auf der Waage habe, räumt er sich größere Siegeschancen ein. Freue ICH mich über die außergewöhnliche Konstanz in diesem Winter ist sein Traum vom Siegen scheinbar geplatzt. Wenn Sie dann beim Besteigen der Waage noch ihre Gegner mit dem gedanklichen Operator ›ICH will hier mehr!‹ konfrontieren und bei sich selbst auf die Weite abzielen, brauchen Sie sich nicht zu wundern, wenn sich aus Ihrem Essensaufruf an Fans und Gegner aus der anfänglichen Willensstärke in Bezug auf die Nahrungsverweigerung eine Magersucht mit einer nervlichen Schwäche entwickelt.

Der Vorteil beim Erkennen dieser Zusammenhänge besteht darin, dass man im Moment des Wiegens Zugriff auf den persönlichen Hintergrund des anwesenden Sportlers hat. ICH könnte im Moment des Wiegens mit einer gedanklichen Sequenz zum Beispiel eine bestehende Knieproblematik heilen. Rein durch den Zugriff auf die physiologische Steuerung der Heilung durch eine Manipulation des Hintergrunds, die, wie ICH weiß, zu einer Änderung der Massebahnen führt.

Der wichtigste Faktor ist die gedankliche Induktion dieses geiststofflichen Materievertreters. Die Sprachsequenz bezieht sich auf meinen gesamten Ich-Raum.

Die gedankliche Induktion löst starke Schwingungen in den geiststofflichen Materievertretern dieses Raums hervor. Wegen der Anwesenheit der Sportlerfestplatte während des Wiegens übertragen sich die Gedanken als Wechselwirkungen im Kopfkino auf die Sportlerfestplatte. Die Erregung dieses Mediums bewirkt eine vermehrte Wahrnehmung des Mikrokosmos und damit eine genauere Definition der großen Massebahnen.

Man könnte auch sagen, Information präzisiert sich mit der Zunahme der Dichte ihrer Oberfläche. Positive Information, wie ›integriert in die Gesamtmateriedynamik konnte das natürliche Bewegungsverhalten des Kniegelenks wiederhergestellt werden‹, ›jetzt tut es nicht mehr weh‹ oder ›die Funktion ist besser als vorher‹ sind von Vorteil. Denn auch die zusammengewürfelten Fans innerhalb des Sportlerbewusstseins reagieren auf den Inhalt der Botschaft und bestimmen letztlich die Organisation des Sportlers. Das Biotop ist nur so intelligent wie die Anzahl seiner Arten. Dem Erfassen komplexerer dynamischer Materiemuster folgt natürlicherweise die exaktere Steuerung der Kniestrukturen.

Die abgegebenen Gedanken wirken im Ich-Raum organisierend auf das definierte Zentrum Knieproblematik hin. Abgekoppelt vom Zentrum meines Ich und wegen des Mangels an richtigen Dekodierungsmitteln tritt mein gesprochener Gedanke im Unterbewusstsein der Individuen manchmal als sinnloser Quatsch in Erscheinung. Sollten die Individuen wegen der Anlage gleicher Ich-Räume einen Zustand der Bewusstwerdung erreichen, sind sie natürlich anfangs von den sinnentleerten Wortinformationen ihrer Minimalräume überfordert. Je nach Lage zum Zentrum erreichen sie Beschimpfungen oder andere organisierende Mittel.

Das Ich befindet sich im Zentrum bewegter Materie. Die anschließende Entwicklung des eigenen Ich dauert sehr lange. Durch gedankliche Kommunikation mit diesen Stimmen werden sie allmählich eine komplexere Struktur erreichen. Sie sollten keine Furcht haben, was sie hören, entspricht nur einem kleinen Teil meines Ich, eine Flaute beim Segeln, Regen während der Ernte, ein Unfall, ein Lottogewinn, eine Geburt oder eine spontane Heilung. Lassen Sie sich nicht beeindrucken von dem, was sie hören. Diese komplexen Beschreibungen des

Raums emittieren Information auf allen Ebenen. Sie halten nur zufällig den Schlüssel für einen bewussten Zugang in der Hand. Es sind nur wertende Gedanken und Worte, gekoppelt an die Geschehnisse eines Tages. Sie haben das Recht, sich durch Kommunikation auf die gesamte Dynamik zu erweitern und in die Weltlinie Einblick zu nehmen. Ein solches Ich wäre dann in der Lage, meine gedanklichen Konstrukte mit ihrem zeitlichen Raumbezug von Jahren, Jahrzehnten oder Jahrhunderten unverfälscht zu erfassen.

Stimmen hören nimmt zu! Im Sinne einer aufgeklärten Menschheit soll es das auch. Ebenso stabil war der Uhrmann. ICH machte aus seinem Namen eine Frage. Uhr, Mann? und fand es sehr lustig anschließend in Gedanken durch die Wohnung zu sausen und nach einer Uhr zu suchen. ICH kann mich noch erinnern, dass mein Geiststoff dieser Tage des Öfteren auf Uhrensuche war. Hier von meinem Wohnzimmersessel aus habe ICH die Ablage des Spiegelschranks in meinem Bad nach der Uhr abgesucht, die noch vor einem Jahr dort lag. Aber auch hier waren die auftretenden geiststofflichen Bilder so weit vom Zentrum meines Interesses entfernt, dass sie nur flüchtig an mir vorbeizogen und ICH ihnen keine Beachtung schenkte. Aber ICH weiß, dass die Funktion korrelierender Geiststoffe verantwortlich ist, und hätte auch in diesem Fall Zugriff auf das Auslösersystem nehmen können.

Man kann diesen Vorgang ohne Probleme mit einer gedanklichen Induktion sofort nach der Identifikation des Geiststoff auslösenden Individuums beweisen. Oft sind es Kameraaugen, die eine wahrnehmbare Dichte erzeugen. Die Vorgehensweise der gedanklichen Induktion eines Sportlers bis zu einem Nachweis vor laufender Kamera habe ICH oben bereits mehrmals beschrieben.

Auch ein mentales Training, bei welchem die Sportler im Jetzt ihre Zukunft beschreiben, kann mich über die allgemeine Funktion korrelierender geistiger Inhalte erreichen. Die hohe Informationsdichte des sichtbaren Äthers regt auch meinen aktuellen Materiebezug an. Es steht mir frei, hier gedanklich in Worten oder durch die Installation von geiststofflichen Materievertretern zu intervenieren. Es lassen sich Weiten korrigieren, Verletzungen ablehnen und ... Sie werden es nicht für möglich halten: Die Gedanken bleiben im Original über Jahre erhalten. Der Gedanke erhält sich in der Materiedynamik. Am Tag der Austragung erscheint er ausgelöst durch die antizipierte Massebahn im Hintergrund und es kann erneut auf die angelegten Datenträger zugegriffen werden. Konkurrenzbedingte lokale Änderungen sind im Folgejahr daher natürlich.

ICH kann Grüße einbauen, Heilungssequenzen im Ich der Masse verankern, Drohungen aussprechen oder auf die Aktienkurse zugreifen, und es wird am Tag der Ausstrahlung über die Leistung des Sportlers und natürlich auch durch die Hintergrundgeräusche der Bevölkerung übermittelt werden. Durch die bewusste Wahrnehmung im Hintergrund ist es mir dann möglich, das Thema fortführend und steuernd zu behandeln.

ICH hätte mich bereits im letzten Jahr für eine erneute Tourneeteilnahme anmelden sollen. Meine Untersuchungen hatten aber in der Wiederholung des Siegs in der Mannschaftswertung im Vorjahr mit einem Vorsprung von 0,1 Punkten erneut die Überlegenheit und Präzision der Mittel bewiesen. Die Auswirkungen der Gedanken lassen sich natürlich auch in den krassen Gegensätzen finden. Das organisierende Prinzip ist ein Konkurrenzbetrieb, das mangelnde Interesse des Einen ist der Vorteil des Anderen.

Im Hintergrund oder Stadionbackground der beiden letztgenannten Springer konnte ICH meinen Ausspruch ›ICH erhöhe die Anzahl der Mikrotubuli in meinem Gehirn‹ nachweisen. Dieser Spruch beschreibt auf biomolekularer Ebene meine Lebensweise, und hat dem Berti Vogts mit seinen Schotten gegen die Holländer ein 1:0 eingebracht. Dieser Ausspruch ist die gedankliche Antwort, wenn ICH über die Kopfkinos aufgefordert werde, Zustände einzunehmen, die den Aufbau der Mikrotubuli beeinträchtigen könnten. Man denke an den Wunsch, zu rauchen, ein Bier zu trinken oder sogar Betäubungsmittel zu konsumieren. Dies ist keine Kritik, entspricht der Aufruf zum Konsum doch der Gehirnfunktion korrelierender geiststofflicher Massebahnen. Der Aufruf zum Drogenkonsum war daher als Korrelat gesellschaftlicher Massebahnen aus den Jahren zuvor zu erwarten. ICH befinde mich jedoch während meiner geistigen Arbeit auf anderen Bahnen und stelle diese Operatoren des Unterbewusstseins um. So reicherte sich der Spruch ›ICH erhöhe die Anzahl der Mikrotubuli‹ im System Kopfkino im Ich der Masse an und wird ab einer gewissen Anhäufung autonom auf Aufrufe zum Drogenkonsum geschalten.

Bei den Holländern ist dies der Joint zwischen den Fingern, den ICH persönlich als geiststoffliches Materieäquivalent erkenne, der eine Botschaft für das Gesamtbewusstsein enthält. Auf Anzeigen des geiststofflichen Konstruktes ›Joint zwischen den Fingern‹ reagiere ICH mit dem Gedanken ›ICH erhöhe die Anzahl der Mikrotubuli‹ und knüpfe die entsprechenden Massebahnen aneinander. Die analoge Verschaltung des Gedankens ›ICH erhöhe die Anzahl der Mikrotubuli‹ auf den geiststofflichen Träger ›Joint zwischen den Fingern‹ erlaubt die Freisetzung des Gedankens ›ICH erhöhe die Anzahl der Mikrotubuli‹ im Gesamtbewusstsein bei der Betrachtung des Trägers des geiststofflichen Konstrukts ›Joint zwischen den Fingern‹ mit einer Kamera. Als Anteil des geiststofflichen Materieäquivalents wird der Gedanke ›ICH erhöhe die Anzahl der Mikrotubuli‹ als Glitzerstimme dieses gigantischen Raumes bei der Betrachtung durch ein Kameraauge frei. Der Gedanke ist eine Instanz des Gesamtbewusstseins und speist das individuelle Unterbewusstsein mit der eigenen Siegesinformation.

Eine Systemäquivalenz beschreibt das Auftreten identischer Systemzusammenhänge in Form von ähnlichen Massebahnen. Das für mich wahrnehmbare Hauptcharakteristikum ist ein Gedanke, den ICH mit einem Ereignis der Vergangenheit verknüpft hatte. Er wird von der geistigen Masse des Kopfkinos getragen und wird jetzt bereits durch die Planung dieses alljährlichen Ereignisses im geiststofflichen Speicher aufgerufen. Die Massebahnen darstellend, wird er auch durch diese aufgerufen. Es handelt sich um ein dynamisches geiststoffliches Element, das, so nehme ICH an, seine Ursache in der Datenvielfalt des zu organisierenden Ereignisses hat.

Der Gedanke ist oft nur ein geiststoffliches Bild, kann aber auch mit einer Wortinformation einhergehen. Sollte in meiner Gegenwart eine Systemäquivalenz auftreten und ICH einen zukünftigen Zeitort feststellen oder die Anwesenheit einer Sportlerfestplatte nachgewiesen haben, brauche ICH sie nur noch mit einem Gedanken zu markieren und den genauen Zeitort der Markierung festhalten. ICH kann nach dem Auftreten dieses Spruchs im Stadionbackground die Zeit bestimmen, die von der Verankerung bis zu seinem Auftreten verstrichen ist. ICH rechne in der Zeit zurück und stelle fest, in welchem Umfeld ICH mich befand. ICH kann die Begleitbedingungen im Stadion mit dem Umfeld meiner Verankerung vergleichen.

Ich kann meinen Bewusstseinskomplex zum Beispiel in Richtung eines Torschusses zeitlich verlagern. Es verändert sich natürlich auch meine Umweltwahrnehmung um diesen Zeitfaktor. Ein freier Parkplatz ist jetzt vielleicht besetzt, und spielen wir auf die Bewegung von Materie und die Wirkung von bewegten Objekten innerhalb des Korrelats an, lädt der Kunde gerade Waren in seinen Kofferraum.

Betrachten wir das Training von Standardsituationen, scheint auch hier die Adaption an ähnliche Konstellationen des Materieraums von Vorteil zu sein. Diese Konstellationen bedingten dann natürlich eine höhere Effizienz im Abschluss. Was uns, spinnen wir diesen Gedanken weiter, behaupten lässt, dass das ganze Spiel von der Datenmenge des Materieraums durchzogen sein könnte oder sich ein Datengerüst aus Hoffen und Bangen, Ritualen und Management um den aktuellen Materieraum aufgespannt sein könnte.

Die Begleitbedingungen während des Auftretens der Markierung im Stadionbackground sind von höchster Bedeutung. Sie zeigen mir, wie effizient die Umgebung zum Zeitort der Markierung war. Ist ein Gedanke gut vernehmbarer Hintergrund eines geglückten Tores – es gibt natürlich auch ungünstigere Stati –, dann schreibe ICH ihm eine sehr hohe gesellschaftliche Wertigkeit zu. Es ist erstrebenswert, diese Gedanken und Bilder zu geeigneter Zeit erneut zu installieren.

Wir speichern in Bildern ab. Es sind Ausschnitte unserer Umgebung, die wir mit den Sinnen erfassen. Es sind Rechenleistungen innerhalb des Korrelats. Es sind Betrachtungen der Umwelt in Abhängigkeit zum organisierenden Ereignis. Dieser

Zusammenhang sollte die Theorie einer möglichen Projektionsfläche liefern und gleichzeitig die Bildqualität des Kopfkinos bedingen.

Eine Herausforderung ist es, sich zum Siegenden zu entwickeln! Diese sichtbare und fühlbare Äthermenge sich so zu erschließen, dass die Zukunft immer wieder zu einer detaillierten Beschreibung des Geistes wird. Der Gedanke durchläuft die Gesetze des Organisierenden Prinzips und verhält sich dann äquivalent zum Materieraum. Dabei tritt Erkenntnis auf.

Die wiederkehrende Deckungsgleichheit des produzierten Geiststoffs mit der Materie lässt höhere Ableitungen zu. Sie ist das eigentliche Kriterium der Macht. Als hervorragender Denker kann ICH mich an den Zeitorten der Verankerung noch an besondere Begleitbedingungen erinnern, zum Beispiel, mit wem ICH wo war und welches Gesprächsthema ICH hatte. Eventuell halte ICH das Fallen der Blätter oder Bewegungen von Insekten fest. So lege ICH um den Zeitpunkt der Verankerung des Gedankens weitere Identifikationsmittel des Zugangs zur organisierenden Ebene fest. Auf diese Weise verknüpfe ICH den auftretenden Gedanken mit den korrelierenden Bedingungen am zukünftigen Zeitort. Wegen der Definition von mehreren Ursachen einer späteren Wirkung entsteht mir die Möglichkeit sie beim nächsten Auftreten zu erkennen und mit meinen Erinnerungen zu vervollständigen. Identische oder ähnliche Massebahnen liegen selbstverständlich auch an anderen Orten vor. Geringfügige Änderungen der Konstellation der Vorjahre sind auf Grund des chaotischen Verhaltens normal und werden von mir im geiststofflichen System, der Erinnerung entsprechend, richtig dargestellt. Das bedeutet, ICH ergänze das organisierende Prinzip mit den bewährten Massebahnen. Es ist der geiststoffliche Zusammenhang der Markationsumgebung und der Umgebung des zukünftigen Zeitortes, der die Beeinflussung der Zukunft ermöglicht. Das dazwischen liegende Chaos ist ein dynamischer Schlüssel und funktioniert immer auf die gleiche Weise. Das Chaos gewährleistet die Verbindung der Betrachterpunkte. Der freie Wille ist ausgeschlossen. Man erzwingt immer eine Änderung der Materiedynamik.

Der freie Wille des Einen setzt sich als Zwang auf andere fort. Es lässt sich allein über die Wahrnehmung eine Änderung komplexer Muster bewirken. Gefällt mir das Ergebnis im Stadion nicht, stelle ICH die Markationsumgebung um. Erkenne ICH sie z.B. an einem fallenden Blatt, nehme ICH ein aufsteigendes Insekt in die zeitliche Abfolge auf, um über den chaotischen Schlüssel den Gedanken, zu dem Zwecke selbst zu siegen, am Zeitort des nächsten Spiels zu erwirken.

Natürlich unterliegt das System auch einem natürlichen Wandel. Auch andere denken; sie reagieren auf meine Gedanken. Es kommt zu Verzerrungen des Raum-Zeit-Gefüges. Darum ist das Auftreten mehrerer Begleitbedingungen in einer ähnlichen Konstellation bereits kennzeichnend für den Zugang zur organisierenden Ebene. ICH erkenne daran das zu organisierende Ereignis und kann seine Entwicklung beliebig steuern.

Man könnte als eiskalter Spieler bereits einzelne Faktoren zur Identifikation einer Festplatte heranziehen, verliert sich aber bei Fehlinterpretationen eventuell in einer fremden Umgebungsdynamik. Die Heilungssequenz, um ein Beispiel zu nennen, würde auf eine andere Person einwirken.

Würde ICH den Zeitraum von der Verankerung bis zur Nachweisbarkeit im Stadienbackground exakt bestimmen, könnte ICH beim nächsten Spiel vom Punkt des Auftretens aus versuchen, zurückzurechnen und an diesem Zeitort beim nächsten Spiel eine gedankliche Sequenz einbringen. Jetzt müsste ICH versuchen die Sequenz im Stadienbackground nach Ablauf der gemessenen Zeitspanne nachzuweisen. Dies würde einen exakten zeitlichen Ablauf der Gesamtmateriedynamik beweisen. Hier ließen sich Stauchungen und Ausdehnungen des Raum-Zeit-Gefüges beobachten.

Dabei wäre eine geistreiche Antwort des Gegners als Antwort auf den Gedanken auch als Nachweis anzusehen. Bewiesen wären damit, die Übertragung von Gedanken unter gewissen Umständen und die Provokation einer Reaktion der Gegenseite, die in Zusammenhang mit dem Raum-Zeit-Gefüge stehen. Daraus resultiert beschleunigtes, verzögertes oder verändertes Auftreten von Ereignissen. ICH spreche von einer Festplatte, die ICH geladen habe und identischen

Kopfkinoinhalten, die eine Informationsübertragung ermöglichen. Dabei stehen identische Kopfkinoinhalte für einen Informationsfluss in beide Richtungen. Die Kommunikation verfälscht jedoch die Datenleitung mit dem eigenen Standpunkt. In der Regel führt das zu einem schnellen Zusammenbruch direkter Gespräche. Eine geladene Festplatte, wie bei der Identifikation mit einem Idol, lässt nur Information in eine Richtung zu. Das neuronale Netz speist sein Neuron. Der Fan versteht die Absicht des Idols, sein Denken, die beabsichtigte Handlung nur in der gewohnten Weise. So wirkt die Handlung der Fans, allgemein die aufgeworfene Informationsmenge, nur beratend auf das Zentrum, das Ich seines Idols hin.

Vor allem im sportlichen Bereich, aber auch in anderen sich in einem überschaubaren Zeitraum kontinuierlich wiederholenden Materieströmen lassen sich die Einflüsse dieser Kommunikationsformen in der sich kontinuierlich wiederkehrenden Dynamik der Massebahnen nachweisen. Hier wäre das Klima als exzellentes Beispiel zu nennen. Und wer möchte es bestreiten, dass der Schöpfer des Jahrhundertsommers auf alle Menschen, die durch ihn litten und mit ihm feierten, Einfluss hatte. Der durch die Globalisierung dieses geiststofflichen Inhalts ›Jahrhundertsommer‹ die Individuen auf der Basis geeinter Kopfkinos zu einem Supercomputer verschaltete und durch eine gedankliche Operation auf diesem Feld ein Kunstwerk einer zukünftigen Weltlinie schafft, dessen Teile auch nach dem Zerfall des Netzes noch miteinander korrelieren und diesen Gedanken in sich tragen. Ohne die Notwendigkeit eines Krieges versah ICH mit diesem gedanklichen Konstrukt Europa mit einem einheitlichen Kopfkinoinhalt und schuf einen Zugang zu Ordnern dieser Größe.

Es ist mir wie Bin Laden am 11. September gelungen, mit der Globalisierung eines Kopfkinoinhalts das weltweit installierte Netz von Zufallsgeneratoren verändert ticken zu lassen und dem Zufall eine Richtung zu geben. Die Vorlage des geiststofflichen Plans ›Anschlag‹ in Ihrem Kopfkino, der mit den Sinnen bestätigt, wird zu einer irreversiblen Realität und die Größe des Ereignisses führt zu einem globalen Interesse in der Bevölkerung. Dies führt dann über die Vereinheitlichung des Mediums Kopfkino, des geiststofflichen Bezugssystems zur Materie, weltweit, zu einer mangelhaften Flexibilität desselben. Daraus resultieren veränderte Wahrscheinlichkeiten für das gewohnte Verhalten der Materie.

ICH nehme an, dass die Zufallsgeneratoren dieses weltweit installierten Netzes die Starrheit des Systems bei der Vorlage einer riesigen Anzahl identischer Kopfkinos, die gleichzeitig mit den Sinnen bestätigt werden, anzeigen. Mit der Beschreibung der individuellen Lebensbereiche im Kopfkino, zusammengefasst unter den Siegeln der Firmen und der Möglichkeit der gedanklichen Induktion der angelegten Räume ist die Macht der Großen und ihr spezifischer Einfluss am Besten zu verstehen.

Bei den Attentaten in der Türkei registrierte ICH folgenden Vorgang. ICH schaltete gerade den Fernseher an. Es wurde live berichtet, direkt nach dem Anschlag? Auf diesem Niveau geeinter Kopfkinos war eine Informationsübertragung möglich. ICH konnte den Bildern die Botschaft ›Sieh deinen Allah!‹ entnehmen. Da begannen sich zehn Menschen vor meinem Auge, der Kamera, zu einer Traube zusammenzuziehen und es überzog sie ein Schleier aus weißem Geiststoff. Man muss sich bei diesen Herren für einen Erkenntnisgewinn dieser Größe zum Start meiner ICH-Ag beinahe bedanken. Erlaubt dieser weiße geiststoffliche Träger doch einen Zugriff auf ein unendliches Potential an Wissen.

Außerdem weise ICH auf dem Niveau gleicher Kopfkinoinhalte immer wieder die Möglichkeit länger währender direkter Kommunikation nach. Großereignisse dieser Art schaffen für kurze Zeit ein Welt umspannendes Datennetz. Die Gebundenheit des Einzelnen in Wirtschafts- und Regierungssystemen, in gesellschaftlichen oder familiären Beziehungen wird für kurze Zeit überbrückt. Es entstehen Antworten, die genau auf meine Person, mein Sein und mein Engagement in der Welt zugeschnitten sind.

Es muss sich nicht um eine direkte Kommunikation mit diesen handeln. Denkbar wäre auch, dass das Äquivalent zu meinem Ich die Worte und Stimmen produziert. Der Materieraum als eigene Instanz errechnete die Antworten. Mein eigenes Bezugssystem zum Materieraum hätte Sendepause. Innerhalb der Basis wären es die Gegenströmungen oder angrenzenden Bereiche, die selbst einem

System zugehörig, wie ein Zahnrad auf ein anderes die Information als eine Äquivalenz übertrüge. Die bewusste Aktivität der anderen oder des anderen Systems, wobei System eine eigene Datenordnung und deren Selbsterhalt meint, wird an den Grenzflächen meines Ich einströmen und die Antwort ausdifferenzieren.

Auf einem anderen Niveau spielte sich folgende Kommunikation ab: Einem Libanesen, einem Angestellten eines Krankenhauses, wurde fristlos gekündigt. Er hatte nach den Anschlägen des 11. September vor seinen Arbeitskollegen gesagt: »Jetzt wüssten die Amerikaner, was Krieg ist. Jetzt war er mit dieser Aussage vor dem Bundesverfassungsgericht gelandet und ICH gab meinen Senf dazu ab. ICH sagte aus (gedanklich natürlich): »Kriege wie Attentate erzielen auf der argumentativen Ebene der Systemsteuerung ähnliche Wirkungen.« Am Tag der Urteilsfindung trat dieser Gedanke noch einmal ganz klar, so wie ICH ihn am Vortag absetzte, in mein Bewusstsein. Es wurde um eine genauere Erklärung gebeten. Mein Gedanke hierzu war folgender: »ICH werde nicht versuchenm den gedanklichen Komplex für Sie, an ihrer Stelle erneut zu denken, um ihnen einen Zugang zu dieser Ebene aufzuzeigen, den sie wegen mangelndem Verständnis gar nicht besitzen.« Das Verfassungsgericht betonte daraufhin, dass diese Argumentation als solche nicht mehr angefochten werden darf. ICH nehme daher an, dass sich Entscheidungen des Bundesverfassungsgerichts zum Teil auf meine Aussagen stützen. Die gedanklichen Aussagen, die für mich im Hintergrund erkennbar bleiben, sich in Geräuschen des Straßenverkehrs ebenso übertragen, wie in der Dynamik des direkten Raums greifen in die Entscheidungen der Menschen nachhaltig ein, nehmen sie sogar vorweg. Die Stabilität meiner Aussage führe ICH auf den gigantischen Materiebezug zurück, der sich aus der Auseinandersetzung mit dem Thema ›Krieg und Attentat als Produkt des Gesamtbewusstseins‹ ergibt. Der Unterschied zwischen Krieg und Attentat besteht darin, wie sie auf das Thema hinführen. Das Attentat bewirkt eine sofortige Vereinheitlichung aller Kopfkinos.

Nach dem Anschlag stellt das Individuum einen Zusammenhang zwischen geiststofflichem Plan und dem Eintritt des Ereignisses her. Es erkennt für einen

Moment die absolute Wahrheit. Die absolute Wahrheit? Das bedeutet: Die aufgenommene Sinninformation bestätigt den im Moment vorliegenden Kopfkinoinhalt, der latent als Plan der Terroristen über einen längeren Zeitraum vorlag. Der Geiststoff ›Plan des Anschlags‹ stellt einen mit optischer Kontrolle zu erhärtenden Informationskomplex dar. Er beschreibt in einer ausgezeichneten Weise den Entwurf einer Handlung, die Verwirklichung und ihre Folgen, und lässt durch die Wechselwirkungen mit dem eigenen Kopfkino eine Überprüfung der korrelierenden eigenen Arbeitshypothesen zu.

Die folgende Sequenz entstand, nachdem ICH am Tag des Attentats in Spanien etwa um 8 Uhr gedanklich aufgefordert wurde, das Siegel der Freimaurer vor mir auf dem Fensterbrett zu betrachten. ICH erkannte diese Aufforderung und befand mich wegen des Anschlags auf den Freimaurerorden in der Türkei sofort auf dem Niveau Anschlag. ICH sah nicht auf das allwissende Auge, sondern sagte zu den Befehlsgebern: »ICH werde für Sie die optische Wahrnehmung durch Dritte zum Zeichen unserer Kommunikation jetzt erwähnen. Sollten Sie sich für weitere Wahrnehmungsformen interessieren, sehen Sie bitte unter den definierten Sinnen der Ich-Räume in meinem Buch nach« und schrieb folgendes: »Die einprägenden Bilder der Verstümmelungen, durch die Anwesenden optisch aufgenommen, sind zum einen die Stabilisatoren des Entwurfs ›Anschlag›. Zum anderen ermöglichen sie in ihrer Wechselwirkung mit meinen Kopfkinoinhalten wegen ihrer Klarheit eine exakte Definition oder erweiterte Betrachtung meiner bestehenden Theorien. Ganz egal, ob ICH meine Analysekapazität auf den Mikrokosmos oder den Makrokosmos richte, ICH erhalte viel schärfere Bilder mit einer höheren Auflösung und einer größeren Anzahl von Pixeln. Die gute Speicherfähigkeit oder Erinnerbarkeit der Inhalte ist als Korrelat zu den unvorstellbaren Grausamkeiten verständlich.

Abseits profitierender Wissenschaftler und abseits der Weltlinie stoßen die aktivierten Geistesinhalte auf Unverständnis. Der Krieg führt jedoch langsam auf eine Vereinheitlichung der Kopfkinos hin.

DAS SCHAFFEN EINER WELTWEIT WIRKENDEN THEORIE ALS AUSLÖSER EINES KRIEGES

Ein Krieg hat die Möglichkeit, sich als notwendig zu verkaufen. Er führt langsam auf das Produkt des Geistes hin, schildert sozusagen seine gedankliche Entwicklung, lange nachdem diese abgeschlossen ist. ICH stelle fest, dass mir erst durch die Aussage des Libanesen dieser Zusammenhang in absoluter Klarheit bewusst wurde. Erlaubt das Attentat für einen kurzen Moment einen schärferen Blick und macht korrelierende Teile der Weltlinie sichtbar, vertritt der Krieg das geistige Produkt in seiner Gesamtheit. Der Krieg hat daher die Möglichkeit sich anfangs als notwendig zu verkaufen. Er endet erst dann, wenn alle das Siegel des Denkers tragen und mit ihrem Handeln Bausteine seiner Theorie sind.

Zur Zeit der Entwicklung stellen selbst Politiker im eigenen Land durch ihr oppositionelles Verhalten und durch ihr machterhaltendes Gehabe eine Bedrohung der eigenen Theorien dar. Einstein hatte Recht, dass man sich mit einer Politisierung der Mittel sein eigenes Denkergrab schaufelt. Die Menschen reagieren irrational nach dem Herdentrieb, der an der Spitze ebenso, wie das Parteienmitglied. Schließlich strebe ICH der Allgemeingültigkeit entgegen und beziehe alle Stimmen mit ein.

Politiker können, wenn sie vor der Kamera zu meinen Geiststoffen den Kopf schütteln, weil sie ihr Parteiensiegel sehen wollen, einen sehr großen negativen Informationskomplex im Gesamtbewusstsein erzeugen, der von mir neu überdacht werden muss. Mit ›nein‹ ↔ ›ja‹ / ›nein‹ ↔ ›ja‹ werden diese Strömungen erzeugt. An den Randbereichen der Felder entstehen immer kommunikative Berührflächen. Wenn Anhänger der verschiedensten Theorien oder die Theorien innerhalb der individuellen Ich-Räume aufeinandertreffen, muss sich die eine Sichtweise in die andere überführen lassen. Gott sei Dank ist die Funktion des

Gehirns an Materiebezüge gebunden, so dass sich jeder Standpunkt aufschlüsseln und innerhalb des Materieraums darstellen und somit an die andere Meinung harmonisch angleichen oder in diese wandeln lässt.

Trotzdem ist jede Meinung ein Rechenergebnis und das Rechenergebnis eine Felddichte. Eine Felddichte, die aus individuellen Massebahnen des Materieraums resultiert. Eine Anhäufung von Strukturen des Informationsflusses, angelehnt an die Materieströme. In diesen Konstrukten gibt es Datenlöcher. Es sind die unbeobachteten Bereiche des Materieraums. Die individuell unterschiedlichen Materiebezüge und die Varianz in der Summierung führen zu unterschiedlichen Krümmungen und Stauchungen in den holographischen Strukturen und damit zu veränderten Ableitungen und Ergebnissen der Gehirne.

Bei einem akuten Aufeinandertreffen von Theorien besteht daher immer die Frage nach der idealen Umrechnung. Das heißt, die Theorien und Weltsichten müssen austauschbar sein. Die eine Person muss mit der Theorie der anderen Person strukturell umgehen können. Das Individuum sollte mit dem persönlichen Materiebezug beide Theorien strukturell errechnen können. So gesehen ließen sich individuelle Verwandtschaftsgrade innerhalb der Bezugsmasse der Theorie in die Überlegungen mit einbeziehen.

Manche Struktur einer Theorie verfügt über Bausteine des Materieraums, über welche man selbst verfügt. Dann fällt die Adaption an die Struktur der Theorie innerhalb des Materieraums und das Verständnis leicht. Über manche Massebahnen des Materieraums verfüge ICH nicht unmittelbar. Dann werde ICH vom Denker abweichende Massebahnen als meine Ausgangsposition zum Aufbau eines ähnlichen Datenwerks nutzen müssen.

Das bedeutet es gibt zwei Möglichkeiten des Verständnisses einer Theorie. Es gibt eine integrierte Form. Hier zählt man sich selbst zu der Bezugsmasse des Denkers. Man kann sich vom eigenen Anteil aus in die Bezugsmasse einarbeiten. Dann gibt es eine abgekoppelte Form. Man begibt sich in fremde Kulturen und deren Ausbreitungsgebiete. Man versucht, sich deren Wissen anzueignen. Man erstellt mit den gesammelten Materiedaten der eigenen Welt ähnliche holographische Strukturen, um Zugang zu diesem fremden Wissen zu erlangen. Fremd heißt hier nicht fremd! Wissen gleicht sich! Nur die Zusammensetzung des Wissens, das Bezugssystem innerhalb des Weltensystems ist dann ein anderes. ICH vermute, dass ein ähnliches Verständnis einer ähnlichen Kapazität an Daten bedarf.

Der Entwurf einer Theorie ist eine Rechenleistung. Es werden die individuellen Materiedaten der Gehirne verrechnet. Daraus resultiert der so genannte Realraum. Stark vereinfachend kann man den Realraum auf die Informationsmenge des Materieraums reduzieren. Je vollständiger die Sammlung individueller Materiedaten ist, umso größer ist ihre Allgemeingültigkeit. Die Datenmenge des Realraums ist eine Verschränkung einer Vielzahl unterschiedlichster Informationsvolumina, so dass eine weißlich-gelb glitzernde Äthermasse entsteht, welche den Materieraum gerade so durchscheinen lässt.

Diese Datenmenge lässt die Ableitung einer Theorie zu. Es handelt sich um die Antwort auf eine Frage. Es handelt sich um den errechneten Realraum, welcher in seiner Dynamik die Daten einer Antwort enthält. Die Frage definiert einen Materiebereich. Die Frage ist Ursache einer isolierten Betrachtung innerhalb des Realraums. Innerhalb des errechneten Datengefüges ist die Frage Ursache einer hervortretenden Antwort.

ICH vermute, dass die holographische Fassung während ihrer Erarbeitung bereits die Ländergrenzen sprengt. Die eintretende Erkenntnis eint dann den Datenraum. Stabiles Wissen fasst den Datenraum zu einem Ganzen zusammen. Der Realraum wird zum Träger und Vermittler des Wissens. Die verändernde Dynamik des Materieraums ist ein Faktor. Doch bleibt das erarbeitete Wissen an diese Datenmenge gekoppelt. Das Wissen ist trotz verändernder Dynamik des Materieraums relativ stabil. Das bewirkt die Gleichzeitigkeit sehr vieler Inhalte. ICH nenne es das korrelierende System!

ICH nenne den involvierten Datenraum auch das Ausbreitungsgebiet der Theorie! Der involvierte Mensch bleibt seinem Alltag verpflichtet. Der tägliche Umgang mit Objekten, ganz allgemein mit Information, führt zu einer Prägung der darstellenden Ebene. Wird die geiststoffliche Masse der Theorie nicht regelmäßig errechnet, gewinnt die Alltagsinformation des Individuums wieder die Oberhand.

Die individuellen Anteile verschmolzen während der Erkenntnis zum Ganzen. Das Wissen ist eine Momentaufnahme des Ganzen. Es ist generierte Allgemeingültigkeit. Es ist ein Rechenergebnis. Das Wissen geht aus einer Datensumme hervor. Man fügt sich mit seinem Datenanteil in einer ganz spezifischen Weise in das wissende Datengefüge. ICH spreche aus diesem Grund von einer Determiniertheit des Individuums innerhalb des Wissens. ICH spreche von der Gebundenheit des individuellen Datenanteils im wissenden Ganzen. Die nachträgliche Strukturierung des geschaffenen Wissens durch die Gesellschaft, der technische Fortschritt und der tägliche Gebrauch desselben wird die Unfreiheit des gebundenen Individuums noch verstärken.

Der Einzelne kann natürlich innerhalb des Datennetzes seine Position durch Willenskraft und Ausdauer nachhaltig verändern. ICH nenne zwei Beispiele. Das eine Beispiel betrifft das korrelierende System und behandelt die Verschiebung eines Inhalts innerhalb des Korrelats in Raum und Zeit. Die erbringenden Individuen brauchen sich nicht zu kennen. Das zweite Beispiel betrachtet die Verschiebung innerhalb einer Konzernstruktur.

Zum ersten Beispiel, dem Korrelierenden System: Die individuellen Daten lassen sich innerhalb der gedanklichen Fassung ineinander überführen. Sie können zuerst von Angela Merkel sprechen, zwischendurch eine Tasse Tee trinken, um anschließend über Erdogan zu sprechen. Diese Flexibilität des Korrelierenden Systems ist eine Notwendigkeit. Sie dient dem Erhalt des Wissens. Gleichzeitig vollziehen sich alle Operationen der Gehirne innerhalb des Korrelierenden Systems. Die Inhalte bedingen sich gegenseitig. Die Operationen des Gehirns sind vom Wechselwirken der Daten abhängig. Vereinfacht gesagt: Korrelierende Bausteine geben sich innerhalb der holographischen Fassung gegenseitig eine Existenz.

Innerhalb des Korrelierenden Systems ist es nun so, dass das natürliche Wechselwirken ausgehebelt werden kann. Nimmt eine individuelle Einheit unter ungeheurem Einsatz von Energie den Kampf gegen sein von den Ahnen ererbtes Äthergerüst auf und verändert sein Verhalten nachhaltig, so entsteht innerhalb des Korrelierenden Systems eine Wirkung auf die verschränkten Datenerbringer. Den Vorgang der Datenverschränkung zu erläutern, führte jetzt zu weit. Man denke an familiäre Einflüsse, an den Kindergarten und die Schule und an alle anderen Gesprächskontakte, die Wirkung erzielten, Themenblöcke installierten und Datenflüsse richteten.

ICH nenne mein gewohntes Verhalten, das die Gesellschaft in der bezeichneten Weise an mich herantrug, einen Schlüssel. Im Korrelierenden System ist der Schlüssel mein individueller Datenabdruck. Dieser Schlüssel verändert seine Wertigkeit, sobald Sie beginnen, Ihr Leben zu ändern. Wenn sie ab jetzt Bücher lesen, anstatt vor der Glotze zu sitzen, erhält der Datenabdruck ›vor der Glotze sitzen‹ einen anderen Wert. Der Schlüssel beginnt, innerhalb des Korrelats verschränkte Räume zu öffnen. Wir werden auch dort Fernsehen vorfinden. Wir brauchen jetzt nur noch jemanden zu finden, der vor der Glotze sitzt.

ICH vermute, dass wir erst dann wirklich Ruhe finden, wenn wir in den anderen Räumen Ausgleichsmasse finden. Sprich, wir nutzen unsere Kontakte innerhalb des Korrelierenden Systems und erzeugen Individuen – gerne auch im Bekanntenkreis –, die die gewohnte Information an unserer Stelle erbringen. Dann wird mein neues Verhalten zur Kontaktadresse innerhalb des Korrelierenden Systems. Der Datenabdruck ›vor der Glotze sitzen‹ wurde innerhalb des Korrelierenden Systems an einen anderen Ort verlagert und wird sich auch in der Zeit wandeln. Sprich: Unsere Gene werden nicht von anderen angeschaltet, sondern wir schalten sie in anderen an.

Ob ich mich in Gottes Sinne nicht schuldig fühle, wenn ich andere Existenzen mindere, fragte man mich im Kindesalter zu diesem Thema. So wenig, wie sich ein anderer für mein Leben schuldig fühlt, sagte ICH (damals!): »Ganz im Gegenteil! Sie besprechen Lebens- und Verhaltensweisen am Mittagstisch und lachen darüber. Manche schnüren das Korsett noch enger, indem sie Gesprächsinhalte mit hochwertigen und unveränderlichen Tatsachen untermauern.«

Kommen wir auf das zweite Beispiel zu sprechen. Betrachten wir eine industrielle Ordnung. Betrachten wir die Möglichkeit der gleichzeitigen Darstellbarkeit des Materieraums mittels Label. Der Einsatz eines Individuums an anderer Stelle erlaubt uns, in der Konzernordnung zu verbleiben.Hierbei wird das Individuum verschoben und erbringt dann andere Daten für die industrielle Ordnung. Zu beachten ist der gleichbleibende Raum und die gleich bleibende Zeit. Die erbrachten Daten sind in Raum und Zeit Nachbarn. Die Datenmengen ergänzen sich zum Materieraum des Konzerns. Die individuell erbrachten Daten sind innerhalb dieser geschlossenen Datenmenge ineinander überführbar. Der freiwerdende Platz wird, um dem Konstrukt die notwendigen Daten zuzuführen, durch einen anderen ersetzt werden.

Der Geist reist wie auf Schienen seine gewohnten Daten entlang. Der Geist nutzt auch fremde bereits gegebene Strukturierungen. Die Position innerhalb der Gesellschaft, die Datenmenge, die zum Beispiel für den Erhalt einer Konzernstruktur notwendig ist, kann auch von Nachrückenden erbracht werden. Holographische Datenpakete stehen in Konkurrenz zueinander. Wie die Macht der Gewohnheit den komplexen wissenschaftlichen Status strukturiert, greifen Konzernstrukturen auch auf Arbeitnehmer und Verbraucher über.

Nicht, dass globale Fassungen von Verbraucherverhalten dem Einzelnen nicht eine verbesserte Anwendung brächten! ICH denke hier jedoch eher an die Botschaften, die die Konzernstruktur als Ganzes an dessen Bausteine ausgibt. Ein Wachstumsziel zum Beispiel, das den Verbraucher erreicht. Wie wirken diese Botschaften auf den Körper, der ebenfalls in dieser Datensuppe organisiert ist? Wie ist die Wirkung konkurrierender Konzerne innerhalb der Bevölkerung? Ist jedes Individuum nur noch seinem Versorgerlabel zugewandt und kehrt dem Rest der Welt, seinen Mitbewohnern und der Nachbarschaft den Rücken zu? Ziehen sich labelbedingt Datenbarrieren durch die Bevölkerung? Gibt es keine Datenbrücken mehr? Fließt Geld schneller ab als Regenwasser?

ICH eine die Basis und gelange damit zu neuem Wissen. Immer mehr Menschen beginnen, sich, weil sie vom gewohnten Objekt in die Umgebung einfließen, als diese zu begreifen und erlauben dem Gehirn den Materieraum, seine Daten als etwas harmonisch Fließendes, sich bewegend Veränderndes, ständig präsentes, abgeschlossenes Ganzes zu verstehen. So ist es dem Individuum erlaubt, sich innerhalb der gegebenen Datenfassungen zu bewegen. Es verbietet sich, die Bezugsmasse einer wissenschaftlichen Theorie zu verlassen.

Das Wissen generiert sich aus dem Materieraum. Die strukturellen Dichten der Vordenker sind psychoaktiv leitend. Singuläres ist in spezifischen Feldern organisiert. Deren Erarbeitung und der Blick darüber hinaus erzeugt ein neues Bewusstsein, das Bewusstsein eines veränderten Wissens. Der Vorgang leitet den Fall der Vorgängerlösung ein.

Der Materieraum ist eine abgeschlossene Informationsmenge, die wissenschaftlichen Fassungen desselben und die abgeleiteten Theorien sind es nicht.

Auf Grund individueller Alltagsstrukturen, die sich voneinander unterscheiden, ist die Entwicklung von Daten verarbeitenden Mechanismen anzunehmen. So werden im Gespräch individuelle Anteile erweitert. Die geistigen Inhalte der Gesprächspartner regen sich gegenseitig an. Es bauen sich verbindende Strukturen auf. Es organisiert sich ein Datennetz, das der gegenseitigen Vermittlung von Information dient. Das verbindende Datennetz leitet in eine komplexere Ordnung ab, der es selbst angehört.

ICH unterscheide die Ordnung eines Labels, das Information zentralisiert und sich als Verbraucherverhalten darstellt, von einer allgemeingültigen wissenschaftlichen Theorie, die sich aus der Datenmenge des Realraums herleitet. Ist erstere bereits von lenkenden Datendichten belastet, ist letztere nur eine Beschreibung des Materieraums unter Berücksichtigung individueller Beiträge. Die aufgeworfenen Datenschwankungen während eines Gesprächs harmonisieren sich in den durchgehenden Datenmengen des verbindenden Netzes. Es kann geschlossen leitend argumentiert werden.

Sollte kein Kontakt zu einer grundlegend verbindenden Struktur entstehen, so dass aufgeworfene Wellen keine Harmonisierung erfahren, so ist immer noch die assoziative Betrachtung zu nennen. ICH nehme den günstigsten Datenaustausch zwischen den Gesprächspartnern bei struktureller Identität der Konstrukte ihres präfrontalen Kortex an. Sprich zwei holographische Datenmengen unterscheiden sich in ihrer Zusammensetzung, sind sich aber strukturell ähnlich, so dass ein Übergang, die assoziative Betrachtung erfolgen kann. Der Datenfluss von einem Ich in das andere Ich ist die Grundlage eines gegenseitigen Verständnisses. Die Analyse von Inhalten ist an die holographischen Konstrukte des präfrontalen Kortex gebunden. Das bedeutet, dass vor allem auch die Ableitungsmöglichkeiten des eigenen Ich das Verständnis bedingen.

ICH setze die Erweiterung des Objektstatus während des Gesprächs zu Raumabschnitten und komplexeren holographischen Strukturen einem zunehmenden Verständnis gleich. Die holographischen Konstrukte der Gesprächspartner sind assoziativ betrachtet, ineinander überführbar. Bei steigenden Datenmengen ist eine zunehmende Ähnlichkeit der Konstrukte der Gesprächspartner zu erwarten. Irgendwann sollten daraus ähnliche Ableitungen des Vorderhirns in Bezug auf den zu bearbeitenden Inhalt der Gesprächspartner entstehen.

ICH vermute, dass sich holographische Konstrukte sehr schnell ausbreiten. Das Auge ist empfindlich für elektromagnetische Phänomene dieser Art. ICH nehme an, dass sich durch meine Arbeit um die individuellen Anteile ein verbindendes Ätherwerk aufspannt. ICH nehme eine Begünstigung des Individuums durch Integration in komplexen Äther an. In einem Gespräch resultiert daraus zum Beispiel eine Argumentation mit wissenschaftlichem Gedankengut. Das heißt, die optische Übernahme komplexer Ätherdaten durch den Gesprächspartner wandelt dessen Haltung.

Diese intrapsychische Wirkung komplexeren Äthers auf das erweiterte Individuum, bezeichne ICH hier als Argumentation wissenschaftlichen Gedankenguts. Die Erweiterung seiner Daten, die Integration in das wissenschaftliche Gefüge, seine Involvierung spricht für eine Begünstigung des Involvierten.

Der komplexe Geist ist zusätzlich analytische Instanz seines Datengefüges. Dieses leistet der Geist in Verbindung mit seinem Körper. Die Datenbanken der gesicherten Körperverwaltung sind sich äquivalent und werden assoziativ betrachtet. Eine störungsfreie Ordnung eingelagerter Ichs wird erzielt. In der Regel erlaubt dieser Sachverhalt die harmonische Besetzung des Individuums durch einen lenkenden Geist. Sollte eine intelligentere Form diesen Zusammenhang erkennen und nicht schätzen, so dass er bösartig, scheinbar gegen sich selbst reagiert, so führe ICH mir folgenden Zusammenhang und mögliche Datenflüsse vor Augen. ICH werde respektieren und aufklären!

Ab einer gewissen Kapazität ist der bewusste Geist Sender und Mikro zugleich. Adresse bleibt Adresse, ob Erzeuger oder integrierter Baustein. Versuche ergaben, dass manche Kapazität an Daten sofort in das Gottesmodul ableitet. Es sitzt zwischen den Ohren zum Verlängerten Mark hin. Das Gesagte wird vom geiststofflichen Konstrukt direkt aufgenommen und in Echtzeit in das Gottesmodul geleitet. Anscheinend gibt es Phänomene, die meine gesamte Kapazität in einer Weise aufbereiten, dass mein Weg als Ordnung und direkte Leitung in mein bewusstes Ich besteht. Daraus resultiert die Möglichkeit der Teilnahme und notfalls die Verteidigung meiner Interessen an den Orten, an welchen man mich hervorruft. Als integrierter Baustein scheine ICH ebenfalls Botschaften zu erhalten. ICH schreibe die Stimmen aus dem Äther dieser Konstellation zu. Die Kategorisierung auftretender Phänomene bedürfte einer eigenen wissenschaftlichen Arbeit.

Umbenennungen der geiststofflichen Masse durch die Betrachtung der Repräsentanten werden von bereits bestehendem geiststofflichem Muster oder dem wahren Erzeuger manchmal nicht toleriert. ICH denke an eine bestehende Weltordnung, die sich ihrer Konstanten innerhalb des Status Quo vergewissert, oder die beliebige Einlagerung von Adressen in die erzeugte Kapazität. Dann kommt es zu Konfrontationen mit dem wahren Erzeuger. Eine jegliche Einlagerung von Adressen entspricht der Aufnahme neuer Datensätze. Das verursacht veränderte Datenströme durch hinzukommende Materiekomponenten. Die Dauer der Anlage führt zu einer Harmonisierung der Inhalte. Man erlernt sie bei wiederkehrenden Kontakten und vergisst sie ebenso schnell.

Es wären des Volkes Augen, die der geschaffenen Datenkapazität Namen gäben. Hat man gerade Argentinien mit 3:0 besiegt, besiegt in einem Sinne, dass man im Äther der Gehirne Torschüsse von weit daneben zu einem gültigen Tor verbiegt, die Stimmen des Äthers als eine Form des Weltgeistes in seine Richtung treibt und die Gefühlsebene, wenn nötig über mehrere Minuten stabilisiert, dann hat man geiststoffliche Masse, dicht genug, dass diese als Projektionsfläche gelten darf.

Die Betrachtung des Trägers eines geiststofflichen Konstrukts durch ein wahrnehmendes Gegenüber führt zur Namensgebung der gegenwärtigen geistigen Kapazität. Der Erzeuger des geiststofflichen Konstrukts kommt dadurch zu einer Existenz innerhalb des Volkes. Diese Inhalte sind gegen andere Interessensgebiete abgrenzbar, die ebenfalls eine geistige Kapazität innerhalb des Volkes darstellen. Die Betrachtung durch das Volk – man kann sie auch unter Medieninteresse zusammenfassen – lässt sie mich als zeitlich begrenztes dichteres Datenphänomen innerhalb meiner generierten Geistesmasse wahrnehmen.

Betrachtet das Volk die Verantwortlichen, die Funktionäre und Repräsentanten so projiziert es ihre Gesichter auf den gegenwärtigen geistigen Status. Die Dichte der Projektionsfläche ist es, die eine bildliche Qualität erlaubt, so dass ICH mich am Gegenüber erkennen kann. Eine scheinbare Autoaggression gegen mich selbst entsteht durch die irreführende Bezeichnung des geschaffenen Inhalts. ›We are higher!‹-Ordner, die das eigene Sein involvieren, scheinen die Situation zu verschärfen. Der ›We are higher!‹-Befehl regt den Kampf gegen das sichtbare fremde Gegenüber an. Nicht zuletzt dient dieser Mechanismus der Wahrung eigener Interessen und ist als Feldordnung Leitbild für integrierte Bausteine.

Es ist nicht leicht, getrieben von diesen zum Teil unbewussten ›We are higher!‹-Ordnern des Volkes irreführende Bezeichnungen friedfertig und freundlich hinzunehmen. Es kann sich um einen natürlichen Mechanismus handeln. Tief verwurzelt in den Programmen zur Rangordnung und der Verbreitung seiner Gene, nimmt es den Kampf gegen gesichtetes Fremdes auf, bis die Tötungshemmung durch die Erkenntnis der eigenen Substanz den Kampf beendet. Man prügelt auf das Fremde ein, bis die bildliche Instanz in das eigene Antlitz gewandelt oder erkennbar das eigene Daten-Ich verkörpert.

Sich selbst zu erkennen, ist dem Sehenden möglich, wenn er verursachende Ordnung ist und ihm seine Repräsentanten vertraut sind. Auch ist es die eigene Größe, die der ›We are higher!‹-Fraktion Angriffspunkt bietet. So sind ›We are higher!‹-Aussagen bei niedrigen Datenkapazitäten nicht zu bemerken und leicht zu verrechnen. Größere Datenmengen haben einen gewissen Verrechnungsaufwand und das Maximum einer Siegesordnung stören sie gewaltig.

ICH werde respektieren und aufklären. Es gibt Menschen, die mit noch weitaus präziseren Mitteln wie oben erwähnt, Siege für sich herbeiführen. Zu erkennen ist, dass sich das Weltensystem in diesem Moment nicht wie gewohnt verhält. Der gegenwärtige Status innerhalb eines geiststofflichen Systems korrelierender Inhalte, die auf gewohnte Weise in andere einstrahlen, könnte verkehrt werden. Das gegnerische Label, gewohnt den Standpunkt des Komplexeren hinzunehmen, wird in einer Weise Bestandteil einer Berechnung, dass es im geiststofflichen System die Ordnung eines 3:0 vertritt.

Die neue Ordnung verändert die Richtung des Datendrucks. ICH vermute, dass die grob veränderte Ordnung ein Hervortreten von ungewohnten Inhalten verursacht. Die Phasenübergänge der Supersymmetrie assoziativ verrechenbarer Inhalte werden jetzt auf Grund des veränderten Datendrucks von einer anderen Seite betrachtet. Angrenzende Bereiche, die die Gewohnheit einst flutete, die sie, wenn überhaupt, nur als notwendiges Chaos zur schadlosen Integration ihrer Existenz in den Materieraum, als notwendige Varianz zur Berechnung und Verwirklichung ihrer Ziele akzeptierten, werden nun innerhalb einer größeren Sache hochgefahren. Die gegebene Ordnung generiert Inhalte innerhalb ihres Ich, vielleicht ein unterlegenes, ja sogar verfeindetes Label. Diese Datenmengen treten an ihrem Gesprächspartner ausdifferenziert in Erscheinung. Autoaggression wird möglich.

Erkenne dich selbst! Dies dürfte für Systeme, die im korrelierenden System assoziativ verrechnet werden, schwierig sein. Sie gehören nicht dem Ausbreitungsgebiet der verursachenden Theorie an. Sie sind im korrelierenden System aber assoziativ strukturell gebunden, und erleben daher auch, was ICH organisiere.

Zumindest strukturell, das heißt der Datendruck der erzeugten Ordnung besteht im geiststofflichen System als korrelierende Größe.

Es ist daher schwer sich selbst zu erkennen. Man unterliegt einem gewissenlosen Monster, einem anderen Gehirn, das ebenfalls Ziele verfolgt. Die Massebahnen des Materieraums in eine holographische Ordnung gefasst, bezeichnen wir ein elektromagnetisches Feld des Gehirns. Die Kapazität der holographischen Ordnung bestimmt den Ereignishorizont. Die Streitparteien erkennen die verursachende Ordnung oft nicht! Sie sehen sich nicht in holographischen Feldern formiert. Sie sehen sich nicht als Stützpunkt, von welchem sich der höhere Sinn auszubreiten versucht. Vielleicht gelingt ihnen die adaptiv assoziative Betrachtung nicht, weil sie sich für etwas Besseres halten. Vielleicht propagieren sie die geistige Unterwanderung mancher Staaten. Vielleicht bedienen sie sich in manchen Dingen einer unangebrachten Einflussnahme, wirken mit ihren Positionen bevormundend, ja sogar beleidigend!

Der Bezugsraum eines Denkers könnte sich auf weite Teile Europas und darüber hinaus erstrecken. Er könnte eine einheitliche organisierende Masse dieser Größe bewirken. Ihr Standpunkt läge, letztlich selbst auf Massebahnen dieses Raumes beruhend, innerhalb dieser globaleren Datenfassung vor. Die Dynamik des Raums und die Arbeitsprozesse individueller Gehirne differenzierten an ihren Kontaktflächen ihnen konträr anmutende Positionen aus. Sind sie als Eigentümer eines Teils des Materieraums Status Quo, und definieren sie auf dieser Grundmenge eine Haltung, so haben sie grundsätzlich die angrenzende und umgebende Ätherdynamik einer anderen Geisteshaltung als angreifende Substanz zu verarbeiten.

Beim Schreiben überfällt mich der Eindruck: »ICH sitze hier nur als Instrument, bin nicht wirklich Herr meiner Gedanken. ICH erlebe mich als von anderen gemacht. ICH sitze an diesem Ort nur als Schreiber, als käme all das aus einem geschlossenen anderen Raum. Interessant, welche Instanzen sich dem berechnenden Gehirn erschließen! Es handelt sich um eine zentralisierende Ordnung! Das Ich informiert sich selbst! (Samstag, 13.03.2010.)

Die Möglichkeit einer Sichtweise hängt auch von den geschichtlichen Strukturierungen durch Kriege und Kultur ab. Kaum ein Geist wird sich diese Zusammenhänge erschließen können, um sie in einen höheren Zustand zu überführen. ICH denke, das Kriegsgeschehen war Ausdruck einer großen Leistung eines der führenden Geister. Die Materiebewegungen, die Planung, das Brechen von Widerständen dient einzig und allein der Zentralisierung von Information. Es sind die Rechenoperationen des Gehirns des letzten großen Verantwortlichen. Der errechneten Einheit seiner Bezugsmasse und vor allem dem Gedankengebäude, das er darauf errichtete, verdanken wir die gegenwärtige wissenschaftliche und gesellschaftliche Ordnung Europas.

Der angrenzende Raum, auf welchen das denkende Konstrukt als Feldgröße wirkt, kann die höhere Ordnung, den Verursacher konträrer Inhalte, nur mit dem entsprechenden Wissen als sich selbst erkennen. Als angrenzender Raum dürfen hier auch assoziative Verschränkungen und korrelierende Inhalte im Allgemeinen verstanden werden. Sie werden beginnen, auf das Gegenüber, auf das Angrenzende, das ihnen Entgegenströmende, den blockierenden Standpunkt einzuschlagen. Die Anwendung von Gesetzeswerken oder die Anwendung der Menschlichkeit können dies verhindern.

DAS KONSTRUKT DIKTIERT AUCH GEFÜHLE

Vor allem die wissenschaftliche Erkenntnis geht mit einem unglaublichen Hochgefühl einher. Die Erkenntnis beruht auf der Unterwerfung von Daten und führt zu einer Datenhoheit. Es entsteht der Raum, der das Gehirn mit Antworten versorgt. Gefühle sind Datenmengen des korrelierenden Prinzips. Es sind hochwertige Datenmengen, die eine Vielzahl von Komponenten berücksichtigen. Sie sind nicht zu vergleichen mit der Information eines Objekts, das dem Entwurf eines Bewegungsprogramms dient. Die Datenmenge des Gefühls bildet Bereiche des Realraums sehr präzise ab. Wir sprechen bei einer Verwendung dieser Daten auch von einem Bauchgefühl. Sicherlich dient das Korrelat selbst als Projektionsfläche für den gewählten Bereich des Materieraums. Die Fehlerquelle von Gefühlen dürfte in einer zu hohen Wertigkeit des Korrelats liegen. Nicht nur eine wissende wissenschaftliche Instanz kann falsch und richtig anordnen, es können auch Strukturen des korrelierenden Systems wegen unterschiedlicher Zeitfenster Fehler erzeugen. Letztlich ist es immer der richtige Weg und der Eintritt des Angestrebten, der uns die Datenmenge des Korrelats erschließt.

DAS FEINDBILD ALS AUSDIFFERENZIERTE SICHTBARE ÄTHERFORM!

Das Feindbild entspringt im Großen geschichtlicher Strukturierung und im Kleinen gewohnten gesellschaftlichen Mustern! Hervorgerufen wird die Wahrnehmung und Verarbeitbarkeit dieser elektromagnetischen Dichte durch das spezifische Feldverhalten. Globalere Fassungen des Materieraums führen zu veränderten Feldaktivitäten.

ICH nehme bereits die unbewusste Aufnahme der Daten als psychoaktiv genug an, um nachträgliches Verhalten zu bedingen. Die sichtbare und bewusst wahrnehmbare Informationsmenge scheint ein Sonderfall zu sein, sichtbar in einem Sinne der elektromagnetischen Verarbeitbarkeit, hervorgerufen durch das Feldverhalten einer globaleren Fassung.

Im Datenfeld der neuen Ordnung sind Länderkapazitäten enthalten. Sie werden als Realraum in das Konstrukt eingerechnet. Dieser Realraum ist, wie wir wissen, ein Datenraum. Er entsteht bei der Summierung individueller neuronaler Leistungen. Er ist die einfachste und zugleich komplexeste Beschreibung des Materieraums.

Innerhalb dieser Datenmenge ist der Schmetterlingseffekt veranschaulichendes Beispiel wahrnehmbarer Betrachterpunkte. Folglich verfüge ICH als Wissenschaftler über einen Datensatz, der frei von Strömungen und Haltungen irgendwelcher Staaten und Individualisten ist. Man kann es sich vorstellen, dass der Datensatz des Realraums zu einem Ziel gewandt auch Strukturen, die sich aus ihm generieren, involviert.

Eine so geschaffene Datenbasis nötigt die führenden Köpfe nach durchlaufener Struktur zu Entscheidungen meiner Größe. Betrachte das Spiel der Wellen! ICH rate zu mehr Gelassenheit!

Die Staaten und Staatenkonstellationen sollten sich als Bezugsmasse fremder Gehirne und Standpunkte begreifen dürfen. Sie sollten erkennen, dass die flächige Fassung weiter Teile des Materieraums und die gleichzeitige Eingabe einer zukünftigen Ordnung durch ein Ich innerhalb und außerhalb des Erdsystems große Wirkung zuerst auf die Materie, vor allem aber auf die adaptierten Gehirne und damit auf die vorherrschenden Strukturen, die sich aus beiden generieren, erzielt.

Sie sollten erkennen, dass mit der Betrachtung von Datenmengen des Realraums und der gleichzeitigen Vermittlung von Zielen integrierte Systeme mit gegensätzlichen Betrachtungen und Meinungen ausdifferenziert dargestellt sein können. ICH spreche von einem Ätherbild, das einem Organismus anhaftet. Es handelt sich um eine lumineszierende Datenmenge, die Bereiche des Materieraums fasst. Organismen und deren Verhalten sind innerhalb dieser Datenmenge organisiert. Eine Differenzierung findet statt, wenn eine holographische Fassung eine konträre Meinung ausgibt, sprich: ICH meine Datenmenge nicht als dynamisches Ganzes darstellen kann.

Meiner Vorstellung nach findet jede holographische Ordnung aus Materiedaten ihre Entsprechung im Materieraum. Wenn mein Wissen innerhalb des Materieraums auf beginnende Meinungsverstöße trifft, die sich in sich strukturell abschließen und eine Grenzfläche bilden, die durch bewusste Sendung meinem bewussten Datenbezug, dem Ziele entsprechend, sich von hier aus ausbreitend, Allgemeinheit schöpfend, flächig entgegensteht, so entsteht eine Projektionsfläche, die von mir beschienen wird. Die Sichtbarkeit und die damit verbundene psychische Aktivität für Andere nehme ICH auch für die eigenen holographischen Dichten an.

Strukturelle Hochrechnungen aus der Datenbasis, dem Realraum, stehen sich als konkurrierende Informationsmengen gegenüber. ICH nenne politische Systeme, Konzerne und Fußballvereine als Beispiele. Sie errechnen sich alle aus einem regional begrenzten Bereich des Materieraums. Manche teilen sich sogar die Region und führen einen erbitterten Straßenkampf um jedes Individuum, das ihr Label gewichtiger gestalten könnte.

Eine benachbarte Ordnung, die sich aus einer anderen Region des Realraums generiert, und dem Fluss innerhalb des Feldstatus entgegensteht, tritt in den Vordergrund. Dies entspricht der Natur der Felder. Nicht gängige Datenräume bilden sich mit ihrer Bezeichnung ab.

WOHER KOMMT DIE BEZEICHNUNG EINES INHALTS?

Die Entwicklung des Titels einer Datei beginnt beim alltäglichen Gebrauchsgegenstand. Ein gewöhnliches Objekt wird zu einem festen Bestandteil unseres Geistes. Das Individuum fügt dem Objekt im täglichen Umgang weitere Sinneseindrücke hinzu. Auf diese Weise generiert sich um das Objekt ein Informationsfeld unterschiedlichster Inhalte. ICH fasse die Inhalte als Informationsvolumina zusammen.

Das Informationsvolumina kann Information aus Fernsehen und Radio ebenso enthalten wie Daten, die der reinen Koordination der Arbeitsabläufe dienen, wie die der fortführenden Blickrichtungen unserer Augen zum Beispiel. Ein Objekt wird die Daten seines Biotops ebenso erinnern wie die Berichte zu den olympischen Spielen, sofern sie als Sinneseindrücke mit den Daten des Objekts gleichzeitig einhergingen.

Das bedeutet, dass ein Objekt auch mit fremden Zielen behaftet sein kann. Man denke an Berichte über Verluste an der Börse oder negative Leistungen von Sportlern, die sie verbessern wollen. Nicht Sie, die Sportler und deren Manager!

Das Objekt erinnert die Information. Das Objekt erinnert die Information, die sie als Sinneseindrücke mit ihm in Verbindung brachten. Das Individuum ist durch den Gebrauch des Objekts mit ihm verbunden. Die Daten des eigenen Körpers schließen sich direkt an die Daten des Objekts an.

Man könnte Körper und Objekt ganz allgemein zu bewegter Materie zusammenfassen. Die Bewegungsprogramme der Körper werden somit ebenfalls zum Faktor im Gefüge der Daten. Das Datengefüge erinnert den Körper an diesen Arbeitsablauf nicht nur als bewegte Materie, sondern auch als notwendige ausführende Kraft. Dieses spricht für eine gewisse Determiniertheit des Individuums.

Zum einen ist das Individuum Profitierendes. Es erlebt in einer Leistungsgesellschaft mit einem höheren Datenaufkommen die Steigerung der eigenen Effizienz. Man wird schneller, fliegt höher und springt weiter. Zum anderen übertönt man seine Triebe, und Verhalten wird nur noch diktiert. Die Großereignisse, von welchen die Medien berichten, involvieren den korrelierenden Baustein zutiefst. In unserem Fall fordern sie die erwähnten täglichen Handlungen ein.

Ursächlich ist die riesige Datenmenge der Großereignisse, die einem relativ geringen individuellen Anteil gegenübersteht. Die quantitativ und qualitativ mächtigere Feldeinheit passt geringere Felder an. Geregelt wird das Datenverhalten im Feld von Ätheroperatoren. Sie entstehen innerhalb der Feldordnung und versuchen individuelles Verhalten in ihrem Sinne zu koordinieren. Es handelt sich um einen natürlichen Vorgang, der sich aus einer allgemeinen, durch die Sprache bedingten, Bezeichenbarkeit der Materieverhältnisse, ergibt.

Das System aus Operatoren generiert für die höhere Ordnung ein Maximum an Freiheit. Die Meinungen und Entscheidungen höherer Ordnungen sind kaum anfechtbar. Sie generieren sich aus niedereren Instanzen, wo bereits Operatoren zur Verhaltensanweisung greifen. Die ausgegebenen Meinungen werden von Beschreibungen der bekannten Materieverhältnisse getragen. Die aktuellen und wiederkehrenden Materieverhältnisse sind die Stabilisatoren vorherrschender Meinungen. Jeglicher Gedanke, heute auf Äther formuliert, steht sofort in Konkurrenz zur globalen Ordnung. Jegliches Bemühen um einen Wandel wird von der Informationsmasse bezeichneter Elemente des Materieraums in Frage gestellt. Selbst hochrangige Politiker können heute keinen Materiebezug mehr erstellen, so dass ihr Gedanke als Same innerhalb des gegenwärtigen Äthers, als Ursache einer Veränderung angenommen werden könnte.

Übernimmt eine höhere Ordnung das Steuer, so dass ihr Verhalten nur noch notwendige Datenmenge ist, kann das Datengefüge für sie Zwang und chronischen Schmerzen bedeuten. Sie kehren sehr schnell zu den gewohnten Handlungen zurück, um Entlastung zu finden. Manche ihrer Ideen und Entscheidungen lässt sie Großes annehmen, doch dürfen sie nur das Gefühl des Kaufrauschs erleben. Indem sie sich mit ihren Ideen innerhalb des Status Quo generieren und zufällig den Treffer landen, der sie an den Kapitalstrom adaptiert, so dass sie sich als solcher begreifen dürfen, erhalten sie Zugang zu einer vortrefflichen Datenmenge, die, wenn sie ihre Gefühlsebene speist, mit einem Hochgefühl und dem mehrenden Weg einhergeht.

Die Möglichkeit, als großer Förderer des mehrenden Weges aufzutreten und seine Gefühlsebene an diese Datenmenge zu koppeln, birgt das Risiko in sich, die Datenströme innerhalb der Basis weiter umzugruppieren. Den uns bekannten Folgen steht das Hochgefühl bzw. die Förderung des Hauptstroms innerhalb holographischer Felder gegenüber. Diese holographische Fassung ist nicht sehr hell strahlend. Man kann sie aber aufgrund ihrer Sichtbarkeit zu den Formen des Geistes zählen. Im Anfang war der Geist, vielleicht der sichtbare Geist. Die Folgen der Entscheidungen in seinem Sinne sind heute vor allem in den Industrienationen schon sehr gut beobachtbar.

Jegliche höhere Ordnung, die Ziele verfolgt, hat auch Konkurrenz. Die Konkurrenz wird eigene Ziele verfolgen und auf alle Bausteine des konkurrierenden Systems in ihrem Sinne einwirken. Wir verzeichnen hier sogar Ordner, die, fasst man einen Gedanken, sofort das Gegenteil behaupten. Das geht so weit, dass sie versuchen, individuelles Handeln qualitativ zu mindern. Manche bekommen scheinbar ganz offensichtlich – ob Biathlon, Tennis oder Fußball – die Kugel an der Scheibe vorbei, den Ball im Netz oder im Toraus suggeriert. Viele können mangels Datendichte die Ätherbilder, die man ihnen unterjubelt und die ihnen den Vorgang der Minderung bewusst machten, nicht selbst erkennen.

Der Mensch ist nicht selten selbst der Minderer der großen Geister. Durch Leugnen, Verneinen und mindernde Worte stellt er sich selbst auf eine niedere Stufe. Sie leben, was man auf Ihrem Rücken formuliert. Wie weit Sie in ihrem Alltag fremden Zielen Zeit und Raum einräumen, ist Ihre Entscheidung. ICH fühle mich oft genug selbst als das Opfer einer geistigen Struktur. Manchmal führt mich diese weit weg vom Thema. Scheinbar bewege ICH mich in einem Strom geistiger Masse und drifte ab. Diese Datenmenge bestimmt mein Denken und meine Wahrnehmung. ICH glaube zu wissen, dass mich die Entfernung zum Thema zunehmend kritischer werden lässt. ICH führe dies auf eine Polarisierung der Felder zurück.

Die Datenverzerrungen scheinen auf mein Denken und auf meine Wahrnehmung zu wirken. Die Datenverzerrungen scheinen auch auf die Gefühlsebene zu wirken. Sie können Hass, Zorn und Wut erzeugen! Man äußert sich kritischer. Dies tritt oft auf, bevor ICH in eine höhere Feldorganisation einbreche. Dann tut sich für mich eine neue Sichtweise auf. Das Bewusstsein erkennt plötzlich die Gültigkeit einer Formulierung für das Individuum und das höhere Individuum. Anscheinend gibt es eine Informationsmenge, die Menschen gleichmacht!

Wie gesagt, scheine ICH mich auf einer festen Bahn immer wieder vom Thema zu entfernen. Vielleicht führt mich der alltägliche eigene Weg hinaus aus dem holographischen Feld, und mit dem Abstand der Felder werden die Wirkungen aufeinander größer, bis es endlich zu einem Feldsprung kommt. Nach der Feldanpassung beruht mein Bewusstsein auf dieser Datenmenge. Die vergrößerte Datenmenge birgt eine neue Sichtweise in sich.

Und darum noch einmal: ›**Woher kommt die Bezeichnung des Inhalts?**‹

Jetzt spannt sich um das Objekt, den Inhalt unseres Geistes, ein Informationsvoluminen aus einer Vielzahl von Sinneseindrücken auf. Die Wiederkehr einer Datenmenge und ihre Präsenz auch in anderen Köpfen sind für die Generierung des sichtbaren Ätherfelds, den Titel der Datei, verantwortlich.

Innerhalb der Informationsvolumina formieren sich geschlossene Datennetze. Es handelt sich um eine Addition individueller Daten. Addiere ICH Datenäquivalente des Materieraums, so werden sich kongruente Bausteine übereinanderlegen. Der Prägung des Mediums durch die Grundkräfte zu entsprechen und Information den wahren Materieverhältnissen zuzuordnen, entspricht der Natur der Dinge. Es entsteht dichtere Information mit einer höheren Wertigkeit. Kann man eine Vielzahl von Individuen rekrutieren, nennen wir als Beispiel Kunden eines Supermarktes, so wird sich allmählich der gesamte Materieraum um den Standort des Supermarkts hochwertig abbilden lassen.

Das Label des Supermarkts wird dabei immer wieder als zentrale Botschaft eingelagert und gelangt über die Toleranz der anderen Kunden zu einer übergeordneten Funktion. Auf diese Weise bildet sich ein Daten leitendes Netz, der Realraum, eines gewissen Titels.

Wir sollten auch den Faktor Zeit bedenken, der im Grunde keiner ist. Kunden, die längst zu Hause sind, und ihr Leben leben, tolerieren das aufgerufene Label ebenfalls. Das Label gilt als Türöffner in den individuellen Raum. Nicht zuletzt ist es der Konsum der Produkte, der den Zeitfaktor aushebelt und die Daten des individuellen Lebensraums erhebt. Der Einzelne führt dem Label während des Konsums in Echtzeit Daten seiner Umgebung zu. Die das Label bestätigende Zahl von Individuen ist im häuslichen Umfeld natürlich geringer.

Man darf die Wertigkeit dieser Sinnesdaten nicht geringschätzen. Die Wertigkeit einer Sinnesinformation wird von der geistigen Kapazität bestimmt, die sie zur Analyse ihrer Sinnesinformation heranziehen. Wenn Sie zum Beispiel äthersichtig sind und Ihr inneres Auge mit einem Thema so besetzen, dass wichtigste Bausteine für Sie sichtbar sind, dann werden Sie beginnen, Ihre Sinnesleistungen in Abhängigkeit zu diesen Ätherprogrammen zu betrachten. Dann werden bewegte Objekte zu Effekten oder summieren sich zu Strömungen, in welchen wir auch Sportler oder Wurfobjekte organisiert sehen.

Diese Ätherinformation erzeugt Bewusstsein. Dieses Bewusstsein führt uns zu den Einschätzungen von Geräuschkulissen und Materiebewegungen und dient zuletzt der Kontrolle der Materie. Die Dopplung und Addition von Information führt zu Ätherprogrammen der Materieorganisation und Materiesteuerung.

Ätherprogramme dieser Art können die Räume der Label sehr stark involvieren. Die individuelle Leistung des Einzelnen verbessert sich. Die höhere Steuerung, ihre Beschaffenheit und Ordnung greifen auf andere Individuen über. Das Label präzisiert und rekrutiert. Am Ende steht die vollkommene Harmonie. Alle sind optimal aufeinander abgestimmt.

Man kann die Labels auch als Schaltstelle für Daten von einem Ich in das andere auffassen. Der komplexeste Geist erfährt somit die Labelräume nur als weitere Fassungen des Materieraums. Für ihn sollten es natürliche Summen individueller Daten sein, mit der Eigenschaft eines vorstrukturierten Verbraucherverhaltens, auf welches das Individuum unter gegebenen Bedingungen zugreifen kann. ICH halte mir die Option offen, durch die übergeordnete Fassung derselben und die damit verbundene Errechnung und Darstellung des Realraums auf die Ordnung des Labels zu wirken.

ICH formuliere den Kern der Botschaft: Man sollte davon ausgehen, dass sich die Daten in holographischen Feldern anordnen. Man findet die Materie bzw. ihre Datenäquivalente in höheren Feldordnungen wieder. Die Freiheit des Individuums beruht auf dem Eigenanteil am Feld. Das Individuum spannt sein Ich um diesen Eigenanteil auf. Sprich: es werden im Augenblick von den unterschiedlichsten Personen und Lebewesen Daten an unterschiedlichsten Positionen des Feldes erbracht.

Materiedaten, die in den holographischen Feldern an unterschiedlichsten Positionen erbracht werden, interferieren zu Pixeln. In den Pixeln sind somit verschiedene Materiebausteine bzw. ihre Datenäquivalente enthalten. Aus der Vielzahl an Materiedaten unterschiedlichster Beschaffenheit setzen sich die verschiedenen Wellenlängen des elektromagnetischen Spektrums zusammen.

Gleichzeitig ist dies eine Beschreibung des Lichts. Auf dieser Ebene dichterer Datenmengen wird es dem Gehirn möglich, Bilder zu stabilisieren. Die Ätherbilder stehen als ein zusammenfassendes Ganzes vor der Datenmenge des bezeichneten Realraums. Wie das Implantat dem Knochen das Einwachsen gewährt, so bezieht das Ätherbild für seine Existenz Datenkomponenten aus der abstrakten Gefügemenge.

Es gibt eine Äthermasse, die gleicht dem weißen Licht. Diese höchst abstrakte Datenmenge produziert Äthervolumina aller Wissensgrößen. Die Äthervolumina unterscheiden sich in Ihrer Zusammensetzung. Sie sind unterschiedlicher Farbe. Das Gehirn kann sein Bewusstsein extern auf Objekte oder Bereiche des

Materieraums ausrichten. So wird es auch erlernen, wenn das Interesse besteht, zur Farbgestaltung oder Generierung von Bildern intern auf erforderliche Daten- anteile zuzugreifen.

DIES IST ES, WAS DER BEWUSSTE GEIST ZU TUN PFLEGT

Das Label ist eine auf Übung und Wiederholung beruhende Projektion. Die Existenz des Labels beruht auf seiner Präsenz und Gegenwärtigkeit. Das zur Kommunikation mit ähnlich veranlagten Individuen generierte Bild oder das generierte Ätherbild, das gleichzeitig mit einer Suggestion seiner Bausteine einhergeht, ist eine Rechenleistung des Gehirns.

ICH gehe davon aus, dass es mir möglich ist, mich innerhalb des Datengefüges auf verschiedenste Bereiche zu beziehen. So ist es mir möglich, Blicke Dritter auszurichten, Ohren Dritter auf Geräuschkulissen auszurichten oder für meine analytischen Beschreibungen Gesprächen andernorts den exakten Wortlaut zu entnehmen. So sind es oft die Worte Dritter, die, suche ICH nach einer geeigneten Bezeichnung für die vorliegende geiststoffliche Dichte meines Gehirns, direkt in mein bewusstes Ich geschaltet werden. Diese präzisen Bezeichnungen eines Inhalts kommen in meinem Kopf als klare, gut verständliche Worte an. Es scheint die einheitliche geiststoffliche Struktur zu sein, die die starke und verlustfreie Leitfähigkeit von Information über weite Distanzen erlaubt.

Die übertragenen Worte sind in meinem Gehirn eine lokale, nicht eine global räumlich wirkende Datenmenge. Ich kann sie einer entfernten Person zuordnen.

Es gibt auch räumlicher wirkende Wortinformation. Dies hängt mit der betreffenden Kapazität des Antwortenden zusammen. Dem hochintelligenten Schuljungen schreibe ich die konzentrierte klare Form zu, einer Person des öffentlichen Interesses die etwas räumlicher wirkende Antwort.

Es kommt auch vor, dass das Korrelat entworfene Inhalte erinnert. Meist sind es größere Ereignisse, die aufgrund ihrer ähnlichen Organisationsstruktur unser Verhalten erinnern oder sogar größere geistigen Inhalte instandsetzen. Dieses ist nicht unüblich, sind die Leistungen meines Gehirns doch eine Fassung des

Materieraums, und da das Korrelierende System ein Miteinander von Inhalten vorsieht, ist dieses die natürlichste Form einer individuellen Lebensenergie.

ICH erlebe es auch, dass die Antizipation eines Wurfes oder einer Tätigkeit bereits ausreicht, um aus dem Korrelat Stimmen durchzuschalten. Der Antizipation folgte eine besonders erfolgreiche Ausführung der antizipierten Handlung. Vielleicht ist es auch die hohe Qualität der Ausführung, die es dem geistigen Entwurf erlaubt, einen Kanal in das geistige Gefüge dieses Niveaus zu erstellen. Der Entwurf eines Bewegungsprogramms reicht oft aus, um Reaktionen des Korrelats zu provozieren.

ICH unterscheide noch eine weitere Möglichkeit. Das eigene Datengefüge kann ausreichen, um einen gesuchten Inhalt zu bezeichnen. Es entsteht eine sehr räumlich wirkende Stimme im Gottesmodul vom verlängerten Mark heraufsteigend bis zu einem räumlichen Klingen in meinem Kopf. Das eigene Datengefüge scheint den installierten Inhalt zu erkennen und zu bezeichnen.

Die stille unbewusste Operation des Gehirns, so nehme ICH an, funktioniert auch in dieser Weise. Es bedarf wohl der Vorlage der errechneten holographischen Konstrukte auch in anderen Gehirnen. Das vorliegende holographische Konstrukt, vor allem der gesuchte Inhalt, wird wohl auch der Gesprächsführung Dritter dienen. ICH vermute, dass sich unser Redefluss in erster Linie an zusammenhängenden Arbeitsprozessen orientiert oder sich an Materieströmen adaptiert entlädt, folglich höheren Dichten elektromagnetischer Felder folgt.

ICH nehme an, dass die Kongruenz oder Ähnlichkeit eines individuellen Inhalts mit dem gesuchten Inhalt zu einer uneingeschränkten Existenz dieses individuellen Inhalts führt. Innerhalb des holographischen Konstrukts führt diese Konstellation zu einer direkten Schaltung in das fragend Denkende. So kann die wissenschaftlich aufgeworfene Leere durch die Inhalte Dritter gefüllt werden. So werden auch hier fremde Gespräche, die Wortwahl und das Gesprochene, bzw. der damit aufgerufene begleitende Inhalt direkt auf das zu bearbeitende Thema angewandt. Auch ist eine Hochrechnung des Inhalts aus einer Vielzahl individueller Materiedaten anzunehmen, so dass wir in der Summe zu einer Struktur des Wellenspektrums gelangen, das wir bereits in Worte gefasst, als Bezeichnung verstehen.

Die unbewusste Operation des Gehirns, das Meinen zu wissen, käme einer Ableitung höherer Felder gleich. Die bewusste Wortinformation läge, dem individuellen Anteil entsprechend, in Wellenbereiche zerlegt vor. Der korrekte Wortlaut ginge verloren. Das Netz leitete nur den höheren Sinn.

Natürlich ist das vorliegende geistige Konstrukt als analytische Instanz der uns umgebenden Geräuschkulisse anzunehmen, so dass wir durch die Integration der eigenen Komplexität in eine höhere auch zu einer höheren analytischen Ebene, zu einem höheren Interpretationsniveau unserer Sinnesdaten befähigt werden. So erhalten wir auf dem eigenen Arbeitsniveau die Möglichkeit erweiterter Betrachtungen bzw. unterbewusste Anweisungen. Chronischer Schmerz ist hier wieder als Verzerrung der eigenen Datenordnung zu werten. Es handelt sich um eine Wirkung des Komplexeren auf den integrierten Baustein.

Das wissende holographische Konstrukt sollte nach Jahren der Bearbeitung als ausgereiftes Wissen in allen Köpfen präsent sein. Wir sollten uns vor Augen führen, dass sich eine jegliche wissende Dichte als eine Summe individueller geistiger Inhalte darstellt. Das wissende Datengefüge bestätigt dem Individuum sein Sein. Das Individuum unterliegt jedoch den Gesetzen des Miteinanders. Der freie Wille ist somit auch auf die Variabilität des restlichen Gefüges angewiesen. Jegliche Unterwerfung von Daten festigt den eigenen Standpunkt und schwächt andere. Das kann bis zum gewaltsamen Tode Dritter führen.

Der Kampf um Daten, der sich heute im Allgemeinen im gesellschaftlichen Aufstieg und der damit verbundenen Bereicherung messen lässt, ist auf anpassende Vorgänge im Datengefüge angewiesen. Die geringeren Datenblöcke richten sich innerhalb größerer Felder aus. Folglich bilden sich Datenstrukturen heraus.

Die betrachtete Datenmenge bedingt die Wertigkeit einer Entscheidung. Innerhalb der kapitalistischen Ordnung, vor allem an Orten der höchsten individuellen Einbindung, kann man die Daten des präfrontalen Kortex alternativ

Geldströmen gleichsetzen. Der individuelle Geist ist den Großteil des Tages mit Inhalten befasst, die Fremden Geld einbringen. Die individuellen Daten sind zu großen Teilen nicht mehr die eigenen, sondern werden von anderen verwaltet. Man entzieht dem Individuum, man definiert die eigene Existenz als einen gegenwärtig aktiven Bevölkerungsanteil. Es ist ein Datenvolumen. Es ist ein durch Besitz und Eigentum geschlossenes und doch dynamisch offenes, durchgehend geldzentrierendes Datennetz. Die Gefühlsebene und das Glück, das wir zu generieren noch im Stande sind, verkümmert zu einer substanziellen Teilhabe an Milliardengewinnen, die wir als rudimentäre Freude unserem Anteil am Datengefüge entsprechend durchgereicht bekommen.

Zurück zum wissenden Konstrukt, das alle gleich macht. Es macht die Menschen in einem Sinne gleich, dass sie alle zu Datensammlern werden. Ist das individuelle Kopfkino von meiner wissenschaftlichen holographischen Dichte besetzt, tragen die Individuen dem holographischen Konstrukt Information zu. Es handelt sich um eine zentralisierende Ordnung. ICH, als generierender Wissenschaftler, empfinde es, als schickte man mir Information aus einem anderen Raum. Der Raum ist der Realraum. Er spannt sich zwischen den Individuen auf.

ICH fasse die individuellen Sinnesleistungen und neuronalen Aktivitäten in Konstrukte. Die erwähnten individuellen Datensequenzen erhalten dadurch eine höhere Wertigkeit. Die Wertigkeit des wissenschaftlichen Konstrukts steigt im Allgemeinen mit der Anzahl individueller Betrachter. Dürfen wir alle Individuen des Staates Betrachter nennen, dann erhalten wir die höchste Wissensstufe oder den höchsten Allgemeingültigkeitsstatus. Das wissenschaftliche Konstrukt spannt sich immer noch um jeden individuellen Anteil auf. Der individuelle Anteil ist Bestandteil des holographischen Feldes, mit allen Vorteilen, die dem Individuum aus dieser Teilhabe am Ganzen erwachsen.

ICH schreibe dem wissenden Konstrukt einen formgebenden Charakter zu. Geht man davon aus, dass ein Inhalt verstanden und bezeichenbar ist, weil er als Informationsmenge des Geistes, vielleicht sogar als Materieäquivalent vorliegt, wenn nicht als gegenwärtiges natürliches, so doch als zukünftig herstellbares, dann wird es so sein, dass die Strukturformel des wissenden Konstrukts einer Struktur des Materieraums entspricht.

Wir nennen die Datenmengen des Materieraums auch Materieäquivalente oder Datenäquivalente des Materieraums. In holographischen Feldern angeordnet stehen sie für das Entstehen von Kräften, Effekten mit Richtung und Wirkung. Holographische Konstrukte stehen für Stoffkreisläufe. Nicht nur dass die Felddichten anordnende Wirkung auf kleinste Partikel haben oder sogar Formen von Materie entsprechen, sind sie nach dem Aufbau des Organismus oder der technischen Lösung den Stoffkreisläufen gleichzusetzen oder ist umgekehrt der Materiehaushalt und Stoffkreislauf ein grob materielles, primitives Abbild des Konstrukts. Das wissende Konstrukt, bzw. das Wissen stabilisiert die Struktur des Materieraums.

Das Verständnis ist auf die Strukturformel des holographischen Feldes zurückzuführen. Man halte sich auch mögliche Feldschwankungen vor Augen, die in Ergebniskonstrukte übergehen. Das Wissen beruht dann auf einer veränderten Programmierung des Realraums und ruft einen nachfolgenden Wandel des Materieraums hervor. Die Konstrukte bergen die Schritte ihrer technischen Entwicklung in sich.

Im holographischen Konstrukt sind nicht nur zentrale Massebahnen von Wirkung. ICH kann mir auch das Entstehen von Sattelitenkonstrukten vorstellen. ICH behaupte, dass die Überlagerung von Informationsvolumina im Sinne der Darstellung des Hauptinteresses auch zu einer Verschränkung und Summenbildung umgebender und angrenzender Bereiche führt. Die zufällige Bildung eines wissenden Konstrukts mit einem erweiterten Verständnis dieses Bereichs, abgekoppelt, aber doch Projekt des berechnenden Geistes, ist anzunehmen.

ICH vermute, dass sich Sattelitenkonstrukte zufällig bilden können. Sie hätten abseits unseres Interesses eine geringere Wertigkeit, stünden der Gesellschaft aber als Ideen, den Materieraum gestaltend, zur Verfügung. ICH denke an eine zufällige ökonomische Anordnung der Materieströme zu Feldern. ICH sehe in der Zusammensetzung der Konstrukte aus Materiedaten die Darstellbarkeit von Kräften, Kräftemomenten und deren Kreisläufen. ICH erkenne in Anbetracht meines Geistes im Kleinen die strukturelle atomare oder molekulare Ordnung und sehe in diesem Datengefüge im Großen die Darstellung technischer Entwicklungen enthalten. Die Sattelitenkonstrukte könnten, wie das zentrale Konstrukt, Abbilder späterer Technik sein.

Wissenschaftliche Strukturierungen des Realraums, wie sie unsere Vordenker mit ihren Gehirnoperationen verursachten, liegen als Grundgerüst unseres Denkens innerhalb der gesellschaftlichen und wirtschaftlichen Ordnung verankert vor. Vor allem die Anfängliche Installation im Weltensysteme stelle ICH mir an Großereignisse wie zum Beispiel Kriege, Epidemien oder Naturschauspiele gebunden vor.

Sich über medienwirksame Ereignisse die Köpfe der Zuschauer zu erschließen, erlaubt dem verursachenden Geist die Zentrierung individueller Daten und liefert ihm eine Projektionsfläche für eigene Gedanken. Die flächige Involvierung des Materieraums und die damit verbundene integrative Summierung individueller geistiger Inhalte generieren den Raum, der mich scheinbar speist. Die erschlossenen Individuen registrieren die Information, die die Antwort ausdifferenziert.

Das zentralisierte Wissen entspricht einer Beschreibung des Materieraums. Das Wissen beruht auf einer Feldordnung, die sich aus einer Vielzahl individueller Sinnesdaten und anderer Gebrauchsdaten des Gehirns generiert. Das Wissen ist zunächst straffe Feldordnung. Das Wissen unterliegt jedoch der fortlaufenden Dynamik des Materieraums. Es wird daher auch latentes oder verborgenes Wissen genannt. Die Reproduktion holographischer Masse, die Qualität des Wissens und ihr Verständnis schwanken und hängen sehr stark von der augenblicklich zugänglich geistigen Masse ab.

Die Adaption der Gehirnfunktion an die Materie bzw. an die Datenmenge der Materieäquivalente, deren sichtbare Dichte wir gern als Äther bezeichnen, erlaubt in ihrer Komplexität verschiedene Prozesse der Gehirnfunktion. Wir betrachten die Gehirnfunktionen als innerhalb dieser Äthermasse organisiert und sehr stark an ihr Äquivalent, die bewegte Materie, adaptiert. Das Abwägen eines Gehirns bzw. die Übernahme oder Angliederung von Datenmengen hat folglich immer mit einer Favorisierung einer Materieströmung zu tun. Ist diese Strömung ausführbar? Was steht ihr entgegen? In welcher Weise kann das Problem gelöst werden? Kann die Strömung nach Beseitigung der Strömungsstörung, sprich: nach einer Oberflächenverdichtung bei einem Anströmen oder nach dem Umströmen der störenden Ursache, sich von dieser geprägt weiter einheitlich fortbewegen? Kann das aufgetretene Phänomen, ein Moment aus Kräften und ursächlicher Materie, weiterbestehend von nun an dem eigenen Ich zugerechnet werden? Die Ebene des störungsfreien Wandelns ist eine mögliche Entscheidungsebene des Gehirns. Sie allein ist Größe der sofortigen Handlungsausführung, der klaren geistigen Operation, der uneingeschränkten Gleichzeitigkeit von Information.

Wird die holographische Masse auch als höheres Wissen bezeichnet, generiert sich seine Allgemeingültigkeit eben aus der Tatsache, dass diese Datenmenge eine Summierung augenblicklich aktiver Materieäquivalente ist. Es handelt sich um eine Feldordnung. Ganz genau! Wir sprechen von einer Ordnung. Das bedeutet, wir sprechen von einem intakten homogenen Feld, das auf der Tatsache beruht, dass sich alle verarbeiteten Materieäquivalente und Raumabschnitte mit bewegten und unbewegten Teilen in einer Ordnung befinden, die wir als Struktur des Feldes bezeichnen wollen. Sollten wir das Auftreten von Effekten und Wirkungen hier noch einmal erwähnen, so ist auch die Summierung zu Kräften zu bezeichnen. In diesem Fall ist die Bildung funktioneller Kreisläufe zu erwähnen, die die bezeichnete Systematik zur Ursache haben.

Die holographischen Fassungen, die aufgrund der ihr angehörigen Datenäquivalente absolutes Wissen transportieren und bei deren strukturellem Auftreten sich das Wissen reproduziert, stellen sich für mich als eine Form des menschlichen Bewusstseins dar. So wird es durch jegliche Positionierung dieses Bewusstseins bei einem Auftreten einer dieser Wissenskonstanten oder durch die Reproduktion des Wissens durch den Erzeugergeist selbst zu einer Favorisierung eines gewissen Anteils des Materiesystems kommen. Es sind eben diese Bestandteile des Materieraums, die ICH als individuelle Datenäquivalente zu Ätherstrukturen verrechnete. Auch in diesem Fall ist Wissen ein stabilisierender Faktor. Das eben Formulierte enthält das Verständnis des jüngsten Gerichts.

Strömungsverhältnisse, so dass sich Materieströme innerhalb des Systems dauerhaft entgegenstehen, wie sie sich zum Beispiel zum Höhepunkt eines Krieges darstellen, erkläre man sich folgendermaßen. Die Erklärung beruht auf der Annahme, dass die Erarbeitung von geschichtlichem Wissen einige Jahrhunderte später Veränderungen des Verständnisses in sich trägt. Es ist anzunehmen, dass eine Person der Gegenwart, adaptiert an den aktuellen Status Quo des Materieraums, komplexere und höher entwickelte Bausteine zur Darstellung des wissenden Ätherkonstrukts gebraucht. Diese Tatsache reicht bereits aus, um bei einem Eintritt des entsprechenden Verständnisses die gleichzeitige Erweiterung und damit verbunden die Evolution des Wissens anzunehmen.

Nicht zuletzt wissen wir, dass die Summierung von Materieäquivalenten mit plötzlichen Polarisierungen der speichernden Felder einhergeht. Dieses ist ein plötzlich einsetzender dynamischer Prozess. Der neue Feldzustand scheint ökonomischer zu sein und im Erhalt seiner Struktur einen geringeren energetischen Aufwand zu verursachen. Dieses ist auch bei der Erarbeitung, ich will diesen Fall nicht ausschließen, von grundlegend neuem Wissen der Fall.

Nun steht diese neue Feldordnung der alten entgegen. Nennen wir die verarbeiteten Materieäquivalente Kriterien. Führt man sich nun die Darstellung des wissenden Systems einige hundert Jahre später vor Augen, so erkennt man, dass sich die Kriterien, der gesamte Materieraum grundlegend verändert hat. Wie sich eine von Insekten besuchte Blüte in einen Fruchtstand wandelte, der eine mögliche Feldidentität zur Vorgängerlösung bereits auf Grund veränderter Materieströme umstürzen könnte, so kann auch der Umstieg vom Pferd auf das Auto zu Veränderungen der holographischen Struktur führen. Verantwortlich ist hierfür das leistende Gehirn, das der Umgebung zur Programmierung der Körperbewegung die erforderlichen Daten entnimmt. Diese individuellen Gebrauchsdaten nennen wir Kriterien des wissenden Äthers. Auf Grund seiner integrativen Leistung sind die Objektdaten und Kriterien des korrelierenden Systems auch repräsentativer Speicher für alle anderen Bestandteile gegenwärtig präsenter Ichs des korrelierenden Systems. Das wissende Konstrukt ist eine Fassung dieser Kriterien, getragen von einem menschlichen Bewusstsein. Die wissende Fassung resultiert in einem spezifischen Feldverhalten.

Worauf wir aber hinaus wollen, ist die Erkenntnis, dass sich absolutes Wissen und seine Vorgängerlösung, vergleicht man ihre Zusammensetzung, unterscheiden. Das neue Wissen hat eine veränderte Feldordnung zur Grundlage. Die veränderte Feldordnung beruht auf einer Variation der verrechneten Kriterien und einer veränderten Anordnung derselben. Nicht zuletzt äußert sich dies in einer veränderten Feldwirkung, lokal wie im Allgemeinen.

Wissen, wie wir es hier verstehen, ist ein organisiertes und damit organisierendes Datenkonstrukt. Wir sehen in diesem Datenkonstrukt die Software einer zukünftigen Ordnung des Materieraums. Das Datenkonstrukt adaptiert den Materieraum und wird ihm später äquivalent. In diesem Punkte sprechen wir von einem programmierten Materieraum und von seiner Programmierung. Jegliche weitere Entwicklung dürfen wir das Altern seiner Programmierung nennen. Die Basisdaten des vorliegenden Wissens verändern sich. Das Wissen kann nicht mehr in seiner ursprünglichen Form erzeugt werden. Es verändert sich. Dieses ist die Theorie des Alterns und trifft auf jeden Organismus zu. Auch hier ruiniert der sich wandelnde Materieraum die Software und damit die Grundlage der körperlichen Ordnung.

Bevor wir jedoch von einer Programmierung des Materieraums sprechen wollen, werden wir uns mit der Wechselwirkung von Ätherfeldern beschäftigen. Laden wir dem Individuum nun die neue Ordnung, bedeutet das, dass sich Kriterien und Bestandteile des neuen Wissens mit den ursprünglicheren Fassungen überschneiden. Wenn wir von einer Programmierung sprechen, können wir auch von einer Software sprechen. Lasst uns das Geistige als die Software des Materieraums betrachten.

Ein und dasselbe Kriterium kann in verschiedene Programme gleichzeitig eingerechnet sein. Daraus resultiert für das Kriterium eine gewisse Labilität oder eine Neigung, verschiedene Informationszustände gleichzeitig zu verkörpern. Bei einem Konkurrieren von Programmen, bei der gleichzeitigen Präsenz von größeren, um Positionen wettstreitenden Programmen, kommt es auch zu einer gegensätzlichen Anordnung von Kriterien. Holographische Konstrukte, die nachweißlich um eine bestimmte Position in einer späteren Ordnung konkurrieren, werden immer Bestanteile enthalten, die sich gegensätzlich verhalten. Bewegte Objekte der einen Ordnung können sich dann mit bewegten Objekten der anderen Ordnung auf Kollisionskurs befinden. Dann widersprechen sich die Geister.

Physikalisch betrachtet können innerhalb der Konstrukte neutrale Zonen entstehen. Die Kriterien heben sich in ihrer Wirkung auf. Dies scheint auch eine Ursache eventueller Turbulenzen zu sein, die wir in Chaossystemen beobachten können. Später, wünsche ICH, werden wir mit spezifischen Feldtechniken Kräfte aufheben.

Wir sehen hier die gegenseitige Abhängigkeit des Materieraums und des adaptierten geistigen Systems des Gehirns.

Es zeigt sich, wie sehr die Entscheidungsebene des Gehirns an die Materiedaten des Status Quo gekoppelt ist. Betrachten wir Wissen einer holographischen Art, so dass bereits weite Teile des Materieraums erfasst sind, so ist die Involvierung auch der großen Bewusstseine anzunehmen. Die spezifisch wissende wissenschaftliche Ordnung reicht aus, um diese darstellen zu können. Das formulierte Geistige bzw. sein Sinn überträgt sich auf einem mechanistischen Weg auf die integrierten Ordnungen.

Das holographische Konstrukt der Neuzeit wird die Feldordnung mit seiner spezifischen Anordnung der Kriterien einfordern. Die im Wissen enthaltenen Eigenschaften wie etwa politische Größen oder sportliche Ziele werden zu einer Harmonisierung ihrer Daten aufgerufen werden. Der Vorgang ist ein physikalisch natürlicher. Die unterbewusste Order, der Aufruf, könnte in Worte gefasst, die in etwa diesen Sinn haben: Stellen Sie augenblicklich einen direkten Materiebezug her. Nutzen Sie die Ihnen bekannten und angehörenden Daten zu einer exakten Darstellung des Materieraums. Löschen Sie die Koordinaten ihrer Basisstation und betrachten Sie Ihren Körper von nun an als abstrakte Größe ohne eigenen Standpunkt und Ziel. Betrachten Sie sich wie der Rest der Materie vom Denker erfasst und als Kriterium dem Äther des vorherrschenden Wissens zugehörig.

Gleichen Sie sich mit den anderen Anwendern ab und geben Sie eine möglichst hohe Äquivalenz und Kongruenz von Materiedaten an. In Ihrer Summe bezeichnen sie den Realraum, den Arbeitsspeicher des berechnenden Gehirns.

Reduzieren Sie mit der Aufgabe Ihrer Ziele die Schwere der Übergänge, die der Rechner bei der Verarbeitung der individuellen Geister nehmen muss. Fügen Sie sich ein und reichen Sie ihre Daten möglichst unbelastet und nicht verschränkt an das holographische Konstrukt durch.

Erlauben sie die schnellere Verarbeitung größerer Datenkapazitäten. Sichern Sie sich selbst einen hohen Anteil am neuen Wissen. In dieser Weise könnten physikalische Gesetze und Größen in holographischen Datenmengen auf das individuelle Unterbewusstsein wirken. Dieses ist ein natürlicher Vorgang. So wird das Konstrukt einer wissenden Ordnung ausschließlich auf dem Wege physikalischer Gesetze niedere Instanzen um die eigene Betriebssoftware bringen. Der fremde eigene Standpunkt und fremde eigene Wille ist auszuhebeln und in die holographische Struktur einzubinden. Die holographische Struktur ist es, die am Ende das Sein des Menschen vorgibt.

Dieses ist gleichzeitig die Theorie von Alzheimer. Auch hier dürfte das übergeordnete Datenkonstrukt auf Grund seiner physikalischen Eigenschaften die Betriebssoftware des individuellen Gehirns entmachten. Kriterien, die sich mit unterschiedlichsten Richtungsordnern einst gegenseitig anregten, dürften nun alle größeren Institutionen eingelagert sein. Dort können sie unbeachtet ohne weitere Vernetzung ungestört dahinströmen (Sichtweise der integrierenden Institution), oder mit dieser Art von Gehirnfunktion entstehen keine fehlerhaften Anweisungen.

Die Art des Denkens, der individuelle Standpunkt, die Versorgung, ganz allgemein das individuelle Sein wird von diesen Institutionen getaktet vorgegeben.

Individuelle Datenanweiser unterschiedlichster Art entfallen. Die Folge ist, dass die für die Gehirnfunktion notwendigen Wechselwirkungen der Daten nicht mehr stattfinden. Es schwindet die Möglichkeit der Differenzierung von Oberflächen durch An- und Entgegenströmen, oder die Wechselwirkung zu höheren Felddichten entfällt, so dass dem individuellen Gehirn keine Ableitungsmöglichkeiten entstehen.

ICH nehme an, dass sich die Software selbst der Bauplan ist. ICH vermute, dass sich aus einem spezifischen Feldaufbau aus Kriterien die Funktionalität und gleichbedeutend damit der Bauplan des Neurons entwickelten. So hätte jeglicher Neuronensatz eines Gehirns ein individuelles Profil seiner Kriterien genetisch festgelegt. Mit großer Wahrscheinlichkeit wird der alte genetische Satz nur herangezogen, um die beabsichtigte Form des Wachstums vorzugeben. Es scheint sich um eine holographische Datenmenge zu handeln, deren eigentliche Funktionalität während des Wachstums durch die Adaption an den aktuellen Materieraum gewährleitstet wird. So ist jeder Nervenzelle ein scheinbares Datenäquivalent aus einer Summe von Kriterien des aktuellen Materieraums eigen.

Die aktuellen Materiedaten sind stellvertretende Daten, die die über Jahrtausende erzielte Komplexität unseres genetisch festgelegten holographischen Datensatzes g l ü c k l i c h e r w e i s e immer wieder in Form eines Menschleins zum Laufen bringen. So wird es möglich, dass höhere Felder auf geringere Massen übergreifen, dass sie mit der Vorgabe ihrer Alltagsordnung und der Vorgabe ihrer Ziele gleichzeitig die eigene Software in Form ihrer erworbenen Kriterien des aktuellen Materieraums, sprich der Betriebssoftware ihrer Nervenzellen vorgeben.

ICH nehme an, dass mit der Einbindung in fremde Ziele ein Verlust von eigenen Kriterien einsetzt, so dass der Bauplan einer geregelten neuronalen Funktion nicht mehr aufrechterhalten wird. Das zu errechnende Wissen ist eine holographische Datenmenge. Die holographische Datenmenge, aus einer Vielzahl von Kriterien des aktuellen Materieraums bestehend, ist das Wissen. Bestenfalls entspricht das Wissen als tatsächlich Vorhandenes dem Materieraum, so dass es sich innerhalb der Datenmenge des Realraums relativ allgemeingültig einfügt.

Der Materieraum ist wissende Basis. Er stellt Wissen als Materieäquivalente in seiner Reinform dar. Dieses Materieäquivalent zu erfassen, darzustellen und für das Gehirn verständlich abzubilden, ist die Kunst. Der kontinuierliche Wandel des Materieraums, seine bewegten und die sich verändernden Objekte und Ausschnitte bleiben die treibende Kraft der Verarbeitungsprozesse des Gehirns. Das neue Wissen hat seine Wirkung auf das Datengefüge. Die Wirkung ist eine physikalische und erschöpft sich im Grunde mit der Anordnung der Kriterien im Feld.

ICH versuche, ein Charakteristikum der Anlage von Materiedaten im Feld zu beschreiben. Wir nehmen an, dass jegliche Bewegung von Materie das Medium strukturiert. Betrachten wir nun ein Werkzeug bei der Arbeit, so erkennen wir, dass sich seine Funktion von umgebenden Stoffkreisläufen herleitet. Wir sehen eine Prägung des Werkzeugs und seiner Molekularstruktur durch auftretende Kräfte. Die auftretenden Kräfte sind wiederum bezeichnend für das umgebende Materieverhalten. Die bewegte Materie strukturiert das Medium. In dieser Form erhalten wir, wenn wir das Werkzeug antizipieren oder mit unserem Bewusstsein zum Entwurf eines Bewegungsprogramms erfassen, ein Datenäquivalent unseres Stirnhirns. Wir nennen dieses Datenäquivalent auch Materieäquivalent. Es ist eine Prägung unserer geistigen Kapazität durch die vom Objekt ausgehenden physikalischen Grundkräfte und der erinnerbaren Materieströme des Arbeitsprozesses, die sich mittels einwirkender Kräfte auf die Molekularstruktur des Werkzeuges fortsetzten.

Diese Materiedaten – nennen wir sie ›von hier nach da‹ – werden entscheidend sein für die Lage im holographischen Konstrukt. ICH nehme eine assoziative oder analoge Verrechnung mit einer Zunahme der Feldstärke bei Informationsdopplung an. Dieses kann ein schleichender und unbewusster Vorgang sein, wie ihn sich eine Gesellschaft wie die unsere auferlegt. Als Beispiel diene die Logistik des Warenverkehrs. Der Effekt kann aber auch bewusst genutzt werden. Die bewusste Verschränkung von holographischer Information führt zu höheren Felddichten mit einer Wirkung auf hinzukommende Daten. Wir haben innerhalb der geistigen Ordnung die Möglichkeit der favorisierten Massebahn.

Die Polarität eines Feldes oder die Feldschwankungen rühren in erster Linie von den Kriteriensummen her. Betrachten wir die Kriterien genauer, so ist es letztlich die Bewegungsrichtung der Materie, ihre Masse und Geschwindigkeit, die das Datenfeld bestimmen. Betrachten wir einen Ausschnitt des wissenden Hologramms, so ist es die Summe vieler ›von hier nach das!‹, ihren Zubringern und anderer verschränkter Information. Zwischen dem vorliegenden Feld und den hinzukommenden Daten bzw. den aktiven Daten der vielen Individuen besteht eine starke Wechselwirkung.

ICH behaupte, dass es dem Gehirn möglich ist, gewisse Daten zu befehligen oder Position zu beziehen. Ich meine, dass sich das individuelle Bewusstsein auf spezifische Kriterien beziehen kann. Es könnte zum Beispiel auf unterschiedlichste Transportströme aufspringen, die Richtung wechseln, sich statisch verhalten usw. Die Gefühle, die Gedanken anderer, aber auch die echte Information als aktuelles Materieäquivalent des absoluten Jetzt, so dass sich die Information der Sinne und das vorliegende Materiemuster im Gehirn decken, könnten als Bestandteil des holographischen Konstrukts ausreichen, um ein Umlenken von Information, ein Umdenken, die Handlungsaussetzung oder ihren Start bedingen. Das Korrelat kann, wie wir wissen, auch veraltete oder zukünftige Stati projizieren und ohne die vergleichende Information der Sinne Motivationsaspekte ins Feld führen, die einen anschließenden Handlungsplan ad absurdum führen.

Auch könnte man zum Beispiel eine gewisse Form des Redeflusses Dritter allein durch das Auftreten dieser holographischen Dichten des Vorderhirns ausgelöst sehen. Wird eine höhere Felddichte erzeugt, so dass das Individuum mittels eines ihm angehörigen Materieäquivalents aufgerufen wird, so kann angenommen werden, dass das holographische Feld die Umgebung des Materieäquivalents erweitert darstellt. Eventuell erklärt sich die Klarheit um das aufgerufene Feldkriterium durch Wechselwirkungen mit seinem dynamischen Umfeld. Zuletzt ist die Objektgebundenheit des Geistes verantwortlich zu machen, die bei einer

Bewegungsabfolge mit und um das Objekt eine fortführende Klarheit erzeugt, die die Arbeitsschritte des Gehirns abbildet und den Redner trägt.

Wie er einst das Sprechen erlernte, Objekte und Inhalte zu zusammenhängenden Ereignisketten und funktionellen Zusammenhängen aneinanderreihte und zu überblicken begann, so diktiert man im Alter manchem diese gedanklichen Abfolgen und gibt ihm die Wortwahl vor. Dieses Entlangreden an Konsumprozessen, Arbeitsabläufen und Ereignisketten wiederholt sich im Tages-, Wochen-, Jahres- usw.-Rhythmus, je nachdem wie es dem Menschen gerade passt, sich für Ereignisse zu engagieren, an ihrer Organisation mitzuwirken oder für die Wahrnehmung mit den Sinnen Zeit aufzuwenden. In eben dieser Weise werden wir vom Gefüge erinnert und angesprochen. In die wiederkehrende Systematik eingeloggt, zeigt das Individuum meist keinerlei Entwicklung. Das höhere Wissen hält es auf einem Niveau determiniert gebunden.

Die holographische Dichte übt einen Zwang auf den individuellen Baustein aus. Die sprachliche Erweiterung des Bausteins und seine Vernetzung im Gespräch mit bekannten anderen Inhalten schaffen für das Individuum zwar Ableitungsmöglichkeiten, verursachen aber auch eine höhere Abhängigkeit durch die Einbindung bekannter Inhalte. Nach der Vernetzung und Erweiterung durch das Individuum, wollen wir von einer Involvierung des Individuums sprechen.

In der Betrachtung des Mediums des Stirnhirns und der Beurteilung der auftretenden Kräfte verhält es sich zu Beginn des Redens wie aufgestautes Wasser, das plötzlich in die Umgebung einströmen darf. Die Ursache des plötzlichen Einströmens resultiert aus der Erhöhung der Kriterien während des Gesprächs. Die Vernetzung der Datenfelder bedingt die Ableitungsmöglichkeiten der Feldstärken. Nach dem Einströmen des Felddrucks sprechen wir von einer Involvierung des Sprechers.

Natürlich können Sie den Fall anführen, dass der Redner eine informative Dichte erzeugt, dass die Information zur anderen Seite zurückgedrückt wird. Der Redner könnte bei Kenntnis des anrufenden Bezugssystems durch geeignete Worte einen Komplex erzeugen, dass das mechanische Räderwerk seinen

Standpunkt über die Schnittstelle zu diesem Thema zurücküberträgt. Man könnte den Vorgang einen Schmetterlingseffekt nennen.

In gewisser Weise zeigt sich hier eine Art von Archimedespunkt. Jedoch möchte ICH einen Weltliniencharakter, der sich nicht selten aus der Betrachtung des Übergangs zur Dunklen Materie auftut, bei welcher sich aus der allgemeingültigen Beschaffenheit von Übergangsstrukturen eine Abstraktion und globale Raumerfassung einstellt, nicht mit einem regionalen Phänomen der zufälligen Aktivität des Korrelierenden Systems in Verbindung bringen, bei welchem ein denkender Sprecher eine Datenmenge generiert, bei der er sich doch nur auf das anrufende Bezugssystem beschränkt. Werden jedoch eine Vielzahl von Großereignissen über einen längeren Zeitraum in ihrem Verlauf präzise vorhergesagt, adaptiert sich auch hier das Gehirn über die ungeheure Datenmenge an den gegenwärtigen Materieraum. Dieser Fall ähnelt den oben genannten Übergangsstrukturen zur Dunklen Materie hin. Sie erhalten bei der Rückführung der Materie auf ihre Grundsubstanz und bei einer ausreichenden Abbildung des Materieraums Ableitungsmöglichkeiten mit Weltliniencharakter.

Kim Jong Un, ich wünsche mir sehr, dass du dir deine Macht erhältst. Öffne dein Land nach Außen, wie es China tat und tut. Dein Volk wird es dir danken. Folge: Südkorea und Amerika stellen ihre Kriegsspiele ein. (26.11.2010.)

Die Individuen unterscheiden sich in ihrem Reaktionsverhalten. Manches Gespräch geht mit einem rasanten Anstieg der Datenmasse einher, so dass es zu einer Rückwirkung auf das aktivierende System kommt. Der vom Sprecher erzeugte Datenkomplex beginnt über seine Feldeigenschaften selbst zu involvieren. ICH betone eine besonders intensive Wirkung auf das System bei Kenntnis des Anrufers.[1]

---

[1] Andere leben ihre Involvierung. Flächig betrachtet (und auch um die Beschreibung eines blutigen Schlaganfalls auszuschließen, bedenkt man, dass die Regulation der Weite oder Enge der Gehirngefäße mit der aktivierten Geistesmasse einhergehen und die in ihr dargestellten Bewegungen Effekte auf die Gefäßstruktur haben könnten) könnte man auch das Durchströmen des Kapillarbereichs als veranschaulichendes Beispiel für die fühlbare Datenmenge des Stirnhirns anführen. Die Zunahme des Widerstands im Kapillarbereich mit dem anschließenden

Der Status Quo profitiert wie der Redner. Der Redner wird automatisch zum Vertreter des Höheren. Die begleitende Vernetzung des Kriteriums während des Gesprächs mit fortführender Information festigt das wissende Hologramm. Das holographische Konstrukt verteidigt als komplexes Wissensgebilde das Sein seiner Bausteine. So profitieren beide voneinander.

Man darf in seinem Gegenüber ruhig einen Datenmoloch sehen. Man kann sich vorstellen, dass innerhalb dieses Datenmolochs nicht alles optimal auf die zu ereichenden Ziele abgestimmt ist. Der Datenmoloch kann auf Grund assoziativer Verschränkungen auch Wahnwitziges produzieren.

Das korrelierende System verrechnet eine Vielzahl von Materie-Status. In der Regel handelt es sich um individuelle Bedarfsinformation. Es gibt aber auch höhere Feldaktivitäten. Oftmals werden die Individuen durch ganz einfache Ordner involviert. Zum Beispiel traten in meinen Angestelltenverhältnissen immer Ätherphänomene auf, die mit den Worten »Der FC Bayern wird Ihr Chef sein!« einhergingen. Ich gebe dann in den Äther zurück: »Ist ja schön, meinen Alltag nach Ihren Gesichtspunkten ordnen zu dürfen.«

Innerhalb dieses Feldtypus rücken die verschiedenen individuellen Materie-Status näher zusammen. Die enorme Datenmenge bedingt eine Form von Gravitation. Die Materieinformation kann miteinander verschmelzen. Individuelle Information geht zu Gunsten einer groben Funktionsvorschrift verloren. Die individuelle Einzelleistung ist nicht mehr störungsfrei gegeben. Das Individuum leitete aus einer abstrahierenden Feldgröße ab. Die höheren Feldaktivitäten, so genannte Kriteriensummen, sind für die nicht immer plausiblen Ableitungen der Individuen verantwortlich. Vor allem das Individuum läuft Gefahr, sich innerhalb der höheren Feldaktivitäten Wahnwitziges herzuleiten.

Man vergesse nicht: Das höhere Ziel bedarf dieser Verschränkung. Diese scheinbar irrationalen Argumentationslinien mancher Individuen dienen dem Erhalt des Höheren. Wäre das exakte Ziel für alle abzubilden und innerhalb des modulierten Feldes die verschränkten Informationen zu unterscheiden, könnte

---

entlastenden Einfallen des Blutes in die Venolen und Venen, könnte in der Summe ein ähnliches geistiges Phänomen erzeugen. Nicht weiterverfolgen!

man dennoch nicht von Genialität sprechen, außer das Individuum handelte bewusst in dieser Weise, um den höheren Inhalt zu fördern, und könnte, wenn es wollte, auch anders.

Ja, ICH weiß, was sie meinen! Der Gedanke gefällt mir auch sehr gut! Aber es geht hier nicht um das Wohlergehen eines Individuums, sondern um eine höhere Feldaktivität und die Sicherung von Zielen. Da es sich um menschliche Bewusstseine handelt, deren Gehirnfunktion und damit Entscheidungsebene in einer imponierenden Weise an den Materieraum gebunden sind, kann man festhalten, dass auch die historischen Wahrheiten auf eine spezifische Anordnung der Kriterien im Feld beruhen. Es wird sich um spezifische Informationen zur Organisation des Materieraums seiner Zeit handeln.

Aber erst das Herauslösen eines Materieäquivalents aus dem Alten Wissen und seine Aufnahme in das Neue Wissen vergrößert die Differenz zwischen beiden. Das Ersetzen der alten Kriterien durch das Materieverhalten heutiger Technologie mit dem Wissen um die Massebahnen kleinster Teilchen ergibt eine viel komplexere Beschaffenheit.

Das entstandene holographische Konstrukt transportiert höheres Wissen.

Man generiert auf der Grundlage des aktuellen Materieraums eine Informationsmasse. Die Summierung von Kriterien führt zu einer ungeheuren Datenmenge, die, bildet man zufällig die holographische Struktur einer historischen Wahrheit ab, sich dieses Wissens bemächtigt. Diese Feldordnung repräsentiert das Alte im Gewande des aktuellen Materieraums. Man kann sich die Struktur des Alten Wissens innerhalb des Feldes des neuen Denkers erweitert vorstellen. Dieses leistet die Erneuerung der Daten durch Information des aktuellen Materieraums und die natürliche Feldaktivität. Die natürliche Feldaktivität wirkt auf den integrierten Baustein. Er zeigt sich im Feld durch seine Umgebungsdaten erweitert.

Gleichzeitig scheint dieser Vorgang strukturbildend zu sein. Eventuell zeigt sich durch Feldaktivität hervorgerufene Erweiterungsinformation bereits den holographischen Phänomenen untergeordnet. Das wissende Konstrukt adaptiert um das Kriterium vorliegende Information. Die Wirkungen der Adaption auf den Datensatz des Individuums umfassen zum Beispiel Krümmung, Stauchung, Dehnung, Bahnung, Beruhigung, Drehung, Konzentration, Verdichtung, Kreisläufen beitretend, Lichtkorpuskel bildend usw.

Auftretende Polarisierungen der Felder können sich in plötzlichen Schwankungen harmonisieren. Das nachfolgende Feld verkörpert ein verändertes Wissen. ICH nehme eine höhere Ökonomie des Feldes an. Es gibt eine technische Revolution, die den Materieraum ökonomischer gestaltet. ICH spreche von einer Evolution des Wissens. Um die biologische Evolution mit der Evolution des Wissens vergleichen zu können, müsste man sich die adaptive Wirkung der wissenden Felder ansehen. So spräche man in der Biologie von einer Anordnung von Schwebeteilchen in elektromagnetischen Feldern. Die Chemie könnte von Bindungskräften sprechen, die sich aus der Verrechnung und Verschränkung von Information und den damit verbundenen Dichten ergäbe. Beides vermengt könnte man sich das gerichtete Wachstum ableiten, oder aber die plastizierende Intelligenz, wie sie Goethe fasste, verstehen.

Führen wir uns die Evolution des Wissens vor Augen ist es nichts anderes wie eine Adaptive. Wollen wir die biologische Evolution verstehen, ist es wichtig, die Evolution unseres Materieraums zu verstehen. Die Entwicklung vom Neandertaler über Hütten hin zu Palästen mit elektronischem Bedarfsregelwerk ist im Grunde nur die Auswirkung eines elektromagnetischen Status eines entwerfenden Gehirns. Der elektromagnetische Status generiert sich aus Informationen zum Materieraum. Das natürliche elektromagnetische Feld ist das Wissen.

Das Wissen ist eine Adaptive. So ist auch in der Biologie die Evolution nur eine Veränderung des Wissensstatus, bedingt durch den Wandel der Information und damit verbunden einem Wandel der Kriteriensumme. Wobei hinzukommende Information in Feldmodulationen verarbeitet wird. Das bedeutet ein Feld getragen von einer organischen Hardware enthält sämtliche für die Instandhaltung notwendige Information. Ein möglicher Gedanke wäre, dass das höhere

Feld dem Materieraum verhaftet bleibt. In dieser Form wäre der Materieraum Stabilisator und Motor der Software der Körperorganisation.

Die geistige Masse macht es vielleicht erst möglich, einfache technische Geräte zu entwerfen. Man benötigt einfach eine Trägermasse zur Aufnahme von Information und zur Entwicklung von Form, Gestalt und Ideen. Der Gebrauch von Werkzeugen verändert dann die umgebende Information. Das Bewusstsein verschiebt sich auf andere Bereiche. Die Information der wahrnehmenden Sinne verschiebt sich und damit verbunden die Kriteriensummen. Richte ich mein Bewusstsein auf ein anderes Materieverhalten, wie zum Beispiel beim Gebrauch von Werkzeugen, verändern sich die Daten des holographischen Konstrukts. Die Programmierung der Körpersoftware verändert sich. Über das Kriterium hält der Körper Kontakt zum Materieraum. Der Materieraum speist seine Information in den Körper.

Die Folge ist der Wandel des Organismus.

Der Organismus organisiert sich in Abhängigkeit zur geistigen Informationsmasse. Das holographische Konstrukt ist sozusagen die Software. Ein Vergleich mit der biologischen Evolution ist nur möglich, wenn man dem biologischen Organismus den Materieraum gegenüberstellt. Dann kann man jegliche Veränderung des Organismus und des Materieraums einer Veränderung der holographischen Ordnung der Kriterien, dem spezifischen Wissen, zuschreiben. ICH entwickelte mich vom behaarten Neandertaler über Hütten hin zu Palästen mit elektronischem Bedarfsregelwerk.

Evolution gibt es natürlich auch ohne neuronale Netzwerke. Das Entstehen von Leben und seine Evolution beruht ausschließlich auf dem Mechanismus der Informationsspeicherung bei der Erzeugung von Teilchen und ihrer Zusammenballung. Wir nennen hier Rückwirkungen von entstehenden Informationsfeldern auf die speichernde Materie oder ihre Wirkung auf anwesendes Material. Der Aufbau einer neuen wissenden Ordnung geht zu Lasten der alten. Ihr allmähliches Entstehen aus den aktuellen Materiedaten, das Finden des Alten, die stete Erweiterung ist das Werden des Neuen.

ICH meine, hat sich auf der Grundlage des Materieraums langsam Wissen, heute veraltet, entwickelt und es sind menschliche Bewusstseine entstanden, die sich an den Materieraum adaptiert, an gewohnten Strukturen der Gesellschaft orientierten, d.h. ihre geistige Software zur Datenbearbeitung und Operationen des Gehirns im allgemeinen von diesen Materiebewegungen im Raum, der Verknüpfung der täglichen Gebrauchsdaten abhängig machten, so ist die grundsätzliche Annahme, dass eine Polarisierung, ein dynamischer Wandel eines Datenfeldes des präfrontalen Kortex, der nachweislich zu einer Generierung höheren Wissens führte, dem alten Wissen mit seinem verursachendem Feld mit hoher Wahrscheinlichkeit zumindest Teilen seiner Struktur und der Ordnung seiner Kriterien feindlich gegenübersteht. Feindlich bezeichnet hier das Bestreben des Neuen Wissens, sich selbst darzustellen. Dazu entzieht es vorangegangenen wissenden Existenzen notwendige Bits and Bytes und ordnet sie zum eigenen Sein.

Es ist davon auszugehen, dass bei einem Auftreten neuen Wissens einer Datenkapazität, die alle Individuen und damit den Materieraum ausreichend abbildet, auch politische Größen und andere Ichs mit geringerer Bezugsmasse innerhalb des Datenraums der wissenden Ordnung abgebildet sind. Natürlich ist jedem eine gewisse Stabilität seiner Ich-Struktur zuzusichern, die wir dann aber auch als Störgrößen innerhalb unserer globalen Raumerfassung angeben müssen. Störgrößen in einem Sinne, dass sie bei eigener Aktivität eine Kapazität entwickeln, die unsere Arbeit behindert, ja sogar abbrechen kann. Das liegt an der Adaption der Gehirnfunktion an die Materiedaten und der Einzigartigkeit der individuellen Fassung der Kriterien zu Feldern. Jeglicher aktive Gebrauch der geistigen Inhalte (Denken) geht mit einer ganz spezifischen Anordnung seiner Kriterien und der damit verbundenen Erweiterung durch die entstehenden Felder einher. Die individuellen geistigen Felder und Ordnungen wechselwirken miteinander. Auf Grund des abweichenden Verhaltens der Kriterien und Kriteriensummen fallen Lösungswege und Lösungen von Individuum zu Individuum unterschiedlich aus. Es ist ein Konkurrieren der verschiedensten Datenfassungen um Kriterien anzunehmen. Man nennt sie individuell.

Die Ordnung der Kriterien wurde oben schon einmal als individuell bezeichnet, die Stärke der Felder von der Quantität und Qualität bewegter Materie abhängig, bezeichnet. Das System funktioniert nur, weil auch alles fassende, besonders dichte und konkurrenzlose Felder Bedürfnisse wie Essen, Trinken und Schlafen haben. Mancher Reichtum lässt diese Bedürfnisse jedoch so stark in den Hintergrund rücken, dass diese Ichs für integrierte kleinere Bausteine nur noch unzureichend Orientierung liefern.

Seine Individualität erreicht das Individuum weniger durch die analysierende Datenmenge des Stirnhirns, sondern durch den ihm genetisch möglichen, geerbten und erworbenen holographischen Datensatz und vor allem durch die zu analysierende Umgebung, in der es lebt. Hier erst zeigt sich für mich die Wichtigkeit der individuellen Umgebung. Hier findet die Mustererkennung statt. Hier finde ICH meine Ziele in Spuren verwirklicht vor. Hier finde ICH die Bits and Bytes, die ICH zum holographischen Konstrukt formiere. Es ist, als sähe ICH durch das Individuum hindurch ein Äquivalenzprinzip des Geistes. Hier kann Materie angeordnet werden, so dass daraus Materieströme entstehen, die in unserem Sinne einen Effekt und eine Wirkung auf beabsichtigte Massebahnen erzielen.

Gedanken sind hier wie Wertungen und Befehle. Das suchende Bewusstsein legt sich hier benötigte Datenbanken an. Es bezieht sich auf Materie-Status, verändert Materieformationen, positioniert Objekte usw. Das Ich verschafft sich Stabilität, verankert seine Gedanken im fremden Raum und legt den Grundstein für das zu erreichende Ziel, den höheren Sinn instandzusetzen. Die Summe individueller Kriterien bedingt den sichtbaren Äther. Es ist die Datenmasse des Äthers, der das Wissen zulässt. In ihrer Summe bilden diese Elemente die Programmierung unserer Ziele.

Hier zeigen sich erste Unterschiede in der Wertigkeit der Individuen. Kann das Individuum für uns wichtigste Daten in Form von Materiebewegungen erbringen? Hat das Individuum in seinem Raum unmittelbar über die Sinne Zugang zu notwendiger Information? Ist es die Form eines Objekts, sind es umgebende Stoffkreisläufe oder verbindende Assoziationen, die dem aktuellen Geistigen

Prinzip die notwendige Form geben, so dass es bewusstes Wissen ergibt? Kann es diese Information beliebig für das Gefüge erbringen? Reicht ein spezifischer Gedanke im Umfeld des aufgerufenen Materieäquivalents, vom involvierten Individuum erbracht, damit Wissen Führungsqualität zeigt und auch wirklich als das Höhere gilt.

DIE ORGANISATION
DER ZIELE ERWIRKEN

Das modulierte Feld gilt als eigentlicher Systemzustand. ICH möchte sagen, dass diese wissenden Datendichten die Welt verändern. Am Ende fahren alle Autos und in jedem Land stehen Kernkraftwerke. Das modulierte Feld gilt als eigentlicher Systemzustand. Das Materieäquivalent, ein Materiebezug des Gehirns, auch Kriterium. Die Summierung der Kriterien ergibt das Feld. Das Wissen ist im Feld enthalten. Erhöhungen der Datenmengen führen zu Polarisierungen. Modulationen sind Ausgleichsschwankungen. Modulationen führen zu einer höheren Ökonomie der Felder. Neues Wissen ist entstanden.

Das Wissen ist eine holographische Struktur. Das Materieäquivalent ist holographische Struktur und Materieraum zugleich. Die Materieäquivalente sind Koordinaten im Materieraum. Das holographische Feld kann als Kräftenetzwerk verstanden werden. Das holographische Feld ist das Wissen. Das holographische Feld ordnet an.

Dieses holographische Feld wird auf dem Wege, wie das Gehirn die Daten zu seiner Generierung erhob, dem Materieraum verhaftet bleiben. Wir führen uns noch einmal die Befruchtungsdaten und das Reifen des Embryos vor Augen. Dieser Reifevorgang hat einen starken Bezug zum Materieraum. Auch das Gehirn wird nach der Geburt auf das Bestehende zugreifen. Wir meinen damit die Datenmenge des Materieraums bzw. die Verschränkung seiner Kriterien zu einem funktionierenden Organismus. Das Gehirn wird zuerst einfache Bezüge zum Materieraum herstellen und sich erst allmählich innerhalb der gegebenen Informationsmasse zu einfachen Zusammenhängen hocharbeiten.

Die Informationsbausteine des Wissens sind über den Materieraum verstreut. Das Wissen. Das modulierte Feld. Ein Kräftepaket beruhend auf Kriterienformationen. Denken wir an den Beginn der Arbeit. Der Denker wirft eine Frage auf. Von diesem Zeitpunkt an beginnt das Spiel sich zu drehen. Der Suchlauf beginnt. Tore öffnen sich zu verschalteten Dritten hin. Um die individuellen Inhalte Dritter spannt sich das Negativ der Frage auf. Es beginnt die Orientierung von diesem Negativ aus. Passende Daten lagern sich ein. Die Struktur der Antwort erhärtet sich. Wir sprechen von wichtigsten Startdaten.

Irgendwann reicht die Datenmasse zur Erkenntnis. Es tritt der Augenblick des Wissens ein. Leider ist es oft ein Aha-Effekt der schnell verpufft. Der Aha-Effekt scheint dem Gefühl ähnlich, eine große Datenmasse zu repräsentieren. Es ist jedoch ein Zufallsbefund einer speziellen Kriterienordnung. Der Datencocktail ist noch nicht exakt greifbar. Das Wissen ist noch sehr abstrakt. Es ist eine Momentaufnahme der Feldordnung, ein Ätherauszug.

Das Wissen ist daher, einem Gefühl ähnlich, nicht gut in Worte fassbar. Es ist daher notwendig, sich eine Notiz davon zu machen. Dann bearbeitet man seine Notiz. Die Worte, die man finden konnte, reichten zum Festhalten des Informationsgehalts. Es ist nur eine Bezeichnung, die zu diesem Zeitpunkt möglich war. Die wiederholte Bearbeitung führt zu einer verbesserten Formulierbarkeit.

Die Startdaten, wir erinnern uns, werden sich im Flusse der Zeit jedes Mal etwas anders zeigen. Jegliche Wiederholung wird weitere Daten hinzugewinnen. Wir laufen an den Kriterien fort. Gegenstände vervollständigen sich. Materie bewegt sich durch den Raum. Arbeitsabläufe werden sichtbar. Wege zeigen sich auf. So gelangen wir von den Startdaten aus über die natürliche Datenabfolge zu einer allmählichen Abbildung des Materieraums. Dieser Datenreichtum lässt bereits eine sehr gute Fassung des Wissens mit Worten zu.

Auf diese Weise wird ein unerwarteter Aha-Effekt zu einem klaren, die Zeiten überdauernden Wissen. Der Materieraum verändert sich ständig. Auch die Individuen wandeln sich in ihrem Sein. Das holographische Konstrukt wird in seiner Zusammensetzung nicht wieder so sein, wie bei der direkten Erkenntnis. Das Wissen bleibt dem Materieraum verhaftet.

Gibt man das Buch heraus, besteht für den Leser die Möglichkeit, sich von seinem eigenen Anteil am Materieraum in dieses Wissen einzuarbeiten und die wissenden Konstrukte nacheinander für sich selbst zu erstellen. In welcher Weise sie sich das wissenschaftliche Konstrukt erschließen, wird sich aus dem geerbten und erworbenen Datensatz, dem Gebilde um ihr Genetisches, der Struktur ihrer Ätherfelder, der Verschränkung, Richtung und Wirkung ihrer Kriterien, der bewegten Materie als nutzbares Transportsystem, ganz allgemein aus der Aktivität ihres Feldes ergeben. Von heute auf Morgen geht da gar nichts.

Um nicht zu pessimistisch und auch nicht zu optimistisch zu wirken, gebe ich eine Reifezeit von 10 Jahren vor. Man benötigt eine gewisse Zeit, um das zu werden, was das Wissen wirklich ist. Wenn Sie den Eindruck gewinnen, dass der Materieraum um Sie herum zu meiner Person wird, und sie Geräuschkulissen als meine Worte interpretieren, oder Sie Rückkopplungen aus dem geistigen Gefüge meiner Person erhalten, sind sie dem noch höheren Wissen sehr nahe. Es zeigt sich so, weil eines jeden Ich eine Kriterienfassung ist. Wir sind dem Materieraum äquivalent. Erreichen Sie Wissens-Status meiner Person, vermittelt Ihnen das Konstrukt Meinung, Wissen und Haltung meiner Person. Das Wissen ist jetzt in Worte fassbar. Die Worte sind der Weg zum Wissen.

Es gibt jedoch Hürden zu meistern, von welchen sie wissen sollten. Wie bereits oben geschildert, gibt es auch höhere Felder. Man kann sich vorstellen, dass mit dem Bekanntheitsgrad einer Person oder Marke die zu verwaltende

Datenmasse des Gehirns ansteigt. Diese Menschen haben sehr viel dichtere Ätherfelder zur Organisation ihres Alltags zur Verfügung. Sie generieren sich aus uns und nicht umgekehrt. ICH nenne es das Äquivalenzprinzip des Geistes, dass ein geringeres Ich diese höheren Datenfelder zur Analyse seines Lebensraums heranziehen kann. Das Äquivalenzprinzip des Geistes erlaubt dem Höheren natürlich auch, Geringeres zur Organisation seines Handelns heranzuziehen.

Wenn Sie sich durch Bildung Kriterien erschließen und sie einer eigenen Ordnung unterwerfen, begehren Sie gegen die vorliegenden Feldordnungen auf. Es schalten sich psychisch sehr stark wirksame Ordner, um sie wieder an die höhere Feldaktivität anzupassen. Sie könnten folgenden Sinn haben: »Vergessen Sie das mal ganz schnell wieder!«, »Da führt kein Weg hin!« oder »Glauben Sie doch so etwas nicht!«. Das sind alles Befehle, die die gängige Datenordnung aufrechterhalten sollen. Die Ordner können selbstverständlich in einem normalen Gespräch überall auf der Welt entstehen und über die Geistesmasse, der sie anteilig sind, in ihr Unterbewusstes getragen werden!

Während der ersten Gehversuche wird man auch sehr gerne als Spinner oder Verrückter bezeichnet. Anfangs halten Sie sich daher besser etwas zurück, bis Ihr Erfahrungsschatz Ihr Wissen unangreifbar macht. Wir lassen uns unser Wissen nicht mehr zerreden. Die sollen sich an unserer Kapazität die Finger verbrennen! Wir sind die Elite, nicht die! Es ist wie, wenn ein Körper in das Erdmagnetfeld eintritt. In diesem Moment erhält der Körper vom Erdmagnetfeld die Information: »Rase auf die Erdoberfläche zu!« Wir können auch unsere Weisungsbefugnis auf wissenschaftlicher und wirtschaftlicher Ebene als Beispiel anführen. Die technische Entwicklung geht einzig und allein auf die Generierung wissender holographischer Felder zurück.[2]

Das Holographische überträgt sein Wissen über die bestehenden Kräftenetzwerke auf den Status Quo. Dieses Geschehen ist Ausdruck der natürlichen Feldaktivität. Die größeren Datenmengen gehen mit einem mehr an Gravitation einher. Wir sind in diesen Datenmengen organisiert. Wir sind in einer gewissen Art und Weise in unserer Datenabfolge determiniert. Es ist daher sehr schwierig, sich geistig und kommunikativ zu verändern. Das Neue fördert beides. Es verändert die internen Strukturen der geistigen Masse. Es verändert die Art zu kommunizieren und die Art zu denken.

Die Sicht funktioneller Zusammenhänge verändert sich. Gibt man das Buch heraus, wird sich sein Wissen erstellen. Die holographischen Konstrukte erstellen sich. Wenn Sie sich in die Texte einarbeiten, baut sich das holographische Feld

---

2   Kurzes Gespräch mit auftretenden politischen Instanzen zum Thema ›Weisungsbefugnis‹:
    ICH: »Und wer stellt Ihnen das Äthermodul zur Weisungsbefugnis zur Verfügung? Nein, ICH
    beneide meine Repräsentanten nicht! Sie dürfen in dieser Position große Reden halten, Sie dürfen
    Gesetze beschließen, Sie können damit in den Wahlkampf ziehen und wenn Sie ab morgen
    zurückschießen, dann fällt es dem Konstrukt nicht einmal auf. Die Eigenschaft ›weisungsbefugt‹
    abstrahiert nämlich die Positionen. Eine Korrektur ihres Denkens scheint durch die Operation
    ›weisungsbefugt‹ undenkbar, weil sich das Konstrukt an dieser Eigenschaft selbst erkennt.

um Ihren Anteil am Materieraum auf. Das holographische Feld beruht auf einer Kriteriensumme. Die Quantität und Qualität der einzelnen Kriterien bestimmen das Feldverhalten. Je nach Feldstärke und Feldordnung, die der Leser während des Reifeprozesses aufbaut, zeigt sich auch seine Startmasse von der aktuellen Feldaktivität involviert.

Die Informationsmasse des Lesers adaptiert sich. Er wird wissend.

Der individuelle Datenschatz gelangt durch die Anordnung im wissenden Konstrukt zu veränderten Kräfteströmen.

Die Idee einer Lösung verändert sich. Er leitet Lösungen innerhalb der Struktur des Wissens ab. Der involvierte Mensch gelangt zu intelligenteren Lösungen. Mit der Verwirklichung seiner Errungenschaft bildet er zunehmend die Kräfteverhältnisse des wissenden Konstrukts ab. ICH sehe hier die Grundlagen der technischen Entwicklung. Wir können das auch die Evolution unseres Materieraums nennen!

ICH möchte sagen, dass wir mit unseren Sinnen Riechen, Sehen und Hören und auch mit unserer Körpersensorik genügend Daten in das korrelierende System einbringen, um von einer ausreichenden Komplexität der Datenmenge sprechen zu können. Das Korrelierende System rechnet alle Informationsvolumina aktiver Geister in das Datengefüge mit ein. Das entstehende Feld steht für eine übergeordnete Verbindung der verrechneten Kriterien. Die Kriterien rücken zusammen.

Ich möchte von einer ausreichenden Abbildung des Materieraums sprechen. Ich möchte das entstandene Feld als eine menschliche Datenmenge bezeichnen. Man könnte vielleicht von einem menschlichen Bewusstsein sprechen. ICH behaupte, dass die Feldeigenschaften die schnelle Überbrückung von Distanzen ermöglicht. Die holographischen Fassungen der Kriterien, bzw. das Feld erlaubt es dem Bewusstsein, innerhalb des Materieraums in Bruchteilen einer Sekunde von hier nach da zu springen. Um sicher zu gehen, setze ICH für diesen Vorgang die Kenntnis des Wissens des übergeordneten Feldes und die Sprungdaten in Form von Kriterien innerhalb des Feldes voraus. Nach dem Sprung stehen natürlich die direkten Umgebungsdaten in unserem Interesse. Es gibt verschiedene natürliche Techniken, die Zieldaten erweitert und dichter abzubilden. Dieses hilft uns bei der Alltagsorganisation. Wir werden die Tatsache der überbrückenden Feldeigenschaften noch bei der Klärung höherer Gehirnfunktionen benötigen.

Ich sehe im Feld einer Kriteriensammlung, die den Materieraum vollständig abbildet, jegliches Wissen enthalten. Zumindest ist das benötigte Wissen für das Individuum darstellbar. Das Korrelierende System ist ein Feldspeicher. Die Kriterien erinnern sich gegenseitig. Der Materieraum ist stabilisierende Basis. Benötigt man Wissen, so ist man zur Datengenerierung nicht immer auf Echtzeithandlungen von involvierten Dritten angewiesen. Man kann sich immer auch auf vergangene oder zukünftige Daten des Materieraums verlassen. Diese werden innerhalb des Korrelierenden Systems von aktiven Inhalten erinnert.

DENKEN

Klinken wir uns ein, erhöht das Feld die Datenmenge um unsere Position. Die Tore öffnen sich zu den integrierten Dritten hin. Ihr Sein und ihre Aussagen werden auf unser geistiges Gefüge wirken. Das Zusammenspiel aus geistigem Gefüge und Datenordnern, in Form von Aussagen Dritter, wird die Quantität und Qualität der verfügbaren Daten und damit das erreichbare Ergebnis bedingen.

Ähnliches löst sich in Ähnlichem! Daraus resultieren für jegliche Ichstruktur einer geringeren Feldordnung wegen der Ähnlichkeit der Gebrauchsdaten die Gefahr des Herauslösens wichtiger Kriterien aus dem eigenen Feldverband und die Einbindung in eine hochwertigere Feldarchitektur. Mit diesen Veränderungen der individuellen holographischen Ordnung ist ein Wandel der individuellen Sichtweise und des individuellen Verhaltens zu verzeichnen. Es ist das Niveau der Steuerebene, das das Kriterium unberücksichtigt lässt und nur in den Kriteriensummen, den holographischen Feldern ein Gesicht hat.

ICH unterstelle einer wissenschaftlichen holographischen Fassung von Massebahnen auf der Grundlage eines Feldtypus, wie er mehrmals definiert ist, eine ökonomischere Ordnung. Der Materieraum wird sich technisch entwickeln. Wir sehen in der erweiterten Betrachtung und der verbesserten Anordnung der Kriterien im Feld die Hauptursachen für das Entstehen höheren Wissens. Das neue Wissen destabilisiert die Entscheidungsebene des menschlichen Bewusstseins.

Das menschliche Bewusstsein – aus ererbtem Vergangenem bestehend und aktuell an den Status Quo des Materieraums gebunden – erfährt durch den oben genannten Vorgang des Herauslösens von Kriterien die allmähliche Loslösung von veraltetem Wissen. Das menschliche Bewusstsein erhält durch die Einbindung seiner Kriterien in das neue Konstrukt bereits Kontakt zum neuen Wissen. Es vollzieht sich allmählich ein Wandel der individuellen Bezugsmasse. Damit verändert sich die Zusammensetzung der Projektionsfläche und die Standpunkte der Menschen ändern sich mit dem Sinn des Übergeordneten. So stellen sich die Weichen und der zukünftige Weg programmiert sich.

Nehmen wir wieder einmal die Sichtbarkeit eines Parteienlabels als Entscheidungsebene an. Es ist davon auszugehen, dass diese Entscheidungsebene – eine neue Energiequelle wollen hier alle, Kernkraftwerke sind wir bereit abzustellen, und so werden auch die Entscheidungen unter der Sichtbarkeit ihres Parteienlabels oder anderer fassender Inhalte Kriterien zu Feldlinien und Strukturen des Äthers des neuen Wissens favorisieren – diese enthalten wird. So unterwandert das neue Wissen ihre Entscheidungsebene, ohne die Sichtbarkeit ihres Parteienlabels in Frage zu stellen. Ihr Anteil an der wissenden Datenmenge wird sich erhöhen. Entscheidungen werden zu Gunsten des neuen Wissens fallen. Der Materieraum wird sich verändernd adaptieren.

Der sich adaptierende Materieraum ist für mich leicht zu erfassen. Der adaptierte Materieraum ist für mein jetziges Wissen bereits stabilisierende Größe und ist mir für meine weitere Entwicklung Ausgangspunkt. ICH sehe die Gebrauchsdaten meiner Rechenkapazität immer mehr an den Materieraum adaptiert. ICH spreche von dem eigentlichen Sein der immer klareren Sicht auf eine immer klarere Wahrheit. Meine Kortexdaten entsprechen immer mehr dem aktuellen Raum. Ich verfüge bereits über höchst präzise und klare Rechenergebnisse und Antworten.

Ihre Nachfolger werden bereits Entscheidungen fällen, die einzig und allein dem Erhalt des Wissens dienen. Das wissende Konstrukt ist ursprünglich eine Sammlung von Kriterien. In einem dynamischen Prozess wandeln sich diese zu Feldern einer höheren Ordnung. Das neue Wissen und die darin enthaltene Technik erobern sich das Gedankengebäude einer veralteten Ordnung. Das Wissen breitet sich auf die Geister der Menschen aus. Das neue Wissen ist integrierend und sinnstiftend.

Das Wissen schleicht sich unbemerkt von den oben erwähnten geringeren Restmassen ein. Die wissenschaftliche Datensammlung ist der Beginn. Die Feldpolungen immer größerer Datenkapazitäten wirken immer flächiger innerhalb des Status Quo. Die Programmierung der politischen und anderer Erdsysteme, wird deutlich. Der Einblick in Weltlinien, sitzt man am Steuer ist ein bekannter Erfahrungsschatz. Die Annahme, dass wir es selbst sind, ist verständlich.

Das Wissen zeigt den Charakter, seinen Sinn über die Kriterien auf andere Ichs zu übertragen. Dies führt zu einer Destabilisierung der Entscheidungsebene betroffener Systeme. Destabilisierung heißt in unserem Falle, dass man sich vom aktuellen Status Quo des Materieraums entfernt. Es ist das Wissen, das sich aus den aktuellen Daten des Materieraums generierte. Gerade diese Daten sind es, die die menschlichen Gehirne für ihre Funktionalität benötigen. Exakt aus diesem Grund ist der menschliche Geist empfänglich, lässt sich von Neuem erfassen und unterwerfen. *Mit der Generierung von neuem Wissen, mit der Verkörperung unserer aktuellen Kriterienfassung, die ohne Zweifel einen zukünftigen Status des Materieraums beschreibt, werden die installierten geistigen Größen die angesprochenen Veränderungen des Materieraums herbei entscheiden und herbeireden.*

Wir beobachten einen wachsenden Unterschied zu unseren Vorgängern. Wir vermuten das Kollabieren der Vorgängerlösung bzw. den plötzlichen Eintritt der Kriterien in einen dynamischen Feldprozess, so dass wir neues Wissen erhalten oder dieses bestätigt vorfinden. ICH nehme an, dass ICH, um eine Vorgängerlösung zu stürzen, mein Wissen auf ähnlich große Datenvolumina und Materieströme gründen muss, wie es mein Vorgänger tat. Die Programmierung des Materieraums beginnt mit dem wissenden Konstrukt. Der Prozess des Verstehens ist ein erfassend einordnender. Das Volumen der erfassten Materieströme, die Bezugsgröße des Gehirns, potenziert sich. Es werden ungeheure Datenmengen generiert, die als Feld eine ungeheure Wirkung erzielen.

Ist es diese Ordnung, die mit kleinen Materieströmen beginnt, sich in Feldpolungen wandelt und immer größere Datenmengen in Feldern homogenisiert, so dass wir am Ende eine Wirkung der wissenden Kriterienfassung auf die Chaossysteme unserer Erde annehmen können? Ist die Wirkung auf die Chaossysteme vergleichbar mit der Wirkung auf ein Staatsbewusstsein, das aus einer

Vielzahl individueller Einzelleistungen beruht? *Können sich auch in einer Staatsordnung Materieströme erstellen, die beginnend mit kleinen Scharmützeln in breiten Fronten, genannt Kriege, die beiderseits mit zu- und abführenden Materieströmen aufrechterhalten werden, enden?*

Am Ende kollabiert eine Ansicht. In der Nachkriegsordnung wird die verursachende, nennen wir die holographische Datendichte des präfrontalen Kortex eine Instanz, wird die verursachende Instanz enthalten sein. Es wird eine Datenmenge sein, die keinen Widerspruch enthält.

Wenn es diese Materieströme und Ordnungen sind, die das arbeitende Genie verursacht, wenn die beobachtbaren geistigen Prozesse, wenn die Bildung holographischer Masse zu einem Erkenntnisprozess des absoluten Wissens führt, wenn die Anordnung der Kriterien in Feldern die geistige Programmierung des Materieraums darstellt, wenn das absolute Wissen die Macht zur eigenen Verwirklichung in sich trägt, wenn das Konstrukt auf Grund der Kriteriensummierung zu Effekten und Kräften eine Vielzahl von Materiekreisläufen enthält, die als Abbilder zukünftiger Technik gelten, dann lässt sich der gesamte Materieraum in Form von Daten in einem holographischen Konstrukt des präfrontalen Kortex abbilden.

Die Äquivalenz der Materiedaten bzw. ihre Darstellung mittels elektromagnetischer Felder, der Nachweis einer möglichen Programmierung des Materieraums, der strukturelle Aufbau der Materie, ihr Anwachsen zu Körpern mit Masse und demgegenüber eine entstehende Ordnung als Folge der sich bildenden Grundkräfte, so dass die Ordnung des Materieraums verschiedensten Strukturen von Feldern zu Grunde liegt, anzunehmen, bedeutet, dem Gehirn die Möglichkeit zu geben, sich Ebenen höherer Dichten des systematischen Gefüges zu erschließen, in seiner Zusammensetzung zu betrachten, Äthermodelle höheren Wissens für eine weiteren Entwicklung in die Systematik des Gefüges einzufügen, auf der Ebene der wechselwirkenden Grundkräfte zu installieren und die eintretende Folge, von dem Neuen Materiehaushalt selbst wieder abhängig zu werden, zu erleben.

Dieses beinhaltet auch die Möglichkeit, die holographischen Felder, zeigen sie sich für die weitere Entwicklung des Materieraums bestimmend, als Ganzes zu betrachten. Das Ganze wäre in unserem Falle ein physikalisches Partikel, das sich durch die holographische Fassung in seinem Verhalten exakt beschreiben lässt. Das Gehirn erzeugte einen künstlichen Feldabschnitt, der die Teilchen eines gewissen Raums definiert. Der Feldabschnitt wäre gleichzeitig Teilchengefüge. Gleichzeitig enthielte das Teilchengefüge die Kriterien des Materieraums. Das menschliche Teilchen erinnerte den Materieraum in unserer Weise und gestaltete ihn nach unseren Zielen. Umgekehrt heißt das dann aber auch das Teilchen in seinem Aufbau, das heißt die Kriterien in ihrem Bewegungsverhalten studieren zu müssen.

Das Phänomen des Äthers wird dem physikalischen Phänomen eines Teilchens, einer energetischen Anhäufung, gleichgesetzt. Zur Klärung der vorliegenden Strömungsverhältnisse im Partikel wird das Bewegungsverhalten der Kriterien des Äthers studiert. Materie als solche zu gewinnen oder diese unter Energiefreisetzung zu verdampfen wird das Ergebnis sein. Die Relativitätstheorie und die Quantentheorie als vereinigt zu betrachten bringt die Betrachtung der Inhalte mit sich.

Hier setzen wir den Zusammenbruch der Fronten und die darauffolgenden Materieströme einer Harmonisierung der Feldmodalitäten durch den dynamischen Erkenntnisprozess des Gehirns gleich. (Das ist aber nicht bewiesen!) Die wissende Datenmenge hat der Vorgängerlösung die organisierende Ebene entzogen. Die Aufgabe jeglicher Konfrontation und die Rückkehr in die Heimat, auch in die Gefangenschaft ist in erster Linie Ausdruck der Datenerhebung einer global fassenden Datenordnung.

Das Feldverhalten, das mit dem Entstehen von Wissen einhergeht, dürfte exakt der geistige Effekt sein, der der eben beschriebenen Ordnung des Materieraums vorausgeht. Ist das Geistige verantwortlich, so ist die heutige Ordnung des Materieraums eine Folge der Vorgängerlösung. Das bedeutet, dass die Richtigkeit des Status Quo zumindest in Frage gestellt werden muss. Sprich die beiden Weltlinien, die Alte bereits verwirklichte und die Neue, sich darstellende, generieren sich beide aus der Informationsmasse des Materieraums.

Die Weltlinien weichen bereits auf Grund ihrer Denker voneinander ab. Die Denker unterscheiden sich in ihrer Lokalisation in Raum und Zeit, sie unterscheiden sich in der Wertigkeit der erhobenen Materiedaten und nutzen andere Mechanismen der Datenbearbeitung. Der eigentliche Grund ist aber die erweiterte Raumerfassung, und die Feldpolung des Erkenntnisprozesses, der dem Wissen die Macht verleiht, Ursprüngliches zu verändern.

Wir glauben nicht, dass der totale Krieg als Mittel zur Löschung der Reproduktionsmaschinerie eines veralteten Wissenschaftsstatus heute noch notwendig ist. Das mächtigste wissenschaffende Bewusstsein hat heute eine Vielzahl von Möglichkeiten, die Systemdynamik zu unterbrechen und unter geeigneten Aspekten neu zu starten. Vor allem der Klimawandel wird sich als geeignetes Mittel erweisen, Korrekturen innerhalb der holographischen Massen vorzunehmen oder die Systemdynamik, nach Katastrophen adaptiert, neu zu starten.

Und doch besteht die Gefahr, dass das wissende Konstrukt auf Grund seiner veränderten Kräfteverhältnisse, die mit dem veralteten Wissensstatus bzw. mit dem daraus hervorgegangenen Status Quo nur ungenügend darstellbar sind, wenn es seiner Verwirklichung innerhalb des Materieraums entgegenstrebt, die Zerstörung menschlicher Infrastruktur und Gebäudearchitektur als Form der Abstraktion eines veralteten Wissenschaftsstatus initiiert.

ICH nenne die wissenden Konstrukte Weltlinien, weil sie sich nachweislich aus den Daten des Materieraums generieren und für eine nachfolgende Ordnung verantwortlich zu nennen sind. Eine Weltlinie ist eine Datenmenge des präfrontalen Kortex, die den Materieraum abbildet und in seine zukünftige Ordnung blicken lässt.

Die Weltlinie ist eine holographische Datenmenge. Sie ist eine aus Kriterien bestehende Äthermasse. ICH möchte die Feldordnung in ihre Kriterien zerlegen und die Kriterien innerhalb der Datenmenge des Realraums zuordnen. ICH wähle zur Vereinfachung den Materieraum, der der Datenmenge des Realraums äquivalent ist. ICH vernachlässige hierzu die umgebende verschränkte Information und führe mir zur Veranschaulichung nur den aktuellen Materieraum vor Augen.

ICH sehe, dass das Erkennen einer Weltlinie von einer günstigen Verteilung der eigenen Bezugsmasse im Materieraum (Realraum) abhängt. Betrachte ICH den Materieraum, so sollte dieser zu einem hohen Grad von eigenen Interessen durchsetzt sein. Sportliche Seriensiege genügten dieser Bedingung, wenn man für diese verantwortlich genannt werden kann, aber es gibt beliebig viele andere Beispiele, wie ICH mir durch Lenkung Bereiche des Materieraums erschließe.

Manche Bereiche des Materieraums involviere ICH mehrfach mit der Gestaltung meiner Interessensgebiete. Werden die Themengebiete korrekt geführt, so dass der Gedanke die Institutionsergebnisse vorwegnimmt, kann man von den Ableitungen des adaptierten Gehirns einen sehr hohen Wahrheitsgehalt erwarten. Bearbeite ICH fremde Themen kommt mir die flächige Involvierung des Materieraums zu Gute.

ICH erreiche durch die Vorgabe einer eintretenden Zukunft bereits eine sehr hohe Adaption meines Gehirns an den Materieraum. Das Eintreten formulierter Ziele erlaubt mir, den Materieraum als einheitliche Information zu betrachten. Dieser Materieraum ist eine geschlossene Informationsmenge.

Dann entnehme ICH dem Materieraum zur Erstellung eines wissenden Konstrukts bereits involvierte Kriterien. Eine zusammenfassende Involvierung des Materieraums, so dass er als chaotische Größe in seiner dynamischen Ganzheit abgebildet, höchstem Wissen entspricht, erleichtert mir die Generierung von neuem Wissen.

ICH verwende dann Kriterien, die als chaotisches Ganzes bereits von einer übergeordneten Information gefasst sind. Ist es verständlich, wenn das chaotische Ganze eine bewusste Information transportiert, dass es weitere Ableitungen eines Gehirns erleichtert? Kann man verstehen, dass die Entnahme von Kriterien zur Generierung holographischen Wissens, auf Grund einer zusammenhängenden übergeordneten Wissensstruktur das Verständnis dieser neuen Kriterienkonstellation begünstigt oder mit sich bringt?

Neues ist einfacher zu fassen und zu verstehen, wenn es aus Bausteinen einer bezeichneten Einheit besteht. Innerhalb des bezeichneten Materieraums ist das Gesuchte eventuell bereits natürlich vorkommend enthalten. Dem Gehirn ist es möglich, verschiedenste Zustände des Materieraums zu verrechnen. ICH erzeuge damit höhere Felder. Es entstehen Effekte innerhalb des Materieraums. Leider fehlt immer noch die Technik, um Datendichten des Gehirns quantitativ und qualitativ zu beurteilen. ICH greife daher immer wieder auf beobachtbare Entwicklungen des Materieraums zurück und schätze auf diese Weise die Wirkung der generierten Datenmenge.

Es ist ein Spiel mit der Wahrscheinlichkeit. ICH erhöhe mit gewissen Datenkonstellationen die Wahrscheinlichkeit für das Eintreten eines Zustandes, wobei davon ausgegangen werden muss, dass die höhere Datenausgangsmasse zu dem wird, was sie vorgibt. Geringere Datenmengen, die ebenfalls Ziele dieser Ordnung vorgaben, werden zusammenbrechen oder sie werden in andere Bereiche abweichen müssen.

ICH kenne relativ instabile physikalische Teilchen, die in der Zeit auch rückwärts zerfallen. ICH will diese dem angesprochenen Feldtypus gleichsetzen und auf eine grobe Allgemeinstruktur kleinster Partikel schließen.

ICH nehme den Sport zum Beispiel. Da treffen Athleten aus allen Ländern aufeinander und kämpfen um den ersten Platz. ICH registriere, dass sie aus unterschiedlichen Regionen des Materieraums kommen. Aus diesem Grunde werden sie ihre Ziele auf der Grundlage voneinander abweichender Datenmengen formulieren müssen.

Darf ICH das kleinste physikalische Teilchen in Abhängigkeit von seiner Umgebung definiert sehen, so dass es sich im Zentrum der Information des umgebenden Materieraums befindet, so dass sich Unterschiede benachbarter Teilchen hauptsächlich in ihrer direkten Umgebung messen lassen? ICH sehe das formulierende Gehirn eben auch auf dieser Ebene dem Materieraum verbunden.

Die Daten des Gehirns werden sich mit den natürlichen Feldern des Materieraums verrechnen.

Die Formulierung eines Ziels benötigt eine entsprechende Projektionsfläche. ICH verwende die individuell verfügbaren Daten. Die Verrechnung von Informationsvolumina zur Darstellung seiner Ziele ist ein aktiver Vorgang. Das Datengebilde ist ein künstliches.

Die gedanklich generierte Datenmenge ist der oben geschilderten Ebene verwandt. Das Verhalten des Teilchens durch die umgebende Rauminformation definiert zu haben, erlaubt mir hier ein gedankliches Konstrukt anzuführen.

Das gedankliche Zielgebilde verrechnet sich auf dieser Ebene mit den natürlichen Feldern. Das geschaffene Gebilde ergänzt das natürliche Feld.

ICH denke an den Bereich der Matrixdaten, den Bereich der gekörnten Raumzeit oder einfach nur an dichtere Feldabschnitte so bezeichneter Teilchen. Im Grunde reicht es, die kleinsten Teilchen von nun an in ihrem Verhalten vom eigenen Gedankengebäude determiniert zu sehen. Das eigene Denken bzw. die verwendeten Kriterien verschmelzen mit dem natürlichen Grundgerüst und werden zur Matrix des Materieraums. Der Zustand, ›ganz oben zu stehen‹ tritt ein.

ICH gehe davon aus, dass der Materieraum um die Athleten in seinem Kleinsten von den visualisierten Zielen bzw. von der Trägermasse der errechneten Ziele durchsetzt ist. Das Verhalten der kleinsten Teilchen in und um den Sportler ist durch die Ziele und die Kriterien der Projektionsfläche, betrachte ICH sie aufgeschlüsselt, durch die verfügbaren, mir eigen zu nennenden Daten des Materieraums definiert. Natürlicherweise gibt es ein Grundgerüst des Datenraums, das sich aus der augenblicklichen Materieverteilung im Raum herleitet.

Sehen wir nun die Magdalena ganz oben. Die generierte Datenmenge genügte, um diesen Zustand ausreichend zu beschreiben. Das bedeutet, dass ihre Konkurrentinnen falsche Berechnungen anstellten. Die Information ›ganz oben zu stehen‹, erbringen im Grunde alle Sportler. Die formulierten Positionen werden vom natürlichen Datengerüst des Materieraums aufgenommen. ICH sehe die formulierten Ziele in die elektromagnetischen Phänomene kleinster Teilchen hineinwirken. Das Gesamtgefüge wird die Positionen der verschiedenen Sportler am Ende des Rennens bereits enthalten.

Was passiert jetzt mit den elektromagnetischen Phänomenen, die den Wunsch aller Sportler, ›Ganz oben zu stehen‹ transportieren? Die Information wird sich der Platzierung entsprechend abwandeln. Ein Teil der Matrixdaten wird sich dem Körper äquivalent verhalten und die Position um das Podest verlassen. ICH denke an die Körperdaten, mit welcher die Evolution den Körper einst in Form brachte, die heute dem Bewusstsein untersteht und dem Gehirn zur Generierung von Daten dient. Diese Informationsmasse, die der Körperorganisation angehört und auch die Position des Körpers im Raum beschreibt, wandert aus der irrtümlich bezeichneten Region ab.

Die Ausgangsmasse der Formulierung, z.B. die Daten fremder Länder, auch von Dritten erhoben und die Informationsmasse der Fanblocks verrechnen sich auf der Datenebene kleinster Teilchen. Diese Daten des Materieraums bleiben stabil. Diese Daten erfüllen als Bezeichnungen des Materieraums weiterhin ihre Matrixfunktion. Diese Daten bleiben dem Datengefüge als Kriterien erhalten. Sie sind die Bestandteile des Ergebnisses. Sie sind die Bestandteile des Lichts.

Bereits während des Rennens zeichnet sich die Positionierung der Sportler ab. Das Datengefüge erstellt das Ergebnis. Vor und während des Rennens darf man eine erhöhte Matrixinformation in den Bereichen um die Podestplätze annehmen. ICH möchte auf ein mögliches Missmanagement der kleinsten Teilchen hinweisen, zumindest aus physiologischer Sicht, was die Mikroorganisation des Körpers betrifft. Die Involvierung durch die verschiedenen Datenmengen der Sportler zwingt die Teilchen, unterschiedlichste Zustände gleichzeitig zu verkörpern.

ICH siedle die Körperorganisation auch auf dieser Ebene an. ICH vermute, dass das Datengewirr unterschiedlicher Zustände, von den Sportlern erzeugt, von der Teilchenebene aufgenommen, den späteren Zustand bereits enthält.

ICH denke, dass eine organisierende Masse dieser Form die Bewegungs-programme, die Organfunktionen, allgemein die Körperprotokolle, die in ihr enthalten sind, beeinflusst.

ICH möchte kurz die Projektionsfläche der Sportler beleuchten oder fragen: »Was oder wer sind Sie, und wenn, wie viele?« Die Möglichkeit, sich als Individuum in einem größeren Ich organisiert zu sehen, erlaubt mir natürlich zu fragen, wie wird ein eingelagerter Körper diese Datenmenge vertragen? Wie entsteht Schmerz, und wie wird er gemessen?

Der Großteil der Sportler wird den Bereich um das Podest irrtümlich bezeichnet haben. Während des Rennens klären sich die Positionen und bei der Siegerehrung sieht man dann die Materieordnung, das Ergebnis des Datengefüges. Den geringer platzierten bleiben zwar die Ausgangsdaten ihrer Berechnungen erhalten, aber die fehlerhafte Körperpositionierung korrigiert sich. Entsprechende Daten verschieben sich innerhalb des geistigen Gefüges, so dass sie zu korrekten Matrixdaten werden.

Dieses Leuchten und Strahlen, diese unglaubliche Freude! Dieses weiße Licht, das den Sieger umgibt, das einen den Körper vergessen macht. Dieses Phänomen entsteht im Augenblick der Einheit, wenn die geistige Antizipation zur Wahrheit wird. Dann verhält sich der geistige Entwurf wie ein Schlüssel, der sich exakt in den Matrixraum einfügt. In diesem Augenblick steht man im Zentrum der Datenmenge des Materieraums. Die Matrixdaten fließen ein. Die Position des Körpers und seine Mikroorganisation bilden mit dem Restraum ein harmonisches Ganzes. Der Körper ist ebenso exakt beschrieben wie das Stadion, der Parkplatz, die umliegenden Wälder, wie Paris, Rom und die Ukraine.

Die Körperorganisation und die Ichorganisation des Siegers bedienen sich dieser Gesamtdatenmenge des Augenblicks. Die verschränkte, erweiternde und fortführende Information ist Lichtkorpuskel bildend. Erst die nachfolgenden Gespräche und der Alltag werden das Medium wieder strukturieren.

ICH sehe, dass sich Kriterien innerhalb des holographischen Konstrukts zu einer Wirkung summieren. ICH weiß, dass die Art und Weise der Anordnung und Verrechnung in Feldern das spezifische Wissen bedingt. Betrachte ICH die verarbeiteten Materiedaten, erkenne ICH, dass sich die Materie innerhalb des Materieraums in Richtung und Wirkung ihrer Bewegung unterscheidet, aber isolierte Betrachtungen in höheren Bewusstseinsfeldern gleichgerichtet verarbeitet sein können. ICH verstehe, dass Personen, Objekte, Datenkonstrukte auf Grund ihrer Zugehörigkeit zu den Materieströmen der Datenordnungen innerhalb der Felder eine Favorisierung erfahren.

Es gibt auch eine Bewegung von Materie entgegengesetzt der Feldordnung. ICH vermute, dass mit der Bewegung entgegengesetzt der generierten Software ein höherer Energieaufwand und damit ein größerer Verschleiß verbunden sind. Toter Materie gelingt dieses durch die Umwandlung von Energie zum Beispiel von Lageenergie in Bewegungsenergie. ICH nenne es verrotten. Lebenden Organismen erlaube ICH, sich selbst einen Grund für eine Bewegung oder Handlung entgegen dem Strom mit dem Charakter eines freien Willens zu entwerfen. ICH behaupte, dass mit der Bewegung gegen den Strom ein vermehrtes Altern verbunden ist. Begleitend kann es Schmerz und Entzündung bedeuten.

Waffen haben meist explosive Stoffe zur Grundlage. Auch hier wird Materie gegen eine gängige Datenordnung beschleunigt. Das Metall dringt in den Körper ein. In einer gewissen Weise drücke ICH ihm meine Ordnung auf. Die Information verdichtet und verändert sich. Die Information wird meiner Analyse zugänglich. Eine gleichzeitige Involvierung oder in Besitznahme durch die eigene Position ist gegeben. Dieser Formalismus ist den Mechanismen der Gehirnfunktion zuzuordnen.

Die Bereitschaft des Geringeren, sich größeren Materieströmen anzuschließen oder sich innerhalb dieser zu bewegen, liegt in der natürlichen Feldaktivität. Zusätzlich vermitteln die Feldstrukturen über die Gefühlsebene den Eindruck einer nützlichen Bewegungsordnung. Während es sich ausgezeichnet anfühlt, mit der Masse zu gehen und sich wie alle zu verhalten, setzt man sich immer einem gewissen Risiko aus, Gegenteiliges anzunehmen.

Begreift man sich im Jetzt als Werdender, ist es notwendig, in der Zukunft erfasste Materie-Status wie Öffnungszeiten, eine grüne Ampel, freie Straßen, ein freier Schalter oder die zukünftige Freundin als Argumente einer Planungsebene anzunehmen. ICH will mir bereits im Jetzt eine passende zukünftige Ordnung schneidern. Sie soll mir und meinen Anhängern einen angenehmen Background und erhellende Datenschübe liefern. Diese Datenschübe gehen, wie oben beschrieben, aus hochwertigen Ableitungen der Matrixdaten hervor. Es gelingt die Zukunft im Jetzt so zu bearbeiten, dass sich mein Körper auf einer Bahn bewegt, die mich die Ereignisse des Alltags in einer witzigen und charmanten Weise erleben lassen. Zusätzlich begleitet mich auf meinem Weg eine dichtere Äthermasse. Sie scheint meiner Ich-Instanz anzugehören. Sie generiert Wortinformation in meinem Kopf und lässt mich die Ereignisse in einer genialen Weise deuten. ICH spreche sehr gerne von einer Mustererkennung.

Es ist ein Leben, das so ist, weil es so gewollt ist und so geliebt wird. Sich im Jetzt die Zukunft zu erschließen, um sie in der Gegenwart als so gewollt zu empfinden, generiert für das Gehirn eine ungeheure Datenmenge. Diese Datenmenge ist sein Eigen zu nennen. Dieser Datenreichtum entspricht dem Ich. Dieser Datenreichtum bedingt diese Zufriedenheit, diese Fülle, dieses Glück. ICH erkenne, dass ICH als Baustein des geistigen Gefüges mit meinem Verhalten dem Großen sowohl schaden als auch nutzen kann.

ICH erkenne, dass manches Gesprochene von Privaten, Trainern und Managern parallel zu einer systemrelevanten Komplexität heruntergespult wird. Während der Sprecher vorträgt, produziert meine Ich-Instanz höchste Gedanken auf sichtbarem Äther. ICH habe schon vieles ausprobiert! ICH habe meine höchsten Gedanken in einem inneren Monolog fortgeführt. ICH kostete sozusagen meine Position aus. Es trat ein, dass ICH von einer Stimme in meinem Kopf als äußerst redegewandt bezeichnet wurde, während der Altkanzler Professor Doktor Kohl sein Gespräch fortsetzte. Mancher parallel Vortragende verlor durch diese Vorgehensweise seinen Faden. Scheinbar erzeugt die Übernahme der Gesprächsführung auf dieser Ätherebene einen Datenmantel, der das erarbeitete Grundgerüst des Sprechers bis zur Unkenntlichkeit erweitert. ICH habe diese Dateninstanz meines Gehirns auch schon abgebrochen. Dann verstummt mancher Parallelsprecher sehr schnell. ICH habe Irrwege installiert und das Fallen der

Betroffenen beobachtet. ICH habe als Schmetterlingseffekt das Weltensystem in seinem Verlauf verändert.

Manchmal frage ICH mich, wenn ICH mich mit dem Höchsten beschäftige oder zukünftige Daten visuell preisgebe, wem sie wohl im Augenblick helfen. ICH frage mich ob mein höchstes Niveau auch wissenschaftlich korrekt verwendet wird. Haben die Inhalte, die ICH mit meinem Niveau hinterschreibe, einen gesellschaftlichen Wert? Führt die Hintermalung dieser Positionen in eine vertretbare Zukunft? Besteht die Gefahr, dass politische Richtungen und Strömungen ungewollt zum Spielball meiner Kapazität werden? Sollte ICH meine stabilisierende und richtungweisende Position aus Verantwortung sofort bei ihrem Auftreten mit einem entschiedenen Nein versehen? Kann ein Missbrauch dieser Datenvolumina durch Dritte Vierten gegenüber auf der bewussten und unterbewussten Ebene ausgeschlossen werden?

ICH erkenne, dass ICH der Gesellschaft große und komplexe Leitsysteme bereitstelle. ICH kann diese Gedankengebäude bestätigen, ausbauen und auch wieder einreißen. Das Aussehen einer aktuell beobachteten Äthermasse des präfrontalen Kortex, stellt sich wie das Verhalten von Wasser dar, kippt man ein größeres Gefäß um. Es ist eine einseitige Ausbreitung der Äthermasse zu beobachten. Eventuell beobachte ICH hier das Brechen von Dämmen an größeren Flüssen (August/September 2010).

Ursächlich für die Sichtbarkeit des geistigen Phänomens darf man die Reaktion mit dem umliegenden Datengefüge nennen, wenn Materie unvorhergesehen die natürliche Ordnung durchbricht. ICH nehme eine zu vernachlässigende Ordnung an, weil sie keine Stabilität zeigt. Sie ist kaum zu reproduzieren, wie ICH es von einem theoretischen Partikel erwarte. ICH vermisse außerdem die Eigenschaften einer höheren Symmetrie.

ICH nenne es ein Phänomen des Arbeitsspeichers.

Der Geringere wird mit den Materiebewegungen seines Alltags zufrieden sein. Sein Gehirn befasst sich mit der Bewegung von Objekten. Sein Alltag beruht in erster Linie auf der Berechnung von Bewegungsprogrammen für dieses Tun.

Diese Menschen profitieren natürlich von ihrer Integration in das Korrelierende System. Letztlich stellt das Zusammenspiel im geistigen Gefüge die Grundlage der Gehirnfunktion dar. Das Gefüge erinnert wichtigste Alltagsdaten, ist Motivation und Ideengeber.

Die Funktionalität dieser Gehirnfunktion ist natürlicherweise auch bei einer Verschränkung mit den Arten ihres umgebenden Biotops gegeben. Gleichzeitig bietet die breite Varianz der Informationsverschränkung innerhalb eines bestehenden Biotops einen Schutz vor Schadware. Es ist sehr viel immunaktiver, als eine ausschließlich menschliche Ordnung.

Die regionale Vernetzung von Biotopdaten zu einem funktionierenden Gefüge dürfte die jüngste Entwicklung der Software unseres Planeten sein. ICH sehe die einstigen großen Materieströme dieses Planeten in den Formen der Organismen und ihrem Zusammenspiel aufgespalten, verwoben und zugleich gebunden. ICH sehe eine Matrix von Daten, die die Chaossysteme in ihrem Verhalten ebenso beschreibt, wie sie die neuronalen und präneuronalen Leistungen zulässt. Das Artensterben hält an. Heute gibt es Blechlawinen, Queen Marrys und jede Menge Elektronik.

Natürlich lassen sich Menschen innerhalb der holographischen Konstrukte einer hoch technisierten Zivilisation auf einem Niveau installieren, dass sie von den Datenströmen der großen Felder profitieren. Aber bedenken Sie die Folgen einer Zerschlagung von Biotopdatennetzen. Bedenken sie die Zunahme der Feldstärken menschlicher Ordnungen. Lassen Sie die Kriteriensummen in Tonnen bewegter Masse berechnen und schätzen Sie die Wirkung dieser geschaffenen menschlichen Datenmonster auf die Chaossysteme selbst.

So ist eine holographische Strömung ausgelöst durch Truppenbewegungen allein der Ausdruck einer sich erstellenden durchgehend schlüssigen widerspruchsfreien Datenordnung. Diese widerspruchsfreie Datenordnung nenne ICH auch einen Echtzeitraum. ICH nenne es hier die Zentralisation von Daten eines fragend operierenden Gehirns, der Verantwortliche, sein Echtzeitraum, seine Frage, die Antwort, seine Theorie.

Zuletzt wird man über den Materiebezug auf europäischer Ebene zu flächigen Strukturen gelangen, die in ihrem Charakter Weltlinien entsprechen. Diese Datenkapazitäten entspringen einem menschlichen Bewusstsein. Diese Weltlinien werden alte Strukturen ablösen.

An den Materieäquivalenten, Kriterien und ihren Strukturen fortzulaufen ist seine Eigenschaft, und den Raum in sich geschlossen abzubilden, ist die Art des höchsten Gehirns.

Das Feld an sich hat den Charakter der adaptierenden Einordnung. Es bietet dem Individuum die Chance der Integration von Objektdaten. Innerhalb der spezifischen Feldordnung zieht es dann umgebende Daten, strömend und ruhend, für seine Gehirnmechanismen heran. Das Individuum agiert innerhalb einer wissenschaftlichen Fassung. Die Wechselwirkungen mit dem Feld und seinen Daten bilden das Objekt ab und zeigen zugleich mögliche Handlungsweisen auf. Die Massebahnen mit möglichen Arbeitsschritten differenzieren sich um das Objekt aus.

Die Feldaktivitäten zeigen die Arbeitsschritte um das Objekt auf. Die Bewegung der Kriterieninformation scheint als eine abstrakte Feldeinheit auf die individuelle Objektbewegung anwendbar. Die Feldeinheit scheint Ideengeber, scheint die eigene Bewegung als Information des Feldes zu vermitteln, scheint eine gewisse Positionierung des Objekts vorzuziehen.

Es ist das Wissen, das sich langsam installiert. Das neue Wissen ersetzt Kriterium für Kriterium der historischen Wahrheiten durch eigene, aktuelle Kriterien. Es ist eine Leistung des denkenden Gehirns, ein wissendes holographisches Konstrukt zu errechnen. Es bedarf der Sammlung von Kriterien mittels Dritter. Die Frage bzw. das Ziel des Forschers bedingt die spezifische Anordnung der Kriterien. Die Antwort ist Struktur, und die Struktur ist der Kern eines Datenfeldes vielfältigster Kriterien.

Die Struktur ist ein Materieäquivalent. Genauer gesagt, ist die Struktur ein zukünftiges Materieäquivalent. Der Materieraum wird sich wandeln. Dadurch gelingt eine schnelle unkomplizierte Darstellung durch die im aktuellen Materieraum gegeben Kriterien. Eine technische Revolution führt zur unmittelbaren Nutzung durch das Individuum. Das Wissen schleicht sich als Gebrauchsgegenstand in den Materieraum.

Wird der Wissensstatus als eine Ordnung des Materieraums gelebt, so besteht für das Individuum bei jeglicher Aktivität eine mehr oder weniger intensive Beziehung zum wissenden Konstrukt. Als eine Ordnung des Materieraums versinkt das geistige Gut in der Bedeutungslosigkeit. Es tritt eine Art von Abstraktion ein. Ihre Daten als Kriterien in Strömen, Kreisläufen und Bahnen gefasst, verkörpert die involvierte Materie von nun an das Wissen des gedanklichen Konstrukts.

Es ist zu verstehen, dass die Entscheidungsprozesse des Gehirns vom jeweiligen Materiebezug abhängig sind. Holographische Strukturen enthalten Datenordner. Der Intelligente erkennt an seinem Gegenüber sein geistiges Gefüge. Er kann mit geeigneten Aussagen den Fluss der Daten lenken. ICH nenne es die Datenzentralisation eines Ich. Die Daten scheinen sich in der Form eines sichtbaren Bewusstseins in Richtung seines Ich zu bewegen. Die Ordner fügen dem angesprochenen geistigen System sichtbare Raumbestandteile hinzu. Die bewussten Felder des Ich erweitern sich von dem Standpunkt aus, von welchem aus er sein Feld instruiert.

Der Intelligente generiert einen geschlossenen Datenraum. Das Bewusstsein beginnt sich sehr viel komplexer zu organisieren. Die getroffenen Ableitungen verkörpern dann eine höhere Wahrheit. Der Dümmere, oft auch Verneinende wartet vielleicht ab, was das Gegenüber während der Präsenz seines Feldes sagt und wertet dieses. So sucht er Stabilität in der fremden Existenz.

Die Daten bedingen in ihrem Zusammenspiel die Gehirnfunktion. Die Machbarkeit von notwendigen Materiebewegungen im Raum sollte das Hauptcharakteristikum einer Entscheidungsebene sein. Die notwendigen Daten werden vom holographischen Konstrukt vermittelt. Sie gehen aus einer Wechselwirkung der korrelierenden Daten hervor. Es ist die holographische Darstellbarkeit des Objekts und der gewünschten Handlung. Die Sichtbarkeit eines Raumabschnitts im Fluss der Zeit, der beobachtbare Wandel in Richtung des beabsichtigten Zustands, der zu Entscheidungen herangezogen wird.

Bedenken Sie die Ordner, die die Daten lenken und auf diese Weise einfache Mechanismen der Gehirnfunktion speisen. Führen Sie sich die Netzwerke mit den entstehenden Echtzeiträumen vor Augen, wenn das System Fahrt aufnimmt. Erkennen Sie die Qualität der Bewusstseinsfelder abhängig von eben diesen Bedingungen. Für Fehleinschätzungen mache ICH den Funktionserhalt des übergeordneten Feldes verantwortlich. ICH kann mir ebenso verschiedene Zeitorte, von korrelierenden Systemen antizipiert oder selbst installiert, als Fehlerquelle auf der Entscheidungsebene vorstellen.

ICH nenne die Summe der Materieäquivalente die Software eines menschlich geprägten Materieraums. Der Materieraum ist eine chaotische dynamische Datenmenge. Der Mensch hat dieser Datenmenge ein Overlay aufgesetzt. Für den Erhalt dieser Ordnung verwendet der Mensch sehr viel Energie. Es gäbe sicher effizientere Lösungen.

Das Materieäquivalent war ursprünglich der Ausgangsstoff für das einfache Bewegungsprogramm. Das Größere dient bereits dem Handlungsentwurf oder der Projektplanung. Die generierte Datenmenge bleibt dem Materieraum verbunden. Sie ist die Triebfeder und der Wegweiser einer einsetzenden Entwicklung des menschlichen Materieraums. Man könnte auch ein Gesamtbewusstsein annehmen, um sich mit seinem individuellen Sein als Bestandteil eines größeren fühlen zu können. Nicht zuletzt wird die Entscheidung, sich im Strome zu bewegen, vom Strome selbst gefällt und ist selten das Ergebnis der eigenen Wertigkeit.

Der Anteil des neuen Wissens am Gesamtgefüge vergrößert sich. Das neue Wissen erreicht mit der Integration von Kriterien eine immer größere Akzeptanz. Die Installation von Wissen ist ein natürlicher Vorgang. Man schreibt den Vorgang der Installation der physikalischen Wirkung des wissenden Feldes zu. Es ist die Feldstärke, es sind die Effekte von Kraft und Wirkung, die Daten umgruppiert und Materie auf Bahnen zwingt, so dass sie wissende Ordnung werden. Dieses Anpassen und Ausrichten des Geringeren, dass seine Feldaktivität dem Größeren dient, dieses Einlagern in das Größere, so dass man es in seiner bestehen Struktur wieder nur fördert, macht mir Angst. Auch wenn es sich um ein grundlegendes Prinzip der Natur zur Informationsentstehung handelt, die Gefahr besteht in den künstlichen Datengebilden des schaffenden Gehirns. Diese Datengebilde wälzen den aktuellen Status Quo um. Sie stehen für eine verändernde Entwicklung des aktuellen Materieraums. (ICH verweise hier auf die Gespräche meines Ministerpräsidenten Horst Seehofer mit dem tschechischen Regierungschefs, das parallel zu dieser Niederschrift stattfindet; 20.12.2010, 10:15 Uhr.)

Dieser natürliche Vorgang macht mir Angst. Er abstrahiert das Individuum, enthebt es jeglicher Moral, zwingt es auf Bahnen des Konstrukterhalts und treibt es bei bestehendem Datenbedarf zur weiteren Mediation. Das bedeutet, das forschende Gehirn vergrößert seine Datenkapazität. Das Gehirn erzeugt eine fühl- und sichtbare Dateninstanz im Gehirn. ICH schreibe sie einer Ichinstanz zu. Es beginnen, Gesetze der Physik zu gelten. Jegliche Integration weiterer Kriterien in das fühlbare Feld führt zu einem präziseren Bild des Materieraums. Das Gehirn vergrößert seinen Echtzeitraum.

Dieses wissenschaftliche Fassen der Materiedaten führte mich zu den Datenmengen meiner Vorgänger. Treibt der wissenschaftliche Geist sein Bestreben fort, werden immer mehr Individuen mit ihrem Handeln Bestandteil seiner Ordnung und weite Teile des Materieraums sein eigen. Die generierte Datenmenge reicht weit über die, seiner Vorgänger hinaus. ICH nehme an, dass das neue Wissen dem alten gegenüber eine Konkurrenz im Sinne physikalischer Gesetze entwickelt. ICH nehme an, dass die Individuen dann von zwei geistigen Systemen angesprochen werden. Je nach Lage ihrer Kriterien innerhalb des Konstrukts – ICH denke an belastende Kräfte, die ungünstige Lagen innerhalb der Felder bedingen – werden sie sich schneller für Neues entscheiden können.

ICH nehme an, dass dies auch zu Konflikten auf niedereren Ebenen führt. Eine Ursache ist die veränderte Kriterienordnung, die auch zu einem Wissensunterschied beiträgt. Die Kriterien der alten Fassung und die Kriterien der neuen Fassung werden sich im Wege stehen und einander behindern. Die zwei geistigen

Systeme werden sich in ihrer Materieordnung in Teilen widersprechen. Das heißt, sie setzen Kriterien abweichend oder gegensätzlich ein, so dass die optimale Materiebewegung aufgrund der gegenseitigen Beeinflussung nicht mehr gegeben ist. Es kann auch sein, dass zwei Systeme einen Zeitort mit jeweils eigenen Objekten besetzen wollen, so dass es zur Kollision von Materie kommt. Das Gehirn ist in seiner Funktion und Logik von den Daten des Materieraums abhängig.

Die Phänomene der Wechselwirkung beim Auftreten unterschiedlicher holographischer Betriebsysteme reichen in der Regel aus, dass Fehler und Zwistigkeiten der adaptierten Gehirne auftreten. Der Wahn versucht die Katastrophe zu vermeiden, die Genialität benötigt sie! ICH will damit sagen, dass Streit immer auch ein Versuch ist, zum Beispiel Kollisionsdaten aufzudecken und zu umgehen.

Es stellt sich mir an dieser Stelle immer die Frage: Wie stellen sich die konkurrierenden Hologramme dar? Das Wissen wird von einer spezifischen Struktur ausgelöst sein. Das Wissen bezieht sich somit auf eine dynamische Masse des Materieraums. Das Wissen ist in einer gewissen Weise flexibel im Materieraum verankert. Das Wissen ist an seine Dynamik gebunden und entwickelt innerhalb des dynamischen Materiehaushalts Antworten auf induzierte Störungen.

Nähme ICH bei einem eintretenden Verständnis die Identität der Struktur meines Ich mit der Struktur des Wissens meines Vorgängers an, so müsste ICH mit dem Wachsen meiner Datenmenge die Zunahme der Gravitation meines Konstrukts annehmen, so dass die Kriterien zusammenrücken, sich Wege verkürzen und Zeit verlangsamt. Im Vergleich zum Konstrukt meines Vorgängers, kommt man hier schneller voran und funktioniert besser. Das Neue entwickelt mit zunehmender Datenmasse eine Wirkung auf das Alte. Der Gravitationseffekt, ein Verdichten der Kriterien im Konstrukt enthält als Wirkung auch eine Rotationskomponente. Die angesprochene Wirkung bezieht sich auf das veraltete Wissen. Übertragen wird der Rotationseffekt von Kriterien, die beiden Konstrukten in einer ähnlichen Form angehören.

Dieses ist der Fall, wenn beide Wissensgebilde das Alte und das Neue in einer Person vorliegen. Das Neue baut auf dem Alten auf. Bedenken Sie immer die Möglichkeit der Modulation eines Feldes zur Feldharmonisierung. ICH spreche nicht von der Involvierung eines individuellen Kriteriums, sondern von einer Modulation des Feldes, das die gesamte Datenkapazität betrifft. Dieses ist eine globale Umwälzung zusammenhängender Bereiche und ineinandergreifender Inhalte. Die Modulation der Gesamtkapazität erhöht die Abweichung vom alten Wissen.

ICH möchte hier nicht behaupten, dass das Gehirn einen gewissen Feldtypus favorisiert, dessen Struktur die Modulationen immer wieder hervorbringen. Die fortwährende Anhäufung von Daten führte zwangsweise an einen Punkt der Feldmodulation. Mit einer Modulation kehrte die Form des Konstrukts zu seiner bekannten Feldstruktur zurück. Die Veränderung des Wissens resultierte weniger aus seiner Gebrauchsarchitektur. Die Veränderung des Wissens beruhte ausschließlich auf einem Anwachsen der Datenmenge und der Aktualität derselben. Das Wechselwirken der Konstrukte bleibt von physikalischen Gesetzen abhängig, selbst dann, wenn sich die wissenden Felder nicht als Entwicklungsstufen in einem schaffenden Geist befinden, sondern als voneinander abweichende Positionen von Personen und Personengruppen gegenüberstehen.

Im Gespräch der Kontrahenten werden sich Positionen austauschen. Die sichtbare holographische Datenmasse, ein elektromagnetisches Phänomen wird sich wie das Licht oder seine Oberflächenbrechung am Objekt vom Auge aufnehmen lassen. Die wissenden Felder der Gesprächspartner werden mit dem Auge in die eigene Ichinstanz aufgenommen. Von da an bilden die wissenden Konstrukte der Gegner die analytische Größe der Ichinstanz mit. Die großen Konstrukte lassen das Individuum unberücksichtigt. Sie bilden den Einzelnen mit seinem Niveau nur mit ab.

Es geht darum, was ihnen das Konstrukt unterbewusst flüstert, wie effizient ist das Individuum erfasst, wie vorteilhaft wird es gesteuert und in welcher Form kann das Individuum mit seinem Datenanteil am erreichten Ziele teilhaben. Ist das erreichte Ziel Ausdruck deiner Datenmenge, so wird es eine Gefühlsebene erzeugen, die dem Individuum seine absolute Zugehörigkeit aufzeigt.

Die Gefühlsebene ist ein elektromagnetisches Feld einer unglaublichen Datenvielfalt. Diese Datenebene vermittelt den Angehörigen mit Gefühlen die Erreichbarkeit ihrer Ziele. Gleichzeitig stellt dieses Datengefüge aber die Programmierung des Größeren dar. Individuelle Kriterien sind gleichzeitig Bestandteil der Programmierung von Handlungsentwürfen ihrer Nachbarn, von Großereignissen, ja sogar von Weltlinien. Diese integrative Leistung eines homogenen Feldes erlaubt es, immer in der Ichperson zu sprechen, ohne die Systematik zu gefährden.

Wird der geistige Entwurf einer Weltlinie oder eines Großereignisses zu einer Realität innerhalb des Materieraums, bekommt das integrierte Individuum eine Ableitung der Gesamtdatenmenge des Materieraums durchgeschaltet. In der gleichen Weise, wie sich die Datenmenge des Konstrukts über das integrierte Kriterium in das Unterbewusstsein des Individuums transferiert, tritt mit der Adaption der geistigen Bezugsmasse bei einem Eintritt des errechneten Zustands eine wahre Schnittstelle in den Materieraum auf.

Im Augenblick des Sieges erhalten Sie eine Ableitung der Gesamtdatenmasse des Materieraums. Diese Gesamtdatenmasse wird sich um die Architektur des Konstrukts zu einem sehr komplexen Informationsgebilde hochschaukeln. Es treten hellere elektromagnetische Phänomene wie das Licht auf. Das Licht wird über das Kriterium in den individuellen Geist einströmen und das Individuum mit unglaublicher Freude erfüllen. Die Datenmenge des Lichts scheint den involvierten Körper nicht zu belasten. Vielmehr scheint sie den belasteten Körper zu ergänzen, die Betriebssoftware des Körpers uneingeschränkt zuzulassen.

Das bedeutet, dass ICH eine Feldaktivität des Größeren um das individuelle Kriterium annehme. Die gewöhnlichen Kräfte meines Feldes werden das Kriterium erweitert, im neuen Gefüge vielleicht günstiger, für den Besitzer angenehmer darstellen. Der gefühlte und gelebte Vorteil erhält mir die Zustimmung des Individuums. Jegliche individuelle Informationsmenge meinen wissenschaftlichen Ableitungen zu Grunde zu legen, hat oberste Priorität. Im Miteinander der konkurrierenden Informationsmassen wird sich das heute so genannte absolute Wissen, das Neue langsam, Kriterium für Kriterium an den Materieraum adaptieren.

Die Gesprächspartner, zuerst noch gegensätzlicher Ansichten werden zu Involvierten, sie werden sich ihrer Vorteile bewusst und wechseln die Farbe. Das höhere Wissen installiert sich.

Bedenken Sie, was passiert, wenn sich geistige Größen wie Jesus und Mohammed getragen von Menschen gegenüberstehen. Was passiert, wenn Datengrößen unterschiedlicher Kulturräume, die sich ohne Berührungen voneinander unabhängig entwickelten, getragen von Menschen oder anderen Organismen aufeinandertreffen? Was geschieht, wenn diese gegensätzliche Ziele vorgeben? Was geschieht, wenn die Datenmediation der einen Existenz gleichzeitig den Untergang der anderen Existenz bedeutet?

Diese geistigen Existenzen verkörpern eine Datenmenge unvorstellbarer Größe. Im Innern der Konstrukte verschmelzen die Daten zu Datenfeldern. Es bilden sich Datenströme. Es entstehen Kräfte mit Wirkung und Effekten auf die Materie. Eine ungeheure Macht entsteht für den Erzeuger der Felder. Nicht zuletzt ist es die Stärke der Felder, die Geringeres integriert oder die Kapazität eines Datenstroms, auf der bewegten Materie der gefassten Kriterien beruhend, die Gegensätzlichem entgegenströmt.

Bei derartigen Feldstärken setzt das individuelle Gehirn aus. Der individuelle Datenbestandteil verliert in der Masse des Feldes seinen Standpunkt. Das Individuum verschwindet in der Bedeutungslosigkeit. Die ungeheure Feldstärke des Konstrukts der geistigen Existenz wird für geringere Individuen zum eigentlichen Motor von Entscheidungen. Selbst die Gefühlsebene täuscht, indem sie die Leichtigkeit des Stroms vermittelt, über die Gefahr der Unmenschlichkeit hinweg.

Die individuelle Datengröße bewegt sich in einer Strömung höherer Felder. Die Datenmediation schreitet voran. Am Ende sind die Erzeuger der höheren Felder für das Verhalten der gefassten Individuen gegenüber den Außenstehenden verantwortlich. Die Erzeuger geben mit Gefühlen und Haltungen dem geringeren Baustein Leitlinien für Verhaltensweisen gegenüber dem anderen Wissen vor. Das Böse im wissenschaftlichen Wege zu erkennen ist nicht so einfach.

Jedoch trägt es diesen Keim in sich. Wird ein veralteter Irrtum durch eine neue Wahrheit ersetzt, stehen sich Daten der alten Ordnung und Daten der neuen Ordnung gegenüber. Sind die Unterschiede des Wissens sehr groß, kann es zu großen Umbrüchen des Materieraums kommen. Sind es nur geringe Wissensunterschiede, kompensieren dies der Wandel und die Entwicklung innerhalb der Generationenabfolge.

Das Gegenüber niederzumetzeln, bedeutet immer einen Datenverlust für die betroffene Ordnung. Mit dem Verlust eines Neuronensatzes verliert das wissende Konstrukt gleichzeitig Kriterien, die Elemente seiner Feldarchitektur. Das Auflösen individueller Stati erleichtert die eigene Darstellung. Dieses ist der erfolgreichste Weg der Datenmediation.

Der Vorgang der Datenmediation ist ein natürlicher Vorgang. Die Größe und Härte der Datenmediation scheinen sich abhängig von der eigenen Kapazität und dem auftretenden Gegensätzlichen zu organisieren. Es ist der Wissensunterschied der Konstrukte. Verfolgt man die Konstrukte in ihrer Zusammensetzung bis in den Materieraum zurück, kann man sehen, dass die Datenäquivalente des Materieraums zur Darstellung des Wissens in den verschiedenen Konstrukten unterschiedlich gebraucht werden. Der Hass und die Bereitwilligkeit zu töten korrelierte mit der Anzahl und der Kapazität sich gegensätzlich verhaltender Materiedaten. Natürlich spielt auch die Friedfertigkeit des fassenden Gehirns eine Rolle.

Es hängt mit der Feldstärke und der Gewichtigkeit der Strömungen im wissenden Konstrukt zusammen, ob sich das Individuum, getragen von diesen, gegen das behindernde Gegnerische in Gang setzen lässt oder in Gang setzt. ICH rate zu einem freundlichen Umgang mit dem Weltgeist; auch wenn ICH ihn manchmal niederringe, scheint es der bessere Weg zu sein. Treten Ätherworte auf, ist es unsere Aufgabe, diese zu werten und fortführend zu leiten. Eine zielgerichtete und freundliche Kommunikation ist meine Pflicht.

Begreifen Sie das alte Wissen als eine Leistung eines vergangenen Gehirns! Das holographische Phänomen spannt einen Echtzeitraum auf! Sehen sie das geistige Phänomen eines Echtzeitraums von seinem Wissen stabilisiert! Sehen sie in dieser Kriterienordnung und Feldarchitektur den Korpus des Wissens! Sehen sie die Kriterien Bereichen des Materieraums äquivalent! Sehen sie das Wissen als eine vom Materieraum getragene Existenz! Sehen sie, dass ICH sie neu fassend, erweiternd überwinden werde!

Noch vor einigen Jahren hätte ICH einen Erkenntnisgewinn dieser Größe mit einer Flasche Wein begossen. Nachdem aber zu beweisen war, dass der Betrunkene meine Gedanken frei herausplappert, wurde mir klar, dass ICH mich durch Konsum von Alkohol ebenfalls diesem Niveau näherte. ICH wurde zu einer einfachen Plattform für andere. ICH bemerkte, dass ICH gern zur Flasche griff, wenn ICH Erkenntnisse der höchsten Art gewonnen hatte; ICH ging diese Erkenntnis feiern, wenn Israel oder Amerika ihre Staateninteressen publizierten. Heute gibt es zum Glück die Medien, um diese Ableitung für sich zu treffen.

Es hat sich eine interessante Konstellation der Dinge entwickelt. Scheinbar zerschlage ICH mein erarbeitetes Wissen, um einer Publikation amerikanischer Interessen Platz zu schaffen. Anschließend erstelle ICH mein Ursprungsniveau und entwickle mich fort, um die Ergebnisse erneut zu zerschlagen, um sie wieder aufzubauen und fortzuentwickeln. Dieser Kreislauf ging jetzt über Jahre. ICH stelle mir die Frage, was dieser Mechanismus bewirkt. Wem nutzte es mehr? Mir, der ICH im Werden bin und diese Sicht der Dinge entwickeln durfte!!! Heute unterlasse ICH die Abstraktion der Inhalte und stelle diese Plattform nicht mehr zur Verfügung.

Was bedeutet es für diese Alkoholismusinteressen, wenn sie einem aktiven deutschen Geist mit stabilen Inhalten gegenüberstehen? War es notwendig, diesen fremden Interessen immer wieder seine Datenplattform zu abstrahieren, um sie anschließend erneut zu strukturieren? Dem Werdenden wird es dienlich sein, diesen Kampf zu führen und die Abstraktion seiner Inhalte abzulegen. Diese Dinge zu überblicken und zur Freiheit zu gelangen, wird wohl mit dem Erreichen einer gewissen Geistesgröße einhergehen.

Bedenke ICH das Konkurrieren der geistigen Felder um Datenbestandteile, so komme ICH zu dem Ergebnis, dass die Installation fremder Staateninteressen und ihre Umsetzung bei einer aktiven eigenen Geistesmasse mit dem stabilen Wissen ›ICH bin ein deutscher Europäer‹ nur bedingt möglich ist. Die Stabilität geistiger Inhalte des einen bedeutet einen gestörten Aufbau und eine mangelhafte Ordnung des anderen.

Die Anlehnung an natürliche Strukturen beim Aufbau einer funktionierenden Logistik hilft den systeminternen Versorgern. Es schützt Sie aber nicht vor gleichgearteter Konkurrenz. Das bedeutet, Wissen ist zuallererst eine Ableitung einer gewissen Kapazität an Materiedaten. Das Wissen bezeichnet eine dem Materieraum entnommene holographische Datenmasse. Das Wissen verursacht den Status Quo in seiner Ausprägung. Die Kriterien sind innerhalb des holographischen Konstrukts einer Ordnung unterworfen. Schafft ein Denker neues Wissen, indem er eine Neufassung der Kriterien vornimmt und sich auf einen noch größeren Datenraum bezieht, enthebt er die Kriterien der ursprünglichen Ordnung.

Die Staatenordnungen kommen ins Wanken, weil sie sich Konkurrenzstrukturen heranziehen. Oftmals entwerfen heranwachsende Industrienationen heute aufgrund der Masse Mächtiger eigene Ziele. Damit destabilisieren sie gängige Ordnungen. Deutschland schafft sich ab, um die eigenen Gedanken selbst zu gebrauchen. ICH möchte dieses Europa, weil es Deutschland ist. ICH möchte es, weil ICH den Datenraum des Zweiten Weltkriegs bereits fasse.

ICH möchte dieses Europa, um mich selbst zu stabilisieren. ICH möchte dieses Wissen, die Siegermächte inklusive, ICH möchte über diese Einheit, über diesen Datenraum hinausblicken.

ICH weiß heute, dass die Felder auch Gefühle erzeugen. Das Gefühl ist ein abstraktes Gebilde der Summe der Kriterien. Es ist ein Abbild der Gesellschaft, dem Einzelnen zum Nutzen. Es sollte so sein, dass die gegensätzliche Verschaltung der Kriterien in Richtung ihrer Wirkung – so dass sich die äquivalente Materie dauerhaft auf Kollisionskurs befindet – Aggressionen bedingt. Es genügt, die Datenmassen gegensätzlich einzustellen, um Aggressionen zu erzeugen. Die

Datenmassen mögen sich selbst nicht stören und ein natürliches Gefüge bilden, die Materie, die Körper und Organismen behindern sich jedoch.

ICH möchte die Machtlosigkeit des Einzelnen gegenüber der geistigen Programmierung kurz aufzeigen bzw. die Eigenschaft der Quantenphänomene herausstellen, letztlich im Jetzt als Status Quo zu erscheinen. ICH möchte die exakte Positionierung der Daten des Einzelnen in Raum und Zeit erwähnt haben. ICH nenne an dieser Stelle die Möglichkeit sein anteiliges Kriterium in Raum und Zeit so stark zu erweitern, dass es zu Umgruppierungen von Daten innerhalb des Korrelats kommt. ICH sehe das individuelle Kriterium jetzt in Raum und Zeit erweitert dargestellt. ICH sehe, wie der eigene Datenraum tief in den Datensatz des Korrelats vordringt und sich harmonisch in die gegebenen Strukturen einfügt. ICH erkenne die zentralisierende Eigenschaft dieses Phänomens, das sich aus dem allgemeinen Interesse der Involvierten an ihrer Umwelt ergibt.

Bei eigenem Denken ergeben sich für das Individuum neue Eigenschaften des berechnenden Korrelats mit einem veränderten Ergebniskonstrukt. Die hochwertigere Ableitung hat einen präziseren Anteil am Gesamtgefüge der Erfolgshandlungen. Das Gefüge in dieser Weise zu erschließen, bedeutet die Kapazität seiner Steuersoftware auszubauen. Für die Bewegung alltäglicher Objekte und der Materie im Allgemeinen, bedeutet es, eine sehr viel günstigere Positionierung innerhalb des Korrelats zu erlangen. Hierzu werden bereits gegebene Strukturen des Korrelats herangezogen. Es können auch Effekte querender oder zuströmender Daten genutzt werden, um zum Beispiel Abweichung in Raum und Zeit zu optimieren. Man spricht vom so genannten Kollateralnutzen.

Daraus folgt für das Individuum die Umstellung seines Verhaltens und seiner Sichtweisen. Die Umgruppierung von Daten innerhalb des Korrelats nutzt manchem unserer Kontakte, andere kommen wegen Berechnungsfehlern zu Fall. ICH versuche kurz die Machtlosigkeit des Einzelnen gegenüber der vorherrschenden Datenordnung, am Beispiel des Menschen, herauszustellen.

Der Mensch ist mit seinem Gehirn, nicht nur mit notwendigen Bewegungsprogrammen an die Materie gebunden. Es dürften auch einfache gedankliche

Operationen an Strömungen innerhalb der Felder, an gerichtete Materieströme der Gesellschaft, in welchen ein jeder mit seinen Alltagsdaten vertreten ist, gekoppelt sein. Dann kommt noch die Sprache hinzu. Die Wortfindung orientierte sich am Vorliegen entsprechender Kriterien bzw. am Vorliegen einer bezeichneten Datenmasse. Das Fließen der Sprache wäre Ausdruck eines ungestörten Materiestroms in den elektromagnetischen Feldern. Das Korrelat von Gesellschaftsdaten bildete das individuelle Kriterium des Sprechers in seiner zeitlichen Abfolge mit ab. Auf diese Weise integriert, profitierte der Sprecher von der Wechselwirkung mit den umliegenden Materiedaten anderer Personen, Organisationen und Denker. Der Sprecher fände Klarheit des eigenen Seins vor. Er wäre gleichzeitig Vertreter und Stabilisator der täglichen Gesellschaftsdaten. Er wäre Bestandteil der holographischen Struktur der aktuellen Materiedaten. Das individuelle Kriterium wäre Gesprächsauslöser.

Die Motivation zum Gespräch läge im einfachen Auftreten des Kriteriums. Die alltäglichen Gebrauchsdaten wären wiederkehrende Motivation zum Gespräch. Die benötigten Objekte und ihre Handhabung hätten Startfunktion. Selbst die Information der Sinne erfüllt mehr oder weniger gleichbleibend diese Funktion. Aber auch das mächtige Gesellschaftskonstrukt kann, aufgerufen, seine Bestandteile abbilden und durch die Abbildung des Objekts und seiner Handhabung die zugehörigen Individuen zum Gespräch motivieren. Es liegt auch in Vieler Natur, hochkommende Datendichten Dritten mitteilen zu wollen. Das Individuum verkörperte im Gespräch das Korrelat oder die einstige Schöpfung, das Wissen. Das Individuum verkörperte im Gespräch das geschaffene Wissen in der Form seines Anteils oder im Laufe der Zeit gewandelten Anteils.

Das aktivierte individuelle Kriterium wäre Gesprächsimpuls. Der Redefluss stellte sich wie ein vom Korrelat getragener, wie ein vom ungestörten Materiefluss in den Feldern getragener bezeichneter geistiger Zusammenhang dar. Die Durchführbarkeit von Handlungen, der Prozessablauf, das Ereignis, der Wandel der Start in die Zieldaten, vor allem die bewegte Materie, die für die geistige Idee einer Person steht oder der Transport des Geistes durch einen Organismus selbst, sind innerhalb der elektromagnetischen Felder des Gehirns geleiteter elektrischer Impuls. Die Kriterien sind in der Summe strukturell Welle oder geleiteter energetischer Partikel.

So gesehen, sehen wir auf Operationen des Gehirns getragen von Start- und Zieldaten. Der parallele Ablauf von Handlungen innerhalb des Korrelats bezeichnete die Struktur der gedanklichen Operation. Die Wechselwirkung der Daten innerhalb des Korrelats differenzierte für das eigene System das benötigte Ergebnis aus. Das Ergebniskonstrukt und Handlungsmotiv geht aus einer Wechselwirkung mit den übrigen Daten des Korrelats hervor.

So gesehen ist Kommunikation strukturell verursacht und Ausdruck auftretender gesellschaftlicher, politischer und höchster geistiger Konstellationen. Die Wiederkehr der Konstellationen verdonnert den Menschen dazu, sich im Kreis zudrehen. Nur der Wandel höchster geistiger Strukturen schafft präzisere Verrechnungsabläufe und verändert das Individuum in seiner Kommunikationsstruktur.

Die Menschen verhalten sich natürlich. Sie verhalten sich, wie es das Verhalten ihrer Kriterien im Feld erwarten lässt. Sie sprechen, wenn sie dran sind, und verkörpern dann soweit möglich den korrelierenden Materie- und oder Datenstrom. Die Menschen werden aggressiv, wenn sie Daten gegen sich organisiert vorfinden. Die Organismen werden aggressiv, wenn die Handlungen Korrelierender gefährdet sind. Der Mensch zeigt Aggression, wenn Gehirnoperationen höherer Art und das zu erzeugende Wissen gestört sind. ICH weise ausdrücklich darauf hin, dass es sich um wenige Kriterien und auch um eine Vielzahl Betroffener handeln kann, die man als Gegenströmende Materiedaten zu verarbeiten hat.

Die Zukunft zu bedenken und zu besprechen, erlaubt es, sie im Jetzt zu gestalten. Es muss daher nicht zur Kollision von Materie oder zu Verletzungen von Organismen kommen, weil das Auftreten von Aggressionen der vorzeitigen Spezifizierung und Beilegung logistischer Probleme dient. Ebenso ist der harmonische Datenfluss in den Feldern ein Gefühlsgeber. Er lässt die Operationen des Gehirns zu. Das Wissen ist gegenwärtig. Ein erfreuliches Gefühl umspült das Individuum. Das individuelle Kriterium steht für die Erfolgshandlungen aller.

Erst allmählich begreift der Mensch die Tragweite der Funktionsweise seines Gehirns. Die Datenmassen bedingen die Gehirnfunktion. Es reicht, zwei Datenordnungen ›Wissen_alt‹ und ›Wissen_neu‹ gegenüberzustellen. Vergleichen Sie nun die Bewegungen der bezeichneten Materie in den Konstrukten ›Wissen_alt‹ und ›Wissen_neu‹. Stellen Sie sich das Wissen (alt) und das Wissen (neu) aus sich unterscheidenden Kriterien aufgebaut vor! Sehen Sie die Möglichkeiten einer Varianz der betrachteten Ausdehnung eines Kriteriums. Begreifen Sie die Folgen für den Aufbau von elektromagnetischen Wellen und Feldern! Erkennen Sie die Richtung und Wirkung im Feld! Sehen Sie den Fluss der Daten im Feld! Sehen Sie das Wissen als eine Summe von Kriterien! Erkennen sie das verursachende Feld! Erkennen Sie die Gefühlsebene als eine begleitende Funktion des Feldes!

Das Gefühl bleibt für den Einzelnen ein abstraktes Gebilde. Das Gefühl ist eine Feldgröße, auf der Funktion einer Kriteriensumme beruhend. Erkennen Sie das Entstehen von Gut und Böse, von Krieg und Frieden. Ihre Ausprägungen unterscheiden sich in der verursachenden Datenkapazität. Beide verbergen ihr wahres Gesicht. Das Handlungsmotiv ist nicht das wahre Gesicht. Das Handlungsmotiv resultiert aus der Summenfunktion des Korrelats. Das Motiv ist sozusagen ein Feldinternum. Der Handlungsimpuls liegt im Feld des Wissens.

Das abgeleitete Wissen will erstellt sein. Die benötigten Gehirne wollen ungestört die benötigten Daten erheben. Der erstellende Denker sieht jedes Kriterium in einem zur Erfolgshandlung notwendigen Datenraum organisiert. Der Denker fordert 100 % Machbarkeit.

Die Schnelle und Klarheit des Gedankens richten sich nach der Fassung der Kriterien. Der auf den Wellen reitende energetische Partikel formt die Feldarchitektur mit. Die Struktur fordert die Anpassung von Restdaten. Die Strukturierung schreitet voran. Die transportierte Masse nimmt auf der Grundlage des wissenden Konstruktes zu. Die Art der Datenverschränkung bezeichnet die entstehende Stärke der Wirkung und ihre Richtung. Zumindest erlaubt die Struktur des Feldes in ihrer Kapazität, abstrakt von einem Materiebezug einer gewissen Masse in Tonnen zu sprechen.

Es ist die Gefühlsebene, die im Sinne höherer Datenordnungen den Gau und Supergau differenziert abbildet. Die Wechselwirkung der beiden Felder Wissen (alt) und Wissen (neu) erzeugt in der Summe die transportierte Wertung auf der Gefühlsebene. Das wissende Feld ist oberste Instanz. Es fasst das Verhalten aller. Es bedingt das Verhalten aller. Innerhalb des Einzelnen hat der Gau nur als Kriterium bestand. Das Kriterium dient als Schnittstelle in das Wissen (neu).

Trifft man auf die andersartige Geistesmasse, klinkt sie sich ein. Das individuelle Kriterium lässt die andersartige Geistesmasse als Gesprächsgrundlage um sich herum gelten. Nun beginnen die Kommunikationszyklen. Es wird von vorliegenden Kriterienkonstellationen in Kommunikationsmustern und Gedankenschritten an den Punkt des Gaus herangeführt. Die Kommunikation erlaubt uns, Datenmassen selbst aufzurufen und ihre Wechselwirkungen zu verwalten. Einfache Gedankenschritte laufen ab. Getragen von bewegter Materie seines Korrelats, erweitert der Sprecher seine eigene Wertigkeit in Bezug auf Richtung und Wirkung. Er bindet Kriterien der Gesellschaft ein. Strukturen des Gedankenschrittes, des verrechnenden Impulses, der relativ homogenen Feldstärke des wissenden Feldes bauen sich auf.

Die Bezugsmasse erhöht sich. Es kommt zu Modulationen der Felder. Mächtige Datenfelder bilden großartige Materieräume ab. Kommunikativ in Wissen (alt) integriert, dem Status Quo in einer gewissen Weise verpflichtet, aber in Wissen (neu) optimal verrechnet, spannen sich um das individuelle Kriterium mittlerweile ungeheure Datenmassen auf. Das Wissen (alt) ist bereits durchlaufen, hat sich in Modulationen des Feldes in das Wissen (neu) gewandelt. Das Individuum hat bei einer ungünstigen Positionierung im Feld bereits eine Vielzahl von Kriterien der Eigenschaft ›Wissen_alt‹ gegen sich. Störende Materiekonstellationen gelangen, bedingt durch das Programm Wissen (alt), in seinen Alltag, ganz zu schweigen von den Belastungen der Daten der eigenen Körperorganisation.

Dieses erzeugt Aggression, zum Beispiel in Form von Materiekollisionen.

Die Vielzahl an eingehender Fehlinformation summiert sich zu einem Gefühl des Korrelats. Die begleitende Funktion der Gefühlsebene kommt vor allem bei vielen identischen Wertungen zum Tragen. Dann entwickelt das Wissen, getragen von einem elektromagnetischen Feld, ein globales Gefühl. Dieses globale Gefühl überträgt es über die Schnittstelle, das verrechnete Kriterium, auf das integrierte Individuum. Die Vielzahl an Wertungen gehört zu einer Summenfunktion. Sie charakterisieren das Feld in seiner Gesamtheit.

Der jeweilige Feldstatus stellt eine Gefühlsebene dar. Je nachdem, wie hoch sich der Anteil der sich konträr verhaltenden Datenmasse für das Individuum gestaltet, treten zum Beispiel entzündliche Systemerkrankungen auf. Emotionale Ausbrüche sind auf dieser, der Ebene des Einzelnen eine natürliche Größe. Die Gefährdung durch starke Emotionen nimmt zu, wenn sie sich zur Beschreibung ihrer Ziele leidenschaftlich auf immer größere Datenmassen berufen, und das Fremde am Ende als gedankliches Konstrukt im Quantenkosmos zu Gunsten mächtigerer Datenordnungen kollabiert. Ihr Verhalten bleibt Ausdruck einer Summe von Wertungen. Individuelle Wertungen von Materiedaten bestimmen das Feld und seinen Repräsentanten, wie das Feld des Wissens seinem Denker untersteht und seine Angehörigen involviert.

Es gibt sehr viele Formen der Aggression. Die Sprache könnte man bereits den Aggressionen zurechnen. Die aufgerufene Datenmasse führte zu einer Veränderung der wissenden Feldarchitektur mit einer Belastung des Wissens. Es muss nicht der Schlag in das Gesicht sein, jegliche Handlung ist im Grunde eine Aggression gegenüber dem Bestehenden. Einige sind mehr belastet, einige weniger, und für viele ist der Weg frei. Das Handlungsmotiv hat seinen Ursprung im Korrelat. Der Handelnde wird das Gefüge immer strukturieren – mal mehr, mal weniger.

Die Zerschlagung der fremden Ordnung, ihr Weichen, ihre Strukturierung gliedert neue Räume an. Es hält die alten Wege der Gehirnleistung offen. Die Strukturierung des fremden eröffnet neue Wege. Viele zusätzliche Daten fließen der Berechnung durch das Korrelat zu. Höhere Ableitungen und fortführende Lösungen werden möglich.

Sehen sie die Ursachen von Aggression in den sich unterscheidenden

Kriterienordnungen von Wissen (alt) und Wissen (neu). Betrachten Sie die gigantische Kapazität von Wissen (neu). Sehen Sie die sich aufbauenden Fronten zwischen den globalen Datenfassungen Wissen (alt) und Wissen (neu). Erkennen Sie die zunehmende Fehlerhaftigkeit des gegenwärtigen Materieraums. Die Fehlerhaftigkeit hat ihre Ursache in den veralteten Kriteriensammlungen von Wissen (alt). Der Fortschritt wandelt das Kriterium und verändert die Feldarchitektur. Die Formulierung von Wissen (neu) beruht zusätzlich auf grundlegend veränderten Datenkonstellationen. Das neue Wissen greift die Gegenwart an.

Die Ursache von Gut und Böse, von Krieg und Frieden: eine zielorientierte Datenmasse, etwas mächtiger das Konstrukt ›Wissen_neu‹, abgeleitet aus einer Vielzahl derer, die in der Summe der Gefühlsebene, getragen vom einfachen Materietransport, zu Ableitungen ihrer Gehirne gereichen, die aufgrund von Abweichungen entstehende Spannungsdichten als Gesprächsgröße zum Ausdruck bringen, was wiederum zu einer Integration in die wissende Ordnung führt und so ihren Standpunkt verfestigt. Der Vorgang führt letztlich über interne Feldgrößen zur Datenmasse des Konstrukts des Wissens. Das Individuum verkommt zum Spielstein der Wellen. Selbst interne Größen, wie Politik und Wissenschaft betreiben, von der Masse an individuellen Wertungen getragen, die Loslösung vom Allwissen, vom Wissen (alt) und seinem Status Quo.

So gesehen ist das Abschlachten von Menschen der Abstraktion der Inhalte durch Alkoholismus gleichbedeutend. Der Alkoholismus löscht individuelle Positionen. Inwieweit sich auch Massenphänomene einstellen, weil vielerorts strukturbedingt gleichzeitig konsumiert wird, beurteile ICH nicht. ICH kenne mein Konsumverhalten und seine Verschränkung mit politischen Größen. ICH kenne ihre Vorlieben für alkoholisierte Geister. Ein berauschter deutscher Geist mindert nicht nur das Ansehen bei Besuchen im Ausland, sondern eröffnet den fremden Interessen auch noch eine Plattform, sich im eigenen Staatsvertreter darzustellen. Aber ICH regeneriere mein Sein wieder. Das kann man den vielen Toten nicht nachsagen. Ihre geistigen Positionen kommen nicht wieder. Die Großen geistigen Phänomene reiben entlang der Fronten aneinander. Man sucht nach einer gemeinsamen Position. Entweder reißt die eine Seite so viele Bits der Gegenmasse an sich, dass eine Identifikation der Gegenmasse mit dem siegenden Korpus wieder uneingeschränkt möglich wird, oder es findet irgendwann eine Zusammenlegung der beiden Kernkörper statt, und sie speisen in eine gemeinsame Hüllenstruktur ein. Man löschte so viele Bits aus den gegensätzlichen Massen heraus, dass sich der Ladungsunterschied, die Gegensätzlichkeit auf ein Maß reduzierte, dass die Kernstrukturen ineinander fallen und eine gemeinsame Peripherie bildeten.

ICH lösche konkurrierende Positionen und schaffe Platz für die eigene Geistesordnung. Diese logische Reihe erlaubt es, von nun an die Party wegzulassen. ICH nähere mich der bewussten Strukturierung politischer Größen. ICH sehe Sie, Ihre Aussagen in die Datenlogistik der wissenden Ordnung einlagern. ICH bezeichne die gedankliche Software noch einmal ursächlich für die Ordnung des Materieraums. Das wissende Konstrukt geht aus einer enormen Datenzentralisation hervor. ICH sehe im wissenden Konstrukt einen Datenraum. Das holographische Feld spannt einen Echtzeitraum auf. Der Datenraum entspricht einer Fassung von Kriterien. Das entstehende Wissen stabilisiert diesen.

ICH sehe die individuellen Kriterien zu Feldern verarbeitet. Das entstehende Feld wirkt über diese Datenanteile auf das Individuum. Das Feld vermittelt Wissen. Es ist am Erhalt seiner Struktur interessiert. Die Eigenschaft des Feldes ist es, erweiternd und integrierend auf seine Bausteine zu wirken, Geringeres anzuziehen und dem Ausdruck entsprechend innerhalb der Feldarchitektur anzuordnen. ICH formuliere bereits einfache Gesetzmäßigkeiten der Anordnung von Materiedaten in Feldern. Es ist zu bedenken, dass sich die Daten in diesem Sinne nicht gegenseitig behindern, sondern zu mächtigeren elektromagnetischen Feldern addieren. ICH sprach bereits von Ausgleichsmodulationen bei hohen Verspannungen des Datengefüges. Ebenso ist das Entstehen von Lichtpartikeln zu beobachten.

Die wie Äste verzweigten Materieäquivalente findet man oft nur mit ihrer Hauptfunktion oder einem anderen günstigen Materiestrom in die Feldarchitektur eingeordnet. Die Restdaten des Astes ragen vom Feld heraus in den Raum. Die Materiedaten bilden das Grundgerüst der elektromagnetischen Welle. Die herausragenden Daten interferieren auch zu Partikeln und Teilchen. So gesehen könnte man die modulierte Feldeinheit als einen stabilen Kern betrachten. Er hätte eine Ladung und wäre von Sattelitenteilchen umgeben. Es wäre der gängige atomare Aufbau beschrieben. Die aus dem Kernfeld herausragenden Materiedaten wären nicht so dicht gelagert. Es entstünde eine unglaubliche Varianz im Aufbau möglicher Wellenlängen und natürlich auch von Wellenfeldern und Teilchen. Sie lägen nicht wie im Hauptstrom als Summe mit gerichteter Wirkung vor, sondern stark verästelt. Stabilisiert von ihrer Kernstruktur schlössen sich ihre weniger stabilen Zweige zu Teilchen zusammen. Der Teilchencharakter beruhte auf einer eigenen Datenordnung. Die Zweige und Äste blieben als Kräfte zum Hauptstrom hin bestehen. Auf diese Weise behielten die Dateninterferenzen Kontakt zur Kernstruktur. Als komplexeste Formulierung des entstehenden sichtbaren Geistes wäre wiederum das Licht zu nennen.

Der Materiebezug des neuronalen, elektromagnetischen Feldes vergrößert sich. Es kommen mehr und mehr Daten des Materieraums hinzu. Das individuelle Objekt ergänzt sich durch den umgebenden Raum. Die Vielzahl gefasster individueller Daten, die Materieäquivalente, die ICH auch als Kriterien des Feldes, Kriterien der Feldkräfte, Kriterien des Datenflusses bezeichne, bilden zusammen den Materieraum ab.

Abgesehen vom individuellen Sein des Individuums, seiner ausschließlich privat genutzten Räume zum Beispiel, determinieren sich die Individuen gegenseitig durch die verschiedenen Betrachtungen ein und desselben Status Quo. Dieses Phänomen erlaubt es, bei einer Ableitung von Wissen von einer gültigen Allgemeingültigkeit zu sprechen. Die Wirkung auf das integrierte Individuum wächst mit der Kapazität an Daten. Es dürfte auch zu einer Verschiebung des individuellen Interesses mit dem Ziele der Sättigung meiner offenen Fragen kommen. ICH vermute eine Abstimmung und Gleichschaltung individuellen Verhaltens innerhalb der Felder. Vermutlich reicht der Entwurf einer Handlung des entwerfenden Geistes mit einem Start-Ziel-Charakter bereits zur Motivation seiner Bausteine aus.

Eine Vielzahl von Individuen wird die aufgeworfene Datenmenge als Handlungsimpuls erfahren. Darum frage ICH: Können Individuen auf Grund einer geistigen Programmierung eine Richtung einschlagen? Führt die Niederschlagung fremder Ordnungen zu einer Zentralisation von deren Daten im eigenen Ich? Kann die Generierung eines Datenraums dieser Größenordnung ein Volk über Polen nach Stalingrad führen? War der Überfall auf Frankreich eine notwendige Größe, einem gegebenen Größerem zu entsprechen oder dieses zu erschaffen?

Ist die schaffende Einheit mit seiner datenzentrierenden Eigenschaft, nur durch die Eigenbewegung seines Körpers im Stande, andere Ichs und Materie zu Bewegung zu motivieren? Was bedeutet die Feldarchitektur des so genannten absoluten Wissens für die Selbstorganisation und die Datenspeicherung im Allgemeinen? Enthebt die zunehmende Feldstärke, die Daten- und Flussdichte einer holographischen Ordnung das Individuum tatsächlich der eigenen Entscheidungsebenen? Verlieren die integrierten Individuen Instanzen wie Ethik und Moral? Stellt Wissen einer völlig veränderten Feldarchitektur den gegenwärtigen Status Quo in Frage. Wird die Ordnung der Materie der heutigen Technik in ihrem Spiel der Kräfte, die den augenblicklichen geistigen Wissensstand widerspiegelt, von den Strömungen innerhalb der neuen Feldarchitektur angegriffen?

Gibt es dieses eine Ich, das Daten unterschiedlichster Bereiche des Materieraums zentralisiert? Generiert dieses Ich in der Summe eine Äthermenge, die einen Datenraum aufspannt, so dass wir sie als ein wissendes Feld bezeichnen können? Zieht das Wissen einer veränderten Feldarchitektur die vollkommene Adaption des Materieraums nach sich? Es ist natürlich, dass innerhalb der Ökonomie des Feldes – ICH denke an einen hohen Grad an Homogenität nach Ausgleichsmodulationen, die die Sammlung von Kriterien zu einem stabileren wissenden Ganzen macht – keine Widerstände oder Meinungsabweichungen zu verzeichnen sind. Dieses ist gleichzeitig das Argument der Allgemeingültigkeit.

Ein weiteres Anwachsen der Datenmenge stellt jedoch vorangegangene Ableitungen in Frage, blickt über diese hinaus.

ICH führe mir die Situation am Ende des Krieges vor Augen. Eine Strömung setzt sich durch und der Rest kollabiert zu Gunsten eines geistigen Inhalts. Es entsteht ein globaler Datenordner. Das gegnerische Gehirn wird sich nach dem Einbrechen seiner Gedanken mit einer anderen Lösung befassen müssen. Das siegende Gehirn jedoch, wird wie in diesem höheren Fall das Zusammenbrechen ganzer Fronten dem Kollabieren der wissenschaftlichen Vorgängerlösung gleichsetzten. Das siegende Gehirn wird die errungene Einheit seiner Person zuschreiben. Das siegende Gehirn wird erkennen, dass die betroffenen und involvierten Bereiche des Materieraums durch Abstimmung im Kampf das Große strukturell organisieren. Die beteiligten Kämpfer, die entworfene Technik und auch der Planungsstab beider Seiten werden die Tüchtigkeit ihrer Positionen beweisen müssen. Mit großer Wahrscheinlichkeit spielt bei der Auslese der Datensatz der Seele, die Repräsentative der Daten der Heimat und der Bildungsstand eine Rolle.

Denn zuletzt wird die geschaffene Kriegsordnung, in welcher sich jeder seinen Platz erkämpft hat, dem betroffenen Materieraum auf Jahrhunderte anhängen. Die Überlebenden werden auch zu Hause dieser Ordnung Rechnung tragen. Und auch die Kriegstechnik, die Gedanken der Entwerfenden und ihre Strategien kommen auf den Prüfstand.

Am Ende sind alle Überlebenden holographischer Datenstrukturen Bestandteil der verursachenden geistigen Ordnung. Und sie waren es bereits vorher, denn die Komplexität ihrer Seele und ihres gebildeten Seins, ihre Kompatibilität und Ähnlichkeit mit dem Geschaffenen wird über die Tauglichkeit der Software die körperliche Ordnung nicht gefährden. Das heißt im Grunde nur, dass das geschaffene Wissen den Materieraum adaptiert, sich als Software oder geistiges Overlay installiert und dem integrierten Individuum, welches mit seinem Sein Bestandteil der holographischen Ordnung ist, uneingeschränkte und unbelastete Existenz im Sinne der Allgemeingültigkeit des Konstrukts garantiert.

Die überlebenden Organismen werden von nun an den Materieraum mit ihren Sinnen abbilden und mit ihrem Denken erfassend gestalten. Sie werden von nun an die Daten des Materieraums erheben und in die geistige Bezugsmasse des Wissens erheben, auf dass dieses konstant bleibe. Das Konstrukt erzeugt eine ungeheure Feldkraft. Der sogenannte freie Wille des Individuums besteht im geschaffenen Konstrukt nur aus den erhobenen individuellen Gebrauchsdaten, die ICH während der Erarbeitung integrierte. Starke Veränderungen eines Einzelnen in Form des Materiebezugs seines Gehirns führen immer zu Belastungen des holographischen Konstrukts, dem Gehalt an Wissen, und dem Datengefüge im Allgemeinen.

Die Veränderungen eines Ich rufen Ausgleichsbestrebungen des Korrelats hervor. ICH zähle die Umgruppierung von Daten jeglicher Art zu den ausgleichenden Phänomenen und räume selbst Datenverluste verschränkter Gehirne ein. In Anlehnung an die entstandene Datenordnung verändern sich zum Ausgleich der Felddissonanzen Materiebewegungen jeglicher Art.

Das bezeichnende Individuum profitiert von seinem zunehmenden Materiebezug und der Verrechnung der Materieäquivalente zu wissenden Feldern. Das Korrelat, welches einst das Individuum als ein Kriterium fasste, und sein Handeln in einer determinierenden Weise erinnerte, verliert durch Adaptionsvorgänge Informationsanteile an das individuelle Wissensfeld. Man betrachte das individuelle Wissensfeld und erkenne an seiner Zusammensetzung die Möglichkeit des Individuums, Informationsemissionen des Korrelats oder höherer Felder zu verarbeiten. Bestandteile des wissenden Feldes dienen der Bereitstellung und vor allem dem Erhalt von Information für das Große. Aussagen wie »Wir brauchen mehr Wachstum« oder »Ein erneuter Fall und Absturz ist zu verzeichnen« kann das gerichtete Bewusstsein mit einer aufkeimenden Saat oder einem fallenden Käfer für zum Beispiel Konstrukte der Wirtschaft ausreichend abbilden.

Ein so genannter Psifaktor wäre hier zu beschreiben. Die plötzliche Loslösung eines Objektes von seinem Mutterkörper ausgelöst durch auftretende Dissonanzen wäre beispielhaft. Diese Worte lassen mich an den Vorgang der

Zellteilung denken. Anscheinend handelt es sich um strukturell ähnliche Kriteriensätze, die hier zur Bezeichnung von Zuständen der Zellteilung genügen.

Exakt im Bereich um das bezeichnete Objekt fände man eine holographische Datendichte. Diese Datendichte entspräche einer Feldkraft. Sie speiste sich aus einer Menge an Kriterien. Ein Feld dieser Art wiche von der gängigen Beschreibung des Status Quo ab, und führte exakt im Bereich um das Objekt herum zu gegensätzlichen, an Grenzflächen wahrscheinlich zu sich aufhebenden Kriterienwirkungen. Der Eindruck des Plötzlichen hinterließe an der natürlichen Reaktion etwas Verschwörerisches. Vor der geistigen Fassung des aktuellen Status Quo bzw. im Kontrast zu ihr wäre eine Vielzahl von Kriterien als Verschwörer wahrnehmbar.

Eine Vielzahl großartiger Bedingungen hebelten die ordnenden Kräfte der Feldarchitektur um das Objekt herum aus.

In dieser Form können sie alle Gewebetypen der Organismen überlasten. Die Datendichten dieser Art können Gewebe der Organismen lokal begrenzt schwächen und ganz plötzlich ihrer Funktionalität entheben. ICH spreche davon, dass sich Kriterien zu gerichteten Strukturen zusammenschließen. ICH sage, sie zeigen die Eigenschaften von Kräften und Wirkungen. ICH schreibe dieser Form der Datenstruktur mit zunehmender Dichte auch aufkommende Eigenschaften von Masse, also Materie zu. Hier bleiben die Datendichten jedoch Programmierung des Materieraums.

Die verrechneten Kriterien scheinen in der Summe eine Kapazität zu besitzen, auch größere Materiephänomene zu programmieren. Hier ließe sich die Kollision mit einem Fremdkörper als Verletzungsrisiko angeben. Die Komplexität des Datengefüges bedingt die Möglichkeiten, die Kräfte absorbierend abzuleiten. Die Verletzungen sind in diesem Fall als eine Entmachtung der geistigen Software und als ein Einbrechen des körperlichen Datengefüges zu verstehen. ICH möchte noch auf die Natürlichkeit am GeistKörperKonstrukt nagender Datenkonstrukte hinweisen. Die Überlebenden sind die Säulen der Einheit des betroffenen Materieraums.

Ein jeder Einzelne ist wissende Größe. Der Einzelne verkörpert das holographische Wissen auf seine Art. Der individuelle Datenanteil ist Bestandteil der Summe, die ICH als Ganzes als mein Werk bezeichne. Die Individuen spannen mit ihren persönlichen Daten den Echtzeitraum des neuen Wissens auf. Was das Individuum von diesem Zeitpunkt an in das Gefüge einbringt, die Materiedaten seiner Umgebung zum Beispiel, werden vom holographischen Konstrukt gewertet. Das Wissen wird sich um das Individuum aufspannen. Die großen Feldkräfte bzw. die auftretenden Spannungen des holographischen Konstrukts bedingen Wertungen des individuellen Seins, seines Denkens und Handelns.

ICH nehme mein persönliches Sein als Ausgangsmasse an. Die umgebende Datenmasse, das Wissen wird seinen Datenkern favorisieren. Das umgebende Wissen favorisiert seine Bestandteile. Daraus resultiert auch für das Individuum eine sehr hohe Akzeptanz seines Lebensstils. Die Färbung des wissenden Konstrukts mit meinen Alltagsdaten und Visionen bleibt bestehen. Die erleichterte Anlage identischer Volumina ist daher gegeben.

Der individuelle Geist wird sich innerhalb der Felder den natürlich wirkenden Kräften des wissenden Konstrukts entsprechend entwickeln. Seine Umwelt in meine Richtung zu verändern, und sein Ich, wenn auch nur zeitweise mit äquivalenten Daten direkt mit dem wissenden Konstrukt zu verbinden, erkläre ICH hiermit zu eines jeden Freiheit. ICH möchte, dass ihr wisst, dieses ist ein Raum, dem ihr alle gleichzeitig angehört. Ihr seid nicht nur das Salz in der Suppe oder das Licht der Welt, sondern vor allem seid ihr der Datenraum des Wissens, ein Raum gleichzeitiger Information.

Die Zukunft des involvierten Materieraums wird sich als eine Angleichung des technischen Standards und der menschlichen Sichtweise an das hervorgebrachte Wissen zeigen. Das Feld besteht aus einer Vielzahl von Kriterien der Ordnung ›bewegte Materie: von hier nach da‹. Es sind individuelle Datensätze von Erfolgshandlungen. Das Feld verkörpert in diesen Bereichen die Eigenschaft ›machbar‹. Es besteht aus einer Anhäufung von Startdaten, die sich im Fluss der Zeit zum Ziel wandeln.

ICH entwerfe meine Handlungen selbst in dieser Erfolgsmasse. Die Kapazität an Erfolgsdaten summiert sich zu einem Feld mit Wirkungen, Kräften und nachweisbaren Effekten. Die Masse an Erfolgsdaten ermöglicht die eigene Darstellung. Es ist wie ein Partikelstrom im Fluss der Zeit, der jede Existenz bis zu einem gewissen Grad enthält und erstellen kann. Die Addition der Kriterieninformation führt zu unterschiedlichsten Felddichten, zu bewegten und unbewegten Anteilen. Das Ergebnis ist ein Datengefüge unterschiedlichster Funktionalität.

Das Datengefüge ist ein Ergebnis. Das Datengefüge ist das Wissen. Das Datengefüge, Ergebnis und Wissen ist das Konstrukt der Handlungsebene. Die Vielzahl an Datenwegen steht für die schnelle Reproduktion von Wissen und Antworten. Eine Anfrage führt zu einer Aktivierung von Datenwegen. Die entstehende Kriterienkonstellation entspricht einer einfachen Lösung des Korrelats. ICH nenne diese Kriterienkonstellation eine funktionelle Wissensgröße. Diese Datenmenge ist funktionelle Größe der Entscheidungs- und Handlungsebene des Individuums. Sie sehen, dass Ihre Entscheidungen aufgrund der Zusammensetzung dem Korrelat entsprechen und seine Bestandteile in ihrer Ausprägung und ihrem Charakter fördern. Sie sehen auch, dass die Errechnung und die Verwirklichung eigener Ziele das Gefüge kurzzeitig strukturiert. Ihr kreativ-produktives Verhalten wirkt auf die Daten des Korrelats verändernd bindend. Gleichzeitig stabilisiert das Geschaffene den Status Quo und erinnert ihn.

Dieses sind einfache Daten- und Funktionsgrößen, die auf die beschriebene Weise einem geistigen Overlay, einem intakten Regelkreis, oder einer funktionierenden Einheit als Basis dienen. Alle Informationspakete sind in Form von Kriterien dem Materieraum entnommen und bleiben diesem als solche verhaftet. Schläft man eine Nacht oder viele Nächte darüber, verfeinert sich das Ergebniswissen. Die Kriterien, oder besser gesagt die Datenwege erweitern sich und auch ihre Zahl steigt an. Daraus resultiert nicht selten der Wandel ganzer Netzwerke bis hin zu anderen Betreiberfassungen. Andere, sehr viel freiere Sichtweisen auf das Leben eröffnen sich Ihnen.

ICH schreibe Teilen des Datengefüges die Funktion des Immunsystems zu.

ICH sehe in besonders dicht verschränkten Datenmengen Isolatoren, die nur sehr spezifische Information transportieren. Der Aufbau der Hardware orientiert sich natürlich an der beschreibenden Software. Das funktionelle Gewebe ist mir daher selbstverständlich Orientierung bei der Entwicklung eines Verständnisses.

Zunächst versuchte ICH mir mit einer Fassung von Umweltdaten einen möglichen Aufbau der Gewebe und der Programmierung ihres funktionellen Verhaltens vorzustellen. Das bewegte Objekt des Materieraums wird als äquivalenter Datensatz des Feldes immer bewegtes Objekt bleiben. Das Bewegte wird immer für die Programmierung von Bewegung innerhalb der Gewebe des Körpers gelten. Man kann sich bei der Verschränkung von Daten einen Einfluss der Kriterienausdehnung in Länge, Breite und Höhe vorstellen.

Von Bedeutung wird auch das Entstehen der Kriterien sein. Unabhängig vom Betrachter, der eine funktionell wirksame Information der Evolution vor allem aus der Sicht seines Interesses erarbeitet, wird die Umgebung des Kriteriums von Bedeutung sein. Welche Information schließt sich in alle Richtungen des Raums an das Objektinteresse an? Was bedeutet die umgebende Materieinformation für die Informationsverschränkung im elektromagnetischen Feld des Gehirns tatsächlich?

Der Weg des Werdens nach dem Urknall ist beinahe zu vernachlässigen. Eine Datensammlung des Lebens beginnt natürlich immer bei Null bzw. nach der Errichtung eines stabilen Materiehaushalts. Bezeichnend für die Funktionalität eines Organismus sind aber nicht die gespeicherten Bedingungen der Urzeit, sondern der aktuelle Status Quo. Die alten Bedingungen auf der Erde standen am Begin der Informationsverschränkung.

Die Evolution ist vor allem auch als eine Entwicklung des Overlays in Anlehnung an die sich wandelnden Umweltdaten der Urzeit zu ihrem heutigen Gesicht zu verstehen. Heute müssen für den Aufbau der Regelkreise eines funktionierenden Organismus vor allem geeignete Basisdaten innerhalb des Status Quo vorhanden sein. Dann erst ist der korrekte Aufbau eines Overlays vorstellbar, das die Organisation des Körpers leisten kann.

An der Spitze der Schöpfung zu stehen, sprich: ein geistiges Overlay bei adaptierter biologischer Struktur geschaffen zu haben, bedingt, die Vielzahl an eingearbeiteten Daten als logistische Notwendigkeit der Körperorganisation zu betrachten. Zuletzt läuft die Software nicht ohne ihren Betreiber. Die Mutter Erde, um den Rest zu vernachlässigen ist der Garant dieser Funktionalität. Die Mutter Erde ist richtende Größe und Motor des orientierten Wachstums. In ihrer Ganzheit ist sie das Grundgerüst des organisierenden Overlays. Als letzte Instanz bleiben dem Overlay nur die Daten der Erde, um seine Funktionalität herzuleiten und damit seine Existenz zu begründen.

ICH nehme daher an, dass eine jegliche Verschränkungsleistung organischer Datenerbringer eine unumstrittene Notwendigkeit beim Aufbau funktioneller menschlicher Gewebe und ihrer Betriebsdaten hat. Die Betrachtung eines Menschen als die Spitze der Evolution darf nicht zu dem Glauben führen, er könnte sich seiner Basisdaten entledigen. Soweit die Evolution in diesem Kontext als Verschränkungsleistung von Daten mit der Bildung von übergeordneten Regelkreisen verstanden werden darf, und in Anbetracht des Sachverhalts, dass das Datenkonstrukt eines übergeordneten stabilen Regelkreises ordnenden Charakter auf die Materie der kleinen Art hat, ist einzuschätzen, wie sich dieser Basismechanismus des Aufbaus funktioneller Gewebe ohne intakte Natur, mit fast ausschließlich standardisierten technischen Verfahren aufrechterhalten lässt.

Weitere Wirkungen werden von den Kriterien ausgehen. ICH möchte erneut die übergeordneten Regelkreise, die für die Funktionalität der Gewebe, ihre Organisation und ihre Stabilität stehen, in den Fokus rücken. Der aktuelle Status Quo ist die Bezugsgröße der orientierten Wachstumsleistung. Der Status Quo, vor allem die gefassten Daten bewegter Materie, sind ein logistischer Treiber innerhalb des Overlays zum Wachstum und zur anschließenden Organisation des Körpers. Die Zellteilung führte zu einer steten Zunahme der Informationsmenge. Die zunehmende Zellinformation – Schwarmintelligenz dürfte auf ähnlichen, sich selbst organisierenden Datenfeldern beruhen – setzt die übergeordneten Regelkreise in Stand.

ICH beobachte in Abhängigkeit zur Zellteilung eine rasant anwachsende
Informationsmenge. Die rasch anwachsende Datenmenge bedingt geradezu
die Fassung der Zelldaten in einfachen Feldern. Der Vorgang drängt sich auf.
Die strukturellen Fassungen entlasten das Gefüge. Es handelt sich um einen natürlichen Prozess. Die Strukturbildung führt zu Datenmengen mit messbaren physikalischen Eigenschaften. Das dichtere Gefüge beginnt seine Struktur auf dem
Rücken seiner Basisdaten zu verwalten.

Das Entstehen von Feldern geht mit einer sofortigen ordnend adaptierenden
Wirkung auf seine Bezugsmasse einher. Das bedeutet, dass auch die materiellen
Basisspeicher, die Zellverbände, die selbst eine gewisse Ordnung unterhalten,
der Wirkung eines plötzlich auftretenden Overlays unterworfen werden. Es ist hier
die Möglichkeit des Aufbaus einer organischen Infrastruktur bei gleichbleibender
Zellarchitektur beschrieben. Vielleicht kommt es entlang der einfassenden Zellen
zu einer spezifischen Konzentration der Daten. Aus der Wechselwirkung von
Strömungsdaten mit den Daten der Zellorganisation bildete sich die Information
einer dichteren Grenzschicht ab, die sich nachträglich als einfassende Faszie
oder als Gefäßschlauch verstehen lässt. Der wichtigere Vorgang wird jedoch
die Wirkung auf die Ordnung der Zelle selbst sein. Das heißt ICH baue die
Infrastruktur der Zelle um.

Dabei ist das Overlay ein wissendes Feld. Das Wissen, Ausdruck der Feldarchitektur der Kriteriensumme, scheint sich von den gefassten Kriterien einer
jeden Zelle des Verbands aus zu verbreiten. ICH vermute eine Abhängigkeit
der Gewebeeigenschaften von der Art der vernetzten Information. Es ist einfach, sich den Aufbau einer Nervenzelle vorzustellen. Man lagert eine Reihe
von Kriterien aneinander. Vielleicht liegen im Bereich der Nervenzellen in Zeit
und Raum sehr lange Kriterien vor. Die Nerven verfügen über keine Eigenbewegungen. Die Kriterien der Nervenstruktur stehen in erster Linie für das direkte Umfeld. Die Funktionalität der Nervenzelle, so denke ICH, beruht in erster
Linie auf den vielen Begleitdaten der Kriteriensammlung. ICH spreche von einer

möglichen Abbildung der Umwelt als eine begleitende Erscheinung des elektromagnetischen Feldes des Gehirns.

Magdalena Neuner fällt mir ein. ICH habe heute der Zeitung ihre Zukunftspläne entnommen und auch auf ›Bayern 5 aktuell‹ war sie zu hören. Die Wallgauer Lebensmodelle bieten sich ihr an. Merkel sagt: »Wir leben in einer Zeit, in der wir einiges verändern müssen!« ICH habe viel zu arbeiten. ICH kann und will ihr auch nicht Jahr für Jahr mit meiner Geistesmasse den Weg ebnen. Außerdem geht mir die jährliche Erhöhung der Herzfrequenz bis auf neunzig Schläge pro Minute während der Rennen und vorab auf den Wecker. Dieses Phänomen gilt es wieder abzuschaffen. Vergiss nicht das geistige Prinzip, in welchem wir eins sind: das Gesagte und der Wille eines jeden Emittenten betreffen die anderen Beteiligten. Die Konkurrenz hätte auch gerne diese goldenen Metallscheiben. Mädchen, halte den Kurs! Lass dir den Kopf nicht abschlagen!

ICH betrachte kurz den Aufbau der Nervenzellen. ICH sehe, dass eine Sammlung von Kriterien das Gerüst der Hardware der Nervenzelle bildet. Ich sehe die Form und Funktion der Nervenzelle letztlich einem holographischen Datensatz unterworfen. ICH sehe eine große Anzahl von Kriterien der Ordnung ›bewegte Materie von hier nach da‹, die die Elektronik, das Feldgeschehen beschreiben. In diesem Moment tritt Magdalena in mein Bewusstsein.

Magdalena nimmt eine analoge Betrachtung vor. Betrachtet sie sich auf der Rennstrecke, setzt sie sich die bewegten Anteile der Kriterien des holographischen Konstrukts gleich. Und auch dem Projektil ihres Schusses setzt sie die umliegenden Materiedaten des Gefüges gleich. Die bewegten Objekte gehören zum Konstrukt. Sie sind zu einer eigenen Struktur gefasst. Die Kräfte und Wirkungen verstärken sich im gemeinsamen Strom.

Es handelt sich um eine datenleitende Struktur. Das Wissen entsteht auch auf der Grundlage breiter Fassungen der Daten des Materieraums. Die Materie schafft sich damit eine für alle gültige übergeordnete Software der

Bewegungssteuerung. Das entstehende Wissen stabilisiert seine Feldarchitektur auf der Grundlage bewegter Materie.

Ob hierbei eine Karzinogenität, von den Gefühlen oder der Psyche der Sportlerin ausgehend, innerhalb der Nervensoftware immer ausgeschlossen werden kann, ist umstritten. Die Psyche setzt sich aus einer Vielzahl externer Faktoren zusammen, die dann als interne Stellgrößen des Ich fungieren.

Krebsmedikament:

ICH schließe Entartungen aus! Die Wertungen beteiligter Stellgrößen erzielen keine Wirkung! Der Sportler ist nicht mehr als ein einzelner Verkehrsteilnehmer, ein streunender Hund oder ein Bachlauf. Der Sportler ist – wie das Projektil aus einem Gewehrlauf – nur ein Stück bewegte Materie. Betrachten Sie hierzu bitte die Gebrauchsgegenstände bei der Zubereitung von Mahlzeiten. Schweifen sie in den Raum ab und lassen sie sich von den Daten der Herstellung Ihrer Produkte und den Daten des Transports bereichern.

Der Sportler bleibt als bewegtes Objekt ein Bestandteil der holographischen Datenmasse der Gehirne. Innerhalb des Feldes wirken Materiebewegungen strukturierend. Bewegte Objekte stabilisieren das Feld. Die Materiebewegungen dienen der Gehirnfunktion und prägen die Feldarchitektur des Wissens. Bewegte Objekte schaffen Meinung.

Das Wissen, dass das Overlay der Zellorganisation ein auf den Kriterien des Materieraums beruhender Datensatz ist, ist hiermit gegeben. Die Beschaffenheit der Zelle und ihre Aufgaben verändern sich mit den Kriterien, aus welchen das Overlay geschnitzt ist. Dieser Gedankengang bedarf der Erkenntnis, dass die Evolution bei der Entwicklung der Zelle und der Organisation des Overlays identische Kriterien verwandte.

Die Daten der Körperorganisation sind genetisch verankert. Der Informationssatz der Mutter und der Informationssatz des Vaters – ein jeder steht für die Betriebsdaten der Körperorganisation – befruchten sich gegenseitig zu nur noch einem gültigen Datensatz. Die Befruchtungsdaten sind mir als aktueller

Materieraum bzw. als holographische Datenmasse, aus aktuellen Kriterien bestehend, vertraut.

Während der Befruchtung verschränkt sich der gespeicherte Datensatz der Gene mit der aktiven Datenmasse der Gesellschaft. Oder umgekehrt bei der Befruchtung wird die Betriebssoftware des Körpers, von Genen getragen, um die Daten des Status Quo aufgespannt. Innerhalb des genetischen Speicherquantums liegen nun Teile des Materieraums als Kriterien, in holographischen Strukturen verpackt vor.

In Anlehnung an die genetische Datenbank findet nun der allmähliche Aufbau des Menschen und seiner Betriebssoftware statt. Die Daten der Gesellschaft werden zu treibenden Strukturen. Der Datenfluss orientiert sich an den genetisch verankerten Betriebsdaten. So werden aus den Kriterien Informationspakete der Körperorganisation, bei einem gleichzeitig adaptiven Aufbau der Gewebe. Die aktuellen Gesellschaftsdaten sind als Treibermasse zu verstehen. Auf diese Weise findet die Adaption des Organismus an den Materieraum statt. Die Körperorganisation ist diesem verhaftet.

Die befruchtete Eizelle trägt die Betriebsoftware des Körpers zweier voneinander verschiedener Datenspeicher in sich. ICH betrachte die Befruchtungsdaten dem Materieraum eigen. Es handelt sich um einen Teil der aktuellen Daten des Status Quo bzw. um einen Teil der gegenwärtig gültigen menschlichen Betreiberfassungen. Die Logistik bewegter Materie der Ordnung ›von hier nach da‹ bilden zu großen Teilen das geistige Gesellschaftsgefüge.

Sex bedeutet für mich die Strukturierung der geistigen Masse via Kopulationsbewegungen. Nach gegenseitiger Reizung des Eros sind die Organisationsdaten von Frau und Mann verschränkt. Der Eros konzentriert das Bewusstsein. Die Person erfährt dadurch einen starken Bezug zu den Daten seiner Geistesmasse. Der bewegte Eros stellt beim Sex eine gewisse Struktur des Gefüges heraus.

Man findet einen hochkonzentrierten Auszug des Status Quo in Form der vorliegenden Betreibersoftware vor. Man findet aktuelle Daten zur Logistik der Versorger ebenso, wie individuelle Urlaubspläne, Wochenendaktivitäten und geplante tägliche Handlungen. Es ist ein Korrelat aus Daten aller denkbaren Bereiche. Die Befruchtungsdaten sind das Ergebnis einer erhellenden Wechselwirkung aus vorliegendem Gesellschaftsgefüge und dem fassenden Eros. Der konzentriert adaptierte Eros stellt eine Reihe von Gesellschaftsdaten mittels gerichteter Kopulationsbewegungen in den Fokus der Befruchtung.

Auf diese Weise finden ein genetisch gespeicherter Datensatz der Körperorganisation und der Materieraum zueinander. Nun beginnt sich das genetisch verankerte Informationsquantum um die bekannten Teile des Materieraums herum zu organisieren. Die Informationsbausteine der organisierenden Felder bleiben die Kriterien der Zellorganisation. Die Treibermasse verursacht den allmählichen Aufbau des Genetischen. Es entstehen die hochwertigen Datenmengen der Genbanken bei allmählicher Adaption des Körpers. Der heranwachsende Körper dürfte zu Modulationen des Feldes führen. Unterschiedliche Entwicklungsstufen mit auffallenden schnellen Formveränderungen wären am Organismus zu beobachten.

Am Ende steht der Mensch mit den fertigen Betriebsdaten, getragen von der Dynamik des Elektromagnetismus seines Gehirns. Die Kriterien interagieren mit ihrer Umwelt. So gesehen wird die konzentrierte Information der Kriterien mit der umgebenden Struktur des Raumes in das organisierende Gefüge eingerechnet. ICH zähle zu der besonders dichten Information der Kriterien auch die Datenmenge der Objekte des Interesses. Während manche Kriterien aus einem Verrechnungsprozess innerhalb des Gefüges hervorgehen, scheinen die Objekte ihre Sichtbarkeit aus ihrem Bekanntheitsgrad herzuleiten. Das Phänomen der Sichtbarkeit scheint sich aus den vielfältigen Darstellungen innerhalb des geistigen Gefüges herzuleiten. Man bedenke auch die Datenkapazität der Geistesmasse, auf welcher die Möglichkeit der sichtbaren Darstellung bis zur Bewusstseinsgrenze letztlich beruht.

Die Qualität der verschränkten Kriterien wird für die Entwicklung der Zelle und des Zellverbands als Ganzes von Bedeutung sein. ICH sehe, mit den Daten des Objekts verankern sich ganze Raumausschnitte der umgebenden Biotope.

Das erhobene Informationsvolumen birgt das Zusammenspiel der Elemente in sich. Die Elemente sind mit ihrer Eigenschaft, die Umwelt zu prägen, von herausragender Bedeutung. Die erhobenen Informationsvolumina dürften auf der Ebene der Elemente ineinander übergehen. ICH splittere das Overlay der Körperorganisation in seine Regelkreise auf.

Jetzt führe ICH die Existenz der Regelkreise auf untergeordnete Datensätze zurück. Jetzt erkenne ICH die Raumausschnitte von Biotopen. Die Regelkreise dürften über die Information der Elemente in den Informationsstatus Erde rückführbar sein. Aus dieser Informationsmenge generierte sich das Leben. Die Evolution bediente sich eines immer breiter werdenden Informationsangebots. Die Energie dürfte in dieser Form gebunden sein. ICH halte das für eine Kaltzeit. Das Artensterben enthemmt die gebundenen Elemente. Die Verschränker innerhalb des Gefüges werden weniger. ICH halte das für eine heraufziehende Warmzeit.

Das Verhalten der Elemente ist gespeicherte Grundsstruktur der Körperprogramme. Das Verhalten der Elemente ist die höchste und feinste Form der Reduktionsbemühungen. Sie führen in den direkten Materieraum. Driften Sie nicht zu weit ab! Bleiben Sie etwas vor dem Urknall! Sagt man ›vor‹ oder ›nach‹ dem Urknall? ›Nach dem Urknall‹ hieße, sie hätten ihre Wurzeln auf jener Seite und ›vor dem Urknall‹ hieße, sie hätten einen eindeutigen materiehaltigen Standpunkt und übten die Rückschau.

Die Reaktionsmöglichkeiten des Gewebes werden sich nach den verrechneten Materiedaten richten. Die Elastizität, die Festigkeit, die Durchlässigkeit oder die Kontraktionsfähigkeit eines Gewebes, um ein paar Beispiele zu nennen, all diese Regelgrößen werden sich aus den aufgesetzten Datensätzen und ihren Basisdaten herleiten lassen. Die Integrationsdaten des Kriteriums in seine Umwelt gehen in die Regulationsprogramme des Körpers mit ein.

Es tun sich hierzu einige Fragen auf. ICH nenne einige Beispiele: In welcher Weise lässt sich die Betrachtung des Kriteriums fortführen? Wie ist der Kräftehaushalt um das Kriterium geregelt? Gibt es eine Teilhabe von bewegten Teilen des Kriteriums an Materieströmen übergeordneter Regelkreise? Besteht eine wiederkehrende Integration des Kriteriums in das geistige Gefüge, zum Beispiel über die neuronale Bearbeitung von Sinnesleistungen? Wie weit wird die Geistesmasse mit dem erworbenen Datensatz transportiert, bis erneut Datendichten dieser Qualität über die neuronale Bearbeitung auf die Trägermasse einwirken?

Legt man die verschiedenen Informationsvolumina übereinander, welche Materiebewegungen summieren sich dann zu den dichteren Feldströmen der Regelkreise? Welche Information der Biotopvolumina geht verloren? Tritt die Information vielleicht nur in den Hintergrund? Verkümmern diese vernachlässigten Existenzen unter den Overlays der Wirtschaft und Wissenschaft? Und was passiert, wenn Wirtschafts- und Wissenschaftsordnungen wegfallen? Kann das Kriterium in seiner Urform wiederhergestellt werden.

Wenn das Biotopvolumen nicht wiederhergestellt werden kann, weil Datenmengen verloren gegangen sind, wie ist die freiwerdende Information innerhalb des menschlichen Overlays zu betrachten? Führt es tatsächlich zu einer Strömungserhöhung bei höheren Kräften und erhöhtem Materieumsatz?

Ob menschliches Overlay oder pure Natur, frei von menschlicher Zivilisation, es liegt ein Informationsgefüge zu Grunde. Wie oben erwähnt, bedingt eine sehr dichte Komplexität an verschränkten Daten eine Kaltzeit, während das Freisetzen von Information mangels Verschränkungsleistungen den Weg in eine Warmzeit bedeutet. Irgendwo hat diese Theorie ihren Gültigkeitsbereich, wie ihn die allgemeine Relativitätstheorie und auch die Quantentheorie hat. ICH weise an dieser Stelle noch einmal darauf hin, dass die dicht gewebten Datennetze eine gewisse Barriere für Strahlung darstellen.

Zusätzlich ist eine Verwendung des führenden geistigen Prinzips durch andere Organismen anzunehmen. Ganze Datenkomplexe der Betreiber werden von Organismen transportiert. An andere Stelle verbracht, wirkte dort ganz spezifische Information der Region auf die Betreiberdaten und damit auf die Körperprogramme ein. So gesehen kann sich das Immunsystem der unterschiedlichen Arten auf zwei Weisen bedienen.

Die anderen Arten verfügten ebenfalls über einen stabilen Organismus. Dem Organismus anderer Arten lägen andere Kriterien zu Grunde. Diese Umweltdaten wären ebenfalls an Gensequenzen gebunden. Der Aufbau seiner Funktionen orientierte sich an anderen Bereichen ein und desselben Status Quo. Von analogen Strukturen der Körper ausgehend könnten sich die Organismen zur Instandhaltung ihrer Regeltechnik gegenseitig Daten leihen. Die Feldarchitektur der menschlichen Regelkreise wäre nicht nur auf spezifische Kriterien seiner Art beschränkt, sondern gründete sich auf eine Vielzahl von Datenmengen und Datengrößen verschiedenster Arten. Strukturelle Schwächen seiner Regelkreise in Form von zu geringer Datendichte könnten durch Daten anderer Organismen aufgefüllt werden. Der Mensch profitierte bei jeglicher Art von Belastung von dieser Verschränkung der Daten.

Dann lägen innerhalb der menschlichen Regelkreise Daten vor, die der Betriebssoftware eines Grippevirus nicht dienlich wären. Die Logistik der Viren die Wirte zu wechseln wäre dann ebenfalls gestört. ICH spreche bei vorliegenden Datenmixturen dieser Art von einem gesunden und leistungsfähigen Immunsystem. Hast du sie schon einmal bewundert, die Daten, wie sie ineinandergreifen, wie das eine das andere bedingt, die Daten, die nur im Miteinander ein brauchbares Ganzes liefern?

Aber nicht nur die organisierende Körpersoftware dritter Organismen, sondern auch die Datensätze ihrer essentiellen täglichen Aktivitäten strukturierten die vorliegende Geistesmasse. Sehr spezifisches Verhalten der Arten brächte eine Menge außergewöhnlicher Daten, ihrer Position im Biotop entsprechend, in das vorherrschende geistige Prinzip ein. Artentypisches Verhalten lieferte eine Menge Daten für die funktionelle Basis der Overlays.

Die Datensätze mit ihren bewegten Anteilen wären ein wichtiger Bestandteil der gedanklichen Operation. Während Denken bei Bahnmitarbeitern nicht selten das Anfahren von Zügen bedeutet, kann hierbei die Bewegung von Materie jeglicher Art gemeint sein. Die Organismen bewegen sich selbst unter dem Einfluss der Geistesordnung und nach einem Standortwechsel wirken die nun vorliegenden Biotopverhältnisse auf die Geistesmasse ein. Die Gehirnfunktion an bewegte Materie zu koppeln, heißt damit immer auch, sich auf Wachstum und Niedergang des Gegenwärtigen unter dem Einfluss der Elemente zu beziehen.

Mit der Annahme einer eigenen Komplexität dieser Art, scheint es mir ein Leichtes mich auf bekannte Feldstrukturen einzulassen und ihr Entstehen zu erforschen. Getragen von Bewegungen des eigenen Ich trägt man mich in die Basisdaten der wissenden Overlays. ICH adaptiere meine Geistesmasse an die vorliegenden Wissensgrößen. ICH verstehe auf der Basis des heutigen Status Quo. ICH erfasse mit meinen Datensätzen sehr viel präziser und allgemeingültiger. ICH blicke über die bestehenden Datenfassungen hinaus und generiere neues Wissen. Das Alte wankt und fällt. Das Neue setzt sich instand.

ICH möchte damit sagen, dass das Einbeziehen der Natur bei der Kreation des Neuen ein sehr wichtiger Vorgang ist. Die Allgemeingültigkeit von Wissen sollte man an die höchstmögliche geistige Komplexität binden. ICH möchte sagen, dass die Beherrschung der Mikroorganisation des Körpers im Hinblick auf Effizienz und Präzision vor allem vom Reichtum an Information des Geistigen abhängt. Leistungen des Gehirns wie Schätzen oder Berechnen liefern sehr viel präzisere Ergebnisse. Die Steuerprotokolle der Körperorganisation haben sehr viel präzisere Datenmengen zur Darstellung der notwendigen Materiebewegungen der Körperreaktionen zur Verfügung.

ICH nenne ein Beispiel der Brauchbarkeit von Biotopinformation für das Immunsystem, erbracht von einer Heuschrecke. Zuerst wird angenommen, dass das organisierende Prinzip eine komplexe Datenmasse darstellt. Es ist zu verstehen, dass der Gedanke und auch der Geist, der ihn hervorbringt, Bestandteil des oder dem organisierenden Prinzip aufgesetzte Ordnungen sind. Es ist eine Wirkung der Gedanken und auch des Geistes auf das organisierende Prinzip anzunehmen. Die optimale Datenfassung erlaubt die Erkenntnis des organisierenden Prinzips als das eigene Ich. Andernfalls geht der Gedanke ohne größere Wirkung im organisierenden Prinzip wieder verloren.

Lasst mich die Heuschrecke täglich beobachten. Der Betrachter integriert den Inhalt ›Heuschrecke‹ und was sie wirklich ist, in sein geistiges Prinzip. Der komplexe menschliche Geist, inklusive seiner Organisationsdaten und seiner Bewegungsprogramme, um ein paar Beispiele zu nennen, umgibt nun die Heuschrecke. Die Heuschrecke ist ein Spezialist der Graslandschaften, sie ist nicht nur Grashalm, weil sie Grashalm isst, sie wird auch als konzentrierter Springer zum Grashalm. Immer dann, wenn sie ihr Ziel anvisiert. Zusätzlich erhebt sie die Daten des Grashalms, von welchem sie abspringt. Beide Informationen erhärten sich als eine Ichinstanz der Heuschrecke. Diese Daten fließen in die Bewegungsprogramme des Absprungs ein. Sehr häufig ist zu beobachten, dass sie sich hinter einem Grashalm verstecken, so dass für den Beobachter nur noch links und rechts herausragende Sprungbeine zu sehen sind. Wie oft geben sie durch Imitation vor, der Grashalm selbst zu sein. Beim Sprung findet eine hochkonzentrierte Ansteuerung der Muskeln der Sprungbeine statt, um das abgebildete Ziel, den im Leben einer Heuschrecke so häufig und vielfältig abgebildeten Grashalm auch mit mir als Beobachter in dieser Form zu erreichen. Dem von Stamm zu Stamm springenden Eichhörnchen ähnlich, unterscheiden sie sich in ihrem Körperbau. Das Eichhörnchen verfügt über ein stützendes Innenskelett, während sich die Heuschrecke auf eine Hülle aus Chitin verlässt. Die Entwicklung des Eichhörnchens orientierte sich an stabiler Kerninformation und adaptierte sich an eine dynamische Umgebung. Das ergibt ein stützendes Innenskelett mit aufrichtenden und bewegenden Komponenten. Die Heuschrecke kopierte den dynamischen Kern und richtete ihren Panzer an der stabilen Hüllenfunktion der Datenmasse aus.

Die Heuschrecke erscheint mir daher für das Immunsystem des Menschen von größerer Bedeutung zu sein. ICH wähle die Arthrosen der großen Gelenke des Menschen, Hüfte und Knie. Fehlerhafte Belastungen, wie einseitige Muskelzüge in Bewegungsprogrammen oder zu geringe Informationsdichten um das Gelenk sind ursächlich für einen vermehrten Gelenkverschleiß.

Natürlicherweise reagieren alle Daten des geistigen Gefüges auf einwirkende Reize. Viele der Ordner sind heute ausschließlich die Folge einer

Kommunikation innerhalb der Gesellschaft. Das menschliche Streben nach über-
zogenem Wohlstand und der Sicherung der Sicherung desselben führt heute zu
einer Vielzahl von Ordnern, die nicht mehr nur von natürlichen Zuständen der
Organisationsprotokolle des Körpers erzeugt werden. Sinngemäß suggerieren
die menschlichen Inhalte Botschaften wie ›Abbau‹ oder ›Anstieg‹, ›entfernen‹
oder ›konzentriert ermitteln‹.

Selbstverständlich wirken die kommunizierten Botschaften auf die gesamte
Gefügestruktur eines Ich. Aber vor allem auf Bereiche, die sich gerade im Fokus
des konzentrierten Bewusstseins befinden. Es stehen also Bereiche des Körpers
in der Schusslinie, die durch spezifische Belastungen eine dichtere Präsenz innerhalb der geistigen Ichmasse genießen. Die Daten des Korrelats, die parallel
zu den Organisationsdaten der Organe präsent sind, erzielen natürlich eine
Wirkung auf die parallelen Organdaten.

Die Botschaften eines Körpers entstehen in der Regel durch spezifische
Mangelsituationen oder ein spezifisches Gefährdungspotential. Die Funktion
eines Organs ist mittels Daten in einem holographischen Overlay beschrieben.
Ein Mangel oder andere gefährdende Potentiale sind als ein Zustand des
Organs ebenfalls beschrieben. Alle Formen einer aufgesetzten Ordnung wie
Hunger und Durst oder weniger bedrohliche Zustände treten als eine spezifische
Datenordnung in die Ichmasse der Person.

Die Kriterien, der Umwelt entnommen, bilden die Felder der aufgesetzten
Ordnungen ab. Tritt nun eine Veränderung der Kriterien, anders gesagt: tritt ein
Mangel am Organ auf, so ändert sich aufgrund des Organzustands die zu
Grunde liegende Kriterienordnung. Die Kriterien, dem Aufbau des Overlays
geschuldet, verändern sich mit dem Zustand des Organs.

Mit der Gestalt und Wahl der Kriterien verändert das Organ seinen Kontakt
zum Organisierenden Prinzip. Das aufgesetzte Programm der Organfunktion
beginnt sich nun, aus anderen Bereichen zu nähren. ICH sehe die Verschiebung
des Bewusstseinsäthers in andere Bereiche des Materieraums. Die Vielzahl der
Kriterien ist dabei Ausgangsgröße. Es findet eine Verschiebung entlang der

Kriterien statt. Ein Abweichen von der stetig genutzten menschlichen Infrastruktur in weniger stark frequentierte Bereiche ist ebenso vorstellbar wie ein Wechsel innerhalb des Korrelats auf die Datensätze anderer Organismen.

Man bildet in beiden Fällen angrenzende Bereiche der Biotope ab. Die Sinnesorgane dritter Organismen lieferten sehr spezifische Datenmengen. Eine benötigte Information zum Einlass in die Zelle läge dann zu einem Großteil auf Biotopdaten nicht direkt menschlichen Ursprungs. Die konzentrierte Information ›Einlass in die Zelle‹, so dass sich die Reaktion des Gewebes als ein dem Datensatz äquivalentes Ereignis darstellt, hätte seine Ursprungsdaten in einer vielfach vernetzten Gesellschaft von Organismen und deren erbrachten Daten. Ihre Wurzeln lägen im Realraum der Daten bzw. wären dem Materieraum als solchem äquivalent. Die Daten ließen sich weiter auf eine allgemeine Struktur der Elemente reduzieren. Der Datensatz trüge somit die höchste Allgemeingültigkeit in sich und fände durch die strenge Adaption an den Materieraum zu einem Status der Selbstorganisation.

Die Verschiebung der Interessen entlang der Kriterien in andere Bereiche hat seine Ursache in der Veränderung des Organzustands. Das übergeordnete Zustandsfeld des Organs ordert die beschreibenden Begleitdaten, so wie das Gravitationsfeld die Erde zusammenhält. Die Feldstruktur kann zu einer Verschiebung in Bereiche mit vermehrt dynamischen Komponenten führen. Dies führt vielleicht zu einer höheren Ein- oder Austrittsinformation, erhöht also die Durchlässigkeit der Gewebe.

Bewegte Objekte dienen vielleicht selbst als Transporter für den gegenwärtigen Zustandsäther des Organismus. In anderen Bereichen des Biotops angekommen, wirkte somit andere Information an der Organisation des Overlays zur Körperregulation mit. Man könnte sich eine Verengung oder Erweiterung der Gewebe herleiten. Die Daten könnten eventuell an der Gehirnfunktion beteiligt sein. Veränderte Interessenslagen könnten veränderte Verarbeitungsstrategien begünstigen. Eventuell hat die Mangelordnung einen zuführenden Charakter oder initiiert ein günstiges Verhalten der Elemente. Der Organismus befindet sich in einem dynamischen Gleichgewicht.

ICH erwähne an dieser Stelle einen übermäßigen Personenkult der Medien, der wie die nachfolgenden Beispiele zu hochwertigen elektromagnetischen Feldern mit entsprechender Determinierung seiner Bestandteile führt. Außerdem denke ICH an die überdimensionierten Forschungseinrichtungen, die zu einem Produktdesign einer menschlichen Oberklasse führen. Die Produkte grenzen jegliche Mitbewohner aus. Die geschaffenen Produkte reduzieren die Artenvielfalt. Die Labels, die ihre Ordnung heute auf globales Verbraucherverhalten und auf die notwendigen Produktionsprozesse stützen, generieren unglaubliche Feldstärken. Die Wirkung lässt sich immer dann sehr gut beobachten, wenn Materie abweichendes Verhalten zeigt. Der freieste Wille liegt für das Individuum im Bestandteil des Konstrukts.

Die großen Labels vernetzen sich wie einst die verschiedenen Arten während der Evolution. Während die zunehmende Verschränkung spezifischer Artendaten während der Evolution zu immer komplexeren Overlays und damit Organismen führte, beschränkt sich die Verschränkung der Labeldaten heute im Allgemeinen auf eine gemeinsame Nutzung der Infrastruktur. Eine übergreifende Allgemeingültigkeit, wie sie der Rückführung der entsprechenden Biotopverhältnisse auf die formenden Elemente eigen ist, vermisse ICH in den Betreiberfassungen der menschlichen Ordnung.

In den Betreiberfassungen fehlt eine Datenmenge, die der Mutter Erde identisch ist. Vielmehr unterwirft man die Information zu den Elementen dem Produktdesign. Die Elemente werden zu einer beherrschbaren Instanz, so sagt man. Jedoch entfällt das Splitting der Daten immer mehr. Das organisierende Prinzip war einst ein Gefüge erhobener Daten verschiedenster Arten mit höchst spezifischer Komplexität. Es stellt sich zunehmend eine Datenordnung rein menschlicher Natur ein.

Das Verhalten der Elemente passt sich an. ICH verweise auf einige **Wirkungen** stark vernetzter Datengefüge. Die Verschränkung von Daten verschiedenster

Arten zu komplexem Geist garantiert die Stabilität aller Beteiligten. ICH spreche von der Materie, den Organismen und Ordnungen, die die dreidimensionale Prägung des elektromagnetischen Feldes des fassenden Gehirns verursachen, so dass ICH von Kriterien spreche. ICH spreche aber auch von den Vernetzungen der Kriterien, der Informationsverschränkung, die den Aufbau komplexer Gewebe und Organe erlaubt. Nach dem orientierten Aufbau beruht die optimale Funktionalität der Gewebe auf einer Verschränkung vielfach komplexer Information aller Größen und Zeitfenster. Information dieser Art aufzuwerfen ist allen Organismen eigen, eine nutzbare Verschränkung herzustellen ist dem regelmäßigen Betrachter eigen.

Eine hochkomplexe Datenmenge transportiert keine Schadware. Die breite Fächerung des Artenspektrums determiniert die Schadware in ihrem Verhalten. Die Orientierungsleistungen dritter Organismen werfen eine Menge Daten auf. Sie beschreiben den Status Quo. Der Status Quo wird zu einer adaptiv determinierenden Größe. ICH sehe in den Arten übergreifenden Netzwerken kaum Möglichkeiten zum Transport von Schadware. Eine fortdauernde Existenz für eine Schadware gibt es nicht.

Die Bestandteile profitieren außerdem von der isolierenden Wirkung stark vernetzter und dichter Datengefüge. Es findet keine Übertragung von Strahlung statt. Damit ist auch die Informationsübertragung gehemmt. Weder die Dunkelheit der Seele bei totaler Entnetzung durch die mächtigen aufgesetzten Mammonordnungen kommt vor, noch die Belastungen mit Datenemissionen aufgesetzter Ordnungen, mit deren Umweltdaten sie ausschließlich zu deren Ich gehören.

Die gravitationsreichste Datenmenge erhebt den allgemeingültigsten Anspruch auf ein Ichbewusstsein. Die Produkte, die sie mit ihrem Ich zur Schau tragen, sind, betrachtet man die gravitationsmächtigen Wirtschaftsordnungen, nichts anderes als ein zu vernachlässigender Informationspartikel, ein Kriterium geringster Wertigkeit. Entnetzt schluckt sie das elektromagnetische Feld eines Labels wie das Schwarze Loch das Licht der Sonne. Produktphänomene wie Verbraucher zählt das Label zu seinem Ich.

Sie können Ihr Ich mit Produkten besetzen, so dass Sie mehrere Labels gleichzeitig speisen. Diese massereichen Datenansammlungen entgrenzen ihr Ich. Sie verlieren die persönliche Erdung. Ihre Gebrauchsdaten dienen nicht mehr der Körperorganisation, sie dienen der globalisierten Existenz eines oder mehrerer Labels.

Die Entwicklungsgeschichte der Heuschrecke orientiert sich an der Graslandschaft. Es dürften vor allem Information aus ihrem Biotop zu ihrer spezifischen Körperform beigetragen haben. ICH denke bei der Architektur der Beine an die Statik der Gräser. Bei den Hüft- und Kniegelenken denke ICH an den Übergang des Grashalms in die Staude und der anschließenden Verankerung mit dem Wurzelgeflecht im Boden. Den Muskeln ist die Funktion der verankernden Gewebe gegeben. In ihnen liegt die Möglichkeit die einwirkenden Kräfte der Elemente zu kompensieren und den Halm aufrecht zu halten.

ICH sehe die Logistik der menschlichen Körperorganisation nun durch die des Insekts erweitert. Die regelmäßige Integration durch die Beobachtung der Natur schafft den Zugang zur Heuschreckensoftware. ICH sehe das menschliche Ich in seiner Organisation nun zum Beispiel durch die hochkonzentrierte Abbildung der Beinsteuerung bei Absprung und Landung der Heuschrecke erweitert.

Die hohe Abstimmung des Materiehaushalts auf die geistige Programmierung lässt sich auch dann abschätzen, wenn Sie beobachten, wie allein die Antizipation des Absprungs, wie allein die konzentrierte Abbildung des Sprungs via Geistesmasse, als gut sicht- und fühlbares Bild des präfrontalen Kortex einen involvierten Grashalm in leichte Kreisbewegungen versetzt. Natürlich mögen sich Verspannungen des Grashalms und Absprungwirkungen miteinander verrechnen und die Bewegungsbereitschaft des Grashalms verstärken oder mindern. Bedeutend ist und bleibt, dass die Sprungdaten immer auch in das Außenmedium einwirken, sprich eine ›out off body‹-Information generieren. Eventuell zeigen sich hier die Vorgänge der Evolution. Immer dann, wenn das Geistige die Möglichkeit besitzt, mit Körperdaten eine hohe Wirkung auf Objekte des Außenmediums zu erzeugen, könnte man eine häufige Integration des entsprechenden Objekts als ein Kriterium in die organisierenden Programme der Heuschreckenentwicklung annehmen.

ICH gestehe diese Möglichkeit zu wirken jedem Geist zu. Nun erlaubt die vielfältige genetische Speicherung der Daten dem Organismus den konzentrierten Zugriff auf Objektdaten dieser Art. Für jeden Geist besteht die Möglichkeit, Daten in sein Ichgefüge zu erheben. Die Projektionsfläche betrachtend, wirken die darstellenden Daten des Korrelats auf das abgebildete Objekt. ICH sehe das menschliche Ich in seiner Organisation nun durch die Logistik des springenden Insekts erweitert. Bedenken Sie die wirksamen Kriterien der Evolution. Bedenken Sie die Kraftübertragung in das Außenmedium. Bedenken Sie die Daten, die das Funktionieren der Heuschrecke im Allgemeinen bedeuten. So ist die holographische menschliche Ordnung nun auch mit Kriterien des Insekts besetzt.

ICH sehe negative wie positive Aussagen auf die Organisationsmasse des Menschen einwirken, die von den Feldkomponenten zu verarbeiten sind. Ihre Wirkung entfalten sie vor allem in diesen Bereichen, welche im Augenblick durch vermehrte Belastung dichter abgebildet sind. Eine kommunikative Verschränkung im Overlay der Körperorganisation ist natürlich eine ungünstige Sache. Dieser Bereich ist der Nährboden für Schadware.

Eine Kommunikation führt zu einer Vernetzung der das Overlay bildenden Kriterien. Es entstehen interne Informationskonstrukte negativer wie positiver Art, die die Strukturen des Overlays und damit seine Funktionen an diesem Ort übergeordnet binden. Als Beispiel nenne ICH ihre Mitmenschen. Es könnte sich aber auch um ferne Organismen handeln, die innerhalb des Gefüges, eine kommunikativ bedingt, zielgerichtete Informationsmenge organisiert sehen, und damit ihre Anreise gestalten.

Sie nutzten die aktiven Kriterien der Kommunikationsgrundlage, die ihrer Existenz entgegenkommen, und Daten der menschlichen Orientierung, zur Lokalisation ihres neuen Biotops und Wirtes. Sie setzten die vorliegenden Kriterien zur Lokalisation des günstigsten Biotops ein. Sie nutzen die holographischen Strukturen und vor allem die bewegte Materie der einzelnen Kriterien. Sie bewegen sich auch mit abstrakten Strömen der Elemente fort. Die Wirkung und Richtung der Wirkung ist in der menschlichen Feldarchitektur enthalten. ICH vermute, dass die menschlichen holographischen Strukturen den Elementen eine gewisse Kapazität an Daten zu Grunde legen. Vermutlich orientiert sich dann die Wirkung und Richtung der Wirkung der Elemente an den menschlichen Betreiberfassungen.

Ein sehr hoher Artenreichtum schützt natürlicherweise vor globalen Wirkungen. Das hohe Artenspektrum führt zu einer spezialistischen Abbildung des gesamten Biotops. Betrachte ICH die Rückführung eines jeden einzelnen Datensatzes auf die bedingenden Elemente, so tut sich mir diese unglaubliche Schönheit dieser Einheit auf. Das Gesicht der Elemente ist das Resultat einer Biotopstruktur. Das Gesicht der Elemente ist das Ergebnis der spezialistischen Betrachter.

Die gespeicherten Bedingungen des Lebens, die Wurzeln einer jeden Art, liegen zu aller erst in der Information der umgebenden Elemente. Die Information zu den Elementen sind die ersten gespeicherten Bindungen. Jedoch verkehrt sich allmählich die Sicht. Auf der Grundlage erster Daten wächst ein immer mächtigeres Overlay heran. Die entstandene Datenvielfalt leitet seine Existenz aus den wechselnden Verhältnissen der Elemente her. Letztlich sind die klimatischen Verhältnisse das Gesicht der Datenmasse der Biotope und der kontinuierlich aufgeworfenen Gebrauchs- und Betriebsdaten.

Der Heuschrecke gelingt es durch konzentrierte Sprungdaten, die Gelenke, auch die des Menschen, um komplexe Information der umliegenden Gewebe zu erhöhen. Die verschiedenen Kriterien der Formgebung unterschiedlichster Arten sind hier zu einer belastbareren Datenmixtur der Organisation des Menschen verschränkt.

ICH soll kritisch sein. Gut! Das hört sich dann in etwa so an. WIR zerschlagen weiterhin Biotope und beheben die Vernetzung von Daten. WIR minimieren innerhalb der Gesellschaft die Verschränkung der Individuen und grenzen fremde Arten möglichst aus. Dann greifen WIR die menschliche Infrastruktur an und jegliche Information zu bewegter Materie, innerhalb des Gravitationskonstrukts der Mutter Erde, addieren WIR zum Haushalt der Elemente.

In dieser Form organisiert, stellen WIR dann auch noch den Rest holographischer Datenkonstrukte in Frage.

Das Menschsein zu begreifen, heißt, das Gehirn zu verstehen. Man bedenke, dass das Gehirn die Verwaltung des Körpers zur Hauptaufgabe hat; erst in einem zweiten Abschnitt des Lebens tritt die Verwaltung externer Datenmengen in sein Sein. Das Gehirn stellt Bezüge zum Außenmedium her und bearbeitet diese, während eine Vielzahl von Vorgängen des Körpers parallel zu gestalten sind. Nicht alle Körperfunktionen verfügen zu ihrem Schutz über eigene Zentren.

Der Mensch bezieht sich auf Bereiche des Materieraums und trifft Entscheidungen. Der hohen Funktionalität der Gewebe und Organe Rechnung tragend, ist für eine optimale Gewebsorganisation eine äußerst komplexe Verschränkung verschiedenster Kriterien anzunehmen. Als Folge menschlicher Entscheidungen dürften nun einige dieser Kriterien der Gewebeorganisation als ›ungünstig gelagert‹ bezeichnet sein.

Es könnte sein, dass jeglicher Gedanke und alle Formulierungen von Wissen Wirkungen innerhalb des Organismus zeigen. Möglicherweise wirken Konstrukte des Wissens mehr oder weniger stark auf die Grundlagen und Basisdaten der Körperorganisation ein, weil man sie auf der Grundlage dieser Basisdaten formiert.

ICH gehe davon aus, dass sich das absolute Wissen, in der Form einer Gotteserkenntnis, als freier Blick auf das Gesamte entäußert. Diesen Weg zu beschreiten heißt sein Bewusstsein auf immer ältere Bereiche des Overlays zu lenken. Man verlässt die groben Feldstrukturen der industriellen Ordnungen und verliert sich in den zuführenden Filigranen. Sehr schnell gelangt man in die natürlichen Datenmengen, die dem Körper während der embryonalen Entwicklung zugrunde gelegt wurden.

Man beginnt anhand der Zusammensetzung des Datennetzwerks, die funktionellen Gewebe der Organismen zu verstehen. Man unterwirft sich auch die Regeln der Physik. Man sieht die Verschränkung von Information und begreift das Entstehen von Wirkungen. Man sieht die Datenkonstrukte Materie anordnen. Man sieht die Gewebe sich dem Bauplan unterwerfen. Man erkennt Datenmengen des Status Quo, die so genannten Kriterien, den ablaufenden Ereignissen der Gewebeorganisation zugrunde gelegt. Man erkennt die Kriterien den Konstrukten der Zell- und Geweberektionen zugehörig. Innerhalb der Konstrukte der koordinierenden Regelgrößen sind sehr viele Kriterien zu einer gerichteten Wirkung gefasst. Eine sichtbare Datenmenge des präfrontalen Kortex, ein Kriterium, gilt daher stellvertretend für die anderen Kriterien und zeigt grob die Richtung der Wirkung an.

Für ein weitreichendes Verständnis der Welt hangelt sich das Gehirn entlang der Organisationsdaten seines Organismus zurück bis zu den ersten gespeicherten Bedingungen des Lebens. Die feindlichen Elemente sind die Anfänge der Datenspeicherung. Sie verwurzeln das Overlay der Körperorganisation im Materieraum. Das Verhalten der Elemente ist die erste gespeicherte Information. Sie bildet auch die Grundlage der genetischen Information.

In die Entwicklung der befruchteten Eizelle und den Aufbau des menschlichen Organismus fließen natürlich heutige Bedingungen der Elemente ein. Heute natürlich nur noch in geminderter Qualität. Das Gesicht der Elemente war einst ein Biotoperfordernis. Ohne eine Anpassung der Elemente wäre der vergangene Artenreichtum der Biotope nie entstanden.

Der Mensch hat sich durch seine besondere Art von den feindlichen Bedingungen der Elemente relativ unabhängig gemacht. Es gehören also zunehmend Informationen zu den Produktionswegen der notwendigen Technik, der technischen Konstruktionen und dem damit verbundenen Verhalten der umgebenden Materiekreisläufe in die Entwicklung eines Embryos. ICH nenne es ein orientiertes Wachstum. Es werden die aktuellen Daten des Status Quo herangezogen.

Das Overlay der Körperorganisation führt direkt zum Datenspeicher ›Realraum‹. Der Datensatz des Realraums, das Datenäquivalent zum Materieraum scheint mir die Datenmatrix meines Seins zu sein. Dem Realraum sind die Kriterien entnommen, die sich über die Jahrtausende allmählich zum Datensatz der heutigen Körperorganisation entwickelten.

Die Kriterien verschränkten sich effektiv. Eine hohe Funktionalität der Gewebe war damit darstellbar. In früheren Zeiten bestand das Overlay des funktionierenden Menschen nur aus direkten Daten des Biotops. Der Mensch, betrachte ICH ihn als Datensatz, war nicht mehr als ein Konstrukt aus vernetzten Biotopdaten. Der menschliche Organismus war deshalb wie alle Organismen ein Garant und Stabilitätsfaktor für die Biotopverhältnisse.

Es bleibt ein gewichtiger Faktor, der den Menschen hindert, den richtigen Weg zu erkennen. Einem aktuellen Gehirnbezug oder einer räumigen Betrachtung des Ganzen steht im Grunde die Positionierung des Individuums durch Elternhaus und Gesellschaft im Wege. Der Körper funktioniert innerhalb eines Datenkonstrukts. Es ist eine evolutionsspezifische Sammlung von Daten, die als Overlay die Gewebereaktionen kontrolliert. Das Gehirn ist als parallel gewachsene Struktur Teil des Overlays. Das Elternhaus und die Gesellschaft geben einen Teil der Programmierung vor, lange bevor das Gehirn auf die Idee kommt, all dies verstehen zu wollen. Sie füttern die Kinder mit althergebrachten Schulweisheiten.

Dieses Wissen nahm seinen Ursprung ganz einfach bei einem Beobachter. Der Blick auf die Materie stand im Vordergrund und wird heute noch favorisiert. Die Wertigkeit des zu Grunde liegenden Datennetzwerkes ist als Matrix instinktiver Leistungen in Vergessenheit geraten. Auch in neuerer Zeit werden die genetisch verankerten Informationsvolumina noch vollkommen unterschätzt, ihre Funktion kaum verstanden.

ICH sehe den Menschen der Urzeit das Objekt aus der Sicht der Laufdaten seiner Körperorganisation betrachten. Das betrachtete Objekt war ihm als Kriterium seiner Körperorganisation vertraut. Ihn störte dieses Sein als solches nicht. Jeglicher Datensatz, der in sein Unterbewusstsein trat, war ein direkter Anteil des Biotops. Der Körper kannte keine Belastungen. Das geistige Ich war von der Harmonie eines funktionierenden Biotops umgeben. Es funktionierte nach dem Gesetz des Möglichen. Ohne den Aufwand, sich eines technischen Denkens bedienen zu müssen, war man ein unbegrenzter Bestandteil dieses Ganzen.

ICH sehe, dass das Gehirn zunächst nur mit der Abbildung von Biotopdaten zur Körperorganisation betraut war. Im Sinne der Körperorganisation werden wohl die anteiligen Kriterien hervortretender Bereiche des organisierenden Konstrukts einen gewissen Bezug zum Außenmedium erstellen. Die Gewebezustände, als solche abgebildet, werden über die Kriterien die notwendigen Handlungen unterbewusst planbar gestallten. Es handelt sich um einen Vorgang bei welchem ein Zustandskonstrukt der Körperorganisation mittels Daten die Ichinstanz kontrolliert und das Bewusstsein und Interesse nach Außen in die Umwelt kehrt.

Innerhalb des dynamischen Gleichgewichts des Körperhaushalts gibt es Grenzfälle und Extremwerte. Man kann sie sich, durch Belastungen jeglicher Art hervorgerufen, vorstellen. ICH nenne diese Zustandsbeschreibungen Datenphänomene elektromagnetischer Art. Der spezifische Kriteriensatz der Gewebeorganisation läge dann in einem unbewussten Vordergrund. Das Gehirn steuerte anhand vorliegender Biotopdaten fortführende Handlungen zum Ausgleich der Datendichten. Dieses wäre als ein reines Instinktverhalten bei totaler Adaption an den Materieraum zu verstehen. Der Mensch bzw. der Inhalt seines Geistes gehörte der Datenmatrix des Realraums an. Seine aktuelle Ichinstanz wäre gleichzeitig Inhalt der Körperzustandsprotokolle und des umgebenden Biotops. Trotz Artenverlust wäre der Mensch, dieser Theorie nach, immer lebensfähig.

ICH bedenke noch den genetischen Datensatz. Er ist seit langem unverändert und beherbergt Daten rein biologischen Ursprungs. Dem Gesetz der gegebenen Möglichkeit in hochkomplexen Biotopen Rechnung tragend, hieße dies, dass dem funktionierenden Menschen eben auch Datenstrukturen einer Evolutionsspitze angehörten.

Wenn es Probleme gibt, den menschlichen Körper zu betreiben, dann treten diese bereits beim Aufbau der Organsysteme nach der Befruchtung auf. Betrachte ICH die Vielfalt der Datenerbringer und damit die Vielfalt der Daten des Materieraums, erscheint mir doch eine hochkomplexe Datenmenge der Körperorganisation entstanden zu sein.

Es stellt sich dann die Frage, kann eine Datenmenge der Evolutionsspitze auch mit primitiveren Mitteln erzeugt werden. Reichen für die Instandsetzung der Körperfunktionen primitivere Datenmengen? Genügt eine Vernetzung der Daten nach rein menschlichen Gesichtspunkten? Ist das Funktionieren des Organismus, als eine Möglichkeit an der Spitze von Daten einer Biotopkomplexität, dann noch gegeben?

Nun, der Mensch hat es erlernt, Objektdaten übergeordnet abzubilden. Die Erkenntnis der Möglichkeit einer Darstellung des Objekts innerhalb des Overlays mittels querender Verhältnisse führte zu einem Verlassen der exakten Biotopbeschreibungen. Innerhalb des Datengefüges seiner Gewebeorganisation scheinen nun auch begleitende Ströme der Kriterienvernetzung in seine Überlegungen um das Objekt mit einzufließen.

Der Mensch erzeugt von nun an eigenständige Kriterien. Er integriert Objektdaten in sein Datengefüge und leitet sich anhand der umgebenden Datenverhältnisse Eigenschaften des Objekts ab. Die Objektdaten verschmelzen mit ähnlichen Daten des korrelierenden Systems. Anhand der gebundenen Datenmenge und der entstehenden Wirkungen um das Objekt entwickelt sich eine Art von Wissen von dem Objekt.

ICH spreche von einer menschlichen Ordnung innerhalb des Konstrukts korrelierender Kriterien der Körperorganisation. Auch kann ICH mir, den heutigen

Stand der Technik betrachtend, den Begriff der aufgesetzten Ordnung oder den Begriff des Overlays menschlicher Betreiber vorstellen. Das Wissen um das Objekt zeigt sich als eine, dem Overlay der Körperorganisation aufgesetzte Datenordnung. Das Wissen als technische Entwicklung zeigt sich folglich als eine Datenordnung, die die Datenmengen der Gewebeordnungen verändert abbildet.

ICH sehe ein Anwachsen der Datenkapazität der Felder. ICH sehe eine zunehmende Wirkung der Felder auf die Basisdaten. ICH sehe die Gehirnfunktion des Menschen in diese Felder eingelagert. ICH sehe, dass die Materiedynamik der bezeichneten Felder sein Denken bestimmt. ICH bezeichne die Daten menschlichen Denkens und Handelns als unverzichtbaren Faktor der Feldstärke und damit des bezeichnenden Labels.

ICH könnte mir vorstellen, dass sich das augenblicklich erzeugbare technische Materieverhalten bzw. die abgeleitenden Datenäquivalente zum Aufbau eines funktionierenden Konstrukts der Körperlogik nur bedingt eignen. Sehen Sie das nicht zu negativ. Auch die natürlichen Gewebeordnungen sind dem Realraum aufgesetzte Ordnungen. Auch die Gewebeordnungen und Biotopordnungen veränderten den Status Quo. Sie haben das Verhalten der Elemente als erste Information in die Speicher aufgenommen. Sie haben die Daten vernetzt, verschränkt, gesplittet, gestaucht, gedehnt, gekrümmt und in immer hochwertigere Datenpakete der Körperorganisation gefasst.

Die Datenkonstrukte der Körper- und Biotoporganisation wirkten auf den Haushalt der Elemente und bestimmten ihre Form. Das Gesicht der Elemente war einst ein Biotoperfordernis. Heute bestimmt die zunehmende Unabhängigkeit des Menschen, geprägt von technischen Konstruktionen das Verhalten der Elemente. **(Durban 2011 Ende.)**

Das holographische Konstrukt der Betreiberordnungen generiert sich ebenfalls aus dem aktuellen Status Quo. Es ist ein Konstrukt aus Verbraucher- und Produzentendaten. Das holographische Konstrukt enthält die gebräuchlichsten

Daten der Verbraucher und Produzenten. Die Datenfelder enthalten Ströme, Kräfte und Wirkungen.

Mit der Darstellung von Objekten mittels querender Verhältnisse gelang es dem Menschen, selbst Konstrukte der Kraftübertragung um das Objekt zu entwickeln. Der Mensch erkannte einfache Werkzeuge. ICH fasse das Verhalten der Daten um Objekte zu einem spezifischen Wissen vom Objekt. Anhand der Wirkungen und Kräfte, die die Datenströme erzeugen, lassen sich einfache Kräftekonstruktionen ableiten.

Was einst als Gesetz der Evolution galt und Datenmengen als reine Interna zur Organisation des Organismus verwaltete, nennt man heute Wissen. Das Wissen beruht in erster Linie auf externen Datensätzen und entstammt einem Beobachter. Die Evolution des Wissens zeigt sich im Wandel der Produkte. Das Entstehen des Wissens beruht auf spezifischen Verarbeitungsstrategien des Gehirns. Das Wissen dürfte sich in Anlehnung an die zu verwaltenden Körperdaten entwickelt haben. Externe Entwicklungen stehen daher in einem engen Zusammenhang mit den zu verwaltenden Daten der Körperorganisation.

Das weitere Fortschreiten des Wissens orientierte sich auch an den umliegenden Daten. ICH spreche ganz allgemein von den Daten des Korrelats. Am Anfang dürften ausschließlich die Daten der Körperorganisation gestanden haben. Das Objekt als solches exakt zu bezeichnen, bedarf immer auch der umgebenden Biotopdaten. Nicht zuletzt gibt es noch andere aktive Geister und solche, die im Sinne offener Fragen Daten erheben. Es entsteht ein Verbund aus Daten, die die Antwort auf die Frage erlauben.

Das Datenkonstrukt der Frage bzw. das, der Antwort reduziert sich letztlich auf das entwickelte Produkt und das damit verbundene Bild des Materieraums. Das Produkt zieht ihm eigene Materieströme nach sich. Die wissenschaftliche Lösung verändert den Materieraum. Die Datenmenge ›Biotop‹, der der Mensch als jüngstes Overlay aufsitzt, wird zunehmend von Kräftekonstrukten technischer Art unterhalten. Die technischen Datenkonstruktionen prägen das Verhalten der

Materie. Sie unterhalten eine eigene Datenlogistik. Sie bestimmen das menschliche Denken.

Die Funktionsweise des Gehirns ändert sich nicht. Aber die bewegte Materie, die dem Informationstransport in den elektromagnetischen Feldern gleichzusetzen ist, deren Datenäquivalente das Objekt bis unter die Bewusstseinsgrenze abbilden, deren Datenströme den gangbaren Weg bezeichnet, die, bedenkt man das Objekt, Kräfteverhältnisse darzustellen beginnt und den fragenden Menschen zur Erkenntnis führt. Dieses Materieverhalten ist zunehmend menschlicher Natur. Das Produkt und das Materieverhalten um das Produkt stehen für sich selbst. Bedenkt man die gleichbleibende Gehirnfunktion, geht das neue Wissen aus der Verrechnung der Strukturen des alten Materieraums hervor. Die wissenden Datenkonstrukte der aktuellen Produkte verschmelzen immer wieder miteinander. Es entstehen immer mächtigere Datenkapazitäten, bei einer gleichzeitigen Minderung des Informationsspektrums.

Neues Wissen besteht folglich nur noch aus den gängigsten Materieströmen des Menschen. Die großen Feldstärken und Felddichten des gegenwärtigen menschlichen Wissens werden durch mächtige Materialströme erzeugt und aufrechterhalten. Dabei schwindet die spezifische Biotopinformation immer mehr. Die wissenden Größen erfahren eine starke Vereinfachung.

Die fortwährende Entwicklung von Künstlichem aus Künstlichem führt zu einer zunehmenden Vereinfachung der Felder. Es kommt zu einer fortschreitenden Vernichtung von spezifischer Information und deren Verschränkung in Biotopen. Der Mensch ist das jüngste Organisationsphänomen dieses Informationsreichtums. Er steht an der Spitze der Evolution. Der individuelle Materiebezug des Gehirns verarmt zusehends. Die Anzahl der Möglichkeiten hochwertigste Protokolle zur Körperorganisation zusammenzusetzen, verringert sich.

Die starken Vernetzungen innerhalb der Biotope werden zerschlagen. Isolierte Daten des Biotops, in Form von Kriterien, die, um die Frage auszugestalten, miterhoben wurden, werden nun in die Form eines technischen Produkts gegossen. Die wirkliche Datenmenge der Erkenntnis reduziert sich also auf die

Fertigung und den Gebrauch des Produkts. Nur das Produkt hält Einzug in den Materieraum und steht der Gehirnfunktion des Menschen als Datenäquivalent weiterhin zur Verfügung.

Der Materiebezug der Gehirne verarmt. Die Informationsmasse, wie sie das Gehirn einst an der Spitze der Evolution zu verarbeiten hatte, nimmt ab. Sie reduziert sich auf die Transportkapazitäten der holographischen Hauptströme der Versorger. Das Individuum ordnet sich heute der zentralen Infrastruktur der Versorger zu. Das Individuum bewegt sich im Schatten der Transportströme. Der Güter- und Warenverkehr bestimmt die Hauptdichten der Konstrukte menschlichen Wissens.

Man entfernt sich zusehends von zellspezifischer Information. ICH meine das Informationsspektrum eines Biotops im Allgemeinen, das sich in einem funktionierenden Artenhaushalt zeigt. Das Ganze, das jegliche Möglichkeit einer Existenz ausprobiert und anschließend zu erhalten versucht. ICH spreche von einer geschlossenen Informationsdecke, die als Flora und Fauna die Welt bedeckt.

Diese Informationsdecke erlaubt den Informationstransport zwischen den Arten und ihren Individuen. Sie erlaubt es dem Zustandskonstrukt des Körpers, Kontakt zur Umwelt aufzunehmen und notwendige Vorgänge anzuleiten. Die Kriterien in höchster Komplexität verschränkt zu sehen, erscheint das Wandeln von Bewusstseinszuständen innerhalb dieser Informationsdecke zu begünstigen.

Ein jeder Organismus ist ein stabiler Datensatz und gleichzeitig ein Beobachter. Er liefert immer und fortwährend seine Daten zum Funktionieren des Ganzen. Jede Art ist mit ihrem Sein an der Bildung des Nächsthöheren beteiligt.

Das orientierte Wachstum bindet alle vorliegenden Daten. Ein jeder Organismus ist nur eine adaptiert gewachsene Hardware. Jegliches Ereignis im Organismus, ob statischer Zustand oder dynamischer Bereich beruht auf einer ihm eigenen Datenmasse. Ein jeder Organismus ist ein stabiles Chaos und dient dem anderen mit notwendigen Datengrößen. ICH spreche von einer gegebenen Logistik der Daten, die Zelle und Organismus steuert.

ICH sehe die Kriterien einer Informationsdecke entnommen, die bereits artübergreifende Information in höchster Komplexität in sich vereint. ICH sehe diese artübergreifenden Informationsmengen erneut verschränkt, durch orientiertes Wachstum bestätigt, erneut entnommen, verschränkt und wieder gewachsen gefestigt.

ICH sehe geringste Datenwerte in einer Harmonie verschränkt, dass komplexeste Ströme, vielleicht sogar die Materie selbst in dieser Form organisiert sein könnte.. ICH erwähne an dieser Stelle die technische Möglichkeit der Datenspeicherung mittels Feldprägung in stabilen Atomgittern. ICH möchte hier aber darüber hinaus die Tatsache anführen, dass während des Speichervorgangs in biologischen Systemen nicht nur die atomaren und molekularen Felder sich anpassen, sondern auch das Atom bzw. das Molekül sich dem Gefüge entsprechend anordnet. Die Lage des Moleküls bestätigt somit eine bereits bestehende Feldarchitektur. Der Organismus ist so gesehen ein reiner Informationsspeicher.

ICH habe Bilder von Zellen gesehen, auf welchen sich hohe Stoffkonzentrationen einseitig an den Zellrand drängten. Das kann nicht gesund sein. Vermutlich liegt es an der aufgesetzten Datenordnung. Eventuell kann sich eine Informationsdecke, in der Form einer gewachsenen Flora und Fauna, neutral harmonisierend auf die Ladungsverteilung und damit Stoffverteilung in der Zelle zeigen. Die geschlossene Pflanzendecke scheint ein energieärmerer Zustand zu sein. Auftretende Felddichten wirkten, wie im oben genannten Fall des Speichers nicht mehr nur anordnend. Zu einem späteren Zeitpunkt der Evolution ist diese Datenmengen richtende Größe des orientierten Wachstums.

Konzentrierte Datendichten bedingten die Keimung. Diese Datendichten generierten sich aus günstigsten Startbedingungen innerhalb des Biotops. Als Akteure der Evolution wären diese Bedingungen dem Organismus seit jeher und aus jüngster Zeit bekannt. Diese Datendichten initiierten die Keimung. Das Wachstum des Organismus bindet die vorliegenden Daten. Der gewachsene

Organismus ist ein Overlay. Der Organismus vernetzt und verbindet externe Daten und unterwirft sie gleichzeitig einer internen Ordnung.

Die natürliche Wildnis preist die Immobilität als den natürlicheren Zustand an. Wer sein Revier verlässt, läuft Gefahr, gefressen zu werden. Diese lebenswichtigen Daten der Zellorganisation, die ICH der funktionierenden Hardware zu Grunde lege, gehen immer mehr verloren. Die aufgeworfenen Umgebungsdaten der wissenschaftlichen Bearbeitung geraten in Vergessenheit. Die natürlichen Mitdaten erliegen dem Gebrauch von Produkten.

Auf diese Weise werden spezifische Daten des Status Quo, ICH nenne sie Kriterien, in mächtigen Strömen gleichgeschaltet. Die Komplexität eines Äthers, in welchem der Mensch als Spitze des Datenreichtums, also vor Evas Apfel, aufgelöst war, den gibt es nicht mehr.

Die individuelle Gleichschaltung in Verkehrsströmen gleicht einer groben Vereinfachung der wissenden Felder. Nicht das Wissen geht verloren, sondern sein Informationsreichtum. **Blickt man genauer hin, handelt es sich um eine Verlagerung des wissenden Bewusstseins. Das menschliche Gehirn war vor Evas Apfel ausschließlich dem Status Quo verpflichtet.** Die Komplexität eines Äthers, in welchem der Mensch als Spitze des Datenreichtums, also vor Evas Apfel, aufgelöst war, gibt es heute nicht mehr. Eine, mehr oder weniger globale Informationsmasse, die die Zellordnung bedingt, in welcher sich der Mensch, dem kindlichen Allsein gleich, treiben ließ, wird heute von aufgesetzten Datenkonstruktionen der Technik und Wissenschaft beherrscht.

Neben den Datenkonstrukten der Körperorganisation hat das Gehirn heute noch die Datenkonstrukte der Technik zu verwalten. Die Konstrukte stehen wie alle Konstrukte in Konkurrenz zueinander. Die stetig wachsende Datenmenge, vor allem die Art und Weise der Datenverrechnung erzeugt immer größere Feldstärken der wissenden Konstrukte. Eine begleitende Veränderung des Materieraums führt zusätzlich zu stabileren Verhältnissen der technischen Ordnungen. Die technischen Felder werden auf die Ordnungen der Körperorganisation ebenso wirken, wie sie auf den Materieraum wirken. Es liegt in der Natur der Felder, sich zu erhalten. Manche streben auch nach Verbesserung und Entwicklung. Sie streben oft nach mehr Umsatz und fordern damit ein spezielles Verhalten von der beweglichen Materie. Sie mehren ihre Wirkung. Sie gliedern an und verändern bestehende Datenordnungen.

Die breite Masse verkörpert Alltagsdaten mit Alltagsobjekten. Die breite Masse fügt sich mit ihren Daten in einfache Ströme ein. Diese zentralen Ströme generieren sich aus all den Zelldaten, die die Evolution verknüpfte, die dem Stoffwechsel der Zelle und ihrer Funktion heute als Background dienen. Der mehr oder weniger globale Datenbackground einer jeden einzelnen Zelle ist im Verbund mit anderen Zellen gezwungen, übergeordnete Felder und Strukturen auszubilden. Es entstanden einfache Datenströme. Heute bezeichnen sie die geführte Infrastruktur des Körpers und andere Gewebe gerichteter Kräfte und Wirkungen.

Das Wissen von Heute thront als ein Gefäß größeren Querschnitts über seinen Versorgungsgebieten. Das absolute Wissen jedoch sehe ICH in der Zerlegung der Konstrukte der Körperorganisation in seine Bestandteile. Die Datenbestandteile des Feldes entsprechen dem Materieraum. Zumindest lassen sich die Kriterien innerhalb des Materieraums sinnvoll ergänzen, so dass sich der Materieraum als chaotische und stabile Hintergrundmatrix für die Software der Zelle darstellt.

Es gilt also, sich der Datenmenge des Status Quo bewusst zu werden. Die Annahme der Tatsache führt über die Informationsvolumina, die die Vorgänge des Körpers steuern, zu den Kriterien des Materieraums. Hier wird deutlich, dass die bewegte Materie in den Konstrukten der Körperfunktionen zu richtenden Wirkungen gefasst ist. Das bedeutet, die Körperfunktionen beruhen auf einer Verschränkung von Materiedaten in einem Feld.

Dieses zu erkennen führt dann aber auch zu der Annahme, dass menschliche Ordnungen über identische Kriterien auch auf der Zellebene wirken. Sie können einen Körper bereichern, leider aber auch schwer schädigen, geistig wie körperlich. Die Organisation der individuellen Daten in Feldern, nicht nur persönlichen, führt zu einer gegenseitigen Abhängigkeit der Daten. Diese stellt sich jedoch oft sehr einseitig dar, stellt man der Kapazität eines globalen Spielers die Objektdaten eines Individuums gegenüber.

Es bleibt die Beeinflussbarkeit durch bewegte Materie, bzw. ihre Daten in Strömen gefasst, zu nennen. Bedenke ICH die Gehirnfunktion im Allgemeinen, sehe ICH die gegenseitige Abhängigkeit der Daten. Stelle ICH den individuellen Objektdaten die Felder globaler Größen gegenüber, erkenne ICH den weitreichenden Einfluss globaler Größen auf das individuelle Denken. Es gibt Teilnehmer und Außenstehende. Sie unterscheiden sich in der Wirkung, die die globalen Felder um sie herum erzeugen

Es zeigt sich eine Wirkung globaler Größen auf die Datenhoheit individueller Psychen im Allgemeinen. Sie lernen darüber hinaus, pathologische Zustände des Körpers gewissen Kriterienkonstellationen zuzuordnen. Im Umgang mit diesen Datenkonstellationen dürfen sie auch die begleitenden Ätherworte vernehmen. Liegt die entsprechende Kriterienkonstellation vor, dürfen sie sich der zugehörigen Ätherworte erfreuen. Die Ätherstimmen wirken auf das Individuum eines geringeren Datensatzes unterbewusst ein.

Das Kriterienkonstrukt begleiten verschiedenste Worte in Befehlsform oder anderer Art. Sie wirken aus unterschiedlichsten Bereichen des Gehirnäthers auf das Individuum ein. Häufig sind sie auch an externe aktuelle Geräuschkulissen gebunden. Sie werden dann nicht als bewusste Information aus dem Äther empfunden, sondern als eine externe Materiekonstellation. Dieses besagt nur, dass sich der Äther der Gehirne auf der Grundlage der Daten des Materieraums generiert. Die installierten Oberwellen der Gedanken und des Gebrauchs des Gottesmoduls verbreiten sich über die Materiedaten in ihren Geräuschkulissen.

Der uninteressierte Endverbraucher wird der Infrastruktur des Körpers äquivalent sein. Er thront mit dieser Einstellung über den angeschlossenen Gebieten. Er bewegt sich im Strom eines Gefäßes, mit der Sicherheit des Wissens, das ihm anhaftet.

Nicht selten versuchen Individuen, dem Bereich des Feldes anzugehören, in welchem die Datenkapazität und die damit verbundene Kraft und Wirkung das Bild erzeugt, dass alle Elemente der Zellularebene entsprechend versorgt und zufrieden sind. Er orientiert sich in Richtung Quelle und strebt Gefäßen größeren Querschnitts zu. Das Bewusstsein vor Evas Apfel hat sich nach Evas Apfel von einem gefühlten Allsein zu einem Bestandteil eines Zentralstroms einer aufgesetzten Ordnung entwickelt.

Das Bewusstsein wandelt sich. Die wissenden Konstrukte wachsen in ihrer Kapazität. Es führt zu immer mächtigeren Informationsmengen, die zu immer dichter gedrängten Informationsströmen mit immer höheren Feldstärken werden. Nicht zuletzt erkennen Sie an meiner Wortwahl, dass ICH Ähnlichkeiten der Entwicklung des Wissens zu den Datensätzen der Evolution und ihren Schritten zum perfekten Organ beschreibe. Während der Evolution dürften sich auch kleinere Informationsmassen zu immer größeren Strukturen summiert haben. Am Ende stand ein Viertaktmotor, der die Blutzirkulation unterhält, inmitten eines Organismus.

ICH sprach von Feldmodulationen, die zu immer einfacheren Feldstrukturen führten, die in ihrem Anhang die Information ihrer Bausteine, enthalten. ICH sehe in der geistigen Entwicklung des Menschen die Entwicklung einer Feldarchitektur, wie die Evolution sie einst hervorbrachte. ICH sehe einfachste Information in den Organsystemen organisiert. ICH sehe in der Entwicklung des Materieraums und seiner Logistik zunehmend die Struktur der höheren Körperfunktionen und der Organe verwirklicht. Wie die Datenkonstrukte der Organe der Versorgung ihrer Zellen dienen, dient das Wissen von Heute der Versorgung der Haushalte. Das Wissen von Heute gleicht einem Blutstrom im Bereich größerer Gefäße.

Blicken Sie bitte noch einmal auf die Datenmenge des Status Quo! Erkennen sie in der Zellmatrix den Materieraum und in ihm die Zuständigkeitsbereiche der wissenden Fachgebiete! Führen sie sich jetzt die Datenmengen der Fachgebiete vor Augen. Unterscheiden Sie die verschiedenen Zuständigkeitsbereiche des Wissens. Klären Sie die Herkunft der Kriterien, die man Ihnen, verschränkt in Feldern, als das gültige Wissen präsentiert. Unterscheiden sie die Kriterien des Wissens nach der Lokalisation im Raum. Vielleicht können sie das Entstehen ihres Wissens auch noch zeitlich einordnen. Erkennen Sie auch, dass dieses Wissen auf der Zellularebene, im Datenbackground der Zelle eine gewisse Wertigkeit besitzt. Sie werden strukturelle Ähnlichkeiten der Felder der leistenden Gehirne erkennen.

Die Organisation der Zelle und damit die Organisation des Körpers liegt einem Datengerüst aus Kriterien des aktuellen Status Quo zu Grunde. Manche Datenanteile der Fachgebiete sind Teilen des Datensatzes der Zellulargebiete identisch. Sie unterscheiden sich vielleicht in der Annordnung der Kriterien, also innerhalb der Architektur der Felder. Bei einem gleichzeitigen Vorliegen externer und interner Daten im Gehirn ist deren Wechselwirkung anzunehmen. So werden der Gehirnfunktion entsprechend am Entstehen von Wissen nicht nur externe Daten, sondern immer auch Körperäquivalente bzw. deren Datenmatrix beteiligt sein.

Fächerübergreifende Erklärungen beruhen oft auf einer Zusammenlegung der Datenströme. Sollte es sich noch etwas holprig anhören, so liegen die Fachgebiete zueinander noch nicht ganz richtig. Die Erklärungen bedürfen meist einer gegenseitigen Anpassung der Feldarchitektur der beteiligten Fachgebiete. Die Antworten beziehen sich zuerst nur auf die großen Materieströme, die sie gemeinsam haben. Solange sich die Antwort noch nicht korrekt auf den Materieraum fortsetzt, mag sich mancher für das schämen, was er den Medien preisgibt. Es kommt dann zu einer gegenseitigen Anpassung. Der Materiehaushalt verändert sein Gesicht. Es kommt zu einer Veränderung von Objektdaten in Raum und Zeit. Der Gebrauch der Gegenstände verändert ihre Ordnung in Raum und Zeit. Eventuell reicht eine zeitliche Verschiebung der Datenerhebung mittels Dritter, damit für die Kreation von Wissen nutzbare Effekte entstehen.

Individuelle Sinnesdaten zum Gebrauch von Objekten oder ihrer Lage in Raum und Zeit bilden dann allmählich die günstigsten Summenfunktionen zur Speisung des Zentralstroms des neuen Wissens. Hier ist die Wirkung des Wissens auf der Zellularebene wieder zu erkennen. Der Datenmoloch verwurzelt sich im Materieraum. Bei einer fächerübergreifenden Antwort ist neben der Zusammenlegung der Zentralströme immer noch eine Lösung für die Kriterien zu suchen, aus welchen sich der Summenstrom des neuen Wissens generiert. Folglich wird sich das neue Feld darauf beschränken, günstige Kriterien zu festigen und auf ungünstige zu wirken. Es werden Restwirkungen verbleiben, die durch die genannten Anpassungsvorgänge nicht zu verwirklichen sind. Nicht alle Individuen werden in der Lage sein, den neuen Datenanfragen, wenn überhaupt, zu jeder Zeit und in jeder Lage nachzukommen.

Vom Punkt des zentralen Gefäßes aus betrachtet, wird diese Form der Verrechnung einen weiteren Zustrom von Daten zur Folge haben. Flussdichte und Feldstärke der Overlays steigen weiter an. Der Vorgang der Wissenserzeugung – früher fand man es vor – endet mit einer möglichst effizienten Anbindung der Basisdaten. Die wissende Struktur generierte sich aus dem Materieraum, der Datenmatrix. Die Zelle hat den Materieraum ebenfalls als Datenmatrix zur Grundlage. So ist die wissende Struktur auch in der Lage den Körper als Gebilde aus Zellen abzubilden.

Es bleibt die abschließende Ausdehnung des Wissens auf die Zellebene zu benennen. Die geschaffene Datenordnung setzt sich auf die Zellebene fort und harmonisiert sich auch dort mit der vorliegenden Hardware. Sprich, die Zellularereignisse stimmen sich auf das Konstrukt des Wissens ab. Der Vorgang der nachträglichen Adaption der Zellularereignisse dürfte manchen Organismus in seiner Datenmatrix ungünstig belasten. Das zunehmende Alter des Menschen dürfte aber ebenfalls auf diese Form der Wissensbildung zurückzuführen sein.

Das Einfließen von Körperkonstrukten in Wissensgebilde des Materieraums, das Wechselwirken der Daten im Gefüge und die Anpassungsvorgänge, dürften dem einheitlichen Fließen der Materie in gerichteten Strömen weiter Vorschub leisten. ICH sehe in der gemeinsamen Fassung von fahrenden Lkws und Hormonen, von Raumkapsel und Neurotransmittern in einem holographischen Konstrukt eine gegenseitige Bereicherung. Vor allem in ihrem zielgerichteten Bewegungsverhalten werden sie sich gegenseitig Ausdruck sein. Die Masse in Tonnen der zu steuernden Objekte, die Distanzen und Geschwindigkeiten und auch die Dauer mancher Vorgänge hat einen spezifischen Anteil an der Feldstärke und den Feldlinien dieses Bereichs. Ganz allgemein sind alle Daten an der Feldarchitektur der wissenden Konstrukte beteiligt. Die Felder sind dem bewegten Objekt des einzelnen Kriteriums richtende Größe.

Eine sehr hohe Variation an gefassten Bestandteilen, vor allem sehr großer Massen dürften die Kleinen in ihre Ordnung schützend mit einbeziehen. Die größeren Objekte strukturierten den Äther. Die Startdaten einer Raumsonde zum Beispiel wandelten sich in einer gewissen Zeitspanne zu ihren Zieldaten. Der relativ stabile Datenkern, die Raumsonde bliebe dabei bestehen. Sie bahnte sich bei verändernden Umgebungsdaten den Weg zum Ziel.

Während der Dauer dieses Ereignisses – der Marsmission – wirkte der Datensatz obendrein kontinuierlich korrigierend auf fehlgeleitete Partikeln des Konstrukts ein. Die fehlgeleiteten Daten könnten sich auf Umgebungskreisläufen der Raumsonde neu sammeln und dem Strome erneut zugeführt werden. Diese Großereignisse hätten einen korrigierenden Effekt innerhalb der Datenmatrix und trügen damit zu einer sehr hohen Effizienz des Mikrokosmos bei.

ICH sehe in den koordinierten Materieströmen auch den Menschen mit seinem Mikroorganismus abgebildet. Darin liegt die Ursache des zunehmenden Alters des Menschen. Man bedenke aber auch die zunehmende Technisierung des Materieraums und die damit verbundenen Herausforderungen das vorhandene Genmaterial, trotz der rapiden Veränderungen des Materieraums, während der Ontogenese korrekt auszulesen.

ICH sage es mal ganz einfach, ohne auf die Datenmatrix und ihre Entwicklung einzugehen. Wenn Sie die Lebensgrundlagen vernichten, kann es nicht funktionieren. Solange sie innerhalb des Status Quo Massebahnen isolieren und zu Wissen fassen, die Kinder von klein auf damit füttern und niemand da ist, der die wissenden Konstrukte als Ganzes fasst und durchdringend abbildet – bedenken Sie nur die Anzahl der Fachgebiete –, so lange wird das Geschaffene fortbestehen und Ihr Handeln und Denken lenken und leiten.

Weil in allem, das Sie hervorgebracht haben, im eigentlichen Sinne die Funktionalität Ihres Organismus steckt, laufen sie blind dem hinterher, was seiner Versorgung dient und gleichzeitig seinen Untergang bedeutet. Die starke

Verbindung zu dem technischen holographischen Konstrukt liegt in der Natur der Körperorganisation. Das Gehirn vermittelt zwischen Zustandsprotokollen des Körpers und dem Materieraum. Die aufgesetzten technischen Ordnungen haben eine Wertigkeit erreicht, dass sie als Abbilder der Protokolle der Körperorgane durchgehen. Die Aufgabe des Gehirns, zwischen externen und internen Datenmengen zu vermitteln, wird auch auf die technischen Vorlagen angewandt. Es ist das adaptierte und adaptierende Gehirn, das die Harmonie der Körperzustände und der externen Umgebung im Gleichgewicht hält. So treten vermehrt externe Zustände, Datenkonstrukte der Versorger in das menschliche Sein, und das Gehirn versucht diese zu bedienen. Die Zustandsprotokolle des eigenen Körpers werden dadurch oft nicht mehr berücksichtigt. Das Konstrukt ist inzwischen, seiner neuen Ordnung entsprechend, weitergewandert. Es fasst jetzt im zentralen Feldabschnitt noch mehr Daten.

ICH erhielt soeben via Deutschlandfunk die Nachricht, dass sie gescheitert sind. Ihre Medikamente funktionierten nicht und beschleunigten in manchen Fällen den Vorgang des Vergessens. Sie fordern mich auf, ihnen mit einem neuen Datenbackground die Augen zu öffnen.

Ist es dem Patienten vielleicht unmöglich, seine Gehirnfunktion auf Begleitdaten im Strom zu stützen, so dass die nächsten Arbeitsabläufe differenziert hervortreten? Ist der Patient vielleicht so weit vom Strom entfernt, dass er vom neuen Wissen nicht erreicht wird? Die Gehirne arbeiten alle zentralisierend. Die Gehirne gehören selbst zentralisierenden Ordnungen an. Kommunikation führt immer zu einer gegenseitigen Einlagerung von Kriterien. So führt die geistige Aktivität des einen automatisch zu einer Beschickung des Feldes des anderen. Die regelmäßige Kommunikation und die wechselseitige Einbindung der Gesprächspartner führt zu einem Ineinandergreifen der Persönlichkeitssphären. Die geistige Aktivität des einen befördert dann die Datenlast des anderen.

Wer es nicht schafft, die Felder seiner Ich-Instanz ausreichend mit Daten zu beschicken, fällt zurück. Sind die Kriterien mancher Individuen vielleicht nicht mehr zeitgerecht, so dass sie in den Feldern der Versorger keine Verwendung mehr finden? Vielleicht gibt es einen Teil der Kriterien nicht mehr. Vielleicht sind Arbeitsabläufe, die einst als Motor und Datenautobahn der Gehirnfunktion dienten, in dieser Weise nicht mehr vorstellbar. Vermutlich sind die Kriterienordnungen der Patienten veraltet.

Nutzt der Mensch die Möglichkeiten, sich als Konsument regelmäßig in die großen Felder einzuklinken, um von den Vorgängen im Betreiberfeld wechselwirkend zu profitieren? Ist der Patient ein Leistungsträger der Betreiberordnungen, so dass er mit Teilen der Datenordnung beruflich jongliert und durch wiederkehrende Materiebewegungen Anregung und Motivation verspürt?

Vielleicht beziehen die Patienten ihre Gehirnfunktion auf Gebiete des

Materieraums, die die Betreiber nicht ordnen, die sie dem Verfall preisgeben und ausschließlich als dynamischen Puffer für geschaffenes Wissen betrachten. Vielleicht sind die Patienten in einem Bereich des Datenraums anzusiedeln, der den geschaffenen Ordnungen als angrenzende chaotische Ausgleichsfläche dient, der mir als ein harmonischer Übergang in das Ganze anmutet, der nicht mehr dem menschlichen Treiben zugehörig ist und vielmehr einer ursprünglicheren Ordnung untersteht.

Vielleicht gehören die alten Gepflogenheiten mit dem intensiven Kontakt zur Natur längst der Vergangenheit an? Der Datenreichtum der Ich-Instanz, der dem Menschen im Umgang mit der Natur entstand, tritt heute zunehmend in den Hintergrund. Die Daten der Ich-Instanz sind heute in Feldern höheren Wissens verschränkt. Vielleicht höhlen das erzeugte Wissen und die aufgesetzten Konzernstrukturen mit ihren Produkten das so einfach organisierte Individuum zusehends aus.

Vermutlich leiden darunter die familiären und gesellschaftlichen Vernetzungen der Patienten. Ein Ich muss mit Daten beschickt werden. Es ist günstig für die Person, wenn Lösungsstrategien Schutzbefohlener auf ihre Datenanlagen zurückgreifen. Es wäre wichtig für die Person, dass man andernorts über sie spricht. Gemeinsame Erlebnisse und Assoziationsfelder, die sie mit Dritten verbinden, müssten regelmäßig geschalten werden. Das würde die Felder der Patienten aktivieren.

ICH glaube, dass die permanente Besetzung der Ich-Instanz verschränkter Personen mit konzernüblichen Objekten, die ausschließlich dem Feld der Betreiber dienen, die Beschickung der Ich-Instanz des Patienten unterbindet. Schneidet man den Patienten von seinen Liebsten ab, indem man ihm Produkte vor die Nase setzt, entfällt die Involvierung der Datenfelder des Gehirns des Patienten. Die Produktdaten im Ich der Liebsten erzeugen eigene Datenfelder, die nichts mehr mit älteren Kommunikationsmustern aus Erziehung und Bildung, Kindheit und Jugend zu tun haben. ICH vermute, dass das geschaffene Konstrukt um das Produkt einen Sog auf einstige Kommunikationsgrößen ausübt, anstatt sie zu aktivieren.

Für den Patienten heißt das, dass er von Außen keine Daten in sein Unterbewusstsein gelenkt bekommt. ICH behaupte, dass jeder Einzelne durch Dritte involvierte Felder augenblicklich zur Analyse der eingehenden Sinnesdaten heranzieht. Die eingehenden Umgebungsdaten der Sinne führen dabei zu einer Anregung der involvierten Teile und zum Ausbau bestehender Größen zu den gängigen Inhalten der Ichstruktur.

Die Geister erhalten sich gegenseitig. Tritt keine Involvierung der Person durch Dritte ein, verkommt dieses Datenfeld. Diese Kriterienmenge, eine an den Materieraum adaptierte Größe, tritt als organisierender Inhalt in den Hintergrund.

Im Allgemeinen leidet mit den Leistungen des Gehirns auch der Stoffwechsel der Nervenzelle. Für ein Verständnis ist die Annahme der Hintergrunddatenmatrix zuzulassen. Nun ist das Gehirn kein Muskel, der Bewegung für seine Existenz benötigt. Der Muskel ist sehr stark auf die Richtung von Kräften ausgelegt. Er ist ein Stück stark spezialisierter, orientiert gewachsener Hardware. Beim Gehirn scheint mir der Schritt der orientiert gewachsenen Spezialisierung innerhalb der Datengefüge wie bei den anderen Geweben zu fehlen. Das Gehirn scheint sich allein auf die Repräsentation und Verrechnung von Daten spezialisiert zu haben.

Die Entwicklung stoppte auf der Grundlage einfacher Datenleiter. Die Datenbündel gleicher Richtung und Wirkung führten zur gewachsenen Struktur der Nervenzelle. Kurze Stücke kreuz und quer angeordnet verfügen über die Möglichkeiten der übergeordneten Feldbildung.

Das Gehirn verwaltet ausschließlich Datenfelder. In die Felder der Körperfunktionen adaptiert eingewachsen, liegen die Nervenzellen. Nachträglich eingebrachte wissende Ordnungen werden von Nervenzellverbänden so abgebildet, dass ihre Feldfunktion, das Wissen oder eine gesellschaftliche Ordnung erhalten bleibt. So findet das Wissen oder die gesellschaftliche Ordnung auch den Weg in die Körperfunktionen und verankert sich im Materieraum.

Alle Gewebe benötigen ihre regelmäßige Aktivität. Die adaptierte Datenmatrix muss über die Organfunktion regelmäßig instandgesetzt werden. Nur in dieser Form kann sich die funktionelle Ordnung bis in ihre Wurzeln auf den

Materieraum fortsetzen. Nur die regelmäßige Adaption an den Materieraum erlaubt es der Zelle niedrige Formen der Gewebeorganisation, wie zum Beispiel molekulare Verbindungen oder Stoffwanderungen im Interzellularraum, effizient zu lösen.

Treten keine regelmäßigen Verbindungen mit anderen Gehirnen auf, so dass sich beim Patienten keine ausreichende Eigendynamik der Inhalte seiner Ich-Struktur ergibt, leidet der Gehirnstoffwechsel in diesen Bereichen. Das Gehirn ist kein Muskel, der Bewegung für seine Existenz benötigt, das Gehirn verarbeitet komplexe Datengemengen. Die Erinnerungen und Lösungsstrategien sind Kriteriensummen. Es sind mächtige Datendrehkreuze, die Räume verbinden und zu solchen aktiviert werden. In einem ausreichenden Maße aktiviert führen sie zu höheren Funktionen. Die embryonal eingewachsene Datenmatrix reicht dann an den Status Quo heran.

Die Ich-Instanz des modernen Menschen besetzen heute Produktdaten und Konsumstrukturen, die ausschließlich in die Felder der Betreiberordnungen führen. Das Wissen generiert sich aus Wissen! Die Fragen verschmelzen die wissenden Konstrukte zu Antworten. Die Betreiberordnungen werden einander immer identischer. Sie nutzen die gleiche Infrastruktur. Das Wissen verkommt zu einem Einheitsbrei. Es verkommt zu Feldern aus Kriterien bewegter Materie, der Ordnung ›von hier nach da‹.

Im Konsumenten geben sich die Betreiber die Hand. Die Strukturen der Betreiber, betrachtet man die Summenformel, sind identisch. Es lohnt sich nicht, nach den verarbeiteten Kriterien zu fragen. Es ist die Wirkung ihrer Summenfunktion, die hier zählt. Innerhalb der Basis flackern die Felder etwas hin und her, generieren sich mal aus diesem Produkt mal aus jenem Produkt. Das Individuum bleibt immer gefangen. Das Gehirn hat keine Zeit mehr für sich selbst und andere. Das Gehirn verfällt aus Mangel an *eigenem* Datenmaterial.

Die Lösung: Man nennt es Optogenetik. Die Optogenetik würde es zulassen, mittels Molekülen Gene anzuschalten oder mit spezifischen Eiweißen Rezeptoren zu aktivieren, die die Lichtempfindlichkeit der Nervenzelle erhöhen. Eventuell wird das Licht in die Zelle eingeschleust und in einen gewissen Kriterientypus abgeleitet, der dem Aufbau einer Wellenlänge des Lichts entspricht. Das elektromagnetische Feld des Gehirns ist aus ebendiesen Kriterien, die selbst elektromagnetischen Vorstufen unterschiedlicher Wellenlänge des Lichts entsprechen orientiert entwickelt herangewachsen.

Eventuell würde es genügen, die Nervenzellen für elektromagnetische Phänomene der höheren Felder zu öffnen. Es könnte gelingen, Kriterien der wissenden Felder in die Datenmatrix der Zelle abzuleiten, so dass sie bis in ihre Wurzeln, den Materieraum einstrahlen. Dieses würde vielleicht ausreichen, um die Adaption der funktionellen Zellmatrix an den Materieraum aufrecht zu erhalten, so dass sich der Zelle der Materieraum als Organisator ihres Stoffwechsels erhält. Sie ist kein Muskel; die Nervenzelle benötigt wechselnde Datenfelder, um sich zu erhalten.

Vom Punkt des zentralen Gefäßes aus betrachtet, wird diese Form der Verrechnung, durch die korrekte Anbindung der Daten, ein weiteres Zuströmen und damit eine Erhöhung der Flussdichte und Feldstärke mit einer verstärkten Wirkung des Labels auf das Individuum zur Folge haben. So wird vielleicht auch der Bekanntheitsgrad der großen Felder innerhalb der Bevölkerung zu einem Problem geringer organisierter Individuen.

ICH nenne ein paar Namen: Horst, Angela, Wulf, Stefan Christoph. Mir liegen Bilder vor. Es gibt einen Horst aus meiner Schulzeit, der sogleich eine Menge Erinnerungen wachruft. Eine Angela, eine frühere Arbeitskollegin, die ebenfalls in weitere Datenfelder verschaltet. ICH habe einen Wulf, ebenfalls eine assoziierte Größe aus der Schulzeit, bevor der Geist zu einem früheren Bundespräsidenten abschmiert. Es gibt da einen Biathleten. Er heißt Stefan Christoph. Er sagt aus gesundheitlichen Gründen immer seine Starts ab. Auch hier führen Verschaltungen in meine Kindheit. Sehr lebhafte Datenbilder erinnern an zwei gleichaltrige Burschen aus der Nachbarschaft, Christoph und Stefan.

Aber können diese vorausgehenden Traumbilder, autonome Schaltungen eines bewussten Ich – auftretende Datenfelder werden Dritten zugeordnet – einen Biathleten in seiner Körperorganisation derart beeinträchtigen? ICH sage: ›Ja!‹ Eine unbewusste Größe ›Stefan Christoph‹ aus dem Biathlon führt zu einem starken Datenkomplex aus meiner Jugend. Die Medien aktivieren bei mir starke Freundschaftsbande aus meiner Jugendzeit mit vielen schönen Erlebnissen. Diese Datenkonstellationen in der Peripherie entzieht dem Hauptstrom Kapazität. Der definierte Hauptstrom um den Athleten erfährt eine starke periphere Vernetzung. Der Athlet verbleibt in Ruhe. Ein Anwachsen der Komplexität bindet Energie. Das System beruhigt sich.

ICH behaupte, dass sich die auftretenden Bilder wie Datendrehkreuze verhalten. Die Sportler und Politiker organisieren sich auf dem Rücken der gesammelten Daten. Zum Teil handelt es sich hierbei um individuelle Eigenleistungen. Es handelt sich um Alltagsdaten unserer Mitbürger, welchen wir unsere Ansprüche und Ziele auferlegen. Zu einem Teil dringen diese dann als Traumbilder in mein Bewusstsein, und ICH verschalte die auftretenden Erinnerungen. Man richtet sozusagen Daten an ganz spezifische Personen aus seiner Kindheit und Jugend.

Meine Assoziationen aktivieren meinen Eigenanteil im anderen Ich. ICH eröffne Datenkanäle in die vertrauten Ichs aus meinen Kinder- und Jugendjahren. Die involvierten Gehirne vervollständigen die aktivierten Teile zum datenzentrierenden eigenbestimmten Ich. Die Freunde aus vergangener Zeit beginnen, die gesandten Daten auf ihre Weise einzuordnen. Das involvierte Ich beginnt sich, mit zunehmender Größe seines Datenraums gravitativ zu stabilisieren, selbst zentralisierend zu verhalten und von mir als Sender abzugrenzen. Diese kann als eine Stabilisation des geistigen Systems des Einen wie des Anderen angesehen werden.

Diese Form der Verarbeitung auftretender Visionen dürfte zu komplexen Datengebilden führen, die mit der aufgetretenen Vision nicht mehr viel zu Tun hat. Es bleibt die Schnittstelle in das Ich meiner Freunde aus der Kindheit und Jugend, die auch als Rezeptor für Daten angesehen werden muss. Hier kann auch der

Übergang der Software zur Hardware nachvollzogen werden. ICH sehe die molekulare Dynamik sich an Vorgängen der Datendynamik der Felder ausrichten.

Sie sprechen auch von einer genetischen Veranlagung, wobei ICH von einer Verkehrung der Datenflüsse weiß. Was einst das Meine war, darf ICH heute an mir vertrauten Personen beobachten. Dieses beruht sicher auf der geistigen Entwicklung der letzten Jahre, meinen Möglichkeiten, dieses zu überblicken und Mechanismen dieser Art zu beschreiben.

Die Gefahr liegt vor allem in der heutigen Öffentlichkeitsarbeit. Die Medien erzeugen globale Größen mit einem sehr hohen Bekanntheitsgrad. Die aufgerufenen Datenfelder bekommen Gesichter. Sie haben Adressen. Der Fall Stefan Christoph lässt diese Zusammenhänge gut erkennen. Wird der Datenkomplex Stefan und Christoph, wie ICH ihn aus meiner Kindheit kenne, durch mich bewusst umbenannt, entfallen den beiden Jugendfreunden wichtige Eigendaten. ICH könnte die Daten aus meiner Kindheit bei einem Auftreten an den Biathleten richten. Der Biathlet zöge die Daten dann zu seiner Körperorganisation heran und formulierte sie zu seinen Zielen um.

Es gibt einen Effekt des Elektromagnetismus, der als Datendrehkreuz fungiert. Identische Datengrößen wie ›Stephan Christoph‹ sprechen mich an. Identitäten einer gewissen Dichte erlauben meinem Gehirn, Eigenes hervorzuholen. Vielleicht ist Assoziation tatsächlich der richtige Ausdruck. Sie leiten die Daten in andere Bereiche ab. Zu erörtern wäre die Wirkung des umgebenden Umfeldes auf den gesandten Dateninhalt. Beziehe ICH mich nur auf einen Fachbereich, oder handelt es sich um ein biologisches System, das einen Organismus zu erhalten hat und selbst neuroaktiv ist?

So hat die Assoziation nicht selten den Effekt des Verstehens des Auslösersystems. In diesem ersten Fall von Stephan und Christoph verbleibt mein Datensatz aber in meinen Kindheitsjahren verschränkt. Im Falle einer Lenkung des Bewusstseins auf strukturell identische Bereiche zur Erlangung eines höheren Verständnisses, verliert man das Auslösersystem nicht aus den Augen oder man kehrt dann zum Auslösersystem zurück. Das unterscheidet diese beiden Arten des Datengebrauchs ICH möchte hier meine bewusste Möglichkeit nennen, meinen Jugendfreunden die Daten zu entziehen und an den Biathleten zu richten. Vermutlich kann dieser Mechanismus auch unbewusst ablaufen. Er dürfte aber als sichtbar und fühlbar, als eine bewusst gesteuerte Datendichte eine sehr viel größere Wirkung erzeugen.

Es ist vermutlich der Schlüssel zu einem Verständnis von Alzheimer. Der plötzliche Entzug von Datenmasse dürfte zu einer Destabilisierung der Felder meiner Jugendfreunde führen. Je nach Gewicht der verlorenen Schnittstelle dürften sich andere Feldordnungen etablieren. Geht man von der Notwendigkeit eines intakten geistigen Systems oder einer Anlehnung der Ordnung des Stoffwechsels einer Zelle an gegebene Datenordnungen aus, so ist jeder Eingriff in das geistige System eines Menschen mit einer Wirkung auf den Organismus, mit einem Umbau der Hardware für eine erneute Abstimmung auf das Geistige zu benennen. Die Frage »Was war zuerst da?« stellt sich nach Jahrtausenden der wechselseitigen Entwicklung nicht. In diesem Stadium bedingen sich Hardware und Software gegenseitig.

ICH sehe: Die Umbenennung einer Schnittstelle in eine andere Person, führt zu einem veränderten Datenstrom im geistigen System. Es kommt zu einer Umlenkung an der ursprünglichen Schnittstelle. Der ursprünglich verschränkte Dritte erhält keine Daten mehr. ICH sehe: Von dieser Schnittstelle aus, die im geistigen System einer verschränkten Person liegt, beginnt sich nun die Masse in einem kugeligen Gewölbe zurückzuziehen. An der Oberfläche dieser Hohlkugel bilden sich dichtere Schnörkel aus. Sie liegen auf der Oberfläche wie Rezeptoren verstreut. Vermutlich zeigt auch die Hardware Reaktionen auf dieses Phänomen.

Wie im Zeitraffer zieht sich die Äthermasse der Datenkomplexität zurück und bildet diesen Hohlkörper. Es sieht aus, als halte man ein Stück Styropor an eine Flamme. Das ursprüngliche Volumen geht verloren. Das Gewebe weicht vor der Hitze zurück. Es verdichtet sich zu einer harten schwarzen Masse mit einer unregelmäßigen Oberfläche, als zöge man das Wurzelgeflecht einer Pflanze aus der Erde. Es ist nicht wie bei Krebs, dass die Schnittstellen dauerhaft bestehen.

Jeglicher Ärger oder andere unangebrachte Information wirkt dann auf den Organismus an dieser Stelle ein. Es handelt sich nicht um eine bestehende ungünstige Wechselwirkung, die an der Substanz nagt.

Bei Alzheimer dürfte es sich um eine Reduzierung von Gebrauchsdaten des Gehirns handeln, als zöge man das Datengeflecht an seiner Schnittstelle aus den so geliebten Basisdaten einer hochgradig verschränkten Person und schickte sie an eine andere Person. Natürlich verfügt man über den eigenen Datensatz, es verkümmert ja auch der andere. Die Pflanze welkt und trocknet aus. Denn das Wurzelgeflecht diente lange Zeit dem verschränkten Datensystem, welches mich zu tolerieren, zu gebrauchen und vielleicht zu lieben gelernt hat.

Und bitte, meine Damen und Herren, seit 2004 darf das geistige System ursächlich für den Schmerz genannt werden, bevor mit bildgebenden Verfahren ein Schaden erkannt werden kann. ICH behaupte hier noch einmal: »Schon lange bevor Sie Schäden an der Hardware erkennen, liegt eine gestörte Programmierung vor!«

Der bewusste Schalter ist dem Spieler eigen, der seine Repräsentanten steuert und die Welt beherrscht. Der bewusste Eingriff in die Datenordnungen scheint mir der hochwertigere zu sein. Naheliegende Adressen für Eigendaten einfach anderen Personen zuzuweisen, führt zu der gefürchteten Reaktion des Nervengewebes.

Wenn der Horst zum Horst wird, die Angela zur Angela und der Wulf zum Wulf, dann werden meine Daten an diese Politiker gerichtet. Vermutlich leiden darunter die einstigen Kommunikationsstrukturen meiner Bekannten. Eventuell werden sie als solche nicht mehr erkannt. Die Verbindungen und Datenkonstrukte aus der Kindheit dienen dann der Organisation der höheren Felder der Politiker. Mir macht es nichts aus, mit den genannten Politikern in einem Datenkonstrukt organisiert zu sein. Die Daten fehlen aber vermutlich meinen Jugendfreunden, dem Horst, der Angela, dem Wulf und vielleicht auch dem Biathleten.

Abgesehen von dem Schalter, mit welchem sich Datenkonstrukte auf Personen und Institutionen ausrichten lassen, möchte ICH auf ein beobachtbares

Phänomen innerhalb der Gesellschaft zu sprechen kommen, Aussagen in einem scheinbar harmlosen Gespräch. So heißt es im Umfeld von Alzheimerpatienten oft: »Das habe ich jetzt vergessen,« oder »Das weiß ich im Moment nicht.« Die Aussagen werden jedoch von den Angehörigen getroffen.

Die Aussagen könnten zum einen Ausdruck dieser Schalter sein, zum anderen ist jedoch zu bedenken, dass diese Aussagen sehr wohl Datenordner sind. Es gilt zu bedenken, dass die erbrachte Aussage auf die Existenz der vorliegenden geistigen Inhalte Einfluss nimmt. Der Mensch ordnet mit seinen Aussagen die Art und Weise der weiteren Verwendung der Inhalte an. Etwas zu vergessen käme einem Löschen oder einer Stilllegung gleich.

So gesehen liegt auch eine gewisse Verantwortung bei mir selbst. ICH sollte diese Anfeindungen möglichst beim ersten Auftreten erkennen und ihnen entgegentreten. Es handelt sich um einen Lernprozess, den jeder, der sich für die Felder, die er repräsentiert, verantwortlich fühlt. Es gilt, keine Aussagen mit löschendem Charakter zu treffen und diese Fehlordner zu ersetzen. »Das merk ich mir jetzt mal!«, wäre vielleicht eine günstige Aussage, um die augenblickliche Feldordnung im Sinne vorliegender Geistfelder zu bezeichnen. Es gilt auch, löschende Positionen des Gegenübers im Gespräch zu widerlegen, so dass man zumindest Herr seiner Daten bleibt. Bei genauerer Betrachtung fände sich der Inhalt und träte bezeichenbar hervor.

Um die Inhalte für ein mehrstufiges Gespräch aufzuarbeiten, sind Details wie Namen und nachvollziehbare Vorgänge und Zusammenhänge zu bezeichnen. Eine mathematische oder rein logische Betrachtung verringert oft den Datenreichtum und führt in ein abstraktes und mathematisch funktionelles Feld, das dem Nächsten dann nicht mitgeteilt werden kann, weil man die Details oder die exakten Umstände der Kriterien und ihrer Zusammenhänge in eine abstrakte mathematische Operation gepackt hat.

Gern möchte ICH dem Gegenüber sagen: »Das habe ICH jetzt vergessen.« Das stimmt aber nicht. Die exakten Daten liegen abstrahiert in einem Konstrukt der operierenden Leistung vor. Die Details bleiben unerwähnt, störten den

Verrechnungsprozess. Das Ziel hierbei ist das schnelle Ergebnis bei der Bewertung der Verhältnisse. Die mathematische Funktion ist viel zu vollkommen, um ihr exakte Details zu Bestandteilen abzuringen und sie dem Nächsten in ein paar Worten mitzuteilen. Wollte ICH ein Gespräch führen, müsste Ich meinem Gehirn mitteilen, Interessantes zu gegebenen Verhältnissen zu sammeln und für ein unterhaltsames Erzählen aufzuarbeiten.

Alle Aussagen des Charakters ›Stilllegen‹ und ›Löschen‹ sind ungünstig. Behauptet jemand, vergessen zu haben, arbeitet er insgeheim an der Datenlogik des Gefüges. Leider entziehen sich diese Phänomene oft der Kontrolle kompetenter Personen, weil die Person sie auch andernorts in weiteren Gesprächen in dieser Form reproduziert. Man kann nur an alle appellieren, im Sinne der vorliegenden geistigen Instanzen, das Negative zu erkennen und nicht zu verbreiten.

Das übergeordnete Feld, so denke ICH, kann selbst auch als assoziative Größe vorliegen. Ein ausreichend involviertes Individuum wird seine Daten, spricht man im Äther von Horst, unbewusst sofort dem Bewusstsein des Politikers unterstellen. Die Datenmenge ›Schüler Horst‹ wird zur Datenmenge ›Politiker Horst‹. Wäre ICH in dieser Form organisiert, dürfte es dem Schüler Horst schwerfallen, sich die Daten, die ICH mit meinen Assoziationen in ihm wachrief, für seine Körperorganisation zu erhalten. Vielmehr denke ICH, dass sie sich durch meine neue Schaltung in der Feldordnung der Politikermasse angeordnet haben und sich bei einer versuchten Aktivierung durch den Patienten wie ein mit Widerhaken besetzter Stachel im Fleisch verhalten.

ICH behaupte, dass sich die Politikermenge innerhalb der Patientenmasse von den anteiligen Kriterien aus auf Grund der abweichenden Feldarchitektur entzündlich zeigt. Die hervorgerufene Wechselwirkung durch den Patienten vergrößerte die Kapazität des Politikerfeldes. Eine gewisse Feldstärke des Politikerfeldes um meine Kriterien entkoppelte sie vom Feld des Schülers Horst. Die Aussage »Das habe ich jetzt vergessen« träfe ins Schwarze.

Die verfehlten Aussagen der Angehörigen. ICH glaube, es handelt sich um kommunikationsbedingte Positionierungen der Geistesmasse. Bedingt durch das

Beisammensein von Tochter und Mutter versuchen sich die Felder zu harmonisieren. Dem gehen gewisse Kommunikationsstufen voraus. Die geistigen Inhalte sollen dem Gegenüber vermittelt werden. Man versucht, sich gemeinsame Standpunkte zu erarbeiten.

Dies beginnt auf der Grundlage anteiliger Kriterien und ihren Verbindungen. Es gibt antrainierte Kommunikationsstrukturen, die immer wieder durchlaufen werden. Wird von der Tochter vorab der Politiker eintrainiert und die Mutter dadurch entkoppelt, ist davon auszugehen, dass bei einem Zusammentreffen, wenn sich die Kommunikationsstruktur zwischen Mutter und Tochter aufzubauen beginnt, die Entkopplung der Mutter durch die Tochter zum Vorschein kommt.

Wenn der Mutteräther zum Beispiel eine Verbindung zur Tochter aufbauen soll, dann fehlen die umtrainierten Kriterien. Es lässt sich keine Verbindung zwischen den beiden Geistfeldern finden. Da ist oft nicht mehr wie Politikermasse. Da sich die notwendigen Verbindungen nicht einstellen, blockiert der Mutteräther die Tochter in ihrer Datenverarbeitung. Der Tochter vom Mutteräther eingehüllt, bleibt der Zugang zur eigenen Datenbank versperrt. Die Tochter sagt: »Das habe ich jetzt vergessen.« Diese Aussage der Tochter wirkt auf das gegenwärtige Geistfeld. Die Tochter, als Schutzbefohlene mit dem Mutteräther vertraut, schafft in der Position des Mutteräthers mit dieser Aussage einen unbewussten Ordner des Charakters ›Löschen!‹ für das System der Mutter.

Erfahrungen: Ein Betroffener sagte, nachdem er schon lange nicht mehr gesprochen hatte: »Ich weiß ja nichts von denen da droben!« Ein anderer unterhielt sich noch halbwegs mit mir, bis er erstrahlend zu der Erkenntnis gelangte: »Sie sind ja auch einer von denen!« und entschuldigte sich, dass er jetzt gehen müsse. Scheinbar ist die konstruktive Positionierung von Kriterien in meinem Ich nur noch bedingt möglich. Sehr schnell gelangt der Patient im Gespräch zur vorherrschenden Feldgröße. Er setzt damit eigenständige Datenordnungen in Stand, die ihn selbst außen vorlassen. (**Alzheimer Ende, 01.02.2012.**)

Dies entspräche einer Wanderung des wissenden Konstrukts entlang der Gefäße in Richtung eines größeren Querschnitts. Das wissende Konstrukt besetzte, seiner Entwicklung entsprechend, die Position im Datengefüge der Körperorganisation, das seiner Feldordnung am ähnlichsten ist. Es entspräche einem Organ oder einem funktionellen Gewebe.

Die leistenden Gehirne der Gesellschaft, unsere Forscherteams, werden offene Fragen innerhalb ihrer Betreiberordnungen zu lösen versuchen. Das heißt, auf die Anreicherung der Antwort bis unter die Bewusstseinsgrenze werden Datenströme der bekannten Betreiber hinwirken. Der Vorgang der Wissensbildung verkommt zu einer stupiden Gleichrichterei. Die Felder verlieren ihren Informationsreichtum. Das Wissen verkommt zu Datenkonstrukten aus Informationsanteilen der Materieströme der gegenwärtigen Wirtschaftsordnungen.

Stellen Sie sich im Gegensatz hierzu einmal vor, welche Daten abzubilden ICH imstande bin.

Das Wissen begann mit der einfachen Zusammenfassung von Bestandteilen der Hintergrundinformation der Zelle. Der Zustand, an den Materieraum als berechnende Datenmatrix angeschlossen zu sein, wurde durch das erste einfache Wissen durchbrochen. Erste Zusammenfassungen der Zellinformation führten zusätzlich zu einem Allsein innerhalb der Datenmatrix des Materieraums, zu einer Konzentration auf externe Vorgänge. Es entstanden erste Formen des Wissens vom Objekt, erste Formen des Bewusstseins. Die Datenmengen wuchsen weiter an. Felder mit gerichteten Wirkungen und Kräften entstanden. Effekte des Elektromagnetismus stellten sich ein. Das Gehirn, auch neuronales Netzwerk, erkannte anhand des Strömungsbildes nützliche Wege. Es bahnten sich einfache Rechenschritte den Weg.

ICH sehe den Aufbau des Materiesystems ganz allgemein anhand des Elektromagnetismus des Gehirns diskutierbar. Kriterien zu Wellen, Wellen zu Teilchen oder Teilchen zu Wellen, Wellen zu Kriterien, und elektromagnetischer Transport innerhalb der holographischen Konstrukte von Kriterium zu Kriterium. Die Kriterien verfügen dabei über gleiche Anteile. Die Konstrukte und die Kriterien lassen sich innerhalb des Materieraums ineinander überführen. Der Transport in den Datenfeldern entlang der Kriterien kann an Materie gebunden sein. Die Information kann auch in Form von sich bewegenden Organismen verlagert werden.

Die Organismen und deren Seelen sind Datendrehkreuze. Die richtige Anordnung führt zu einer optimalen Verbindung der Felder. Dem einenden Ich tun sich große Räume auf. Die Konstrukte vieler Individuen geringerer Wertigkeit treten dabei in den Hintergrund. Die großen Räume hebeln sie aus. Die Individuen steuern mit den passenden Kriterien wichtigste Daten zum Aufbau der Räume bei. In diesen übergeordneten Räumen kann Materie in ihren Vorstufen verlagert werden.

Die Körperorganisation und die Logistik des Materieraums verwenden zum Teil identische Kriterien des Materieraums. Wer sich auf den Materieraum bezieht, generiert gleichzeitig Daten der Körperorganisation und umgekehrt. Wer sich auf den Körper bezieht, generiert komplexeste Datenmuster aus Bestandteilen des Materieraums.

Die Existenz der großen und wissenden Felder beruht auf der Art und Weise, wie sie die notwendige Information für ihre Felder generieren. Die formulierten Ziele gelten als erreichbar, wenn sie sich als Summenfunktion einer Vielzahl aktueller Kriterien darstellen lassen.

Die exakten Bewegungen der Organismen im Raum erlauben es, die Weichen für den Informationsfluss im Gefüge zu stellen. Die Felder der Großen sind zu ihrem Optimum auf spezifische Anordnungen der Individuen und den damit verbundenen Datenschaltungen angewiesen. Passende individuelle Kriterien beginnen sich plötzlich in den fremden Feldern zu engagieren. Es entstehen Kanäle in diese Ichs. Die Verlagerung von Materie zeigt sich in den Informationskonstrukten immer auch als eine Verlagerung der Materiedaten. Die Materie und die Materiedaten – Materie prägt die geistige Bezugsmasse – verhalten sich äquivalent.

Die Macht der Großen beruht auf der Datenkapazität des Konstrukts. Es ist die sympathische Ordnung eines einenden Labels oder eines einenden Ich. Es ist das gekonnte Miteinander. Es ist der gemeinsame Weg der Verrechneten und damit tragenden Individuen aller Arten und Elemente, gefasst von einem Ich.

Bewegt sich das fassende Ich, bewegt es sich im Strome gefasster Kriterien und die Gefassten bewegen sich wie sie.

Das fassende Ich verrechnet die Datenäquivalente der bewegten Materie, im Sinne seiner Ziele, zu Effekten höchster Präzision. Legt man ein elektromagnetisches Feld an, beginnt es auf seine Bausteine zu wirken und sie anzuordnen. Formulierte Ziele großer Ichs führen zu einem speziellen Verhalten der anteiligen Individuen. Aus den Materiebewegungen individueller Alltage leiten sich die notwendigen Effekte ab, die den Zufall des Überlebens formulierter Ziele sichern.

Es stellt sich die Frage: Inwieweit bin ICH in dem großen Ich selbst organisiert? In welcher Form werden Kriterien meiner Körperorganisation in fremden Feldern verwandt? Es spielt der Charakter der Ordnung mit hinein. Handelt es sich um eine etablierte Ordnung oder um eine aufstrebende Ordnung? Ist die Konkurrenz sehr stark, und könnte ICH mit meinen Kriterien bzw. mein übergeordnetes Ich mit seinen ausgegebenen Zielen auf der Zielgeraden an einem erfolgreicheren Spieler zerbrechen? War ICH dann mit meinen Daten all die Tage einem schädlichen und schmerzhaften Missmanagement unterworfen?

Während der Existenz der großen Felder findet eine Verlagerung von Faktoren mittels bewegter Materie statt. Genau genommen sind es die Datenäquivalente, die sich im Gefüge entsprechend ihrer Materie verhalten. Entfallen die großen Felder in den Saisonpausen, kehrt für einen Moment Ruhe ein. Die angelegte Feldstärke reduziert sich.

In dieser Zeit findet der Organismus zu einer natürlicheren Ordnung zurück. Es ist dem Menschen jedoch unmöglich, all die positionierte Materie und die damit installierte Information aufzuheben oder zu löschen. Dies scheitert am Charakter des Datengefüges, der individuellen Unkenntnis und der mangelnden Geistesgröße.

ICH denke, dass die verlagerten Kriterien der eigenen Körperordnung in der ursprünglichen Weise nicht mehr zur Verfügung stehen können. Obwohl alle Materiebewegungen demselben Status Quo angehören, findet die Verlagerung von Faktoren, doch in verschiedenen Räumen zu unterschiedlichem Zwecke statt. ICH spreche vom Auf-, Ab-, und Umbau von Geweben. ICH spreche von Transfers in andere geistige Systeme.

Die individuelle Varianz in der Verrechnung von Kriterien zu Konstrukten der Körperorganisation führt zu einer variierenden Belastung der Organsysteme. Mancher ist daher belastbarer, ein anderer erlebt vielleicht keinerlei körperliche Sensationen. ICH spreche vom Auf-, Ab-, und Umbau von Geweben. ICH spreche von Transfers in andere geistige Systeme.

Des Weiteren ist es von großer Bedeutung, in welchem Sinne und mit welcher Absicht Materie bewegt wird. Die Beschaffenheit der vorliegenden Geistesmasse ist von Bedeutung. Durch ihre Kenntnis gelangt man zur Macht. Die Kenntnis der Beschaffenheit der Geistesmasse lässt die regionale Zuordnung zu und gegebenenfalls Interessen erkennen. Es ist entscheidend, innerhalb welcher Datenmenge ICH in welcher Weise handle. Es ist mein Bewusstsein, Geistesmengen so an Objekte zu binden, dass sie fallen oder steigen, aufgefressen werden oder sich fortpflanzen. Das Bewusstsein einer Datenmenge, die ICH verkörpere, ein Objekt, dieselbe bezeichnend, von mir bewegt, das Ziel formuliert und innerhalb meines geistigen Gefüges zum Laufen gebracht, lässt es mich erfahren, das Einssein, das Gesamte, die Gotteserkenntnis.

Die Felder kehren in Zyklen wieder. Ihr Erscheinen beschwört den gewöhnlichen Informationsfluss herauf. Das Label als Konstrukt, als holographisches Bild, als eine so bezeichnete Datenmenge, versucht seine Wurzeln zu involvieren, sich auf den Materieraum auszudehnen und sich aus diesem heraus zu organisieren. Die gängigen Daten installieren sich. Dieses zeigt sich auch an den wiederkehrenden Geldströmen.

ICH gelange zu einem Optimum auf der einen Seite und zu einem Missmanagement auf der anderen Seite. Man ist daher auf ein funktionierendes

Immunsystem angewiesen. Exakte Beispiele zu dieser Funktion werde ICH an anderer Stelle erörtern. ICH spreche von Phänomenen des Quantenkosmos. So wie sich die Geistesmasse aus Kriterien, ganz allgemein aus Informationen des Materieraums zusammensetzt, so ist es der Charakter des Elektromagnetismus eine unglaubliche Harmonie und Flexibilität an den Tag zu legen, sowohl in der Summenbildung der Kriterien und ihrer erweiterten Betrachtung wie auch bei ihrem Kollabieren zu Gunsten anderer Positionen.

ICH spreche von Faktoren, die innerhalb höherer Felder verlagert werden. ICH spreche vom Materieraum an welchem wir uns angelehnt entwickelt haben. ICH spreche von externen Daten des Materieraums, bewegten und unbewegten. ICH blicke auf das Bewegungsverhalten von Insekten, Mikroorganismen und anderem Kleinstgetier. In ihrem Existenzkampf notieren sie Erfolge und löschen Misserfolge. Nicht selten werden sie samt ihrer Geisteshaltung selbst gelöscht und fallen aus dem organisierenden Prinzip heraus. Dies alles ist ein notwendiger Vorgang bei der Errechnung günstiger Konstanten für die Körperorganisation.

So ist der Zerfall von organischem Material ein Ereignis, bei welchem sehr viele Kriterien frei werden dürften. Jeglicher Verlust von Konstrukten der Körperorganisation wird gebundene Daten freisetzen. Es wird wohl der günstigste Bereich sein, um innerhalb der Datenmatrix des Materieraums nach nachrückenden Substituten zu suchen. Sein ICH mit dem Zerfall von Organischem Material zu besetzten, dürfte wohl allen Ansprüchen genügen. Vermutlich erlaubt es das Gehirn, seinen Körper zu entlasten, in dem es sich Fremdinformation an Bord holt. Es scheint günstig zu sein, die Ichinstanz mit Ersatzinformation zu befüllen. Legen sie sich einen Kompost an. Die Leistungen der Mikroorganismen, die Zerfallsdaten und ihre Bewegungen entlasten ihren Körper. Die Ziele und Bestrebungen anderer, welche sie in einer unzumutbaren Weise selbst ansprechen, werden zum Beispiel durch das Bewegungsverhalten der Organismen des Komposts erfüllt und der Systemdruck entfällt.

Fallen die großen Felder in der Saisonpause weg, wird sich das Gehirn wieder um seine eigene Ordnung bemühen. Es wird seine Körperorganisation auf die geschaffenen Materieverhältnisse abstellen. Das Gehirn gelangt über die Gebrauchskriterien zu genetisch verankerten Datengrößen und wird sich von der Genetik aus auf angrenzende Bereiche des Materieraums ausdehnen. Mit den aktuellen Daten des Materieraums wird es die Konstrukte der Körperorganisation auffrischen und am Laufen halten.

Die Kriterien unterschiedlichster Zeitfenster und Lokalisationen verbinden sich. Sie verbinden sich in der Form, dass gemeinsame Wirkungen entstehen. Diese Wirkungen ordnen Materie an. Das orientierte Wachstum bindet diese. Die Daten dienen auf Eiweißebene dem Aufbau der Gewebe und koordinieren zum Beispiel die Dynamik von Ereignissen auf der Zellularebene.

Es ist denkbar, dass Datendichten selbst zu Formen von Materie werden oder als Datenpläne für das Verhalten der Materie herhalten müssen. Ein Ausdehnen oder Zusammenziehen der Hardware veränderte den Zustand zum Beispiel von ›langsam fließend und geringem Druck‹ zu ›schnell fließend mit hohem Druck‹. Hier wäre zu diskutieren, wie die Bluthochdruckpatienten zu Datenmengen dieser Ordnung gelangen und wie sie sich am besten zu Datenmengen geringerer Kapazität und geringerer Feldstärke erziehen.

Die Daten finden sich so in einem Gefüge zusammen, dass die Dynamik eines Ereignisses, wie das Öffnen einer Membranpore, dargestellt werden kann. Das Übergeordnete, die Gewebereaktion muss im Zeitfluss trotz Kriterien verschiedenster Lokalisationen und Zeitorte in einer ungeheuren Gleichmäßigkeit und Harmonie ablaufen. Hierzu gehört auch die Rückkehr in den Ausgangszustand. Es bedarf eines ungeheuren Informationsreichtums, um den Zustand A eines Gewebes in den Zustand B eines Gewebes bei gewährleisteter Umkehrbarkeit zu überführen.

Die Kriterien unterschiedlichster Zeitfenster und Lokalisationen verbinden sich. Die Datenmasse neuronaler Leistungen, die Sicht auf den Materieraum, der jeweilige, von einem Organismus erhobene Datensatz war und ist ein notwendiger Teil der Evolution. Vermutlich liegt eine Verschränkung der Materiedaten auf

Grund von Analogie vor, so dass sich eine etwas dünnere Äthermasse in eine etwas dichtere Äthermasse überführen lässt. Die Folge wäre eine Engstellung oder Tonisierung des Gewebes.

Die Dichte der erhobenen Datenmasse sollte von der Dauer des abzubildenden Ereignisses und von seiner dem Materieraum äquivalenten Größe abhängig sein. Die Dimensionen des Mikroorganismus sollten dichtere Information zu schneller ablaufenden Ereignissen liefern. ICH spreche von einer allgemeinen Datenerhebung neuronaler Leistungen, von einer Wechselwirkung von Bewusstseinsfeldern mit Stoffen und auch einer Wirkung von Materie auf zu Leben gefassten Datenordnungen nicht ausschließlich der menschlichen Daseinsform.

Betrachtungen von zeitlich ausgedehnten Ereignissen und Prozessen des Materieraums dürften mit einer geringeren Ätherdichte einhergehen. Im Grunde ist hier die Information von Materieäquivalenten unterschiedlicher zeitlicher Ausdehnung vernetzt und in die gleichzeitige Entwicklung der Gewebe eingeflossen. Sichtbar bleibt der harmonische Ablauf der Gewebereaktion. Die Bestandteile, die zu den Konstrukten der Gewebeordnungen gebraucht werden, stehen noch lange nicht im Fokus der Wissenschaft.

Das gesellschaftliche Konstrukt ordnet die individuellen Größen nicht nach Zeitorten und Räumen. Natürlich begünstigt die eine oder andere Konsistenz die Lage im Konstrukt. Und auch der Datenaustausch wird sich zwischen Größen identischer Konsistenz anders gestalten. Das gesellschaftliche Konstrukt fasst die individuellen Größen ihrem Auftreten entsprechend übergeordnet in Feldern zusammen.

Eine gleichbleibende und sehr mächtige Größe sind die Labels. Die Interessen der Versorger stehen ganz oben. Das Individuum ist im Anhang enthalten. Das Individuum bedient wie der Blutstrom einen individuellen Haushalt. Seine Neutralität erkennt man am Besten im Käuferstrom, während der Anreicherung mit Produkten. Das Individuum gleicht dem Blut. Es ist eine transportierende Kapazität. Es versorgt mit seinem PKW den Haushalt, wie das Blut die Zelle umspült.

Die Labels bleiben zentralisierende Ordnungen. In ihrer Beschaffenheit ähneln sie Datenkonstrukten eines Organismus. Die mächtigen Labels der Produzenten sind wie kleine Motoren. Sie spannen dauerhaft ihre Datenräume auf. Sie erzeugen kontinuierlich gleichgerichtete Kräfte. Innerhalb der Infrastruktur greifen die Erzeuger mit ihrer Transportlogistik ineinander. Sie schaffen einen gemeinsamen Datenraum. Die Datenmengen unterscheiden sich nur regional im Sitz ihrer Filialen oder in den Produkten in den Haushalten. Es herrscht Konkurrenz unter den Anbietern. Die so genannte Freiheit erlangt man nur durch Überwindung. Die Spuren, die man als Verbraucher hinterlässt, liegen in Fesseln. ICH spüre sehr deutlich, dass ICH in höheren Feldern organisiert bin. Die Felder der Anbieter wechselwirken. Sie strahlen über ihre Produkte in den Materieraum und mit dem zugehörigen Verbraucherverhalten in mein Ich ein.

Es liegt in der Natur der Datenfelder, die eigene Ordnung zu erhalten und die damit verbundene Information auf das Individuum zu übertragen. Erhält man einen Kontakt zum gewohnten Label – das geistige Gefüge stellt Information in Echtzeit zur Verfügung –, baut sich das Gravitationsfeld des Labels auf und erzeugt ein Negativ der Spur des bekannten Verbrauchers. Das Individuum könnte, schwenkte es auf die Bahn des Kunden ein, das Innere des Supermarktes mit seinen Sinnen so zu elektromagnetischen Phänomenen verarbeiten, dass diese Information – ICH nenne sie Kriterien – die Felder um die bekannten Spuren komplettiert und das Label zur bekannten Ordnung und Feldstärke ergänzt. Alles andere nennt man Verzicht, Beschränkung, Überwindung und Selbstbeherrschung.

Tatsächlich handelt es sich um ein Datengerüst, dem ICH mit meinen Alltagsdaten und meinen Körperdaten angehöre. Man sieht dem Materieraum die ordnende Datenmasse kaum an. Aber man spürt sie – dieser Zwang, in ihnen organisiert zu sein. Dieses Durchreichen von Labeldaten, die dich mit ihrem Konsumverhalten umgarnen. »ICH hohle heute weder Würstchen noch Süßes vom Discounter!«

Wann wird die Gehirnforschung endlich so weit sein, dass man Schutz findet? Wann wird der Mensch wieder auf seinen Körper hören dürfen und im

Einklang mit den natürlichen Zuständen Hunger und Durst leben können? ICH hatte gestern während meiner Brotzeit die Gelegenheit, eine Kosmetikberaterin beim Anpreisen ihrer Produkte beobachten zu dürfen. Tatsächlich schien mein mitgebrachtes Obst, aus dem eigenen Garten, schon bei meiner Betrachtung ein ihr sichtbares Phänomen zu sein. Des Öfteren, vermutlich auf Grund der Klarheit der geistigen Inhalte an ihrem Gegenüber, streute sie ein ›Ja‹ ein. Das gesamte Vortragsgerüst zum Anbinden der Kunden war jetzt durch Aussehen, Geschmack und Geruch des Apfels unterwandert. Auf diese Weise verbleiben für den angeblichen Neukunden die Möglichkeiten einer freieren Reaktion.

Das Datennetz um die Apfelfrucht enthält nicht den Zwang, Geldmittel abzuführen. Diese natürliche Komplexität der Information eines Apfels, entstanden aus einer Vielzahl von Betrachtern. Die erhobenen Daten einer Vielzahl von Insekten, Spinnen und Vögel, Regen, Wind und Sonne und Mikroorganismen erzeugt eine Datenkomplexität hochwertigster Art, die mich vor Zugriffen durch Dritte schützt und mir und andere ein Stück individuelle Freiheit zusichert.

ICH beschreibe an dieser Stelle die vereinfachte Verlagerung von Information. Mit der Vielzahl der Raumbeschreibungen, die durch die Vielheit der Konzerne und Labels gegeben ist, wird vor allem die Basis vielfach abgebildet. Durch viele Informationserbringer entsteht ein Komplex hoch konzentrierter Information, ein Konstrukt, ein klares Bild des genutzten Raums.

Dieser Bereich der vielfachen Abbildung sollte für Strahlung, Daten und Information durchgängiger sein. In der Regel vernetzen sich die Arten nur im zugehörigen Biotop. Es liegen also identische Bedingungen wie das Klima vor. Sie favorisieren diese sogar. Die artenspezifischen Informationen, um den Apfel in dieser Form zu vernetzen, führt allenfalls zu Turbulenzen in der Luft, speziellen Wachstumsreizen für die Pflanze oder besonderen Lichtintensitäten. Dafür sind die Echtzeitdichten der erhobenen Information aller Arten, eingebracht in das stark leitende Geistige bzw. in das organisierende Prinzip verantwortlich.

Der Konzentrationsdruck unterschiedlicher Parameter ist innerhalb eines Biotops nicht sehr hoch. Die Wege sind sehr kurz und die neuronal erzeugten

Datendichten der Organismen werden von den angrenzenden Chaossystemen kaum spürbar verarbeitet.

ICH nenne die Information auch Faktoren. Es sind Vorstufen oder Bestandteile der Materie. ICH spreche dann von der Verlagerung von Faktoren in andere Bereiche. Es mag sich um ein Datengerüst handeln, das man der zugehörigen Materieordnung nicht ansieht, aber man erkennt die Adaptionsebene des Gehirns. Der Elektromagnetismus ist als solcher zu begreifen.

Der Elektromagnetismus des Gehirns ist von den Phänomenen des Quantenkosmos nicht zu trennen. ICH spreche von einer gegenseitigen Involvierung. Der Materieraum bzw. die Objekte und Bereiche darin prägen als höhere Datendichten den Elektromagnetismus des Gehirns, und umgekehrt führt Denken zu höheren Datendichten, welche wiederum Folgen für den Materieraum haben. ICH sehe auf der Ebene des Elektromagnetismus eine erleichterte Ausbreitung von Information, von Faktoren und von Strahlung. ICH spreche von dem Bewusstsein des Menschen. ICH spreche von einem Datengefüge, welches in einer natürlichen Beziehung zur Ordnung des Materieraums steht.

ICH sehe eine Verknüpfung von Datenräumen durch das menschliche Gehirn. ICH gehe von einem erleichterten Transport innerhalb der verschränkten Datengrößen aus. ICH sehe hier auch den Grundstein für das Verhalten der Chaossysteme, wie Klima und Wetter, liegen.

ICH erinnere an ein flächiges Molekül, im Jahre 2012 künstlich geschaffen, ein Tantalatom von einem Ring aus Boratomen umgeben. Es handelt sich um einen Rekord an Größe in der Fläche. ICH bin selbst daran, die exakte Natur chemischer Verbindungen zu erarbeiten. Es hilft mir dann, wenn Nachrichten dieser Art an mein Ohr dringen. Das Standardmodell zum Aufbau eines Atoms und Moleküls war mir bereits in der Schule immer zu wenig.

ICH sehe bereits in der Idee oder dem Bestehen der Möglichkeit, ein Radmolekül aus einem Ring aus Boratomen mit einem Tantalatom im Zentrum zu kreieren, die notwendige Datenordnung für seine stabile Struktur verwirklicht.

Die Formation dürfte als Konstrukt von Bedingungen bzw. als gedankliche

Struktur bereits Bestand gehabt haben. Man denke an eine atomare Grundstruktur und den Möglichkeiten eines Verbindungsaufbaus.

Die Idee einer Adaption des Gehirns an den Materieraum, so dass sich seine Leistungen im Umgang mit materieäquivalenten Datenmengen ergeben, scheint bewiesen. ICH darf daher auf Grund der gegenwärtigen Situation annehmen, dass das technische Wissen bzw. die Ordnung der Overlays der Wirtschaft in ihrer Summe eine ausreichende Dichte erzielen, dass sie selbst als Bauplan für Materiekonstellationen gelten dürfen. In einer ähnlichen Weise sollte sich auch die materieäquivalente Information der Haushalte in zufälligen Summen dicht genug drängen, um als eine mögliche äquivalente Beschreibung einer bestehenden Materiearchitektur gelten zu dürfen.

Der Elektromagnetismus des Gehirns ist als Basis des Denkvorgangs doppelt verwendbar. Zum einen lässt er sich durch die Materie selbst prägen, so dass ICH bei einer günstigen Prägung unheimliche Schätze an Wissen berge, zum anderen fließen die gesammelten Daten selbst zu dichteren Strukturen zusammen. Bei dieser künstlichen Fassung von Daten zu Strukturen, der ICH, als Leistung des Gehirns, einen gewissen Energieverbrauch zuschreibe, sollten sich materieähnliche Dichten herausbilden. Vermutlich unterliegt die Verrechnung von Daten einfachen Gesetzen der Physik, wie sie vermutlich auch bei dem Entstehen von Leben, der Evolution der Arten und dem Aufbau der ersten Materie mit Masse zum Tragen kamen.

Man sollte aus dem Wissen gültige Gesetze herleiten. Diese Gesetze werden nur für die gewichtigen Teile der Datenmasse gelten. ICH möchte sagen, dass hierbei Masse, im Sinne der Physik, entsteht. Es ist eine Vielzahl von individuellen Möglichkeiten gegeben, an Datensätze heranzugehen. Die Ergebnisse der Gehirne resultieren alle, bis auf die Ergebnisse einiger weniger, in der Adaption an Bestehendes und dem Verlust individueller Datenanhängsel.

In den Bereichen kollabierender Datenstrukturen zugunsten anderer Lösungen werden unterschiedliche Phänomene zu beobachten sein. In den Bereichen der Adaption an bestehende Strukturen werden wichtigste Teile des Verhaltens nicht exakt fassbar sein. Stellte man Gesetze auf, würde man Fehler erzeugen – mit nicht überschaubaren Folgen.

Dies reicht von der Idee des fortdauernden Bestehens von Datenmaterial, gekoppelt an vorliegende Materie, bis hin zu einem kontinuierlichen Abbau von Störendem, was vor allem an Organischem, also leicht veränderlichem Material, und der Verlagerung von Materie innerhalb des Materieraums zu beobachten wäre. Selbst die Bewegung eines Datensatzes auf einer Bahn unterschiedlichster Zeitorte wäre denkbar. Der Datensatz würde mit den Daten der Gezeiten Ebbe und Flut wechselwirken und anschließend die Daten der Ausdehnung von Metallen bei Temperaturschwankungen druchwandern. Die erhobenen Daten der erwähnten Materiephänomene würden sich zu einem Äther, einer harmonisch abnehmenden bzw. zunehmenden Dichte zusammenlegen. Es würden den Zeitfluss überbrückende Richtungen und Wirkungen entstehen. Aufgesetzte Gewebe könnten ihre Spannung regulieren.

Letztlich bildete die Summe aller Datenpakete dieser Form ein regelrechtes Netzwerk für ein funktionelles Gewebe. Das Gewebe wäre, seinem zugehörigen Datengerüst entsprechend variabel. Die Bewegung eines Datensatzes auf dieser Ebene würde eine situationsgebundene Innervation der Gewebe bedeuten, der vorliegenden, der augenblicklich entscheidenden Datenlage entsprechend.

Der menschliche Körper erreicht aufgrund der verarbeiteten Datenmasse eine sehr viel stärkere Differenzierung. Es haben sich mit der Sammlung von brauchbarem Datenmatereal, die darin liegenden Differenzierungsmöglichkeiten zu einem höchst komplexen Körperbau verwirklicht. Die Innervation von Organellen mit Daten-Status, so dass sich zustandsabhängige Reaktionen ergeben, gelingt natürlich auch ohne eine Neurologik. Es sind jedoch nur vage unpräzise Antworten möglich.

Das Entstehen neuronaler Netzwerke lässt sich aus dem Umgang mit den gesammelten Daten herleiten. Indem sie sich in einer sich zunehmend differenzierenden Hardware speichern, ergeben sich aus dem Datenzufluss immer höherwertige Programme für den Aufbau eines zuverlässigen Neurons. Die damit gegebene Datengebundenheit ermöglicht feinste Reaktionen des Organismus. In dieser Form betrachtet gilt es die Konzernstruktur nur noch mit den Haushalten zu verbinden. ICH blende die Asymmetrien aufgrund der geologischen und technischen Voraussetzungen aus und stelle mir stattdessen ein etwas mehr an Symmetrie vor.

ICH versuche nun eine Analyse der gegebenen Struktur anhand der bewegten und unbewegten Materie der beschriebenen Bereiche. Das wirklich Beobachtbare ist die beschreibende Größe des Quantenkosmos. ICH setze die atomare Ordnung dem Materieraum gleich. ICH vermute eine Ähnlichkeit im Feldaufbau der Strukturen der Gehirnfunktion und der Feldarchitektur kleinster Energieansammlungen des Materieraums.

Zunächst einmal sollte ICH die Grundsteinlegung der Gebäude erwähnen. Mit dem nachfolgenden Zustrom von Baumaterial entsteht eine gesicherte Hardware. Die Instandsetzung durch die Bauträger ist als Informationsmasse zu erwähnen. Denn sie dienen beiden Systemen, den Haushalten und den Label-Bauten. Die Baufirmen stehen mit ihrem Datengerüst für den Zustrom zum Aufbau einer stabilen Hüllenfunktion. Nach der Fertigstellung der Gebäude tritt Stabilität ein, in welcher sich die Datenströme verändern. Das Gebilde vernetzt sich. Die Bauunternehmer werden von den Herstellerdaten der Produkte abgelöst. Die Produkte werden von den Menschen mit ihren Fahrzeugen in die Haushalte geschafft.

Im Grunde sind die Labels in ihrem Aufbau identisch. Das System braucht einen Wareneingang und einen Warenausgang. Betrachte ICH das geistige System, handelt es sich um einen Datenzustrom und ein Abfließen der Daten. Der zuführende Datenstrom besteht aus Rohstoffen oder hat seine Ursache in Zulieferbetrieben. Aber auch der Abfluss der Daten in Form von Produkten und Abfällen findet Eingang in die Betrachtung.

Die Gravitation bzw. die Masse der beschriebenen Teilchenstruktur geht aus dessen Datenbezug hervor. Welche Bereiche kann ICH der Organisation des Teilchens zurechnen? Welche zu- und abführenden Datenströme können seinem Informationsfeld zugerechnet werden?

Die Labels unterscheiden sich nur in ihren Produkten. Sie reichen mit ihren Produkten in unterschiedliche Bereiche der Haushalte. Die einen lagern im Schuhschrank, die anderen im Kleiderschrank, wieder andere im Bücherregal oder im Kühlschrank. Selbstverständlich gibt es einen Weinkeller und Elektronik ist auch in ausreichendem Maße vorhanden.

ICH kann hier die Konzernstrukturen stabilisiert durch die Haushalte sehen. Die Konzernstrukturen stehen untereinander in Verbindung. Diese Verbindung leistet der individuelle Haushalt. Hier, im Endverbraucher finden die großen Labels zusammen. Der Umgang des Endverbrauchers mit seinen Produkten bildet den Kitt für die Großkonzerne.

Man könnte den Haushalten eine gekörnte Raumstruktur zuschreiben. Man betrachte das Entstehen der Häuser aus dem Nichts und ihren anschließenden Zerfall. Sie sind nur eine kurzweilige Hülle eines Datenknotens. Hier fließen Daten unterschiedlichster Bereiche zusammen. In ihrem Zusammenwirken bestimmen sie den Haushalt und der Haushalt bestimmt das Verhalten der veranlagten Konzerne. Die Verbraucher erzeugten ein Hintergrundfeld für die Konzerne.

Auf Grund der in die Haushalte einfließenden Informationsbereiche und ihrer vielfachen Verschränkung im Gebrauch der Produkte und der Sinnesleistungen entsteht ein lichtvolles Informationskorrelat. ICH möchte von einer hellen Energie sprechen. Sie ist Ausdruck interferierender Informationsfelder. Sie ist essentiell für die Labels. Aus dieser hellen Energie leitet sich ihre Existenz her. Sie kann, speziell auf den Haushalt reduziert, als gekörnt beschrieben werden

Die Labels haben einen Anteil am individuellen Haushalt, sie liegen dort als Produkt vor. So gesehen stellt sich ein jeder Haushalt selbst als im Zentrum stehend dar. Die Strukturen der Konzerne fließen in den Haushalten zusammen. Die Konzerne erfahren in den Haushalten eine gegenseitige Vernetzung. Alle Produkte des Haushalts sind innerhalb des Haushalts selbst vernetzt. Es gibt stabilere Verbindungen zwischen Wäscheproduzenten, Waschmaschinenerzeugern und Waschmittelkonzernen und geringere gegenseitige strukturelle Wertschätzungen wie bei Duschgel und Müsli. Duschgel und Müsli verlieren sich im Haushalt.

Küche und Bad sind über den Flur verbunden. Das neuronale Netzwerk Mensch geht natürlich nach der Dusche frühstücken und zieht damit einen roten Faden durch das geistige Gefüge. Es entsteht eine schwache Verbindung zwischen dem Müsli und dem Duschgel mittels Sinnesdaten. Kombinieren sie jedoch den Duft der Kosmetikartikel mit dem der Nahrungsmittel, verstärkt dies die Verbindung. Grundsätzlich fließen die Konzernstrukturen auf den Wegen der Infrastruktur im Haushalt zusammen und bilden das funktionierende Ganze.

Der Status Quo eines Haushalts ist eine individuelle Leistung. Wie Sie das Ganze betrachten, ist Ihre Sache. Sie dürfen die Konzerne untereinander verbinden und sich als isolierter Verbraucher fühlen, den man an sich bindet und dem man jede Minute seines Lebens raubt. Die andere Möglichkeit ist, den eigenen Haushalt in das Zentrum zu rücken und sich durch die Produkte mit den anderen Haushalten vernetzt zu sehen. Den Hintergrunddruck für diese Vernetzung leisten dann die Datenordnungen der Labels.

ICH sehe in meinen Haushalten nun selbst dichtere Phänomene mit Energiezustrom und Energieabfluss, als finde sich im individuellen Haushalt selbst eine dem Atom verwandte Feldarchitektur. Die Haushalte hätten dann die Produkte in ihrer Ordnung, die jedoch gleichzeitig dem Label-Phänomen zuzurechnen wären. Mit dem Produkt bestünde zwischen der Datenmasse des Konsumenten und der Datenmasse des Konzerns eine Verbindung.

Die Kräftewirkungen der herstellenden Maschinen ließen sich in das Verbraucherverhalten fortführen und wandeln. Der Verbraucher und der Hersteller passten so zusammen. Sie hätten im Produkt ihre Schnittstelle. Die Information des Feldes der Konzernarchitektur ließe sich an dieser Stelle ungestört übertragen. Der individuelle Haushalt wirkte über den Gebrauch des Produkts auf die Fertigungsprozesse zurück. Die Produkte zeigten sich wie kleine Magneten, die beide Datenmengen in sich einten. Den einen Pol bildeten die Herstellerdaten, den anderen Pol bildeten die Konsumentendaten.

Lassen Sie mich einen Moment in das Schuhregal blicken. Es handelt sich um ein aus Leder gefertigtes Produkt. Es dient dazu, den Fuß zu schützen. Gleichzeitig ist darauf zu achten, dass der gefertigte Schuh eine lange Haltbarkeit erlangt. Es ist also darauf zu achten, die Materialien so zu wählen und die Nähte so zu legen, dass sie der natürlichen Beanspruchung durch den Gang des Menschen möglichst verschleißfrei widerstehen.

In dem Moment des Tragens wird der Schuh an mir selbst zu einer mobilen Einheit. Die Kräftekonstrukte, die der Körper auf den menschlichen Fuß überträgt, finden im Schuh ein Widerlager. Der Fuß des Menschen passt wie der Schlüssel in das Schloss in den Schuh.

ICH möchte sehen, wie beim Gehen die Kräfte auf den Schuh und über den Schuh in die Fertigungsanlagen und Fertigungsideen hineinwirken. ICH stelle mir vor, wie die Kräftekonstrukte beim menschlichen Gang mit den Kräftekonstrukten der Produktionsprozesse harmonieren. ICH sehe in den Fertigungsanlagen ein Negativ, das passende Schloss zum Schlüssel. Hier wirken Maschinen mit Kräften und erzeugen, was später die Belastungen durch den Menschen aushalten muss. Die Ideen einer späteren Belastung sollten hier bereits darstellbar verwirklicht sein.

Die Kräfte des Alltags lassen sich harmonisch in die Herstellertechnik überführen. Sie sind durch diese darstellbar.

In den Produkten darf man eine Verbindung zwischen dem Informationsgefüge der Haushalte und der Konzernstruktur sehen. ICH aber möchte vor allem die Haushalte verknüpft sehen. Ist es nicht so, dass sich die Haushalte über ihre Produkte in die Konzernstrukturen überführen lassen? In diesen Konzernstrukturen sind sie mit sich identisch. Das Gravitationsfeld des Labels hält sie alle zusammen. Die großen Informationsfelder entpuppen sich als die eigentliche Bindungsenergie zwischen den Haushalten. Es ist die identische Information der Konzerne, die alle Haushalte in ihrem Anhang tragen, die verbindet.

ICH folge ihr in Richtung des individuellen Haushalts. Man findet eine Stelle, an welcher die Ordnung des individuellen Haushalts einzustrahlen beginnt. Die Haushalte wirken auf das Produkt ein und geben ihm einen individuellen Verbraucherabdruck. Wie handhabe ICH das Produkt? Zu welchem Anlass verwende ICH es? Diese Daten bildenden den zweiten Pol des Magneten ›Produkt‹. ICH nenne die vorliegenden Produkte einfache Bindungsenergien. Sie sind die letzte Instanz, die trotz der Prägung durch den Verbraucher noch in die Konzerndaten hinüberführen.

Die Datenmasse eines Konzerns ist als ein übergeordnetes Feld zu begreifen. Aus den übergeordneten Feldern gehen schließlich die Bindungsenergien für die Haushalte hervor. Führe ICH die Betrachtung der Datenmasse fort, gelange ICH zum Verbraucher. In der Regel lassen sich hier bereits größere Abweichungen der am Produkt ansetzenden Datenmasse feststellen. Die Datenmasse der Konzerne sind die dunkle Energie des Verbrauchernetzwerkes.

Eine einfache Ableitung lautete in etwa so: Die natürliche Adaption des Gehirns an den Materieraum erlaubt es mir, natürliche Bezüge zur Materie herzustellen. Das Bewusstsein auf Bereiche zu konzentrieren, führt über die gängigen Mechanismen zu konzentrierten Kortexdaten. In dieser Weise lässt sich hochwertigste Information selbst zu der kleinsten Materieart und darüber hinaus gewinnen.

Inwieweit führt das Gewinnen und das einfache Verrechnen von Daten zu künstlichen geiststofflichen Strukturen zu derselben Konsistenz und Ebene? Eventuell kann eine errechnete Struktur derselben Konsistenz und Ebene als Bauplan für ein künstliches Atom gelten. Eventuell können aufgeworfene Datengeflechte der oben angeführten Art das Grundgerüst für künstliche funktionelle Moleküle und Eiweiße bilden.

ICH möchte an dieser Stelle nicht von einer zukünftigen Form der Energiegewinnung sprechen oder an künstliche chemische Elemente denken. Vielleicht konzipieren Sie in Zukunft bewusst Moleküle und Eiweiße, welchen eine Datenaggregation der oben genannten Art zugrundeliegt. ICH würde sie zum Beispiel an Tau-Proteine von Alzheimerkranken heften, damit sie genügend, den Status Quo darstellendes Datenmaterial in ihre Nervenfortsätze einleiteten.

ICH nenne an dieser Stelle die Möglichkeit unnatürlich asymmetrischer Stoffverteilungen in Zellen. Gewisse Stoffe drängen auf eine Seite zur Zellmembran hin. Begrenzte sie die Wand der Zelle nicht, wanderten sie weiter, weil die aufgesetzte Ordnung die zu Grunde liegenden Daten übergeordnet zu einer gleichgerichteten Wirkung fasst.

Allein die Tatsache, dass sich das Wissen vermehrt aus Kriterien dieser Teilchen zusammensetzt, würde ausreichen, um ihre Wanderung der Wirkung eines holographischen Feldes, einer aufgesetzten Ordnung zuzuschreiben. Eventuell kann mit Ladungen argumentiert werden, die sich aus der Fassung der Kriterien herleiten. Gewisse Strömungsfiguren begünstigten vielleicht das Ansetzten einer Wirkung.

Aufgesetzte menschliche Datenordnungen verändern das ursprüngliche Biotopgefüge. Das Wissen verändert den Materieraum. Aufgesetzte Datenordnungen verändern die Gewebeordnungen der Organismen. Die Gewinne werden immer schlimmer.

Mit der Darstellung von Objekten mittels querender Verhältnisse gelang es dem Menschen, selbst Konstrukte der Kraftübertragung um das Objekt zu entwickeln. Der Mensch erkannte einfache Werkzeuge. ICH nenne das Datenverhalten um Objekte auch das Wissen vom Objekt. Er gliedert mehr und mehr Funktionen dieser Art in das geistige Gefüge ein. Diese externen Daten treten im Gehirn in Beziehung mit den internen Daten seiner Körperfunktionen.

Nun hat sich der Mensch von der Funktionalität des Gehirns her nicht entwickelt. Er handelt immer noch instinktiv intuitiv, wie es ihm die Zustandssätze seiner Datenordnungen vorgeben.

Sein Denken, sofern man es so nennen will, spielt sich innerhalb der Strukturen der Betreiberordnungen ab. Die Feldstrukturen der Betreiberordnungen erzeugen schädlichste Wirkungen innerhalb der Biotopstrukturen. Die Betreiberordnungen durchsetzen die Körpersoftware und belasten das Individuum längst in einem unzumutbaren Maß. Es wird immer teurer, die Menschen mit diesen aufgesetzten Psychomengen, bei welchem ein anfahrender LKW abnscheinend alle Antworten der Gesellschaft verkörpert, bei Laune zu halten.

Große Fragen der Wissenschaft bedürfen großer Antworten. Es reicht nicht aus, mit Strukturgebern wie Lkws zu argumentieren. Es geht zu viel an Informationsmaterial verloren. Es ist fraglich, ob ein Status Quo dieses Wissens den Anforderungen der genetisch gespeicherten Struktur während des embryonalen Wachstums dauerhaft entsprechen kann. Ist die Differenzierung der Organe bis zu einer zufriedenstellenden Funktion mit jeglichem Status Quo möglich? Oder braucht der Organismus für die Programmierung einer fließenden Bewegung oder einer harmonischen Gewebeantwort exakt den Datenreichtum, der während der Evolution in seine Funktionalität einfloss?

Ist das Frühgeborene Ausdruck dieser mangelhaften Differenzierungsspitze? Zwanzig Prozent der Arten sind bereits ausgestorben. Das waren der Welt größten Spezialisten. Unaufhaltsam verliert das Organisierende Prinzip, die, für seine Komplexität so wichtigen Daten. Die freiwerdenden Bindungsdaten sind der Materie äquivalent. Sie schließen sich zu größeren und mächtigeren Materieströmen zusammen.

Gleicht die Frühgeburt einem Abbruch des Reifeprozesses nach Ausschöpfung der allgemeinen Datenlage? Reduziert sich mit dem so gefürchteten Artenverlust der Informationsreichtum und damit die benötigte Komplexität seiner verschränkten Daten? Ist innerhalb verschränkter Daten Energie gespeichert? Splitten sie die großen Phänomene der Elemente und binden sie in verschränkten Informationskomplexitäten? Reicht jeglicher Status Quo um die Spitze der Evolution, den Menschen, embryonal in zufrieden stellender Weise in Stand zu setzen und zu betreiben?

ICH formuliere Wissen auf der Grundlage von sichtbaren Kriterien (wie im Einschub Alzheimer). ICH bediene mich der tatsächlich verursachenden Daten des Status Quo, um Phänomene des Materiehaushalts zu studieren, zu analysieren und zu beschreiben. Es entsteht ein Wissen, welches sicht- und fühlbare Daten des Kortex, Kriteriensummen des Status Quo, den Materiephänomenen des menschlichen Organismus und der Welt gleichsetzt.

Es gibt dabei, wie Einstein sagt, eine Abhängigkeit vom Beobachter. Das anerzogene Konstrukt und das Erlernte bestimmen die Art und Weise der Umweltinterpretation. Ein Phänomen bewegter Materie der Ordnung ›von hier nach da‹ einer gewissen Lokalisation und eines gewissen Zeitfensters wird durch Betrachtung zu einem Bestandteil des Ichgefüges. Das Interesse führt zu einer isolierten Betrachtung dieses Bereichs.

Man legt an die erhobene Information den bereits vorliegenden Geistessatz an und versucht das Aufgenommene anzulegen und abzubilden. ICH vermute, dass das Verständnis einer Singularität sehr stark mit der darstellenden Ebene des Gehirns zusammenhängt. Eine hohe Datendichte vereinfachte die harmonische Integration der Singularität. Eine hohe Datendichte ermöglichte die Abbildung jeglicher Verhältnisse der Singularität bis in das kleinste Detail. Die komplexeste Darstellbarkeit der Singularität ginge mit dem höchsten Verständnis derselben einher. Hierzu benötigen sie jedoch eine sehr dicht gestaltete Projektionsfläche mit Daten aller Richtungen, Geschwindigkeiten und Dichten.

Aber ist die komplexeste Darstellung nicht das wahre Sein selbst? Das Problem bleibt folglich die Brille, durch die man blickt. Mit welchen Daten versucht man die Singularität zu erfassen. Wie setzt sich das Konstrukt der analysierenden Denker zusammen? Der Datenmoloch der Wirtschaftsordnung und Wissenschaftsordnungen ist ein auf querenden Datenstrukturen bestehendes Konstrukt. Das funktionelle bewusste Wissen fand seinen Anfang innerhalb der Menge der Körperdaten und ist fortlaufend orientiert gewachsen.

Das wissenschaftliche Konstrukt verstellt die Sicht auf die natürlichen Verhältnisse der verantwortlichen Datenordnung. Die zugrunde liegende Datenordnung, wie sie in gewachsenen Systemen üblich ist und wie sie der echten Körperorganisation eigen ist, hat einen nur noch geringen Anteil am Wissen. Natürliche Daten finden kaum noch Verwendung bei der Speicherung und Reproduktion von menschlichem Wissen. Es sind die Konstanten der Wirtschaftsordnungen, die die Gehirne beherrschen, mit welchen der Mensch glaubt, den Rest erklären zu müssen.

Die großen Denker müssen heute die Datenkonstruktionen der Gesellschaft durchdringend erfassen. Dazu gehören das menschliche Wissen, die technischen Konstruktionen und die politischen Systeme. Die vorherrschenden Datenfelder sind zu analysieren. Es muss erkannt werden, auf wessen Rücken Politiker und andere Größen negative Aussagen formulieren. In welcher Weise sind sie gespeichert? In welcher Art von Kriteriensummen ist das Wissen gebunden? Korrelieren negative mit positiven Daten? Handelt es sich um einen notwendigen Kreislauf? Wer erhebt für das System welche Datenlage? Kann eine Datengröße einer gewissen Flussdichte eine andere in seiner Existenz bedrohen?

Welche Daten des Korrelats führen zu einer selbstständigen Reproduktion des Wissens? In welcher Weise korrelieren die Individuen? In welcher Weise korrelieren die individuellen Geistfelder, so dass sich manche Formulierung von Zielen im Körper des anderen negativ bemerkbar macht? ICH spreche nicht nur von individuellen Engagements, die auf der Basis einer zufälligen Verschränkung in der Nachbarschaft zu Belastungen führen. ICH möchte auch Großereignisse und politische Konstellationen überblickt haben.

‹Auf welche Datenmasse bezieht sich der Geist, während man spricht?›, sollte die höchste aller Fragen sein. In welcher Form sind Aussagen an wiederkehrende Materiephänomene gebunden? Welchen Charakter haben die Materiephänomene, und vor allem: wie werden sie von der Gesellschaft beurteilt? Wird Lehrstoff in der Schule oder Erziehung an ungünstige Parameter gebunden, erscheint es kaum verwunderlich, dass Gelehrtes keinen Bestand hat. Die Gesellschaft arbeitet nämlich bereits während der geistigen Installation an der Behebung unerwünschter Folgen. Dies führt zu Fehlern in der Schriftform und anderen produzierenden Tätigkeiten. Außerdem hängt die Gesundheit der Psyche von einer natürlichen und ungezwungenen Datenlage ab.

In welcher Weise und wie oft kehren die speichernden Materiephänomene wieder? Sind die tragenden Materiephänomene selbst abwertend, oder werden sie erst durch die negativen Aussagen Dritter zur trübenden, abwertenden und mindernden Datenkonstellation? Die Kriterienkonstellationen der wissenden

Strukturen erheben natürlich auch manch günstig gelagerte Psyche in höhere Sphären.

Die großen Denker müssen sich den Materieraum erarbeiten. Nur so kann es gelingen, über das Datenvolumen einer isolierten Betrachtung von Ereignissen hinauszublicken. Es gilt, sich ungetrübte Materieäquivalenz zu erarbeiten. Die äquivalenten Daten sind dem organisierenden Prinzip zuzurechnen. Ihre Wechselwirkung mit künstlichen Summenformeln ist zu beurteilen. Diesem Datengefüge ist letztlich der Materieraum aufgesetzt.

Das Jetzt in Echtzeit für alle heißt ungetrübte Materieäquivalenz. Wirkliches Wissen für sich in Anspruch nehmen zu können, heißt die Datenlage zu fassen, welche der Ordnung des Materieraums zu Grunde liegt. Große Denker müssen kommen, verantwortliche Datenvolumina erfassen und analysieren. Es muss die Summenfunktion aller Daten erkannt werden, das exakte ›Warum geschieht es in dieser Weise?‹

Die Kriterien, Datenäquivalente des Materieraums, charakterisieren die Summenfunktion am besten. Die beteiligten Kriterien lassen eine einfache Charakterisierung der Datenvolumina zu. Die Kriterien des Status Quo sind in funktionelle Summen gefasst, so dass abstrakte gerichtete Wirkungen entstehen. Die beobachtbaren Materiebewegungen entsprechen den Wirkungen des angreifenden Konstrukts. Um eine Wirkung zu minimieren kann analoge Information formuliert werden, die in andere Bereiche vernetzt.

Die Zustandsvolumina zum Beispiel der Körperregulation tragen Eigenschaften wie ›es quillt auf‹, ›es baut sich ab‹, ›es bewegt sich fort‹, ›es lagert sich an‹, ›es senkt sich ab‹, ›es verdampft‹, ›es verdichtet sich‹, ›es weicht auf‹, ›es löst sich auf‹, während der Evolution dem Materieraum analog entnommen, in sich. Es muss gelingen, die schädigende Wirkung von aufgesetzten Datenordnungen der Wirtschaft und Gesellschaft zu erkennen und verändert abzubilden. Man stelle sich z. B. den Flug der Honigbiene vor, erarbeite sich die Details der Pollenverarbeitung und profitiere von diesem Datenreichtum. So sieh dir auch das Leben der anderen Organismen an. Erfasse mit ihren Sinnen und betrachte zuletzt den Menschen, wie er tagtäglich mit seinem Sein den Materieraum beschreibt.

Den Vorgängen des Vergehens und Sterbens stehen natürlich die Vorgänge des Lebens und Wachsens gegenüber. Eine Vielzahl dieser Daten, gesammelt und im Aufbau eines Gewebes gespeichert, bedingen letztlich die geregelte Gewebereaktion. Das Funktionieren eines Staates beruht auf den künstlichen Konstrukten eines geschaffenen bzw. interpretierten Wissens. Beide Datenmengen kommen im Gehirn in Kontakt. Interne, die Körperorganisation betreffende Daten, und externe Daten der technisiert wirtschaftenden und gewinnorientierten Gesellschaft sollten möglichst im Einklang stehen. Der Status Quo gehört beiden Datenmengen an.

In seiner Gesamtheit ist der Materieraum nur ein Datenmoloch. Sein Jetzt ist die sichtbare Spitze der Datenmatrix. Die Daten und die Materie sind sich im Jetzt identisch. Der Materieraum dient beiden als fortbestehende Orientierung. Er ist eine sich verändernde Konstante. Beim orientierten Wachstum eines Organismus wird er zu einer internen Größe, und bei der Generierung von Wissen bleibt er extern.

Die Kriterien sind die Bestandteile des Wissens. Der Geist transportiert sich auf vielerlei Wegen. Er kann gesichtet werden, aber auch von der Gemeinschaft auf Integrierte übertragen werden. Nach der Geburt werden die Sinnesleistungen als Kriterien in den Ätherschatz der Daten erhoben. Der vorliegende Datenschatz dient deren Analyse. Er weiß zum Beispiel, wie das Objekt genannt und gebraucht wird. Manches liegt somit in Echtzeit vor. Anderes muss man sich erst erarbeiten.

Der Status Quo ist trotz seiner groben Stabilität – bedenke das Sonnensystem – in den Verhältnissen des Biotops einer kontinuierlichen Erneuerung unterworfen. Die Veränderungen des Status Quo nenne ICH im Hinblick auf den Organismus das Altern. Und auch das menschliche Wissen veraltet mit der zunehmenden technischen Differenzierung des Materieraums. Während der veränderliche Charakter des Status Quo an dem orientiert Gewachsenen zu nagen beginnt, dient er den Konstrukten des Lebens und des Wissens dazu, sich neu zu erfinden.

Die Summenfunktion aller Daten führt exakt zum Verhalten des Materieraums. Es wird daher notwendig, Erkrankungen des Organismus als eine ungünstige Wechselwirkung dieser Datenmengen zu betrachten.

Kann das Verhalten der Materie eines gewissen Bereichs mit einer Reihe von Kriterien exakt bezeichnet werden, steht es auch der Wissenschaft offen, sich mit ihren aufgesetzten Betreiberordnungen ein grundlegendes Verständnis der Verhältnisse zu erarbeiten. Mit einigem Forschungsaufwand gelingt es dann, diese Bereiche so in den menschlichen Status Quo zu erheben, dass seine Schadwirkung entfällt. Der Bereich wird nun in Abhängigkeit zum Status Quo dargestellt. Die Datennetzwerke vieler Forschungsbereiche dienen der Adaption an den gelebten Status Quo. ICH möchte abschließend die Infrastruktur noch einmal erwähnen. Die Infrastruktur haben alle Strukturen gemeinsam. Die gleichzeitige Nutzung der Infrastruktur entspricht einer hohen Adaptionsleistung.

Es sind unterschiedliche Erkrankungsmechanismen zu unterscheiden. Der Datenhaushalt eines Organismus kann rein mechanisch belastet sein. Das bedeutet: Eine gesellschaftliche Ordnung bedroht die embryonalen Entwicklungsdaten eines Organismus. Durch Raubbau an der Natur, den natürlichen Untergang und das entstehende Neue verändert sich der Status Quo. Der orientiert gewachsene Organismus verliert mit den zunehmenden Veränderungen der Datenmatrix die optimalen Bedingungen für die Funktionalität seiner Betreiberkonstrukte. Die reduzierte Adaption des Organismus an den Materieraum vermindert seine Funktionalität im Hinblick auf die ganzheitliche Präzision.

Es gibt, wie man sagt, psychische Krankheitsauslöser. Man stelle sich vor, dass Personenkreise über mächtige Datenvolumina wie die Labels verfügen. Der Verbraucher ist selbst Bestandteil dieser Ordnungen und somit dem Charakter der aufgesetzten Ordnung ausgesetzt. Instruiert die industrielle Elite das gesamte holographische Muster mit Wachstumsanreizen, sind dieses auch Echtzeitaufrufe für das Individuum.

Derartige Botschaften schlagen beim Verbraucher auf manche Organe durch. Es gibt unnatürliche Konzentrationen von Organdaten, wie der Raucher zum Beispiel seine Lunge in den Fokus rückt, oder über eine Engstellung der Gefäße auch das Kreislaufsystem hochwertiger abbildet. Diese Datenkonzentrationen, wie sie aus einer täglich gelebten Gewohnheit hervorgehen, stehen mit den externen Bestrebungen der Gesellschaft in einem engeren Kontakt. Die Datenemissionen der Gesellschaft wirken in Echtzeit auf die aktuell vorliegenden Datenfelder des Organismus.

Es kann aber auch Organe betreffen, die zum Beispiel mit dem Produkt in einem engen Zusammenhang stehen. ICH nehme kein Argininprodukt. Das Arginin ist eine Aminosäure und kommt in beinahe jedem Eiweiß vor. Dennoch werden Produkte erzeugt, die das Individuum in seine Nahrungsliste aufnehmen soll. Schleusen sie Arginin in den Stoffwechsel, landen sie irgendwann bei Harnsäure und werden dann über die Blase ausgeschieden.

Die Stationen des Argininstoffwechsels gliedern sie mit dem Konsum des Produkts direkt an die Datenmasse der Konzernstrukturen an. Die Wachstumsanreize, die von Seiten des Konzerns gesetzt werden, betreffen in Echtzeit immer auch den Konsumenten, im ungünstigsten Fall die angegliederten Organsysteme. Es kann sich um eine rein psychische Wirkung handeln. In diesem Fall löst allein der Druck oder die Absicht eines Konzerns, zu wachsen, ein Missmanagement auf der Ebene der angegliederten Stoffwechseldaten aus. Es kommt durch den aufgesetzten Datenmoloch zu Fehlprogrammierungen der Zellen.

Neben der aufgesetzten holographischen Datenmasse beinhaltet Wachstum immer eine Veränderung des Materieraums. Nicht zuletzt kommt es zu einer Verdrängung von Bestehendem. Dies ist eine rein mechanische Bedrohung. Der embryonal adaptierte und orientiert gewachsene Organismus erlebt eine Entfremdung von seiner bekannten Datenmatrix durch Veränderung des Materieraums, altert und stirbt irgendwann.

Bitte beachten Sie auch, dass Information verdrängt werden kann. Man kann einen jeden Menschen mit Professorenmeinungen und Produkten der höchsten

Entwicklungsstufe so innerhalb des Materieraums verankern, dass sich die Belastungen durch Negativa in verschränkte Personenkreise verlagern. Die großen Denker erlangen mit ihren Erkenntnissen die Position eines Steuermanns. Die Datenkonstrukte des Wissens lenken die Entwicklung der Politik und der Wirtschaft. Das im Hintergrund installierte Informationsvolumen leuchtet in die Wirtschaftsordnungen ein. Es bedingt bei den Herren das Verständnis der beschriebenen Bereiche.

Die Wissenschaft hat jedoch das Problem der Brille und beginnt sofort mit einer Begründung. Die Wissenschaft stützt sich dabei auf die bekannten Ordnungen des gegenwärtigen Status Quo. Die Strukturen der Overlays sollen nun zur Begründung des Verhaltens eines Materiebereichs ein hochwertiges Informationsvolumen ersetzen. Das Informationsvolumen, aus Kriterien bestehend, wie nach dem Urknall entstanden oder wie es die Evolution schmiedete, die umgebende Natur einbindend, spiegelt das Verhalten des Materieraums wieder. Diese Datenmenge ist die Ursache der chaotischen Dynamik des Materieraums. Sie ist dem Materieraum Background und Datenmatrix. Diese Datenmenge – es handelt sich um die absolute Ordnung – wird von den Betreibern in die bekannten Wissenschafts- und Wirtschaftsordnungen gegossen.

Die Betreiberordnungen erhält man mit einem sehr hohen Energieaufwand am Leben. Sie ist eine absolute Ordnung mit einer Wirkung auf die ausgegrenzten Bereiche. ICH leite mir ihre Wirkung auf den Organismus von den, ihr eigenen Kriterien ab. Das Optimum gleicht dem erfolgreichen Agieren. Es gibt aber auch löschende und behindernde Phänomene, so dass Daten zugrunde gehen. Ein allgemeines Missmanagement führt zu Pannen. Werden die vorgegebenen Ziele verfehlt oder es läuft wieder nicht wie geplant, wirkt sich das aus. Jenem kackt ein Vogel auf den Kopf, einem anderen wird das Auto gestohlen, der nächste verstolpert den Ball, und wieder ein anderer sperrt sich aus und braucht den Schlüsseldienst. Aber auch das Fressen und Gefressenwerden verändert geiststoffliche Ordnungen.

Diese Ordnungen schlagen sich ebenfalls in der Organisation des Organismus nieder. Sie zeigen sich negativ, wenn sie Positives löschen oder abwerten. Sie zeigen sich positiv, wenn sie Negatives löschen oder abwerten. Sie versuchen, natürliche Vorgänge mit den Betreiberordnungen zu verstehen und geben ihnen damit ein anderes Gesicht. Die funktionellen Eigenschaften der Informationsvolumina verändern sich.

ICH analysiere diese absoluten Ordnungen anhand der anteiligen Kriterien. Die aufgeworfene Information wird jedoch von der Wissenschaft sofort auf einen Materiebereich gemünzt. Mein Verständnis eines Bereichs der organisierenden Datenordnung lässt die Wissenschaft das zugehörige Materieverhalten erkennen. Die Wissenschaft reduziert die komplexen Datensätze auf ein beobachtbares Materiephänomen, wie es das Wort oder der Buchstabe mit dem Geist tut. Mein Datensatz des Verständnisses geht verloren. Die Betreiberkonstrukte fungieren fortan als Wissensspeicher.

Die betrachtete Materie fügt man als sogenanntes Wissen der Ordnung bewegte Materie ›von hier nach da‹ in die menschlichen Betreiberordnung ein. Die geschaffenen Konstrukte menschlichen Wissens verblenden die natürlichen Zusammenhänge. Unterschiedlichste Gesellschaftsbereiche und technische Niveaus sind zu Feldern verrechnet. Die eingelagerten Datenbereiche verschmelzen zu einem übergeordneten Feld. Die Summenfunktion gewährleistet die biologischen Prozesse auf Zellebene nur noch ungenügend.

Sie schaffen es gerade noch, die Kundschaft zu einem überzuckerten Müsliriegel zu motivieren. Die spezifische Information für eine ordentliche Verarbeitung des Zuckers wird aber nicht mehr geleistet. Die Aufnahme des Zuckers in die Zelle, seine Verfettung oder Verbrennung ist reduziert, im schlimmsten Falle abgestellt. Vielmehr lässt man den Zucker in den Gefäßen zirkulieren und verklebt Gefäße geringeren Querschnitts. Die Feldstärken erhöhen sich.

Das erzeugte Wissen prägt zunehmend das heutige Erscheinungsbild der Elemente. Hier dürfte ebenfalls das Gesetz der verrechneten Information Gültigkeit besitzen. Das Gefüge bildet eine Einheit. Verändern sie das Verhalten im Kleinen, ändert sich das Verhalten im Großen. Die wasserabweisende Kleidung, die Silikonfassadenfarben, die Wasserführung in Dachrinnen, der Lotuseffekt von Fliesen und andere Sauberhaltebeschichtungen verändern das Verhalten der Materie im Kleinen. Im Großen zeigen sich die weniger vernetzten Datensummen als beschleunigende Effekte vergrößerter Kapazität. ICH spreche hier von sicht- und fühlbaren Datenmengen im Inneren meines Gehirns, einer Ich-Instanz. Die Renaturierung sollte daher im Kleinen beginnen. Zum Beispiel bei den veredelten Oberflächen.

ICH wünsche mir sehr, dass immer mehr Menschen die Grundlagen des Denkens erlernen. Ein jeder Geist sollte sich zuallererst die zugrunde liegenden Daten der Matrix erarbeiten, bevor er Massebahnen isoliert betrachtet. Die alleinige Betrachtung isolierten Materieverhaltens mittels aufgesetzter technischer Konstrukte führt zu einer zunehmenden Entfremdung von der Natur.

ICH erarbeite mir zuerst materieäquivalente Daten. Während meiner konzentrierten neuronalen Bearbeitung entstehen in meinem Kopf sicht- und fühlbare Bilder. Es handelt sich um hochwertigste Informationsmassen mit der Qualität eines aktiven Attraktors.

Dann beschäftige ICH mich mit dem Entstehen von Wirkungen innerhalb der Gesellschaft. Die gesellschaftlichen Belange und auch persönliche Ziele sind in den Feldern parallel organisiert. Sie korrelieren. Das Verhalten des einen bedingt das Verhalten des anderen und umgekehrt. In diesem Miteinander entstehen Wirkungen auch auf Unbeteiligte. Sie sind zufällig Bestandteil des Datengefüges.

Gleichzeitig ist aber auch der Körper zu verwalten. Dieses ist nicht für alle optimal gewährleistet. Zuerst ist zu erkennen, wie die Daten der unterschiedlichsten Bereiche verschaltet sind. Dann lassen sich erste Theorien aufstellen, welche Wirkungen die Felder auf die verschieden organisierten Körper erzeugen. Warum installieren sich notwendige Daten der Körperorganisation nicht mehr? In welcher Form behindern oder verhindern übermächtige Felder den notwendigen Datenfluss? Warum wird die Information, die Zelle für einen nachfolgenden Zuckereinstrom zu öffnen, vom Gefüge nicht mehr erbracht?

Ist es tatsächlich möglich, dass für das Gehirn unterbewusste Assoziationen entstehen? Kann es sein, dass globale technische Niveaus, die dem Einzelnen heute Alltagsgegenstand sind, als Overlays innerhalb des geistigen Gefüges wichtige Datenvolumina der Körperorganisation vernebeln? Würde sich das entstehende Wissen tatsächlich an der funktionellen Organorganisation orientieren, würden Summenfunktionen der verschränkten Kriterieninformation, ganz einfache Regulationsgrößen der Organe in die Struktur des Denkens und in die Struktur des Wissens vom Objekt mit einfließen. Eine Technik in Anlehnung an die Körperlogistik würde entstehen.

Die Overlays, Datenkonstrukte der Technik, wären in einem hohen Maße spezifischen Regulationsvorgängen des Körpers ähnlich. Vermutlich unterscheiden sie sich im Energieaufwand für die Instandhaltung und die geleistete Arbeit. Diese beiden Punkte dürften für die Feldstärke von Bedeutung sein und auch die Wirkung auf umliegende Datengrößen kennzeichnen.

Dann könnte man sich die menschliche Technik als ein Overlay vorstellen, das den Zustandskonstrukten und organisierenden Strukturen des Organismus in Teilen identisch ist. Die wachsende Kapazität und die etwas abweichende Kriterienordnung des technischen Konstrukts der Wirtschaft bedingte über die begleitende Feldstärke eine Wirkung auf die komplexer organisierte Datenmatrix der Zell- und Gewebephysiologie.

Die Organordnungen enden in komplexesten Dateninterferenzen, dem Lichte gleich. Ein jedes Kriterium scheint als Teil des Materieraums Bestand zu haben. Ein jedes Individuum einer Art kann sich zunächst auf die Wahrheit und Echtheit seiner Sinnesdaten als ein Echtzeitphänomen berufen. Dies war zumindest vor dem Erlangen eines Bewusstseins so, als die ordnenden Phänomene des Organismus innerhalb des Realraums adaptiert vorlagen. Der Mensch war aufgelöst in dieser alles ordnenden Datenmasse. Er vertraute ihr blind. Die Sinnesdaten waren Realdaten.

Das war, noch bevor der Mensch die Ordnungen seines Körpers extern anzulegen begann. Heute verfügt er bewusst über mächtige externe Datenvolumina. Man nennt dieses sein Bewusstsein. Die vorliegende Datenmasse dient zu seiner

Orientierung in der Umwelt. Die Datenmasse weiß, wie die Objekte heißen, wie sie zu gebrauchen sind, oder vermittelt eine günstigere Positionierung von Objekten zur Teilhabe und Verbesserung vorliegender höherer Ordnungen.

Zur individuellen Lokalisation im Punkte des Jetzt ist nur so viel zu sagen, dass sich die Summe aller Daten als Gesamtdatenmatrix mit der höchsten Gravitationsmacht als ordnende Größe zeigt. Betrachten Sie alle Eingänge in Echtzeit, ergibt das den gewöhnlichen Materieraum. Sein Datenäquivalent nenne ICH den Realraum.

Im Sinne des Lichts steht niemand in Frage. Wenn die Evolution die Kriterien zu Formeln der funktionellen Organstruktur fasste, dann sind es die Kriterien und die abstehenden Details, die zu Partikeln des Lichts interferieren.

Anscheinend handelt es sich auch um einen Arbeitsspeicher.

ICH erkenne jetzt auch die Möglichkeit der Hereinnahme von ausgelagerten Lichtbestandteilen in die Feldarchitektur der funktionellen Organkonstrukte. Hierin besteht die Möglichkeit, den Kontakt zu seiner Umwelt zu verändern.

Der Zustand einer Zelle zeigt sich in ihrer Kriterienfassung. Evolutionsbedingt verkörpert die Zelle Daten wie zum Beispiel Tag und Nacht oder Trockenheit und Regenfeuchte. Die Zelle hat sich in Abhängigkeit von diesen wechselnden externen Zuständen entwickeln können. Jedes gespeicherte Datenäquivalent entspricht der Betonung eines Bereichs des Materieraums.

Jedes Zustandskonstrukt der Zelle ergibt ein spezifisches Bild des Materieraums. Das Bild variiert zwischen extremer Feuchte und extremer Trockenheit. Das Bild des Materieraums, ein holographisches Datenkonstrukt, wandelt sich mit dem Zustand der Zelle und verändert auf diese Weise den Kontakt zu seiner Umwelt. Das Interesse an der Umwelt verändert sich. Hat man Durst, wird sich der fehlende Datenanteil Wasser hervortun, um das evolutionsbedingte Optimum wieder herbeizuführen. Die Datenzusammensetzung des Gefüges verändert sich.

Mit der Datenzusammensetzung des Gefüges verändert sich die funktionelle Ebene und mit ihr die Eigenschaften der Gewebe. Der Gewebezustand hat sein Äquivalent im Materieraum. Treten Mangelerscheinungen auf, fungiert

die Datenmasse der Zelle als Attraktor für benötigte Zustände. (Es ist umkehr-
bar.) Führte während der Evolution der Wechsel der äußeren Bedingungen zum
Aufbau differenzierter Organe, so ist es jetzt der Wechsel der Zustände des
Organs, der in Abhängigkeit zur Dynamik des Materieraums die Attraktoren für
Nachfolgendes erzeugt.

ICH nenne das Sonnensystem als Beispiel. Es steht für den umgebenden Materieraum. Das Sonnensystem agiert als ein stabiles mechanisches Räderwerk.

Die wechselnden Bedingungen, während der Evolution in der Entwicklung
der Gewebe verankert, werden von der begleitenden Dynamik erinnert. Die
kontinuierlich wiederkehrenden, großen, relativ stabilen Systeme erinnern den fortdauernden Wechsel von Feuchte und Trockenheit. Es ist die gelebte Funktionalität
eines Organismus, die es ermöglicht, begleitend zu den umgebenden, relativ
stabilen Daten, den Wechsel der Zustände Feuchte und Trockenheit als Korrelat
der Körperstruktur zu erinnern. Die gelebte Funktionalität ist ein permanenter
Sender für eingearbeitete Datenmassen der Evolution.

ICH möchte sagen, dass die technische Veränderung des Materieraums zu
einer Verdrängung gewachsener natürlicher Komplexität führt. Vieles wird einfach
nicht mehr berücksichtigt. Gehen diese Daten für spezifische Mechanismen der
Körperorganisation aber tatsächlich verloren? Wird günstigste Information von
den technischen Overlays tatsächlich nicht mehr geliefert?

Denken wir nur an die Entwicklung des menschlichen Organismus. Die Entwicklung extern: Formung des menschlichen Lebensraums. Jegliches Leben bedarf
einer spezifischen Infrastruktur. Jegliches Leben strukturiert seinen Lebensraum. Die
einzelnen Teilnehmer wollen alle gezielt versorgt werden. Dies führt zuerst zu einem
Aufbau und anschließendem zu einem Ausbau der Infrastruktur. Die zunehmende
Spezifizierung der Bereiche benötigt eine eigene Transportlogistik. Das System
benötigt Nährstoffe aller Art und eine Menge Baustoffe. Das System benötigt
Transportmittel, Transportmittel für Nahrungsmittel und Baustoffe aller Art.

Was wäre, wenn es dem Individuum mit seinen Alltagsdaten reichte, Baustein der Feldarchitektur eines Gefäßes größeren Querschnitts zu sein? Was wäre, wenn menschliches Wissen heute tatsächlich als Gefäßabschnitt größeren Querschnitts mit einer gewissen Durchflussmenge an Blut und der aufrechtzuerhaltenden Zellinformation im Anhang in Erscheinung träte? Ist diese Analogie denkbar? Werden die Körperorganisation und die externe Entwicklung des Materieraums auf der Ebene eines verwaltenden Gehirns gleichbedeutend? Verschmelzen externe und interne Daten im Gehirn zu einem physikalischen Phänomen der Selbstorganisation?

Besteht tatsächlich die Möglichkeit alle Organismen, ihre Bewegungen und neuronalen Leistungen als Datenäquivalente in ein Konstrukt der Körperorganisation zu fassen? Kann es sein, dass die Wege, die die Organismen nehmen, und die Daten, die sie täglich erbringen, in Konstrukten zu konstanten Zuständen des Körpers und den damit verbundenen notwendigen Wirkungen gefasst sind? Könnte diese Vielzahl an Daten auch Informationskonstrukte der Zuckereinschleusung in die Zelle beinhalten? Wie ist es zu verstehen, dass dieser Faraday'sche Käfig die Einschleusung des Zuckers in die Zelle behindert? Ist es die Hülle des Blechwunders um die Bau- und Nahrungsstoffe während des Transports? Heute verriegeln sich bereits während der Fahrt die Türen.

Ist es überhaupt noch zeitgemäß, sich mit artfremden Organismen wie Tieren, Vögeln und Insekten auf einen gemeinsamen Weg zu machen und sich Daten zur gegenseitigen Anregung zuzuschachern? Ist es noch zeitgemäß, die Vielzahl an Datenbewegungen innerhalb des Artenverbunds als vernetzte Größen eines funktionellen Organkonstrukts zu betrachten und mit ihnen Wirkungen zum Membrandurchtritt zu errechnen?

Mir ist es nicht wichtig, dass das eben Geschilderte irgendwelche Geltung besitzt, nein, ICH möchte sagen, dass in Datenkonstrukten Informationen so angeordnet sind, dass sich in der Summe Wirkungen zeigen. ICH möchte sagen, dass PKWs eine Hüllenfunktion haben. Setze ICH dem Blutstrom als wichtigster körperlicher Infrastrukturleistung den Warenverkehr auf Deutschlands Straßen gleich, so nimmt die Hüllenstruktur des PKW einen gesonderten Stellenwert ein.

Der Alltagsgegenstand Auto führt zu einer Informationsdichte, die vielleicht selbst Wirkungen erzeugt. Der Zucker könnte sich tarnen. Das Gehirn könnte die Analogie Nahrungsmitteltransport im PKW und Nährstofftransport im Blut gelten lassen. Die Nährstoffe im Blut könnten sich innerhalb der technischen Konstrukte mit der Hüllenfunktion der PKWs tarnen. Dieses ist ein Beispiel für technische Datendichten, die den Regulationsvorgängen zu einem großen Teil, aber doch nicht ganz, entsprechen.

Könnte es sein, dass der Zusammenhang Blutzuckerspiegel/Insulin einer gewissen Informationsstruktur des Gefüges entspricht? Vielleicht hat sich innerhalb der Kriteriensammlungen ein elektromagnetisches Leitsystem entwickelt, das Insulin an der Zelle andocken lässt, dem Zucker die Tür öffnet und ihn in das Zellinnere leitet. Können technische Betreiberdichten diese Leitsysteme der Zustandsregulation in ihrer Funktion beeinträchtigen? Dieses ist ein Beispiel für technische Datendichten, die den Regulationsvorgängen zu einem großen Teil, aber doch nicht ganz entsprechen.

Vielleicht fehlt für die Darstellbarkeit der hochwertigen Programme für den Membrandurchtritt aber auch nur die großartige Datenvielfalt, die der Fußgänger oder Fahrradfahrer während seiner Ausflüge durchs Revier täglich aufnimmt. Oft genügt die geistige Beschreibung eines Zusammenhangs, dass er sogleich in einer Mischung aus Chemikalien gebunden werden kann und dann als Wirkung eines Medikaments Verwendung findet. ICH wäre ein großartiger Geistheiler, könnte ICH das Unterbewusstsein der Menschen mit Regelgrößen dieser Art erweitern.

Die Zusammensetzung der Kriterien der Gehirnfunktion hat sich stark gewandelt. Betrachten sie einfach die veränderten Interessensgebiete der Menschen. Das genügt, um zu erkennen, dass der Mensch weit entfernt ist von dem natürlichen Zustand seiner Entwicklungsstufe. Heute grenzt er neurologische Leistungen anderer Organismen weitestgehend aus.

Der Mensch war einst die Spitze der Evolution. Der Mensch war einst die Krönung einer hochkomplexen Datenmenge hochspezialisierter Arten. Heute beherrscht er diese Quelle des Lichts mit eigenen Datenordnungen.

Der Mensch ist ein Beobachter. Er schreitet, ohne sich seines wirklichen Seins bewusst zu sein, in die Zukunft. Ein jeder ist nur Baustein. Die Übernahme von Verantwortung für die Summenfunktion scheitert an der Möglichkeit, diese zu beurteilen. Wer entwickelt schon die Kapazität eines Staatenbewusstseins oder eines Weltenbewusstseins und lenkt es visionär?

Für ein Verständnis des Zusammenspiels von Daten und der Ordnung des Materiehaushalts, ist es notwendig, diese präfrontal abbilden zu können. Für ein Verständnis der Materie ist es notwendig, sich ihren Aufbau visuell zu erarbeiten. Die Ich-Instanz mit offenen Fragen zu besetzen, so dass sich die Inhalte in Stand setzen. Das dritte Auge zu benutzen, um diese erfassend zu betrachten.

Für ein Verständnis der Gewebereaktionen sind die Daten des orientierten Wachstums notwendig. Es gilt, die vielen Möglichkeiten zu erkennen, die sich aus den variierenden Datenkombinationen herleiten. Die Regulation der Gefäßspannung mit einer Vielzahl von Datenkombinationen zu gewährleisten. Das Molekül, auf den Urknall rückführbar, als ein Datengebilde zu begreifen.

Aber auch der exakte Wirkstoff einer Pflanze, die mit ihrer Form erst die Möglichkeit, entsprechende Molekularaggregate zu behaupten, erhält. Die plastizierende Intelligenz brachte jede Form hervor. Sie fügte Daten zu einer gewissen Ordnung. Die spezifische Form des Datenhaushalts erlaubt es, den Wirkstoff zu synthetisieren.

Die Tatsache der günstig gelagerten Information führt natürlich auch zu Form und Gestalt der Pflanze. Die Gewebereaktionen als ein Inkrafttreten von Daten zu betrachten, eine Ein- oder Anbindung angrenzender Bereiche oder ein Hinzukommen von Daten wäre einem verursachenden Zustandskonstrukt eigen. Ein wandelndes Bewusstsein, auch ein sich wandelndes Bewusstsein, das sich zu diesem Datensatz wandelt, wird die Reaktionen von Gewebe richtend steuern.

Im Erkennen der Möglichkeiten einer sich verändernden Datenzusammensetzung steckt auch für die Physik und die Chemie ein ungeheures Entwicklungspotential. Die Daten der menschlichen Körperorganisation mit technischen

Querschlägern zu durchsetzen, das Wissen sozusagen auf das gängige technische Materieverhalten zu gründen, ist ein Irrweg. Man vernichtet hochwertigste Information.

Die höchste Effizienz des Mikrokosmos des menschlichen Körpers mit den aktuellen Daten des Status Quo zu gewährleisten, wird umso schwieriger, je weiter Sie sich mit der Methode, Technisches aus Technischem herzuleiten, vorwagen. Rein technische Lösungen zerstören immer mehr spezialisierte Arten und mindern so den Informationsreichtum. Exakte Programme für Regulationsvorgänge der körpereigenen Gewebe zu erstellen, wird schwieriger. Die Zustandsprotokolle der Körperorganisation nehmen in der Regel, ihren Bestandteilen entsprechend, Kontakt zur Umwelt auf.

Die aufgesetzten Betreiberordnungen verblenden die natürlichen Zustandsprotokolle der Körperorganisation. ICH befürchte bei ungenügenden Adaptionsmöglichkeiten an den Materieraum ein Problem der exakten Ansteuerung der verschiedenen Gewebetypen. ICH denke, die Formulierbarkeit einer Bewegung verändert sich. Die Reaktionen der Gewebe auf spezifische Reize sind in ihrem Ablauf nicht mehr in dieser Präzision darstellbar.

Je mehr man die Komplexität kürzt, so dass geringe Verästelungen einem Hauptstrom zufallen, umso stärker verändert sich der Materieraum. Der Hauptstrom gewinnt an Information und Kapazität. Die Antworten, die wir ableiten, beruhen auf einem größeren Volumen des Hauptstroms. Wir erleben eine Zusammenlegung der wissenden Felder in zentralen Hauptströmen. Die Fachgebiete stützen sich auf die gleiche Struktur und unterscheiden sich nur noch in der Wertigkeit der eingetragenen Kriterien.

Das führt früher oder später zu einem Mangel auf der darstellenden Ebene. Das ergibt ein Problem, die Biosphärengrößen in ihren Beziehungen zu erhalten. Die Struktur einer zentralen Hauptdatenlast stört die Selbstorganisation der Biosphäre auf allen Ebenen. Nicht nur die Organismen kranken, auch das Klima verliert seine Basisdaten.

Der Mensch beschäftigt sich immer noch mit externen Daten, ohne sie mit dem inneren Ich in Einklang zu bringen. Schlimmer noch, er fasst mit Kriteriensummen das Verhalten um Objekte. Er erkennt jedoch nicht, dass diese Form des Wissens dem natürlichen Datengefüge um das betrachtete Objekt einen Schaden zufügt. Das Wissen vom Objekt beruht auf der Grundlage fremder Kriterien. Nenne diese Fassungen eine Lüge, Verfremdung oder eine neue und höhere Wahrheit!

Der Mensch betrachtet die beobachtbaren Ereignisse des Materieraums. Als Wissen fügt er sie den Programmen seiner menschlichen Ordnung hinzu. Es fehlt die äquivalente geistige Beschreibung der betrachteten Materie. Es fehlt die direkte geistige Darstellung und damit die harmonische Einordnung in die Datenmatrix des Realraums. Es fehlt die Erkenntnis des zu Grunde liegenden Datengefüges, das Warum, Weshalb, Wieso.

Sie argumentieren mit den Kriterien ihrer Betreiberkonstrukte. Sie karren irgendwelche Argumente heran, die sich aus dem Anhang ihrer Infrastruktur errechnen lassen. Es liegt wahrscheinlich an startenden Flugzeugen und fahrenden Lkws, sagen sie, aber mit Sicherheit spielen Temperaturschwankungen eine Rolle. Nehmen Sie zur Vorbeugung am besten dreimal täglich dieses Präparat.

Die wirkliche Information der Datenmatrix, die zum Wissen führen sollte, wird mit dieser Methode stark abstrahiert.

Die wissenden Felder werden zu stark auf die Teilnehmer der Infrastruktur reduziert. Die Lkws zeigen auf unterbewusste Ordner kaum Reaktionsmöglichkeiten. Die Teile ihres Motors und sie selbst bewegen sich auf streng definierten Bahnen. Die Reproduktion des bezeichneten Materiebereichs gelingt mit einem anfahrenden Lkw zwar, aber die Information aufzurufen, die dem Materiephänomen einst anhing, ist darin nicht mehr enthalten.

Für das Immunsystem, für revolutionäre Denker und solche, die es werden sollen, sind die eingekürzten Datenmengen menschlicher Betreiberordnungen von geringerem Wert. ICH arbeite mit dem Status Quo des Materieraums. Folglich führen mich Lkws zu MAN und ihren Servicepartnern. Des Weiteren betrachte ICH das Transportgut und erhalte dann die Daten zu den Herstellern und die

Datenräume der Verbraucher. Man kann dann funktionelle Zusammenhänge von externen Wirtschaftsordnungen und internen Regelprogrammen herleiten. Es lässt sich dann, mit einigen Einbußen natürlich, das Datengerüst der Zellphysiologie einschätzen.

Es fällt kaum noch einem auf, dass sich die Daten der beobachteten Materieereignisse ihrer natürlichen Komplexität entheben. Die erhobenen Daten verwalten sie in Feldern der Ordnung bewegte Materie ›von hier nach da‹ und verkaufen das geschaffene Standardkonstrukt als hochwissenschaftlich. Die Erkenntnisse, die sie gewinnen, beruhen auf Unterinformationen wie Produzenten- und Verbraucherverhalten, die sie durch Materieströme der Infrastruktur übergeordnet zu Antworten vernetzen.

Die Begründungen, die ihre Betreibersoftware zulässt, sind vollkommen ungenügend. Nach der Aufnahme der Information in ihr wissendes Konstrukt beginnt die Gravitation ihres Konstrukts auf die Begleitdaten des Materiephänomens zu wirken. Dem echten Datengefüge des Organismus, das mit Hilfe von bewegter Materie Datendichten und Feldstärken der Zustandsregulation egalisiert, wird ein Overlay aufgesetzt. Mit einem sehr großen energetischen Aufwand werden die natürlichen Datenfelder an Menschlichem ausgerichtet und die Natur zurückgedrängt.

ICH sehe eine psychische Belastung des Menschen ebenso gegeben wie eine Belastung der Zellphysiologie.

Jetzt vermittelt ein gegebenes Datenkonstrukt allen Ernstes, dass sie Produkte des höchsten Niveaus generieren; die Zurückbleibenden sollen dies gefälligst aushalten. Das echte Datengefüge, das Entstehen und Vergehen als einen harmonisierenden Effekt versteht, wird der Ordnung der Betreiber ausgesetzt. Bei einem schnellen Wechsel von Objektdaten mag das eine dem anderen nicht hinderlich sein, und das natürliche Datengefüge unbelastet lassen. Die hochwertigen Programme der menschlichen Ordnungen aber tun es. Sie erheben ohne eine adäquate Erkenntnis der verursachenden Ordnung den Anspruch, den beobachteten Raumausschnitt einer spezifischen

Lokalisation und eines bestimmten Zeitfensters von ihrem Geschaffenen abhängig zu machen.

Sie fügen ihren Betreiberordnungen kontinuierlich neue Bausteine der Ordnung bewegte Materie ›von hier nach da‹ hinzu. Ihre Betreiberordnung wirkt von da an auf das Umfeld des betrachteten Kriteriums. Es gleicht die verursachende Ordnung um das Kriterium – die Datenmatrix – an das Konstrukt menschlichen Schaffens an. Die Datenmenge des Realraums ist ein Echtzeitbild des augenblicklichen Verhaltens der Materie im Raum. Im Grunde umfasst der Begriff des Realraums das gesamte Datengefüge. Grob vereinfacht lässt sich die Datenmenge des Realraums als Jetztzeitstatus des Materieraums auffassen.

Man lässt die Begleitdaten ganz einfach weg, Begleitdaten wie vergangene elektromagnetische Zustände oder elektromagnetische Fassungen vor allem des menschlichen Gehirns oder andere Materiefelder, die alle in die Zukunft hineinwirken. Man fasst alle Daten zu einer Matrix zusammen und sieht die Daten – vergangen, zukünftig oder im Jetzt angekommen – im Echtzeitstatus des Materieraums, dem Realraum tief verwirklicht oder bereits angelegt. Die elektromagnetischen Datenphänomene umgarnen die Materie und bilden sie durchdringend ab. Sie gelten als mögliche zukünftige Beschreibungen des Materieraums.

Das Gefüge umfasst natürlich auch die üblichen, über die Jahrtausende unveränderlichen Materieformationen. Sie haben auch ihren Anteil und ihre Wirkung auf der darstellenden Ebene. Manche Materieformationen bleiben über Jahrtausende stabil und bestätigen die umgebenden Gespinste immer wieder in der gleichen Weise. Sie strahlen von der Ebene des Elektromagnetismus, auf welchem das Gehirn nachweislich mit dem Materieraum verschränkt ist, immer wieder in die Zukunft ein.

Der oben genannten Datenmenge entnehme ICH das wissende Konstrukt. Es ist ein Informationsvolumen. Das singuläre Materieereignis meines Interesses ist der Kern dieser Datenmenge. Die Datenmatrix, egal wie sie sich zusammensetzt, bedingt das Materieverhalten dieses Bereichs. ICH kann mir die Materie auch als ein Phänomen der Selbstorganisation vorstellen und all die Daten den Physikalischen Gesetzen unterordnen. Dann sehe ICH die Datenmatrix zu den elementaren Grundkräften hochgerechnet. ICH spreche dann von Materieäquivalenten oder Datenäquivalenten der Materie.

Meine Erkenntnis von den Zusammenhängen gelangt über die Datenmenge des Status Quo zu den Betreiberordnungen. Der involvierte Wissenschaftler beginnt nun das einstrahlende Wissen mit den Möglichkeiten seiner Betreibersoftware zu binden. Die spezifische Argumentation für das Verhalten eines Materiebereichs erscheint daher oft etwas fern vom Kern. Die Tatsache, dass die zugrunde liegende Software erst in die aufgesetzten Betreiberordnungen umgerechnet werden muss, entstellt mein Wissen. Der Informationsreichtum meiner Erkenntnismasse schwindet.

Haben sich die ursächlichen Daten dem Betreiberkonstrukt erst einmal unterworfen, schwindet der Beobachterstatus der Betreiber. Die zu Grunde liegende Datenmenge scheint erschöpft zu sein. Der fehlende Unterschied zum eigenen Standpunkt lässt sie das Interesse verlieren. Jetzt, nach dieser Prozedur, spreche ICH von einem Standpunkt der Betreiber. In diesem Sinne einer gelehrten Ordnung gehen sie als gebildete Gelehrte davon aus, den Materiebereich vollkommen richtig einzuordnen und damit verstanden zu haben. Es kommt zu einem Anwachsen der Datenkapazität der Konstrukte der Betreiber. In die Struktur der Felder, der auch die Lkws angehören, ist nun ein weiteres Kriterium der Ordnung ›von hier nach da‹ eingelagert.

Das wirkliche Wissen versteckt sich in der Datenmenge des Realraums. *Ohne* in der Darstellung des Inhalts wegen eines Konstrukts der Gesellschaft Abstriche machen zu müssen, *ohne* für sich einen Beobachterstatus mit begrenztem Analysematerial in Anspruch nehmen zu müssen und *ohne* eine Wirkung auf den erhobenen Datensatz zu erzeugen, entsteht das ungeheure Verständnis, dass jeglichem Verhalten von Materie eine Datenordnung zu Grunde liegt.

ICH spreche vom sehenden Dritten Auge, der wahren Ich-Instanz und der

Möglichkeit, dort beliebige Inhalte sichtbar abzubilden. ICH behaupte, dass sich das wirkliche Wissen zum Verhalten der Materie in der entsprechenden Datenordnung versteckt. Der wissende Geist benötigt die ersten gespeicherten Daten seines Lebens. Der wissende Geist reduziert das Overlay seiner Bildung und Erziehung auf seine Wurzeln. Im Grunde sind es die aktuellen Daten des Materieraums.

Sie dienten dem organisierten Aufbau nach der Befruchtung. Der Materieraum dient dem Körper als stabilisierende Matrix. Sich zu diesen Daten zu entwickeln, erlaubt die Gotteserkenntnis. Es ist der unverstellte Blick auf den Realraum. Der Datensatz des aktuellen Status Quo erlaubt es, seine Formulierung als das direkte Sein zu begreifen und den gefundenen Datensatz lenkend zu betrachten.

Viele Wissenschaftler entwickeln das aufgesetzte Wissen nur weiter, ohne sich der tatsächlichen Grundlagen ihres Geistes bewusst zu sein. Sie arbeiten mit Konstrukten der Bildung und Erziehung, mit Labels und der zugehörigen Betreibersoftware. Sie gelangen nicht mehr zu den Daten ihres orientierten Aufbaus und damit nicht zur Informationsmenge des Realraums, dem Datenäquivalent des aktuellen Materieraums. Sie arbeiten weit entfernt von diesem Instrument des allgemeingültigen Echtzeitraums. Sie arbeiten mit den erworbenen und weiterentwickelten Datenkonstrukten. Sie ringen mittels Betreiberordnungen mit Lkws und anderen Transportmitteln, um vage Antworten zu einem fernen Thema.

Wer das Wissen der Fachbereiche immer mehr auf fahrende Lkws reduziert, bekommt auch immer mehr Lkws. Die Arbeitsweise des Gehirns verkommt, der Datenreichtum schwindet. Schweift man in das Umfeld der Lkws ab, findet man nur Verbraucherströme und Produzentenverhalten. Der Informationsreichtum des erzeugten Wissens verarmt zusehends. Die Verrechnungsschritte des Gehirns beruhen immer mehr auf Blechlawinen. Gedankliche Operationen des Normalbürgers finden nur noch innerhalb der menschlichen Betreiberkonstrukte statt. Die Betreiberkonstrukte transportieren die Information der Ordnung bewegte Materie ›von hier nach da‹.

Die Manipulation des Menschen hat ernste Ausmaße angenommen. Derbe Materieströme mächtiger Kapazität und Wirkung geben die benannten Verbraucherdaten vor. Die Verschränkung der Daten im Korrelat zum homogenen Feld, allen voran die bewegten großen Massen, erzeugen die richtenden Wirkungen. Lkws bereiten ihnen den Weg. Lkws machen gleich. Sie sind Bildung, bedingen Entscheidungen, machen Meinung und den so genannten freien Willen.

Das auf diese Weise generierte Wissen erzeugt über die Körpersoftware eine Wirkung auf die Elemente. Die bewegte Materie, als Datenäquivalente in Feldern zu groben Datenströmen gefasst, erleichtert es auch den Elementen, dieses ursprüngliche Verhalten anzunehmen. Am Ende wird das aktuelle Wissen der Menschheit oder besser gesagt die menschliche ORDNUNG des Materieraums von seinen Wurzeln den Elementen beherrscht.

Das Verständnis, das man von der Welt erlangt, hängt krass von der geistigen Entwicklung ab, also welche Seinsstufe man durch Adaption erreicht hat und wie die adaptierten Teile der Welt an der Gehirnfunktion und der Bildung von Ergebnisfeldern mitwirken. Agiere ich mit einem Datensatz der Gesellschaft, anerzogen und erworben, der mir sagt, womit ICH es zu tun habe, oder habe ICH es geschafft, den Datensatz meines orientierten Wachstums zu favorisieren? Dann beschicke ICH meine Ich-Instanz mit den gegenwärtigen Daten des Materieraums, und mein Gehirn arbeitet mit den aktuellen Zustandsdaten des Status Quo.

Abgesehen von den natürlichen Dichten der Materie liegt die Datenmenge des ›Realraums‹ in einer allgemeinen gleich verteilten Präsenz vor. Erst durch den Beobachter stellt sich die Frage der Lokalisation und der Wertigkeit. Es gehören genetische Bereichsgrößen des Betrachters ebenso hinzu, wie die Sinnesdaten und ihre Verknüpfungen durch Ereignisse des Arbeitsspeichers. Der isoliert betrachtete Bereich kann dem Makrokosmos oder dem Mikrokosmos entnommen sein. Das Verhalten definiert sich immer in Abhängigkeit von seiner Umgebung.

ICH sage: »Je geringer das betrachtete Teilchen, umso wirkmächtiger ist die

Information des umgebenden Raums. Je größer der betrachtete Materiebereich, umso unabhängiger wird die betrachtete Informationsmenge vom umgebenden Raum.« Hinzukommt dann das analysierende Konstrukt des Betrachters. Es wirkt ebenso auf den betrachteten Bereich des Materieraums. Nach einer tiefgehenden integrierenden Analyse wird das eigene Sein selbst zu einem umgebenden Raum.

Natürlicherweise reagiert ein Datengefüge, das durch regelmäßige Integration in eine andere Geistesmasse erhoben wird, zuerst mit den bekannten Wechselwirkungen und dann mit einer gegenseitigen Angleichung und Abstimmung. ICH spreche von einem System korrelierender Daten. ICH spreche von dem Elektromagnetismus des Gehirns. Die Sprungvorbereitungen einer Heuschrecke und deren Ausführung genügen hier für ein Verständnis. ICH sehe beim Absprung wie bei der Landung eine Kraftübertragung auf den jeweiligen Grashalm. Der Grashalm wird angestoßen und wiegt sich in sein ruhendes Gleichgewicht zurück. Innerhalb der Biotopordnung ist es ein wiederkehrendes Ereignis. Die Kräftepakete bedingen sich gegenseitig. Die Sprungbelastung der Insektenbeine, die Kräfte und bewegten Teile, finden ihr Gegenstück im bewegten Grashalm. Es verlagert sich hier ebenfalls Information vom Körper des Insekts in externe Bereiche. Die Kräfte, welche die Sprungkraft des Insekts ausmachen, biegen den Grashalm.

Die Elemente bewegen den Grashalm ebenfalls. Man bedenke den Einfluss von Wind und Wetter. Die Heuschrecke und das Wetter finden sich um den wiegenden Grashalm ein. Es liegt eine Verschränkung von Information vor. Der sich wiegende Grashalm lässt mich den Sprung der Heuschrecke erkennen. Er kann aber auch von einem Windstoß herrühren. Innerhalb meines Geistes sind nun die Sprungdaten der Heuschrecke und die Wettereinflüsse vernetzt. Das Immunsystem dient der Stabilität der Ordnung des Menschen.

Eine hohe Variationsbreite an verschiedensten Daten erhöht die Möglichkeit von rein menschlichen Betriebsstrukturen auf die anderen Organismen abzuleiten. Das geistige System ermöglicht es, mittels Fremddaten anderer Organismen die eigenen Betriebsdaten darzustellen und die Hardware des eigenen Körpers vor Verschleiß und Missmanagement zu schützen.

ICH wähle mir den Gelenkverschleiß der großen Gelenke des Beines des Menschen zum Beispiel. Der konzentrierte Sprung belastet zuerst die Gelenke der Insektenbeine. ICH blicke also zuerst auf eine Datenmasse von externen Daten der Umwelt, die sich während der Evolution zu Wachstumsfaktoren der Insektenbeine herausbildeten.

Der Mensch verfügt ebenfalls über einen Schatz an genetischen Daten und einen Schatz an externen Gebrauchsdaten. ICH stelle mir vor, dass sich innerhalb eines geschlossenen Netzwerkes auch Information verlagern lässt. Das Bewusstsein, stellt man einen regelmäßigen Kontakt zum Insekt her, dehnt sich auf diese Weise auf die Datenbereiche des Insekts aus.

Es ergibt sich eine strukturelle Identität der Beine des Menschen und der Insekten. Sie rührt von der Fassung von evolutionsspezifischen Daten her. Die erhobenen Daten erfahren in den entstehenden und strukturgebenden Datenkapazitäten eine Abstraktion. Die Datenkonstrukte der Körperorganisation sind in ihrer übergeordneten Funktion in Teilen identisch. Die Funktion der Insektenbeine resultiert aus einer Sammlung von Daten einer Graslandschaft. Die Datenfunktion der Beine des Menschen ist durch den Gebrauch anderer Sinne und Interessen geprägt. In den Kräftepaketen und den strukturellen Beanspruchungen sind sie jedoch verwandt. Innerhalb des Geistes verschränkt stehen diese abstrakten Datenmasse dann füreinander ein.

Der Engel, der ein Bein an Land hatte, ein Bein im Meer, sagte: »Nimm das Buch und iss es! In deinem Mund wird es süß wie Honig sein, in deinem Magen aber bitter wie Wermut!« Er gab mir das Buch, und ich aß es. In meinem Mund war es süß wie Honig, aber in meinem Magen wurde es bitter. Der Engel sagte: »Du musst noch einmal weissagen über alle Geschöpfe dieser Erde.«

Das menschliche Sein korreliert mit dem der Heuschrecke. Die Heuschrecke beginnt die Geistesmasse des Menschen zu verkörpern. Die Heuschrecke krabbelt nun den Grashalm hoch. Dies heißt für die transportierte Geisteskomplexität, den Grashalm strukturell anlegen zu müssen. Die Geistesmasse des Beobachters wäre im Bereich um die Heuschrecke in etwa durch folgende Eigenschaften erweitert zu sehen.

Die Bewegungen des Grashalms unter verschiedensten Witterungsbedingungen zum Beispiel oder die Einflüsse von Wind, Regen und Sonne wären indirekte Informationsvolumina um den Grashalm. Sie fänden unter diesen Bedingungen Eingang in meine organisierende Geistesmasse. Es entstünden Phänomene, die auf das Gefüge des Geistes selbst wirkten.

Die Wahrscheinlichkeit, dass sich Teile des Datengefüges den materiellen Gegebenheiten des Grashalms, auch um seiner Darstellung willen unterwerfen, ist gegeben. Über die Integrität des Grashalms in die Geistesmasse fänden klimatische Größen wie Wetterphänomene Verankerung im Wissen. Nicht zuletzt steht der Transport von Stoffen von der Wurzel zur Blüte in einer ähnlichen Relation zum Geistesgefüge. Der Grashalm wird das Geistige Gefüge adaptierend strukturieren und entsprechende Informationswege bestätigend erleichtern.

ICH sehe in der Aufnahme der Pflanze eine adaptiv prägende Leistung des geistigen Gefüges. Der, ihr eigene Materiehaushalt wird absorbierend angelegt. In dieser Form Bestandteil des geistigen Gefüges, stünden dem herausregnenden Pollen logistische Strukturen der menschlichen Betreiberfassungen als leitende Konstanten in mehr oder weniger starker Ausprägung zur Verfügung. Der Zweck des Samens ist die Befruchtung. Getragen von Strömungen des Korrelats entstehen Samen dieser Informationsmasse. Innerhalb dieser gebundenen Informationsmasse erfolgt auch die genetische Schaltung.

Die Qualität der Integration des Lebewesens in die geistige Ordnung erhöht sich mit der Anzahl der qualitativ hochwertigen Eingänge. Das wiederkehrende konzentrierte Interesse am jeweiligen Lebewesen erhöht die Qualität seiner Integration. Die menschliche Aufmerksamkeit ist somit von entscheidender Bedeutung. In ihr sehe ICH die größte Möglichkeit, Information zu Arten in die abgehobenen Wissenschafts- und Wirtschaftskonstrukte zu erheben. Das Lebewesen profitierte von der Wechselwirkung mit den Daten der menschlichen holographischen

Betreiberfassungen. Die bestehenden Arten hätten wie der herausrieselnde Pollen berechnende Felder des Konstrukts zur Verhaltenssteuerung zur Verfügung.

Die Orientierungsleistungen der Organismen werfen zusätzlich Daten auf. ICH zähle das Erbringen von Daten zur gegenseitigen Wechselwirkung zu den Grundlagen der Gehirnfunktion. Die Dateneingänge aus den Biotopen dienen ebenfalls der Gehirnfunktion. Eine hohe Variationsbreite an Daten aus den unterschiedlichsten Lebensbereichen erhöht die Leistung des Gehirns enorm. Sie werden unabhängiger von den Wirtschaftsordnungen. Sie sind von den aufgesetzten Betreiberordnungen nicht mehr so gut zu manipulieren.

Die Daten einer Vielzahl integrierter Erbringer wirken zusammen. Die aufgeworfenen Daten sind dem denkenden Gehirn Projektionsfläche. Die Datenströme bilden Gegensätzliches ab. Der Datenstrom verdichtet das behindernde Objekt, macht es sichtbar und einer Lösung zugänglich. Dritte Organismen erweitern die Strukturen des Feldes um artspezifische Bereiche des Lebensraums. Abgeleitetes Wissen wird farbiger und erzielt eine höhere Wertigkeit.

So kann das Aufbrechen eines Samenstandes durch die Zunahme der Spannung korrelierende Datenbereiche übergeordnet fassen und verändert abbilden. Das plötzliche Lösen der Spannung führt zu einer explosiven Veränderung der Datenlage. Bei einer entsprechenden Datenlage – denken Sie nur an interessierte Geister, die sich mit vielfältigsten Wissenschaftsbereichen und deren Fragen beschäftigen – kommt es zu einer Spannungszunahme innerhalb der Datenlage bis hin zu einer explosiven Veränderung. ICH denke bei einer Spannungszunahme an eine Informationsauslese und an eine Momentaufnahme des entstehenden Kontrasts bei der plötzlichen Umwandlung der Spannungsenergie in Bewegungsenergie. Diese Informationsmenge gleicht einer Momentaufnahme des vorliegenden Datenschatzes. Es handelt sich um eine Datenmenge der Erkenntnis. Es ist ein sehr kurzer Moment sichtbar differenzierter Information. Es handelt sich um eine übergeordnete Fassung von Informationsbereichen.

Vor dem Hintergrund einer ausgezeichneten Datendichte leitet man sehr viel präzisere Antworten auf aufgeworfenen Fragen ab. Die korrelierenden Teile des geistigen Systems sind sich von gegenseitigem Nutzen. Dritte Organismen stellen innerhalb der Geistesmasse bemerkenswerte Daten durch und sind damit von intuitiver Kraft für das leistende Gehirn.

Ausschließlich mein wiederkehrendes Interesse verankert das andersartige Lebewesen in meinem Ich. Es gelingt mir, Daten zu seinem Lebensraum aus der jeweiligen Sicht des Organismus in die menschliche Gesellschaftsordnung zu erheben. Auf diese Weise räumt der Mensch den Arten ihre Existenz ein und erhält sich die nötige Variationsbreite an Biotopdaten zur Organisation seines Organismus. Die Naturbetrachtung stellt einen wichtigen Faktor zur Vernetzung von Information innerhalb des geistigen Gefüges.

Das geistige Gefüge, in einer gewissen Weise von scharf begrenzenden holographischen Strukturen durchzogen, ordnete den Grashalm seiner gewachsenen Eigenschaften entsprechend, ein. ICH bezeichne das Wachsen auch als eine orientierende Leistung. Das Wachstum bindet wie oben beschrieben das organisierende Prinzip. Die Pflanze adaptiert sich, von optimalen Keimdaten ausgehend, an das vorliegende organisierende Prinzip. Es sind die aufgesetzten menschlichen Ordnungen zu betrachten, deren Infrastruktur weit in den Materieraum hineinwirkt.

Die menschlichen Datenfassungen und ihre Wirkungen prägen eines jeden Sein. Die Existenz eines jeden Organismus hängt von seiner Präsenz im Kosmos der Daten ab. Je vielfältiger ein Organismus von Dritten in das Gefüge der Daten erhoben wird, desto großartiger ist seine Existenz. Die Naturbetrachtung erlaubt Einblicke in relativ unbekannte Informationsniveaus der wissenden Hologramme. Die Sinnesleistungen dritter Organismen, ihre Ansprüche an den Lebensraum usw. bedingen vollkommen andere Datenkonstellationen. Die Datensätze, aus einer Vielzahl einzelner Ausschnitte des Materieraums bestehend, spannen einen artspezifischen Ereignisraum auf.

Und doch startet jegliche Ordnung bei Null. Die Evolution eines jeden Organismus orientierte sich an den wiederkehrenden wechselnden äußeren

Bedingungen und den täglichen Gebrauchsdaten. Die Lebewesen sind alle auf den Realraum, auf die materieäquivalente Datenmenge des Status Quo zu überführen. Innerhalb des Realraums überschneiden sie sich. Ihre Gemeinsamkeiten und ihre gemeinsamen Ansprüche an den Lebensraum werden sichtbar.

Innerhalb dieser Datenmenge ist eine variable Darstellung von Belastungen gegeben. Von einer verbindenden Grundsubstanz ausgehend können Belastungen innerhalb der holographischen Ordnungen der Körper auch mittels Daten anderer Organismen abgebildet sein. Die steigende Komplexität bei Verschränkung garantiert eine höhere Stabilität der Organstrukturen.

Die äußeren Bedingungen um den Grashalm schwanken sehr stark. Der Raureif kann abschmelzen, Schnee abrutschen, die Feuchte die Flexibilität erhöhen, usw. Der Zustand des Grashalms ändert sich mit den äußeren Bedingungen. Der materieäquivalente Datensatz, der den Zustand des Grashalms exakt erfasst, steht gleichzeitig für wesentliche Verhaltenszüge des korrelierenden Systems. Orientierte sich das Wachstum des Grashalms an einer gegebenen Infrastruktur, oder anders gesagt: dienten Datenmengen, wie Baum und Grashalm, in einer Summe als Wachstumsfaktoren für höhere Organismen, so wird die Organisation von spezifischen Funktionen der Gewebe leicht verständlich.

Eine hochkomplexe Summe aus Daten enthielte dann, zum Beispiel, Durchtrittseffekte durch eine Membran und die Regulation von Gewebespannungen. Die betrachteten Datenmengen wären Ideengeber. Gedankliche Verrechnungsleistungen hätten eine hochwertige Grundlage. Unerwartete Massebahnen dieses Bereichs würfen dichtere Datenphänomene auf. Diese Datenphänomene fassten das Korrelat übergeordnet. Es etablierte sich eine Ordnung, die die Restdaten in dieser Form prägte. Die zufällige Massebahn prägte als Materieäquivalent den Datenkosmos. Der Datenkosmos erinnerte die Massebahn als eine zufällig wiederkehrende ähnliche Datenkonstellation.

Sollte sich das menschliche Wissen, seine Ordnung oder die menschliche Zivilisation tatsächlich an Organstrukturen ausrichten, und hätten sich diese Datensätze zu Äquivalenten einer größeren menschlichen Blutbahn mit dem

Zellhaushalt im Anhang entwickelt, wäre es nicht wunderschön, ein Wissen und eine Staatsordnung zu entwickeln, die sich in dem Aufbau und in der Funktionalität des Gehirns widerspiegelt?

Beobachten Sie ihre Umwelt und liefern Sie abwechslungsreiche Daten an die verwaltende Zentrale. Weichen Sie die Wahrnehmungsmuster mit ihrem eigenen Denken auf. Bereichern Sie die kommunikationsarmen Hauptdatenbahnen der Großkonzerne. Verschränken Sie ihr Ich! Werden Sie aktiv! Zeigen Sie Initiative! Bauen Sie sich ein Netzwerk auf, das Sie schützt, das Ihnen dient! Ihr Gehirn, Ihre Psyche und Ihr Körper danken es ihnen.

Es ist die Nutzsucht und das Gewinnstreben der mächtigen Felder, die sie in ihrem Sein beschränken. Die Natur ist kein Verbrechen. Die Natur bedeutet intensivstes Leben. Die Natur hält Eigendaten für sie bereit.

Die Ähre gelangt mit zunehmender Beugung des Grashalms auf Niemandsland. ICH denke, dass sich das Wachstum an vorliegenden Faktoren orientierte. Diese Wachstumsfaktoren leiteten sich aus dem Korrelierenden System ab. Somit wären einfache Strömungen, bestehend aus Materiemanövern der Ordnung ›von hier nach da‹ an eine gewachsene Hardware eines Grashalms gebunden. ICH beobachte mit zunehmendem Alter und zunehmender Reife nicht selten eine Biegung des Grashalms. Der Grashalm unterliegt den aktuellen äußeren Bedingungen. Das adaptiert gewachsene Datengefüge verlagert sich.

Vermutlich erinnert der Grashalm ausgehend von seiner stabilen Basis den leitenden Datenschatz. Der Grashalm biegt sich unter den äußeren Einflüssen vom Hauptstrom der Wachstumsfaktoren innerhalb des organisierenden Systems weg. Vermutlich installiert sich damit die Möglichkeit, entfernte Räume zu besiedeln. Der gebogene Grashalm könnte ein Strömungsphänomen durch die natürliche Komplexität der Daten legen, so dass ein Vogel den Samen vielleicht über eine gewisse Wegstrecke transportiert. ICH spreche hier bewusst nicht von einer Manipulation.

Die Biegebeanspruchung des Grashalms führte zu einem Grenzfall. Es könnte bereits die auftretende Kompression des Grashalms und auch seine Ausdehnung auf der Gegenseite zu einer Erhellung der Daten innerhalb des Korrelats führen. Man bedenke, dass eine Kompression die Daten verdichtet. Es entstünde ein verbessertes Leitsystem entlang der verdichteten Daten. Auf der Gegenseite käme das Gefüge unter Zug. Eine Dehnung des geistigen Systems erhellte angrenzende Bereiche. Es kämen Datenbereiche einer zuführenden Wirkung zum Tragen. Bedenken sie das Verhalten von Wassertropfen bei Regen, sich niederschlagender Luftfeuchte oder nach dem Abschmelzen von Raureif. All diese Größen und die gebundenen Daten des korrelierenden Systems, stünden dem Samen als richtende Größen bei seiner Verbreitung zur Verfügung.

ICH fasse hier noch einmal materieäquivalente Daten zu funktionellen Konstrukten mit Richtungen und Wirkungen zusammen. Höhere Datenkapazitäten transportieren Gefühle oder fordern von ihren Bausteinen ein gewisses Verhalten ein. In diesen komplexen Datenmengen findet man auch die Vorgänge des Denkens und der Ergebnisbildung vor. Die Organisation des Körpers steht als Oberstes Prinzip fest. Die Körperprogramme sind ein Ergebnis der Evolution. Es handelt sich um geistige Overlays, die sich nach der Befruchtung bei Null beginnend mit Daten des Status Quo beschäftigen, um allmählich intakte Regelkreise mit Organstrukturen herauszubilden. In den Regelkreisen sind Informationen zu biologischen Strukturen und den sie umströmenden Elementen enthalten. Vor allem die Elemente dürften auf Grund ihrer vorhersagbaren Wirkungen auf Objekte den größten verbindenden Charakter zeigen. Die Elemente werden die Instanz sein, die in gewisser Weise alle Objektdaten verbindet.

Verschränkte ICH die Bestrebungen der Pflanze mit der Raumfahrt, so korrelierte das Andocken einer Versorgungskapsel an der Raumstation mit den geglückten Befruchtungsdaten einer Gräserdame. ICH sehe die Möglichkeit der Ableitung verschiedenster Gewebetypen abhängig vom verschränkten Informationsmaterial. Der Organismus erhebt auf dem Weg durch sein Biotop kontinuierlich Daten. ICH spreche bei diesen Datenabfolgen auch von unbewussten Kriterien der Bewusstseinsmasse. Die dichteren Formen, die ein besonderes Interesse am Objekt voraussetzt, scheinen auf den Organismus stärker organisierend zu wirken. Man bedenke, dass das Interesse die Geistesmasse auf das Objekt richtet, um möglichst viel Information zum Objekt zu binden. Man bedenke die Zusammensetzung der Geistesmasse und erkenne den strukturierenden Einfluss des Objekts auf dieselbe.

Unabhängig von der Verrechnung der Objektdaten mit der Geistesmasse, bleibt die konzentrierte Informationsmenge des Interesses dem Materieraum verbunden. Man erinnere sich an seinen Weg durch das Biotop, die Beschäftigung mit dem Objekt des Interesses, die Fortsetzung des Weges und an die zyklische Wiederkehr der Informationsabfolgen. Man führe sich mögliche Wechselwirkungen der erhobenen Objektdaten mit der Körpersoftware vor Augen. Man würde auf die Datenmasse der Körperorganisation bzw. der strukturbildenden Datenmasse mit möglichen negativen wie positiven Adaptionsvorgängen des Organismus nach Wechselwirkung mit konzentrierten Biotopdaten des Interesses blicken.

ICH erkenne an der Datenordnung der Gewebetypen auch pathologische Veränderungen. Die Gewebe reagieren auf Störungen des Datengefüges. Das Immunsystem scheint Belastungen durch Fehler, Konkurrenz und andere Negative, dass sie nicht auf den eigenen Körper durchschlagen, mit Fremdinformation, mit Information aus seiner Umwelt extern zu verarbeiten. Innerhalb des Immunsystems scheinen die verschiedenen Arten der Datenerhebung voneinander abweichende Wertigkeiten zu besitzen.

Um zu verstehen, sind verschiedene Typen der Datenerhebung vorzustellen. Das Einfachste, um sich mit der Natur vertraut zu machen, ist die eigene Beobachtungsgabe. Die Naturbetrachtung ist ein geeigneter Weg, um Daten aus der Umwelt in die eigene Ichmasse zu erheben. Es stellt sich hierbei natürlich die Frage nach der Ordnung der Felder, in welchen man organisiert ist. Welche Ziele verfolgen diese Felder? Wie ist ihre Zusammensetzung und welche Ideale verkörpern sie? Wie äußert sich ein Gesprächspartner mir gegenüber? Wie bringt man die vorliegenden Instanzen der Feldarchitektur mir gegenüber zum Ausdruck?

Welche Instanzen werden damit noch in Gang gesetzt, die dann als Zusatzinformationen unterbewusst auf mich einwirken? Wie ist durch das vorliegende Konstrukt meine Aufmerksamkeit gelagert? Welche Information entnimmt man damit der Umwelt? Welches Gewicht haben Gesprächsfetzen vorüber laufender Personen? Handelt es sich tatsächlich um Botschaften aus dem Korrelat? Reicht die eigene Positionierung und Geisteshaltung aus, um fremde Datenkonstrukte zu Reaktionen zu provozieren? Werden tatsächlich Individuen instrumentalisiert, die an den Kontaktflächen großer Ichs den Transfer von Botschaften betreiben?

Vielleicht gibt es Möglichkeiten, den Regelweg des Materiehaushalts auszuhebeln, und die Antwort direkt – das heißt, eine von einem neuronalen Netzwerk einer vorbeilaufenden Person getragene Geisteskapazität gibt bei einem direkten Kontakt der Felder, der durch die Umgebungsdaten verzeichnet wäre, ein Informationspaket der gewünschten Ordnung ab. Die Worte drängen direkt an mein Ohr und die Trägermasse würde meiner Geistesordnung entsprechend analysiert und adaptiert beschickt.

Werfen sich großartige Felder in dieser Form tatsächlich Informationsfetzen zu? Liegen diese Wertungen auch unterbewusst vor? Unabhängig von bewussten Interaktionen der Großen unterlägen die Individuen den Feldstärken des wissenden Konstrukts. In Anlehnung an den Status Quo dürfte auf das Individuum eine Vielzahl von richtenden Konstanten einwirken. Die Arbeitsweise des Gehirns und die Art, Daten zu verrechnen, dürften sich an den Strukturen innerhalb der Feldarchitektur ausrichten.

Im Umgang mit der Natur lernt man sich selbst als ein übergeordnetes Konstrukt zu begreifen. Es gelingt, die Natur zu beherrschen und zu gestallten. Niederere Organismen werden so zu Bestandteilen der eigenen geistigen Ordnung. Innerhalb dieser Idee entstehen Mechanismen, die mir wichtigste Biotopdaten zu meiner Orientierung und Bedürfnisbefriedigung durchstellen.

Lässt sich diese Form der Datenerhebung als eine Zentralisation von Daten eines übergeordneten Geistes beschreiben? Diese Form der Datenerhebung lässt sich auch auf die menschliche Gesellschaft anwenden. Auch die Menschen sind Sensoren und liefern ihre Daten an die führenden Geister, an die Suchenden und Fragenden. Schlüge meinem ICH tatsächlich Neid und Hass konkurrierender Systeme oder auch die Liebe entgegen, wirkte diese dann nicht in erster Linie auf die Bestandteile meiner Feldarchitektur. Belastet der Streit höherer geistiger Ordnungen die verschränkten niederen Bestandteile eines Ich? Wann treten Organstrukturen in den Vordergrund und erkranken?

Die Arbeitsweise des Gehirns ist kaum veränderbar! Es ist kein Leichtes, sein Denken auf neue Datenmengen abzustimmen! In welcher Weise kann eine Naturbetrachtung die großen Felder substituieren, so dass ICH selbst keine Belastung der Betriebssoftware meines Körpers habe? Wie reagieren die Daten aus der Natur auf negative Wertungen oder Wachstumsabsichten der Felder der Großen?

Auch die niederen Organismen reagieren auf Schadware. Mindernde Aussagen betreffen selbstverständlich die Organisation eines jeden Organismus. Die negativen Aussagen öffnen Schadorganismen wie zum Beispiel Pilzen und saugenden Insekten die Türen. Die abwertenden Äußerungen schaffen Zugänge zu den Bestandteilen meines Ich, den geliebten Mitorganismen, den Pflanzen und Tieren zum Beispiel. Das kann sich in einem gekrümmten Wachstum zeigen, das kann aber auch zu Läusen oder Faulprozessen durch Pilze führen.

Dieses könnte man bereits als eine Leistung des Immunsystems begreifen. Aufgeworfene Negativa Dritter betreffen nicht den eigenen Körper, sondern zeigen sich ›out of body‹. Sie wirken auf die Bestandteile meines Ich ein. In diesem Fall zeigen sie sich an meinen Kulturpflanzen, die ICH hege und pflege. Die Schadwirkungen zeigen sich an geliebten Dingen, den täglichen Gebrauchsdaten. Sie wirken auf die Qualität der Verrechnungsmechanismen der Gehirne.

ICH schaffe in diesem Fall klare Bilder des Geistes von dem Geschehen. Während der Betrachtung des Schadmusters vor meinem geistigen Auge höre ICH in den Äther und erkenne die verursachenden Informationsmuster. Manche Schadbilder von Pilzen sehen aus wie gegenüberliegende Gesichter, die miteinander kommunizieren. So als ständen zwei Nachbarn am Gartenzaun und

vernetzten im Gespräch ihr Sein.. Mindernde Wertungen leisteten dem Schad-
pilz Vorschub. Vielleicht fressen sich hier negative Wertungen in meine Apfelfrucht, vielleicht ist es auch nur die allgemeine Konkurrenz eines vorhandenen
Existenzdrucks.

Die exakte Betrachtung des Schadbildes und das Aufwerfen der ursächlichen Information sollten ausreichend Logistik sein, um den benötigten Nütz-
lingen die Anreise zu ermöglichen. Schwenkten Marienkäfer und Co auf die
vorgezeichneten Massebahnen ein, dezimierten sie schon in kurzer Zeit die
Blattlauskolonien. Die ursächliche Datenlage wäre sogar notwendig, um ein
entsprechendes Nahrungsangebot für den Marienkäfer bereitzuhalten. Die
Wandlung einer ursächlichen Schadware in die Anwesenheit eines gerne gesehen Gastes wäre geglückt. Dieser Vorgang relativierte natürlich die ursächlichen Negativa.

Dieses gelingt auch vielen Schmetterlingen. Sie lieben das faulende Obst.
So wird mir die Anwesenheit einer Art zu einer überbrückenden Größe. Meine
Ichinstanz mit einem Schmetterling besetzten zu können, erlaubt es mir plötzlich,
liebend und genießend auf das Schadbild zu sehen. Der Schmetterling erlaubt
mir über eine ursächliche Schadinformation nicht nur hinwegzusehen, er ist mir
ein liebender Genießer und gern gesehener Gast.

Diese wenigen Beispiele genügen, um einen Bewusstseinswandel zu erklären. Sie genügen auch, um Wirkweisen des Immunsystems in Abhängigkeit
zum umgebenden Materieraum zu erläutern. Vermutlich arbeitet das Immunsystem auch mit einer Veränderung von Datenlagen. Gewisse Bedingungen
könnten als an gewachsene Eiweiße adaptierte Information ausgeschüttet werden. Das Verhalten der Marienkäfer in der gegenwärtigen Lage, veränderte als
geistige Datenlage oder als ein Bestandteil einer holographischen Datenmasse
eines Trägereiweißes, das Verhalten der Zellorganisation vollkommen. Auf diese
Weise wandelt die Anwesenheit mancher Arten dummes und minderwertiges
Gerede und Verhalten in einen brauchbaren Datensatz.

Ein weiterer Weg, den eigenen Körper durch Fremdinformation vor

Belastungen mit Negativen zu schützen, wird die Datenerhebung mittels Dritter sein. Diese Form der Datenerhebung scheint sich die Komplexität der fremden Körperorganisation für sich zu erschließen. Erheben Sie also Daten für Ihre Ichstruktur, getragen von einem fremden Organismus, wird der erhobene Inhalt, getragen und stabilisiert von der Komplexität dieses fremden Körpers, negative Belastungen vom eigenen Ich fernhalten. Dies ist ein sehr nützlicher Vorgang. Er ist nicht nur innerhalb der eigenen Art anzuwenden, sondern bezeichnet nicht zuletzt die Wertigkeit eines Bioprodukts, das heißt Daten für das eigene Ich können ganz allgemein von dritten Organismen erhoben werden.

Wie erwähnt, zieht das Immunsystem die Eigenschaften dritter Organismen, zum Beispiel die abweichende Komplexität der Körper organisierenden Datenmasse, das heißt ganz spezifische Eigenschaften wie Toleranzen gegenüber spezifischen Belastungen, die sich im starken Abweichen vom eigenen genetischen Potential oder durch ein starkes Abweichen von der eigenen Ichstruktur innerhalb der eigenen organisierenden Körperdaten auszeichnen sollte, zur Abwehr von Schadinformation heran.

Diese Mechanismen werden auch in einem anderen Sinne gebraucht. Zum Beispiel sind Höchstleistungen von Gewebe immer nur in Übereinstimmung mit anderen Organismen zu erreichen. ICH nehme die Informationen der Nahrungskette zum Beispiel. Diese Informationen sind täglicher Bestandteil des Ich. Sie wirken täglich auf das Individuum. Die großartige Erfahrung des Riechens und Schmeckens macht sie zu einem gewichtigen Datenkomplex.

Die Ameisen unterhalten Blattlauskolonien. Die Blattlaus saugt an der Holunderblüte. Der Marienkäfer frisst die Laus. Das Huhn pickt den Marienkäfer und legt ein Ei. Der Mensch isst sein Frühstücksei. Dieses ist ein Beispiel miteinander harmonierender Organismen. Innerhalb dieser geschlossenen Informationsmenge nützt der Körper Informationswege, um Belastungen in die Komplexität Dritter und die Natur abzuleiten. Das sind einfache Bedingungen, um die Wirkung von Schadinformation zu verschleiern und ihre Existenz wenn nötig zu löschen.

Die höhere Konzentration der Informationskomplexe des Schmeckens und Riechens, bzw. des Gebrauchs der Esswerkzeuge spräche für eine starke Analogie innerhalb der Arten. So führte der gemeinsame Genuss eines süßen Apfels von Wespen, von Fliegen, von Schmetterlingen, von saugenden Insekten und anderen Kleinstorganismen zu einer vielschichtigen Komplexität der Information ›Apfel‹. Der naheliegendste Gedanke ist wohl die strukturellen Identitäten der Kauapparate und Mundwerkzeuge hervorzuheben. Der Entwicklung zugrunde liegende Datenmassen zeigten auffällig identische Materieströme. Dieses ist der Eintritt in den Organismus. Es schließt sich der Verdauungsapparat an.

Die holographischen Konstrukte einer jeden Art organisierten sich um die Apfelfrucht. Die Datenabstrakte der Mundwerkzeuge bzw. die, sich anschließende Apfelfrucht, fungierte als ein Datendrehkreuz und verschaltete in die artspezifischen Bereiche. Diese Art der Verschränkung von Daten führt zu einer enormen Aufwertung des Biotops. Es entsteht eine Komplexität an Daten, die sich nicht nur für teilhabende Organismen vorteilhaft zeigt, sondern zum Beispiel auch klimatische Bedingungen stabilisiert.

Die Fassung der Daten der Essenswerkzeuge in Strukturen mit einem ähnlichen Materieverhalten, führt zu holographischen Feldern und damit zu einer Abstraktion der individuellen Einzeldaten. Über diesen Weg gelangt die Apfelfrucht innerhalb des Datengefüges zu einer enormen Wertigkeit. Die Information ›Apfel‹ rückt in das Zentrum eines holographischen Konstrukts. Das holographische Konstrukt zeigt sich als eine Summe von Umgebungsdaten. Es fließen die individuellen Lebensräume der Arten ebenso mit ein wie die dynamischen und statischen Elemente der Kauwerkzeuge. Nicht zuletzt ist das Materieverhalten des zerkleinerten Apfels von Bedeutung. Er tritt in Form von Nährstoffen die Reise durch die verschiedenen Organismen an.

Der Apfel liegt im Zentrum. Der Datensatz ›Apfel‹ stellte eventuell die Kernlage der Information eines Eiweißes dar. Der Apfel wäre eine zentrale bindende Kraft. Der Apfel hielte die Biotopdaten der einzelnen Arten zusammen. Zumindest läge der Reichtum an Daten in dieser Form vor und wäre als Baustein für noch größere Datenordnungen von enormer Wichtigkeit.

ICH betrachte den Apfel und die angegliederte Information. ICH betrachte die alles umschließenden Wettereinflüsse und blicke auf das Lebensmittel. Glauben Sie nicht auch, dass komplexe Information dieser Größen, die Logistik der Zelle und des Organismus enorm bereichern? ICH habe nichts gegen den technischen Fortschritt und die gegenwärtige Datenmasse des menschlichen Status Quo. ICH denke nur, dass es auch möglichst natürliche Daten, wie die der Evolution, sein dürfen, mit welchen man seinen Organismus umgibt. Die Mutter Natur hält die komplexere, die vollkommenere Information bereit. Ein Apfel, umgeben von einer Informationskomplexität dieser Art, ist für das Immunsystem von sehr viel größerer Bedeutung.

Ob Datenspur, ausgetretener Pfad oder auch Autobahn, die Information findet ihren Weg. Die Information kann in kleinsten Paketen verschickt werden, aber in der Regel sind die natürlichen Komplexe etwas größer und in ihrer Zusammensetzung unterschiedlich. ICH gehe einmal davon aus, dass man am besten vorankommt, wenn man die Reisedaten selbst gespeichert hat oder diese von irgendwoher zur Verfügung gestellt bekommt. Am einfachsten bewegt man sich auf bekannten Spuren in seinem eigenen Biotop. Hier entsprechen die Daten der Ichinstanz dem umliegenden Materieraum. Je mehr sich die Ich-Instanz und damit der gewohnte Datensatz zur Organisation eines Organismus von den Reisedaten unterscheiden, umso schwieriger und zeitraubender wird es, sich fortzubewegen, bzw. an das Ziel zu gelangen.

Das betrifft die Datenkonstrukte des Wissens ebenso, wie es für die Schadware gilt. ICH spreche hier von der Schadinformation. ICH zähle hierzu nicht nur Wertungen, die beim Beurteilen von Sachverhalten entstehen oder einem Menschen wegen seines Aussehens und seines Charakters von der Gesellschaft entgegengebracht werden. ICH zähle auch komplexe Information wie Grippeviren, die hier an eine Hardware gebunden ist, zur Schadinformation.

Diese Information ist sehr spezifisch. Die Grippe trifft den einen mehr und den anderen weniger. Vieles hängt auch von der eigenen Manipulierbarkeit ab. Viele der Kleinstorganismen verbreiten sich über Schmier- und Tröpfcheninfektion. Um in den Organismus einzudringen, sind sie auf die Hand-Nase- und Hand-Auge-Koordination des Menschen angewiesen. Sollten die Viren und Bakterien auf dem Materieraum äquivalent entnommenen Massebahnen reisen, wird klar, dass rein menschliche Ordnungen den Viren und Bakterien einen ausgetreten Datenpfad bzw. eine Datenautobahn durch die holographische Datenmasse legen. Auf dieser Grundlage können zum Beispiel sehr viel feinere Effekte zu Luftströmungen im Sinne einer beabsichtigten Tröpfcheninfektion errechnet oder Handbewegungen im Sinne einer Schmierinfektion eingefordert werden.

Selbst negative Haltungen anderen gegenüber verbreiten sich sehr stark. Man erinnere sich an die Echtzeiteigenschaften eines holographischen Konstrukts. Beschickt man ein holographisches Konstrukt mit negativen Wertungen, man beachte die oben erwähnten Verbreitungswege, wirkt sich das über abstrakte Strukturen auch auf ähnliche Verhältnisse aus. Diese Leute brauchen dann ein gesundes biologisches Puffersystem, das derartige Angriffe aufnimmt, bevor sie dem eigenen Organismus schaden. ICH zähle die Mechanismen des geistigen Systems auch zu der Ordnung des Immunsystems. Ein genügend vernetztes Datensystem hält Schadinformation fern.

Die externen Daten, der Umwelt äquivalent entnommen, bilden einen Teil des aktuellen Ich. Sie behindern den direkten Angriff auf die menschliche Betriebssoftware. Die Differenz des Datensatzes zu der breiten Masse kann dann gar nicht groß genug sein. Individuelle Vorlieben und Naturbetrachtungen, Lebensräume und Lebensträume schützen, je mehr sich die täglichen Gebrauchsdaten von den gängigen Normeinstellungen unterscheiden. Man braucht ein gutes Immunsystem, dass man von der kursierenden Schadware nicht angesprochen wird.

Die Manipulierbarkeit der Menschen nimmt mit der Kapazität der einheitlich dahinströmenden Datenmasse zu. Der Informationsfluss ist auf die Integration in zusammenhängenden Feldern angewiesen. Die Informationskomplexe fließen entlang der ihr eigenen Massebahnen. Die Informationskomplexe fließen entlang bekannter Gebrauchsdaten.

Komplexe Information und Wissen brauchen für ihre Ausbreitung keine Datenautobahnen. Komplexes Wissen verbreitet sich ebenso auf Spuren. Stabile Informationskomplexe sind vermutlich drehbar. Sie wirken in Raum und Zeit. Sie richten sich immer wieder an vorliegenden Gebrauchsdaten aus. Dabei werden sie, wenn der leitende rote Faden dünner wird, von ansetzenden Strömungen in eine günstigere Position gebracht. Es entstehen kleinere Wellenimpulse, wenn sich der Datenkörper in eine fortführende Ordnung einloggt.

Vermutlich ist die Geschwindigkeit der wissenden Ordnung entlang des roten Fadens von dessen Datenkapazität abhängig. Wie stark ist der zentrale Datenstrom und wie sehr bin ICH mit meiner Umgebung vernetzt? Während der zentrale Datenstrom dem Wind in den Segeln entspräche, wirkten die Begleitdaten anderer Arten aus dem Biotop wie Anker. Sie behinderten die Beschleunigung. Manchmal treten Verbindungsstörungen des Roten Fadens auf. Dann ruht die Ausbreitung, bis sich mit einem Informationsträger eine geeignete Brücke einrichten lässt, der eine fortführende Verbindung erstellt.

Andersartige Organismen erheben selbst Daten vom geliebten Objekt. Sie bringen ihre eigenen Bedürfnisse an den Lebensraum um den Apfel in Position. Die mitwohnenden Arten stellen ihr Sein dem des Menschen gegenüber. Die Apfelfrucht ist eine stabile zentrale Größe. Um diese zentrale Größe herum organisieren sich die Felder der kontaktierenden Arten. Es bilden sich übergeordnete Strukturen heraus, die sich am Materiefluss orientieren.

Der genossene Bioapfel erreicht auf Grund einer Vielzahl unterschiedlicher Betrachter – Käfer, einzelne Wespenarten, Mücken, Fliegen und Schmetterlinge – eine ungeheure Wertigkeit seines Datenäquivalents. Die Organismen sind selbst funktionierende Datenkonstrukte. Alle Organfunktionen sind an den Materieraum adaptiert. Neuronale Leistungen sind aus der Sicht einer gewachsenen Hardware eines Organismus zu betrachten. Die aufgeworfenen Datenmengen der analytischen Instanz und die Körperprotokolle lassen sich auf den aktuellen Materieraum reduzieren. Die aufgeworfenen Daten bestätigen und erhärten sich gegenseitig. Dieses ist die Datenmenge des Realraums.

Gleichzeitig sind ausgesuchte Daten in holographischen Ordnungen zu den Funktionen der Organe verpackt. Die Organfunktionalität verhält sich äquivalent zum Materieraum. Die großen Datensummen der Organordnungen bleiben dem Materieraum verbunden. Die Architektur der Datenfelder beschreibt die Zusammensetzung der Kräfte, Richtungen und Wirkungen. Die Materiebewegungen der Organfunktionalität verhalten sich äquivalent zu den Materiebewegungen des Materieraums.

ICH besetze meine Ichinstanz mit Datenkapazitäten dieser Größenordnung und gelange auf ein anderes Niveau. Die Analyse der Sinnesdaten, das Begreifen der wissenden Konstrukte verändert sich mit den neuen Möglichkeiten. ICH blicke mit einem eigenen Datensatz auf die Welt. Mein Verhalten richtet sich nach diesen Datensätzen. Heutzutage werden sogar Luftströmungen von einer zugrunde liegenden Datenmatrix abhängig gesehen. Dieses hieße für den Organismus Mensch, sich auch auf einem speziellen Niveau von Luftströmungen zu bewegen. Das Ein- und Ausatmen wäre so perfide genau an das Vorliegen von infizierten Schwebeteilchen gekoppelt, dass manche in unbelasteten Zonen einatmeten und in belasteten Zonen ausatmeten.

Ausgehend von der geistigen Masse bewegte ICH mich auf diesem Niveau von Luftströmungen. Die Absichten eines Virus oder die Wirkungen einer anderen Schadware wären ausgehebelt. Dieses hängt von der Architektur der holographischen Felder ab. In welcher Art von Feldern bin ICH organisiert, welche Daten verwalte ICH persönlich, und in welcher Form sind die Daten in den Feldern zu Wirkungen und Strömungen verrechnet?

Bewege ICH mich in dieser Weise durch den Raum, entlang des roten Fadens, so ist es der holographische Datenkomplex, der die Begleitumstände des korrelierenden Systems erkennt. Das holographische Konstrukt der Ich-Instanz vernetzt die Bereiche. Das holographische Konstrukt regt den Materietransport an. Das betrifft zum einen die Kriterien der holographischen Masse, die sich in

Feldern des Korrelats zu Wirkungen zusammenschließen. Die Wirkung betrifft aber auch Materie, die zufällig, zum Beispiel durch die Beobachtung eingeloggt wird. Ein Auto reagiert natürlich nicht so stark mit Eigenbewegung, wie es zum Beispiel Schwebeteilchen in der Luft tun.

Die Datenkomplexe suchen sich ihre Wege. Mit zunehmender Komplexität des Reisenden und des bereisten Gefüges wird dieses jedoch schwieriger. ICH gelange zu der Erkenntnis, dass nicht eine starke Mobilität, sondern die Vernetzung streng lokaler Datengruppen im Vordergrund stehen sollte. Die strenge Regionalität ist ein großer Schutz für alle Beteiligten. Gelebte Regionalität reduziert zum Beispiel den Abfluss von Geldmitteln. Sie schützt vor Isolation und sozialer Verarmung. Die Strukturen, innerhalb welcher man organisiert ist, erkennen und akzeptieren sich.

ICH sehe in den normalen Industrieäpfeln, die nur durch menschliche Hände laufen, sehr oberflächliche und leicht durchschaubare Informationsmengen. Betrachten sie die Materieströme um die Apfelfrucht, die als Datenäquivalente die holographischen Strukturen des Gehirns bilden. Diese großflächigen Strukturen, bei der sich ausschließlich Menschen zuarbeiten, bedingen beste Bedingungen zur Verbreitung von Schadinformation.

Dieser Informationsordnung schreibe ICH ein sehr viel schwächeres Immunsystem zu. Obwohl das Immunsystem ausgezeichnet arbeitet, stehen ihm doch nur diese einfachen industriellen Massebahnen zu seiner Organisation zur Verfügung. Die Immunzellen und notwendigen Eiweiße, orientierte sich der Eiweißaufbau an der vorliegenden Datenordnung, wären im Sinne der Krankheitsabwehr von geringerer Qualität. Die Eiweiße verkörperten die Daten der industriellen Fertigung.

Vermutlich hängt nicht nur das Verhalten der auf diese Weise hergestellten Eiweiße von den Datenordnungen ab, an welchen sich ihr Aufbau orientierte, sondern auch die nachfolgenden Prozesse in der Zelle. Bewegte sich das erstellte Eiweiß an einem zentralen roten Faden entlang, wie der LKW auf der Straße, so gelangten mit der vermehrten Ausschüttung dieser Eiweiße auch die

Organisation der Zellen und des Organismus unter deren Wirkung. Vor allem die Information, die die Eiweiße verkörperten, wirkte zunehmend auf die Logistik der Zell- und Körperorganisation mit ein.

Weite Bereiche der Zellorganisation wären von den Informationsmassen unterwandert und setzten Prozesse der Krankheitsabwehr im Körper in Gang. Vermutlich handelt es sich um starke Spezifizierungs- und Differenzierungsprogramme der Software des menschlichen Organismus. Die belastenden externen Alltagsdaten werden zu Gunsten einer sehr differenzierten alten Software der Körperprotokolle in den Hintergrund gestellt.

Die einfachen Datenwege der industriellen Ordnungen fördern die Verbreitung der Viren zusätzlich. ICH meine die Bewegungen der Materiemassen, welchen auch Luftströmungen, die Keim beladene Tröpfchen transportieren, entsprechen. Ist die menschliche Logistik, als allgegenwärtige Software der Gehirnfunktion, nicht eine optimale Größe, um eine präzise Einatmung zum Transport eines belasteten Tröpfchens an die Nasenschleimhaut eines anderen zu berechnen.

Kann von der aufgeworfenen Datenmenge eine besondere Aggressivität ausgehen? Womöglich entstehen intelligente Konstrukte, die einen Grippevirus umgeben und leiten. Wichtigste Schranken und Abwehrmechanismen wären überwunden. Mutiert das Erbgut eines Virus oder Bakteriums unter diesen Umständen? ICH behaupte, dass sich das Erbgut den Feldkräften der veränderten Datensätze anpasst. In diesem Sinne agierte das Immunsystem bei der Organisation der Krankheitsabwehr in einem gewissen Maße auch im Sinne des Virus. Das Immunsystem nutzte zu der Organisation der Krankheitsabwehr dieselben Daten, wie sie der Virus zu seiner Verbreitung nutzt. Die Datensätze ähnelten sich.

Der menschliche Hauptdatensatz bestünde kaum veränderbar fort. Die Kapazität der Materieströme begünstigt die Manipulation des Menschen. Ein Jeder, der über einen Anteil am Datengefüge verfügt, kann seine Ideen einbringen. Aus der Sicht eines Virus wäre das zum Beispiel die benötigte Hand-Auge-Koordination und Hand-Nase-Koordination. Der Grad der Identität bzw.

die Formulierung eines allgemeingültigen Grundbausteins korrelierte mit der Wirkung der emittierten Informationsmenge auf das vorliegende Datengefüge.

Die zentrale Information des regionalen Bioapfels mit einer Vielzahl von angegliederten Lebensbereichen des Makrokosmos wie des Mikrokosmos erlaubt eine sehr viel einfachere Koordination der Zellereignisse. Die natürliche Komplexität verschränkter Organismen eines Biotops erhöht nicht nur die Effizienz des Immunsystems, es vermindert gleichzeitig die Wirkung einer Schadinformation.

Sich die Körperorganisation des Menschen in dieser Form vorzustellen, erlaubt mir, die Effektivität der Datensätze des Status Quo in Bezug auf die Organisation des Organismus auf Zellebene, der Steuerung seines Mikrokosmos zu beurteilen. Eine hohe Artenvielfalt um seine Nahrungsmittel führt zu einer unglaublichen Qualität an verschränkten Daten. Eine jede Art wirft Daten zum Lebensmittel und den umgebenden Raum auf. Ein jeder Gewebetypus des menschlichen Körpers ist deshalb in seiner Datengrundstruktur einfach darzustellen und anschließend anzusteuern.

Die hohe Datenvielfalt ermöglicht eine einfache Darstellung zum Beispiel einer aufgesetzten Datenordnung einer Hormonstruktur. Das Hormon induzierte eine Veränderung der Datenlage. Die gewünschte Reaktion des Gewebes geht mit dem Wandel des zu Grunde liegenden Datengerüsts einher. Die hormonell oder medikamentös eingebrachte Information oder auch die Summenformel aller Daten bewirkte dann die Reaktion des Gewebes.

Die Datengrundstruktur in die notwendige Form zu wandeln ist das Ziel. Die hohe Anzahl an Arten führt zu unterschiedlichsten Datenpaketen. Sie unterscheiden sich in Raum und Zeit, Größe und Ausdehnung. Die große Varietät der Kriterien führt bei ihrer Fassung in Feldern zu harmonischen Übergängen. Die Summation von Daten führt zu sichtbaren, mitunter auch zu fühlbaren Ergebnismengen. Die Wirkung großer Datenordnungen auf geringere Individuen oder Kleinstpartikel wurde bereits diskutiert. ICH nenne die sichtbaren Daten auch den Äther.

Die Feldereignisse, die hier in erster Linie zum Tragen kommen, sind die Verdichtung bzw. die Ausdehnung des Äthers. Natürlich verfügt der Körper auch über eine ausgereifte Transportlogistik. ICH spreche, die Zusammensetzung der Kriterien betrachtend, von Raum und Zeitphänomenen.

Auf dem Rücken einer Vielzahl von Kriterien wird es möglich den Zustand A harmonisch in den Zustand B zu überführen. Jeglicher Punkt des Gewebes ist mit einem entsprechenden Datenkonstrukt hinterlegt. Dieses Datenkonstrukt ist wandelbar und erzeugt dann eine Wirkung auf das Gewebe. Die Feldarchitektur, die Art und Weise der Kriterienanordnung, bildet die Ausgangslage für diese Möglichkeiten der Datenveränderung. Die Adaptionsmöglichkeiten der Körperprogramme an den Materieraum sind bei einer hohen Artendichte sehr viel komplexer.

ICH möchte hier behaupten, dass die Wirkweise eines Hormons auch vom aktuellen Status Quo abhängt. Ob das Hormon bereits wirkt, weil es diese Form hat, oder weil es einen Evolutionsprozess durchmachte, bei welchem sich eine Datengrundlage zu einer gegenwärtigen Molekularstruktur entwickelte, ist die Frage. Vermutlich orientiert sich der embryonale Aufbau extern am Materieraum. ICH nenne es das orientierte Wachstum.

Leider verdrängen menschliche Materieströme die komplexen Datenmassen der Artenvielfalt. Der Materieraum bzw. die geistige Ordnung vermenschlicht. Das orientierte Wachstum erfasst folglich Datenströme veränderter Beschaffenheit. Dieses trifft wohl auch auf Hormone und andere Eiweiße zu.

Ein Hormon wird ausgeschüttet, um eine Reaktion zu provozieren. Die Funktion eines Hormons sollte sich folglich darauf verstehen, die Körperprotokolle entlang der bekannten Kriterien in andere Bereiche zu verschieben, bzw. angrenzende Bereiche in die Organisation des Organs miteinzubeziehen. Aus der veränderten Datenlage resultierte die Gewebereaktion.

Vermutlich resultiert aus dem Materieverhalten der Kriterien so etwas wie eine Ladung der Information des Hormons. Es handelte sich um ein Bestreben der Information, sich in Wechselwirkung mit ihrem Umfeld in einer gewissen Weise zu bewegen. Die Gravitation fiele zum Beispiel auch hierunter. Die Ladungen führten zu einer Verankerung von Informationsteilen im Datengefüge der Gewebe. Es stabilisierte sich eine Informationsausgangslage. Von den gebundenen Informationsanteilen aus erhellten sich dann auch die anderen Bereiche des Informationskomplexes.

Die vorliegenden Eiweiße erinnern mich immer an eine Informationsmenge. Die Eiweiße erinnern mich an Informationsstrukturen, die sich auf der Grundlage von dichteren Feldern ihrer Schnittmengen organisierten. Der Wandel der Datenmenge führt zu den bekannten Reaktionen der Krankheitsabwehr. Die Programme der Organfunktionalität werden in ihrer Grundstruktur verändert abgebildet. Die bewährte Basis der höchsten Effizienz des Gesunden träte in den Hintergrund. Die Programme errechneten sich dann aus angrenzenden Basisdaten. Vermutlich wird auf entwicklungsgeschichtlich ältere Daten oder auf angrenzende, stärker vernetzte Bereiche umgestellt. Man machte sich eine starke Verfremdung der Daten zu Nutze, die aber dennoch in der Funktionalität der Organsysteme mündeten.

Gleichzeitig gelangte man näher an die Erdungsebene. Der adaptierte Raum würde bei einem gleichzeitigen Anstieg seiner Komplexität gleichförmiger. Die Datenmenge würde allgemeiner und bliebe doch die Basis der Organprotokolle.

Es käme dann zu Wechselwirkungen mit der Schadware. Denn jetzt beginnen sich die Daten des Wirtes von den Daten des Virus erheblich zu unterscheiden. Vermutlich steht die Erhöhung des Informationsunterschiedes zwischen Wirt und Virus für eine erhöhte Wechselwirkung der Daten. Das Wechselwirken der Daten erhöhte die Temperatur. Dieses Phänomen, Bestandteil meines physikalischen Verständnisses, soll zu einem späteren Zeitpunkt auch die Energiegewinnung revolutionieren.

Als Folge der verfremdeten Datenlage des Organismus würde das Virus, seine Infektionslogistik und Vermehrungsstrategie, vom Organismus abgeschieden. Die Gewebeerdung beschreibt die Sicht auf die wichtigsten Organdaten. Sie beschreibt die Lage der Daten in Zeit und Raum. ICH blicke auf den Materieraum und beobachte wie sie in ihm bestehen. Die Organdaten sind dem Materieraum äquivalent entnommen. Es sind einzelne Ereignisse, die ICH dem Materieraum verhaftet sehe. ICH dehne meine Wahrnehmung in diesen Raum aus. ICH weiche von meinem Standpunkt der Organdaten in die angrenzenden Bereiche ab. ICH lasse meinen Blick umherschweifen.

Das gilt auch für die anderen Sinne. Das Riechen nimmt eine Vielzahl von Duftstoffen unbewusst auf, und auch die Ohren steuern eine Vielzahl von akustischen Reizen zur Raumaufklärung bei. In diesem Raum liegt der Ursprung der Organdaten. Es ist eine wahrhaft höchst komplexe Raumbeschreibung, in welcher ICH die Protokolle der Organfunktionen verwurzelt sehe.

Um das Entstehen von Erkrankungen zu verstehen, muss man sich mit dem Wirken von Information auf den verschiedenen Ebenen vertraut machen. Vermutlich wirkt sich Information aus einen spezifischen Bereich des Materieraums störend aus. Bedenken Sie hierzu die Erdung der Organprotokolle innerhalb des Materieraums, aber auch mögliche Wirkungen aufgesetzter künstlicher Ordnungen des Korrelierenden Systems. Bedenken Sie Ungleichgewichte des Bewusstseinsbezugs, und denken Sie auch an Vater und Mutter bzw. die Befruchtungsdaten und die Datenadaption des orientierten Wachstums während der Entwicklung des Embryos.

ICH kann mein Bewusstsein frei bewegen. ICH wandele in Raum und Zeit und verändere damit das organisierende Datengefüge. ICH stelle mir die Wirkung eines Hormons wie eine gezielte Veränderung eines Datensatzes vor. Wenn die Materieäquivalente der technischen Errungenschaften nicht ähnliche Wertigkeit erreichen, wie sie aus der Artenvielfalt der Biotope hervorgeht, wird die Effizienz der Eiweiße in Bezug auf die zu regelnden Größen des Organismus unter dem Artenverlust ebenso kranken, wie dies die embryonale Differenzierung in Anlehnung an einen menschlichen Status Quo tut. Wenn die Entwicklung des Embryos zufriedenstellend abgeschlossen wird, werden vermutlich auch die Eiweiße genügend komplexe Datenordnungen für die Regelung wichtigster Parameter verkörpern.

Der Mensch ist nicht mehr innerhalb des Biotops vernetzt. Die Menschen generieren eiknander kaum noch gegenseitig Daten. Nur noch selten erhält das Individuum nützliche Informationsimpulse aus seinem Biotop von anderen Arten. Die Funktion des Korrelierenden Systems, gegenseitig Daten zu generieren, bekommt einen anderen Stellenwert. Heute hinterlässt man Spuren im Raum, Spuren in Form von Geldströmen, die nicht mehr zu löschen sind.

Der Nutzen für den Einzelnen ist fraglich. Die Materieströme der Labels bedienen sich gegenseitig. Die bekannten Spuren eines Individuums reichen aus, um von den fahrenden LKWs angebahnt zu werden. Der Wille des Einzelnen wird schnell gebrochen und endet im freien Willen der vorherrschenden Materieströme assoziierter Konzerngrößen. So kostet es den Menschen ungeheuer viel Energie, sich zu behaupten und sich gegen assoziierte Materieströme zu entscheiden, die die bekannten Spuren kontinuierlich erinnern.

Aus der Art und Weise der Verschränkung könnte man die wirkende Feldstärke der Wirtschaftsordnungen auf den Einzelnen herleiten. Dass er sie nicht spürt, hängt ausschließlich mit seinem konformen Verhalten zusammen. Wenn die Zwei- und Dreijährigen morgens ebenfalls in Mehrtonnern zur Kita rollen, verstärkt sich dieser Effekt noch einmal.

Die Feldstärken des Datengefüges befreien von aufgeworfenen Umgebungsdaten. Sie berauben das Individuum jeglicher Möglichkeit eines anderen Weges, der aus zufälligen Datenkonstellationen ableitbar wäre. Die rollenden Massen, die ICH ursächlich für die Feldstärken nenne, nehmen ihnen jeglichen Willen. Sie ebenen ihnen den Weg der bekannten Spur. Sie befreien von einem Willen, den das Gehirn aus der zufälligen Konstellation des Status Quo ableitet. Als Folge erfreut sich der Mensch eines befreiten Willens, dem so genannten freien Willen.

Weitere Daten wie Schnuller, Windeln und Fläschchen, die das Individuum im Raum erden, werden staatlichen Strukturen anvertraut. Die Blechlawinen befreien den Verbraucher von unnötigem Ballast. Seine Konsumentenstruktur wird freigelegt. Fahren Sie für noch größere Macht der Strukturen. Fahren Sie für

Wachstum, für Wirtschaft und Konsum. Wir bahnen die Zukunft der Kinder mit Mehrtonnern.

Die Gravitation des mächtigen Konstrukts betrachtend, weise ICH noch einmal auf die Wirkung auf den integrierten Baustein hin. Einst als Mechanismen der Evolution bekannt, dienten konzentrierte Datendichten des individuellen Interesses dem orientierten Wandel und dem Aufbau des Organismus. Die Form und Funktion eines Organismus gilt daher streng an die Vorgänge des Materieraums vom Makrokosmos bis in den Quantenkosmos hinein adaptiert.

Heute sind die Vorgänge des Essens mit ihren hohen Datendichten der Zunge, des Geruchs und des Geschmacks in mächtige holographische Konzernstrukturen eingebettet und mit deren Interessen verschränkt. Die Nahrung kommt nicht mehr aus einer anspruchslosen Natur. Der Mechanismus, dass Inhalte der Triebbefriedigung dem anderen Handlungsimpuls sind, bzw. Daten, die menschliche Nahrungsinteressen bedienen, einer anderen Art selbst zum Auffinden einer Nahrungsquelle verhelfen, eine logistische Leistung des Korrelierenden Systems, geht verloren. Heute transportiert die Nahrung die Gewinninteressen der Großkonzerne.

Denken Sie an die Gefühlsebene, die sich als Bild einer Summe von Kriterien herausstellte. Die Gefühle beruhen nicht mehr auf einer Datenvielfalt von Mitbewohnern, Mitbürgern und anderen Organismen. Die Gefühlsebene beruht auf immer mehr Kriterien der Großkonzerne. Fahrende LKWs, Produkte und Produktionsgüter werden mehr und mehr zu den Kriterien der elektromagnetischen Felder des Gehirns. Die Geisteswelten wandeln sich. Sie enthalten einen höheren Anteil an technischen Daten. Vermutlich wandelt sich damit auch die Fähigkeit zu gewissen Gefühlsqualitäten.

Viele dieser Konzerne streben Wachstum an. Ist dies eine mögliche Ursache der Verfettung und des Artenverlustes? Die großen Datensysteme des Wissens und der leistenden Gehirne vermenschlichen. Zunehmend berufen sich die Gehirne der Leistungsträger auf die Daten bekannter technischer Konstruktionen und heizen den Strudel an.

Die Arbeitsweise des Immunsystems ist gleichgeblieben, aber die Daten, mit welchen es jongliert, ändern sich mit dem Status Quo. ICH schätze daher die Effizienz rein menschlicher Systeme in Bezug auf die Leistungsfähigkeit des Immunsystems etwas negativer ein.

Das Obst und das Gemüse gehen nur noch durch Menschenhände. Jeder Informationserbringer, der einen Apfel in einer anderen Weise betrachtet und mit anderen Sinnesleistungen im Biotop verankert wird weggespritzt. Alles nur noch menschlich! Die Mittelchen werden auf Lkws herangekarrt und das Gemüse auf Lkws abtransportiert. Jegliche weitere Information entfällt. Die Integration der Nahrungsprodukte in artenreiche Biotope zur Stabilisation ganz allgemein der Bedingungen wird nicht bedacht. Gewichtige Massen bewegen sich auf Autobahnen kontinuierlich über den Erdball.

Im Grunde besteht die Welt des Menschen nur mehr aus Daten seines eigenen Sinnesapparats. Zu deren Analyse gebraucht er nur sein Wissen. Das Wissen ist aus den benannten Kriterien zunehmend rein menschlicher Natur aufgebaut. Das Wissen ist aber nicht nur Wissen. Das Wissen ist, betrachtet man die anteiligen Kriterien, ein Konstrukt von Daten. Den spezifischen Daten räumt man eine gewisse Form von Existenz ein. Die Qualität und Quantität der wissenden Konstrukte, in Bezug auf die anteiligen Kriterien, macht ihren Charakter aus. Die Konstrukte stehen für Werte und sie stehen für mögliche Gefühlsqualitäten.

ICH mache das Entstehen vieler Erkrankungen auch seelischer Natur vom Fehlen unterschiedlichster Betrachter abhängig. Es fehlt die Vielzahl an Daten, die die Gleichzeitigkeit des Informationsraums gewährleistet, so dass ICH mich unabhängig von externem Fordern frei bewegen und frei denken kann. Die Operationen des Gehirns sind an den Materieraum gekoppelt. Wichtigste Daten des Verständnisses liegen in einfachen Betrachtungen der Materie verborgen. Die vielen neuronalen Leistungen der unterschiedlichsten Arten, zum Beispiel auf der Ebene des Mikrokosmos, aber auch im Bereiche der Ätheraufklärungen, greifen in einer unglaublichen Weise ineinander.

Die hohe Anzahl der Arten bedingt eine nahtlose Aufklärung des Raums.

Interessante Information ist hier ein Stück gelebte Wirklichkeit. Hier entsprechen die erhobenen Daten der Materie in Echtzeit. Die Daten sind der Materie äquivalent. Dieser hohe Grad an Wahrheit macht dieses natürliche System so wertvoll. Die Betrachtung eines Teilbereichs in Abhängigkeit zur aufgeklärten Umgebung erhält daher einen hohen Grad an Allgemeingültigkeit.

Etwas anders verhält es sich mit dem Menschen. Er hat die Bereiche der höchsten Adaption an den Materieraum durch eine stetige Entwicklung verlassen. Er hat wissende Datenkonstrukte auf verschiedensten Gebieten hervorgebracht. Sie entwickelten sich zum Teil unabhängig voneinander. Unterschiedliche Fachbereiche sind heute innerhalb des korrelierenden Systems zu Summen gefasst. Es scheint sich um ökonomische Schaltungen der gängigen Größen zu handeln. Die gegenwärtig existierenden Gebrauchsgrößen schließen sich nach den Gesetzen der Physik zu Feldern zusammen.

Die Datensummen des korrelierenden Systems führen ohne selbstständiges Denken zu schnellen einfachen Ergebnissen. Das Individuum ist innerhalb dieser Wirtschafts- und Wissensordnungen jedoch ein Gelenktes. Es sind die Materieströme der industriellen Ordnungen, welche einen hohen Einfluss bei der Summenbildung zeigen. Sie sind es letztlich auch, die übergeordnete Interessen formulieren. Die Ordnung wird unter Energieverbrauch aufrechterhalten. Sie geht mit einer gewissen Feldstärke einher. Die Materieströme der aufgesetzten Datenordnungen wirken selbstverständlich bahnend. Sie erzeugen Meinung und den gebahnten Willen des Individuums.

Aber wo ist die Wahrheit? Wie geht man ein Datengebilde an, in welchem vielleicht Kriterien Großindustrieller nutzenbringend verschränkt sind? Archetektonische Meisterleistungen, die sich auf der Grundlage ihrer Materieströme autonom gegen Kritik und Wandel zur Wehr setzen. Komplexe Feldgrößen, die Krankheiten produzieren und Andersdenkenden Steine in den Weg rollen. Natürlicherweise und als Folge voneinander abweichender Datenordnungen.

Wo versteckt sich die Wahrheit? – die reine Wahrheit, so dass sichtbare Datenäquivalente aus der holographischen Datenmasse der Wirtschaftsstrukturen heraustreten; eine sichtbare Wahrheit des Wissens, die aus einem stillen Beobachten eines Kriteriums entsteht; eine dem Materieraum in Echtzeit anhängende und äquivalente Datenmenge.

Wie gelangt man zu dieser Datenmenge?

Wie gelangt man zur Matrize des Realraums, die dem Materieraum, zumindest im Jetzt direkt äquivalent ist? Wie gelingt der Blick auf den Materieraum? Wie gelingt es, den gesuchten Baustein so in Abhängigkeit zu seiner Umgebung zu beschreiben, dass dieser einschließlich seiner Umgebung seine Existenzkraft behält. Am besten wäre es doch, Wissen zu kreieren, ohne eine strukturelle Gefährdung des Bestehenden. Die Wechselwirkung der erhobenen Datenmassen innerhalb des Korrelierenden Systems ist jedoch eine unumstößliche Gesetzmäßigkeit.

Die Matrize zu bilden, so sage ICH, gelingt nur, wenn ICH diesen aufgesetzten Hokuspokus durchdringe und zu der Materie niederwerfe, welcher er äquivalent ist. Dazu ist ein durchdringendes Verständnis der großen Theorien notwendig. Es gilt, die verschiedenen Bereiche zu durchdringen und das Ganze zu überblicken. Es wird notwendig, jeden Einzelnen zu erfassen und über seinen Geist hinaus das Externe als individuelle Sinnesleistung aufzuzeichnen. ICH beziehe diese externen Daten des individuellen Lebensraums in die Berechnung des neuen Wissens mit ein. Vielleicht gelingt es mir, dem Individuum neue Lebenswege aufzuzeigen, die alten Psychoordnungen abzuscheren und einen Stimmungswandel herbeizuführen.

Die aufgesetzten Datenordnungen verlieren an Details. Es liegt in der Natur der Datensummen, Widerstände abzubauen. Es liegt ein natürliches Bestreben physikalischer Kräfte vor, sich harmonisch in eins zu fügen. Die aufgesetzten Datenordnungen entwickeln sich zu richtigen Psychomengen.

Die natürlichen Ereignisse zu betrachten, führt natürlich zu einer materieäquivalenten Datenmenge in Echtzeit. Der Beobachter liegt mit seinen Echtzeitdaten sehr viel näher an der Wahrheit als es die künstlichen Gebilde der menschlichen Technik bzw. des menschlichen Status Quo sind.

Nicht selten erreiche ICH mit meinem Denken einen Standpunkt, auf welchem ICH eine mögliche Modulation der Feldarchitektur der Wirtschaftsordnungen zu einem stabilen Feld bedenke, so dass das Feld mit seinen Ursprungsdaten heftig reagiert. Vielleicht wird es parallel zur künstlichen Intelligenz möglich, Datenfelder zu programmieren, die periodisch Stabilitäten erzeugen, die mit ihrem Umfeld reagieren. Wie kann man eine Virensoftware durch eine Verfremdung der Körperprotokolle in seiner Ausbreitung hindern? Zurück zu den menschlichen Wurzeln! Auf der Adaptionsebene könnten Daten so gerichtet werden, dass sie wie die Basisdaten in funktionierenden Organkonstrukten münden, in atomare Stabilitäten schwanken.

Es ist zu akzeptieren, dass die Grundkräfte und die Kräfte im Allgemeinen erst aus einer gewissen Ordnung der Grundsubstanz hervorgehen. Die Teile der menschlichen Systeme, die zufällige Summanden einer Summe des korrelierenden Systems sind, aber innerhalb des Materieraums nicht unmittelbar benachbart sind, rücke ICH mittels funktionierender Zusammenhänge der Natur in ein anderes Licht. Es kann auch sein, dass sie fallen, wenn man sie mit Wissen einer sehr viel höheren Qualität konfrontiert.

Die geistigen Größen können in die natürliche Funktionalität eines Biotops eingelagert werden. Das Gehirn bzw. der Organismus hat sich im Laufe der Evolution in Anlehnung an dieses Biotop entwickelt. Der Organismus ist ein Datenwerk bestehender Umweltgrößen. In diesem Medium ist es für ein Gehirn ein Leichtes, Datenanlage und Verständnis zu vereinbaren.

Ebenso wichtig ist es, formuliert man Wissen neu, dass man auf diese natürlichen Prinzipien zugreift. Nutzt man eine Vielzahl ursprünglich natürlicher Daten zur Formulierung des neuen Wissens, wird diesen Bausteinen eine Existenz eingeräumt. Der Mensch, gesteuert von den wissenden holographischen Massen, klinkt sich so in die Architektur des neuen Wissens ein, wie es ihm die verarbeiteten Kriterien darin erlauben.

Im Augenblick erscheint es mir notwendig, für ein Verständnis wie auch für eine erweiterte Betrachtung der gegenwärtigen Wissenschaftstheorien über eine breite Datenmatrix zur Anlage des Alten und Formulierung des Neuen zu verfügen. Im Umgang mit der Natur liegt für das Gehirn ein einfacher Zugang zu einem flächigen Arbeitsspeicher mit einer Vielzahl von Datenkonstellationen statischer und dynamischer Art, über welchen es schon Jahrtausende verfügt.

ICH sehe mich in der Position das Alte durchdrungen zu haben. Das System schwankt in vielen Bereichen. Das Komplexere nimmt ihm die Orientierung. ICH verfüge über den Status Quo als Ganzes. Selbstverständlich bin ICH auch ein Betrachter und blicke aus einem, meinem Bereich auf diese Welt. Hier trete ICH als eine äußerst komplexe und wissende Datenmasse auf, die auch einen Schmetterlingseffekt zur Funktion hat. Die gelungene Abbildung des Materieraums, die Datenmenge als Ganzes, und die Komplexität des Geschaffenen erlaubt mir, so manche entfernte Entscheidung zu beeinflussen und eine Wirkung auf das Verhalten des restlichen Gefüges nachzuweisen. Innerhalb des Korrelierenden Systems gleichen Strukturen des höheren Wissens niedrige Denkweisen an, so dass ICH eine Lenkung der Entwicklung beobachte.

Die Gesundheit benötigt eine ausreichend komplexe Projektionsfläche. Die Datenkonstrukte der Organfunktionalität werden in das Datengefüge projiziert. Anders gesagt: die externen Daten, zu Strukturen einer Staatsordnung gefasst, sollen den menschlichen Organismus möglichst wenig belasten. Vielmehr sollen sie dem Organismus die Möglichkeit einräumen, sich parallel zu ihnen zu organisieren.

Sind die kommunizierten Produkte in biologischen Systemen stark vernetzt, so greift der Körper zu seiner Organisation auch auf diese Daten zurück. Der gesamte Organismus und auch die Leistungen des Gehirns profitieren, wenn eine Vielzahl unterschiedlichster Daten in einem hoch komplexen System zur Verfügung stehen.

Der Mensch bewegt sich ausschließlich innerhalb der Strukturen gefassten Wissens. Er ist nicht in der Lage, darüber hinauszublicken. Wichtige Datensätze des wissenden Konstrukts direkt zu leben oder in seinem Umfeld zu haben, sichert ihm die Teilnahme. Die Materieäquivalente sind eine Schnittstelle in das Konstrukt des Wissens. Es macht glücklich, wenn Daten, Licht und Wellen des Ganzen in das Ich einfallen.

ICH sehe in diesen vermenschlichten Systemen eine Verschiebepraxis. Integriert man fehlerhafte Menschen in mächtige elektromagnetische Felder einer ausgeklügelten Feldarchitektur, so werden ihre Schwächen in andere Bereiche verdrängt. Es ist ein mechanisches Räderwerk. ICH nenne die individuelle Verankerung der Organsysteme innerhalb des Materieraums auch genetisch. Die Kriterien gelten als Datenbahnen in andere Bereiche.

Die aufgesetzten Daten der Produktdesigner führen zu einer vermehrten Wirkung auf angrenzende Ordnungen. Dieses geschieht über den Datensatz des Realraums, der sie alle enthält. Die Wirkungen können von Kriterien, die gleichzeitig mehreren Organismen angehören, übertragen werden. Mächtige Ordnungen wirken sicher über ihre anteiligen Kriterien hinaus. Ihr Wirken erstreckt sich über verbindende Kriterien hinaus auf angrenzende Bereiche. Sie erreichen damit angrenzende Ordnungen, Organismen, die diese Materiebereiche für ihre Organisation nutzen.

Es kann somit auch ein Einfluss auf die Feldarchitektur anderer Organismen angenommen werden. Das reicht von beschleunigender Wirkung in Hauptdatenbahnen, bis zu von der Seite kommenden Einflüssen und im ungünstigsten Fall zu Gegenströmungen. Eventuell schaden diese Strömungen, weil sie Daten, also Materiefaktoren abtragen. Denkbar ist auch die programmierte Anreise von Schädlingen bei gleichzeitiger Schwächung der essentiellen Datenlage.

An dieser Stelle kann erkannt werden, dass ein kommuniziertes Produkt, trotz aller Unterstützung der Wissenschaft, an manchen Stellen auch den eigenen Organismus schädigt. Betrachte ICH das System, so sehe ICH große künstliche Zusammenhänge. Mit zusammengebasteltem Wissen und ausgeklügelten Datenkonstellationen organisiert und betrachtet der Mensch den Materieraum. Das Datenkonstrukt um das Produkt hält den Konsumenten frei von Wirkungen anfallender Umgebungsdaten. Die Fehlerhaftigkeit, die dem Menschen als genetischer Faktor anhängt, wird auf niederere Ebenen transferiert. Das Leiden und

Sterben in der Massentierhaltung dürfte ebenfalls Ausdruck dieses Mechanismus sein. Diese Sammelbecken des Leidens schützen die schwächeren sozialen Schichten vor dem totalen Kollaps.

Die Daten verschiedenster Kriterien sind sich gegenseitig Ausdruck. Die gesamte Informationsmasse ist zugleich Projektionsfläche für operative Leistungen der anteiligen Gehirne. Diese dichteren Feldabschnitte werden erneut zu tragenden Säulen des leistenden Gehirns. Das formulierende Gehirn zieht diese dichteren Phänomene elektromagnetischer Felder zum Aufbau seines Wissens heran. Die Gedanken sind auch von dichterer Konsistenz. Ihre Größe beruht zuletzt auf den Daten des Arbeitsspeichers, bzw. ihrer Fassung.

ICH behaupte, dass eine geglückte Formulierung von Wissen sehr stark an den vorliegenden Datenspeicher gebunden ist. ICH behaupte, dass der Weg zu einer Formulierbarkeit sehr stark mit einer spezifischen Programmierung des Speichers verbunden ist. Wissen zu erstellen, bedeutet für mich, benötigte Materieäquivalente so im Materieraum zu erheben, dass sie in ihrer Summe das Kräftewerk eines holographischen Konstrukts ergeben, dass es Wissen bezeichnet.

Meine Gedanken sind somit Struktur innerhalb des Speichers. Man nutzt Gegebenes für ihre Darstellung.

Die eigenen Formulierungen wirken innerhalb des Datengefüges angleichend.

Die Beständigkeit führt allmählich zu einer spezifischen Programmierung des Mediums. Die Programmierung verbessert sich und erlaubt die allmähliche Entwicklung des Wissens und seine Darstellung.

Ätherworten schreibe ICH ähnliche Eigenschaften zu. Die, mit Worten bezeichneten Inhalte, werden strukturell als dichtere Informationsvolumina innerhalb des Datengefüges erhoben. Die aufgerufenen Inhalte werden ihrer Qualität entsprechend auf das Medium wirken. Selbst der Klangfarbe schreibe ICH auf Grund des Wellenspektrums eine spezifische Wirkung auf das Datenumfeld zu.

Man könnte sogar vermuten, dass das Ätherwort nur formuliert werden kann, wenn die entsprechende Informationsmasse, die ICH einen bezeichenbaren Inhalt nenne, vorliegt.

Geistige Gebilde und holographische Strukturen, Gedanken und Ätherworte werden als Wellen und Schwingungen vom Medium des Arbeitsspeichers getragen.

Die entstehende Kriterienkonstellation scheint für das Gehirn die absolute Wahrheit eines absoluten Wissens zu bedeuten.

Die Feldarchitektur zeigt sich wie ein globaler Datenordner.

Ein jedes Kriterium hat seine Funktion im Aufbau und Erhalt des Feldes, die ICH hier nicht diskutieren werde. Innerhalb der Kriterieninformation bewegte sich Materie im Sinne einer Feldordnung zum Erhalt des Wissens. Alle Kriterien agierten in diesem höheren Sinne eines Feldes. Der Aufruf des Wissens wäre Bezeichnung und Befehl aller im Feld enthaltenen Handlungen.

Der eben beschriebene Feldimpuls ist das Beispiel eines Operationsschrittes des Gehirns.

Man kann an dieser Stelle zwei Typen von Gehirnoperation unterscheiden.

Es sind Feldaktivitäten der Gruppe Gesamtkapazität von individuellen Teilgrößen zu unterscheiden.

Die Ableitung des Gehirns innerhalb der Gesamtkapazität entspricht einem globalen Datenordner. Das Wissen wäre Bezeichnung und Befehl aller im Feld enthaltenen Handlungen. Die Kriterien der Ordnung ´ Bewegte Materie! Von hier nach da! ` wären Träger des Wissens.

Das Wissen entstünde aus einer Ableitung aller gegebenen Möglichkeiten. Das Wissen entspräche der idealen Verteilung von korrekt geführten Wandeldaten im Flusse der Zeit.

Das Wissen entspräche einer uneingeschränkten Akzeptanz der Startdaten bewegter Materie der Ordnung ´Von Hier nach Da! `, dem ungehinderten also gleichberechtigten Ablauf der Wandeldaten hin zum uneingeschränkten Nebeneinander der Zieldaten.

Jegliche Abweichung von dieser Ordnung destabilisierte meine Ableitungen. Ursächlich wären zum Beispiel andere Geister, an deren Grenzen ICH stoße.

Das eigene Wissen wäre hier zu nennen, das sich ja nur aus einem begrenzten Datenraum ableitet. Eventuell reicht man in seiner Ausdehnung bereits an Denker anderer Kulturkreise heran und beginnt sich mit der weiteren Datenmediation mit diesen zu überlagern. Man beginnt sich gegenseitig zu destabilisieren. Es gäbe kein Voran in meiner Wissensbildung.

Eventuell herrscht in den Köpfen, obwohl sie mein Wissen schon aussprechen, noch die Meinung vor: ´Es kann nicht sein, was nicht sein darf! `

Es besteht außerdem die Möglichkeit der ungenügenden Datenmediation. Eine begrenzte Kapazität an Daten reichte vielleicht nicht aus, um das Wissen zu formulieren, bzw. es zu stabilisieren.

Nicht nur, dass andere Denker die Kriterien selbst für sich in Anspruch nähmen, wäre es auch denkbar, dass sich Meinungen nicht durchsetzen lassen oder nicht formulieren lassen, weil das Kriterium, der Abschnitt des Materieraums, in seiner Ausdehnung nur eingeschränkt abbildbar ist. Eventuell sind in dem abgebildeten Bereich des Materieraums, Materiebewegungen anderer geistiger Ordnung zu verzeichnen. Die bewegte Materie anderer geistiger Ordnungen könnte sich gegensätzlich verhalten und als Gegenströmungen mit meiner Feldarchitektur konkurrieren. Die komplexe wissende Abbildung und meine Ableitung wären behindert.

Überzeugt zu formulieren wäre mir in diesem Fall nicht möglich.

ICH müsste meine Datenmediation fortführen und diese fremden Ordnungen in mein Feld integrieren. So entstünde die Kapazität eines Echtzeitraums, die die komplette Abbildung und Formulierung zuließe.

Unabhängig von meiner augenblicklichen Reichweite innerhalb des Materieraums entstünde bei einem Aufruf meines Wissens durch den Gravitationseffekt des Konstrukts ein so genannter Feldimpuls, der den Echtzeitraum der entsprechenden Datenkapazität kurz darstellte.

Hier lässt sich noch ein zweiter Typ von Feldaktivität im Hinblick auf verarbeitende Mechanismen der Gehirne feststellen. ICH zähle ihn zu einer Untergruppe individueller Berechnungen. Das wissende Feld bleibt die erweiternd dar-stellende Größe um das individuelle Kriterium.

Die Materiebewegung kann auch als Datentransport verstanden werden. Die bewegte Materie ist der wichtigste Faktor des Datentransportes innerhalb des Feldes. Dieser Effekt wird noch nicht messbar sein. Das Licht wird heute bereits in seine Wellenanteile zerlegt, um Information zu transportieren. Die Zusammen-setzung der Welle wird noch nicht ausreichend nachvollzogen.

Das Datengefüge, in der Summe Ausdruck der Gravitation, befindet sich in einem offenen Gleichgewicht. Die bewegte Materie kehrt entweder zu ihrem Ursprung zurück oder es werden sich Ausgleichsströme zur Kompensation ein-stellen.

Verschränkte Information gilt nach wie vor als Bauplan für Eiweiße, einfachste biologische Verbindungen gelten als Speicher für Information und die Zellwände von oben, um einen Bestandteil funktionierender Organismen zu nennen, gelten als hoch organisierte, an die Software adaptiert gewachsene Hardware.

Das holographische Konstrukt bleibt wissende, den Materieraum abbildende, Ordnung. Das elektromagnetische Feld ist ein Datengefüge. Das elektro-magnetische Feld spannt einen Echtzeitraum auf. Das Individuum kann beliebig Daten erheben und profitiert dann von der Wechselwirkung innerhalb des

Gefüges. Dieses ist der Grundmechanismus einfachster neurologischer Datenverarbeitung. Er beruht auf der Wechselwirkung von Materiedaten.

ICH versuche erneut eine klare einfache Darstellung!

Der forschende Geist fasst die Daten des Materieraums in eine wissende Ordnung.

Der denkende Geist fasst Kriterien in ein holographisches Konstrukt. Letztlich resultiert daraus eine mehr oder weniger vollständige Abbildung des Materieraums dieser Zeit.

ICH versuche möglichst viele Materiedaten zu erheben und möglichst komplett in einer Ordnung zu verarbeiten. Ungünstig verhalten sich zum Beispiel Suchtverhalten oder regelmäßige Shoppingtouren. ICH bemerke dann eine deutliche Strukturierung meiner Datenmasse. Die eigene Datenmasse wird durch die konzernüblichen Verkaufsstrukturen geschleust. Dieses vernebelt mir etwas meine klare wissenschaftliche Sicht. Vorübergehend versteht sich. Das Errechnen sehr viel größerer Datenmengen lässt diese Bausteine sehr schnell in den Hintergrund treten. Dieses natürliche Geschehen sollte man im Hinblick auf Individuen geringerer Datenmengen aber erwähnt haben. Sie dürften den Punkt der freien Sicht auf die vorherrschenden Datenmengen und die damit verbundene Erkenntnis einer Wirkung auf ihr Sein nicht erreichen.

ICH benötige einen durchgehenden Informationsraum vom erbringenden Individuum bis zu meinem Gehirn. Die geschlossene Darstellung des Materieraums ist das Ziel. ICH spreche von einer fortschreitenden Datenmediation. Die Daten werden der eigenen Hoheit unterworfen. Der Materieraum wird durchdringend erfasst. ICH dulde keine unbekannten Ordnungen. Die Daten müssen bei mir persönlich ankommen.

Diese Aussage ist kein Abbild meines Alltags. Diese Aussage steht für das wissende Konstrukt. Diese Aussage steht für die globalste Fassung des Materieraums. Es ist dieser Echtzeitraum, den die generierte Feldstruktur aufspannt, welcher dem eigenen Ich entspricht. Und absolutes Wissen zu sein, ist es, was ICH mir vorgesetzt (G.W.F. Hegel).

Das Alte zu brechen ist nicht ganz einfach. Das gegenwärtige Konstrukt steht für das alte Wissen seiner Zeit. Es unterhält die augenblickliche Ordnung des Materieraums, den aktuellen Status Quo. Doch jetzt entsteht eine Datenmenge, die das Aktuelle neu fasst.

Der Vorgang der Verrechnung der Datenäquivalente in Feldern bedeutet keinen großen Aufwand. Das Gravitationsfeld der Erde nach einem Meteoriteneinschlag an die hinzugekommene Materie anzupassen, bedarf keiner großen Künste. Die Generierung des Feldes in Abhängigkeit zu seiner Materie ist natürlich. Zudem bin ICH selbst ein Körper, der gewöhnliche Bedürfnisse und Interessen befriedigt. ICH verfüge damit über einen Datengrundbaustein, wie ihn alle Organismen für sich in Anspruch nehmen.

Nimmt man die Qualitätsunterschiede der unterschiedlichen Anbieter heraus, lässt sich das individuell notwendige Verhalten zum Erhalt des Organismus leicht in brauchbare Felder der Gehirnfunktion oder der Gefühlsebene fassen. Die Summenfunktion der Datenmassen beinhalten zum Beispiel die Gefühle und das Verhalten der Daten im Konstrukt bedingen einfach verrechnende Funktionen des Gehirns, falls benötigt. Die Felder verarbeiten hinzukommende Daten bzw. Datenfelder oder Datenvolumina, um einer Vielzahl verschränkter Bereiche, hier auch dreidimensionaler Betrachtung korrelierender Daten unterschiedlichster Zeitorte und Zeiträume gerecht zu werden, sehr schnell.

Die Vorgängerlösung ist, wie oben beschrieben, in den Köpfen präsent. Das bewusste Wissen eines Denkers ist an die Struktur eines holographischen Feldes gebunden. Die Materiedaten können einem anderen Jahrhundert entnommen sein. Die Kriterien des wissenden Feldes können längst veraltet sein und das Wissen kann sich immer noch, als eine Feldstruktur, aus den gegenwärtigen Gebrauchsdaten der Individuen innerhalb des aktuellen Materieraums generieren. Dabei reicht eine tragende Achse mit zwei Rädern vollkommen aus.

Die Hebelgesetze werden sich auch die nächsten Jahrhunderte nur wenig verändern. Ein Lotuseffekt zum Beispiel wird in der Summe holographischer Materieinformation in nur geringer Weise auf das zentrale Verständnis der Hebelgesetze wirken. Dieses veraltete elektromagnetische Phänomen meiner Vorgänger hervorzuholen und sich dieses Wissens bewusst zu werden, bedeutet gleichzeitig, den eigenen Standpunkt als gleichbedeutend zu empfinden und durch das Fortschreiten auf dem Pfad der Datenmediation über die Datenmasse meiner Vorgänger hinauszuwachsen.

Dieses ist der eigentliche Punkt. Das fortlaufende Anwachsen einer Datenmenge führt zu einem Erreichen struktureller Identitäten. Sie gehen mit dem Verständnis derselben einher. Jegliche Entwicklung darüber hinaus steigert die Gewichtigkeit des Neuen gegenüber dem Alten.

Aldi und Lidl stören sich auch in der Ordnung. Sind Sie Kunde von einem Label und wechseln dann zu einem anderen, so stören sich anfangs die Ordnungen. Unter dem neuen Label gelingt nicht alles sofort, wie es soll. Man lässt etwas liegen, es fällt etwas zu Boden, man behandelt Sie unfreundlich, man nimmt Ihnen die Vorfahrt, um nur einige Beispiele zu nennen. Das führt natürlich nicht gleich zu Kriegen. ICH spreche hier von einem streng lokalen Phänomen. Das Phänomen löst sich aber sehr schnell auf. Man integriert sich in die Ordnung des neuen Labels und gelangt dann sehr schnell auf sein altes Niveau. Aber sie erkennen, dass es zu Mischgeschicken kommt, die mit Ärger einhergehen, dass es zu Verhalten von Verkehrsteilnehmern führt, die vielleicht Wut und Zorn provozieren, oder im schlimmsten Fall kollidiert Materie mit Materie und es kommt zu Verletzungen. Das ist noch kein Krieg, aber Sie sehen, dass bei einem Konkurrieren wissender Konstrukte globalen Ausmaßes diese Phänomene ebenfalls, aber dann in einem globalen Ausmaß, auftreten.

Betrachten sie die Arbeit eines Wissen Schaffenden. Die Sammlung einer Vielzahl von Kriterien mündet in spezifischen Feldgrößen. Der Denker spannt mit dem wissenden Datenkonstrukt einen Informationsraum auf, der das Wissen in sich trägt. In diesem Informationsraum sind die Kriterien, als dem Materieraum äquivalent, vorhanden. Das Ergebnis ist in seiner Feldarchitektur auf der

Grundlage von ›gegebenen Inhalten‹ und ›gesuchten Inhalten‹ einer gewissen Systematik unterworfen. In der Summe bilden die Kriterien ein Feld.

In diesen abstrakten Datenfeldern mit Strukturen gerichteter Wirkungen verliert das einzelne Kriterium sein Gesicht. Aus diesem Grunde ist es nicht mehr so wichtig, welche Materieströme sich zum wissenden Feld verschränken, sondern dass sich die Materie in den wissenden Feldern organisiert. Möglich wäre daher einfach auch, dass sich assoziierte Materiephänomene herausbilden, die sich verhalten, wie sie das Konstrukt des Wissens ursprünglich verkörpert. Es wären zum Beispiel zehn Kleine durch einen Großen ersetzt oder ein Insekt durch ein Flugzeug usw. Selbst der Transport komplexen Geiststoffs durch niedere Organismen in andere Bereiche ist denkbar. Das Datenfeld bliebe in seiner Struktur erhalten, generierte ähnliche geistige Phänomene und verkörperte das Wissen.

Stellen Sie sich das Konstrukt des Wissens als ein eigenständiges Feld vor. Sehen Sie das Wissen als eine gelungene Anordnung von Kriterien. Die Kriterien sind Ausschnitte aus dem Materieraum. Sie beinhalten auch bewegte Materie, welche die Wirkungen ausmacht. Beginnt man als Lernender, sich fragend einzuloggen, fängt man auf seiner eigenen Stufe des Seins an. Die bewegten Elemente klären Ihnen dann die Umgebung auf. Sie werden zu einem Spezialisten der direkten Umgebung. Sie erschließen sich die unterschiedlichen Fachbereiche des Konstrukts, zumindest die, die sich im Konstrukt ähnlich verhalten.

Die bewegte Materie bildet die Felder der Fachbereiche, im Wissen verschränkt, mit ab. Sie lernen. Die Felder des Wissens bauen sich um Ihr Sein auf. Sie arbeiten sich zu den Strukturen des Wissens hoch und gelangen zu immer tieferen Einsichten in das wahre Sein des Wissens. Es gelingt Ihnen mit der Zeit immer schneller, die wissenden Felder aufzubauen. Ein paar Bausteine verschiedener Fachbereiche, bewegte Materie zur Erstellung übergeordneter Verbindungen, und schon steht ein eigenständiges Feld eines speziellen Wissens.

Manche Teilbereiche des Wissens werden als eigenständige Erkenntnismengen während des Verrechnungsprozesses bewusst. Vieles fließt aber auch unbewusst zusammen. Dann ist das neue Wissen nicht mehr als das Resultat gesammelter Bausteine. ICH beschreibe hier einfachste Operationen des Gehirns.

ICH nehme an, das neue Wissen verhält sich im Weltensystem zum alten Wissen, wie sich bei einem Wechsel des Verbrauchers die Ordnung des einen Labels zur Ordnung des anderen Labels verhält. Sie behindern sich. Sie führen zu einer Fehlorganisation des Verbrauchers.

Was bedeutet es aber, wenn sich die Transportströme der Wirtschaft plötzlich an den Strukturen des Wissens orientieren? Wozu führt die äquivalente Sicht der Wirtschaft und der Politik? Wo lande ICH, ließe sich das Wissen nur noch mit den Materieströmen der Wirtschaft begreifen? Diese Sicht würde mich anscheinend zu den Entscheidungsträgern führen. Das Wissen, einst aus der Größe eines Denkers geboren, führt durch die sich äquivalent verhaltenden Datengrößen zu Entscheidungsträgern der Wirtschaft und der Politik. Menschen stehen Ordnungen vor und koordinieren Materieströme. Diese unterliegen jedoch nicht nur den Entscheidungsträgern, sondern sind zuallererst in den wissenden Strukturen organisiert. Sie dienen dem Erhalt der wissenden Felder.

Die Menschen leben ihren Alltag. Die Menschen verkörpern das Wissen, ohne sich dieses bewusst zu sein. ICH argumentierte als Denker noch mit Materieäquivalenten der Natur. ICH argumentierte mit Insekten und anderen Datenträgern. ICH argumentierte mit den natürlichen Materieereignissen, den zugehörigen Datenflüssen und notwendigen Datenkonstellationen. Doch plötzlich ersetzen sie Insekten durch Flugzeuge, Käfer durch LKWs und andere niedrigste Materieereignisse zum Beispiel durch Züge der Deutschen Bahn.

Sie treiben die Kapazitäten der wissenden Felder in die Höhe. Sie verkörpern damit das Wissen, ohne dass sie sich selbst seiner bewusst wären. Im Unterschied zu menschlichen Systemen reagiert das Biotop. Man verletzt sich hier, wird dort gefressen und berechnet man die Wettereinflüsse bei der Eiablage falsch, stirbt die Brut. Der Mensch reagiert gegenteilig. Wird er angegriffen, zieht er sich nicht zurück, sondern baut seine Position aus. Tatsächlich kommt es zu einem Anstieg der Feldstärken. Es entstehen Psychomengen, in welchen sich das Individuum bewegt.

Das neue Wissen konkurriert mit den alten Theorien. Das Alte soll gebrochen werden. Das sind stabile wissende Fassungen. Sie generieren sich innerhalb des Status Quo. Die Konkurrenz der Datensysteme innerhalb des Korrelierenden Systems zeigt sich in einem Missmanagement. Das Verhalten einzelner Kriterien passt nicht in alle gegebenen Datenordnungen. Es verhält sich dann ähnlich, wie oben beschrieben, bei einem einfachen Wechsel des Verbrauchers zu einem anderen Label. Sie nehmen einander die Vorfahrt, sie kollidieren, sie sind unfreundlich, sie behindern sich ganz einfach.

Bedenken Sie, dass die Verrechnung aller Ereignisse die Gefühlsebene bildet. Eine Vielzahl von negativen Ereignissen führt zu einem negativen Gefühl. Ein Übergewicht an erfolgreichen Ereignissen führt zu positiven Gefühlen. Sie sind alle im wissenden Konstrukt organisiert. Letztlich sind die Individuen und Arten auf der Ebene der Bedürfnisbefriedigung, den notwendigen Handlungen zum Erhalt des Organismus, verschränkt und empfinden die Summenformel, das wissende Konstrukt, eine vermittelnde Hülle, als Gefühl.

Das Individuum wertet. Es gibt Freude, Erleichterung, Entlastung, Befreiung, Schmerzfreiheit, Wohlschmeckendes, Duftendes, Erfreuliches usw. als Information an das Konstrukt ab. Das sind sehr viele Faktoren, die im Gehirn eines Denkers zusammenfließen! Das denkende Gehirn lernt aus dieser Vielzahl an Dateneingängen. Es berechnet eine Summenformel. Es rechnet den Gewinn gegen den Verlust auf. Das Wissen wird zu einer Größe des ungestörten Datenflusses. Das Wissen wird zu einer Größe des Machbaren, des Erfolgreichen und Glückenden.

Dieses Wissen liefert den Entscheidungsträgern ihre Motive. Sie ordnen Materiebewegungen an. Sie klären Störendes auf und strukturieren es im Sinne des Neuen. Die Kriterien verhalten sich anschließend der Feldarchitektur entsprechend, wie es für das optimale Wissen notwendig ist. Eingehende Materieäquivalente verrechnet das Gehirn grundsätzlich in Strukturen der Felder.

Zunächst stößt man auf bereits bestehendes Wissen. Man erkennt geistige Größen, seine Vordenker. Man kommt aber aus einem anderen Lager. Die Geburtsdaten sind anders; die embryonale Entwicklung hatte einen moderneren Materieraum zur Orientierung. ICH baute die wissenden Strukturen aus anderen Kriterien auf. Zusätzlich blicke ICH über das Bestehende hinaus. ICH sehe mich einen Datenmantel an die wissenden Konstrukte meiner Vorgänger anlegen.

Die unterschiedlichen Ordnungen der Kriterien im Feld beginnen aufeinander zu wirken. Bestehende Kräfte innerhalb der Feldarchitektur meiner Vorgänger können vollkommen neutralisiert sein. Die gebundenen Kriterien werden sich innerhalb der Aktivität meines Feldes aus dem vergangenen Kontext herauslösen. Die Kriterien werden sich in Abhängigkeit vom Neuen verändert verhalten. Die individuellen Daten werden zum Teil frei. Manche der individuellen Daten werden zum Erhalt des Alten nicht mehr gebraucht und finden auch im Neuen keine direkte Verwendung. Von anderen fordert die neue Feldarchitektur, sich ein wenig zu verändern, und sie bestehen innerhalb des neuen Wissens fort.

Die Kriterien sind eine individuelle Leistung, um den Materieraum betrachtend zu erfassen. Mein Geist als solcher benötigt diese Basis individueller Leistungen. ICH errechne ein Konstrukt aus Daten. ICH ummantele das fremde Ich. Der geschaffene Mantel ermöglicht mir die Analyse der erhobenen Daten und ihre Brauchbarkeit im Hinblick auf das zu erreichende Verständnis.

Vermutlich lagern sich die individuell erhobenen Daten in meine Feldarchitektur ein. ICH erlaube mir, Gesuchtes zu definieren, bzw. Antworten zu stabilisieren. Aus der Masse der Daten leite ICH mein Wissen ab. Die zunehmende Entwicklung des Datensatzes beinhaltet das Verständnis der alten Theorien. Vieles lässt sich bestätigen, aber bei Weitem nicht alles. ICH will nicht kritisieren, ICH will die Zukunft gestalten, meine Geistfelder Ätherdichten gefasster Kriterien, stabilisiert von begleitenden Erkenntnissen und formuliertem Wissen im Hier und Jetzt für einen kommenden Status Quo.

ICH manage die Individuen aus meinem Datenmantel heraus. Die Individuen spannen mit ihren Daten einen Echtzeitraum auf. Dieser Echtzeitraum resultiert aus der Datenzentralisation eines fragenden Ich. Dies ist es, was mein Geist zu tun pflegt. Es war nicht notwendig, meine Vorgänger zu studieren. ICH mehrte und entwickelte meine eigene Geistesmasse. Ganz natürlich stieß ICH im Laufe der Zeit auf die wissenden Konstrukte meiner Vorgänger. ICH fand manches genial und war teilweise überrascht, wie sich manch einer über Jahre mit einem so schwachen Ansatz begnügte und heute doch zu den Großen zählt.

Die fortschreitende Erweiterung des Datensatzes bedingt einen wachsenden Unterschied zur Datenmasse des vorangegangenen Wissens. Die zunehmende Angliederung von Daten verändert das geistige Gefüge. Die Datenkonstellation, die Feldarchitektur verändert sich und damit das Wissen. Das Wissen wird zu einem Höheren. ICH sage, über den gegenwärtigen Stand hinausblickend, ein zunehmender Unterschied zu den wissenden Konstrukten meiner Vorgänger verändert die Wirkungen innerhalb der Felder. Die alten Ordnungen beginnen, den Ordnungen des Neuen zu widersprechen. Manche Wirkungen und Feldkräfte heben sich gegenseitig auf. Die gleichförmige Konsistenz der Felder ist unterbrochen. Vielleicht sollte ICH von einem bestehenden Ladungsgefälle sprechen. Auf der Grundlage dieser Wirkungen schwanken die beteiligten Felder der wissenden Teilbereiche in ökonomischere und stabilere Summenfunktionen. Die Feldarchitektur der Summenfunktion könnte nach der Feldmodulation stark verändert sein.

Die veränderten Datenströme wirkten zum Beispiel entzündlich auf abweichende Ordnungen des Organismus. Es käme ganz allgemein zu belastenden Datenkonstellationen. Die Kontinuität der einwirkenden Materieströme würde mit einer Gefährdung des real Bestehenden einhergehen. Ganz einfach gesagt: Das neue Wissen würde in manchen Bereichen Materiedaten auf einen Kollisionskurs mit Materiedaten des alten Wissen und nicht nur des alten Wissens schicken.

Betrachte ICH die Psyche, so fördern konträre Datenströme Schmerz, Hass und Aggression bis hin zum Ausbruch von Gewalt, um diese Feldstrukturen im Sinne der eigenen zu durchbrechen. Vermutlich erlaubt die Verletzung des

Gegenübers, Daten des orientierten Wachstums aufzurufen. Das bedeutete für die Erweiterung oder die Verrechnung von Datenvolumina zu einem wissenden Datensatz, dass auf Daten des Materieraums zugegriffen werden kann. Die Verletzung ließe die Ausdehnung auf adaptierte Daten des orientierten Wachstums zu.

Eine mögliche Modulation der Felder könnte ihre Ursache auch in der Verrechnung andersartiger Wissensstrukturen haben. Die beschreibenden Feldgrößen der Fachbereiche, das so genannte Wissen, könnten auch bei einer andersartigen Verrechnung in andere Wissenssphären umschwanken. Auf der Grundlage anderer Grundinteressen, auf einem anderen Bildungsweg heraufziehend, würden die wissenden Felder der Teilbereiche in der Feldarchitektur einer Antwort schwanken. Die richtige Fragestellung, aber vor allem der Datenbackground der Projektionsfläche ist für eine genügend verständliche Darstellung einer Antwort von Bedeutung.

Vermutlich entreißt die Modulation den beteiligten Feldern Daten. Dieser Vorgang kann bestehendes Wissen vollkommen zerstören. ICH verweise auf die Veränderung des Status Quo als Folge und die Tatsache, dass meine Vordenker als wissende Datenfelder innerhalb eines veränderten Status Quo nur noch untergeordnet existieren. ICH spreche von historischen Wahrheiten, welchen sicher niemand nachtrauert.

EINSCHUB: VERSUCHTE THEORETISCHE ERLÄUTERUNG EINES GEISTIGEN PHÄNOMENS

Während meiner Niederschrift beobachte ICH die sichtbaren Datenmassen meines Kortex. ICH empfinde das als Denken. Die sichtbaren Äthermassen gehen mit dem Wissen einher. ICH versuche nebenbei, ursächliche Datenkonstellationen für einfache Feldschwankungen zwischen verschiedenen Datenbereichen zu bestimmen und für mich als einfachste Operationen des Gehirns zu deklarieren.

Nun zeigte sich bei der Betrachtung der Geistesmasse, also parallel zu meiner Niederschrift, ein globaler Einbruch in die vorherrschende Datenmenge wie ein heranbrausendes Tiefdruckgebiet, das über Europa hinwegzieht, ein scheinbar die ganze betrachtete Geistesmasse überdeckender Dateneffekt. Dieser Effekt ging mit der Botschaft einher, dass Amerika dieses Wissen für sich beansprucht. ICH hob daraufhin unwillkürlich die linke Hand und grüßte recht freundlich zurück! ICH brachte damit zum Ausdruck, dass ICH mich selbst als verantwortlicher Gestalter des Wissens betrachte. Ein Hitlergruß, wie man im Deutschlandfunk zum Ausdruck brachte.

ICH bin zunächst einmal Deutscher. Dann bin ICH Wissenschaftler. ICH leite Wissen aus globalen Datenmengen her. ICH weiß, dass das Gehirn der Materie äquivalent arbeitet. Die Feldordnungen der Weltlinien sind an die Materiedaten gebunden wie die Effekte, die in die Weltlinien führen, an gewisse Konstellationen bewegter Massen gebunden sind. Aus dieser Sicht wird es mir möglich, dass sich wissende Konstrukte oder auch Staatenordnungen, ganz allgemein Datenordnungen, die Wissen auf ein gemeinschaftliches Zentrum hin organisieren, sich wie folgt zueinander verhalten könnten.

Die zentral wirkenden Kräfte beider Konstrukte griffen ineinander und leisteten einander in einer Form Widerstand, dass sich die neutralen Zentren aufeinanderzu bewegten und einander überlagerten. Zielführend wären bei der Bildung übergeordneter Summen die groben Materieflüsse, die Hauptdatenbahnen, die großen Feldkapazitäten, die für Eigenschaften wie Feldstärke, Ladungen oder Polbildung verantwortlich wären. Letztlich führte dieses auch zu einer Gleichschaltung der Randbereiche der sich überlagernden Konstrukte. Daraus resultierten noch stärker manipulierende Kräfte. In letzter Instanz ist das Individuum mit seinen Verhaltensdaten seinem Label verpflichtet.

Sollten sich hier tatsächlich Staateninteressen in einem Konstrukt des Wissens verschränkt gegenüberliegen? ICH formulierte eine wissende Struktur, der ein sichtbares geistiges Phänomen ›Amerika beanspruche das Wissen für sich‹ folgt. Sollte es sich tatsächlich um einen Hitlergruß gehandelt haben, so ist anzunehmen, dass es sich um eine europäische Datenmasse handelte, die sich hier als selbstbewusster Denker behauptete. Das auftretende Ätherphänomen mit der Botschaft, dass Amerika das Wissen für sich beanspruche, wäre Ausdruck des Einbruchs der Alliierten während des Zweiten Weltkriegs.

Die totale Involvierung der europäischen Basis führte zu einer Zentralisation der Daten auf ein amerikanisches Zentrum hin. Die Folge der Beschlagnahme der europäischen Daten ginge mit der bekannten Botschaft einher. Die Sichtbarkeit resultierte aus dem plötzlichen Gegensatz der Daten. Mein Verständnis der Botschaft beruht auf dem gewohnten Umgang mit dieser Datenmenge.

ICH fand innerhalb der Datenmenge meines Wissens Mechanismen die Staateninteressen bedienten. Die wissende Datenmenge gerät immer noch unter den strukturierenden Einfluss amerikanischer Interessen. ICH nehme mit dem Gruß erneut Bezug auf meine Datenausgangsmasse. ICH festige mit einem erneuten Datenbezug meine Position und lege den Grundstein für weitere Betrachtungen. (Einschub Ende.)

ICH ziehe die Entwicklung der menschlichen Organe zu einer Erklärung heran. ICH sehe zentrale Transportgefäße, die sich stärker und stärker verzweigen, um schließlich ein funktionelles Gewebe zu bedienen. Im Augenblick scheint mir die Form der funktionellen Informationsverschränkung etwas Ruhe in das System zu bringen. Die Zusammenschlüsse der Datenmassen zu ökonomischen Feldströmen scheint Ordnung in das System zu bringen. Der Begriff Ökonomie beinhaltet in diesem Fall den Aufbau stabiler wissender Größen in Form von funktionellen Geweben. Die zentralen Transportkapazitäten sind Ausdruck der gesammelten Daten.

Die großen Denker sind Verantwortliche zu nennen. Die Zentralisation der Daten in Richtung eines Geistes hat den Zweck der Wissensbildung. ICH weiß heute aber auch um die Zusammensetzung der wissenden Konstrukte. ICH bin mit der Wirkung sich gegensätzlich verhaltender Kriterien vertraut.

Die verschiedenen Ausgangsmassen der Denker sind zu bedenken. Dabei ist ihre genetische Lokalisation, d.h. der Datensatz während der Befruchtung von Bedeutung. Eine aktuelle Datenkonstellation ist es, die mit dem Status Quo eng verbunden ist, mit welcher die Entwicklung des Embryos startet.

Das orientierte Wachstum ist eine Leistung des Organismus, bei welchem sich Organstrukturen anhand eines gegenwärtigen Status Quo aufbauen. ICH sehe hier unterschiedliche Wertigkeiten der einzelnen Materieinformation im Hinblick auf die Funktion, aber auch im Hinblick auf die Haltbarkeit und die Präzision eines Organs. Die Fähigkeit eines Organismus, Daten des Materieraums zu einer Organfunktionalität zu verschränken, befähigt später auch das Gehirn zu spezifischen geistigen Positionen. Das Anerzogene ist wie das Erlernte durch Erfahrung zu erhärten und als ein kulturelles Erbe zu betrachten.

Das Zusammenführen der Daten des Materieraums in nur einem Geist erlaubt, mir, also diese Größe (ein Geist) zu wissenschaftlichen Ableitungen zu nutzen. ICH zentralisiere Daten. ICH schaffe wissentlich holographische Konstrukte, deren Ordnung Datenströme unvorstellbarer Kapazität enthalten. ICH weiß, dass diese Formen menschlichen Geistes nachhaltig auf das Materiesystem wirken.

ICH nenne mich verantwortlich für die gegenwärtige Fassung von Materiedaten und aktuellen Gebrauchsdaten, dem damit verbundenen wissenschaftlichen Verständnis und verantwortlich für das Verhalten der Masse gefasster Individuen.

Sind da wirklich Verantwortliche, die sich einem Label verpflichten? Sind da Menschen, die mit ihren Kortexdaten Labelordnungen angehören? Sind die Datenordnungen der Labels wichtige Feldgrößen der menschlichen Gehirnfunktion? Kann der integrierte Baustein sein Verhalten innerhalb des Ganzen beurteilen? Können die Menschen das Heraufziehen großer Theorien erkennen? Werden die industriellen Ordnungen dann selbst zu Bausteinen?

Bedingt die Erarbeitung der neuen Konstrukte durch den Abstand zum Alten immer größere Feldstärken? Sind diese Feldstärken für die Entscheidungsträger bereits bindend? Bedingen diese Feldstärken, sich gegen das Alte zu entscheiden? Setzen sie damit das neue Wissen mehr und mehr instand? Legt das neue Wissen den Wert des Kriteriums fest?

Entscheidet ein elektromagnetisches Konstrukt allein auf Grund der ihm eigenen Feldstärke, ob Kriterien brauchbar oder unbrauchbar, ob individuelles Verhalten gut oder schlecht ist? Marschieren dann tatsächlich alle, in Summe, in eine Richtung, überwinden damit bestehende Feldstärken und bahnen die Felder im Sinne des Wissensschaffenden, erzeugen Effekte und Wirkungen innerhalb des Korrelats? Bedeuten diese Effekte wichtige Anweisungen für Daten, sich entsprechend zu verhalten? Resultiert daraus die Feldarchitektur einer Antwort, die Fragen verständlich abbildet? Ist das Ergebnis ein wissendes Feld, welches als stabiles Wissen, welches einer spezifischen Materieordnung äquivalent und von nur einem Gehirn fassend betrachtet, verstanden werden darf?

Das Wissen garantiert als holographische Struktur die notwendigen Effekte, dass sich bei einem Anstieg der entsprechenden Kapazität eines Suchenden die benötigten Feldstärken mit Richtungen und Wirkungen in Stand setzen. Als Folge integriert sich das geistige System des Suchenden so in die bestehenden Muster, dass sich die nächsthöheren Wissensstufen einstellen. Dazu gehört die Umlagerung der suchenden Instanz innerhalb des wissenden Korrelats und die

Modulation inklusive des Bodens auf welchem es heraufgezogen ist, zu einem eigenständigen Feld. Höhere Instanzen sind das optimale Verständnis und das Darüber hinaus.

ICH beschreibe hier einfache Prinzipien der Gehirnphysik. ICH könnte auch mit der Software der menschlichen Organe argumentieren. Ihre Entwicklung unterliegt ebenfalls den natürlichen Prinzipien der Informationsverschränkung. Das entwicklungsgeschichtlich Älteste dürften die zentralen Versorgungsgefäße sein. Die Spitze der optimalen Gewebefunktion dürfte als das Jüngere gelten. Die Gewebefunktion resultierte aus einer spezifischen Verschränkung von Daten des Materieraums. ICH denke an spezifische Ausschnitte des Materieraums, die in ihrer Summenfunktion die spezifische Gewebeordnung abbilden. Die Materieäquivalenz erinnert und stabilisiert die Funktion. Die angrenzenden Bereiche des Materieraums, die als Daten an der Funktion nicht direkt beteiligt sind, dienen der Verwurzelung innerhalb des Status Quo.

Die Bereiche der spezifischen Funktionalität gelten als der jüngere Teil. Das Materieverhalten auf Zellebene verhält sich äquivalent zu den Ereignissen des Materieraums. Das funktionelle Verhalten der Materie auf Zellebene beruht auf der Summenfunktion einer Vielzahl von Kriterien. Die zentralen Transportkapazitäten dürften sich als Zusammenschlüsse erster Materiedaten vor den spezifischen Organdaten entwickelt haben. Die interferierenden Daten der Randbereiche dürften sich zu eigenen Ordnungen zusammengeschlossen haben, den heute stark differenzierten Zelltypen.

ICH möchte das Gedachte mit dem Anschließenden in einem Kontext betrachtet sehen. Es geht um die Gesetze zur Beschneidung! Was Merkel sagt, ist richtig. Sie regiert richtig! In der deutschen Gesellschaft kann das Judentum gedeihen. Diese Formulierung rief dunkle fühlbare Spannungen innerhalb des geistigen Gefüges hervor. ICH weiß, dass diese als Folge einer fremden Position entstehen. Wie zwei Körper, die sich anziehen, wirken hier zwei parallel existierende geistige Ordnungen aufeinander ein. Die eine wie die andere generiert sich auf der Grundlage des Status Quo. Die eine wie die andere zentralisiert die Daten des Materieraums in einem Konstrukt des Verständnisses.

Zwei Datenkörper wirken hier aufeinander. Man könnte vielleicht sagen: »Was Merkel sagt, ist richtig.« – was der Sprecher des Zentralrats der Juden unbestritten tat. Man könnte auch das geistige Sein des Sprechers des Zentralrats der Juden bedenken und tatsächlich von einer Sache sprechen. Die Aussage: »Was Merkel sagt, ist richtig« würde ihn in ein anderes Licht rücken. Die Zusammensetzung des Was, dass Was, Etwas richtig ist, mag ja sein, vor allem wenn die Daten des Gehirns als der Materie äquivalent gelten dürfen und man den Daten, der zugehörigen Materie entsprechend, eine eigene Existenz innerhalb des Weltensystems einräumt.

Jetzt wandele ICH innerhalb des Materieraums zur deutschen Position. Was Merkel sagt, ist richtig! Die Worte, die den geistigen Sinn transportieren, sind wie das Gezwitscher eines Vogels oder das Gebell eines Hundes verständlich für diejenigen, die hinhören. Der geistige Sinn des Datenkörpers, also was sie mit diesen Lauten nach außen kehrt, liegt mir, dem verantwortlich Fassenden, am nächsten zu beurteilen.

Ob Recht oder Unrecht, Unrecht oder Recht sollte nicht davon abhängen, auf welches Zentrum die bewegte Materie zuarbeitet. Der Sinn eines Datenkörpers zeigt sich als sein Ganzes. Er ist die Summe erhobener Daten. Die Weltlinien als solche zu bezeichnen ist nicht richtig, betrachte ICH doch nur gewisse Teile des Weltensystems. Und doch sind es Einblicke in unerschütterliche Werke, Datenkonstrukte, die die nachfolgende Entwicklung weiter Teile transportieren. Inwieweit sich unbeachtete Teile eigenständig entwickeln oder ob sie sich in Abhängigkeit zu meinen geistigen Gebilden verhalten, sei dahingestellt.

Ob sich die bewegte Materie, bzw. das ihr entsprechende Datenäquivalent in der Zeit rückwärts oder vorwärts bewegt, ob die Datenäquivalente für eine Definition der Energie herangezogen werden oder auch nicht, das formulierte Konstrukt des Wissens schließt sie mit ein. Sie wissen also noch nicht, woher die Energien ihrer Korpustheorien kommen und wohin sie wieder verschwinden. ICH weiß es jetzt. Ihre Energien wurzeln im Materieraum. Sie liegen unverschränkt als Information des Materieraums vor.

Die Energie lässt sich als eine Summe von Daten definieren. ICH schreibe sie dem Materieraum zu, aus welchem sie gekommen sind. Der Großteil der Felder beteiligt sich nur indirekt am Aufbau der Teilchen. Ein kleinerer Anteil führte die nötigen Eigenschaften mit sich, um sich direkt am Aufbau zu beteiligen. ICH verweise an dieser Stelle auf einen möglichen Unterschied zwischen dem Auslöser des Urknalls und der nachfolgend einsetzenden thermischen Reaktion, in welcher sich die Teilchen organisieren. Der geringere Teil schwankt in stabile subatomare Teilordnungen. Ihre Ordnungen wurzeln im Materieraum.

Alle Konstrukte des Wissens sind in ihrem Aufbau den natürlichen Gesetzen der Informationsverschränkung unterworfen. Ihre Gültigkeit beruht allein auf einem Sein, das im Hier und Jetzt einen dauerhaften Anteil am Status Quo erzielt. Ein Sein, das den Status Quo als Ganzes zum Ausdruck bringt, ist das Ziel. Merkel wählte man mit 98% Zustimmung zur erneuten Vorsitzenden! **Der Krieg ist zu Ende und die Menschen gehen nach Hause.**

Der Vorgang, betrachtet man das Verhalten der Materie, sollte exakt dem Verhalten der Datenäquivalente während der Erarbeitung des Wissens entsprechen. Die Materie, wie die bewegte Materie, ist für die auftretenden Kräfte, die Wirkungen und Effekte innerhalb der neuronalen Netze ursächlich zu nennen. Es wird sich um zielgeführte Materie handeln, bewegte Materie, die meinen Zielen untergeordnet, meiner Feldarchitektur angehört und damit mein Wissen bedeutet. Es wird sich um bewegte Materie handeln, die, als materieäquivalente Information in meinem Geist zu Wissen zentralisiert, die Konfrontation mit Materieströmen anderer geistiger Ordnungen heraufbeschwört.

Das Optimum eines Geistes liegt darin, dem Status Quo total zu entsprechen. Jeder Geist entwickelt intuitiv ein beschreibendes Sein spezifischer Materieordnungen. Diese Fassungen bringen bewusstes und stabiles Wissen hervor und erinnern es. Selbst die verschiedenen Teilbereiche der Staatenordnung sind nur beschreibende Datenordnungen. Das Bestreben, diese Datenordnungen zu erhalten, ist physikalisch bedingt. Es ist natürlich auch im Sinne der Individuen, innerhalb des Staates funktionierende Ordnungen zu schaffen.

Kann der Körper, der Organismus oder die Materie nicht auf einer dafür notwendigen Massebahn gehalten werden, ist die Ableitung von Wissen gefährdet. Die Folge ist, dass man zur Analyse ein Feld als eine Form des Bewusstseins auf die gestörten Bereiche konzentriert. Das bedeutet: Datenordnungen werden zur Aufklärung dieser Bereiche installiert. Die bewegte Materie meiner Ordnung – ICH spreche immer noch von einem geistigen Äquivalent des Materieraums – macht auf Missmanagement und eventuelle Störgrößen aufmerksam.

Zu einem späteren Zeitpunkt werden sich dann Materieströme einstellen, die der geistigen Feldarchitektur entsprechen. Es werden Individuen instrumentalisiert, die in diesen Bereichen Daten erheben. Sie werden die Bereiche aufklären, Störungen beheben und sie wieder für die eigene Ordnung freigeben. Die Individuen werden Daten dieses Bereichs erheben und der organisierenden Geistesmasse hinzufügen.

ICH erkenne, dass die physikalischen Felder die Materieinformation sehr stark abstrahieren. ICH bewege mich nicht nur in zielgerichteten Datenströmen, wie sie zum Beispiel bei der logistischen Verwaltung von Materieströmen entstehen, ICH gehöre der Datenmenge der täglichen individuellen Gebrauchsdaten der Ordnung ‹ bewegte Materie von hier nach da› selbst an. Diese Datenordnungen möchte ICH als leistendes Gehirn nicht gestört haben. ICH bin bei meiner Datenverarbeitung innerhalb eines Echtzeitraums auf den Datentransport in meinen Feldern mittels Materieströmen angewiesen. ICH arbeite materieadaptiert.

ICH sehe den Gebrauch von Waffen. Die Fähigkeit des Gehirns, Materieinformation in Strömungen gefasst zur Aufklärung von essentiellen Bereichen zu gebrauchen, lässt mich den assoziativen Gebrauch von Materie vermuten. Der Gebrauch von Materie innerhalb des geistigen Partikelstroms ist ein suggestiver. Der Datenstrom, eine abstrakte Feldgröße verleitet das Individuum, selbst Materie zu bewegen. Der Datenstrom ist eine motivierende Größe des individuellen Alltags.

Für den intuitiven Menschen ist es ein Leichtes, zu erkennen, dass sich die Materieinformation und die Materie äquivalent verhalten. Die Konstrukte seines Unterbewusstseins helfen ihm, den Materieraum auszuwerten und stehen als Sachverhalte bereit.

Die Materieinformation in Feldern klärt den integrierten Baustein und seine Umgebung auf. Das Feld umgibt den aufgerufenen Inhalt. Die Wechselwirkung mit der Information klärt ihn und sein Umfeld funktionell auf. Die alltäglichen Handlungen steuern den Großteil an Information zu den funktionellen Feldern der Gehirne bei. Es ist die bewegte Materie, die für den Informationstransport in Feldern steht. Die bewegte Materie ist der bedeutendste Bestandteil der Feldfunktion im Sinne geistiger Operationen leistender Gehirne.

Die installierte Feldgröße ist eine unterbewusste Größe. Sofern ein übergeordnetes Feld auf Widerstände stößt, suggeriert es seinen Anteilen, aktiv zu werden. Das Gehirn hat hierfür die Möglichkeit, Daten gegen Daten zu gebrauchen. Dieses führt zu einer Erhellung der Störgrößen. Die Oberflächen, aber auch die tieferen Informationsschichten verdichten sich. Der Inhalt wird bewusst.

Dieser Mechanismus besitzt natürlich eine suggestive Kraft. Da sich Materie und Daten äquivalent verhalten oder vom Gehirn, sofern man nicht bewusst Effekte installiert, in den meisten Fällen so gelagert betrachtet werden, suggeriert das Konstrukt unterbewusst, den äquivalenten Daten entsprechend, Materie gegen störende Materie einzusetzen. Der nächste Schritt des Menschen war es folglich, wie es der Datenstrom in den Feldern vorgibt, Materie gegen Materie und später gegen fremde geistige Ordnungen zu gebrauchen. Es ist ein bildgebendes Verfahren, das den Gebrauch von Werkzeugen und Waffen suggeriert.

Der Wissenschaffende spannt einen Datenraum auf. Das Ziel ist die Befreiung dieses Echtzeitraums von internen Störgrößen. Die Strukturierung des Geistigen zeigt sich natürlich auch extern als eine Involvierung des einzubeziehenden Materieraums. ICH sehe Materie, meinen Zielen entsprechend auf Bahnen gebracht, die ausschließlich der Aufgabe der Strukturierung des Mediums und der Bahnung meines Weges dienen.

Es werden Materieströme auf störende Ordnungen gerichtet und Lösungen herbeigeführt. Das Ziel ist die Strukturierung des geistigen Mediums. Anschließend kann sich der Organismus frei in diese Richtung bewegen und die notwendigen Daten können erhoben werden. Dieses kann zur Wissensbildung und Wissensstabilisierung geschehen.

Der Vorgang ist oft auch Ausdruck reiner Staateninteressen. Beide versuchen eine Datenordnung zu erstellen und oder aufrechtzuerhalten.

Nichts anderes als die physikalischen Eigenschaften eines elektromagnetischen Feldes, eines an den Materieraum adaptierten Gehirns sind es, die die Ziele und geistigen Größen eines jeden anderen Individuums ausheben. Unterstützt von den einfachen Gesetzen der Physik bemächtigt sich ein Gehirn des gesamten Datenraums. ICH denke an Herrscher, die fallen, an Industrielle und Soldaten, die man aus ihrem Leben nimmt und gegen eine fremde Ordnung einrichtet.

Der wissenschaftliche Geist steht am Ende gebunden an eine einzige Person im Zentrum eines Datenraums seiner Kommunikationsberechtigung und seines Verständnisses. Um ein paar Begriffe zu nennen: Summe von Gebrauchsdaten, Wissen, Datenkapazität eines holographischen Konstrukts, Datendichte eines Feldes, Flussdichte oder Fußgeschwindigkeit, Materieäquivalenz, Effekte, wissende Datenmenge. Das Staatsoberhaupt steht an der Spitze seiner Soldaten. Vermutlich benötige ICH diese kriegerische Zerstörung nicht. Die Staatenordnung ist ein paralleles System.

ICH glaube, Sie nennen den Vorgang der Datenerhebung Sondierung. Vielleicht dienen die Kriege nur dazu, das Staatensystem der wissenden Ordnung gleichzustellen. Vielleicht ist es der Versuch einer Anpassung der sondierten Materieströme an die Architektur des Wissens. Vielleicht ist der einzige Weg, das neue Wissen zu kontrollieren, das Volk, die Individuen, die erbrachten Daten in regierende Strukturen einzuordnen.

Die Adaption der Staatsstruktur in der Fläche gelänge am einfachsten mit einer Befehlskette bis hinunter zum einfachen Soldaten. Die totale Involvierung der Fläche führte zu einer totalen Abhängigkeit des Individuums von den regierenden

Strukturen. Die Intaktheit des Wissens unter diesen Bedingungen ließe die Erneuerung der Staatsstrukturen unter den Aspekten des Wissens zu.

Der Status Quo wäre eine Ebene der Kompatibilität von regierenden Strukturen und dem geschaffenen Wissen. Es entstünde eine Übersetzungsmöglichkeit. Sollte der Staat alle Bausteine des Wissens, direkte und indirekte, die gesamte Basis involvieren, dann befehligt er in gewisser Weise auch das Wissen. Es wäre eine ungeheure Nähe zwischen Staatsstrukturen und dem neuen Wissen entstanden. Das neue Wissen wäre dann ganz einfach in die Staatenordnung zu übersetzten.

In diesen holographischen Datenmengen sind verschiedenste Kommunikationsstatus strukturell gegeben. Der heranwachsende Mensch verschränkt sich mit diesen im kindlichen Spiel. Der eingenommene Standpunkt bestimmt den Weg des Menschen. Der Mensch kann mit seinem Standpunkt an der Übermacht des Bestehenden scheitern. Man kann sich durch das Bildungsangebot an den gewöhnlichen Status adaptieren oder auch das Höhere, die Zukunft hervorbringen.

Wenn das Gedankengebäude meiner Vordenker im Kleinen auch nicht stört, vielleicht sogar den Datenfluss von Partikularinteressen begünstigt, so veralten sie doch und begrenzen die Entwicklung der Gesellschaft und der Staatengefüge. Lässt die fortführende Entwicklung zu lange auf sich warten, treten die negativen Folgen verstärkt hervor.

ICH werde mich dem werdenden Menschlein zu erkennen geben. Das Menschlein wird meine höchsten Ich-Instanz erreichen. Mein Sein wird zu seinem Sein. Der Weg der Erkenntnis des Nächsthöheren ist geebnet, Erkennen meiner Geistesgröße, Erkenntnis meines Seins als Datenmenge, als materieäquivalenter Echtzeitraum, die Erkenntnis des menschlichen Ursprungs der geistigen Kommunikationsstatus, oftmals längst verstorbener Akteure.

Sie lernen meine Feindlichkeit als Ausdruck eines holographischen Datenflusses erkennen. Der Datenfluss ist als bewegte Materie, in Feldern organisiert zu verstehen – in ihm treibend, gute Gefühle erfahrend, Bösartigkeit, Aggressivität und Gewaltbereitschaft an das Entgegengesetzte herantragend. Diese Erkenntnis führt Sie zur Furchtlosigkeit gegenüber den Worten und den Gefühlen, die mit den vorliegenden Äthermengen einhergehen. Die Kommunikation mit diesen ist der notwendige Einstieg für ein späteres Gleichziehen, die Erweiterung und Unterwerfung derselben. Die Erkenntnis der nützlichen Verschränkung verleitet sie dazu, ebenso gewaltbereit gegen diese vorzugehen, wie sie ihnen gegenüber auftreten. Bald nennen sie auch diese Datenströme ihr Eigen und sie gelangen zur Erkenntnis des Wissenden.

Die Kommunikation beginnt nicht selten auf einem beschämenden Niveau. Es lässt sich anfangs nicht so formulieren, wie man möchte. Die Worte scheinen sich an etwas zu orientieren. Man sagt ungewollte Dinge. Der höhere Sinn lässt sich nur beschränkt in dieser persönlichen Weisen ausdrücken. Die Akzeptanz des persönlichen Niveaus ist notwendige Wahrheit und die Voraussetzung dafür, um das spätere Sein zu entwickeln. Das Einswerden mit dem Materieraum beginnt mit den persönlichen Daten und der Erweiterung derselben in den umgebenden Raum.

Bringen Sie fremde Ordnungen auf. Sie organisieren sich auf Ihrem Rücken. Sie erreichen vieles nur, weil Sie ihnen als Datendrehkreuz zum Verbindungsaufbau in andere Sphären dienen. Bemerken Sie den leichten Zwang, der sich vor der eigentlichen Tat, dem Schritt zur eigenen Existenz, der sich vor dem Kollabieren der Felder der anderen auftut! Schreiten sie voran! Überwinden sie! Bringen Sie zu Fall! Installieren Sie einen eigenen Datensatz! Legen sie kommunizierte fremde Inhalte großflächig aus und erkennen sie den Raum als den eigenen. Werde, wer du bist!

Das kindliche Spiel bringt eine Vielzahl verschiedenster Datenmengen auf. Bei der Betrachtung von Materieverhältnissen um Objekte zum Beispiel, entsprechen manche den Vorstellungen des Gefüges. Die Kinder leiten dann zufällige Konstellationen aus dem Gefüge her. Das wissende Gefüge unterscheidet sich, aber die Kinder laden sich einen Teil der Kapazität. Das erschlossene Konstrukt wirkte von nun an Gedanken bildend.

Das kindliche Spiel führt zu einer Einlagerung von Materiedaten. Die Adaption gleich gelagerter Felddaten führt zu spezifischen Mustern. Sich kommunikativ mit diesen zu verschränken, führt zu einer Reihe von Koordinaten, die den Weg enthalten, den Materieraum in ebendieser Weise irgendwann selbst abzubilden. ICH habe als Kind die verschiedenen Ordnungen, wie eben oben bearbeitet und eingestuft. Der Weg, dieses Menschlein als meinen Nachfolger begreifen zu können, führt über die erneute Instandsetzung meines Wissens. Durch die Erkenntnis meines Wissens blickt er gleichzeitig auf die Antworten der Fragen und Interessensgebiete seiner Zeit, die ihn zu mir geführt haben.

Er blickt über mein Wissen hinaus und wird zum nächst Höheren. Es gelang diesem Menschlein im Spiel, sein kindliches Sein als Schnittstelle in mein Größtes einzubringen. Die natürlichen physikalischen Effekte begünstigten die fortwährende Reife der installierten Schnittstelle, das wahre Werden. Er oder sie entwickelt eine losgelöste Betrachtung der gewählten Interessensgebiete.

Es waren Fragen, die mich in meinen Kinderjahren beschäftigten, die man als Jugendlicher an mich herantrug, die ICH zu lösen versuchte. Scheinbar ist dies der Weg der Programmierung. Ein beständiges Interesse liefert die Antworten. Bewusstes Wissen entsteht, das mir heute als gelebter Status Quo zur Seite steht. Die Kriege zeigen mir, dass das schaffende Gehirn große Datenräume zu überblicken versucht.

ICH werde Gegenströmungen niedergeschlagen. Innerhalb des geistigen Gefüges werden keine Störungen vorliegen.

Das Gehirn fügt während seiner schaffenden Tätigkeit die Sinnesdaten der Individuen der bereits erworbenen Datenmenge, einer Feldordnung des Gehirns, entweder als bestätigende Instanz oder als den Datenraum erweiternde Bausteine, hinzu. Das Wissen stellt sich als eine durchgehende Datenmenge vom erbringenden Individuum bis zum fragenden Gehirn dar. Das holographische Konstrukt des wissenden Gehirns vereinigt die gängigsten Daten des Materieraums auf sich. Das sicht- und fühlbare Datenfeld des Gehirns entspricht der Datenmenge des Materieraums und lässt höchste Ableitungen zu.

Dem Vorgang der Zentralisation von Daten, verdanke ICH meine wissenschaftlichen Erkenntnisse. Am Ende umfasst die Ordnung des Feldes eine Vielzahl von Kriterien des Materieraums. Manche Bausteine lassen sich einfacher und schneller generieren. Diese sind es, die ICH auch zu den Koordinaten innerhalb des Materieraums zähle. Sie sind die Stellvertreter des restlichen Raums bzw. des Gefüges des korrelierenden Systems. Innerhalb des korrelierenden Systems sind es komplexere Datenmengen. Sie bilden einen gewissen Zustand des Materieraums sichtbar, also bewusst fassbar ab.

Gleichzeitig ist das erstellende Gehirn fühlende und denkende Instanz. Das fassende Gehirn vermittelt über diese sichtbaren Datenmengen seinen Standpunkt an die Bausteine. ICH behaupte, dass bewusstes Wissen eine gewisse Determinierung seiner Bausteine nach sich zieht. Man muss nicht unbedingt von einer Unfreiheit sprechen, ist das System doch komplex genug, um die vorherrschenden Bedingungen eines jeden Individuums so innerhalb des geistigen Zusammenspiels aufzuarbeiten, dass es innerhalb der Ziele, die ICH für die Zukunft habe, relativ gut funktioniert und zufrieden sein kann.

Es ist eine wissende Ordnung. Neues Spiel, neues Glück. Das Wissen ist eine Summe von Daten. Das Wissen ist eine Datenordnung. Das aktive Individuum ist mit seinen Alltagsdaten notwendige Größe. Seine Form der Umweltwahrnehmung ist ein aktiver Bestandteil des holographischen Wissens. Die holographische Datenerhebung fasst das individuelle Sein auf und beschreibt somit den Materieraum.

Die entstehende Datenmenge bzw. das funktionierende Ganze neuronaler Netze, das neuronale Miteinander nenne ICH das Korrelierende System. Sehen Sie Ihre Gebrauchsdaten in den Feldern des Korrelierenden Systems verrechnet! Sehen Sie sich in Datenströmen organisiert! Sehen Sie sich getragen von dieser fließenden holographischen Masse! Lassen Sie sich treiben im Strom der Daten! Genießen Sie das geringere Altern innerhalb des Materiestroms!

Sehen Sie das Potential einer möglichen geistigen Entwicklung! Sehen Sie sich selbst und Ihre benötigten Produkte in einem Feld von Daten sich analog verhaltender Materie organisiert! Werten Sie diesen Datenstrom als den eigenen! Begreifen Sie sich als Feld und werden Sie zu einer Kapazität aller Daten! Erkennen Sie die bezeichneten Räume!

Betrachten Sie das eigene Sein durch die Brille des Feldes und überblicken Sie den Materieraum! Sehen Sie die Zunahme der Reichweite Ihrer Entscheidungen! Das Verständnis regionaler und auch großer Zusammenhänge lässt Sie die eigene Massebahn in Abhängigkeit zu diesen koordinieren! Unterwerfen Sie die Materiedaten dem eigenen Ziel, installieren Sie ein geistiges Overlay, reduzieren Sie die Materiedaten Ihrer Mitbewohner zu Begleitdaten Ihrer persönlichen Ziele!

So etwa könnten sich natürliche Ordner eines menschlichen Unterbewusstseins anhören. Sie wären von der Wirkung eines Feldes, eines elektromagnetischen Feldes des Gehirns ausgelöst. Die Wirkung des Feldes bezöge sich auf die eingelagerten persönlichen Materiedaten. Ihr Verhalten käme einer unbewussten Auswertung bzw. Annahme der Datenordnung des korrelierenden Systems gleich, wäre natürlich zu nennen. Die Vernetzung innerhalb des Korrelierenden Systems wäre Ihnen Ideengeber. Sie bewegten sich durch das entstandene Feld motiviert und zu bewegende Objekte in Übereinstimmung mit den verschränkten Umgebungsdaten des Korrelats. Sie profitierten als adaptierter Baustein vom umgebenden Datenfeld, vom entstehenden Feld mit seiner richtungweisenden Wirkung und seinen aufklärenden Effekten.

Das menschliche Bewusstsein verändert sich mit der unterworfenen Datenmenge. Das Überblicken zusammenhängender Datenbereiche des Materieraums bedingt weitreichendere Entscheidungen. Das Wissen ist ein Konstrukt aus Materiedaten. Das Wissen bildet den Materieraum ab. Bei der Bildung von Wissen sind die individuellen Datenordnungen die wichtigste und vor allem eine notwendige Größe.

Der Datensatz des Individuums unterliegt bereits während der wiederkehrenden Datenerhebung einer Erweiterung im werdenden wissenden Feld. Am Ende steht das Wissen, gebunden an eine holographische Struktur aus

Materiedaten. Es ist das zentrale Wissensfeld einer Gesellschaft. Es steht für eine spezifische Gestaltung des Materieraums.

Das Auftreten von Kräften und Wirkungen innerhalb der wissenden Datenordnung wird als Leitmotiv der weiteren technischen Entwicklung angesehen.

Das Wissen, so es gefunden ist, behaupte ICH, ist zu allererst an seine spezifische Datenstruktur gebunden. Die Erhebung der individuellen Gebrauchs- und Umgebungsdaten erfolgte gleichzeitig. Die Betrachtung der sicht- und fühlbaren holographischen Datenmasse des Kortex während der Ableitung des Wissens führt zu einer Berücksichtigung aktiver individueller Gebrauchsdaten. Die Gleichzeitigkeit aller Daten erlaubt mir die Annahme der Rückführbarkeit des Wissens auf einen funktionierenden Materieraum.

Das Wissen ist so stark wie sein unmittelbarer Anteil am Gesamten, dem Materieraum, einschließlich der ihn umgebenden Energien. Der Materieraum selbst ist das Gesamte. Diese Datenmasse ist Gott gleichzusetzen. Sie hat die höchste Wertigkeit. Der Mensch kann diese Datenmenge erfahren. Sein Gehirn wird aber sehr schnell, dem Interesse entsprechend, Ableitungen treffen. Eventuell wird dieser Vorgang durch die Daten der zu erhaltenden Körperordnung unterstützt.

Im Alltag und normalen Leben wird der menschliche Geist mit seinen Gebrauchsdaten und dem restlichen Datengefüge zufrieden sein. Die Daten verschmelzen zu Feldern. Alle Daten, auch die Körperdaten und die seelischen Daten gehen in diese Ordnungen mit ein. Im höheren Feld gehen eigene Ordnungen verloren. Man unterstellt sie einem Höheren, um selbst zu profitieren. Diese Ordnungen innerhalb des Materieraums aufrechtzuerhalten, benötigt sehr viel Energie. ICH nenne zur Ergänzung biologische Ordnungen wie lebende Organismen, aber vor allem die technischen menschlichen Systeme. Sie sind sehr mächtige Overlays. Sie aufrecht zu erhalten, benötigt sehr viel Energie. Das holographische Konstrukt hat seine eigene Feldordnung. Es wirkt sehr stark auf geringere und unbeteiligte Restmassen.

Zurück zum neuen Wissen, ebenfalls ein holographisches Konstrukt. Ein globaler Datensatz, getragen von einer spezifischen Feldarchitektur mit harmonischen

Übergängen der entstehenden Kräfte, wurde geschaffen. Ungeheure Kräfte beginnen, auf das alte System zu wirken und es anzugleichen. Betrachte ICH den Menschen, so ist das Individuum mit seinem Datensatz zu Beginn nur eine beschreibende Größe des Materieraums. Es beginnt sich aber unter der Wirkung des Feldes auszurichten und adaptierend zu erweitern, um sich dann auch noch adaptierend zu verhalten. So baut es seine Einflusssphäre, aber vor allem die des höheren Feldes, dem es eingelagert ist, aus. Das Individuum, mit seinem Datensatz zuerst noch beschreibenden Größe des Materieraums, beginnt sich jetzt innerhalb des geistigen Gefüges zu entwickeln.

Hier wird auch deutlich, dass Daten nicht beliebig aufgerufen werden können. Sie starten mit dem individuellen Sein, dem Datensatz Ihres Ich. Er ist die Ausgangslage für die Erarbeitung des Datensatz des Wissens. Bringt man den wissenden Datensatz während des Lesens hervor, enthält er den individuellen Anteil, zeigt die individuelle Schnittstelle aber nur mit an. Die natürliche Feldaktivität führt zu Veränderungen des wissenden Datensatzes. Trotz einer relativen Stabilität des Wissens scheitert der Erhalt des Wissens. Eine Übertragung einer Kapazität an Daten, die Sie die Dynamik des Materieraums verfolgen ließe, ist über die relativ geringe Schnittstelle eines Normalsterblichen meist mit Objektstatus nicht zu leisten. Das Wissen geht Ihnen zu großen Teilen wieder verloren. Jedoch führt der Aufbau des wissenden Feldes um Ihren Anteil immer auch zu einer Erweiterung der in diesem Fall genannten Objektdaten. So bleibt eine Spur des wissenden Datensatzes auf der Seite des Interessierten. Er erweitert sich. Er beginnt, sein geliebtes Objekt innerhalb des umgebenden Raums zu betrachten.

ICH nenne diese Datenmenge ein Kriterium. ICH sehe das Kriterium in elektromagnetischen Feldern organisiert und nenne es einen Bestandteil des Lichts. Wobei ICH innerhalb der Datenmenge eines Kriteriums noch bewegte und unbewegte Materie unterscheide. Eventuell ließe sich der Aufbau von Feldlinien aus ruhenden und bewegten Bereichen herleiten. Nur eine Vielzahl von Anrufen bedingt die allmähliche Erweiterung der eigenen Daten zu dem Datensatz des Wissens. Ein Anwachsen der Kapazität der zentralen Ich-Instanz geht mit einem Anwachsen ihrer Gravitation einher. Was passiert aber, wenn sich einige Größen herausbilden? Sie erreichen eine Art von Gravitation. Der Informationskörper zieht sich zusammen. Die Wege werden kürzer.

Obwohl die Zeit meiner Theorie nach viel langsamer zu fließen scheint, spricht man allgemein von einer Beschleunigung. Das scheint an der Fülle der Aufgaben zu liegen. Der Müßiggang und die Ruhe, das Zeithaben wird zu einer Belastung. Die Ichs, die größere Datenmengen fassen, werden zu getriebenen der eigenen Feldaktivität. Das Bewegte innerhalb der Felddaten wird zum Motor ihres Alltags.

Die geschaffenen Größen, die den Materieraum in einer gewissen Weise vollständig abbilden, sind der gedanklichen Kommunikation mächtig. Die Materiedaten zu Feldern verrechnet ergeben in der Summe die holographische Masse oder den sichtbaren Äther. Es ist die geschlossene Datenmenge des Materieraums, die diese Ichs gemeinsam haben, welches die Informationsübertragung ermöglicht. Ein hoher Prozentsatz an identischer Informationsmasse lässt die Informationsübertragung innerhalb der Felder zu.

Sie haben sich auf die Sprache des Geldes verständigt. Es entstehen identische Strukturen, die sich ineinander überführen lassen. In Feldern organisiert kann man zum Beispiel Werbebanner oder Schriftzüge auf Autos vernachlässigen. In erster Linie zählt die Materieinformation, das Überblicken zusammenhängender Ordnungen.

ICH betrachte sehr gerne produzierende Ordnungen. ICH betrachte die Produktionsabläufe und sehe mir die Warenströme an. ICH führe auch hier die Möglichkeit einer gewissen Identität der Struktur an. Die Verrechnung von Materieinformation zu einer holographischen Masse ist die Aufgabe des Gehirns. Die Materieströme des produzierenden Gewerbes wären in elektromagnetische Felder gefasst. Es entstünden elektromagnetische Felder des Gehirns, getragen von ausschließlich diesen Hauptdaten des menschlich veranlassten Materieumsatzes.

Das Wissen leitete sich aus gefassten Materiedaten her und auch Entscheidungen wären von diesen Datenmassen in Feldern organisiert, abhängig. Die universelle Sprache bliebe das Geld. ICH verständige mich mit diesen auf eine Maximierung der Gewinne. Als Folge gewinnen diese an Materie hinzu. Es bilden sich also stärkere Felder heraus.

Für die Gehirne steigt die zu verrechnende Materiemenge weiter an. Daraus erfolgt eine Erhöhung der Gravitationslast. Bei den Labels, betrachtet man sie aus der Sicht der Physik, handelt es sich um Datensummen. Die Daten finden sich in elektromagnetischen Datenfeldern zusammen. Von den Feldern geht eine gewisse Gravitation aus, die die Individuen auf ihren Bahnen hält.

Die grobe Struktur der Felder wird von den Waren und Güterströmen unter einem enormen Energieverbrauch erzeugt. Der freie Wille des Menschen zeigt sich hier am besten. ICH glaube, man kann wirklich von einer hohen Kunst und Lebensphilosophie sprechen, sich trotz der umgebenden Feldstärken auf ein natürliches und bescheidenes Leben einzulassen.

Das individuelle Sein, das individuelle Ich besteht aus einem Datensatz und einem zentralen Bestandteil, der bewusst mit Daten besetzt werden kann. Diesen zentralen Bauteil zu besetzen, nenne ICH die Aktivierung von Materiedaten oder besser gesagt die Aktivierung des Korrelierenden Systems mit Materiedaten.

Die Aktivierung von Materiedaten, sollte sie nicht von einem höheren Feld aus-gelöst sein, darf und sollte bewusst selbst hervorgerufen werden. Die bewusste Generierung von Materiedaten für das Gefüge gleicht einer harmonischen Eingliederung in Abstimmung mit den Restdaten. Sich anzupassen und selbst anzupassen, sind die zu benennenden Vorgänge. Es handelt sich um eine Ab-bildung von Materiedaten im Korrelierenden System mittels zufällig aktiver Um-gebungsdaten. Die Integration und Vernetzung der Objektdaten innerhalb des Korrelierenden Systems ist die Folge. Die Darstellung des Objekts stabilisiert die beteiligten Daten in einem Informationskomplex. In diesem Dateninhalt sind die zufällig beteiligten Status des Materieraums verschränkt. Sie sind in dieser Funk-tion nicht voneinander zu trennen. Die Daten geben sich gegenseitig Existenz.

Das Objekt wird durch den Gebrauch zum Bestandteil der Ordnung. Die erneute Darstellung des Inhalts um das Objekt bei einem alltäglichen Gebrauch oder durch die Ansteuerung mit einem Bewusstseinsfeld führt zu einer Aktivierung des Korrelierenden Systems und einer Erweiterung des Inhalts in der bekannten Form. Es ist ein zufälliges Bild des Materieraums.

Die Kriterien, welche dem Objekt entsprechen werden zu Bausteinen des Inhalts. Kriterien unterschiedlichster Zeitfenster, Punkte, Orte und Regionen formieren sich in einem Informationsvolumen. Das Informationsvolumen trägt das Objekt oder das neue Wissen in seinem Zentrum. Über seine Bausteine, die Kriterien der Projektionsfläche, besteht ein Kontakt zum Materieraum. Das Informationsvolumina suggeriert ein gewisses Bild vom Materieraum. Die Bausteine des Wissens sind es, die innerhalb des Status Quo eine höhere Wertigkeit erhalten. In dieses Bild vom Materieraum, welches den Bausteinen des Wissens eine höhere Wertigkeit einräumt, setze ICH meine Produkte.

ICH gehe soweit zu sagen, dass es sich bei allen elektromagnetischen Status, die das Gehirn produziert, um Elemente auf der Ebene des Quantenkosmos handelt. Die Elemente durchfließen die Zeit und gelangen in das Jetzt. Die Inhalte des Gehirns sind unmittelbar an der Gestaltung des Jetzt beteiligt, ob sie zu Gunsten anderer kollabieren oder nicht. Die Beschaffenheit und Komplexität der Darstellung im Hinblick auf die verschränkten Daten bestimmt Erfolg und Misserfolg des Inhalts, als solcher das Jetzt zu erreichen. ICH weise an dieser Stelle auf die Wichtigkeit intakter Biotope hin. Sie sind unter gewissen Bedingungen entstanden. Sie generieren in ihrer gewachsenen funktionellen Komplexität ausreichend stabile Inhalte, so dass sich diese Lebensbedingungen, unterstützt vom menschlichen Willen schnell einstellen.

Hier wird ersichtlich, dass die individuellen Daten im Korrelierenden System Kräftefeldern angehören. Die Kräftefelder werden um den harmonisch integrierten Inhalt zum Ideengeber eines fortführenden Gebrauchs und Weges.

Tut ein Biotop bei Trockenheit einen Schrei nach Regen? Sollten sich tatsächlich Informationskomplexe dieser Größe getragen von einem intakten Biotop installieren, bewegten sich dann nicht jeder Käfer und jede Laus, involviert von diesem Informationskomplex, so auf ihre Ziele zu, als wären sie das regenbringende Tiefdruckgebiet selbst? Der individuelle Anteil kann so gering sein, dass Ihnen die Aktivierung Ihres Datenanteils durch ein höheres Feld nicht bewusst wird. Sie starten dann die anliegenden Arbeitsprozesse in Abstimmung mit dem höheren Feld. Der Ideengeber bleibt unbewusst. Diese Handlungsimpulse sind fremdmotiviert.

Der Interessierte, der sein Ich und damit seinen Anteil am organisierenden Gefüge kontinuierlich erweitert, wird zum Sehenden. Er entwickelt selbst ein Bewusstsein. Das Datenfeld seines Ich erreicht selbst Gravitation und bildet den Materieraum ab. Dann zeigt sich das Korrelieren der Bausteine, die Art und Weise der Verschränkung der Daten (ein Verständnis wäre wichtig für die Genetik und die Entwicklung von Medikamenten). Dann wird die Parallelität von Verhaltensmustern in holographischen Overlays ersichtlich. Dann lernen Sie das Korrelierende System und manch zerstörerische Beziehung der Daten in diesem Miteinander verstehen.

Sehr viel mächtigere Externe, als verständliches Beispiel wären Weltlinien zu nennen, bleiben in der Regel verborgen. Blickt man auf eine Weltlinie, so grenzt man die Zerstörung und manche Vernichtung von Leben aus, die sie in ihrem Inneren mit sich führt. Entscheidend war immer die allgemein günstige Entwicklung. Die Weltlinien aufzufinden und fortführend zu steuern, wird wenigen vorbehalten bleiben. Gemeint sind hier auch die Datenkonstellationen, die zum Beispiel Erkrankungen verursachen und Gene schalten.

Denn es wird nötig sein, die großen Felder zu fassen, das Korrelat als solches aufzubauen und dann eventuell negative Ordner und verkörpernde Größen aufzuzeigen, die für die Instandsetzung eines Schadens zu nennen sind. Es werden die Ursachen für die verstärkte Präsenz einer anatomischen Struktur zu erforschen sein. Darüber hinaus werden die Datenkonstellationen, die zu einer spezifischen Ausprägung von Merkmalen führen, ebenso von Bedeutung sein, wie die Datenmengen, die zu einer krankhaften Veränderung des Organs führen. Wie kann eine anatomische Struktur in ein derart mieses Umfeld geraten?

Man darf ein Konstrukt der Wirtschaft nicht mit der Größe eines flächigen Realraums vergleichen, in welchem jeder Lufthauch und das wachsende Gras verzeichnet sind. Diese Sprecher besitzen nur Wirtschaftskonstrukte. Das heißt, sie generieren sich aus eben diesen Materiebereichen, welche ihrer überwachenden Logistik unterliegen. Sie verkörpern und fördern ein Verhalten, das die Gewinnaussichten der Konzerne erhält, bzw. verbessert. Sie verkörpern das Konstrukt einer Wirtschaftsordnung. Hier lagern individuelle Kriterien unterschiedlichster Bereiche des Alltags eng an eng. Das können körpereigene Verdauungsprozesse ausgelöst von Süßem oder Fettem ebenso sein, wie Statikbelastungen der Muskeln und Gelenke während des Fernsehens oder Arbeitsprozesses. Natürlich gehören auch externe Daten zum Geschehen, wenn sie zum Beispiel ihr Auto betanken, es auf Hochglanz polieren oder den Haushalt in Ordnung bringen.

Größere Datenkomplexe beziehen also immer auch individuelle Kriterien in ihre Ordnungen mit ein. Die Gravitationslast führt immer auch zu Wirkungen auf Angegliedertes. Sie verkörpern Wirtschaftsstrukturen: Charakter eines Unternehmens, seine grobe Tätigkeit zu bezeichnen, seine Sicht, ein Verständnis des geschaffenen Inhalts zu erlangen, den Dateninhalt zu überblicken und die Eigenschaften des Ganzen als solche zu sehen, so dass sie das Bewusstsein und auch das Unterbewusstsein bezeichnen. Der Vorgang des Benennens führt wahrscheinlich auch zu einer unbewussten Wirkung auf seine Bausteine, sofern keine Ausgleichsgrößen wie zum Beispiel Tiere, Pflanzen und Dinge vorgeschaltet werden.

Wenn Sie dann vor die Kameras treten und ihre Wertungen ablassen, dann lässt sie sich Erkennen, die Involvierung des Kleinen durch das Große. Dann zeigen sich manche körperlichen Symptome und die, welche sie auslösen. Es erfolgt eine natürliche Erweiterung auf die angrenzenden Bereiche und die benachbarten Daten des Korrelats. Die großen Massen – die Wortwahl weist auf den physikalischen Massegewinn bei elektromagnetischer Verschränkung von Daten in höheren Ordnungen hin – scheinen eine gewisse Wirkung in Form einer Orientierungsleistung für Materiedaten geringerer Wertigkeit zu besitzen. Die Wirtschaftsordnungen erzielen einen hohen Anteil im Leben eines jeden. Die tägliche Dynamik sichert ihre Existenz. Außerdem bringen sie eine Reihe von geistigen Positionen hervor.

ICH nehme daher an, dass negative Aussagen eines Sprechers, getroffen auf der Grundlage eines Wirtschaftskonstrukts die anteiligen Kriterien und die im Korrelat benachbart gelagerten und mitinvolvierten Teile direkt betreffen. Zum Beispiel könnte ein im Gespräch bezeichneter Vorgang, ein geistiger Inhalt als eine Darstellung mittels korrelierender Daten tatsächlich auch auf ähnlich gelagerte Materiedaten im Korrelierenden System wirken. Man bedenke die Eingänge der Körpersensorik und erkenne manche Organbelastung als Resultat einer Beteiligung am Korrelierenden System. Die Beteiligung an der Darstellung von Inhalten, führt zu ungünstigen Phänomenen auch in Wechselwirkung mit den Körperdaten. Die Aussagen dürften, wie es sich mit dem Sinn der Worte verhält, oder wie es die wirkliche Materie tut, auf parallel gelagerte Körperinformation wirken. So führte zum Beispiel ein Übermaß an Verankerungs- und Befestigungstechnik zu ebenso krankhaften Zuständen der Körperordnung wie es ein Übermaß an Auf- und Loslösungsmaßnahmen täte.

ICH sehe, wie sich die Gravitationslasten großer Konstrukte entlang einer Informationskaskade auf geringere Bereiche auswirken. Das kann innerhalb des Organismus passieren, weil der wissenschaftliche Status Quo das Organisationsniveau spezifischer Endbereiche des Organismus nicht ausreichend erklärt. In diesem Fall würde das geschaffene Wissen den Organismus belasten.

Die allmähliche Entwicklung während der Evolution beruht zwar auf den Daten des Status Quo, führte den Menschen aber weit weg von den einfachen Ordnungen der Einzeller. Die Tiefe der Komplexität fände man in den Anfängen der Datenfelder. Das Jetzt der Funktion eines Organs liese sich zu seiner vollständigen Adaption an den Materieraum verfolgen.

Die Evolution beruht auf einer immerwährenden Integration externer Daten, der wechselseitigen Wirkung der Daten und dem adaptierten Wachstum. Die Datenkonstrukte des Organismus wurzeln daher immer in einer funktionsbedingten Form im Materieraum. ICH kann den Weg auch umgekehrt durchlaufen. Bei den ersten Datendichten beginnend bis hin zu adaptierten Materieordnungen, die dann Datenspeicher heißen. Die embryonale Entwicklung zu verfolgen hieße: ICH blicke auf die Materie aus der Sicht eines Grasfloh, aus der Sicht einer Heuschrecke, aus der Sicht einer Maus und zuletzt aus der Sicht eines Menschen. Aber was ist es in der Summe, nenne ICH die Materieäquivalente der Sinne einer jeden Art Effekte der Evolution.

Es sind Materiedaten, die von neuronalen Netzwerken erbracht werden. So bleibt es zuallererst die Sichtweise der jeweiligen Art und das bestehende Interesse an der Materie, die zu einer spezifischen Wahrnehmung des Raums führt. Die vier Elemente, die die Materie umspielen, sind sie nicht für alle Wahrnehmungsstufen gleich zu beobachten? Die Evolution hatte Zeit, all diese Daten einzubinden und den Organismus langsam an den Materieraum heranzuführen.

Wie zeigen sich also Datenverbindungen dieser Art? Könnte sich in diesen Datenmengen die Organisation von Gefäßen verstecken? Wäre darin die Formulierung zu immer größeren Durchmessern ebenso enthalten wie die Möglichkeit der Darstellung kleinster Verzweigungen? Vermutlich führte die Darstellung der Daten in einer Summe zum funktionellen Organismus. Für den fertigen menschlichen Organismus bedeutete diese Form der Kriterienverschränkung die Möglichkeit der Gefäßregulation.

Der Aufbau von stabilen Datenmengen lässt sich auch bei den Nahrungsketten beobachten. Wenn sich die Größeren von den Kleineren ernähren, setzt dich diese Kette fort bis in den Mikrokosmos der Nährstoffe. Es entstehen Konstrukte verschränkter Daten dieser Art neuronaler Leistungen. Die entstehenden Konstrukte transferieren die Fehler der großen Arten auf niedrigere Ebenen. Scheinbar dienen diese Ebenen auch der Informationsvernetzung. Die Funktionalität, aber vor allem die Stabilität der Gewebe größerer Arten ließe sich auf das Fortführen der Kriterien in Sichtweisen niederer Arten erklären. Die Verschränkung ungeheurer Informationsmengen kleinerer Arten bedingte die Existenz der Konstrukte größerer Organismen.

Die Sichtweisen der Arten sind innerhalb des Materieraums entlang der

Kriterien ihres Interesses einfach ineinander abzubilden. Jedem Organismus liegt ein funktionelles Gewebe zu Grunde, das im Materieraum wurzelt. Die Daten des Interesses sind Materieraum. Die Daten bedeuten Evolution. Der Organismus ist Materieraum. Der Materieraum verbindet die Größen. Sähe man auf die Konstrukte der Organismen, lägen im Materieraum die Daten ihrer Ursprünge. Man beobachtete je nach Art ein Abweichen der Entwicklungsdaten in spezifische Bereiche des Materieraums.

Der Materieraum ist somit die Basis. Die Evolution zog sich aus den verschiedenen Bereichen des Materieraums die Daten zum Aufbau der unterschiedlichen Arten heran. Die Arten wurzeln mit den jeweiligen Daten ihres Interesses im Materieraum. Legte man die Artenkonstrukte ineinander, würde man sehen, wie sich das Datenkonstrukt aus den verschiedenen Bereichen des Materieraums generiert. In dieser Form eines Datengefüges ist die Ausbreitung von Information in Form von elektromagnetischen Stabilitäten denkbar. ICH habe hierbei immer auch die Möglichkeit einer parallel mitgewachsenen Hardware im Hinterkopf. ICH denke an Nervengewebe, an Impulsgeber und andere Impuls leitende Gewebe. ICH nenne dies die Innervation eines Gewebes. In diesem Medium ist auch eine Verschiebung von globalen Bewusstseinskonzentrationen denkbar. Diese Massenphänomene führen zu langsamen Reaktionen eines Gewebes oder führen innerhalb des organisierenden Prinzips zu einem Datensatz, der lebenswichtige Bedingungen herbeiführt.

Die Orientierung der Tierchen und Kleinsten, das Fühlerorgan scheint den vorliegenden Äther zu analysieren, und dann mit seiner aktuellen Umgebung abzugleichen. Wenn sie das Summenkonstrukt der Daten als sichtbaren Äther auffassen, so holt dieses Sinnesorgan alle aufgeworfenen Daten der Arten hervor und weist grob auf Stör- und Erfolgsgrößen des Konstrukts hin. Es handelt sich allgemein um Information, um die Pläne, Ziele und das was kommen wird. Das Gefüge verarbeitet die Daten verschiedenster Zeitfenster. Für die Bewusstwerdung eines Datensatzes ist das Durchdringen des Mediums vom Sender bis zum Empfänger notwendig. Hier reicht es allerdings, wenn sehr viele

Handlungsantizipationen eingehen, die mit der Störquelle reagieren, um diese zur Bewusstwerdung zu verdichten.

Des Weiteren reduziert sich dann der Ätheranteil auf den wirklichen Raum des Tierchens. Der Mensch profitiert hier ein weiteres Mal von den Orientierungsleistungen der Geringsten. Die Wege, die jetzt von den Geringsten gegangen werden, werfen immer auch Information zur Analyse des eigenen Weges auf. Die aufgeworfene Information reagiert mit der menschlichen Datenordnung, wodurch ICH auf Stör- und Erfolgsgrößen aufmerksam werde.

Für mich erbringen Dritte wichtigste Information. Es gelangen Informationsvolumina in mein Bewusstsein, die nachweislich von Teilen der Informationskaskade erzeugt werden. Die Anwendung der gesandten Daten zu unserem Nutzen führt zu einer konstruktiven Einheit. Es tritt eine unglaubliche Reaktion ein. Mit der Verwendung der gesandten Information geht die Erkenntnis des Zusammenhangs der Datenräume einher. Das Licht fällt in Form von Daten in meine Ordnung ein.

Ein Teil des menschlichen Feldes zeigt sich in diesem Moment auch als Bestandteil der anderen Art. Beide Arten gehören derselben Ordnung an, dem Materieraum als Ganzen. So strahlt die Datenmenge des einen Organismus über die identischen Muster innerhalb des Materieraums in die andere Art ein. Betrachten Sie bitte ausschließlich die Verschränkungen von Arten desselben Biotops. Sie erzielen dann eine höhere Anzahl an Treffern genetischer Überschneidungen innerhalb des Materieraums.

ICH sollte die Gravitationslast nicht vergessen, die der gewachsene Organismus, der die Bedingungen während der Evolution längst als Bestandteile seiner Regelgrößen automatisiert, auf die geringeren Teile hat. In der gesamten Informationskaskade besteht auch ein Zusammenhang zwischen der anteiligen Materie und der auftretenden Gravitation. Die entstandenen Datenfelder scheinen strikt auf einander aufzubauen. Daraus resultiert die einfache Erreichbarkeit der Bestandteile.

Die Materiedaten scheinen je nach Größe und Einflusssphäre des Organismus unterschiedliche Wirkungen innerhalb des holographischen Konstrukts zu entwickeln. Die Daten und ihre Summenstrukturen bringen die Feldstärke und die Gravitation hervor. Es liegt an der Kapazität der Daten. Vielleicht sollte ICH auch Materieäquivalent denken und einen Bezug zur physikalischen Masse des betrachteten Materiebereichs herstellen.

Die Gravitation ist ein formendes Gebilde. Die Wirkungen der Gravitation führen zu einer milden Angliederung geringerer Daten und zu einer allgemeinen Harmonisierung der Felder. Die Bewegung größerer Körper ist daher auch impulsgebend für kleinere Körper. Da ICH eine interessensgebundene Verschränkung der einzelnen Arten annehme, werden sich die Impulsströme hauptsächlich in die mit Interesse verknüpften Systeme ausbreiten. Die eingebundenen Organismen stehen in einer größeren Abhängigkeit zum bewegten Großen. Natürlich ist es dann auch denkbar, dass, bewegt sich der involvierte Mensch nicht mit dem Großen, sich die Bewegungsimpulse auf verschaltete Dritte und noch niedrigere Ebenen verschieben.

Wie viele Daten werden es wohl sein, wenn sich die Sichtbarkeit einstellt? Wie viele Kriterien werden in einer fühlbaren Datendichte gefasst sein? Wie hoch ist die Flußdichte und Transportkapazität der sicht- und fühlbaren Datenmengen, bezieht man sich auf die abgefassten Materiedaten? ICH kann noch nicht sagen, aus wie vielen und welcher Art von Kriterien sich die Felder bevorzugt aufbauen. Ob es sich um Ölförderanlagen, um das Andocken an der ISS oder um abfahrende Skispringer handelt. Des Weiteren interessiert mich, wie sich die Daten im Feld zueinander verhalten. Wie sich die verschiedenen Distanzen verrechnen und wie sich die Daten in der Zeit einordnen lassen. Hat das Konstrukt an sich auf Grund der Qualität der Daten unterschiedliche Zeitdichten? Führt die Zusammenstellung von Information zu gewissen Zeitstrukturen in den Feldern? Mögliche Wege einer Gewebereaktion schlummerten in den verschränkten Datenverhältnissen. Die Reaktionen liefen in gefestigten Zeitstrukturen ab.

ICH möchte keine Theorien über die Verschränkungsverhältnisse von groß und klein in den Feldern entwickeln. Außerdem befinden sich viele künstlich geschaffene Konstrukte im Umlauf, die zum Beispiel das Verbraucherverhalten steuern, oder Siege herbeiführen. Sie alle finden im Korrelierenden System ihre Verknüpfung und geben sich gegenseitige Existenz.

ICH denke, dass sich die Organismen vom Kleinen bis zum Großen wie beim Materieaufbau verhalten. Aus den kleinen Verschränkungen gehen die Elementarkräfte hervor, die sich dann in größeren Ordnungen organisieren und die Gravitation hervorbringen. ICH halte mir die möglichen Datenkonstrukte des Korrelierenden Systems immer vor Augen. Deutlich zu unterscheiden sind die Konstrukte, die das Funktionieren des Körpers gewährleisten, von den Konstrukten, die im Umgang mit den externen Daten, also der Gestaltung des Materiehaushalts entstehen. Beides sind Datensammlungen, die sich auf die Ordnung des Materiehaushalts beziehen. Jeder Organismus ist eine Datensammlung.

Das Wissen ist eine Summe von externen Daten. Die Struktur des elektromagnetischen Feldes bzw. die verrechneten Daten scheinen einen Einfluss auf das Denken und Wissen zu haben. Zumindest liegt aber eine gewisse Wertschätzung der bevorzugt verarbeiteten Kriterien vor, was nicht zuletzt an meinem Alltag und den eigenen Interessen liegt.

Die elektromagnetischen Felder des Gehirns sind große Rechenmaschinen. Die fühl- und sichtbaren Datenmengen, sofern man sie fragend betrachtet, liefern sehr schnell brauchbare Ergebnisse. Die vorherrschenden Kräfte in den Datenkonstrukten wirken dabei bearbeitend. Ruft jemand Daten zu einem Objekt auf, wird das aktivierte Materieäquivalent in die Felder eingebracht und sich dort den natürlich wirkenden Kräften entsprechend verhalten.

Vermutlich lassen sich diese Datenkonstrukte irgendwann programmieren. Das führte zur Künstlichen Intelligenz.

ICH denke sehr viel weiter. ICH sehe die Schwankung elektromagnetischer Strukturen in stabile Summenformeln enden, so dass es zu heftigen Reaktionen mit dem Umfeld kommt. Bei freiwerdender Energie fiele Materie an. Diese Theorie führte dann auch zu einer Veränderung der chemischen Strukturmodelle. Daran, glaube ICH mich zu erinnern, arbeiten die Amerikaner bereits.

ICH möchte mich mit meinen geistigen Leistungen auf keinen Fall hinter irgendwelchen Supercomputern einordnen. **Das elektromagnetische Feld des Gehirns, aus einer Vielzahl von Kriterien bestehend, ist in seiner Leistungsfähigkeit Datenmengen, optimal zu fassen, unübertroffen. Die regelmäßige Aktivierung der Geistfelder führt zu ihrer Verbreitung auf dem Erdball. Das sind die Säulen meines Datenraums. Die einsetzende Sammlung regionaler Daten führt mich zum Realraum, zu einer Datenmatrix, in welcher der Materieraum als Status Quo vorliegt. In einer gewissen Weise erinnert diese Datenmenge auch an den Punkt des Archimedes, an welchem Denken das Weltgeschehen zum Ausdruck bringt.**

Der fertige Organismus will von Datenvolumina gesteuert sein. Die Eiweiße spielen hierbei als einfache Informationsträger sicher die größte Rolle. Der Satz von Genen ist vermutlich ein Datenspeicher für die ursprünglichsten Daten des Materieraums. Die Datenvolumina zur Schaltung der Gene werden sehr viel mehr Daten des Interesses am Externen enthalten.

In erster Linie wird sich das kleinere Glied in der Nahrungskette in seiner Umgebung oder auf sehr niedrigen Ebenen auch der Nährstoff selbst als Informationsbaustein des Datenkonstrukts zeigen. Jegliche Isolation von Objektdaten befremdet mich als Denker. ICH sehe selbst den Nährstoff noch irgendeiner Umgebung zugehörig. Das Vitamin hat vielleicht ein anderer Organismus gefördert oder ist nur innerhalb dieser Ordnung existent.

Sollten innerhalb des Korrelierenden Systems bewusst Zustände der externen Ordnungen von Sprechern beurteilt werden, negativ wie positiv, liegt eine negative oder positive Wirkung auf die ebenfalls existenten Daten des Organismus vor. Denn der Organismus ist mit all seinen Funktionen an den Materieraum gebunden. Der Organismus ist die fortgeführte Betrachtung der Kriterien durch die Evolution, bzw. die reine Verwaltungstätigkeit des Gehirns der angesammelten Daten. Diese Verwaltungstätigkeit gelang es aber, zu durchbrechen, und in Anlehnung an die Körperprogramme erste externe Information zu Objekten als bewusst zu begreifen. Dieses bedeutete zu erkennen, dass die Installation der

Information eines Objekts in den Verwaltungsbereich des Gehirns zu einer vom Objekt abhängigen Interpretation der Umwelt führt.

Die Entwicklung bewussten Wissens externer Zusammenhänge führt unweigerlich zu einer Beziehung mit den Körperprogrammen. Beschreibt jemand externe Zustände mit Worten, bezieht er sich automatisch auf Körperdaten und beschreibt damit Körperfunktionen. Geringer qualifizierte Individuen halten vielleicht einen Objektstatus und erzeugen damit eine Verfestigung vielleicht auch auf Organebene und nehmen dann schneller Schaden, während es die höhere Qualifikation erlaubt, Daten über die Informationskaskaden in den Realraum abzuleiten. Hier wurzeln die verschiedenen Ebenen der Nahrungsketten im Materieraum. Hier sind die Daten der Körperprogramme ihrer Art entsprechend den verschiedenen Bereichen des Materieraums zugeordnet. Hier gelingt es, die Datenmenge des Status Quo als Ganzes zu generieren und sich als dieser zu begreifen. (Anlagen zur Unsterblichkeit entdeckt, es handelt sich um eine Informationsmenge großer Ausdehnung.)

Das gesprochene Wort bzw. der Wortsinn findet bei einer offenen Datenmenge, wie der oben beschriebenen immer ein Äquivalent im abgebildeten Materieraum und beschreibt somit auch die Körperprogramme in einer ausreichenden Weise. Das Wort ist wie so oft nur Mittel zum Zweck. Das geistige Gefüge bleibt unbeachtet. Ein jeder gründet sein Wissen auf andersartige Datenkonstellationen. Viele Worte haben einen ungenügenden Sinn. Mancher hat es sich angewöhnt, an gewissen Materiekonstellationen entlangzureden, ohne auch nur daran zu denken, den Sinn, den er transportieren möchte, bildlich sichtbar zu fassen. In Zyklen wiederkehrende Großereignisse rufen diese Gewohnheitsdaten immer wieder hervor, so dass wiederkehrende Kommunikationsmuster entstehen. Auf diese Weise verfestigen sich innerhalb der Gesellschaft gewisse Kommunikationsstrukturen.

So sehe ICH wieder den Organtypen, die Intelligenz einer Person und ihre Weltsicht im Vordergrund, die Möglichkeiten des Gehirns, Inhalte aufzuschlüsseln, sie in einem Verständnis so in Bereiche zu führen, dass der Wortsinn eine entsprechend günstige Zuordnung innerhalb des Materieraums findet. Mancher Sprecher schlängelt sich mit seiner Wortwahl durch die körperlichen Sensationen anderer. Wenn man sich von der Wortwahl eines Sprechers unangenehm berührt fühlt, ist es am besten, den Wortsinn entsprechenden Materieverhältnissen zuzuordnen. ICH denke dabei an das Wissen, dass der Organismus Materieraum ist. Der beste Schutz vor Rednern dieser Art ist es, ihren Worten zu lauschen und dem Sinn der Worte ein Pendant im Materieraum zu suchen.

So lässt sich das Bild vom Materieraum zu einem Kreislauf vervollständigen. Die gesamte Regeltechnik innerhalb der Biotope beruht auf Begrenzen und Vernichten. Dieses sind die natürlichen Gegenspieler und stehen dem organisierenden Prinzip als Leitbilder für das Korrelierende System ebenso zur Verfügung (Krankheitsabwehr und Schädlingsbekämpfung). So lässt sich das Bewusstsein von den betroffenen Daten eines Organs, man denke an Krebs in andere Bereiche verlagern und hätte dort den Effekt des günstigen Nutzens. Der beste Schutz ist, die nagenden Ursachen Materiebereichen zuzuordnen. Sprechen sie von Verschleiß, denke man an Autoreifen, an Gartenwerkzeuge, an Schuhe und Socken. Spricht jemand von Verfall und Zerstörung, fällt mir der Komposthaufen ein, auf welchem der Biomüll vor sich hinsiecht. ICH lege mir ein ganzes Lexikon negativen Wortsinns an und banne sie alle in die externe Umwelt. Dort findet der Wortsinn seine Entsprechung und darf dann als Bestandteil des Materieraums wieder an den Körperprogrammen mitwirken. (Krebsmedikament.)

Man diskutiert hier natürlich zuerst die Frage: Woran orientieren sich die Wortwahl und der Redefluss? Ist es eine gewisse Form von Intelligenz, sich innerhalb des geistigen Gefüges zu bewegen und sich auf gegenwärtige Aktiva zu beziehen? Gelingt es dem Sprecher nicht, in Schnelle eigene Darstellungen hervorzubringen, wird er sich wohl auf Gegebenes Stützen müssen. Die Intelligenz seine Inhalte herzustellen und diese logisch zu verbinden, beruht daher nicht selten auf den Körperdaten anderer. Ein so gelagerter Sprecher determiniert mit seinem Denken und Handeln die Zustände und Vorgänge, die belastenden und die befreienden.

———

Beschäftige ICH mich mit irgendetwas, dann installiere ICH einen geistigen Inhalt im Datengefüge. Sie erkennen die Verkehrung der Wirkungen. ICH schieße mit Datenmengen eines Weltliniencharakters oft weit über individuelle Ordnungen hinaus. ICH erzeuge eine gewichtige und individuelle Eigendatenmasse. ICH beobachte eine Wirkung des Feldes der formulierten Weltlinie über seine Kriterien hinaus. Manche Kriterien der Wirtschaft mögen günstig gelagert sein und der Feldarchitektur der Weltlinie entsprechen. Andere Datenkonstellationen werden abstoßende oder anziehende Kräfte erzeugen. ICH sehe die Involvierung der Wirtschaftsordnungen und eine Entwicklung im Sinne der Weltlinie. Die Weltlinie, die heraufziehende Zukunft, bedeutet den unvermeidbaren Wandel der Individuen zu Bausteinen derselben. Die verändernde Dynamik des Materieraums entwickelt nicht nur die Weltlinie, sondern vermittelt dem Baustein auch den Charakter des Errechnenden.

Das Ich ist im Grunde schizophren. Es ist auf die Wechselwirkung mit umgebenden Datensätzen angewiesen. Die Weltlinie erfasst das Individuum. Das Individuum stabilisiert sich bei einem gewissen Grad an Verwandtschaft, reagiert auf die einwirkende Ordnung mit verschiedensten Anpassungsreaktionen, oder findet seinen Untergang im Nichts des unbestätigten Raums. In der Regel sind die menschlichen Ordnungen jedoch mächtig genug, um auch Ordnung genannt zu werden. In diesem Fall wird sie die wissende Ordnung erweiternd gestalten. Sie fungiert dann als Ideengeber.

Beschäftigen Sie sich also mit irgendetwas! Installieren sie ein Stück Materieinformation innerhalb des geistigen Gefüges und warten sie die Ergebnisse der Wechselwirkung ab. Ihre Daten vom Objekt erweitern sich innerhalb der umgebenden Felder mit ihren Kräften und Wirkungen in den umgebenden Raum.

Diese gilt natürlich auch für die Installation komplexerer Datenkonstrukte, Ihrem aktuellen Wissen. Das Gefüge wird damit zum Wissen vom Objekt und zeigt die gewöhnlichen Materieflüsse um das Objekt auf. Dieser Mechanismus leitet aus bestehenden Daten einfache Größen des Handlungsentwurfs her.

Manche geistige Größe, die sich aus der Wechselwirkung mit dem Gefüge ergibt, führt zu neuen Produkten. Diese werden zu einer festen Größe des menschlich gestalteten Materieraums. Neue Produkte gehen mit einer spezifischen Form von Materieströmen einher. ICH sehe die Bindung von Geistesmasse auf gewissen Bahnen, dem Verhalten der bezeichnenden Materie äquivalent. Hier wird deutlich, dass die Daten vom Gehirn nicht beliebig aufgerufen werden können. Die Produkte verkörpern ein gewisses Materieverhalten. Die Produkte festigen ein gewisses Denken.

Sie starten mit ihrem individuellen Sein, dem Datensatz ihres Ich. Er ist die Ausgangslage für die Erarbeitung des Datensatz des Wissens. Liest man ein Buch und bringt den wissenden Datensatz hervor, zeigt das wissende Gefüge die individuelle Schnittstelle, den individuellen Startteil mit an. Die natürliche Feldaktivität, gekoppelt an individuelle Betrachtungen des Materieraums, führt zu Veränderungen des wissenden Datensatzes. Die Kapazität an Daten kann über den individuellen Anteil, über die relativ geringe Schnittstelle nicht verfolgt werden und das Wissen geht Ihnen zu großen Teilen wieder verloren. Jedoch führt der Aufbau des wissenden Feldes um den individuellen Anteil immer auch zu seiner Erweiterung. So bleibt eine Spur des Wissens auf der Seite des Interessierten.

Nur die Vielzahl der Anrufe bedingt die allmähliche Erweiterung des eigenen Datensatzes zu dem Datensatz des Wissens. Bis zu einem richtigen Aha-Effekt braucht man daher immer etwas Geduld. Man sollte sich kontinuierlich über Jahre damit beschäftigen, die Ätherphänomene wie Lichtblitze täglich in den Kosmos der Gesellschaft ausschicken, dass sie an Gestalt gewinnen.

Die Kreation von Produkten führt, wie oben ersichtlich, zu einer Manifestation von Materiedaten. Von einer Determinierung der geistigen Masse zu sprechen, ist wohl etwas hart, denn es handelt sich vermehrt um Konsumenten. Die

Konsumenten profitieren von diesen Errungenschaften. Das Gehirn erlaubt es, sich situationsgebunden mit derartigen Lösungen des Materieverhaltens zu argumentieren. Das Funktionsverhalten des Produkts flexibilisiert das objektbezogene Individuum. Die Verbraucher gelangen dann an gerichtete Materieströme, die ihr objektbezogenes geistiges Sein in einem höheren Feld fortführend abbildet. Daraus resultiert eine gewisse Reaktionsweise des Gehirns. Die Materieströme bahnen die auftretenden Felder in einer gewissen Weise. Das führt zu einer gewissen Wortwahl und dem Erhalt des eigenen Standpunkts in dieser Form.

Dennoch führt das Produkt zu einer gewissen Starrheit des Systems. Die beteiligte Materie wird unfrei. Sie wird auf spezifischen Bahnen gehalten. Es bilden sich mächtige gerichtete Materieströme heraus, die ICH mächtigen Felddichten gleichsetze. Das Gehirn arbeitet an die Materie adaptiert. Die Flexibilität des verarbeitenden Kortex, vor allem größerer Kapazitäten leidet darunter.

Der Mensch bringt mittlerweile Datenkonstrukte globalen Ausmaßes hervor. Betrachte ICH die Individuen nur noch als Sensoren meines Geistes, dann sehe ICH die Daten, die sie erbringen, innerhalb meiner Feldordnung eingeordnet und straff organisiert. Brechen sie aus dem gewohnten Gefüge aus und liefern tatsächlich günstigeres Material, so repräsentiert sie das geschaffene Wissen in dieser Form. In diesem Fall gehe ICH soweit zu sagen, dass mancher seiner Alltagsdaten vollkommen beraubt wird. Das Kriterium verliert im höheren Wissen seine Bezeichnung. Das individuelle Kriterium wird zum Baustein eines Inhalts.

Der Inhalt erhält einen Sinn. Der Inhalt wird zum Wissen. Er wird in Worte fassbar. Ähnlich verhält es sich mit den Konstrukten der Wirtschaft. Für diese Leute, von einer dichten holographischen Masse ummantelt, die das Produktionswissen darstellt, bleibt kaum Raum, Daten aus dem Biotop für ihr Ich zu erheben. So werden denn auch ihre Gehirnfunktionen bestellt sein. Die biologische Integration des Menschen in sein Biotop leidet.

Die Betrachtung, das Erwähnen von Arten, die Erhebung von Biotopkomponenten für das geistige Gefüge bedingt deren Vernetzung, die gegenseitige Existenz und somit die Stabilisation aller Bedingungen. Vermutlich definiert sich in der Daten- und Feldverschränkung der physikalische Begriff der Masse. Die Verschränkung der Daten in Organismen und Biotopen gilt daher auch als ein effizienter Energiespeicher. Der ursprüngliche Materieumsatz auf dem Erdball ist vermutlich in einer Vielzahl regional ineinandergreifender biologischer Phänomene, den lebenden Organismen in den Biotopen gebunden.

Der Umgang und das Leben mit und in der Natur fördern einen großen Datenreichtum zu Tage. Die Erhebung von Daten führt zu einer sofortigen Vernetzung innerhalb des korrelierenden Systems. Spezifische Umgebungsdaten, die zu einer Verflechtung des Ichs mit seinem Biotop oder zu einer Vernetzung des Biotops im Allgemeinen führen, sind für die Feldarchitektur funktionierender Konzerne nicht notwendig, ja sogar unerwünscht.

Dieses ist kein Vorwurf an Vorstandsvorsitzende, dies sind Ableitungen zum Elektromagnetismus in bestehenden Informationsfeldern. Die Gravitationslast der Felder führt zu vielerlei Wirkungen auf erhobene Daten, für welche die Menschheit Worte und Namen gefunden hat. Die Daten, die nicht mehr erhoben werden, sterben aus. Viele mit Gestaltungsfähigkeit denken nur an die Karriere, andere sind längst zum Dauerkonsumenten abgestiegen. Der Mensch verkümmert in seiner Wertigkeit. Der Mensch lebt ausschließlich die Daten von Labelzugehörigkeiten. (Denken und Beobachten!) Die globalen Konzerne saugen jedes Bit jeder Sekunde aus dem Menschen heraus und ersetzen es durch den eigenen Datenbestand.

Für die meisten ist nur noch dieser Mainstream des Wirtschaftskapitalismus abrufbar. Aber wo bleibt das Licht? Wie generiert man Daten für das eigene Ich? Hat es mit der Evolution zu tun? Welche Daten sind dem Körper bereits als Wirkungen der Evolution bekannt? Hilft es, diese in seiner Umgebung anzusiedeln und täglich zu erheben? Was passiert, wenn sie Interna des Körpers mit externen Daten bestätigen? Was passiert mit der vertrauten Information der Evolution, die sie noch im Materieraum vorfinden und sich täglich einverleiben? Wie weit leuchtet ein aktiviertes Kriterium des intakten Biotops in die Konstrukte des Organismus ein? Bringen externe Daten Licht in das Dunkel des Organismus?

Von der lichtvollen Intensität wechselwirkender Daten hin zum bekannten stabilen Anteil des Biotops am Organismus.

Welchen Einfluss hat die Technisierung des Materieraums auf das Konstrukt der Organe? Welche Einflüsse werden von Produkten innerhalb des korrelierenden Systems auf die Datenordnungen der Organe einstrahlen? Hat ein hoher Verwandtschaftsgrad mit den ursprünglich wirkenden Daten der Evolution einen günstigen Effekt auf das seelische Wohlbefinden? Führt ein hoher Anteil am natürlichen Materieraum automatisch zu mehr Zufriedenheit? Bedeutet es Glück, sich mit den körpereigenen Daten auch extern im Materieraum zu beschäftigen? Bestätigt die Natur über die evolutionskritischen Materiedaten den Organismus, und strahlt diese Informationskomplexität der Natur in die Organe ein? Ist Glück einem körpereigenen Datenreichtum gleichzusetzen? Gelingt die Verschmelzung von Körper und Materieraum? Gelingt es, die Identität der Daten zu erfahren und für sich zu erschließen? Wie verlagert man seine Wurzeln innerhalb des Materieraums?

Es ist ganz einfach die Zeit, die sie mit diesen Dingen täglich verbringen. Man könnte auch schreiben: Die Differenzierung der Organe der Embryos während der Schwangerschaft verliert an Qualität. Das Korrelierende System verliert an Komplexität. Man macht heute spezifische Datenvolumina für die Schaltung der Gene verantwortlich und nimmt auch ihre steuernde Funktion beim orientierten Wachstum an. Der Materieraum verändert sich und mit ihm die zur Verfügung stehende Datenmasse. Wollen Sie also das orientierte Wachstum mit einem Informationsvolumen steuern, benötigen Sie entsprechende Inhalte, die sie zu den gewünschten Strukturgebern addieren.

Vermutlich hat die Evolution auf dem Weg an die Spitze immer wieder gegenwärtige Status in die eigene Organisation miteinbezogen. Das Teilgeschehen von Organismen oder Dingen dürfte dabei eine Form von geistiger Existenz erreicht haben. Die Existenz geht aber immer auch mit einer Wirkung innerhalb des Korrelierenden Systems einher. Es stellen sich gegenseitige Adaptionsvorgänge der beteiligten Daten ein, wobei manches Datenfeld durch die bezeichnende

Materie stabilisiert, daher kaum veränderbar und immer wieder in der gleichen Weise auf den Organismus einwirkt, Gestalt und Funktion gebend wird.

Was, wäre eine geistige Dichte als Seiendes im System anwesend? Diente die Eigenbewegung eines Trägers dieses Geiststoffes nicht als Impulsgeber für das restliche Datengefüge? Zumindest identisch gelagerte Kriterien, die sich in Feldern zu Kräften und Wirkungen addieren, fänden durch bewegte Materie eine klärende Bahnung. Führt die Eigenbewegung von Materie zu einer Regulierung der Daten des Korrelierenden Systems? Vervollständigt sich auf diese Weise das Programm zu einer nachfolgenden Ordnung? Rückt die Bewegung eines Trägers einer Datenordnung gewisse Datenteile des Korrelierenden Systems in das Bewusstsein? Passt sich das Korrelierende System an, und erweitert sich damit der Sinn der Datenordnung als Feldfunktion auf das Korrelierende System?

Kann meine Bewegung das vorliegende Konstrukt zu Teilen aktivieren? Kann meine Eigenbewegung dem Datensatz eines Regulationsmechanismus als Impuls dienen? Fühlen sich entsprechende Kriterien des Feldes von meiner Eigenbewegung in einer Weise angesprochen, dass sich die Regelmechanismen als Ganzes einrichten? Gibt es Eigner eines Feldes? ICH denke an Kinder, die ja alle Maxima, also Unikate sind. Beeinflussen sie ihre Felder? Kann es sein, dass sie ihre Felder in einer gewissen Weise lagern, um sie dann mit Information der Sinne determinieren oder determinieren lassen?

Lassen sich fremde Gesichter auf die Geistfelder projizieren und speichern? ICH sollte diesen Vorgang eine Datenschaltung nennen. Man bringt die Daten eines fertigen Organismus in ein holographisches Feld ein. Der Organismus befindet sich im Stadium des orientierten Wachstums. Er reagiert folglich auf vorliegende Datenmengen. Inwieweit lässt sich ein Gesicht speichern, ließe es sich mit dem elterlichen Datensatz verwirklichen, und wann kommen die Eigenschaften zur Ausprägung? Wären, um eine Nase nachzubilden, wieder exakt diese Wachstumsfaktoren notwendig?

Wirken die Fremddaten nur als kurzer Impuls innerhalb der holographischen Masse, oder bleiben sie in der Form eines Attraktors bis zu einem feststehenden

Ergebnis aktiv? Wirken die Fremddaten wie eine abstrakte Feldeinheit, oder greifen sie innerhalb der holographischen Masse auf identische und stark verwandte Kriterienformationen zu? Diese Art der Einstellung wäre allgemein dem Phänomen der Raumgestaltung zuzurechnen. Der Physik des Materieaufbaus sehr ähnlich, träten Datenvolumina auf einer organisierenden Ebene in Erscheinung, durchliefen die Zeit und zeigten sich mehr oder weniger vollständig als eine spezifische Ausprägung des Materieraums. Da es sich bei beiden um elektromagnetische Phänomene der Hierarchie Datenkonstrukte handelt, die auf den Materieraum gestaltend wirken, ist ein entstehender Sinn zu beobachten. Dieser reicht von einem Miteinander der Arten und der Elemente in einem Biotop bis zu einer funktionalen Verschränkung der Organe zu einem lebenden Organismus.

Entweder gelange ICH mit meinem Geist nicht über dieses Erkenntnisniveau hinaus oder die Phänomene der Instandsetzung materieller Ordnungen gleichen sich. Die Organisation eines lebenden Organismus gliche der Organisation des Materieraums (Fach Physik). Während der Organismus seine Elemente zur Schaltung der Gene in eine bestehende Datensammlungen projiziert, existiert auch in der Physik eine organisierende Ebene, auf welcher Materiekonstellationen Datenkonstrukte hervorrufen, die sich dann zu Formen des Materieraums auswachsen. Es gibt zum Beispiel auch das Gebet, das das Weltensystem mit bewussten geistigen Projektionen im eigenen Sinne lenkt.

Zu den Projektionsflächen zähle ICH größere Datenmengen. Sie entstehen immer dann, wenn sich viele Individuen zusammenschließen, oder sich wie bei einem Organismus eine Vielzahl von Kriterien verschränken und sie eine mitwachsende Hardware stabilisiert. Ein Datengefüge, das sich auf einen gemeinsamen Status Quo bezieht und sich doch die feinen Datenverästelungen der Individuen als Größe der darstellenden Ebene erhält. Diese feine Datenmasse gilt als äußerst variabel und eignet sich ausgezeichnet für die Darstellung von Inhalten. Sie ist Projektionsfläche für Daten und komplexeres Wissen.

Nicht selten suchen Individuen in einer Zusammenkunft und geheimen Zirkeln die Einheit ihrer Geister. Sie versuchen der entstehenden Projektionsfläche

Information zu entlocken und sich eventuell mit ihr zu verständigen. Man fragt nicht wer die Projektionsflächen bereitstellt und auch die gefundenen Gedanken gelten als Allgemeingut. Vielmehr sollte man sich daran gewöhnen, dass sich die Projektionsflächen und Gedanken parallel zu den Emissionen entwickeln und sich die Entwicklung auf dem Weg an das Ziel fortsetzt.

Die Projektionsfläche löscht sich durch die verändernde Dynamik des Materiehaushalts immer wieder. Geistige Stabilität durch Produkte? Ein Organismus wird zur Projektionsfläche. Das bedeutet, die Kriterien der Körperprotokolle werden zu einer Darstellung externer Inhalte herangezogen. Die externen Daten, in dieser Weise abgebildet, werden somit zu internen Daten. Der Sinn des externen Datensatz findet Eingang in den Organismus.

Die Wirkung auf den projizierten Inhalt ist folglich ein Abgleich seiner Daten innerhalb des Materieraums. Welche Kriterien besitzt der Organismus? Welche Kriterien lassen sich zur Darstellung des externen Gebildes verwenden?

Kann sich das Projizierte vollkommen in einem äquivalenten Zustand des Organismus verwirklichen?

Die Projektionsfläche wurzelt im Materieraum, der projizierte Inhalt besteht ebenfalls aus Daten des Materieraums, folglich wurzeln beide Informationsmengen im Materieraum. Es treten Gemeinsamkeiten zwischen Organismus und projizierten Inhalt auf. Die Geschichte eines zukünftigen Zustands hat seinen Anfang. Die Mechanismen der organisierenden Evolution sollten als zeitlich ausgedehnte Phänomene Bestand haben. So bliebe die Möglichkeit den Organismus im Flusse der Zeit mittels Materieraum in die Vorgaben des projizierten Konstrukts zu wandeln.

Auf diese Weise dürfte die Schaltung von Genen verursacht sein. ICH unterscheide Schaltungen die innerhalb einer Art vorgenommen werden, von Schaltungen, die innerhalb eines Biotops von Art zu Art installiert werden. Natürlicherweise führt diese Vernetzung der Daten zu einer gegenseitigen Stabilisierung der Organismen und des Biotops. Vermutlich sichert der Verwandtschaftsgrad der Datenmengen, betrachtet man das Korrelierende System, im Verbund der

Alltagsdaten eines Biotops die wechselseitige Teilhabe an den Regulationsvorgängen der jeweils anderen Art zu.

In diesem Sinne kann die Bewegung eines Individuums die installierten Materieprotokolle bahnen. Dann ist die Qualität der Projektionsfläche für die Qualität der Abbildung verantwortlich. Es kommt zu einem Abgleich bestehender Daten der Projektionsfläche mit den Daten des geladenen Inhalts. Der Organismus geht eine versuchte Identität mit dem geladenen Inhalt ein. Dieses entspräche einer Erdung des Teilkonstrukts mittels Projektionsfläche an den Materieraum. Eine versuchte Darstellung des Organismus und des projizierten Inhalts mittels Materieraum erbrächte in der Summe eine Reihe von Wirkungen, die man Wachstumsfaktoren nennen darf.

Dieses Geschehen bedeutet eine Verbindung der beiden Datenmengen. Der projizierte Inhalt käme innerhalb des Materieraums auf und neben den Daten des Organismus zu liegen. Der gegenwärtige Zustand des Organismus dürfte sich in Anlehnung an das Summengefüge im Laufe der Zeit verändern. Das orientierte Wachstum bindet eine Menge weiterer Daten des Materieraums in den Organismus ein. Der Organismus wird zu einem noch komplexeren Speicher für Daten des Materieraums. Dadurch erreicht der Materieraum als Basis der Datengenerierung für Ordnungen des Organismus einen noch höheren Stellenwert.

Man entnimmt dem Materieraum Materiedaten und addiert sie mit anderen Materiedaten. Daraus lassen sich Größen errechnen, die die Zellteilung anstoßen, Ausstülpungen, Knospung oder Längenwachstum induzieren. Die Evolution eines Organismus beruhte auf der Erweiterung seiner Datenordnung mit bereits bestehenden Datenordnungen aus seiner Umgebung. Aus eben diesem Grunde sind die Steuerung von Wachstum und die Regulation von Stoffwechselgrößen auch auf Datengrößen dieser Art angewiesen. Eine gewisse Komplexität des geistigen Gefüges ist der Garant für die optimale Schaltung der Gene. Die nachfolgende Instandsetzung des Organismus nenne ICH Orientiertes, oder Adaptiertes Wachstum. Der Evolutionsraum ist gleichzeitig der Lebensraum. Es sollte innerhalb des Status Quo immer ausreichend Information zur Abbildung von Körperfunktionen vorhanden sein.

ICH wünsche mir, dass immer ausreichend Datenmaterial für eine qualitativ hochwertige Entwicklung menschlicher Embryos vorhanden ist. Die Entwicklung des Individuums beginnt mit dem wiederholten Versuch, das Wissen zu verstehen. Die oben erwähnte adaptive Reife durch die umgebende Feldaktivität des Wissens ist nur von fortschreitender Qualität, wenn Sie die wissende Datenmenge regelmäßig in Stand setzen. Das bezeichnete Phänomen der eingliedernden Feldaktivität führt zu einer allmählichen Datenhoheit und einer Allgegenwart Ihres Seins selbst.

Das Phänomen ist natürlich und benötigt keinen bewussten Antrieb. Den Vorschub leisten die wirkenden Felder bzw. die bewegte Materie der Kriterien ihres und des umgebenden wissenden Datensatzes. Es ist zum Beispiel möglich, dass sich Individuen wie Bekannte und Freunde in einem Gespräch mit ihnen verschränken. Wenn sie sich dann an den Arbeitsplatz begeben, werden ihnen die Bedingungen vor Ort vertraut.

Es ist noch die Seele zu erwähnen. Die Seele ist ein Datenvermächtnis vergangener Generationen. ICH nenne sie eine Sammlung günstiger Gebrauchsdaten, von einem Datensatz der Körperorganisation ausgehend und sich in Anlehnung an diesen entwickelnd.

Das würde bedeuten, dass die Entwicklung der Intelligenz ihren Ursprung in den Basisdaten der Körperorganisation, bzw. in ihren Feldfassungen nähme. Welche Beschaffenheit hat mein zugehöriges Biotop? Das ist die einfachste Frage, um an grundlegende Daten der Körperorganisation, die darauf aufbauenden Daten kultureller Entwicklungen und die damit verbundenen Leistungen des Gehirns zu gelangen. Natürlich ist es notwendig, das elektromagnetische Feld mit Daten zu beschicken. Das macht man, indem man sein Feld im Spiegel eines Gegenübers entsprechend anweist. Schon fließen einem die Daten zu. Dieses ermöglicht, die Projektionsfläche möglichst dicht und damit allgemeingültig zu gestalten. Die darzustellenden Ergebnisse finden dann eine ausreichend dichte Projektionsfläche vor, möglichst komplex und vollständig, den Materieraum beschreibend, das heißt in Richtung Allgemeingültigkeit weisend.

ICH spreche von Programmen mit richtungweisenden Wirkungen und Effekten, die sich in ihrem Aufbau an der Physiologie der Körperorgane orientieren. Zuerst kam es natürlich zu einer Aneinanderlagerung von Partikeln. Diese führte zu einer Informationsverschränkung. Die entstehenden Datendichten, vor allem die Eigenschaft auftretender Kräfte, Wirkungen und Effekte, forderte die Anpassung des speichernden Partikelhaufens, den Aufbau von Gewebetypen. Das entstandene Leben ist somit eine, von einem mitwachsenden Gewebe stabilisierte Ansammlung von Daten.

Intelligenz ist somit die Fähigkeit, externe Umweltdaten von einem geschaffenen Datengefüge aus zu betrachten und von diesem Datenraum aus zu beurteilen. Am Anfang steht natürlich nur der Organismus mit seinem verwaltenden Gehirn. Erst allmählich entwickelten sich Strategien im Umgang mit externen Objekten. Der Typus des Menschen, wie die Beschaffenheit seiner Sinnesorgane, spielt in die individuelle Weltbetrachtung hinein. Alles in allem ist dies eine Größe, die ICH Seele nenne. Die Eroberung der Welt schreitet voran. Die Möglichkeit, Inhalte anzulegen, sie zu verstehen und ihr Eigen zu nennen liegt an der Beschaffenheit der darstellenden Ebene. Hier gereicht ihnen der oben erwähnte Vorgang der Datenzentralisation zum Vorteil. Je vielfältiger sie ihre darstellende Ebene beschicken, je klarer sich der Datenraum als ein Ganzes darstellt, umso erfolgreicher ist auch die eigene Positionierung in ihm.

Das Verstehen funktioneller Zusammenhänge wie Zellteilung, Aufbau von Eiweißen, Entstehen von Kräften, Stoffen und Geweben usw. oder das Erkennen von Erkrankungen beruht in erster Linie auf der Erkenntnis des Zusammenwirkens zweier Datenbereiche des Korrelierenden Systems. Der Organismus als funktionierendes Ganzes ist die eine Hälfte, das gesammelte Wissen externer Zusammenhänge macht die andere Hälfte aus. Beide hat das Gehirn zu verwalten. ICH spreche daher auch von einem System korrelierender Daten. Nicht zu verwechseln mit dem Altern, bei welchem sich die Geburtsdaten (der Materie-raum) im Laufe der Jahre so weit verändern, dass das Gehirn den Unterschied zwischen internen Körperprogrammen und dem sich wandelnden Materieraum nicht mehr ausreichend überbrückt. Natürlich wäre es schön, alle zehn Jahre ein Gen für Erneuerung anzuschalten und sich in ein paar Jahren adaptiven Wandelns an den aktuellen Status Quo anzupassen.

Welche Daten fließen während einer Partikelanlagerung zusammen? Führt die Zusammenlagerung von Partikeln zu einer Addition der Begleitdaten? Welche Datendichten gehen daraus hervor? ICH betrachte die Partikel als Repräsentanten des umgebenden Raums. Ohne ihren Aufbau selbst zu hinterfragen, sehe ICH sie als Zentren großer Informationsmengen. ICH begreife sie wie mancher das Higgsteilchen (das Unumgrenzte): Ein unumgrenzter Raum, repräsentiert von einem Partikel, gilt als die Grundlage von Informationskonstrukten.

ICH lagere die Partikel in festen Verbindungen zusammen. Ergeben die Begleitdaten in ihren Summen auf ein Zentrum hinführende und abführende Strukturen? Entsteht um die Partikel in Abhängigkeit zur gesammelten Datenmasse ein Gravitationsfeld, das die weitere Anlagerung von Partikeln einfordert? Bestätigen und festigen sich identische Datengruppen in höheren Felddichten und Feldstärken? Entstehen in diesem Medium Kreisläufe, um die Stabilitäten und Zentren zu bedienen? Entstehen Kräfte, abstoßende und anziehende? Führen derartige Betrachtungen auf der Grundlage des Elektromagnetismus des Gehirns zu atomaren Standards? ICH denke ja! Aber diese erzeugen ein Bild vom Atom und der Beschaffenheit seiner chemischen Verbindungen in Molekülen.

Die Partikelverschränkung als Datenspeicher und den Gewebeaufbau als Anpassung an spezifische Kräfte und Strömungen des Datengefüges zu begreifen, enthält die Möglichkeit den Materieraum als Ganzes zu überblicken. Trifft dies zu, wäre der Mensch durch die einfache anatomische Struktur in seiner Wissensfähigkeit beschränkt. Wie ein Produkt die Materie auf Bahnen bindet und sich dem äquivalenten Materiegeist unterwirft, so präsentiert auch die grobe Struktur der Organe nach außen hin nur eine Funktion. Diese Funktion bindet die Materie ebenso auf Bahnen, wie es den Geist einer Strukturierung unterwirft. Der Prozess der Strukturierung, so könnte ICH sagen, macht den freien Geist zu einem Gedanken. In Anlehnung an technische Apparate finden manche Informationsmassen zu einem Ergebnis, einem Gedanken zusammen. Die Gedanken bestehen nur scheinbar zusammenhangslos im Raum. Die Gedanken treten abhängig vom jeweiligen Materiebezug in das Bewusstsein.

Lasst mich wahlweise wieder von den Konstrukten der Organe des menschlichen Organismus sprechen. So gesehen beschäftigt sich der Mensch mit einer nach außen gekehrten Funktion eines Organs. Er erkennt, dass die Bereiche des Mikrokosmos dieser Funktion zuarbeiten. Er beachtet aber zu wenig, dass sich die Daten mit zunehmender Entfernung vom Hauptstrom in veränderter Weise zusammensetzen. Abseits des Hauptstroms organisiert sich die Materie auf von der Funktion abweichenden Bahnen. Auch diesem Verhalten liegt ein entsprechendes Datengefüge zu Grunde. Dieses Gefüge an Begleitdaten, das die Wissenschaft letztlich erst als Mikrokosmos einer Hardware aufzufassen beginnt, addiert sich im Makrokosmos nach außen hin zu seiner Hauptfunktion. Die Hauptfunktion beschreibt die wichtigsten Materieströme. In die Hauptfunktion münden die Kriterien der Kleinstereignisse des Mikrokosmos. Die Kriterien entspringen unterschiedlichsten Materiebereichen.

Dabei verfolge man die Kriterien der Hauptfunktion zurück zu ihren Ursprüngen. Auf dem Weg dorthin finden sich die Kreisläufe kleinerer Materieereignisse. Sie beruhen auf einer zufälligen Organisation von Begleitdaten. Man könnte sie mit Korpuskeltheorien des Materieaufbaus vergleichen. Eigene Datenfelder, die Vorgängen des Mikrokosmos zu Grunde liegen bzw. diese steuern, bevor sie irgendwann der Summenstruktur einer stabilen Organfunktion angehören und den Hauptstrom der Materie bilden.

Es wird immer schwieriger, den Mikrokosmos im Hinblick auf die Hauptfunktion korrekt zu interpretieren, weil mit zunehmender Entfernung vom Hauptstrom die Konstrukte der Begleitdaten Wirkung zeigen. Ab einer gewissen Tiefe erkennt man, dass sich das Verhalten kleinster Teilchen an einem verursachenden Datenfeld orientiert. Die kleineren Materieereignisse, verfolgt man sie noch weiter, enden in den verschiedenen Bereichen des Materieraums. Dem Materieraum zugeordnet tritt die Vielseitigkeit der Daten in Erscheinung. Der bezeichnete Datenraum lässt mich die Hauptfunktion des Organs nur noch erahnen. Erst die Summenstrukturen bezeichnen das Organ in seinem Aufbau und gewährleisten seine Funktion.

Die kleineren vorgelagerten Ereignisse des Mikrokosmos beruhen auf den Wirkungen der Begleitdaten. Bezieht man seine Betrachtungen auf die Datenäquivalente kleinster Ereignisse im Mikrokosmos, in der Tiefe, weit ab von der Hauptfunktion, so lässt sich die Hauptfunktion, im Hinblick auf die bewegte Materie, mit den betrachteten Daten kaum noch erklären.

Und doch bleiben diese Kleinstereignisse Satellitenprogramme der Hauptströmung. Sie übertragen ihr Sein, oder es ergibt sich eine Wirkung entlang der Kriterien auf die Hauptfunktion zu. ICH spreche am besten von einer Informationsübertragung, der Verschränkung von Daten in Konstrukten oder einer Fernwirkung in Gewebestabilisierten Feldarchitekturen.

Die vielfältigsten Daten aus den unterschiedlichsten Bereichen des Materieraums, in Teilen verstärkt durch die Sinnesgewalt des Interesses, verschränken sich in Feldern zu Kleinereignissen. Der Hautstrom gibt die Orientierung vor. Der Hauptstrom bleibt gewährleistet. Er gibt die grobe Richtung der Materie vor. Scheinbar liegt es an der Natur der Felder, dass sich Informationsmengen mit ihrer Hauptlast dem Hauptstrom zuordnen. Dabei kann man zuerst an die Sinnesgewalt denken, die zu einer Hereinnahme der Daten in das Korrelierende System führt, welche mit einer Anreicherung der erhobenen Daten mit Datenmasse des Korrelierenden Systems einhergeht. Dann tritt aber die bewegte Materie in den Vordergrund. Die Masse und vermutlich die Frequenz ihres Auftretens zeigt Wirkung auf die Struktur der Felder. Das Verhältnis von Masse und Frequenz ihres Auftretens bestimmt das Ergebnis der Wechselwirkung mit dem bereits bestehenden Konstrukt der Wirtschaftsordnung oder der Organfunktion. Die Kriterien, bzw. die bewegten Anteile ordnen sich mit ihrer Hauptlast den Hauptströmen zu.

Gelangt der Mensch mit der Entwicklung seines Wissens in Anlehnung an seine Körperfunktionen irgendwann an ein totes Ende und stagniert sein Wissen? ICH sage ›Nein!‹ Die Evolution des Wissens schreitet voran bis zu einem völligen Verständnis der Organsysteme und ihrem Zusammenwirken im Ganzen. Die technische Entwicklung, die der Mensch vollzieht, ist ein Abbild seines Körpers. Die augenblickliche Stufe technischer Entwicklungen im Bereich Internet und Handy empfindet die Arbeitsweise des Gehirns nach. Irgendwann sollte aber auch das Gehirn technisch ausreichend interpretiert sein.

Die technische Entwicklung schreitet voran. Es geht längst nicht mehr nur um einzelne Organe. Nur noch wenige suchen im Mikrokosmos nach gültigen Kausalzusammenhängen mit dem Makrokosmos. Heute geht es um Daten. Welche Daten fließen während der Embryonalentwicklung zusammen? Gibt es Parallelitäten bei der Organentwicklung im Hinblick auf die angewandten Daten?

Man weiß heute, dass gewisse Datenmengen die Gene schalten. Der Satz an Genen entspricht einem globalen Datensatz. Vermutlich verkörpert er die grundlegendsten Daten des Materieraums. Er dient der Verankerung der Organfunktion im Materieraum. Er ist die Grundlage des Orientierten Wachstums.

Der Schalter bestünde aus einer externen Datenmenge und dem Vermächtnis des genetischen Materieraums. ICH vermute, dass die Schaltung der Gene auf einer Aktivierung des genetischen Datensatzes mit einem Konstrukt aus externen Daten beruht. Eine Projektion von Inhalten in das genetische Gefüge vom Materieraum leitete das Wachstum. Die Frage nach dem Funktionieren des Ganzen drängt sich zusehends in den Vordergrund.

Zu verstehen, warum sich ein Eiweiß links herum dreht oder seine Drehbewegung plötzlich ändert, wird sehr viel wichtiger werden, als seine Entsprechungen mit dem Materiestrom der Hauptfunktion herauszufinden. Die Kunst wird sein, angesichts eines kontinuierlichen Anwachsens der Datenmasse eine Hauptfunktion zu definieren, ohne den Rest zu belasten.

Es wird wichtiger, ohne Entsprechungen zu arbeiten. Der Mikrokosmos der

Hardware wird nicht mehr nach Datengruppen abgesucht, die der Hauptfunktion entsprechen. Diese Form der Datensammlung genügt zwar einer Programmierung der Hauptfunktion, sie übt aber zugleich einen Zwang auf beteiligte Datengruppen dieser Ebene aus. Und selbst die vorgelagerten Daten sind gezwungen, sich abseits von ihrer Hardware zu bewegen, um den aufgesetzten Größen entgegenzukommen.

Man hat im Jahre 3000 n. Chr. ein so durchdringendes Verständnis vom Entstehen des Lebens, von elterlichen Befruchtungsdaten und Echtzeitdaten des Materieraums und der embryonalen Entwicklung geschaffen, dass man auf der Grundlage der Zentralmatrix, dem Materieraum agiert, um die wichtigsten Körperfunktionen zu gewährleisten.

Man nimmt heute innerhalb des Materieraums geringe Bezugsverschiebungen vor. Man ergänzt und substituiert auf der Datenebene. Man erzielt damit eine Wirkung über die Ereignisse des Mikrokosmos bis hoch zum Makrokosmos, der Ebene der Organfunktion.

Diese Vorgehensweise hat den Vorteil, dass es keine vorgelagerten Datenmengen mehr gibt. Der Materieraum ist die zentrale Matrix. Hier liegen die Wurzeln aller Organsysteme. Den Raum zu überblicken, bedeutet, den Körper zu überblicken. Innerhalb des Materieraums werden geringe Manipulationen des Datenbezugs vorgenommen. Sie führen zu positiven Entwicklungen der Hauptfunktion. Der Datenbezug der Hauptfunktion eines Organs beruht dann auf leicht veränderten Materiedaten. Diese Vorgehensweise würde eine unliebsame Wirkung auf vorgelagerte Datenbereiche des Mikrokosmos ausschließen.

Eventuell wird es notwendig, die Zusammensetzung externer Daten des Korrelierenden Systems zu betrachten. Auch der externe Datenbereich des Korrelierenden Systems kann für Defizite in der Funktion verantwortlich sein. Der Patient wird auch hier auf einen passenden Datenbezug eingestellt. Altersbedingte Lücken beginnt man in dieser Zeit mit hochwertigeren Bereichen des Materieraums aufzufrischen. Denn vor allem die geistige Ebene ist gesund zu erhalten. Sie ist für die Art und Weise der Wahrnehmung der Umwelt und für die korrekte Deutung der Sinneseingänge zuständig.

Um Gegner zu beschwichtigen, heble ICH hier ein Argument aus: Die Entwicklung des Lebens setzte erst nach dem Urknall ein. Die Entwicklung des Sonnensystems war zu großen Teilen abgeschlossen. Darum gebe ICH mich mit dem Materieraum, ohne seinen tieferen Aufbau verstehen zu müssen, als Datenmatrix für meine Körperprotokolle zufrieden. Die Erkenntnis der Organfunktionen liegt im Materieraum. Die beteiligten Kriterien werden klassifiziert werden. Die verschiedenen Bereiche des Materieraums werden als Beginn einer Organfunktion erkannt werden. Die Konstrukte der Organe, in ihre Kriterien aufgeschlüsselt, überlagern sich innerhalb des Materieraums zu Teilen. Sie fließen ineinander und werden Eins. Ihre spezifischen Funktionen resultieren aus einem gewissen Bewusstseinsbezug. Der Bewusstseinsbezug dient seit jeher der Erhebung von Daten in den verschiedensten Materiebereichen.

Wenn irgendwann alle Organe technisch ausreichend interpretiert sind, wird man nach den gemeinsamen Wurzeln und der funktionierenden Einheit suchen. Es wird gelingen die gemeinsamen Wurzeln der Organe zu erkennen und die embryonale Entwicklung zu verstehen. ICH werde wissen welchen Anteil die verschiedenen Bereiche des Materieraums am Aufbau der Organsysteme haben. ICH werde die Gemeinsamkeiten der Daten von Herz, Leber und Lunge sehen und das Zustandekommen ihrer Funktion begreifen. Man wird wissen, welche Bereiche des Materieraums sich in den Jahrmillionen der Evolution hauptsächlich zu den unterschiedlichen Qualitäten der Gewebe verschränkten.

Das Zusammenwirken der Organe in einem Organismus ist nur durch die gemeinsame Verwurzelung in einer Zentralmatrix, dem Materieraum, denkbar. Wird sich der Mensch dieses Wissens bemächtigen? Wird man irgendwann die Verschränkung grundlegendster Daten zu Organsystemen entschlüsselt haben? Ist dieses die Zukunft der Menschheit? Stellt sich mit dem Wissen auch das Denken ein? Findet fortan eine Gestaltung des Materieraums in Anlehnung an dieses neue Wissen statt? Begleitet das Wissen um das funktionierende Ganze die optimale Gestaltung der Umwelt?

Bedenken Sie auch die Folgen für die beiden Bereiche des Korrelierenden Systems! Sollte sich die absolute Einheit aus Mensch und Maschine tatsächlich einstellen, fällt der Mensch dann in diese paradiesischen Zustände zurück?

Ein Zustand des Allwissens oder auch das Glück des Nichtwissens.

Was passiert, wenn innerhalb des Korrelierenden Systems keine höheren Datendichten mehr herausragen? Was passiert, wenn die Gehirne plötzlich Identität zwischen den, vom Menschen gestalteten Materieraum und den Körperprotokollen feststellen? Die totale Verschmelzung der Körperprotokolle mit der geschaffenen Ordnung des Materieraums. Die totale Einheit von Körper und Geist. Ist dieses eine Erleuchtungsstufe? Findet der Mensch irgendwann zum Licht?

ÄGYPTEN ANFANG FEBRUAR 2011

Ägyptens Straße lässt mich meine Gedanken vernehmen. In München läuft die Sicherheitskonferenz. Das amerikanische Äthermodul trägt auf der Münchener Sicherheitskonferenz ebenfalls diese Eigenschaft. Selbst die Reden meiner Bundeskanzlerin Angela Merkel lassen meine Gedanken im umgebenden Äther erschallen. »ICH bin gekommen, um das geheime Wissen zu bergen«, brummen die Begleitdaten um die bezeichneten politischen Instanzen, vom Bürger des betroffenen Landes, über Fremdinteressen bis hin zur eigenen Bundeskanzlerin. Hier im Nildelta soll die Stadt liegen, hier in Ägypten soll ein geheimes Wissen verborgen sein. Um dieses zu sehen, bin ICH gekommen.

An diesem 04.02.2011 lässt sich für mich der Materiestrom individueller Kriterien, lässt sich für mich der Datenstrom individueller Alltagshandlungen als eine bewegte Datenmenge innerhalb der kommunizierten Staateninteressen erkennen. Das Individuum wird in seiner Weise vom Flusse des Datenstroms getragen. Das Individuum ist mit seinem Kriterium der Kommunikation der Staaten und größeren Inhalte anteilig. Die erzeugte Schwingungsmasse Kommunizierender, Schall wie informative Äthermasse, vom Gehirn idealerweise ineinander übersetzbar, zu instruieren, bleibt der verrechnenden Instanz, dem die Summe Überblickenden vorbehalten. Die Fähigkeit, sich von dieser schwingenden Datenmasse tragen zu lassen sich als adaptierte Größe zu begreifen und Bausteine zu binden, gehört wohl dem geheimen Wissen an..

Beides dient wohl dazu, ein Overlay zu entwickeln und dem Ganzen aufzusetzen – mir in diesem Moment – 09:55 Uhr – eine eigene Erkenntnisgröße. Es handelt sich um ein Frage- und Antwortspiel. Die Masse ist die berechnende Ebene. ICH bringe mich nur ein. Sie adaptiert mich. ICH adaptiere sie. ICH erweitere mich entlang der Kriterien in den Raum. Informationswellen bilden sich aus. ICH reife zu einer wissenden Kapazität.

Die Antwort beruht auf einem erweiterten Datensatz. Selbst die Erkenntnis des

Wortes als ein zufällig vom Gefüge erbrachter Schwingungsmodus ist enthalten. Wobei hier Denken und Sprechen ineinanderfließen und sich Inhalte oder ähnliche Klangqualitäten scheinbar selbst erhalten und reproduzieren. Selbst die Erkenntnis der notwendigen Installation eines Inhalts und seine nachfolgende Reife zu einem Inhalt des reinen Verständnisses (so dass der Inhalt vom Datengefüge in eine bereits bekannte Form gebracht und in Worten erfahrbar wird) hat hier Bestand. Die Äthermenge als eine wissende Größe wird von den anteiligen Gehirnen am besten angenommen, wenn es ein innerhalb der Datenmenge von Kriterien und Alltagshandlungen gereifter Schwingungsmodus, ein verständlich formuliertes Wort ist.

ICH informiere mich selbst. ICH bin selbst ein Teil des Gefüges. ICH steuere dem verbindenden Medium selbst Inhalte bei. Die Inhalte werden getragen, erinnert und erweitert. Es reifen Datenmengen der Erkenntnis und des Wissens heran. (Zufällige Harmonien des Gefüges.) ICH bin nicht das Gefüge selbst, ICH bin der Inhalt, den es transportiert. Das Gefüge informiert mich über meinen aktuellen Zustand.

Die Schwarmintelligenz beruht auf einem ähnlichen Mechanismus. Wenn sich sehr viele individuelle Raumbeschreibungen, individuelle Haushalte und Datenmengen mit nur einem Bereich befassen, wie es zum Beispiel beim Fußball geschieht oder sich Individuen aus verschiedenen Regionen an einem Platz versammeln, erweitert sich der Datensatz auf eine globale Ebene. Die gewohnten Individualräume verbinden sich mit der gegenwärtigen Rauminformation, die sie nun gleichzeitig alle ihr Eigen nennen. Dieser globale Datensatz führt zu einer Feinabstimmung der Ichs. Die gewohnten Individualräume verschränken sich in Konstrukten.

Die Individuen haben alle die gleichen Triebe zu befriedigen. Die Daten der Alltagshandlungen finden leicht zueinander und addieren sich zu Konstrukten großer Kapazitäten. Die Feldstärken steigen an und die Flussdichte in den Feldern erhöht sich. Im Allgemeinen profitiert der Baustein im Gefüge von schnelleren und präziseren Leistungen des Gefüges. Die höheren Felddichten und

Flussdichten führen innerhalb des Gefüges zu einer schnelleren Raumaufklärung. Dieser Mechanismus weist nicht nur auf Hindernisse bei Bewegungen im direkten Raum hin, sondern klärt die Felder des Gehirns im Allgemeinen auf. So trifft es zu, dass man sich ausgerechnet dann dorthin bewegt, wenn das angestrebte Ziel mittels Verschränkter bestätigt wurde. So begleitet man die Freundin ausgerechnet dann zum Markt, wenn die Sensoren Freibier melden.

Ganz allgemein wird bewegte Materie zum Verbindungsaufbau in andere Felder genutzt. Vermutlich bilden strukturell identische Inhalte, die sich vielleicht der höheren Ordnung wegen in Summen zusammenfinden, nicht unbedingt einen individuellen Erkenntnisraum. Aber sie profitieren doch von der höheren Präzision und Effizienz eines gemeinsamen Ziels. Den gemeinsamen Repräsentanten stünde die Datenmasse seiner Anhänger als Erkenntnisraum zur Verfügung.

Es ist davon auszugehen, dass eine gewisse Kapazität an Daten, dass der entstehende Materiebezug eines Gehirns, dass der bezeichnete Datenraum Kommunikationsstrukturen und Kommunikationsmöglichkeiten aller Art und Anbieter höherer Dienste enthält und verbindet, zulässt und zugänglich macht. Diesen Erkenntnisraum für die Entlarvung von störenden Fremdinteressen zu nutzen und sich auf dieser Ebene für die eigenen Interessen stark zu machen ist die Aufgabe dieser Leute. Diese Leute tragen einen Teil der Verantwortung für das Gelingen des Ganzen und das Verhalten seiner Bausteine.

HANDBALLWELTMEISTERSCHAFT IN SPANIEN IM JANUAR 2013

ICH hatte den Sport jahrelang aus meinem Bewusstsein gedrängt, aus den Gründen, die ICH nachfolgend anführe. Diese Sportart hat in meinem Leben keinen Anteil mehr. ICH habe diese Einstellung gefordert und schalte heute das Radio später an oder früher aus. ICH habe sie auf Null gedreht. Sie hatten keinen Anteil mehr an meiner Person. Nun sie gaben dieses Jahr das Erreichen des Achtelfinales als ihr Ziel aus. Das habe ICH ihnen gemacht. Und dann noch das Achtelfinale! Und schon treten die Medien auf und das Siegersystem bläht sich künstlich auf.

Es ist der Tag vor dem Spiel gegen Spanien. Die Sonne scheint und ICH sitze draußen auf der Terrasse bei einer Tasse Tee. Ein permanentes Brummen durchsetzt den Äther. Es kommt von links aus Richtung der Wohnzimmertüre in ca. vier Meter Entfernung. Lästig und nervend dringt es an mein Ohr. Zuerst dachte ICH an Industrielärm aus der Umgebung. Doch es durchdrang mein Gedanken-gebilde und forderte einen noch höheren Bewusstseinsgrad meiner Person ein.

Schließlich fragte ICH: »Was wollen Sie denn?«

Sie antworteten: »Wir wollen nur ganz sicher alle erreichen.«

ICH wusste, dass es sich um Handball handelte.

ICH lag die ganze Nacht wach. Zwei Töne gelangen über den Äther an mein Ohr. Ein dunklerer Brummer, der das Einschlafen zu einem gewissen Teil erlaubte und ein hellerer Brummer, der meine Person in einen hellwachen Zu-stand versetzte.

Lag ICH hellwach, schaltete ›mein Hirn‹ in einen tieferen Brummton zurück. In diesem Zustand konnte ICH mich mit viel Mühe dem Einschlafen nähern. Doch sobald der Dämmerschlaf einsetzte, schaltete dieser Apparat – etwas entschärft: mein psychischer Apparat – in einen helleren Ton. Innerhalb von Minuten lag

ICH wieder hellwach im Bett. Das geht dann abwechselnd mehrere Stunden so dahin. Gegen Morgen dann, wenn ICH mich dem Piepen des Weckers nähere, machen diese scheinbar Feierabend. Dann schlafe ICH noch eine halbe Stunde ein, um dann vom Wecker aus dem totalen Tiefschlaf gerissen zu werden. Und so fühlt man sich dann auch! Sie verstehen sicher, dass sich in mir nicht wirklich Liebe und Freude aufbaut. Der psychische Apparat muss denn auch die Gefühle, die ICH hege, verarbeiten. Und die Intelligenz, die der psychische Apparat aufbringt, um diese Strukturen seines psychischen Apparats abzustellen, reicht sehr weit.

ICH kenne das System aus der Organisation von Handballbegegnungen aus den letzten Jahren. ICH schreibe die Zahl 2007. Die Zahl verkörpert eine Bilddatei. Hören Sie gut hin! ICH konnte mich die letzten Jahre so weit distanzieren, dass Handball in meinem Leben nicht mehr stattfindet. Nun liegt die Latte nur noch beim Erreichen des Achtelfinales.

Aber zurück zum Siegen. Sollte ICH nachts aufwachen und bemerken, dass es an diesen Brummtönen liegt, die dazu dienen, mich für ein paar Stunden zwischen zwei Bewusstseinszuständen pendeln zu lassen, stehe ICH auf und geh meiner Arbeit nach. Das ist mir einfach zu blöd, meine Zeit auf diese Weise zu verplempern. Ein Beobachten oder das Genießen dieser Zustände befriedigt mich nicht mehr. ICH nutze die Zeit jetzt immer sinnvoll. Meistens schreibe ICH an einem Buch.

Manche sagen, den Einschlafmodus schreibt man dem Gegner zu, die konzentrierten und hellwachen Phasen nimmt man für sich selbst in Anspruch. Soll mir recht sein! ICH nutze diese nächtlichen Wachzustände jetzt, um an meinem Buch zu arbeiten. Als ICH mich zum Aufstehen entschied, sprach ein Äthermodul aus dem rechten Raum kommend: »Bleiben Sie doch liegen!« An den Terror der gestrigen Nacht erinnert, stand ICH auf, erfreute mich der Frische des nächtlichen Zustands und schrieb.

Beim Sieg der Deutschen über Frankreich hieß es dann im Stadion: »Ich werde hier siegen!« ICH sehe die Ursache für den Transfer der Botschaft »ICH

werde hier siegen!« in das spanische Stadion in meiner Reaktion auf die Aufforderung: »Bleiben sie doch liegen!« Die Form des Äthers, welcher die Informationen emittierte, glich einer heranbrausenden Wolke! Wenn sie die beiden
Äthermassen sähen und die Botschaften hörten, würden auch Sie die Identität
der Trägermedien feststellen.

ICH stand auf und arbeitete konzentriert. Diese Vorgehensweise verändert
entweder das Verhalten der nächtlich Aktiven, oder meine Wahrnehmung verändert sich. ICH vermute, dass die Daten welche ICH mit meiner Aktivität selbst
erzeuge Schutz bieten. Vielleicht leitet das Datengefüge die Schwingungen ab,
absorbiert sie oder stellt sogar einen unüberwindbaren Block für diese da, so
dass sie nicht in mein Bewusstsein dringen.

Diese lästige Brummerei scheint sich ebenso in dem Medium auszubreiten. Ein
ewiges hin und her im Äther der Gehirne. Jetzt brummen die schon eine halbe
Stunde auf meiner Terrasse herum. Sehr störend! Wirklich, sie sägen an meinen
Nerven. Nun, das sind die Spanier. Sie nerven einfach nur. Aber verhalte dich
das nächste Mal ruhig. Gib dich ihnen nicht zu erkennen!

Das Brummen erreicht über den Äther selbstverständlich auch mich. Meine,
mit Daten dicht bepackte Äthermasse, leitet sehr gut. Kann man bereits von Materie sprechen, die da mitschwingt? Gibt es eine Zeitverzögerung durch den Äther
oder handelt es sich auf Grund einer Vor-Ort-Installation um eine Übertragung in
Echtzeit? Das Spielchen wiederholt sich alle Jahre. Von den Spaniern darf man
sich nicht provozieren lassen. Lass diese Brummereien einfach über dich ergehen.
Das ist auch beim Fußball so. Ein Trojaner verhält sich still und tarnt sich mit dem
Fremdsystem. Das führt dann auch zum sicheren Sieg!

ICH war erbost über die Dauerbeschallung. ICH sagte: »Gehen Sie mir
nicht auf die Nerven!« ICH hielt dies für das deutsche System. Dem war ja
auch so. Das war meine Adresse für ihre Brummereien. Nur über die gegebene
Datenmasse konnten sie mich erreichen. ICH war richtig erbost über die Dauerbeschallung. ICH drohte ihnen, den sicheren Sieg abzugeben! Das Brummen

hörte dann auf. Die Aussage, den sicheren Sieg abzugeben, lies am Abend im Stadion ›Viva Espana!‹ laut werden. Interessierte könnten den exakten Zeitpunkt bestimmen. Scheinbar war ICH als Trojaner enttarnt. Sich von den Anbrummern zu einer Reaktion verleiten zu lassen, war mein Fehler. Dies eröffnet ihnen meine Datenmasse. Scheinbar sandten sie dann ›Viva Espana!‹

Das ist alle Jahre das gleiche. Die Spanier zeigen auf diesem Gebiet keine Entwicklung. Entweder ist die Technik so einfach gestaltet, dass sie noch über Tastentelefone verfügen, oder sie entwickeln kein höheres Verständnis von der Technik! Scheinbar messen sie der Organisation auf Äther keine größere Bedeutung zu.

Es könnte sich auch um geschichtliche Strukturierungen des geistigen Systems handeln. Vielleicht sind es Phänomene, die auf die spanischen Kriege zurückgehen. Ganz einfache Datenkonstellationen, die sich in dieser Weise aufstauen und entladen. Die wiederkehrende Konstanz dieser Phänomene wäre dann nicht technisch bedingt. Sie wäre als eine Art von Ohrgeräusch aufzufassen, das sich ganz allgemein mit der Wechselwirkung globaler Datenmassen erklären ließe.

ICH habe den sicheren Sieg gegen die Heimfahrt eingetauscht! ›Viva Espana!‹ Ja, das waren die Spanier! ICH erinnere mich an frühere Organisationsformen. Wie eine heranbrausende Wolke differenzierte sich die Botschaft ›ICH werde hier gewinnen!‹ aus. Der Sieg über Frankreich deutete sich in dieser Weise an. Im Äther der Gehirne fragte man mich, ob ICH das Phänomen oder die Person kenne? ICH erkläre mir das Zustandekommen wie oben angegeben! Als Gotteskrieger habe ICH viele Kriege geschlagen. Mein ICH ist heute ein kleines Kunstwerk. ICH verständige mich auf eine Vielzahl von Materieereignissen. Die Materieereignisse sind als Materieäquivalente in Datenstrukturen meines ICH gefasst. Die Materieereignisse sind die Grundlagen meiner Gehirntätigkeit. Die fließende Materie dient mir zur Argumentation auf verschiedensten Ebenen. Diese Datenstrukturen verkommen zu Kommunikationsmustern der Gesellschaft.

Die Emission von Information der verschiedenen Niveaus und Instanzen erwirken meine Siege. Um Kleinstangriffe abzuwehren, reicht der gewöhnliche

Alltag. Die Individuen stabilisieren sich gegenseitig. Es fällt keinem auf, dass er in einem System gefangen ist. Der Alltag versteht sich auf viele Möglichkeiten, die einen herabzusetzen und die andere zu erhöhen. Wenn sich dann viele zusammenschließen, werden sie mächtiger. Stellen sie mit ihren Interessen mein tägliches Ich in Frage, so geraten die Materieströme, die mein Sein transportieren, plötzlich in einen höheren Modus. Die Feldaktivität stellt sich auf gewichtigere Materieströme um. Größere Datenräume meines Ichbezugs tun sich auf. Die Feldstärke, Datendichte und Flussgeschwindigkeit erhöht sich.

Wenn ICH mit Materieereignissen des Wetters argumentieren darf, so werden aus zehn Zentimeter Neuschnee schnell einmal 20 Zentimeter. Der Regen fällt dann ausdauernder und stärker. In einem ungünstigen Zusammenwirken entsteht Eisregen. Zurück bleiben oft Schäden an der Infrastruktur und der Ernte. Die Betroffenen nehmen oft große Verluste hin.

ICH habe mir diese Position erkämpft. ICH lebe diese Leben. Es war ein Kampf gegen den Weltgeist. ICH war das Alte und blickte darüber hinaus. Die neuen Formulierungen der Daten zu Wissen führen zu Schäden im Alten! Die Entwicklung, der Wandel. Mein Ich gründet sich auf Daten, dem Materieraum äquivalent entnommen, in wissenden Strukturen geordnet. Jahrzehnte der Suche haben mich hierhergeführt. Das ist mein Weg! Das wollte ICH sein!

ICH gründe mein Ich auf den Materieraum.

Es handelt sich um autonome Entladungen eines geistigen Gefüges. Die Ausprägung bzw. der Eintritt einer auffälligen Reaktion innerhalb des Materieraums liegt an der breiten Masse der Anrufer. Die Ebene, auf welcher argumentiert wird, darf zu Teilen meiner Person angerechnet werden. Durch Blicke installieren sich Inhalte. Das Interesse am Wetter, am Boden, an der Luft. Gelesenes aus der Zeitung, Aussagen Dritter, entsprechend interpretiert, gelangt auf die argumentative Ebene. Die Themen der Argumentationsebene legen sich durch eine besonders auffällige Form der Betrachtung dar. Die Wahrnehmung geht mit einem intensiven und besonders eindringenden Verhalten der Inhalte einher.

Die Inhalte lagern dann im Gefüge und warten auf den Zeitpunkt ihrer Freisetzung. ICH spreche von geistigen Inhalten des Gefüges. Das sind Schaltstellen in größere Datenräume. Die Bilddateien sind die Schlüssel. Die Bilddateien führen in die großen Datenräume. Bilddateien können auch aus dem Zusammenwirken mit den anderen Sinnesorganen hervorgehen.

Die Ordnung gleicht einer geladenen und entsicherten Waffe, die nur darauf wartet, dass ihre Ebene erreicht wird. Dann macht es klick. Eine kleine Explosion treibt eine Materiewelle durch den Lauf und mein geistiger Inhalt hat sich installiert. Vermutlich transferiert der geistige Datenraum über die Schnittstelle die Siegesbotschaft auf die Datenmasse des Anrufers.

Und hat man ein paar Siege auf seinem Konto, dann geht es wieder los! Aus dem Äther kommen dann diese Anfragen! »Entschuldigung, Herr Binich, Sie sind nicht zufällig Handballfan?« Die Geister, die ich rief, werde ICH wieder los! (Einschub Handballweltmeisterschaft Ende.)

Zurück nach Ägypten! Jeglichem unbewussten Gedanken, jeglicher meiner bewussten Formulierung auf Äther steht eine analytische Instanz gegenüber, die so meine ICH, ist das eigene wissende Feld, getragen von der Masse an Individuen. Der Gedanke ist Inhalt. Die individuellen Alltagsdaten sind seine Bausteine. Ein Gedanke erfährt auf der Grundlage des Gefüges eine Wertung. So, wie der Erfolg und der Vorteil der Individuen das Fortbestehen des Datenmantels bestätigen, so werden negative Erfahrungen seine Verbesserung oder seine Auflösung einleiten.

Eine exakte Formulierung von Wissen enthält natürlich immer auch Kriterien der Elemente. Je nach eigener Datenlage und dem Interesse der berücksichtigten Individuen fließen Daten zum Verhalten der Materie ganz allgemein und speziell auch zum Verhalten der Elemente in die wissenden Konstrukte ein. Folglich aktivieren Gegenströmungen feindlicher Lager immer auch die Elemente. Diese gelten als grob strukturierend. In Abhängigkeit zur Kapazität des initiierenden Konstrukts treten sie mehr oder weniger stark in das öffentliche Interesse. Das Element lehnt sich in seinem Verhalten an die Ordnung des Wissens an. Die Elemente verhalten sich im Sinne des Wissens. Das Wissen wird für andere sichtbar.

Unglaubliche Möglichkeiten verbergen sich hinter der Wechselwirkung der Daten. Die Objektdaten, die Kriterien, Datenäquivalente bewegter und unbewegter Materie, die Verschränkung verschiedener Orte und unterschiedlicher Zeiten, das Fließen der Daten in Feldern ihrer Materie entsprechend, die bahnende Wirkung bewegter Materie, der Informationstransport mittels Materie im Allgemeinen. Faszinierend! Diese Wortinhalte, in vielfältigsten Erfahrungen immer wieder bestätigt, für das eigene Sein gebrauchen zu dürfen, rückt das Individuum in Gottesnähe.

Einwirkende Felder in Form von Materie, die sich gegen das ursprüngliche Kriterienverhalten des Wissens bewegt, erzeugt eine abstoßende Kraft. Es aktiviert das eigene Feldsystem. Vermutlich beschränkt sich die Wirkung einer geringeren Anzahl von Kriterien eines geringen Wertes auf niedrigere Sphären. Globale Disharmonien dürften zu globaleren Wirkungen heraufziehen. Grundsätzlich liegt es, auf Grund der hier beschriebenen Mechanismen in der Natur der Felder eine höchstmögliche Harmonie zu erreichen. Erstens durch höchstmögliche Entsprechung, dann aber auch durch Ab- und Umbau der störenden Begleitdaten.

Das Wissen beruht auf einer Sammlung von Kriterien. Die Kriterien erhalten in Summenstrukturen Wirkung und Richtung. Die Kriterien finden sich in Feldordnungen zusammen. Wer dem Wissen widerspricht, dringt mit eigenen Feldwirkungen in mein wissendes Ganzes ein. Automatisch erhöhen sich auch die Wirkungen, die von meinem Geist ausgehen. Das Ganze meines Wissens installiert sich. Das wissende Feld hält seine Struktur gegenüber der eindringenden Feldordnung durch eine nach außen hin zunehmende Wirkung aufrecht.

Das Verhalten der Elemente wird sich der Kapazität des aufgerufenen Datenfelds entsprechend programmieren. Die Elemente gelten als grob strukturierend, erwecken das öffentliche Interesse und führen in dieser Weise sehr schnell zu einer Globalisierung von Inhalten. Die Konstrukte des Wissens enthalten vor allem die Möglichkeiten sich darzustellen. Die Gesinnung des Kämpfers, die Struktur des bestehenden Wissens und die Struktur seines Denkens bilden das Gerüst des Gefüges. Die Elemente verstehen es, sich innerhalb dieser Architektur auszudrücken. Die Elemente legen wichtige Kernbotschaften frei. Sie hinterlassen auch Spuren im Materieraum. In Anlehnung an die Feldarchitektur des Wissens nagen sie am Status Quo. In Anlehnung an die Feldarchitektur verändern sie ihn.

Die Veränderungen tragen das Gesicht des wissenden Gefüges. Es ist kaum ein einzelnes Kriterium in seiner zeitlichen und räumlichen Ausdehnung zu erkennen. Der Zentralstrom des Elements ist ein wiederkehrendes Phänomen. Das Element erhöht seinen Anteil am Datengefüge. Es ordnet sich Hauptströmen zu und bläst diese richtig durch. Der Strom des Elements baut zuführende oder bestehende Komplexitäten des Datengefüges einfach zurück. Deshalb entstehen kaum nachvollziehbare Längsleistungen, sondern in erster Linie Querschnitte des bestehenden Datengefüges. Die Elemente strukturieren den Status Quo. Sie hinterlassen ein Schadbild an der Oberfläche des Gewachsenen. Die Grenze ihres Wirkens bleibt für alle sichtbar zurück. Es sind Systemeinbrüche in die bestehende Datenstruktur entlang des Hauptstroms.

DIE UNTERBEWUSST ERFAHRBARE WORTMASSE

ICH schreibe dieses für solche, deren Gehirn sich keiner lauten Worte bedient, um das zugehörige Menschlein zur bewussten Teilhabe am Gefüge zu bewegen. ICH denke, dass ICH vielleicht doch nur einer unter wenigen bin, die mit geiststofflichen Dichten dieser Größe umgehen. Früher dachte ICH, alle Menschen wären so. Sie blickten auf die Äthermasse des Gehirns, erlebten und gestalteten in Abhängigkeit zu sichtbaren Kortexdaten ihre Umwelt.

ICH habe das eigene Sein nie hinterfragt. ICH dachte, alle Gehirne brächten diese Datenmengen hervor. Allein die Auswahl der Inhalte oder der Umgang mit diesen wäre Geschmacksache. ICH dachte, ein jeder kämpft für seinen Standpunkt. Stellt Fragen, führt Gespräche, sagt wenn etwas nicht passt und plant die Zukunft anhand vorliegender Daten.

Die nicht denkenden Menschen dürften aber in ähnlicher Weise vernetzt und ebenso von Außen informiert sein. In diesem Fall handelt es sich aber nicht wie bei mir um die eigene Geistesmasse, getragen von der Menge, sondern um externe, übergeordnete und organisierende Parameter. Viele der Individuen lassen sich, ohne selbst zu denken, nur so dahintreiben. Ihre Ideengeber sitzen extern. Die Handlungsimpulse kommen von externen Strukturen. Warum sollten sie alle die Reinheit besitzen, dass ihre Inhalte aktuell in Worte gefasst werden und sie bewussten Zugang zur Zielführung bekämen?

Ab wann ist dieses Geschehen von Nutzen? Wer das Gefüge nicht denkend durchdringt, bewegt sich, ohne das Umliegende zu kennen, durch die Welt. Sie kennen ihre Motivationen nicht, die selbstverständlich auch ihre Motivationen sind. Money, money, money! Es liegt an ihnen zu erkennen, dass sich das Gehirn nur Motive zurechtlegt, um den externen Strukturen zu gefallen. Wer nicht selbstständig denkt, gibt sein Ich auf. Er verliert an Boden gegenüber externen

Größen. Das Menschlein weiß nicht, wohin ihn diese in seinem Gehirn führen. Sie wissen nicht, wozu ihr Verhalten führt! Es interessiert sie nicht, wem sie die Macht einräumen und wohin diese Leute den Kahn steuern! Vielleicht reicht das Denken dieser Leute selbst nicht bis zum Ende des Jahrhunderts.

ICH möchte sie trotzdem nicht von jeglicher Verantwortung freisprechen, denn die Gesellschaft legt Werte für das Miteinander fest. Die Werte der Zwischenmenschlichkeit stehen über dem Nutzen einer Gesellschaft, und sei er noch so groß. Höhere Datenkonstellationen mit einer nachfolgend einsetzenden positiven Entwicklung dürften nicht genügen, um die Ebene der Menschlichkeit aufzurufen, um dort die Abgründe eines Ungeheuers einzustellen, oder sollte es tatsächlich in der Natur des Menschen liegen, dass man in gewissen Zeiten Rechte ausruft, Diskriminierungsverbote und Gleichstellungsbeauftragte einführt, weil ein jeder, anstatt sich selbst zu beurteilen, lieber das Verhalten seines Nächsten analysiert und mit dem fremden Müll seinen eigenen Müll rechtfertigt.

ICH sehe es doch oft genug an den Politikern, dass ihre Reden von bestehenden Geistesmassen getragen sind. Oftmals führen diese Geistesmassen zu Aussagen, die sie besser hätten bleiben lassen. Tief in ihrem Inneren schlummern diese. Und sollte es die Lage der Nation erfordern, dann generiert sich der Datenblock in einer Tiefe, in die die Gesetzgebung nie vordringen wird. Der Datensatz des Ganzen oder des heraufziehenden zukünftigen Ganzen isoliert das Individuum. Es verkommt zu einem Baustein einer ungeheuren Rechenoperation. Das Wissen schließt das brauchbare Kriterium ein und das unbrauchbare Kriterium aus. Es ist Notwendigkeit seiner Präzision. Dann ist es auch natürlich!

Die Schlächter, Folterer und Vergewaltiger dieser Welt sind trotzdem nicht unschuldig zu nennen. Es sind Fälle für die Psychiatrie. Wenn sich Datenlasten entwickeln, die sich zu autonomen Größen auswachsen und von den Verantwortlichen Besitz ergreifen. Wenn Verantwortliche nicht mehr denken oder die Inhalte ihres Denkens nicht mehr ausreichen, um dem Gefüge selbst Struktur zu geben, wenn sich Verhalten jenseits von Ethik und Moral zeigt, gehören diese Menschen schnellstmöglich entfernt. Es gibt sie, die Menschen, die keine eigenen Gedanken hegen und keine Fragen stellen. Sie wissen nicht, woran sie sich beteiligen und fügen sich ohne Quertreibereien (ohne Eigendaten und ihre Vernetzung) in ein bestehendes Gefüge.

Diese Leute unterliegen der natürlichen Manipulation durch die Felder am stärksten. Diese Leute sind auch leichter zu fanatisieren. Sie sind die idealen Bausteine eines Rechenvorgangs. Sie führen zu einem braven Ergebnis. Die individuellen Kriterien verrechnen sich zu einem Konstrukt des Wissens. Der einzelne Baustein profitiert von dem umgebenden Konstrukt des Wissens. Seine Feldstärke und seine Flußdichte sind Parameter für die Qualität des Ablaufens geistiger Leistungen. Vor allem die Präzision der Ergebnisbildung ist für das Individuum von sehr hohem Nutzen.

Es gibt auch die Echtzeitleistung des Übergeordneten, die nicht unbedingt nur das individuelle Kriterium in seinem Alltag zum Zwecke der individuellen Orientierung erweitert abbilden, sondern in erster Linie auf den eigenen Erhalt ausgelegt sind. Die Flußgeschwindigkeit beruht auf einer Vielzahl beteiligter Kriterien. Man könnte sich ausschließlich auf ein Kriterium beziehen. Dann bräuchte man keine Durchschnittswerte eines Gefüges angeben. ICH nehme ein Fußballstadion. Die Zuschauer kommen und gehen. Vibrationen durch Schritte, durch Gesänge, durch Luftverwirbelungen, Staub und Schmutzverhalten, Müllansammlungen. Die Belastungen der Sitzreihen durch die unterschiedlich schweren Körper im Verlauf einer Saison. Die vielen Berufe, die Variationen bei der Magenfüllung und des Darminhalts bis zur Produktwahl dieses Tages. Die Konstanten, die zum Sieg führen. Die Spieler. Der Müll, die Entsorgungsunternehmen, die Produktion, der Transport der Ware, die Autobahn, die Verkehrsschilder, in das Stadion, die Logistik, der Verkauf, der Konsum, die Abgänge, die Tiefgaragen usw. Die Belastungen der Materie bis in den Quantenkosmos, Vibrationen durch Klänge und Fangesänge, Geräusche und Gerüche führen zu einem spezifischen Verhalten des Kosmos. Nur wer alle diese Daten für sich bedenkt, darf über die Flußgeschwindigkeit in einem Datengefüge nachdenken.

Die Ausdehnung des geistigen Bezugs auf weitere Bereiche des Materieraums wäre an die bewegten Materieanteile des bekannten Kriteriums gebunden oder verließe sich auf die neuronale Leistungen Dritter. Auch die Weltlinie wäre als Kriterium zu nennen. Wobei dann eine Strukturierung ins Auge fällt. Die Kleinstpartikel wären in größeren Ordnungen organisiert. Die größeren Ordnungen fänden in Institutionen, Verbänden und Organisationen zusammen und die Weltlinie beschriebe das Verhalten des Materieraums, unabhängig von der Wechselwirkung der erwähnten Datenmengen. Die Weltlinie wäre der Standard oder das Rechenergebnis bei Berücksichtigung aller Positionen, kleiner wie großer. Das Wort ´Kriterium` bezeichnet jedoch nur den Materieraum in seinem Verhalten oder in Ausschnitten. Es handelt sich um eine der Materie äquivalente Informationsmenge, so dass am Entstehen beteiligte Daten hier unberücksichtigt bleiben.

ICH spreche im Grunde nur davon, wie schnell ICH mich auf angrenzende Bereiche der Kriterien meines Wissens ausdehnen kann. Wer sich die Zeit nimmt und sich ein Fußballstadion über die Jahre in dieser Form erschließt, wird auch irgendwann an die Strukturen geraten, die die bewegte Materie dem Geistigen System antut. Sie können dann Anweisungen für Besucher, dichtere Ätherdaten, die einer Strukturierung des Datenkosmos mit wiederkehrenden Materieströmen entsprechen, auffinden oder das Ganze einfach nur als Bestandteil eines wissenden Konstrukts einer sehr viel weiterreichenden Datenmasse betrachten.

Für Datengrößen geringerer Kapazität bleibt die Ursache des individuellen Funktionierens in der Weite des Unterbewusstseins verborgen. Das Sein beruht auf der Existenz von Inhalten. Datenmengen für sein Selbst zu generieren ist eine neuronale Leistung. Das wahre Sein beruht auf der Existenz von Inhalten, die über fremde Motive hinaus reichen. Zu erkennen, dass das eigene Sein nicht mehr in andere Hirngespinste eingebettet ist, ist wohl eine Eigenschaft des philosophierenden Denkens und der Weg der Wissenschaffenden.

Neues Wissen flexibilisiert das System! Die individuellen Kriterien sind die Bausteine des Wissens! Das Individuum wird jetzt anders angesprochen. Das liegt an der spezifischen Feldarchitektur des neuen Wissens. Das Neue Wissen eröffnet auch dem Status Quo die Möglichkeit sich zu wandeln.

Aufgrund der oben ausgeführten Tatsachen gegebener Strukturen, welche die Bahnen der Materie beschreiben, in der Summe folglich Anweisern zu spezifischem Materieverhalten entsprechen, muss ICH die Möglichkeit der Beeinflussung des Individuums durch geistige Antizipationen, Gedanken und Ätherworte, die auf derselben Grundlage operieren oder mit den natürlich gewachsenen Datenstrukturen des Materieverhaltens verwandt sind, hinnehmen – die bewusste Manipulation als Werkzeug. Bereicherung durch Steuerung, egoistische Gewinnsucht zum Schaden anderer, Missmanagement eines Staatengefüges. Das sind Schlagworte, die mir bei Manipulation des Individuums einfallen. Das Problem ist nicht nur der Verfall der Lebensgrundlage, sondern viel schlimmer die Belastung des Mikrokosmos des Organismus durch Datendichten, die die Materie mangelhaft anweisen. Sollte es nicht die Aufgabe des Stärkeren sein, Verantwortung für den Staatshaushalt zu übernehmen?

ICH beobachte auch die zwanghafte Formulierung meiner Gedanken durch Dritte. ICH beobachte mein Denken direkt in meinem Umfeld. ICH brauche gar nicht zu sprechen. Mir reicht es, zu denken. Mein Umfeld diskutiert die Inhalte. Mancher meiner Mitbürger ist so gut vernetzt und versteht sich so gut auszudrücken, dass der Inhalt, wenn er ihn in Worte fasst, direkt in meinem Gehirn laut wird. Meist ist es eine geglückte Wortwahl, die in meine Niederschrift einfließt, oder es dient mir dazu, wichtige Zusammenhänge zu erschließen. ICH sage das für die, die diese Erfahrungen nicht ihr Eigen nennen und nie Geisterstimmen hören. ICH möchte euch nur sagen, dass auch ihr involviert seid, handelt und Worte sprecht, aber unwissend seid. Euer Datenanteil am Gefüge ist so gering, dass er sich verhält wie die Spreu des Weizens im Wind. Ihr werdet nie der Stein sein, in dessen Windschatten sich die Spreu sammelt.

Die Generierung von Wortinformation kann in manchen Fällen als die alleinige Präzision einer Gefügeemission auf dem Rücken aller kommunizierenden Bausteine des Korrelierenden Systems verstanden werden. Die entstehenden Identitäten des Gefüges, die Größen der Wortwahl und Wortbildung treten mit der bestehenden Geistesmasse in Wechselwirkung. Auch die beteiligten

Sprachorgane wie Stimmbänder, Kehlkopf und Zunge strukturieren das Korrelierende System. Das Zusammenspiel dürfte zu einer Struktur des Gefüges führen, dass die Information sich auch autonom als reine Gefügekonstellation, als Wortbotschaft mitteilt.

Möglicherweise besteht sogar die Möglichkeit, dass sich unabhängig von der korrekten Bezugsmasse, sollten sich vollkommen andere Materieereignisse zu zufälligen Schwingungsmustern, der Sprache ähnlich, formieren, diese von Gehirnen ebenso anerkannt werden. (Man bedenke hier negative Wirkungen wie Kanzerogenität auf den Organismus. Die Schadwirkung beruhte auf einer fehlerhaften bzw. unbekannten Zusammensetzung des Datengefüges, das vom Gehirn nur auf Grund einer bekannten Oberschwingung, die hier als Sprachinformation interpretiert wird, anerkannt wird. Zum Thema Kanzerogenität möchte ICH hier eine weitere Konstellation beschreiben. Sollte es ein Individuum schaffen, sich allmählich dem umgebenden Höheren zu öffnen, die fremde Struktur sozusagen für sein Denken und seine Sprachlogik heranzuziehen, so könnte ICH mir vorstellen, sobald ein gewisses Intaktsein des fremden Gefüges eintritt, dass es auf den Mikrokosmos des Organismus ebenfalls organisierend zu wirken beginnt.)

Identische Kriterien finden in unterschiedlichen Wissenschaftstheorien unterschiedliche Verwendung. ICH stelle mir die Frage, ob das möglich ist. ICH stelle mir die Frage, ob große Feldkapazitäten einem anderen Ich das Kriterium entziehen können. ICH sähe in dieser Konstellation eine Ursache des Vergessens. ICH möchte hier auf Alzheimer verweisen.

Nähme ICH die biologische Struktur, das Neuron, als an holographischer Masse orientiert gewachsene Struktur an, so ließe sich der umgekehrte Vorgang – der Verlust des Datengerüsts der biologischen Struktur auf Grund eines Kriterienentzugs durch Umgruppierung und Einlagerung in sehr viel mächtigere Ichs – auch als eine Schrumpfung der Gehirnmasse begreifen. Wobei ICH natürlich auch an laut gesprochene Worte denke, die auf den jeweils anwesenden Geist wirken. Es wären unbewusste Eingänge, die der entfernte Körper nicht kontrollieren könnte. Unbewusste Ordner unterstützten den Abbau der Daten, förderten den Raubbau und die Organisation der Daten in Feldern anderer Instanzen.

Eventuell ist es auch ein Problem der Globalisierung. Konzerne und auch Personen loggen sich in immer mehr Köpfe gleichzeitig ein. Sie erzeugen damit einheitliche Feldstärken und erzeugen damit Kommunikationsniveaus, die den Individuen mit geringerer Datenmasse nicht mehr hilfreich sind. Die individuelle Interaktion entfällt. Die Leitung von Daten in manche Ichs entfällt. Oft besetzen irgendwelche Produkte dauerhaft die Arbeitsspeicher. Die Neuerungen brechen so schnell über die Menschheit herein. Sie erobern die Wohnzimmer in einer Schnelle, dass manches Gehirn die Notwendigkeit, sich anzupassen, nicht erkennt. Die gewöhnlichen Datenflüsse zwischen den Menschen bekommen eine andere Qualität. Berufe, die aussterben, und Arten, die vergehen. Das sind Daten, die für das Korrelierende System nie wieder erbracht werden. Vernetzten Dritten fehlen die täglich aufgeworfenen Datengrößen. Wichtigste Backgrounddaten der Projektionsfläche und des Arbeitsspeichers gehen diesen Menschen von heute auf übernächstes Jahr verloren.

Die Kommunikation zwischen den globalisierten Feldern reduziert vermutlich die Wechselwirkung der Daten innerhalb der individuellen Arbeitsspeicher. Zusätzlich tritt eine Verschmelzung gegensätzlicher Positionen auf, die mit der Identität der großen Strukturen einhergeht. Mit Sieg und Niederlage spielen sich die großen Felder die Partikularinteressen gegenseitig zu. Das eine Mal gewinnt Herr Irgendwie, das andere Mal Herr Sowieso. Die großen Felder reagieren nur noch sehr wenig miteinander. Sie beziehen sich zu einem großen Teilen auf die gleichen Basisdaten. Das zu einem großen Teil determinierte Individuum verliert dadurch die Feldaktivität seines Arbeitsspeichers. Wichtigste Dateneingänge und deren Wechselwirkung bleiben aus.

Fügte ein Sprecher Worte wie »Das weiß ich im Augenblick nicht so genau« ins Gespräch ein, wo er einen Inhalt vielleicht genauer bezeichnen sollte, dann kann es sein, dass dieser Datensatz zu einem unbewussten Ordner all derer wird, die während der Worte mit dem geistigen Bezugssystem in Kontakt stehen. Ein konkurrierendes Gehirn legte vielleicht ausgerechnet an dieser Stelle den Schwerpunkt seines Wissens. Vielleicht etwas Detailwissen aus der Region für etwas Gesprächstoff am Mittagstisch. Innerhalb des Korrelierenden Systems bedarf ein jeder Inhalt eines gewissen Speicherplatzes. Die Darstellungen des Fremdsystems blockieren das eigene!

Das liegt daran, dass ein jeder von einem Datenkonstrukt ummantelt ein individuelles Weltbild lebt. »Das weiß ich im Augenblick nicht so genau!«, hieße im Grunde nur, dass der Inhalt von anderen höherwertig abgespeichert ist oder aus Gründen fehlenden Interesses nicht vorliegt. Fehlende Interessen nicht bedienen zu können in Kombination mit der Aussage »Das weiß ich im Augenblick nicht!« würde zu einer weiteren Reduktion der Verschränkung im Datenspeicher führen. Die Individuen würden die verschränkten Kriterien zurückbauen – ein Teufelskreis.

Die verschiedenen Wissenschaftstheorien beschicken identische Materiebereiche zur gleichen Zeit mit ihrem Wissen. Die Bereitstellung von Information ist als Wirkung des wissenden Feldes aufzufassen.

Die Wechselwirkung von Daten ist Grundlage der Leistungsfähigkeit des Gehirns. Das Wechselwirken der Information klärt die Verhältnisse der Umgebung auf. Es leitet sich ein möglichst verträgliches Materieverhalten für alle ab. Die Mechanismen der Anpassung des Bezugssystems sind die wichtigste Gehirnfunktion überhaupt. Nur durch die Richtung des bewussten Geistes gelangen wichtigste Eigendaten aus der Umgebung des Alltags in das Korrelierende System und können dort funktionsgerecht eingeordnet werden, dass ihnen die notwendigen Anwendungsbereiche um den Datensatz ersichtlich werden. Die Löschung oder Verdrängung der Daten durch eine Ablösung mit anderen Tätigkeitsbereichen beruht im Grunde nur auf der natürlichen Wertigkeit der Materie gegenüber dem geistigen System. (Denkbar ist auch die Konstruktion von Maschinen.)

Man denke nur einmal an die Wortfindung beim Sprechen und die zu

Grunde liegende Logik. ICH sehe die Logik und den Wortfluss an das Materiesystem gekoppelt. Einem ungestörten Materiefluss folgen zu können bzw. die Strukturen der Kriteriensummen abbilden zu können, genügt der Wortfindung und dem Redefluss. Ebenso ist auch die Logik nur eine schnelle Abfolge von Daten hin zu bekannten Feldformationen, die das Wissen bedeuten. Der Logik einer Rede entspricht die Aneinanderreihung von Datenvolumina, dass ihnen als Schnittmenge eine gemeinsame Datenstruktur zu Eigen wird. Dieser verrechnet sich und die zuführenden Daten in einem Phänomen der Gleichrichtung zu einem geordneten Datenfeld. Vielerlei Inhalte fassend, trägt dieses elektromagnetische Feld höheres Wissen in sich.

Unterschiedliche geistige Systeme treffen immer wieder in Form von Personen aufeinander. Dann werden die unterschiedlichen Standpunkte der Programmierung des Materieraums zum Ausdruck gebracht. In der Regel lässt sich ein gemeinsamer Nenner finden. Eine Programmierung, so dass sich zum Beispiel ein Gerätewagen auf der Strecke befindet, während man einen Transrapid auf die Strecke lässt, ist unzulässig, entspricht keiner nachvollziehbaren Logik und wird auf meinem Niveau immer zu Streit führen. Es ist nicht das Wort meines Gegenübers, das den Streit bedingt, sondern die vorliegenden Matrixdaten, die für die entsprechende Raumeinheit unterschiedliche Materiedaten vorgeben.

Die Wissenschaftstheorien sind Sammlungen von Materiedaten. In ihrer Summe liefert die Datenmasse eine mehr oder weniger vollständige Beschreibung des Materieraums. Die Kriterien sind in den wissenden Konstrukten unterschiedlich gefasst. Auch bei struktureller Identität der Konstrukte sind das Differieren von Begleitdaten und ihre Wechselwirkung nicht auszuschließen.

Betrachte ICH kurz die chinesische Lehre, so lassen sich kühlende und wärmende Effekt von Lebensmitteln anhand von Wachstumsdaten erläutern. Scheinbar verursacht das orientierte Wachstum eine Reihe von Datenanlagen und Datenvernetzungen, die beim Verzehr der Nahrung mit den menschlichen Daten in dieser spezifischen Weise interagieren. Kühlend wirkten dann komplexe Felder einer höheren Kapazität. Vielleicht sind die Datenmassen der sonnegereiften

Früchte einfach allgemeingültiger. Sie integrierten menschliche Daten und bauten Reibungsenergien ab. Es gäbe dann auch Datenmengen, die mit den menschlichen Daten heftiger reagierten. Sie führten dann zu wärmenden Effekten.

Letztlich ist auch das absolute Wissen, sofern ICH das derzeit Mögliche oder sein darüber-hinaus als solches bezeichnen darf, das Ergebnis einer günstigen Verrechnung bestehender Datenkonstrukte. Gesammeltes Erfahrungswissen lässt unter günstigsten Bedingungen die Feldverschränkung zu. Womöglich sind die Aktivitäten weltumspannender Organisationen für diese Art von Feldverschränkung von Bedeutung. Interne Kommunikationsstrukturen der Organisationen führten zu einem geschlossenen Datenraum. Der geschlossene Datenraum ist der Logik entsprechende Basis, den Schritt der gleichzeitigen Betrachtung der gesammelten Informationsvolumina auszuführen. Die Informationsvolumina zu durchnetzen und die gesammelten Daten auf einen gemeinsamen Datenraum auf ein funktionierendes harmonisches Ganzes zurückzuführen, erlaubt die Ableitung von Wissen.

Geht man davon aus, dass identisches Wissen einer identischen Struktur bedarf, so wird verändertes Wissen einer veränderten Struktur bedürfen. Vermutlich unterliegt die Struktur der Felder aber einer Gesetzmäßigkeit. Die Art des Wissens würde sich dann aus den verrechneten Informationsvolumina und der Art der anteiligen Kriterien herleiten. Möglicherweise gibt es auch eine Orientierung des Gehirns an Organen. Man spricht doch oft von den Organtypen.

Es spielt auch das Interesse des Finders eine Rolle. Wie geht er durchs Leben? Betrachtet er gerne teure Autos, wandert er durch die Natur oder bewundert er den Sternenhimmel? ICH meine, dass vor allem die Datensätze der Natur, die zu spezifischen Funktionen der Organe wie zum Beispiel Gasaustausch und Filtrationsmechanismen verschränkt sind, einen besonderen Stellenwert im Verständnis der Zusammenhänge haben. Vermutlich führen die Daten aus Naturbetrachtungen zu einem tieferen und zugleich höheren Verständnis zum Beispiel der Organfunktionalität. Die Qualität und Quantität der Kriterien wird es wohl sein, die die Art und Weise des Zugangs zum Funktionsprinzip der Organe bestimmen.

Bei manchen Leuten kann man eine Orientierung am Organ erkennen. Vermutlich führt eine gewisse Lebenserfahrung und Intelligenz von den Alltagsdaten zu der groben Struktur des Organs. Es kommt zu einer Anpassung von Gesprächsführung und Denken an die Struktur und Hauptfunktion des Organs. Ab diesem Zeitpunkt steht die grobe Struktur des Organs für die gesprochenen Inhalte.

Die grobe Funktion der Organe stützt dann, von embryonalen Entwicklungsdaten getragen, die Sicht von den alltäglichen Gebrauchsdaten auf die Umwelt. Die Durchsetzung der gesammelten Informationsvolumina mit der Funktion eines Organs, so dass die bewegte Materie der gesammelten Daten der Hauptfunktion eines Organs gleichgesetzt ist, bietet dem Gehirn einen Funktionszusammenhang aller Daten. Dieses entspräche wieder der Fassung aller Daten in einem Funktionsraum und ließe höhere Ableitungen in Form von Wissen oder rein zur Orientierung zu.

Die Tatsache der Datenerhebung innerhalb des Materieraums bekräftigt mich in der Annahme, dass Wissen aufeinander aufbaut. Vor allem dann, wenn man Wissen nicht nur als eine theoretische Möglichkeit sieht, sondern zur Gestaltung des Materieraums gebraucht. Als sicher kann gelten, dass zu große Entfernungen vom aktuellen Status Quo für eine fortführende Entwicklung nicht angenommen werden. Das Wissen muss folglich so gestaltet sein, dass es für den Forscher ausreicht, seinen augenblicklichen Status zu verkörpern, um ausreichend informiert zu sein. Der angelegte Datenmantel muss dem Forscher so gut passen, dass es sich in diesem weiterentwickelt.

Setzt man die Bewegung von Materie Effekten innerhalb der elektromagnetischen Felder des Gehirns gleich oder sieht in der Summenbildung von Kriterien eine Art von plastizierender Intelligenz (Goethe), die für den Bauplan zum Beispiel des Neurons verantwortlich ist, so gelangt man zu der Einsicht, dass Membranproteine in der Zellmatrix des Neurons so positioniert sind, dass sie Daten der wissenden Felder in die Mikrotubuli einleiten. ICH denke an absolutes Wissen. ICH sehe die Datenvolumina des Erfahrungswissens auf der Grundlage von Datenfeldern weltumspannender Organisationen zueinanderfinden. Die Eiweiße sitzen in der Zellmatrix. Die Eiweiße sind die Repräsentanten spezifischer Datenfelder. Die Felder des Erfahrungswissens könnten mit den Eiweißen so in der Zellmatrix positioniert werden, dass sich wichtigste Datenstrukturen entlang der Mikrotubuli ausrichteten. ICH hätte hierbei einen groben Mechanismus zur Übersetzung von Datenfeldern in lineare Transportaktivitäten erklärt.

Zwei Weisen, zu denken, gebe ICH hier an. Sie dürfen sich des Verständnisses bemächtigen, wenn sie günstigste Anlagen der Eiweißpositionierungen von Geburt an mitbekommen haben. Das schließt die orientierte Entwicklung der Gehirnmasse in Abhängigkeit zu den vorliegenden Datenmengen ebenso mit ein, wie es sich zufällig um eine für ein Verständnis günstige Lage der Eiweiße handeln kann. Sie dürfen sich aber auch als ständig wandelnd begreifen, und sollten sie regelmäßig Datenmengen dieser Kapazität und Qualität errechnen, auch eine Korrektur oder erneute Abstimmung der Eiweiße in der Zellmatrix auf die umgebenden Datenfelder zur optimierten Einleitung in die Mikrotubuli ihrer Axone vornehmen.

Aus den Strukturen meiner Vordenker auszubrechen ist kaum möglich. So werde ICH mir mit meiner Arbeit den aktuellen Status Quo erschließen, dabei auf Datenmengen meiner Vordenker stoßen, ihr errungenes Wissen mit den Erkenntnissen meiner Datenkapazität vergleichen und auf der Grundlage des heute technisierten Materieraums vielleicht auch globaler erfassend neues Wissen formulieren.

ZUSAMMENFASSUNG

Betrachtet man die zum Datenäquivalent zugehörige Materie im Original, verfolgt die äquivalente Materie sozusagen im Raum, so stellt man fest, dass sich die Materie innerhalb des Materieraums zur gleichen Zeit in ganz unterschiedliche Richtungen bewegt und doch Bestandteil einer gleichgerichteten Wirkung eines elektromagnetischen Feldes des Gehirns sein kann. Das Maximum an Wirkung wird erst in der gleichgerichteten Anordnung der Kriterien in Feldern erzielt. Die Verrechnung von Feldern führt ganz allgemein zu sicht- und fühlbaren Datendichten, bis hin zu Partikeln des Lichts. ICH könnte von Flussdichten in Feldern sprechen.

Es zeigen sich Effekte bei der Einlagerung von Materiedaten in die Konstrukte mit Wirkung auf die Materie. Diese Tatsache ist die Grundlage der Gehirnfunktion. Eine gewisse Datenmenge geht mit Wissen einher. Das Wissen stabilisiert den Datensatz. Das Wissen bleibt in den Variationen der darstellenden Ebene seines Arbeitsspeichers, dem Materieraum, latent erhalten.

Das wissenschaftliche Konstrukt ist ein Datenfeld höherer Ordnung. Es ist eine dynamische Masse von Kriterien. Die Inhalte modulierten und fielen in ein Gemeinschaftsfeld mit verändertem Sinn um. Die zunehmende Feldstärke der Strukturen schärft den Sinn. Ein Ergebnisfeld ist entstanden. Das Ergebnisfeld zeigt sich als sicht- und fühlbares Datenkonstrukt in meinem präfrontalen Kortex. Das Ergebnisfeld vermittelt ein gewisses Wissen.

Das Wissen entsteht bei der Fassung des Materieraums. Das zentralisierende Gehirn benötigt eine gewisse Kapazität an Daten. Es gelangt zu einer gewissen Ausdehnung innerhalb des Materieraums. Die wissenschaftliche Datenordnung wird zum organisierenden Prinzip seiner Bezugsmasse, des gefassten Materieraums. Es enthält Möglichkeiten des Denkens. ICH gelange über die erweiterte Betrachtung von Kriterien und ihrer Kombination zu verändertem Kommunikationsverhalten. ICH spreche von einer veränderten Feldarchitektur. In Anlehnung an die Datenfassung verändern sich innerhalb des Gefüges die wirkenden Kräfte.

Daraus resultieren verändernde Kräftekonstruktionen in der Technik und der Wirtschaft. Das Individuum, generiert es ein Materieäquivalent, erhält augenblicklich einen spezifischen Zugang zum Konstrukt mit seiner Ordnung und seinem Sinn. Das aufgerufene Materieäquivalent bleibt, trotz der Organisation im Feld, der zugehörigen Materie verhaftet. Dafür sorgt auch der individuelle Erbringer mit seinen Sinnesdaten.

Diese beiden Existenzen, das wissenschaftliche Konstrukt und der individuelle Gebrauchsstatus, wechselwirken miteinander. Während die eine Existenz einen Inhalt generiert, ist die zweite Existenz ein einordnendes wissendes Prinzip. Hier sollten sie sich die Operationen des Gehirns selbst ableiten können. Nutzen Sie das Fortlaufen an den Kriterien, bedenken Sie die Flussdichte der Datenströme, bedenken Sie die Oberflächenverdichtung bei Veränderungen ihrer Geschwindigkeit im Strom usw. Bedenken Sie auch, dass höheres Wissen nicht selten eine sicht- und fühlbare Feldpolung zur Ursache hatte. ICH sehe die Möglichkeit der sofortigen Integration eines aufgerufenen Inhalts in das höhere Feld.

Es ist eine intelligente Lösung. Sie führt zu einer Reihe präziser Ableitungen. ICH weise darauf hin, dass diese Möglichkeit nicht allen gegeben ist. Um möglichst schnell an ein Maximum an Daten zu gelangen, müssen Sie entsprechende Unterweisungen Ihrer geistigen Bezugsmasse durchführen. Die vorliegende Äthermasse muss in der Fläche von Operatoren, von Worten Dritter oder auch der Geräuschkulisse entnommen, instruiert werden, so dass sich ein tragendes Datennetz erstellt und sich ein einheitlicher Datenraum aufspannen lässt. So lassen sich große Datenmengen unglaublich schnell generieren.

Kleinere geistige Leistungen sind an Handlungsabläufe, ganz allgemein an den Materiefluss gekoppelt. Hier wird auch die allgemeine Verschränkung zu Datenströmen in Feldern und die Fortbewegung in diesen Strömen zur Darstellung des eigenen Weges genutzt. Das große Wissen entstammt jedoch großen Datenräumen. Und da alle Kriterien dicht zusammengepackt ein Feld ergeben, bedeutet es einen nur geringen Aufwand, die Datenübertragung in Echtzeit auf alle Kriterien zu verstehen.

Die Fülle an individueller Information führt zu einer Abstraktion. Man nennt es auch Gefühl, das das Gesamte für seine Bausteine bereithält. Betrachte ICH die Zusammensetzung des Gesamten, so ist es leicht zu verstehen, dass das Bauchgefühl auch täuschen kann. Der Einzelne neigt zu Fehleinschätzungen. Die Ursache hierfür liegt in seinem reduzierten Sein.

Die großen Fassungen globalen Ausmaßes, die allgemeingültiges Wissen generieren, verrechnen ganze Regionen und funktionierende Institutionen. Die Betrachtung der Bewegung von gefasster Materie und dem gefassten Einzelnen erklärt, warum ein an den Materieraum adaptiertes Gehirn manche übergeordnete Ordnung nicht zu seinem Vorteil auswertet. Die Felder enthalten höhere Ziele, wie Staateninteressen, die den Einzelnen nicht optimal berücksichtigen. Diesen globalen Datenmengen sind auch höhere Funktionen eigen, die orientierte Heilung, die Schaltung der Gene, gerichtetes Wachstum, der Wille zum Leben und die Aufrechterhaltung der Körperordnung zum Beispiel.

Musik und Kultur des Iran (MDR-Info; 11.02.2013, 04.00 Uhr):

1906 Rede des iranischen Staatspräsidenten. Spricht einen Satz in Deutsch: »Hier gesperrt für die Donau!« Eine Sängerin singt vom OFI-high! und verfügt über eine Kehlkopfakrobatik wie mein kleiner Zaunkönig, der sich gerade um die Ägypteneibe aufhält! 1906: Einsteins Arbeiten zur Allgemeinen Relativitätstheorie, aber auch spätere Arbeiten Feynmans zur Elektrodynamik. ICH arbeite selbst am Verständnis der materiellen Ordnung. ICH bin daher um eine Angliederung der Daten der Region vom Norden Afrikas über Saudi-Arabien, Irak und Iran, bis hoch zum Ural und um ihre exakte Fassung in einem wissenden Konstrukt bemüht. Die Entladungen meiner Gegenwartsleistungen in Spuren innerhalb der Musik oder durch den iranischen Präsidenten 1906 sollten von der heutigen Konstellation der Daten herrühren. Auf der Grundlage der mir möglichen gedanklichen Aufbereitungen von Inhalten oder einer rein zufälligen Konstellation des Datengefüges um 1906, so dass es für mich heute noch fassbar ist, sollte eine Belastung von Individuen um 1906 mittels großartigster wissenschaftlicher

Datenräume über eine Schnittstelle (zum Beispiel Kehlkopfakrobatik oder bewegte Flugobjekte) gegeben haben.

Die Emission der Informationsmasse orientiert sich am Materieraum. Der Realraum ist das Ergebnis der Verrechnung von Materiedaten. Die Datenmenge des Realraums enthält die Begleitdaten der Kerndaten der Kriteriensummen. Die Begleitdaten verlieren jedoch in Ordnungen des Lichts und anderen stabilen Sattelitenordnungen ihre eigene Botschaft. Sie begleiten die Erkenntnismasse des Realraums, den Materieraum, der hier als Teil der Wissenschaftsordnung auch der Datenleitung dient, in Form von kleineren und stabilen Sattelitenordnungen.

Die Beobachtung des Zaunkönigs an der Ägypteneibe und die Wahrnehmung damit verbundener geistiger Sensationen am Nachmittag des 10.02.2013 und die Niederschrift am 11.02.2013 um 05.00 Uhr morgens lässt mich das Geschehen als eine Folgeanimation auf das unten Geschehene, den zu Ägypten und Mursi in Berlin formulierten Datensatz erkennen. Diese Botschaft aus dem Iran begreife ICH als Reaktion der fortführenden Gefügedynamik zur weiteren Aufklärung der Verhältnisse. Das Gefüge hält nicht still, wenn sinnvolle Information sich erstellt. Es orientiert sich an den formulierten Bedingungen und erweitert sich zu einem Datengebilde eines höheren Verständnisses. Wie gesagt, ICH arbeite am Weltbild der Physik.

Der kleine Vogel ist ein Äquivalent zur israelischen Luftwaffe. Er ist in der Lage, von der Ägypteneibe aus in alle Welt zu starten. Das Äquivalenzprinzip bewegter Flugobjekte setzt sich natürlich auf geringeren Materiemassen fort. Es reicht von Insekten über Pollen und Samen bis in den Altweibersommer. Das Gefüge ist wie seine Materie ständig in Bewegung, und auch der Geist verweilt nicht an einem Ort. Er wird von den Objekten in andere Regionen verfrachtet. Das bewegte Objekt bahnt die Verbindung. Der Geist ist das Opfer einer variablen Zusammensetzung.

Die iranische Gefügesicht (ICH schreibe hier »wenn ICH den Amerikanern den Raketenabwehrschirm nicht abkaufe, verlieren sie wichtigste Milliardenaufträge«) erlaubt hier die Involvierung Ägyptens. Vor allem die Kehlkopfakrobatik des kleinen Sängers mit seiner gewaltigen Stimme ist mir als Bestandteil eines übergeordneten geistigen Gespinstes, wie ICH es hier spinne, willkommen. Möglich ist's, dass sich der kleine Kehlkopfakrobat zum Verbindungsaufbau einfand. Das Gefüge 1906 im Iran und meiner augenblicklichen Position in Ägypten scheint vernetzt.

ICH gehe davon aus, dass sich der Präsident des Irans und die Sängerin 1906 an ihr Volk wandten. ICH nehme eine Datenkonstellation der Wissenschaft an, die bereits damals wichtigste Positionen in dieser Form publizierte. Die Atomarisierung des Irans ist daher auch als Gefügeleistung des organisierenden Prinzips, als Ausdruck eines wissenschaftlichen Datenraums um 1906 anzuerkennen.

Vermutlich habe ICH im Augenblick ein Verständnis des Wissens erreicht, dass sich die Verbindungen der Inhalte erstellen und sich große Datenräume aufspannen lassen. »Wie heilig ist diese Stätte? Hier ist nichts anderes als Gottes Haus!«, rief Jakob, als er aus seinem Traum erwachte. Dieses kleine Fleckchen Erde mit ein paar Büschen drauf und einem Kehlkopfakrobaten zu Besuch. Das soll Ägypten sein? ICH durchziehe die Länderinteressen mit meinen Netzwerken. Noch sind sie sehr dünn, aber ICH werde die Region mit einbinden und alle Daten übergeordnet fassen. Das Haus der Spinne ist am zerbrechlichsten. Und tatsächlich: Gibt man den Spinnen Koffein in den Kreislauf, versagen sie beim Bau ihrer hochsensiblen Werke. Und auch andere Drogen verändern die Gehirnphysik der geistigen Bande.

Aufgrund der zeitlichen Abfolge der begleitenden Informationsmassen des dynamischen Äthergefüges würde der Artikel nach unten hinter Mursi in Berlin gehören. Da ICH den kleinen Vogel aber auch als Kontaktaufnahme des Irans mit Ägypten betrachte, wie ICH Israels Luftwaffe zur Bannung ägyptischer Interessen ansetze, kann der Artikel auch vor Mursi in Berlin stehen bleiben. ICH erkenne hier die Analogie zwischen Vogel und Flugzeug und sehe die Theorie der Installation höherer Datenräume mittels Verbindungsaufbau durch kleinere Materiebewegungen bestätigt. Ein kleiner Vogel mit einer gewaltigen

Kehlkopfakrobatik kommt zur Ägypteneibe. Es führt zu einer Schaltung in meinem Bewusstsein und zeigt mir die Involvierung Ägyptens durch bestehende iranische Geistesmassen auf. Dennoch bleibt der Vogel unweigerlich Flugobjekt, dient der Bahnung ägyptischer Datenfelder und trägt meinen Geist in ferne Länder.

Es muss gesagt werden, dass manche Involvierung durch fremde Geistesmassen die darstellende Ebene plötzlich stark verändert. Vor dem veränderten Hintergrund heben sich manchmal vorherrschende Interna sichtbar ab. Sie werden nicht selten zu Psychogenen innerhalb der Gesellschaft und werden angegriffen. Wissende Geistesmassen gelten als latent verborgen. Die Felder installieren sich mittels einfacher Materieereignisse. Die politischen Konstellationen sind strukturell an die Feldarchitektur des Wissens gebunden. ICH nenne hier den Krieg als Mittel zum Ausbau eines Datenraums in die Fläche. Die wissenden Felder springen natürlich nicht sofort auf ihre Maxima. Die entstehenden Wirkungen würden vieles zerstören. Das Auftreten größerer Feldstärken ist als Reaktion auf konträre Positionen zu verstehen. Die Reaktion dient dem Erhalt des Wissens. Die konträren Positionen werden durch die Involvierung mit auftretenden wissenden Feldstärken auch zu Antworten.

Betrachtete man den Vogel an der Eibe nur als eine Gefügeergänzung, nachdem ICH Mursi in Berlin formulierte, blieben alle Analogien intakt. Mein Denken erreichte in dieser Form den Iran. Die Sängerin und der iranische Präsident um 1906 waren Schlüssel, die Staatsordnung und die Gesellschaftsordnung des Iran zu involvieren. Der Struktur des Wissens folgend besteht heute eine ähnliche Involvierung. ICH möchte hier abschließend Sure 13 aus dem Koran zitieren: »Allah wird jene, die glauben und gute Werke tun, in Gärten führen, die Ströme durchfließen.«

Es ist natürlich ein Unterschied, ob ICH die Fußball WM 2006 organisierte oder ob ICH auf dem Weg bin, den wissenschaftlichen Status Quo zu überarbeiten.

Beide Ideen operieren auf der Grundlage des Realraums. Den dritten Platz einer Fußball-WM zu errechnen, stellt jedoch keinerlei Gefährdung für den Status Quo dar. Man bewegt sich ausschließlich auf einem definierten Niveau. Man nutzt die gegenwärtigen Materieverhältnisse, bzw. ihre Datenäquivalente, um die Programmierung eines Sieges oder Endzustandes vorwegzunehmen.

Die Datenmengen des Realraums, wie sie auch sportliche Größen mit ihren Fanräumen erzeugen, können ebenfalls zu einem Hervortreten gegnerischer Labels führen. So kann auch eine geschichtliche Strukturierung, die ebenfalls die Einheit des Realraums zur Grundlage hat, hervortreten. Die geschichtliche Strukturierung enthält gewisse Haltungen von Personen und Gesellschaften gegenüber anderen Kulturen und Personengruppen.

Für mich sind gegnerische Symbole im sportlichen wie im politischen Bereich nur eine Beschreibung eines Teils des Materieraums. Sie treten – der Gesamtheit des Realraums geschuldet – in den Vordergrund. Abweichende Inhalte anzufeinden, präzisiert die Ergebnisse der eigenen Datenmenge. Dieses Verhalten scheint der Natur bewegter Materie in den Feldern zu entsprechen. Sie greift Hindernisse ebenfalls an. Die Strömung erzeugt Wirkungen. Diese gehen mit Ladungsgruppen einher, die die höchstmögliche Integrität und Feinabstimmung der Daten innerhalb der Architektur einfordern.

Treffen Ströme von Daten bewegter Materie auf Hindernisse, so scheinen die elektromagnetischen Felder ein feindliches Verhalten an ihre Bausteine auszugeben. Man denke an die menschliche Möglichkeit, mittels körperlicher Kraft störende Materie aus dem Weg zu räumen. Die Möglichkeit, störende Kräfte zu überwinden, Hindernisse im eigenen Strom zu bewegen, wie es den Elementen eigen ist, bzw. diese zu eigenen Zwecken zu verlagern, dient der verbesserten Datenübertragung innerhalb der holographischen Felder und begünstigt die gedanklichen Leistungen der beteiligten Gehirne. ICH spreche vom Aufbau der Felder, seinen Bausteinen, den Daten, den Materieäquivalenten.

Es ist das Ziel, die gegnerische Fassung des Realraums zu involvieren und ihnen Datenanteile abzujagen bzw. diese in einem einenden Prozess mit zustimmender

Wertung des Gegners der eigenen Berechnung hinzuzufügen. ICH begreife die bewegte Materie bzw. ihre Datenäquivalente in holographische Felder gefasst. Die Bewegung von Materie hat eine strukturierende Wirkung auf das Medium. Es entstehen dichtere Datenstrukturen eines beschreibenden Charakters. Diese Datendichten haben einen regulierenden Effekt auf die beteiligte Materie. Es entstehen Bahnen der Gewohnheit.

ICH gehe davon aus, dass bewegte Materie das Medium nicht nur strukturiert, sondern selbst für den Datentransport in elektromagnetischen Feldern verantwortlich ist. Die Materie, ihre Bewegung und ihre Bahn bestimmen den Datenfluss im elektromagnetischen Feld des Gehirns. So kann das plötzliche Abriegeln des Gazastreifens wie das plötzliche Stoppen einer Wasserpumpe den Informationsfluss eines Gehirns stören. Das adaptierte Gehirn ringt um Worte und sucht um fortführende und verknüpfende Elemente.

Der Präsident Ägyptens Mursi ist heute in Berlin. Nach jahrelanger Abstinenz habe ICH mich zu ein paar Bierchen auf meiner Terrasse entschlossen. Es war ein milder angenehmer Wintertag im Januar 2013. ICH abstrahierte meine geistigen Inhalte mit Alkohol, machte ägyptischen Positionen Platz, um diese dann zu adaptieren. Es war mein Versuch, auf das Weltgeschehen zu wirken und mögliche Reaktionen von Parteien zu provozieren. ICH erhoffte mir mehr Sicht auf das Gefüge im Allgemeinen.

Pssst! Israel fliegt Lufteinsätze über Syrien. Muss denn das sein, dass man meiner abstrahierten Geistesmasse und der deutschen Bundesregierung im Umgang mit ägyptischen Positionen einen aggressiven Akt der Region unterjubelt? ICH versuche doch nur, die Materieverhältnisse in einer Form in Einklang zu bringen, dass meinem Geiste keine größeren Konflikte innewohnen und sich mein Wissen aus einer ungestörten Dynamik des Materieraums herleitet.

Bisher waren Staateninteressen in dieser Region immer mit Aggressivität des Nachbarn verschränkt. Die Datenkonstrukte der ägyptischen Interessen enthielten in diesem Fall nicht nur Israels Luftwaffenaktivität, sondern nach Rücksprache mit den USA, auch noch deren Rückendeckung. ICH habe folglich in meine

Regierungskonsultationen und meine abstrahierte Geistesmasse einen Datenraum aus israelischen und amerikanischen Interessen einstrahlen und zu verarbeiten. Vermutlich führt diese Datenkonstellation zu Entladungen auf geringeren
gesellschaftlichen Niveaus. Im Umgang mit den Inhalten liegt damit immer ein
kriegerischer Akt in meinen Datenbanken, der sich jederzeit als Steinwurf zeigen
kann.

ICH sehe darüber hinweg und ordne das Geschehen wie folgt ein. Die
Bewegung von Materie dient in den Feldern in erster Linie zum Transport von
Information. Bewegte Materie dient aber auch der Bahnung von Feldern. Sie ist
somit ein wichtiger Faktor beim Wechsel in andere wissende Feldarchitekturen.
Die Instandsetzung der wissenden Felder beruht auf einer Anpassung der Fremd-
daten und involviert dann diese Bereiche.

ICH sehe in die ägyptischen Positionen jetzt auch Aktivitäten der Luftwaffe
Israels mit einem amerikanischen Background eingearbeitet. ICH sehe Ägypten
jetzt vielmehr in der Position, sich mit bewegter Materie Felder fremder Interessen
zu erschließen, sein Wissen zu mehren und seine Position zu stabilisieren. ICH
blicke jetzt weniger auf die zufällige Konstellation der Daten zweier benachbarter Staaten als vielmehr auf meine eigene Position. ICH blicke auf die Lage
Deutschlands, auf mein Denken und mein Sein als abstrahierte Geistesmasse.
Die bewegte Materie dient zur Bahnung und Instandsetzung meiner Felder. ICH
lasse mich in ferne Bereiche tragen, kläre diese auf und gliedere sie meinem
Wissen an. ICH erweitere meinen Datenraum. ICH spanne einen Raum der
Gleichzeitigkeit auf. Er ist der Träger meines Wissens. Für mich persönlich besteht
jetzt die Möglichkeit mich auf Syrien auszudehnen.

Nicht konforme Wissensgebilde, der nicht gängige Datenraum, ganz allgemein Hindernisse innerhalb des Materieraums treten in den Vordergrund.
Sie stehen dem Informationsfluss entgegen. Der Datenfluss in den Feldern verdichtet ihre Oberfläche unter die Bewusstseinsgrenze. Der dominierende Geist
macht auf diese Weise auf fehlerhafte Wissensgebilde aufmerksam. Er lagert
sie in einer bildlichen Qualität in die eigene geistige Masse ein. Diese dichtere

Informationsmenge steht zum einen für den fehlenden Baustein. Die Differenzierung innerhalb der eigenen geistigen Masse dient daher auch der Allgemeingültigkeit. Zum anderen wird die dichtere Datenmenge wahrnehmbar. Das höhere Feld stuft diese Datenmenge als störend ein. Das höhere Feld wird so zu einem Psychikum für seine Bausteine. Krieger nehmen diese Instanz gerne für sich in Anspruch und greifen den definierten Baustein an. Es geht um die Zusammensetzung des geistigen Gefüges. Die Datenkonstrukte der Gegner, nicht ihre Bestandteile, werden zerschlagen. Die individuellen Kriterien finden sich dann in einer veränderten Feldarchitektur wieder. Meist verändert sich für das Individuum die Umweltwahrnehmung durch die Sinne etwas, was natürlich zu grundlegenden Veränderungen der Datenbanken und damit verbunden zu veränderten geistigen Leistungen führt.

Die Aktivität des Geistes, die in einer Ordnung endet, die neues Wissen transportiert, gehört dem organisierenden Prinzip an. Die geiststoffliche Dichte, die aus einer Vielzahl von mehr oder weniger hochvolumigen Datenäquivalenten des Materieraums besteht, kehrt im Allgemeinen bei Passivität des leistenden Gehirns in seinen Alltagsstatus zurück. Man könnte von einem losen Zerfall des wissenden Konstrukts in seine Bausteine sprechen. Jedoch geht bei jeglichem Versuch eines Individuums das Wissen in Stand zu setzten ein Impuls vom wissenden Feld auf die aktuelle Kriterienfassung aus. Das Wissen versucht sich mit dem aktuellen Datenschatz des Individuums zu generieren. Die einsetzende Feldaktivität entspricht einem Aufruf zu bekannten Datenmengen. Man könnte auch von einem latenten Wissen oder einem passiven Wissen sprechen, das an individuelle Aktivitäten gekoppelt ist. Man könnte von einem ruhenden Wissen sprechen, das in der Varianz individueller Gehirnaktivität eine latente Existenz behält und nur durch eine spezielle Kombination derselben erfahrbar wird.

Das kämpferische Kommunikationsniveau zeigt die Art eines führenden Geistes, sich mit den eingelagerten Inhalten fremder Art, die den eigenen Standpunkt bedrohen, zu beschäftigen. Da es sich um ein organisierendes Prinzip handelt, reicht es aus, wenige gegnerische geiststoffliche Dichten hochvolumiger

Datenmengen zu schädigen, um dem eigenen Sein Verrechnungsmechanismen für die Darstellung eigener Ziele zu liefern.

Im Spiel um Siege reichen wenige Täter und wenige Opfer. Die Täter und Opfer können sich in allen Lebensbereichen und Schichten generieren. Es ist jedoch immer eine geschlossene Informationslinie vom verursachenden Geist zu den Tätern und Opfern zu belegen oder eine analoge Adresse auf Grund identischer Milieus als Verschränkungsgrundlage zum verursachenden Geist anzunehmen. In die fremde Ordnung massiv einzubrechen bedeutet für den Gegner immer auch den Verlust ähnlich organisierter Individualstatus. Die geiststoffliche Dichte mittels Gewalt, Unglück, Krankheit, Missgeschick und Missmanagement zu schädigen, erlaubt das Erfassen der gesamten strukturellen Ordnung fremder Labels und geistiger Gedankengebäude unter dem eigenen Aspekt. Der Raum, der sich um die angegriffenen individuellen Anbieter aufspannt, wird zu einer Berechnungsebene der eigenen Ziele.

Fremde Datenordnungen, aus Bausteinen des Materieraums zusammengesetzt, sind als Labels oder einfach als informationsreiche bildliche Ätherdichten bekannt. Eine einzige feindliche Zerschlagung dieser Datenordnungen, getragen von einem Opfer und verursacht von einem Täter reicht aus, um das organisierende Prinzip, bzw. das dirigierende Gehirn um einen Verrechnungsmechanismus, zur durchdringenden Involvierung dieser feindlichen Datenstufe, zu erweitern. ICH spreche von der Organisation interner Felder des Gehirns. Als allererstes sehe ICH die Autonomie der Gehirnoperationen an die Materieflüsse der Umwelt gekoppelt. Erst höhere wissende Ordnungen beruhen auf einem Feldstatus und erheben Anspruch auf ein spezifisches Verhalten seiner Bausteine. Die Funktionalität für alle Individuen beruht auf der integrativen Eigenschaft dieser holographischen Datenfassungen. Die individuelle Qualität einer gedanklichen Leistung beruht auf der verwendeten Datenmenge und ihrem ungehinderten Fluss. Es ist die Tatsache, dass das organisierende Prinzip heute von einer Vielzahl geistiger Fassungen des Materieraums menschlichen Ursprungs durchzogen ist. Ein jeder noch so große Denker oder Eigentümer weiter Bereiche des Materieraums oder auch nur seiner Daten sucht seine niedrigsten Triebe zu erfüllen. Die Versorgung des eigenen Körpers bleibt ein zentraler Baustein des wissenschaftlichen Konstrukts. Die Verschränkung externer Daten in Konstrukten der Evolution entspricht der Lebensenergie. Ein jeder bleibt im wissenschaftlichen Konstrukt organisiert. Das Konstrukt bedeutet für den Einzelnen Motivation und Organisation. Zwischen dem komplex Organisierten und dem Geringeren bleibt eine Verbindung bestehen.

In dieser Form ist der führende Geist organisiert und vernetzt die aufgeworfenen Daten in höheren Inhalten. Die Allgemeingültigkeit des transportierten Wissens leitet sich aus dieser Datenmenge ab. **Der ordnende Geist bleibt wie Benennungen desselben durch Betrachtung der Trägermaterie wie ein bezeichnendes gegnerisches Label und wie der individuelle Objektstatus und das zugehörige Bewegungsprogramm eine Adresse innerhalb des Datengefüges**

Versuche ergaben, dass sich die geistige Kapazität wie ein Sensor oder ein Mikro verhält. Getragen von ihren Repräsentanten führt die geistige Kapazität im Gespräch zum Beispiel die Antworten des Gesprächspartners in das Datengefüge ab. Manche Beschaffenheit der geistigen Kapazität ist komplex genug organisiert, um den Materieraum durchgehend abzubilden. ICH schreibe einer vollständigen Datenfassung des Materieraums, besteht sie auch nur aus einer Vielzahl von Datenteilen, in holographischen Ordnungen strukturell organisiert, eine sehr hohe Leitfähigkeit von Information zu. Wird diese Kapazität einer geistigen Beschaffenheit erreicht, sind geringere Datenmengen, sofern sie dem Interesse entsprechen, bezeichenbar. Das heißt Informationsmengen dieser Klasse können abgebildet und mit Ätherworten bezeichnet werden. Informationsmengen dieser Art speisen, vom Gefüge hochwertig integriert und aufgeklärt, die Gefühlsebene ihres Eigners. Ebenso führt eine Summe von Partikularinteressen, im Hinblick auf ein zu erreichendes Ziel, zu einem Gefühlsstatus des Verrechnenden.

Das Gesagte aus fremden Gesprächen erreicht mich nicht selten im Äther meines Gehirns. Manche Bezeichnung einer vortrefflichen Datenmenge überträgt sich in Echtzeit in das Gottesmodul zwischen meine Ohren in Richtung des verlängerten Marks. Auch entfernt wirkende Sprecher wirken aus verschiedenen Bereichen über den Kortex verteilt und doch konzentriert auf mich ein. ICH höre sehr gut die Information, die das Ätherwerk der Daten generiert oder auf leitenden Bahnen durchreicht. Gefährden Daten mein Sein, werte ICH diese erneut, mit Bildern oder auch nur mit Sprache im Gottesmodul!

Dies dient auch der Ordnung meiner Repräsentanten! ICH nehme an, dass sie diese Form der Manipulation nur wenig belastet. Speist doch das neuronale Netz bzw. die generierte Feldordnung ihre Bausteine. Im Grunde gehe ICH nur gegen vollkommen falsche und irreführende Datenemissionen vor. Als Reaktion gebe ICH eine Korrekturbotschaft ab. Die Botschaft gelangt aus dem generierten Feld an seine Nutzer. Sie kennen ja die Menschen! Sie sprechen miteinander und schanzen sich gegenseitig Informationskomplexe zu. Sie adaptieren ihre Positionen an den Gravitationsstatus des Wissenden. Vermutlich lässt sich auch eine Strukturierung des Wissenden bis zu einem gewissen Grad der Abstimmung mit den aufgeworfenen Gebrauchsdaten behaupten.

Sehr hohe Anpassungsgrade erzielen einen Ableitungsstatus. Sie leiten aus der Ordnung ab. Sie gelten aber auch als sehr gute Sensoren zur Aufnahme von Daten in das wertende Konstrukt. Nicht selten gehen Kontakt zu höheren Datenmengen mit Gefühlen und Vorahnungen einher. Sie sind Ausdruck eines bestehenden Datenäthers. Meine Sinneswahrnehmungen treten dann etwas zurück, die Wahrnehmung meiner Umwelt verliert gegenüber dem vorliegenden Datenäther an Wertigkeit. Das Äthergefüge bezeichnet sichtbare Räume. ICH erkenne mein ICH und die Möglichkeiten der wertenden Einflussnahme.

Problematischer wird es für sie sein, wenn ICH die Projektionen nicht als eigene Adressen anerkenne und aus irgendwelchen Gründen gegen sie vorgehe. Dann erfassen sie über das generierte Ätherwerk, in welches sie als Projektion eingelagert sind, das Input und Output verkörpert, meine Worte auf direktem Wege. Je dichter sie in meinem Gegenüber vorliegen, umso klarer wird die Übertragung in ihr Ich sein. ICH weiß, dass daraus ungeheure psychische Belastungen entstehen können. Meine Haltung ihnen gegenüber ist als Feldemission zu verstehen. Sie bekommen dann sehr viel Information entlang der Kriterien, die ICH in der Summe mein Wissen bezeichne, die sie und ICH gemeinsam haben, in ihr ICH geleitet. Aber hey, ihnen ist die Schaltung bewusst! Andere wissen nicht um das Brummen des umgebenden Äthers. Sie wissen nicht von Göttern und ihren Repräsentanten, den Gehirnen und den Mechanismen in den Feldern zur Ordnung der Datenflüsse.

Rechenzentren sind sie folglich beide, die mit ihrem Gottesmodul die Ereignisse lenkend leiten, und auch die Adressaten, die sich innerhalb der geistigen Masse, unterstützt durch das betrachtende Volk, eine sichtbare Position erarbeiten. Über die Qualität der ankommenden Daten müsste man sich austauschen. Sicher gibt es eine Vielzahl unterschiedlicher Qualitäten und Reaktionsweisen der Betroffenen. In Interviews nach wichtigen Siegen laufen die Reaktionen der Sportler oftmals so schnell und richtig ab, dass ICH keine bewusste Wertung der im Hintergrund installierten Ätherstimmen durch den Sportler annehmen kann. Eine unglaubliche Intelligenz müsste ihnen eigen sein, um auf Äthermodule, Stadiensprecher usw. in dieser Weise zu reagieren.

Die Ausrichtung der Datengrößen auf ein gemeinsames Ziel hin liegt somit in der Vergangenheit. Das Jetzt ist die Spitze einer immerwährend organisierenden Dynamik. Die Gehirnphysik ist die harmonisierende Ebene. Hier finden die Daten zusammen und wirken organisierend auf das Jetzt hin.

DIE VERBREITUNG DES ORGANISIERENDEN ÄTHERS

Der Krümel versteht vom Kuchen nichts, aber der Kuchen weiß vom Krümel! Dies will heißen, dass das komplexe holographische Konstrukt auch den komplex organisierenden Äther wahrnimmt und versteht. Der reduzierte Baustein wird wie der Krümel das Datengefüge des Kuchens zwar in seiner Form anlegen, die eigene Struktur und Leistung reicht jedoch nicht aus, die Daten des Konstrukts intern anzulegen und mit einer vergleichbaren Datenmenge vergleichend zu analysieren. Das Bedeutende an der analytischen Instanz sind die darin verborgenen Inhalte. ICH spreche von einer Ich-Instanz und rechne damit, dass jegliche Äußerung gegenüber Anderen auch gedanklicher Art auf die vorliegenden Bausteine wirkt.

Das holographische Konstrukt aus Materiedaten ist während dieser Niederschrift vor meinem inneren Auge aktiv. Erst dessen parallele Betrachtung erlaubt die Formulierung dieser Sätze. Die Datenmenge des inneren Auges ist auch eine analytische Größe. Sie ist aber nicht nur Empfänger und adaptierend wertend, sondern dient dem Bewusstsein auch als Sender. Die Datenmenge der Ich-Instanz dient der Einschätzung der Umweltbedingungen, lässt aber auch die Möglichkeit zu, mit Wünschen oder bildlichen Ordnern vorteilhafte Zustände für das eigene Ich zu programmieren. In dieser Form unterstützt der Geist, getragen von einem Optimum externer Zustände, die Logistik des Organismus intern.

Wenn ICH einer Geräuschkulisse lausche – dem Rascheln der Blätter im Wind zum Beispiel oder einem anderen Säuseln – und rücke dann meine Geistesmasse in den Fokus, leite die Schwingungen sozusagen in mein Datengefüge ab, dann werden aus den Geräuschen Inhalte. Manche der Inhalte modulieren die Geräuschkulisse, und es werden Worte erkennbar. Nicht selten ist ein Sinnzusammenhang zwischen meiner Person, dem Umfeld und dem

Weltgeschehen erkennbar. Meine Reaktion lässt dann nicht auf sich warten, und ICH nutze meine analytische Instanz als Sendemasse.

In welcher Form schlachte ICH mein geistiges Gefüge aus? Was ist mir wichtig zu tun? Gibt es noch bessere Wege, um an die Oberschwingungen zu gelangen, welche mich gefangenhalten und mein Sein bedrohen? Wie kann ICH noch mehr Eins werden mit dem Gefüge? Wer hat weitere Ideen, Bewusstsein zu schaffen und Einfluss zu nehmen?

Das geistige Gefüge der Ichinstanz transportiert als wichtigste Information den wahren Sinn seiner Ordnung. Aus ihm heraus gelangen die benötigten Wertungen der Umweltkonstellationen in das Bewusstsein. Die Ordnung, das Ziel, der Zweck, das transportierte Wissen überträgt sich im elektromagnetischen Feld auf den anteiligen Baustein. Der anteilige Baustein erhält die Information seinem Niveau entsprechend. Nur in der Summe zeigt der Schwarm seine Intelligenz, und dem Besitzer wird das Wissen auch nur als umgebende Summe bewusst.

Dabei lässt sich dem glitzernden Plätschern einer Quelle Information einer anderen Wertigkeit entnehmen als dem Rumoren oder Poltern beim Möbelrücken. Außerdem besteht die Möglichkeit, durch das Erzeugen von Geräuschen, nicht nur durch Laute in Form von bekannten Worten, sondern durch andere Geräusche, die dem Konstrukt über Bewegungsprogramme angehören, den Gedanken des holographischen Konstrukts hörbar mitzuteilen. Das bedeutet, dass jedes künstlich erzeugte Geräusch fremde Ziele und vielleicht einen nützlichen höheren Sinn transportiert. Ein jeder hat folglich Zwänge in Form von Datenkonstruktionen der Labels und Versorger, aufgenommen durch die Sinne, zu verarbeiten.

Ungeachtet der Wege des Gehirns der Geräuschkulisse eine analytische Instanz gegenüberzustellen besteht natürlich auch die Möglichkeit der exakten Ermittlung des Emissionsherdes. Das Geräusch wird einer Ursache, einem Klangkörper zugeordnet. Dies führt natürlich an der analytischen Instanz des Gehirns vorbei. Hier wird nämlich zur Klärung der Umstände nicht auf bestehendes Wissen einer vorliegenden Ordnung zurückgegriffen. Hier wird die Ursache in Echtzeit ermittelt und zu einem bewussten Datenstatus der Geistesmasse. Es entsteht ein Abbild der Materie, die der analytischen Instanz als eigene Ordnung nicht bekannt ist. Denke ICH an einen LKW, kann mir jede Ordnung sagen, dass es sich um einen LKW handelt. Erfasse ICH das Objekt jedoch im Original, wird es zu einem elektromagnetischen Phänomen des Gehirns, das in dieser Weise der Transportlogistik eines Konzerns angehört und mein Daten-Ich bereichert.

Ein Gespräch kann also auch dahingehend interpretiert werden, dass Objektdaten in einen höheren Zusammenhang überführt werden, so dass man letztlich zum Materieraum gelangt, welchem das Objekt über das System im Allgemeinen angehört.

Die Geräuschquelle, ist sie erst Bestandteil des Korrelierenden Systems, wird der gedanklichen Induktion durch die Ich-Instanz zugänglich. Durch das exakte Verständnis, die klare Vorstellung bzw. die Vorlage der Daten des abstrahlenden Klangkörpers kommt es bei der Formulierung der Gedanken in Wort und auch in Bild zu Wirkungen auf die darstellende Ebene und damit zu einer Wirkung auf das Datengerüst des Klangkörpers.

Sehr einfach ist dies zu verstehen, wenn man die Erkenntnis gewonnen hat, dass das Formulieren von Gedanken Schwingungen in der Bezugsmasse verursacht. Der Datenmoloch des Wissens gibt diese Schwingungen an seine darstellende Ebene weiter. Dort können sich jedoch auf Grund einer veränderten Feldarchitektur in den korrelierenden Datensystemen technische Defekte mehren. Sie sind Ausdruck eines lückenhaften oder ungenügenden eigenen Datenbackgrounds. Die Schwankungen der Datenmasse um die lückenhaften Vernetzungen des Status Quo und das Verhalten der Masse um Verbindungsstörungen bedingen im äquivalenten Materiematerial eine Gefügeermüdung. Diese bewirkt in ungünstigen Fällen technische Defekte.

Vor allem Formulierungen von neuem Wissen, welches großartige Datenvolumina als ein Ganzes zur Grundlage hat, zeigt diese Rückwirkungen auf den gelebten Status Quo. Das bedeutet, der zuhörende Baustein kann dem

Geräusch den eingebrachten Gedanken entnehmen oder bleibt das Opfer einer unbewussten Involvierung.

ICH blicke auf die individuelle Möglichkeit der Analyse eines Inhalts. ICH lade mir als erstes ein Materieäquivalent in mein Kopfkino. ICH erhebe bei einem Gebrauch meiner Sinnesorgane Daten des Materieraums in das korrelierende System. Man denke an die verschiedenen Größen der Datenpakete. Eine Weltlinie aufzunehmen, macht keine große Schwierigkeit. Sie bedient alle meine Sinne gerne, ob ICH die Daten mit den Augen aufnehmen, ob ICH rieche, höre, schmecke oder fühle. Die Daten werden zu einem Bestandteil meiner Ich-Instanz.

Es stellt sich nun die Frage: Wie weit ist mein Ich entwickelt. Welche Daten nenne ICH mein Eigen, so dass sie zur Analyse des geladenen Konstrukts zur Verfügung stehen. Von Bedeutung ist hier auch die Relation der Informationsmengen. Eventuell besteht auch eine hohe Identität der Kernstruktur, welche dem Kleinen hohe Ableitungstreffer aus der Weltlinie erlauben.

Die Aktivierung größerer Geistfelder wird zu einer Feldanwendung. Es handelt sich um ein Magnetfeld, das man anstellt und wieder abstellt. Man setzt einen ordnenden Impuls auf die Datenmasse, der sich bei Passivität des Leistenden wieder verliert. Die Ladungsstrukturen kehren wieder in ihre alte Ordnung zurück.

ICH möchte es nicht mehr beurteilen müssen, welche Zustände die großartigsten sind. Einfacher ist es, sich an jegliche Feldaktivität, losgelöst von dem Wissen, dass es sie gibt, sofort anzupassen. Schwieriger ist es, das ganze durchdrungen zu haben, aber jegliche Aktivierung von Gedankengebäuden als Belastung zu empfinden. Das Großartigste ist es natürlich, sich selbst zu betätigen, Ätherdichten des organisierenden Prinzips zu formulieren und die Entwicklung des Materieraums steuernd zu verfolgen. Man profitiert von der einsetzenden Einheit des Geistes mit dem Status Quo. Dieses, so denke ICH, bietet auch einen gewissen Schutz gegenüber eindringender Fremdinformation.

Sie sprechen gerne von der Genetik. Sicher, es handelt sich um Datengebilde, die zu formulieren man erst einmal im Stande sein muss. Im weitesten Sinne lassen sich daher auch die Genetik und das damit erworbene Gedächtnis kultureller

Leistungen heranziehen. ICH sage Ihnen, dass durch die Abgabe von Datenmengen an das organisierende Prinzip, so dass sich nachweislich eine Steuerung des Materieraums einstellt, eindringende Ordnungen verkehrt werden. Eine ausreichende Kapazität an Daten ist vergleichbar mit einer zweiten Sonne. Der Schattenwurf verändert das Verhalten des Angrenzenden. Sie beginnen sich in Abhängigkeit zu dem geworfenen Schatten zu organisieren. Genetik heißt in meinem Fall, über die genetischen Schnittstellen Information so in den Raum zu übertragen, dass ICH mein ursprüngliches Verhalten am verschränkten Nächsten erkenne. ICH habe mein ursprüngliches Lebeverhalten nach jahrelanger Beschränkung, Abstinenz und geistigem Üben an meinen verschränkten Nächsten erkannt.

Wächst die Datenmenge eines Ich überdurchschnittlich an, so dass sich das Ich als der Status Quo des Materieraums zu begreifen beginnt, zählen natürlich auch geringere Wertigkeiten wie vorliegende Labelräume, die dann dem Daten-Ich des Verbrauchers angehören, zu den gewichtigeren Kapazitäten. Sie verändern das Daten-Ich der Menschen und zeigen dann ähnliche Gesetzmäßigkeiten. Diese gewichtigen Datenmassen der Produktwissenschaften erheben den Verbraucher in einen gewissen Datenstatus. Die geschaffenen Größen entfernen den Konsumenten oft sehr weit von den gesellschaftlichen Verstrickungen. Das führt dazu, dass sie ihre Einstellungen und Standpunkte anderen gegenüber innerhalb dieser genetischen Disposition oder einer erworbenen Gebrauchsschaltung, durch abgehobene Datenkonstruktionen verstärkt, auf die angegliederten Datenbereiche übertragen.

Erreichen Sie die oben erwähnte Einheit mit dem Materieraum, dann fallen alle Verbraucher- und Gesellschaftsordnungen wie Sternschnuppen. In einem Daten-Ich dieser Ausstattung gehören die Gesellschaft und ihre Strukturen nur den beschreibenden Systemen an und sind notwendige Bestandteile des eigenen Seins. ICH bin jetzt selbst und erfreue mich der Wirkung meiner Gedankengebilde.

Bei der Übertragung von Information auf niedere Anteile des Datengefüges spreche ICH besser von einer Modulation meines Ichs. ICH sehe diese fremde Ordnung, diesen Stempel der Gesellschaft, dieses Summationsgebilde innerhalb meiner Gravitationsmasse plötzlich erlöschen. ICH sehe, wie sich die Eigenschaften des Datenkonstrukts plötzlich in Supersymmetrie auf die andere Seite schlagen. Meine persönliche Sicht auf die Dinge dieser Welt und die Welt selbst moduliert. Die Sicht wird frei von Konstruktionen, die Wertungen in sich tragen und Wertungen nach sich ziehen.

Die Schablone besteht jedoch fort. Die Schablone scheint mir, getragen von Konstrukten der Gesellschaft, gekoppelt an die bewegte Materie der täglichen Akteure, vorgefertigte Meinungen auf die Individuen zu übertragen. Diese Faktoren scheinen ein gewisses geistiges und körperliches Leistungsvermögen zu programmieren. Die umgebenden Bedingungen formen die Schablone. Die Schablone ist eine Datenlage des Korrelierenden Systems. Die Belastung durch fremde Akteure wird von der genetischen Position des Organismus und den eigenen Aktivitäten in Schach gehalten. Der Schlüssel zur Harmonie bestünde in einem natürlichen Wechsel der Akteure. Ein kommunikatives Gleichgewicht zwischen den Gehirnen stellte sich ein.

Die Modulation meiner Gesinnung rührt von der verkehrten Wirkung her. Die Kräfte der Gravitation meines Datenkörpers wirken nun auf die angrenzenden Daten-Ichs. Da die Schablone fortbesteht, überträgt sich nun diese Welt auf andere. Das angrenzende Ich verändert aufgrund der einstrahlenden Kapazität seine Sicht. Der Reduktionsschlüssel für das Korrelierende System, ursprünglich meine Art, aus dem Korrelierenden System versorgt zu werden, und die damit verbundene Lebensform, wird jetzt für das angrenzende Ich zu einer mein Ganzes reduzierenden Schablone. Diese Konstellationen scheinen zu unbewussten Ordern der Ichs zu werden. Von diesen Schablonen strahlen unbewusst Stimmen in die Ordnung ein, mit allen Vorlieben und Wertungen dieser Schablone. Die Schablone ist ein Rechenschlüssel und führt zu ganz spezifischen Arten von Ansichten. Diese führen das hörende Individuum zu einer entsprechenden Sichtweise und Position in der Gesellschaft.

Das sehr viel höhere Feld wird bei der Analyse seiner Kortexdaten auf ungewohnt niedrige Formen stoßen. Man bedenke ihren wahren Anteil am Materieraum, der ihre Stimmen an mein Ohr dringen lässt. ICH rate hier zu einer freundlichen aber lenkenden Gesprächsführung. ICH sehe die zukünftige Entwicklung der Menschheit sehr stark an Kommunikationsmuster gebunden. Innerhalb der wissenden Strukturen liegen die Kommunikationsstrukturen als natürliche Datengrößen vor. Sie sind letztlich auch ein Muster, das beim täglichen Hochfahren der Strukturen zu einem wissenden Gebilde durchlaufen wird. Die Kommunikationsmuster innerhalb der Gesellschaft bleiben während der Arbeitsphase intakt und garantieren eine ausreichende Versorgung der zentralen Felder mit Daten. Nicht zuletzt hat das leitende Gehirn die Verantwortung für alle.

Die Fehlerquote wird durch die Korrektur fehlerhafter Ätherdaten gesenkt. Als Spieler fremder Interessen, aber auch in eigener Sache hat man gegnerische Haltungen zu überwinden. Nicht selten tritt Wortinformation aus dem Äther an mich heran, welchen ICH meinen Zielen entsprechend begegne. ICH halte die Korrektur von Wortinformation und bildlichen Ätherqualitäten bei der Gestaltung des Materieraums für notwendig. Meine Hauptaufgabe für die Gesellschaft bleibt aber die regelmäßige Errechnung funktioneller Datenmengen. Sie dienen der technischen Entwicklung. Sie führen das Denken in neue Felder.

Nicht zuletzt hängt die Leistungsfähigkeit der Gehirne von der korrekten Lenkung der Datenströme ab. Bleibt man im Äther freundlich, wirkt das auch im Alltag auf sie zurück. Jegliche Reaktion auf externe Einflüsse oder dem Äther des Gehirns geschuldet verändert die Datenlage der neuronalen Netze. Es hängt dann nur noch von ihrer Datenkapazität ab, wie weit sie in das Weltengefüge hineinreichen. Die Reaktion als Antwort ist eine Feldwirkung. Sie geht mit einer Ausrichtung von Kriterien entlang der Feldlinie einher. Die entstehenden Felder wirken weit über das eigene Wissen hinaus. Man bedenke ihren wahren Anteil am Materieraum, der dann der eigenen Feldwirkung untersteht und von dem verursachten Wissen gespeist wird. Diese Formulierung beinhaltet, dass man zu sehr viel bedeutenderen Datenmengen gelangen kann.

Natürlich erwächst einem gewissen Maß an psychischem Leid, das man durch die Wiederkehr spezieller Phänomene erfährt, die anscheinend eine regelrechte Verbindung in das Bewusstsein besitzen und das eigene Ich mit bewusst wahrnehmbaren Stimmen verletzen, die Berechtigung, diesen den Kampf anzusagen. Niemand wird so dumm sein und auf eine Besserung der umgebenden Status zu warten.

ICH nahm den Kampf auf. Zuerst warnte ICH, dass ICH dies nicht mehr länger erleiden möchte. Dann nahm ICH die Störer, die meine Person belasteten und verletzen, in den Fokus meiner Mühe. ICH strebte nach einem harmonischen Optimum. ICH schlich, wie es der Buddhismus mich lehrte, in das Lager des Feindes, um diesen den Kopf abzuschlagen. Dann schickte ICH wie der Islam Gotteskrieger aus und ging mit Unfalltod, Krankheit und anderen Plagen, wie es in der geheimen Offenbarung steht, gegen meine Feinde vor. Mein Ziel ist der freie Wille, das unbegrenzte Sein, die Psychohygiene, der Punkt, an welchem das Sein den Schein ablegt, mit Fremdartigen behaftet zu sein.

Tatsächlich lässt sich ein Wandel der Ätherinformation erreichen. Das Abwertende und Herabsetzende sind vielleicht sogar Strukturen der Gesellschaft. ICH schlug ihnen tiefe Wunden, so dass sich mein Ich um ihr Leiden und ihre Verluste erweiterte. Heute agiere ich in dem Datenkosmos, und sie gehören mir mit ihren Daten an. Medikamente und Operationssäle runden den Raum in einer übergeordneten Weise, so dass wir alle zur Ruhe kommen. Die erlangte Freiheit dient nicht nur der eigenen Seele, sondern auch allen, die innerhalb dieser geistigen Masse gefasst sind und Anfeindungen oder Missmanagement ausgesetzt waren. Könnte ICH diese Gelassenheit erreichen, immer friedvoll auf alles zu reagieren, träte der Weltfriede ein.

Die Datenmenge der Ich-Instanz (des Innere Auges oder des präfrontalen Kortex) sind für die Auswertung der Sinneseingänge von entscheidender Bedeutung. ICH schreibe dem Auge auch die Aufnahme von Ätherdaten zu. Das individuelle Geistfeld, die Aura eines Menschen ist ebenso ein elektromagnetisches Phänomen wie das Licht. Das Wissen um diese Möglichkeit erlaubt den bewussten Gebrauch. Es ist das Sehen des wissenden Betrachters, der seinem Gehirn bei der Betrachtung seines Gegenübers den Auftrag erteilt, das vorliegende Geiststoffliche zu erheben. Die Daten bereichern den Arbeitsspeicher. Sie finden Eingang in die Berechnung der Zukunft.

ICH denke oft über eine Out-off-Body-Instanz nach. Das planende Individuum schickte sie durch den Äther. Denken Sie an Ihren Einkaufszettel. Liegt es nicht nahe, einen stabilen Komplex des Bewusstseins anzunehmen, diesen zur Aufklärung vorauszuschicken, um einen möglichst ökonomischen Ablauf des Einkaufs zu erreichen. Vermutlich nehmen Anwesende ihren gesandten elektromagnetischen Status auf und man erlaubt Ihnen eine Voraborientierung. Wenn Sie eintreffen, hätten sie wichtige Details der Umgebung bereits angelegt und nähmen sie von involvierten Mitbesuchern auf.

Dies zu tun, erlaube ICH auch Tieren. Die hoch spezialisierten Sinnesorgane führen zu einem sehr viel tieferen Blick in die analytische Instanz. Die spezialisierten Sinne beschreiben den Materieraum sehr viel genauer, und die erhobenen Daten reichen daher auf der analytischen Ebene oft weit über das Benötigte oder die Grenzen der menschlichen Ordnungen hinaus.

Hunde könnten den organisierenden Äther an meiner Person riechen. Mein wirklicher Geruch wäre dabei nur der spezifische Datenspeicher. Das eigentliche Riechen des Wissenden fragte nach der geiststofflichen Grundlage. Die vorliegenden Geistfelder sind der eigentliche Grund für den Geruch. Sie beschreiben die Lebensweise und damit sein Zustandekommen. So blickt der bewusst fragende Riecher sehr viel tiefer in den Datenkosmos.

Eine Aufbereitung der Daten innerhalb des Hundeäthers in Gewohnheitsdaten des Herrchens, so dass das Herrchen den Sinn des Konstrukts seinem Hund von den Augen ablesen kann, wäre denkbar. Dieses erklärte zu einem Teil auch das Erlangen eines höheren Alters im Zusammenleben mit Haustieren. Man bedenke klarere Anlagen des organisierenden Prinzips und das Erzielen höherer geistiger Wertigkeiten, deren Gebrauch den menschlichen Organismus sehr viel mehr schonten. Es fände eine Übersetzung von Siegesabsichten und anderen Botschaften, die im Äther kursieren, statt. Bevor der erzeugte Organisationsdruck direkt auf den menschlichen Organismus einwirkte, durchliefe er zuerst noch das Haustier. Die Haustiere sind ihren Sinnen entsprechend an den Materieraum adaptiert.

Der Druck, der von den Gewinninteressen innerhalb der Gesellschaft ausgeht, wirkt dann zuerst auf die spezifischen Kriterienfeldern der Haustiere. Nach alternativer Betrachtung durch das Tier führen dessen höherwertigen Sinnesleistungen zu einer präziseren Verankerung im organisierenden Prinzip. In Harmonie mit dem Tier lebend, profitiert der Mensch allgemein von einem erweiterten Blick in den Datenkosmos. Der erweiterte Datenmantel lässt eine sehr viel genauere Einschätzung der eigenen Lage zu. Im Hinblick auf eine zu gestaltende Zukunft positioniert und bewegt das Gehirn seinen Körper störungsfrei innerhalb seiner Umwelt.

Bei diesen Berechnungen verwendet es den vorliegenden Schatz der Raum-Zeit-Daten. ICH denke dabei auch an die Vögel, die die Landschaft und auch die Städte besiedeln. Ihre Sicht weit über die Dächer hinweg, wie auf einem Aussichtsturm, und die Schärfe ihrer Augen. Steht ihr Gesang nicht für unglaubliche Datenmengen. Für den denkenden Menschen führten diese Datenmengen zu einer ungeheuren Erweiterung des eigenen Stanpunkts mit einer unglaublichen Festigung seiner Person. Es lohnt sich hinzuhören. Vielleicht finden sie sogar manch menschlichen Gedanken in der zum Besten gegebenen Datenmasse vor.

Das Gesamtbild einer Gesellschaft ist das Resultat organisierender Ätherdichten. Das Verbraucherverhalten, das sich um die Produkte erzeugen lässt, führt zu ungeheuren Datendichten. Es entstehen ganze Netzwerke von Produktanbietern. Diese Datenfelder, welche auch das Verbraucherverhalten enthalten, bedingen das Bild der Gesellschaft mit all ihren Vor- und Nachteilen. ICH sehe die Ich-Instanz des Menschen mit Produkten der Anbieter bepackt. Ein großer Teil der Bevölkerung ist rund um die Uhr belastet.

Die Datenmengen, die wir verkörpern, bestimmen natürlich auch die

Gefühlslage. Die Daten wirken auf Körper und Geist. So gehört das Verständnis der erholten Psyche und des gesunden Körpers in diesen Bereich. Die Arbeitsweise des Gehirns eines jeden Verbrauchers knüpft sich seiner Natur entsprechend an den Materieraum, an seine statischen und dynamischen Komponenten. Heute sind es oft die Komponenten entworfener Produkte, welchen die Operationen der Gehirne der Verbraucher zugrunde liegen. Technische Materieströme etablieren sich immer mehr als die einzigen Impulsgeber in den Datenfeldern der Gehirne.

Die Logik verbindet mittels bewegter Materie Datenfelder zu Identitäten oder größeren Datenkörpern. Auf der Ebene der Konsumenten gelangt die Logik nicht zu ungeheuren Erkenntnissen, aber sie erzeugt Sprachimpulse und Datendichten, die zu einer einfachen Betrachtung der Welt führen. Aus der Situation der formierten Datenlage des Kortex leitet sich das Bild der Gesellschaft her. Die Produktwertigkeiten bestimmen den unbewussten Background.

Die Produkte stehen für eine technische Machbarkeit. Der Produktbezug des Gehirns erlaubt damit eine entsprechende Datenlage innerhalb seiner Feldarchitektur. Die Datenmassen erlauben ein spezifisches Denken. Die bewegte Materie strukturiert die Felder. Das gebahnte Feld zeigt sich als die entwickelte Produktwertigkeit. Dieses ist die Möglichkeit einer spezifischen Datenmasse, einer Marke, sich mitzuteilen. Der augenblickliche Repräsentant darf im Einfluss dieser Marke sprechen. Das entwickelte Produkt stellt sich als Art und Weise, dem Status Quo zu begegnen, heraus. Die höhere Qualität eines Produkts führt hier zu einem größeren Selbstvertrauen der Individuen. Die höhere Qualität der Produkte führt zu verbesserten Ableitungsmöglichkeiten der Gehirne.

Man darf von höheren Wertigkeiten gegenüber anderen sprechen, muss sich aber auch klar vor Augen führen, dass der Mensch durch den differenzierten Materiebezug unfreier in seiner Seinswahl wird. Die Lösung einer spezifischen Materieanordnung, die wir als hocheffizientes Produkt zur Verfügung stellen, zeigt sich als ein Konstrukt von Kräften. Die Verarbeitung von Materialien führt zu einem speziellen Verhältnis der Kräfte in und um das Produkt. Dabei arbeiten wir uns immer tiefer in den Quantenkosmos vor. Das Verhalten des Makrokosmos leitet sich aus der Beschreibung immer tieferer Schichten des Quantenkosmos her.

ICH sehe eine immer noch stärker anwachsende Datenmasse, die immer stärkere und mächtigere natürliche Materieströme induziert. Die Zunahme des Materieumlaufs verstärkt die Vereinheitlichung des Seins. Die Individualität geht verloren. Die Gehirne sind in erster Linie von den Materieströmen der Produkte geprägt. Einfache und natürliche Prinzipien treten in den Hintergrund. Der Mensch pickt sich die Materiephänomene heraus, die den größten Nutzen bedeuten. Die technische Entwicklung überhöht die natürlichen Größen und greift damit in die Komplexität des Materiehaushalts ein. Dieses führt zu einer Vereinheitlichung des individuellen Seins.

Die natürliche Integration in sein Biotop verändert sich. Das Ich verändert sich von natürlichen Gegebenheiten eines Biotopgeflechts hin zu einseitigen und technisch überhöhten Lösungen. Die Möglichkeit der naturverbundenen Individualität geht verloren. Damit leitet sich eines jeden Sein aus einem technisch isolierten und dann überhöhten Materiegeschehen her. Die elektromagnetischen Felder der Gehirne verändern ihre Zusammensetzung, und es kommt in Folge der technischen Wertigkeiten auch im Makrokosmos zu einer Verstärkung der Materieströme.

Der Materiestrom ist die wichtigste Größe der Gehirnfunktion. Der Materiestrom spült die Felder durch. Die bewegte Materie wirkt auf störende Verbindungen und Netzwerke regulierend ein. Der Materiestrom hält die korrelierenden Größen fest. Die Datenströme mit höheren Flussdichten sind ein wichtiger Baustein übergreifender Ordnungen. ICH spreche von den elektromagnetischen Feldern des Gehirns. Ein jedes Individuum verfügt über eine spezifische Sammlung von Kriterien, mit welcher sie mit anderen zusammen in die Architektur einer sehr viel weiter reichenden Ordnung integriert sind.

Gleichzeitig fördert der Materiestrom die Gleichschaltung der Individuen. Stellen Sie sich mit einer dynamischen Komponente eines alltäglichen Kriteriums in den Zentralstrom eines Feldes eingelagert vor. Stellen Sie sich weniger interessante Bereiche in den Zentralstrom einleitend vor. Oder wie wäre es, beruhte ein wichtiger Mechanismus des Gehirns auf der Wechselwirkung mit dem Zentralstrom? Der bewusste Aufruf von Objektdaten zur Handlungsplanung durch ein beliebiges Individuum führte zur Präsenz der Materiedaten im Zentralstrom. Dem Zentralstrom ausgesetzt würde sich um das Objekt weitere Information aufbauen, diese Umgebungsinformation um das Objekt die Positionen des gewöhnlichen Gebrauchs aufweisen. Es wäre eine Form von Handlungshinweis, der im Gesamtsystem vielleicht das Funktionieren einer wichtigen Größe bedeutete.

ICH kann mir verschiedenste Bereiche bewusst vor Augen führen, so dass in diesem darstellenden Medium ein Schwebeteilchen mit einem Helikopter in Wechselwirkung tritt, oder sich in Summen Eigenschaften des Feldes zeigen. Die Wirkung des Materiestroms auf beliebige Objektdaten bleibt eine darstellende. Gleichzeitig beschleunigt er die dynamischen Komponenten und nagt an den statischen. Grundsätzlich ist innerhalb der elektromagnetischen Felder des Gehirns von einer natürlichen Anpassung kleinerer Phänomene an bereits vorherrschende Konstruktionen auszugehen. Das Übergeordnete ordnet das Geringere ein.

Der Materiestrom reduziert jegliche natürliche Komplexität der Datenverschränkung. Dem Individuum droht der Verlust der Einzigartigkeit. Wir gehen in Richtung Gleichschaltung der Gehirntätigkeit gekoppelt an das Materieverhalten von Produktlösungen, losgelöst von unseren unmittelbaren Umweltbedingungen. Die aufgetretenen Veränderungen auf der Datenebene der elektromagnetischen Felder verändern den Makrokosmos. Viele der natürlichen Lebensbedingungen verlieren wir in weiten Teilen der Welt an die Gleichschaltungslobby.

Vermutlich ist die Kopplung der Gehirntätigkeit als Größe der Datenverarbeitung auf der Basis elektromagnetischer Felder sehr viel komplexer. Die zunächst adaptierende Größe Materieraum sollte dem Gehirn nach Evas Apfel nicht verloren gehen. Sicher, Bewusstsein beinhaltet zunächst einmal das Äußere von sich selbst isoliert betrachten zu können. Das bedeutet aber auch, dass Denken und Bewusstsein Überordnungen schafft.

Die menschlichen Überordnungen belasten die Komplexität des Datenraums.
Die Rechenmaschine Materieraum, an der Spitze der Evolution angekommen,
beginnt mit dem entstehenden Bewusstsein auf seine Ursprünge zu wirken. Der
Materieraum passt sich der wachsenden Datenmenge, der wir uns bewusst sind,
an. ICH denke, dass Sensationen wie Staatsordnungen, die kaum ein Individuum fassen kann, sich ebenfalls bereits auf Quantenebene oder noch tieferer
Schichten beginnen.

Nun, da das Gehirn elektromagnetische Phänomene mit Teilchencharakter
ebenso abbildet, ist für mich eine Wechselwirkung geistiger Projektionen und Phänomenen mit dem Medium der Teilchenentstehung anzunehmen. Der Einzelne
ist mit seinem Sein doch ein Teil einer sehr viel mächtigeren Datenordnung. Der
Einzelne kann sich frei nur in Anerkennung seiner Überordnung fühlen. Warum
sollte es also nicht sein, dass die zunehmende Beschleunigung – Haiyan, anschließende Tornadoserie in den USA und Regenfälle auf Sardinien – nicht auch
Folgen dieser Programmierungen sind?

Allgemein betrachtet enthält ein Denken in Produktwertigkeiten Wege, dem
Status Quo in einer bestimmten Weise zu begegnen. Das differenzierte Materieverhalten der Produkte gelangt als Materiebezug des Gehirns in das geistige System. Dort stehen die Daten der allgemeinen Logik dann zu weiterer
Ableitungen zur Verfügung. Die zufälligen Datenkonstellationen, vielleicht auch
nur durch das äquivalente Verhalten des Status Quo zustande gekommen, programmieren die Zukunft. Die zufälligen Dichten gleichen elektromagnetischen
Impulsen.

Vermutlich sind die Richtungen der Materieströme in den Feldern Kräften und
Ladungen gleichzusetzen. Es liegt in der Natur der Felder, in ökonomischere
Architekturen umzuschwenken. Die zufällige Schwankung der Datenvolumina
in stabilere Architekturen liegt am augenblicklichen Vorhandensein individueller
Gebrauchsdaten und ihrer möglichen Fassung in einem ökonomischeren Feld.

Der fragende Geist ist ebenfalls ein Impulsgeber. Er wirkt auf seine Bestandteile, um das Gesuchte hervorzubringen. Das wiederholte Fragen induziert so

manches Verhalten, so dass sich Fehlendes ergänzt. Zusätzliche Daten erlauben oft ein besseres Verständnis oder erzeugen das nachgefragte Wissen. Die Veränderung des Datenvolumens und Veränderungen der Art und Weise der Addition der Volumina kann ein Schwanken in höhere Ordnungen begünstigen. ICH denke hierbei an die Verrechnung von Fachgebieten, die doch sehr individuell ist, so dass sich bei der Zusammenlegung der Datenmassen, dem anschließenden Erkennen der Zusammenhänge eine in sich geschlossene Einheit als ein höheres Wissen herausstellt.

Die höhere Feldordnung veränderte ältere Datenarrangements. Die Zentralströme blieben dabei relativ konstant. ICH stelle mir den Abbau von Spannungen wie die Zusammenlegung von Materieströmen vor. Daraus resultierten höhere Kapazitäten des Zentralstroms und der Ab- bzw. Umbau der alten Architektur, vor allem ihrer Wurzeln, im Sinne einer erneuten Anpassung oder Optimierung der eingliedernden Größe.

Dieses kann sich zum Beispiel in einer Neuordnung der Trägersubstanz zeigen. Es kann sich auch um einfache Materiekonstellationen unseres Alltags handeln. Die Zusammenlegung der Datenfelder liese sich dann auch extern am äquivalenten Materieverhalten beobachten. Hier fänden dann gewisse Ereignisse eine Zusammenlegung. Der trifft sich mit dem, hier rücken sie jenes Wissenschaftsfeld in den Vordergrund, dieser Politiker bringt diese Datenfelder mit ein, und das Klima produziert einen Haiyan. Es ist die Gleichzeitigkeit der Information.

Hierbei handelt es sich um eine plötzliche Neuordnung weltlicher Größen und ihrer Kontakte auf der Grundlage von bewussten Datenmengen. Es handelt sich um eine Wissenschaft, die in elektromagnetische Felder Materiedaten packt, so dass höheres Wissen entsteht. Der wahrnehmbaren Modulation schreibe ICH keine höhere Wissensbildung zu. Die Modulation scheint eine reine Ordnungsmaßnahme zur Bewältigung der Daten zu sein. Die Zusammenlegung der Materiedaten wirkt vermutlich auf einen gleichzeitigen Ablauf der antizipierten Materieereignisse hin.

ICH wende die Theorie der Informationsverschränkung bei der Evolution zum Organ an. Hier sieht man, dass das Umfallen der Datenvolumina in ökonomischere Felder ein Arrangement auf niederer Datenebene erforderlich macht. Für den groben Bauplan eines Organs bedeutet dies vielleicht eine Verbesserung. Die grobe Infrastruktur scheint besser ausgelastet zu sein. Die Materie strömt koordinierter durch das Organ. Auf der kleinen und kleinsten Ebene, so denke ICH, führt eine Modulation des Datenkonstrukts ebenfalls zu Veränderungen.

ICH möchte jetzt nicht den Entwicklungsstand des Lebens bezeichnen, und auch nicht die Ebene, auf welcher die Modulation anschließend hauptsächlich zu wirken beginnt. Es reichte mir aus, zu begreifen, dass hinzukommende Information oder allgemein die Konstellation der Informationsvolumina zueinander nicht durchwegs auf allen Ebenen wirken. ICH sehe die Möglichkeit, die Wirkung höherer Ordnungen in Bestehendes aufzunehmen und anzugleichen, ohne wirklich auf die Zellebene einzuwirken. In diesem Fall bliebe die Zellfunktion stabil, und die Zelle veränderte ihre Lage zugunsten einer notwendigen Infrastruktur. Oder die Ausstattung der Zelle veränderte sich, um die neuen Anforderungen zu erfüllen.

ICH sehe die Evolution als ein Zusammenspiel aus gesammelten Daten und der Anpassung des Datenspeichers in Form und Funktion an die Datenphänomene des bezeichnenden Konstrukts. ICH erwähne an dieser Stelle noch einmal die Möglichkeit jegliche Materieinformation in relativ stabile Feldarchitekturen zu fassen. Vorausgesetzt, die Daten bleiben der Materie verbunden, wäre von einer bestehenden Materieäquivalenz der Daten zu sprechen. Abgesehen von einigen Akzentuierungen, durch deren tägliche Notwendigkeit hervorgerufen, Gebrauchsdaten haben im Gefüge eine höhere Präsenz, bestünde für jegliche Art von Daten eine permanente Abhängigkeit zum aktuellen Materieraum.

In dieser Konstellation – der Status Quo wäre durch seine Mitglieder bzw. deren tägliche Sinneseingänge in einem Datenkonstrukt für alle ausreichend beschrieben – ergäbe sich ein Leitsystem für geringere Ordnungen. Überträgerstoffe, Hormone und Moleküle zum Beispiel könnte man sich durch die Effekte in den Feldern grob koordiniert vorstellen. ICH möchte damit sagen, dass sich

Daten in Feldern organisieren. Geringere Datenordnungen finden sich in Summen zusammen und bilden noch stärkere Felder. Das übergeordnete Feld enthält somit alle funktionell notwendigen Daten.

Man könnte von einer Betriebssoftware des Organismus sprechen. Die leitenden Größen wären als Feldaktivität zu bezeichnen. Das Miteinander der Daten im Gefüge führte zu zielführenden Effekten. Die Effekte entstammten genau gesagt dem Materieraum. Die Effekte zeigten sich als das Resultat einer Addition Materie äquivalenter Daten. Das Funktionieren höherer Ordnungen leitete sich somit aus der Kontinuität unserer aller Alltag her. Die Gleichzeitigkeit von Daten stünde als Summeneffekt (Feldstärke, Flussdichte) im Vordergrund. Hier steht das eine Kriterium für das andere, ein Faktor addiert sich zum anderen.

ICH spreche vom System korrelierender Daten. Der koordinierende Effekt zeigte sich manchmal wirkungsvoller und dann wieder weniger effizient. Dieses hinge von den verfügbaren Parametern des Materieraums ab, dem die Daten des Konstrukts verbunden sind. Hier stünde das Eine für das Andere, und das Ganze für den Einzelnen. Das Materiesystem behielte das Gleichgewicht.

Der Organismus, das übergeordnete Datenkonstrukt bliebe bestehen. Zum Ladungs- und Konzentrationsausgleich der Datendichten träten Veränderungen des Materiebezugs ein. Mit dem Materiebezug veränderte sich die Datenordnung. Dieses mündete in programmierten Reaktionen des Organismus. Nach der Reaktion kehrte der Organismus zu seinem ursprünglichen Materiebezug zurück. Er bliebe im Gleichgewicht. Die notwendigen Reaktionen gehen natürlich fließend ineinander über. Die begleitenden Datenkonstrukte sind innerhalb des Korrelierenden Systems ineinander überführbar.

Tritt eine Information in den Vordergrund erhält, sie Existenz. ICH spreche von Zuständen, die eine höhere Ordnung gefährden würden, das Aussterben von Arten, ein erhöhter Blutzuckerspiegel nach dem Essen oder der Ausfall einer Maschine – Beispiele für die Gefährdung bestehender Ordnungen, des Weltensystems, des Organismus, des Konzerns.

Das Auftreten eines Störfeldes initiiert mit dem Wandel des Materiebezugs das Einsetzen einer Gegenreaktion. Für ein Verständnis ist die Annahme wichtig, dass die Störgröße selbst mit anderen Daten korreliert. Der natürliche Bezug der Daten zur Materie erlaubte den Aufbau einer Treibersoftware. Die bewegten Komponenten des Materiesystems verhielten sich innerhalb des Korrelierenden Systems wie eine strömende Datenmasse. Die bewegten Komponenten des Materieraums verhielten sich im Gehirn äquivalent. Die Daten fügten sich in eine spezifische Feldarchitektur ein bzw. prägten diese. Die Feldarchitektur bedingte die spezifische Wirkung der Datenmasse.

Das entstandene Datenfeld setzte im Organismus seine wahre Existenz um. Es leitete körpereigene Reaktionen ein. Die Datenmasse, abgesehen von der Vielzahl an Kriterien, die sich zum Feld und seiner Struktur zusammenschließen, bleibt in strengem Masse an die Anatomie und Physiologie der Hardware gebunden. So wie sie die Evolution hervorbrachte, bleiben das Datenkonstrukt und der Aufbau der biologischen Masse strengstens aneinandergekoppelt. Tritt die totale Identität der Daten mit der notwendigen Körperreaktion ein, so nenne ICH diesen Bereich des Organismus durch das zugehörige Datengefüge dargestellt oder bezeichnet.

Die notwendige Reaktion des Körpers zeigt sich vollkommen durchdrungen von einer Software. Diese beruht auf einer Vielzahl von beteiligten Kriterien, die in die Struktur der Felder münden, die Anatomie und Physiologie darstellend und bezeichnend. ICH nenne sie auch Informationsvolumina, Kriterien in Ätherfeldern organisiert, so dass sie der Hardware Organismus letztlich entsprechen. Hardware und Software bedingen sich gegenseitig.

Das Korrelierende System bzw. die Kriterien, Daten des Materiebezugs in späteren Feldtheorien der Teilchen nenne ICH Ausschnitte oder Bruchstücke des elektromagnetischen Wellenspektrums auch Faktoren des Materieaufbaus. Und wenn manche Faktoren vielleicht gerade im Hintergrund stehen, weil sie der bezeichnenden Feldströmung oder einem koordinierenden Effekt hinderlich wären, so können sie im nächsten Moment schon in eine Folgereaktion hinüberführen und sich selbst als wichtiger Bestandteil in eine physiologische Feldfunktion einbringen.

Aus dem direkten Materiebezug würde sich die Software errechnen, die für eine Rückführung der Störgröße in physiologische Normwerte verantwortlich ist. Die Software setzt um die Störgröße herum physiologische Prozesse in Gang. Die Störung wird abgearbeitet bzw. ausgeglichen. In dieser Form erscheinen Effekte innerhalb der Feldarchitektur, die selbst einer Ordnung gleichen. Diese Ordnungen sind streng an das Auftreten der Störung gekoppelt.

Mit dem Auftreten der Störgröße wandelt sich der Materiebezug. Dies liegt in der Natur des Korrelierenden Systems, an der Zusammenstellung der Daten um das bezeichnete Geschehen. Innerhalb des Korrelierenden Systems steht das eine für das andere. Man fragt nicht nach der Zusammenstellung der Kriterien, man akzeptiert das Feld. In dieser Form verändert der Organismus währen der Störgröße seinen Materiebezug. Die Materiebezüge sind streng von der Feldarchitektur um die Störgröße vorgegeben. So stelle ICH mir das Entstehen einer Feldaktivität zur koordinierten Reaktion vor.

Mit dem Materiebezug erstellt sich die Treibersoftware (nenne ICH das Datengefüge). Das bezeichnete Materiegeschehen überführt die störenden Extremwerte in Normwerte. Die Treibersoftware verliert mit der Annäherung an die Norm ihre Aktivität. Der Wandel der Kriterien führt zu einer anderen Wertigkeit der Software. Innerhalb der Feldarchitektur finden sich wieder mehr und mehr Daten der Normwerte ein. Der Effekt verliert mit der wiederkehrenden Ordnung seine wirksame Zusammensetzung.

Der Organismus, ein sich adaptierender Datenspeicher, Jahrtausende hindurch gewachsen, erhält sich mittels einer variablen Feldarchitektur sein labiles Gleichgewicht. Für ein besseres Verständnis nenne ICH ein paar Beispiele.

Die Verschränkung der Daten in Feldern kann zu einem die spezifische Form eines Moleküls bewirken. Diesem lägen ebendiese Feldrichtungen und Materieinformationen zu Grunde. Ein Hormon fände zum Beispiel, von Materieströmen der Umgebung äquivalent geleitet, zu seinem Zielort. Eine etwas höhere Ordnung gliche der Ordnung eines Organs. Hier dürfte das Gesetz der Datenverschränkung in immer ökonomischeren Haushalten, angelehnt an eine mitwachsende Hardware, ebenfalls das zielführende Ereignis gewesen sein. Das nennt man Evolution.

Während sich die Hardware anpasst und das Datengeschehen am günstigsten interpretiert, ist das Datenkonstrukt mit dem Materieraum verhaftet. Vermutlich laufen alle notwendigen internen Prozesse eines Organismus als direkter Materiebezug parallel extern ab. Man kann sich auch ein Auffrischen der Körperprogramme vorstellen, wenn man regelmäßig externe Materiebezüge erstellt und damit Daten für das Ich und den Körper erzeugt.

Alle Materiedaten des Evolutionskonstrukts hätten als dynamische und statische Komponenten der Feldarchitektur ein direktes Materieäquivalent im Materieraum. Der Materieraum wäre ein komplexes und relativ stabiles Gerüst. Von einem Satz Gene stabilisiert, fände durch Informationsvolumina des elterlichen Organismus geleitet, eine Adaption des reifenden Embryos an den Materieraum statt. Der Materieraum lieferte dann den notwendigen Vorgängen den organisierenden Hintergrund. Der Stabilität (Molekül, Hormon, Organismus, Wissen, usw.) läge ein nachweisbares Datenfeld zu Grunde.

Extreme Werte in einem Organismus führten zunächst einmal zu einer veränderten Felddichte des Feldes des Ganzen. Dieses rührte von den gegensätzlichen Begleitdaten her. Die Begleitdaten eines plötzlichen Extremwertes verrechneten sich mit den gewöhnlichen Daten des Organismus. Im Korrelierenden System zeigte sich zunächst eine Spannung oder eine Ladung. Die Spannung wäre Ausdruck gegensätzlicher Kriterien. Die Spannung reduzierte sich, sobald sich der Feldbestand des Korrelierenden Systems, das bewusste Sein, auf die Kriterien in und um die Störgröße verlagert hätte. Dieser Vorgang führte zur Entspannung des Feldes. Im Zentrum dieses Feldes stünden die Materieverhältnisse der Störung, in der Form eines Datenäquivalents. Die Kriterien des Korrelierenden Systems glichen sich dem Materieverhalten der Störgröße an. Es entstünde ein homogenes Feld im Korrelierenden System, dem auch die Software für die Gegenreaktion angehörte. Sobald sich die entsprechende Feldarchitektur um die Störgröße etabliert hat, beginnt der Abbau der Störung.

Der Organismus bzw. seine übergeordnete funktionelle Einheit bliebe währenddessen bestehen.

Das übergeordnete Feld scheint selbst nur einem geringen Wandel unterworfen zu sein. Vermutlich erstellt sich innerhalb des Organismus, lasst uns die ursächliche Datenordnung, oder besser die, dem Organismus äquivalente Feldstruktur bedenken. Das äquivalente Feld eines gesunden Organismus, das die Evolution hervorbrachte, sollte sich abgesehen von den Feldstärkespitzen zur Wandlung der Bezugsmasse, nach Außen hin relativ homogen zeigen.

Die Schwankung von Werten innerhalb eines Organismus ist natürlich. Es gibt verschiedene Reiz-Reaktions-Schemata, um Störungen zu begegnen. Das Ganze zeigte sich dann hauptsächlich durch das Feld um die Störgröße gekennzeichnet, ohne den Stand des Übergeordneten zu verlassen. Innerhalb der verwalteten Datenmasse kommt es zu einer Verlagerung des bewussten Seins. Die Software zur Reduktion der Störung ist eine Summenfunktion parallel vorliegender Kriterien des Korrelierenden Systems. Die notwendigen Daten sind entwicklungsgeschichtlich miteinander verwoben und als funktionelle Hardware abgelegt.

DIE EVOLUTION BETREFFEND

Eine übergeordnete Datenordnung wird ihren Haushalt immer nach innen gerichtet organisieren. So wie der äußere Feldmantel und auch das materielle Gesicht auf den inneren Werten ruht, so wird die Aufnahme von Daten immer einen nach innen gerichteten Organisationsdruck erzeugen. Die Analyse von Informationsmaterial gehört daher zur Aufgabe des Datenmantels und den internen Wurzeln des Feldes. Der entstandene nach außen gerichtete Mantel bleibt dabei stabil. Bedenke hier den Datenspeicher, die Hardware (z.B. ein Molekül, ein Hormon, oder den Organismus).

Harmonisierend gilt für das äußere Feld die Instandsetzung interner Zirkel. Das Feld des Großen bildet in seinem Inneren kleinere Kreisläufe aus. Vermutlich beruht die Entwicklung der Zelle oder ihrer Zellorganelle auf Arrangements von Begleitdaten, die aus dem Zentralstrom herausragen. Über eine ausreichende Stabilität verfügend, organisierten sich die Begleitdaten in eigenen Ordnungen. Ein anderer Blick erkennt die Organisation von ersten Materieströmen. Verhalten sich die Begleitdaten, die aus dem Zentralstrom herausragen, in Bezug auf die Richtung ihrer Materie, Zeit und Masse in einem hohen Grade identisch, kann der entstehende Feldeffekt beschleunigend oder bremsend auf ein bewegliches Medium wirken. ICH sehe in der ansteigenden Komplexität den Schlüssel zum Aufbau von Zellorganellen.

Hätte ICH die Entwicklung des Datenkonstrukts bis zum menschlichen Organismus fortgeschrieben, brächte heute der Anstieg eines Wertes eine Veränderung der Datenlage mit sich, die sich bis in die Zelle und ihre Organelle verfolgen ließe. Für die Analyse von Inhalten bedeutete dies, dass der Organismus dem Gehirn als Datenspeicher dient. Vermutlich entwickelte sich das Gehirn in seinem Systemverständnis in eine Richtung, die es ihm erlaubt, das Konstrukt einer externen Größe (Technik/Natur) dem Körper bzw. einer Datenlage des Körpers zuzuordnen. Eine entsprechende Lösung läge bereits in der Datenordnung des

Organismus vor. Dieses wäre ein Evolutionskonstrukt einer früheren Stufe meines gegenwärtigen Jetzt. Der Mathematik folgend speiste es mit seinem Kräftemantel die Ordnung meiner Ordnung. Derlei Konstrukte können die Funktionalität des Körpers erhärten, sprich das Leben verlängern, mathematische und rein technische Lösungen, auf nur einen Bereich getrimmt (ordnet man sie global in den Organismus ein), spezifizieren.

Das Datenäquivalent der fortschreitenden Hochtechnologie führt am menschlichen Organismus zu immer spezifischeren Schäden. Als manifestes Systemkriterium und täglicher Bestandteil des Korrelierenden Systems erobert das Datenkonstrukt der Hochtechnologie das externe Weltensystem. Es erobert mit kleinsten Bestandteilen sogar den Mikrokosmos. Die Datenordnung der Konzerne beginnt heute bereits im Bereich der Quanten. Die Daten der Kleinstpartikel (man fragt nach dem Entstehen der Partikel) sind heute die Basis der Konzernstrukturen. Die Kleinstpartikelinformation (man fragt nach dem Entstehen der Partikel) zersiedelt heute jegliche Biosphärenmasse bis hinein in den Mikrokosmos. Es liegt eine tiefreichende Wirkung des Wirtschaftskonstrukts, getragen von Kleinstpartikeln, bis weit hinein in den Datenkosmos der Biosphärenmasse vor.

Es kommt zu einer Innervation des Weltensystems durch die vorherrschenden Ordnungen. Vermutlich sind die auslaufenden Wirkungen des Feldes der Konzernstruktur, getragen von Kleinstpartikeln, sehr starke Konkurrenten von biologischen Systemen wie dem Menschen und anderen Organismen, deren Datenordnungen ebenfalls in diesen Bereichen wurzeln. Die internen kleineren Zirkel reagieren als erstes auf die Veränderungen des Datenhaushalts. Die kleineren Zentren haben die größten Anpassungsleistungen zu erbringen. Die Zellen stellen, wird es notwendig, den gesamten Stoffwechsel um, um den Organismus nach Außen hin zu stabilisieren.

Heute findet ein Alzheimer G8-Gipfel in London statt (November 2013). ICH möchte meinen Beitrag leisten und allmählich mein Wissen auf diesem Gebiet verankern. Die Nervenzelle ist eben nur, wovon ICH eben sprach. Sie ist ein

Stück Datenspeicher. Natürlich spreche ICH für die Zeit der Evolution. Sie verstehen, dass sich die Nervenzelle mit einem ständig wachsenden Datengefüge mitentwickelt hat. Die Nervenzelle ist kein Sonderfall.

Sie zeigt wie andere Strukturen eine Anpassung in Längsrichtung. Wie die Muskelzelle erzeugt sie Bewegung in linearer Richtung. Wie die Muskelzelle wirkt sie auf den Materieraum organisierend ein. Das bewegte Objekt wirkt zurück und stimuliert das Muskelwachstum. Die Kräfte laufen auf die Knochen fort. Es sind wichtigste Impulse für die Organisation des Knochens.

Das bewegte Objekt finden wir auch als Datenäquivalent im Gehirn wieder. Das Datenäquivalent gehört einer spezifischen Feldordnung an. Das sind wissende Konstrukte, wie ICH sie generiere, oder auch geringere, Wirtschaftsordnungen, die Ziele einzelner Personen oder die Gewinnabsichten lokaler Größen zum Beispiel. Sie verursachen eine spezifische Form des Status Quo. Anders gesagt, der entwickelte Datensatz besteht aus einer Vielzahl von einzelnen Komponenten, dem Materieraum entnommen. Sie bedingen sich gegenseitig. Hieraus leitet sich nicht nur die natürliche Wiederkehr der Summenfelder ab. Die Wirkung der Feldfunktionen auf die Staatsstruktur im Hinblick auf die technische Entwicklung möchte ICH hier nicht erörtern, ebensowenig, was es für den Einzelnen bedeutet, wenn er mit seinen Sinnesdaten, der Sensorik, ganz allgemein mit seiner Alltagsbeschaffenheit, die ICH erhebe, in den Feldern des erzeugten Wissens gebunden ist. Der Überlebenstrieb, der Instinkt zur Gefahrenabwehr, die Heilung des Gewebes nach Verletzung dürfte sich ebenfalls aus diesen bedeutenden Datenmengen herleiten.

ICH nehme das erzeugte höhere Wissen und sehe eine spezifische Machtlosigkeit des Systems den gebundenen einzelnen Komponenten gegenüber. Zu einem gewissen Teil treten diese Komponenten innerhalb des Status Quo gemeinsam auf. Dann setzen sie die Strukturen des Feldes zu einem gewissen Teil instand. Somit entsteht eine Wirkung. Die Wirkung des wissenden Feldes unterwirft nun auch die anderen Individuen und Datenbausteine seiner spezifischen

Feldarchitektur. Es entsteht die Macht des Feldes, die man Motivation aber auch Manipulation nennen könnte.

Jedoch ist es eine natürliche Kraft.

Sich mit dem Materiestrom zu bewegen, verspricht eine geringere Belastung. Der Mensch müsste den Kampf aufnehmen und sich bewusst gegen das Richtige entscheiden. Er müsste kämpfen, als kämpfte er gegen eine Sucht, die es zu besiegen gilt. Das Korrelieren der Bausteine erkennen und vor allem den Schaden der Summenfunktion auf den Organismus und seinen Datenbackground begrenzen. Unweigerlich möchte man hier das Phänomen Krebs erläutern. Sicherlich sind es Summenfunktionen, die der Zelle ein entartetes Wachstum vorschlagen. Der Charakter der Summenfunktion, man nennt es aus der Sicht des Bausteins Moral, an anderer Stelle Gefühl, errechnet sich aus seinen Bestandteilen. Jedoch gibt es vielerlei Faktoren, denkbar wären zum Beispiel auch Gegenströmungen oder Wechselwirkungen mit ungünstigen Datenvolumina.

Die elektromagnetische Basis für diese Felder legen die Nervenzellen. Sicher verstehen sie, dass sie beliebig viele Daten in so ein Feld hereinnehmen können. Getragen von den Nervenzellen nimmt das Feld gerade die Form an, die der Verrechnung und Darstellung der eingehenden Daten genügt. Jede Nervenzelle leistet ihren Teil zum Aufbau der Felder. Es ist wichtig zu erkennen, dass mit dem erzeugten Feld, so mächtig es auch sein mag, eine umgekehrte Wirkung einhergeht. Das Feld, aus externen Komponenten bestehend, wirkt auf seine Nervenzellen zurück. Selbst vollständige Fassungen dürften auf ihre Bausteine wirken.

Das mächtige Feld wirkt auf seine Bausteine. Auf seine Bausteine wirkt es ein. Informationsbausteine! Die gefassten Individuen fungieren als Schnittstellen in der wissenden Architektur. Die gefassten Daten erlauben es mir, in die verschiedenen Ichs zu übertragen. ICH bewege mich dann in ihren Alltagsräumen und picke mir aus der Beschaffenheit ihres Alltags die benötigten Bausteine zum Aufbau der wissenden Felder heraus. Die Begriffe Suchanfrage, Feldaufbau zum Wissen und Antwort gehören zum Beispiel in diesen Bereich.

Das bedeutet zum einen, dass wir eine Wirkung auf die Individuen im

Allgemeinen erzeugen. ICH spreche von der Feldarchitektur eines wissenden Feldes. Das Wissen um die Formulierbarkeit von Weltlinien geht eben aus einer günstigen Fassung geringerer individueller Geistesinhalte hervor.

Gestern war ein Champions-League-Abend. ICH nahm Prinz Harry öfters in den Zeitungen wahr. Er befindet sich auf den Weg zum Südpol. Die aufgebrochenen Mannschaften haben ihre Konkurrenz begraben und gehen dem Ziel nun geeint entgegen. Prinz William war in guter Bildqualität in meinem Kortex zu sehen. Wie war das gleich noch mal? Chelsey gewinnt in München, und Bayern gewinnt das Finale in London. Derartige Kommunikationsstrukturen führen zu globalen Geist-feldern. Bayer Leverkusen profitierte von dem Übergewicht der englischen Clubs mit dem Einzug ins Achtelfinale, und München hatte nichts verloren.

Die globalen Felder erzeugen Summeneffekte. Sie organisieren sich auf dem Rücken einer Vielzahl von Kleingeistern. Die Kleingeister interpretieren dann das Summenwissen. ICH möchte damit vor allem sagen, dass diese Felder nicht nur Dateninhalte individueller Größe für sich in Anspruch nehmen, sondern dass ein Großfeld auch zurückwirkt. Das Großfeld wirkt über die Felder der beteiligten Individuen auf die Organisation von deren Nervenzellen ein. Das wissende Feld ist als Datenkörper folglich an der Innervierung der Nervenzelle beteiligt. ICH möchte von einem elektromagnetischen Feld sprechen, das sich als Software weit in die Zellarchitektur verfolgen lässt. Folglich dienen die Vernetzung und die Integration in andere Felder dem eigenen Strukturerhalt.

ICH bedenke die Evolutionsmasse an Daten, die aktiven Daten der Be-fruchtung, den Materiebezug des heranreifenden Embryos extern, so dass diese Daten als materieäquivalente Kriterien Bestanteil des Zellbauplans sind und die funktionelle Logistik der Zelle betreiben. Der orientiert heranreifende Embryo ist eine Interpretation des aktuellen Materieraums, bzw. der aktuellen Materie-daten des Korrelierenden Systems. Die Zelle entwickelte sich den aktuellen Ma-teriedaten des Weltensystems folgend. Der Organismus, seine Reaktionen und jegliche Logistik, zum Beispiel die einer Gehirnzelle, beruhen auf der Summen-funktion von Materiedaten.

Betrachtet man die spezifische, auf die Funktion der Zelle ausgerichtete Datenlage, so darf jegliche Zelle auch als eine Größe des Materieraums gesehen werden. Bedenken Sie hier bitte auch die zeitliche Abfolge der Materiedaten und ihre Verschränkung in Feldstrukturen, so dass zum Beispiel Zellreaktionen fließend dargestellt werden können. ICH möchte sagen, wenn man der Gehirnzelle wichtigste Daten ihrer zelleigenen Logistik entreißt oder auch nur vorenthält, dann geht sie zu Grunde. ICH denke an ein Gummiband, das über die Jahre den Weichmacher verliert und dann reißt. Der Gummi zieht sich zusammen. Die Enden bewegen sich auf die verbleibenden Fixpunkte zu und bilden dort Plaques.

Die einzelnen Felddaten sind dem Materieraum äquivalent. Die Materiedaten gehören nicht nur in den Bauplan der Zelle, sie bilden in Form von bezeichneten Objekten das Grundgerüst unseres Wortschatzes. Sehr viel später erlauben uns die Grundlagen der Evolution und der embryonalen Entwicklung, die Wörter zu verknüpfen und größere Felder zu generieren. Der Fluss der Sprache scheint sich ebenfalls in einer sinnvollen Abfolge der Daten zu zeigen. Der Sprachfluss scheint an den Ablauf von Handlungen und an Räume mit beobachtbaren Ereignissen gekoppelt zu sein. So teilen wir im Gespräch immer auch die Summenfunktion oder genauer die korrelierenden Bausteine der Struktur und Feldposition mit. Selbst das Denken beruht auf Objekt-, Wort- und Satzfeldern und zeigt sich in den Feldaktivitäten.

Dieses zu verbinden, eröffnet mir die Ableitung, dass man mit der Formulierung von Zielen nicht nur auf die Daten fremder Gehirne angewiesen ist, sondern grundsätzlich auch auf die Daten der Zelllogistik fremder Menschen zugreift. Dieses beeinflusst die zelluläre Ordnung. Wirken die großen Felder tatsächlich organisierend auf die internen Zirkel, reichen private Feldarchitekturen, wie sie Kinder erwerben und antrainiert bekommen, im Alter irgendwann nicht mehr aus, um die Zellstruktur bis in ihr Innerstes optimal zu innervieren, sprich den Strukturerhalt der Zelle zu gewährleisten.

Anscheinend gibt es im Äther der Gehirne globale Feldgrößen, die auf geistigen Phänomenen, wie sie auch ICH erzeuge, beruhen. So provozierte die Emission einer Information immer eine Reaktion des Gefüges, die wir hier Antwort bezeichnen. Das Resultat einfacher Gespräche auf Äther sind folglich größere, mitunter globale Felder. Diese Kommunikationsstrukturen sind an Komponenten des Materieraums gebunden und installieren sich, wenn sie niemand bewusst verändert, zu einem großen Teil von selbst. ICH nehme an, dass es Interessierte und Informierte gibt, aber auch welche, die erst im Gespräch von Datenstufen meiner Art umgarnt werden. Und dann gibt es welche, an die der globalisierte Geist scheinbar nicht mehr heranreicht.

Wenn sich die Felder installieren, werden sie ihre Bausteine zu einer spezifischen Feldarchitektur verdonnern. Die großen Felder konkurrieren in privaten Gehirnen um individuelle Anteile. Manche Menschen haben vielleicht nicht mehr die notwendigen Kontakte. Die Menschen erhalten von Dritten keine Zukunftsdaten mehr wie »Oma, ICH dreh mir eine Zigarette« oder »ICH fahre eben noch tanken«. Dann erreichen den Patienten die Geister des organisierenden Prinzips nicht mehr. Die Daten des organisierenden Prinzips flössen dem Kranken durch einen in die Gesellschaft voll Integrierten nach der Mitteilung der anstehenden Handlung bei Ausführung derselben mit zu. Das globale Feld strahlte über die verschiedenen Hierarchien und unbewussten Schnittstellen bis in den geringsten Datenraum ein.

Leider werden immer mehr Menschen zu Verlassenen. Es wird zu wenig beachtet, dass wir zum Aufbau unserer persönlichen Intelligenz und Feldaktivität auf die Aktivität fremder Geister angewiesen sind. Jeder individuelle Geist ist prädestiniert, sich in sehr viel mächtigere Feldern einzufinden und in diesen Zielen organisiert zu sein. Das liegt in der Natur der Datenphysik des Gehirns. Dabei kann das große Feld mit dem schwächeren privaten Feld um Anteile, die sie gemeinsam haben, konkurrieren. ICH stelle mir vor, dass das Datengefüge der Zellarchitektur eines Unwissenden einer Fehlorganisation durch das Große ausgesetzt ist.

Einen Schutz bietet vielleicht das Informiertsein, das gleichbleibende Interesse an Sport und Politik. Denn ICH bin nur ein Mensch und habe diesen Organismus zu versorgen. So bleibe ICH als Geist oder als Datenfeld eben auch nur eine Größe, die korrekt installiert einer integrierten Person wechselwirkend und auch motivierend zur Verfügung steht.

ICH möchte hier noch erwähnen, dass es in seltenen Fällen zu einer Umprogrammierung des Datenflusses kommt. So reicht der Vorname eines Familienmitglieds nicht mehr aus, um sich entsprechende Daten zu sichern. Das Bewusstsein einer verschränkten Person ist ein unbewusstes Datendrehkreuz. Fällt im Gefüge, welchem die Person zugehörig ist, ein bekannter Vorname, so wird er in der Regel unbewusst dem Angehörigen mit dem gleichen Namen zugeordnet. Der Angehörige wird ebenfalls unter dieser Adresse, diesem Vornamen geführt. Im Unterbewusstsein eines Ich sind die Daten der Angehörigen und Freunde latent angelegt. Der mithörende Geist, natürlicher Bestandteil des Gefüges, aktiviert assoziierte Größen. Die unbewusste Aktivierung von Schnittstellen innerhalb des eigenen Ich führt zu einer Versorgung der Vernetzten mit Daten. Die wissenden Felder strahlen über diese Schnittstellen in die vernetzten Ichs ein (Erhalt von ethischen Werten zum Beispiel). Der Mechanismus dient dem Strukturerhalt der wissenden Felder, der Intaktheit der notwendigen Gehirnphysik und ist zugleich ein Stimulus zum Erhalt der Nervenzelle.

Dummerweise führt die Bekanntheit vieler Personen zu einer schleichenden Umprogrammierung der Gefüge. Wenn Sie Namen wie Magdalena, Michael, Miriam, Felix, Uli, Maria, Philipp oder Bastian hören, was macht Ihr Gehirn dann? ICH hoffe, Ihr Hirn findet den Weg zu verschränkten Bekannten aus Ihrer Jugendzeit und erweitert seine Feldstrukturen mit diesen Ursprungsgrößen.

Vermutlich verdrängen die Großfelder die primären Anlagen aus dem Unterbewusstsein. Tritt dann eine Feldinformation an seinen Baustein heran, so aktiviert dieser nicht mehr die primären Adressen. Stattdessen aktiviert er die medial vermittelten sekundären Größen. Der Bekanntheitsgrad und die Feldmasse reichen den VIPs, um von den Adepten unbewusst aktiviert zu werden. Damit fällt den VIPs auch das Datenmaterial zu. Dies führt vermutlich nicht nur zum Fortschreiten von Alzheimer beim Patienten, sondern verändert auch die Gehirnfunktionen und damit die Intelligenz des Verteilers. Dieses, so nehme ICH an, trägt einen Teil zum Leistungsabfall der Gehirne bei.

Bedenke ICH die Evolutionsmasse an Daten, den Materiebezug des heranreifenden Embryos extern, so dass diese Daten als materieäquivalente Kriterien Bestanteil des Zellbauplans sind und die funktionelle Logistik der Zelle betreiben, so müsste ICH bei Alzheimer von einer mangelhaften elektromagnetischen Innervierung der Hardware sprechen. Vermutlich werden die organisierenden Großfelder aus früheren Verschränkungen beim Erkrankten nicht mehr ausreichend bedient. Denkbar wäre der Zugriff auf Datengrößen des Erkrankten im Sinne einer Involvierung Dritter durch medial geschaffene Geistesgrößen. Die Verschränkung des Erkrankten in Feldern Dritter hätte bei einem Zugriff des Großfeldes auf den Dritten eine entscheidende Wirkung auf den Alzheimerpatienten. Die Schnittstelle für den Alzheimerpatienten im Ich des Dritten nähme nun der gewichtige VIP in Anspruch. Der primär Vernetzte verlöre die Kommunikationsstufen, die bei ihm zum unbewussten Aufbau der Felder führten. Die Daten, die der Dritte mit dem Alzheimerpatienten teilt, flössen nun dem Feld des VIP zu und erweiterten dessen Materiebezug.

Bringt man das Element einer Kommunikationsstufe in ein fremdes Feld ein, so wird es dort in einem anderen Sinn organisiert. Was den Patienten einst zum Sprechen motivierte, sich an Strömungen adaptierte und ganze Ereignisverläufe dokumentierte, um von der Dynamik getragen sich zu gewichtigen Feldern des Korrelierenden Systems auszuwachsen, fehlt jetzt.

Die Schnittstelle in das persönliche Gefüge und das Korrelierende Gesellschaftsgefüge, in einem Dritten angelegt, fehlt jetzt. Der Starter liegt jetzt ohne Funktion in einer fremden Ordnung. Versucht man, den Starter zu bedienen, fehlen dem Erkrankten ganz einfach die eigenen Anschlussgrößen. Wäre der Schalter exakt eingebettet, führte seine Aktivierung zu einer sofortigen Erweiterung durch das korrelierende Gesellschaftsgefüge. Ein Objekt vervollständigte sich zu der Art und Weise, wie es im Alltag gebraucht wird. Die Daten des Korrelierenden

Systems wüchsen sich in korrelierenden Räumen zu Feldeffekten aus. Es entstünden Gewohnheitsdichten des Menschen, z.B. Bilder von Objekten, die dem Gehirn Schaltungen innerhalb des Gefüges, dem Betroffenen sich mitzuteilen und ein Gedächtnis zu haben, erlaubten.

ICH möchte von einer elektromagnetischen Innervierung des Gefüges durch die geistige Größe sprechen. Die geistige Ordnung speiste die funktionelle Datenordnung des Organismus. Die funktionelle Datenordnung stünde in einem engen Zusammenhang mit der zugehörigen Hardware, dem Organismus. So kann der evolutionsspezifische Aufbau der Gewebeordnungen nur aus einer bestehenden Wechselwirkung, einer gegenseitigen Berücksichtigung bzw. einer Abstimmung der Parameter Geist und Körper aufeinander hervorgegangen sein. Die Gewichtung der Parameter Geist und Körper wechselte sich dabei ab. Die Gewichtung der Parameter schwankte dabei um einen Punkt der direkten Äquivalenz. Am Äquivalenzpunkt entspräche die geistige Position exakt dem Haushalt des Organismus. Die Hardware hätte in diesem Punkt keine Wirkung auf das Datengefüge und das Datengefüge keine Wirkung auf die organisierte Materie. Man könnte an dieser Stelle ansetzen, um die Quantentheorie mit dem Makrokosmos in Verbindung zu sehen.

Elektro- meint hier, dass bei der Addition von Kriterien zu Geistfeldern natürlich energetische Dichten mit Masse, wie sie Vorformen der Materie, dem elektromagnetischen Wellenspektrum oder dem Elektron eigen sind, hervorgehen. Das Entstehen von Geist geht natürlich auch mit Phänomenen einher, welche wir als gerichtete Wirkung auffassen dürfen. Schließlich verstehen wir auch das Neuron inklusive dem elektrochemischen Verhalten an ein vorliegendes geistiges Konstrukt adaptiert gewachsen oder aber die funktionelle Hardware als einen Repräsentanten eines bestehenden funktionellen elektromagnetischen Feldes. Als Generator eines funktionellen elektromagnetischen Feldes wirkte das Neuron an einem übergeordneten Summenfeld mit.

An dieser Stelle kann man auf die Gravitation zu sprechen kommen. Auch hier entladen sich Kräfte, auch gerichtete Wirkungen in ökonomischen

Feldordnungen. Das Großfeld eines Organismus ist wie die Gravitation von ihrem Körper abhängig. Das übergeordnete Feld wurzelt primär in den Zellen oder auch Geringerem. Man sieht dem Gravitationsfeld seine Bausteine nicht mehr an.

Hier sollten wir uns wieder die Trennung interner Datenbestände und externer Datenbestände vor Augen führen. Während wir von Interna sprechen, meinen wir Daten, die der Evolution folgten und nun der Hardware und dem Organismus unterworfen sind. Sprechen wir von externen Kriterien, die wir aus der Sicht unseres Körpers betrachten – vermutlich zieht das Gehirn evolutionsspezifisch eingearbeitete Kriterien oder auch nur die groben Felder, welche der Struktur der Organe entsprechen, zur Bearbeitung der externen Welt heran –, meinen wir externe Größen, die aus wirtschaftspolitischer Sicht oder aus dem generierten Alltag des Individuums eingebracht werden. Während wir den Interna eine organisierende und stabilisierende Wirkung auf den Organismus zuschreiben, müssen wir bei den Externa noch von einer Wirkung im Sinne der Evolution ausgehen.

Die Orientierungsleistungen in unserer Umwelt führen immer zu einem Eintrag von Kriterien in das Korrelierende System. Im Korrelierenden System, das man auch Gesellschaftsgefüge nennen könnte, findet eine erste Interpretation des Datenbestandteils und eine Bearbeitung durch die umgebenden Geistfelder statt. Man bedenke hier die Gravitationslast mancher Geistesgrößen, ihre Ziele und Wege. In der Regel sind dem Körper die externen Größen aus der Evolution bekannt. Es gibt aber auch Abweichungen von den vorherrschenden Geistfeldern, so dass eine Wirkung von externen Datenmengen über das Korrelierende System auf Dateninterna, welche sich direkt am Aufbau der Körperphysiologie beteiligen, denkbar ist.

Es ist an dieser Stelle möglich, d. h. die vorliegende geistige Position erlaubt es, sein Interesse und seine Gedanken in die Richtung des Missmanagements von Geweben, sprich den Ursachen von Erkrankungen jeglicher Art, zu lenken.

Mit Magnetismus bezeichne ICH hier einfach nur die Anwesenheit von Feldern, ungleich ihrer Bestandteile.

Die Physiologie des Neurons steht und fällt mit der korrekten Involvierung der

Dateninterna durch das umgebende Feld. Nur ein stetes Auffrischen der Interna durch das Einleuchten von Feldern und Feldstati des Gesellschaftsgefüges erhält die funktionelle Physiologie der Zelle. Gelangt man also an ein Wissen, das die funktionellen Zusammenhänge eines Organismus in seinem Feldaufbau verkörpert, so dass sich die dichten Datenfelder als Äther zeigen und wir darin Materiebewegungen, den Effekten des Feldes zuordnend, betrachten, dann sind wir dem Wissen am nächsten.

Die sichtbaren Daten werden dann als Teil der Feldaktivität interpretiert, so dass die strömenden Daten des Feldes den Materiebewegungen im Raum entsprechen oder diese beschreiben. Dieser Feldeffekt wird dann als Grundlage des allgemeinen Materieverhaltens verstanden. Das nenne ICH das echte Wissen von der Materie. Eine sicht- und fühlbare Datenlage des präfrontalen Kortex lässt durchblicken. Die Ätherlage lässt uns auf die Materie durchblicken. Es entstehen Eindrücke von Äquivalenz des Datenäthers mit der Materie, aber auch von Wirkung und Einfluss des Datenäthers in Form von Lenkung.

Man muss sich den Zustand entsprechender Datengrößen erarbeiten. Es ist anstrengend, die Alltagsdaten abzulegen und sich fragend einer dichteren Geistesmasse zu nähern, die in ihrem Kern ein reines Materieäquivalent darstellt. In diesem Fall liegt der Datenkern auf der darstellenden Ebene Ihres präfrontalen Kortex gut sichtbar vor. Die eingehenden Sinnesinformationen treten dabei in den Hintergrund. Es ist unsere bewusste Entscheidung, die sichtbaren Ätherfelder des Kortex zu betrachten. Die Datenlage lässt Sie die Zugehörigkeit des Materieverhaltens erkennen. Die Aussagekraft ist bei einer Identität des sichtbaren Datenäthers mit der Materie natürlich unbestritten.

Aber es kann das Materieverhalten extern auch mit Kriterien beurteilt werden, die der Materie nur wenig verwandt erscheinen. Der vorliegende Datenäther zum Beispiel einer Körperreaktion entspräche in seiner Darstellung zumindest im Sinn dem Verhalten des beobachteten externen Vorgangs. ICH hielte Abhängigkeiten, bei welcher sich Materie extern in der gleichen Weise verhält, wie sich die geistige Projektion des Organismus auf der darstellenden Ebene zeigt, folglich die Körperprogramme unterstützt und bestätigt, für sehr gesund. Als Beispiel könnte man sich eine Geburt vorstellen, die mit dem Abkippen der Ladung eines LKWs korreliert.

Objekte und ihr Handling, sofern sie geistig erfasst werden, das heißt Positionen innerhalb unseres Geistes einnehmen, ein Materieäquivalent mit Wirkung sozusagen, könnten auf der Quantenebene, auf welcher wir den Elektromagnetismus des Gehirns angesiedelt sehen, ordnend auf den Makrokosmos des Organismus wirken. Verschiedenste Objekte, in einem Haufen zufällig und chaotisch angeordnet, könnten geistig erfasst werden, so dass Materieäquivalente mit Wert im Geiste entstehen, wenn die Lage der Objekte zueinander von dem fassenden Gehirn optimal bewertet wird, und könnten in einer Weise aus dem Haufen gezogen werden, dass es die Natur des Objekts nicht schädigt und auch die umgebenden Materiekomponenten in einer Weise berücksichtigt, dass sie möglichst unbelastet an ihrem Chaosort verbleiben. Die logische Ableitung des Gehirns, eine Beurteilung des Chaos mit Hilfe des Gesellschaftsgefüges, erlaubt es, das gewählte Objekt möglichst ökonomisch aus dem Haufen zu ziehen. ICH möchte sagen, dass dieser Datensatz sehr gesund ist.

Erzeugen wir nun mit dem Zug am Objekt eine lineare Wirkung, ohne vorher exakt zu fassen, d.h. ohne Materiestatus anzulegen, um eine Lösung abzuleiten, welche das Objekt mit möglichst wenig Kraft aus dem Haufen zieht und dabei möglichst wenig Energie an die angrenzenden Objekte abgibt, muss mehr Kraft aufgewendet werden, um das Objekt herauszuholen. Ungünstige Verstrickungen führen zu vermehrten Belastungen der anliegenden Objekte. Plötzlich ist eine Vielzahl von Objekten involviert. Die lineare Wirkung, der das gewählte Objekt folgt, ist durch eine Vielzahl von Querbelastungen behindert. Das Objekt gibt die ansetzende Kraft an die umgebenden Objekte weiter. Im Anhang an die lineare Zugkraft entsteht ein Konvolut aus Biege-, Zug- und Druckbeanspruchungen. Die lineare Wirkung, der das Objekt folgen soll, ist durch eine Vielzahl von Querbelastungen behindert.

Der Weg, den das Objekt nehmen soll, die lineare Wirkung verliert sich in einem Kräftekonvolut ineinanderliegender Objekte. Hinzukommt, dass die Daten nicht die Alltagsbelastung der Objekte beschreiben, sondern von Fehlbelastungen herrühren. Sie führen zu einer Datenmenge, welche einen Funktionsverlust der Objekte und Werkzeuge enthält. Sähen wir in dem Gebrauch der Werkzeuge eine Notwendigkeit, die die Versorgung des Organismus mit Betriebsstoffen sicherstellt, folglich Nährstoffe über das Gefäßsystem an das Zielorgan transportierte, so führten die Fehlbelastungen an der linearen Zugrichtung zu einem Datenimpuls, der über das Korrelierende System auf die Holographische Datenmasse des Organismus wirkte.

Das Datenkonstrukt aus linearer Zugrichtung und angehängtem Kräftekonvolut betreffend. Betrachte ICH die Datenmenge Mensch evolutionsbedingt funktionell, kann man sich allenfalls vorstellen, ein Kaminkehrer fege mit dem Datenkonstrukt einen Schornstein durch, hier aber, das Gehirn auf der Quantenebene angesiedelt, auf den Makrokosmos organisierend wirkend, organisierende Datenimpulse innerhalb der Körperprogramme erzeugend und vielleicht sogar genetische Schalter bedienend.

Gedanke einer pathologischen Arterienverengung. ICH sehe im Anhang der linearen Wirkung ein Kräftekonvolut. ICH sehe eine Datenmenge, die der linearen Wirkung eine Verankerung im umgebenden Raum vorschlägt. Entspräche die lineare Wirkung dem Blutstrom in einer Arterie, sähe ICH in dem Kräftekonvolut den Aufruf, die lineare Wirkung mit einer Verankerung im umgebenden Raum zu begrenzen und den Gefäßdurchmesser einzuschränken.

Bedenke ICH das Führen eines Apfels zum Mund als lineare Bewegung, vielleicht sogar den Apfelbaum als evolutionsspezifisches Kriterium, so können auch die Werkzeuge zum Pflanzen, zur Pflege des Baums und auch die Werkzeuge zum Ernten der Früchte als Notwendigkeit angesehen werden, Glukose mit Insulin in die Zelle zu schleusen. Die genutzte Infrastruktur, wie sie zum Beispiel die kleineren Gefäße darstellen, also die Nutzung evolutionsbedingter linearer Wirkungen, gehörte in den Bereich verschränkter Materiedaten. Weil das Gehirn nicht in der Lage ist, die Gesamtheit darzustellen, haben sich assoziative Arrangements auf der Basis elektromagnetischer Felder herausgebildet. Die Materiedaten bewegten sich in holographischen Konstrukten. Die Materiedaten lägen zum Teil als evolutionsspezifische Kriterien in den Bauplänen der Organe verarbeitet vor. Der zielgerichtete Vorschub in den Blutgefäßen wäre als gewachsener Feldeffekt zu verstehen.

ICH behaute, dass fehlerhafte Datenimpulse, wie sie die lineare Wirkung mit dem Kräftekonvolut darstellt, sogar eine genetische Ordnung erzielen. Sprich, es wird über das Kräftekonvolut – betrachten wir noch einmal den Gebrauch der Werkzeuge, die zum Apfel und damit zur Glukose im Blut führen, bewegte Materie also, die die Köperprogramme assoziativ unterstützen – ein Impuls gegeben, der die Bewegung der Materie in der Blutbahn begünstigt. Sehen wir uns die ungünstigen Belastungen der Werkzeuge noch einmal an und errechnen daraus die Bewegung des Apfels zum Mund oder verankern den fehlerhaften Datenimpuls so im Gesellschaftsgefüge, dass sich das Gesellschaftsgefüge über den integrierten Datenbaustein als Baumeister in unserem Körper betätigt (eine theoretische Abhandlung), müsste man die Reizhäufigkeit diskutieren, die einer pathologischen Arterienverkalkung vorausgeht. Von Interesse wäre auch die Art und Weise, wie sie das Gesellschaftsgefüge auf den Betroffenen überträgt.

Natürlich handelte es sich um ein theoretisches Beispiel. Es sind aber ausgerechnet diese theoretischen Datengebilde, die uns die Ordner und Stimmen aus dem Äther vernehmen lassen, so dass wir ihre anordnenden Fähigkeiten, ihre Wirkung innerhalb des Organismus erkennen. Der Großteil der Materiedaten unterliegt natürlich keinem direkten Missmanagement. Schließlich favorisiert ein jeder, zumindest in überschaubaren Dimensionen, im Haushalt zum Beispiel, gängige Ordnungen für die täglich notwendigen Materiebewegungen.

Für weniger gesund hielte ich Arrangements, bei welchem die Komponenten des Materieraums nur wenig mit dem Datensatz des Organismus zu tun haben, dem Sinn vielleicht sogar widersprechen. Dieses scheinbar abweichende Verhalten der Materie extern bedeutet jedoch nicht den unmittelbaren Untergang der Software mit einem Schaden für den Organismus. Man müsste die Software des Organismus in seine Bestandteile zerlegen. Erst wenn die Materie extern mit allen internen Kriterien abgeglichen wäre, könnte man eine Aussage über Sinn und Unsinn eingelagerter konträrer Materiedaten treffen. Ein spezifischer Mix aus Materiedaten verschiedenster Masse, Richtung und Geschwindigkeit könnte zum Beispiel dem Gewebeaufbau vom Kleinen zum Großen geschuldet sein. Denkbar wäre auch eine Kompensation äußerer Einflüsse, wollte man zum Beispiel einen Feldeffekt einer linearen Wirkung erzielen. In diesem Fall benötigte der Organismus diese Kriterien, um den notwendigen Feldeffekt in der Summe zu erzeugen.

In diesem Bereich gibt es auch Verlagerungsmechanismen, die wir dem Immunsystem zuschreiben. Auch könnte man sich eine gegensätzliche Bewegung innerhalb der Feldarchitektur bereits als Teil einer Gegenreaktion vorstellen, die auf harmonische Übergänge angewiesen ist. Die Gegenreaktion hätte damit ihre Wurzeln bereits in der Reaktion und den anteiligen entgegengesetzten Daten bewegter Materie.

ICH möchte an dieser Stelle auf einen Sonderfall hinweisen. Der Geist als solcher hat sein Bewusstsein in vielfältiger Weise extern im Materieraum verankert. Die generierten Daten fügen sich in ökonomische Feldarchitekturen der Gesellschaft ein. Die Datenmasse verursacht das Wissen von einer externen Welt. Das geschaffene Wissen bedingt den aktuellen Status Quo. Der Mensch gelangt als Objekt der Wissenschaft selbst in diese externe Position. Man blickt auf ein externes Objekt und versucht es zu fassen.

ICH weise darauf hin, dass der Geist in seiner ursprünglichsten Form als reiner Körperbezug vorlag. Es war eine rein intuitive Angelegenheit, seinen Organismus durch den Raum zu bewegen. Das Ich war dem Datenhaushalt des Körpers vollkommen überlassen. Zustände des Körpers bedingten das Verhalten des Individuums.

Die Daten der Evolution sind in einem Summenfeld abgelegt. Das Summenfeld wächst sich zu einer Funktion aus. Das Feld ist dem Organismus äquivalent hinterlegt. Das einzelne Kriterium ist dem Sinn der holographischen Masse untergeordnet. Die einzelnen Kriterien ordneten sich ökonomischen Architekturen zu. Diese funktionale Architektur aus Daten, in Feldern organisiert, ist dem Organismus äquivalent. Die höhere und damit dichtere Geistesmasse erlaubt es, den Körper von diesen organisiert zu sehen. Im Grunde lässt sich Evolution nur als Wechselspiel von Datenmaterial und Organismus verstehen. Eine ständige Hereinnahme von Datenmaterial und eine ordnende Wirkung der Funktion führte zu ihrer Optimierung. Der erweiterte Raumbezug extern führt zu einer vermehrten Komplexität intern.

Die elektromagnetischen Felder des Gehirns oder ihre Vorstufen, die primitiven Bewusstseinsstufen, erlauben es, sich mittels bewegter Materie in den Feldern zu bewegen. Adaptierte Ladungsträger kämen einer höheren Entwicklung gleich. Die Ladungsträger stünden aber ebenfalls für eine aus Kriterien aufgebaute Feldarchitektur. Die unterschiedlichen Ladungsträger, auch Datenträger unterlägen bereites den Korrelatseffekten. Die Feldadepten repräsentierten damit bereits ein Datenkonvolut. Die Datenrepräsentanten wären schwache Ladungsträger. Hierbei wären die einzelnen Kriterien zu gewichten. Vermutlich reichte es aus, die Masse der einzelnen Kriterien, ihre Bewegung und Richtung zu gewichten, um negative oder positive Wechselwirkungen mit dem umgebenden Datengefüge zu erklären. So viel zu möglichen Verhaltensanimationen von Kernströmen und wechselwirkender Peripherie nach Fusion, bzw. Verschränkung organischen Materials.

Die Betrachtung der Daten entspricht einem Blick auf den Materieraum. Das Ergebnis der Evolution ist die Einpassung des Organismus in den umgebenden Raum. Das Anwachsen der internen Komplexität beruht auf einer Ausdehnung des Interesses auf den angrenzenden Raum. Der Organismus bleibt immer dann gesund, wenn sich die Datensätze der Evolution in seiner Umgebung erhalten. Dann gelang es dem Menschen aber auch, externe Materiebezüge herzustellen und bewusst Daten für sein Ich zu generieren. Die Daten führten zu einer spezifischen Interpretation der Geräuschkulisse. Der Materiebezug wurde bezeichenbar. Die Sprache entwickelte sich. Die einzelnen Daten verbanden sich zu wissenden Feldern. Der Mensch entwickelte ein Bewusstsein von externen Dingen. Als Folge von Kriterienfeldern setzte die allgemeine Logik ein. Losgelöst von den Körperdaten, entschied sich der Mensch jetzt, mehr zu tun, als nur den Körper zu versorgen.

Als Bestanteile der Felder rechnen wir alle Materiedaten der individuellen Gehirntätigkeit zu. Die individuell verarbeitete Datenmasse generiert die Position in der Gesellschaft. Das wissende Konstrukt in seiner Zusammensetzung entstört das Individuum. Die bewegte Materie des Gesellschaftskonstrukts strukturiert das eigene Ich. Die strömende Materie der Gesellschaft, zum Beispiel auch Haustiere, überbrücken Hindernisse in den Feldern oft nur für einen kurzen Augenblick. Es wird eine Entscheidung möglich. Auf lange Sicht bahnt die bewegte Materie das Gefüge. Sie bahnt in ihrem Sinne und baut fremde Positionen zurück.

ICH möchte sagen, dass die Gesellschaftsdaten einen ungünstig gelagerten Organismus bedrängen. Die Gesellschaftsdaten fördern sich gegenseitig. Die individuellen Entscheidungen liegen immer im Sinne der bahnenden Ordnung. Man geht mit dem Strom. Man darf dem System keine zerstörerische Absicht unterstellen. Das angreifende System argumentiert mit der Natur und den Gesetzen der Gehirnphysik. Die Materiebewegungen der Gesellschaft, auch dem eigenen Ich anteilig, brechen oft die Widerstände innerhalb der eigenen Geistesmasse. Die Widerstände können naturgegeben und im Sinn des zu organisierenden Organismus sein. Ein Angriff auf die bestehende Datenmasse, ihre Ablehnung und auch die Übernahme durch die bestehenden Gesellschaftsmuster dürfte langfristig zu nachweisbaren Veränderungen des betroffenen Organismus führen.

Während wir hier vermutlich auf die Ursache von Krebs und anderen Erkrankungen blicken, dürfen wir die Gehirnfunktion nicht vergessen. Das Korrelierende System bedingt die Gehirnfunktion. Mit welchen Daten Sie sich täglich einbringen, was man als Ihr Sein bezeichnet, dient der Gesellschaft dazu, auf Sie zu wirken. Ihr Sein darf als Schnittstelle in den Gesellschaftskosmos bezeichnet werden. Ihr Sein hilft Ihnen, die Welt zu beurteilen, und ist als Werkzeug anzusehen, Entwürfe einer Weltsicht auf ihre Welt anzuwenden.

Machen sie ihr Ich zu einem Kunstwerk. Die Dinge, welchen sie ihre Aufmerksamkeit widmen, werden zu Artefakten des Geistes. Die Artefakte des Geistes überbrücken so manche Schwäche in den Gesellschaftsmustern. Die Großartigkeit der Phänomene stärkt den funktionellen Datenhintergrund des Organismus. ICH verspreche ihnen Einblicke in größere Zusammenhänge. Das individuelle Kriterium, der Starter, vervollständigt sich im wissenden Feld der Gesellschaft, getragen von den Daten der notwendigen Materielasten, zu den gewöhnlichen Gebrauchsdaten um das Objekt.

Es gibt aber noch einen anderen Fall. In dieser Form ist das Gehirn zu gebrauchen. Die reine Darstellung eines Interessensgebiets. Hier ist die reine Evolutionsdatenmasse, welche die Anatomie des Menschen verursacht, gemeint. Es handelt sich um naturgegebene Daten. Wir wollen mit den Daten der Natur und den gewachsenen Funktionen unseres Organismus arbeiten. Hierzu müssen die externen Größen zurückgestellt werden. Extern meint hier: externe Größen, welche der Logos, die vermittelnde Instanz zwischen dem Körper und der Außenwelt, vor der Komplexität der Körperprotokolle herauszustellen begann, so dass sie bewusst wurden. IHRE Entwicklung setzte mit der Bewusstwerdung ein.

Heute haben wir Hochtechnologie, die so weit von der Architektur unseres Organismus entfernt ist, dass SIE eine Bedrohung der gesamten Biosphäre einschließlich des Menschen darstellen. Die entwickelte Technik ist viel zu komplex. Man hat sie einzig allein auf die Bedürfnisse des Menschen getrimmt. Man vernachlässigte es, für die anderen Lebewesen zu sorgen und die gewachsenen Beziehungsgeflechte aufrechtzuerhalten. So wurde das gesamte Phänomen aus Technik- und Wirtschaftsströmen zu einer bedrohlichen Datenlast. Vieles bedient ausschließlich den kindlichen Spieltrieb der Verbraucher, hat keinen Nutzen und ist reine Verschwendung. Das wissende Phänomen ist untauglich geworden. Das Geschaffene als Identifikationsmoment zu behandeln, und uneingeschränkt ›ICH‹ zu sagen, ist ein Irrsinn. Das entwickelte Phänomen zerstört die gesamte Lebewelt.

Wir kehren zum Logos zurück. Statt den Fehler zu begehen, an der Entwicklung des Technikkörpers weiterzufeilen, sollten wir das Erreichte nur noch verwalten. Eine Fortsetzung des Weges führt noch tiefer in das leblose Abseits. Eine weitere Differenzierung der Technikströme benötigt weitere Datenkapazitäten. Die Kernströme des wissenden Phänomens weiter zu verdichten, irgendwie erinnert mich der Vorgang an das mathematische Kürzen von Brüchen. Man nimmt die Vielfalt zu Gunsten eines einheitlichen Hauptstroms heraus. Das hieße, der Peripherie weiter Druck zu machen, ihr Verhalten den neu entwickelten Kernströmen anzupassen. Wir erzwingen einen weiteren Rückbau der gewachsenen Komplexität. Die neu entwickelten Kernströme zögen eine Anpassung des Verhaltens in den Haushalten nach sich. Die Ökonomisierung in den Kernen, die Angleichung der Peripherie zur Darstellung der Kernströme, eine allgemeine Harmonisierung – vielleicht strebt der Vorgang der Homogenität des Feldes zu. Könnte die Komplexität der Evolution selbst der Motor sein? Könnte die gewachsene Komplexität der Substanz wie ein Dampfkessel fungieren, der in die definierte Kerndynamik einspeist, sofern man die Komplexität anbohrt. Generiert man ein dichteres Phänomen im Kerngebiet, wirkte dies, als legte man ein Stück Holz nach. Die definierte Kernladung hat einen anderen Raumanspruch. Fortschritt bedeutet immer einen Unterschied zum aktuellen Status Quo. Die Differenz des Status Quo zum neuen Kernmoment wäre der Motor. Erst wenn die Komplexität des Gefüges erodiert (verbrannt) ist, tritt die Homogenität des Feldes ein, und der Prozess der Ausgleichsdynamik verliert an Kraft.

Dieses Geschehen, wie eben beschrieben, heizt den Wirtschaftsprozess so richtig an. Die Komplexität der Evolution erodiert. Das Leben ist auf dem Rückzug. Stattdessen könnte man die Zeit sinnvoller einsetzen und seinen Geist dem natürlichen Kosmos widmen. Wir sollten zu den wirklich wahren Datenmengen zurückkehren. Man verschwendet seine Energie, in der oben genannten Weise fortzufahren. Die Menschen sind außerstande, sich von dem aufgeblasenen Technikkörper zu befreien. Die Arbeiter schaffen es nicht, über ihren Anteil am Ganzen hinauszublicken und ebenso wenig tun das die Verbraucher. Ihr Gehirn ist passiv. Das geschaffene Gefüge generiert den Geringen die Positionen ihres Alltags und hält sie als Korrelate, von den bewegten Materiemengen des Wirtschaftssystems auf den, dafür vorgesehenen Bahnen hinterlegt. WIR, die WIR euch entwickelt haben, fragen euch:

»Sind EUCH die Menschen wirklich gar nichts wert? IHR verkörpert unsere wissenden Phänomene und tragt sie wie Kleider. Wir fassten die individuellen Daten in ein wissendes Konstrukt. Wir erzeugten Allgemeingültigkeit. Der wissende Datensatz spannt den Status Quo auf. Es ist ein Datenkörper der Quantenebene, eine aktuelle Beschreibung des Staus Quo. Und IHR, die ihr euch einen Teil der Kernstruktur antrainiert habt, leugnet, dass ihr mit den Verbraucherströmen korreliert. Dabei ruht die Existenz der wissenden Kernstruktur auf individuellen Gebrauchsdaten, die wir während unserer Arbeiten aufgenommen und in den Raum erweitert haben. Nur diese Form eines Datenkörpers ist dem Status Quo verhaftet. Wir versprechen eine allgemeingültige Fassung des Raums zu sein. Wir versprechen Stabilität und eine gesicherte Existenz allen Lebens.

IHR, die ihr meint, Identifikation mit einem Kernmoment bedeute Größe, IHR, die ihr glaubt, die Materie um den Globus jagen zu müssen, seht euch mein Leben an! Das Neue hervorzubringen, das Gesamte zu verkörpern, an seinem Geist zu wachsen, verantwortlich zu werden, das ist sehr viel mehr, als es sich in den Kernlagen gemütlich zu machen. SIE haben leider auch nur ein Gehirn. Alles basiert auf Feldern, Feldstärken, Wirkungen und Richtungen. Bedenken sie, dass es sich um einen geistigen Korpus handelt, der vielleicht sogar MEINEM Organismus aufsitzt. Bedenken SIE, dass sich UNSERE Entwicklung mit Kriegen abschließt. Wir verursachen eine periphere Lösung mit Verletzten, Tod und Zerstörung. Die Peripherie des Wissens ist jetzt mit anatomischen Daten angereichert. ICH schreibe: Das erleichtert die harte Identifikation, bedingt vielleicht das stabile Denken der Involvierten und ihr Festhalten am Weg. Die Konstellation der Daten verursacht eine Existenzangst, weicht man vom Wege, genauer gesagt von den Kernströmen des wissenden Konstrukts ab.

Die Neuinstallation des wissenden Phänomens, genauer gesagt: der

Unterschied zu seinem Vorgängermodell zieht diese Zerstörungen nach sich. Im Grunde habe ICH meinem Organismus einen geistigen Hintergrund gegeben. Das Individuum identifiziert sich mit dem Datenkosmos meiner Erkenntnis. Vor allem die anatomische Struktur und das übergeordnete Funktionsfeld der Organe reichen dem Individuum zur Identifikation. Das Individuum lebt aber nur seinen Anteil an dem geschaffenen Datenvolumen. Allerdings lassen sie sich zu einer Schwarmintelligenz oder ähnlichen Phänomenen der Masse verschränken, so dass sich ein Summenfaktor einstellt. IHR, die ihr die Kernströme repräsentiert, bedenkt, dass IHR keine Wartungsidioten seid, sondern dem Geschaffenen die notwendigen Lebensbedingungen diktieren müsst. Wir sprechen HIER nicht von der Existenz eines technischen Hokuspokus, den sich ihr Gehirn als geistige Position und als Satz der Körperprotokolle erhalten möchte. Nein! Wir sprechen HIER wirklich von den Bedingungen des Lebens, die es zu erhalten gilt. Parallel zu dem technischen Geistkörper gilt es auch dem biologischen System seine Existenz im Geist und Status Quo zu sichern.«

Sofort tritt diese Bewusstseinsmodulation auf. Ein dichterer Feldkörper tritt in meinem Logos sichtbar hervor. Es ist ein Konstrukt des Wirtschaftssystems. Der Feldkorpus wiegt schwer in meinem Logos. Dieses Informationsvolumen, vermutlich ein homogenes Feld, diktiert dem geringen Baustein den Weg mit Gefühlslagen. Das Individuum mit einem komplexeren Datengefüge glaubt sich bewusst und frei zu entscheiden. Der Gebildete hat die Struktur der Kernlagen durch Interesse und Studium erworben. Gut gelagert, begreift er einen Teil des Systems als sein Selbst. Das gesamte Verhalten wird von Feldern induziert. Niemand ist verantwortlich zu machen. Wir bewegen uns in der Gehirnphysik und ihren natürlichen Gesetzen. Die Positionen sind an die strömende Materie adaptiert. Der Materiebezug steigt nach Bedarf an, die Felder erweitern sich und gewinnen an Gravitation. Erreicht das Feld die kritische Masse, programmiert es den Entscheidungsträger. Dieses Ich entscheidet sich ab diesem Moment für die Fortführung dieser Art von Existenz. Der Maschinenkörper fordert von dem Menschen, ihn zu erhalten.

ICH aber spreche von der Existenz des Menschen. ICH spreche von Wasser, Nahrung und Sauerstoff. Es ist IHRE Aufgabe, auch für den Organismus zu sorgen. Der entwickelte Geist ist nachrangig zu behandeln. Es gibt nämlich kein Geist-Körper-Problem. Der Organismus MENSCH benötigt Sauerstoff, Wasser und Nahrung. Setzen sie endlich den Schalter für den Erhalt der notwendigen Lebensbedingungen um. Nachhaltig wäre es, die Gewinne in die Natur zu investieren. Dann hätte man die Gelder grüngewaschen.

»IHR wisst es jetzt. Das Wirtschaftssystem treibt Materie durch eure Gehirnwindungen. SIE steigen in das Flugzeug und knallen sich in der Karibik an den Strand, selbst wenn ganz Europa in Flammen steht. Dort oben regt sich nichts. Die bewegte Materie des Systems bahnt jeglichen Widerstand. Lästig sind die stark klimatisierten Flughäfen, hat man mir gesagt. Der Kontrast zu der Hitze draußen – einfach unerträglich! Mehr kommt von dem Geistestyp der Hochtechnologie nicht. Ihr habt Bankkonten, dass einem schlecht wird. Der eine kauft sich Hawaii, der andere fliegt zum Mars, wieder ein anderer marschiert in die Ukraine ein. Seid ihr so leer, so ausgebrannt? IHR, die ihr die Kerngebiete adaptiert habt, habt das Menschsein verlernt. Ist euch das einfache Leben, das wir peripher führen, ein Dorn im Auge?

Neid? Das Allgemeinwohl! Jeder darf tun und lassen, was er will. Die Rechnung knallen wir den Unschuldigen vor den Latz. Unser Leben zählt Ihnen wohl nichts. Wollt ihr wirklich die Biosphäre euren Bankkonten opfern? Dann wird oder ist die Vernichtung der breiten Masse bereits akzeptiertes Gedankengut.«

Das Identifikationsmoment. Der Anteil am Ganzen wird zum Gedankengut. Ein jeder erfährt es als sein Selbst. Die technische Entwicklung führt uns Menschen in eine Welt toter Materie. Das leblose Material nennen sie ihr Ich. Das ist das Geist-Körper-Problem. Das tote Material soll den lebenden Organismus programmieren. Ja. Jetzt verstehe ich IHR Problem. Der unverfälschte Zustand des Organismus trat einst als Datenäquivalent innerhalb des geistigen Prinzips hervor und leitete den Organismus an. Der Logos ist die vermittelnde Instanz. Das dritte Auge blickt auf die Position des Logos. Hier treten die Daten der Innenwelt mit den Daten der Außenwelt in Beziehung. Wir gehören als Organismus ebenfalls der externen Welt an. So wurde eine Vermittlerposition notwendig. Der Logos öffnet das System ›Organismus‹ nach außen. Dies ermöglicht uns, ein Teil des gewachsenen Status Quo zu sein. Wir werden von dem gewachsenen System akzeptiert und ernährt. Wir sind ein gewachsener Teil des Status Quo und umgekehrt. Der Status Quo vervollständigt die Funktion des Organismus. Der Status Quo ist Organismus. Der Logos verbindet das Interne und das Externe zu einem wechselseitigen Ganzen.

ICH möchte auf den Datenhintergrund meiner Körperfunktionen blicken. Die Daten und Felder sollen meinen Logos besetzten. Mir geht es um die Feldverschränkung und ihre Gesetze. ICH möchte den Datenhintergrund einer Muskelzelle bei Bewegung betrachten. Wie lässt sich das dynamische Geschehen der Hardware darstellen? Welche Kriterien sind auf welche Weise miteinander verschränkt, dass sie diese Funktion zum Ergebnis haben? Welcher Zusammenhang besteht zwischen der Geistesmasse des Logos und dem Datenhintergrund der Muskelzelle? Sind die Inhalte des Logos für die Innervierung des Muskels von Bedeutung?

Das reinste Wissen entsteht, wenn sie das Verhalten der Materie in ihrer natürlichen Umgebung, als direktes Materieäquivalent in ihrem Logos studieren. Diese reinen Datensätze sind reine Zustandsbeschreibungen der Materieverhältnisse vor Ort. Eben diese Form, das unverfälschte Datenäquivalent hervorzubringen, ist dem Gehirn auch heute noch möglich. Tatsächlich verhält es sich dann so, dass wir auf den Datensatz, wie ihn die Evolution über die Jahre hinweg formulierte, blicken. Exakt dieser Kriteriensatz ist für die Form und die Form des Funktionierens des Organismus verantwortlich. Der unbelastete Datensatz des reinen Zustands startete einst das Leben. Die einzelnen Kriterien zeigen sich in den Summenfeldern abstrahiert. In der vollkommenen Übereinstimmung des Abstrakts mit der Hardware, so dass die Kriterienordnung die funktionelle Hardware bezeichnet und die Funktion die Kriterienordnung verkörpert, in diesem Materieäquivalent finden wir das optimale Wissen.

Die Summe der geistigen Position bezeichnen wir auch als Äther. Die sichtbare feinstoffliche Form kann auch fühlbar werden. ICH denke hierbei an Kriterienkonstellationen fremder Ordnungen, so dass man den Unterschied fühlt oder an besondere Formen dicht gelagerten Datenmaterials. Auftretende Spannungen führen dann zu vermehrter Vorsicht. Hindernisse lassen uns erstarren. Bedrohliche Materiephänomene lösen schützende Reflexe aus. Das Auftreten fühlbarer Spannungen in Summenfeldern höherer Kapazität, bezeichnet den Unterschied zu konkurrierenden Ordnungen. Da diese Äthermengen Gefühle transportieren und sich um ihre Bausteine legen, können abweichende Kriterienkonstellationen auch zu fühlbaren Spannungen führen. Diese Spannungen lassen einzelne Bausteine nicht selten psychisch auffällig werden. Hier hängt die favorisierte Ordnung, zum Beispiel als Sieger vom Platz zu gehen, an seidenen Fäden. Die psychischen Ausbrüche sind nicht selten Hilfeschreie zur Wahrung des allgemeinen Interesses.

Die Äthermengen haben einen Gehalt. Die anteiligen Kriterien verursachen ein spezifisches Wissen. Die wissenden Äthermengen sind der natürliche Background zu den Funktionen unseres Organismus, bedingen ihre Gestalt. Dabei gibt es verschiedene Formen des Wissens. Vielleicht sollte man bei Kriterien noch von Information sprechen, da ihre Klarheit den Raum darzustellen, weniger ist als eine Summenfunktion derselben. Die Summenfelder überbauen den Einzelwert. Der Gehalt der Summe ist nicht gleich dem individuellen Baustein. Die Felder vermitteln ihre Existenz mit Gefühlen. Das Gefühl ist die Beziehung zwischen dem einzelnen Kriterium und der Summenfunktion, dem es angehört. So fühlt das Individuum getragen von dem Funktionsfeld einen akzeptablen Weg. Es glaubt zu sein, befeuert aber eine höhere Architektur.

Die das wissende Phänomen erschaffen, haben den Vorteil der sichtbaren Kapazität in ihrem Logos. Das Materieäquivalent liegt sichtbar in ihrem Arbeitsspeicher vor. Andere studieren das Phänomen. Sie erarbeiten sich das Wissen. Sie bauen die innere Struktur der Architektur mit abweichenden, ihnen eigenen Kriterien auf und erreichen auf diese Weise den Kern des Wissens. Aber es besteht eine leichte Abweichung von der wirklichen Architektur der Evolution.

In manchen Situationen weicht die Architektur unseres Geistes so sehr von der Evolution ab, dass wir gar nicht mehr verstehen. Die wirklichen Inhalte gelangen nicht mehr in unseren Logos, der besetzt ist von den Objekten der gegenwärtigen Gesellschaftsform. Die Beherrschung des aktuellen Materiehaushalts hat so gar nichts mit dem gewachsenen Hintergrund der Biosphäre zu tun. Die Datenlagen weichen so sehr voneinander ab, dass sie sich gegenseitig ausschließen. Die Hintergrundprotokolle der Biosphäre müssten den Logos durchdringend besetzen. Der Blick mit dem Dritten Auge auf die Inhalte des Arbeitsspeichers ist erst dann erfolgreich. Die vollständige Durchdringung des Arbeitsspeichers mit den Hintergrundprotokollen der Evolution ließe das Individuum in seiner Weise handeln. Die Inhalte des Logos werden von den Individuen bewusst und unbewusst akzeptiert und zur Lenkung herangezogen.

Daten, Felder, gerichtete Wirkungen, Effekte, bewegte Materie, adaptiert gewachsen. Der geistige Korpus induziert das Verhalten. Abweichung führt zu Wandel. Reicht fremdes Feldmaterial herein, so hat das Folgen für die Involvierten. Die Ordnung des Organismus steht in Frage. Die Evolutionsmenge steht in Frage. Den Rückbau gibt es nicht. Mit den Lebensbedingungen fällt die Art.

ICH verspüre es ganz deutlich, wenn sich die Inhalte des Logos ineinander wandeln. Der Vorgang des Wandels ist mit dem Dritten Auge gut zu verfolgen. Der Druck, mit welchem die neue Sicht sich einstellt, ist ebenfalls gut zu bemerken. Es handelt sich um einen natürlichen Vorgang. Die Kriterien lösen einander ab. Der Sinn der Summe wandelt sich. Die psychogene Eigenschaft ist gravierend. Der entwickelte Gesellschaftskörper ist ungeheuer massereich. Führt man die Materieäquivalente der Flugzeugflotte, der Ozeanriesen, ganz allgemein der bewegten Materie in einem Konstrukt zusammen, so gibt es nichts mehr, was diesem Bewusstseinsmodus noch entgegenstehen könnte. Das Leben, seine Leichtigkeit und seine Verspieltheit, der natürliche Hintergrund, die Körperprotokolle der Evolution, all das, sollte es auf irgendeine Weise in seiner Reinheit in den Logos vordringen und seine Existenz ausrufen, wird augenblicklich mit den Gesetzen der Physik in das gravitationsreiche Materiemonster der Technik überführt. So als

hätte es diesen Aufschrei nie gegeben. Die entwickelt Masse ist höchst psycho-
gen. Jeglicher Lebensimpuls aus dem Lebendgürtel wandelt sich augenblicklich
in eine technische Existenz. Vor diesem Hintergrund kann keine lebende Ordnung
bestehen. Dafür ist das Leben zu fragil. **Yes!**

Bedenken Sie dabei, dass es sich ausgehend von den Befruchtungsdaten, um
eine Steuerung der embryonalen Entwicklung mittels Informationsvolumina handelt. Bei den Befruchtungsdaten handelt es sich um eine augenblickliche Datenkonstellation des Korrelierenden Systems. Der Organismus der Eltern, dessen
Daten ebenfalls dem Korrelierenden System angehören, bildet mit Feldvolumina
den Datenbackground für das verschmolzene Keimgut.

Das Keimgut ist vermutlich der ältere Datenspeicher. ICH denke, dass externe
Materiebezüge, die in Datenfeldern eine Wertigkeit erzielen, also Bewusstseinsaspekte auch bei geringsten Organismen zu einer organisierenden Wirkung
führen. ICH denke an eine interne Organisation von Schwebeteilchen anhand
von Datenfeldern zum Beispiel bei kernlosen Einzellern.

Den Zugriff auf diese Ursuppe von Daten leisten die Eltern mit Daten-
volumina ihres Organismus. Offenbar führt eine Kongruenz des elterlichen
Informationsvolumen mit den Daten des Keimlings zum Start der Entwicklung.
Das Informationsvolumen der Eltern wäre in seinem Kern mit dem verschmolzenen
Keimgut vertraut. Vater und Mutter führten im Feld ihres Organismus ein ent-
sprechendes Datenäquivalent mit sich. Das verschmolzene Keimgut schaltete sich
mit dem Datenäquivalent des elterlichen Organismus gleich. Das bedeutete, dass
Feldeffekte des elterlichen Organismus organisierend zu wirken begännen. Es
setzte, getragen vom Datenhaushalt des elterlichen Organismus eine gerichtete
Entwicklung der befruchteten Eizelle ein.

Begreifen Sie das Verschmelzen der elterlichen Raumbeschreibungen als
die Möglichkeit, den Status Quo zu diesem Zeitpunkt als Datenbackground für
den Organismus zu definieren. In seiner Urinformation ist er zu je einer Hälfte
Vater und Mutter. Die Kernbotschaft des Setzlings ist die Summe aus der genetischen Raumbeschreibung des Status Quo Anno Domini väterlicherseits und der

genetischen Raumbeschreibung des Status Quo Anno Domini mütterlicherseits, so dass wir den Status Quo mit zwei Datenmengen gefasst sehen. Dieses verspricht mehr Möglichkeiten bei der Auslese des Status Quo mittels funktioneller Programme.

Wir haben hier vermutlich Raumdaten, die sich als Folge der Organisation der Gene in Abhängigkeit von Bewusstseinsaspekten zeigten, sich folglich nach der Hüllenstruktur im Inneren bildeten. Wobei ich im Augenblick ein Rechenergebnis hereinbekomme, welches zuerst ein Eiweißknäuel organisiert und erst dann aus angelagerten Schwebeteilchen eine Hülle herstellt.

Sollte tatsächlich eine Anhäufung von Partikeln die ersten Daten aus der Umgebung gebunden haben, so werden die entscheidenden Schritte der Bearbeitung der gesammelten Daten zu einem späteren Zeitpunkt eingesetzt haben. Jetzt wäre in erster Linie die Feldaktivität eines bestehenden Organismus zu nennen. Der bestehende Organismus wäre selbst eine Datenordnung. Die spezifische Datenarchitektur des Organismus hielte die Basenpaare zusammen. Seine Anatomie stabilisierte den Satz der Gene.

Eine Bearbeitung der Genetik findet immer dann statt, wenn wir ein abweichendes Interesse zeigen. Außergewöhnliche externe Daten gelangten als Bewusstseinsaspekte in den Organismus herein. Stabilisierten sich diese Daten zum Beispiel durch eine Vielzahl von Nachahmern oder durch einen gravierenden Nutzen, der uns die Umwelt vollkommen anders begreifen ließe, wirkten sie auf die Körperordnung. ICH denke, dass derlei Datenvolumina Gene schalten und auch die Form und Ausprägung des wachsenden Gefüges mitgestalten. Hiermit hätten wir den Organismus mittels Gewohnheitsdaten gestaltet.

Wann unerwähnten Datenmassen das Vergessen droht, oder eine neue Ordnung der Daten zu einem Verlust oder zu einem Umbau der speichernden Gene führt, müsste erörtert werden. Wir wissen heute, dass diese Datensummen zukünftige Raumbeschreibungen vorwegnehmen. Es gilt daher zu verstehen, wie sie auf der Quantenebene verankert sind und wie ihr Weg ins Jetzt aussieht.

Selbst die Zukunft zu schaffen oder auch nur in ihr Antlitz zu blicken und den

Geist als organisierend zu erkennen, lässt das fassende Individuum in einem befreienden Licht erstrahlen. Die Datenmenge des Lichts zeigt sich mir an seinen Repräsentanten als Lachen, Glück und ungeheure Freude. Im Gegensatz hierzu zeigen sich konkurrierende Datenordnungen entzündlich. Der Datensatz bestehender Ordnungen unterscheidet sich oftmals von der Feldarchitektur des Neuen. Auftretende Fehler innerhalb des Status Quo sind letztlich abweichenden Kriterienordnungen geschuldet. Man könnte auch von einer veränderten Zusammenstellung geistiger Aktiva innerhalb des Korrelierenden Systems sprechen. Die Parallelität der Bausteine, also das Gewicht des einzelnen Kriteriums, welches es als Wirkung in der Summe mit anderen erzielt, ist ein entscheidendes Moment der Gehirnfunktionen. Die gerichtete Wirkung ist zum Beispiel am Aufbau höherer Felder beteiligt, sie befähigt uns zu mathematischen Rechenschritten oder bewirkt die Aufklärung des Raums um Objekte, bedient folglich auch niedere Leistungen des Gehirns.

Das Neue hat die Macht, den Materieraum zu wandeln. Vielleicht liegt es am Wandel des Materieraums, dass gewisse Datengruppen herausfallen. Zur Entwicklung des Organismus wären der Satz der täglichen Gebrauchsdaten und der gewandelte Status Quo von Bedeutung. Wir erhielten eine neue Anatomie, die auf Daten des gewandelten Status Quo fußte, und den damit verbundenen täglichen Aktivitäten. Möglicherweise wirkte diese Kombination aus Daten auf der Ebene der Keimgutbildung mit.

Dabei wirkt das Bestehende wie ein Brennglas und verschränkt sich mit dem Externen zu einer Wirkung auf das Innere. Hier fließen folglich zwei unterschiedliche elterliche Raumbeschreibungen zu einer zusammen. Entwicklungsgeschichtlich endete jede dieser Raumdatengruppe in einem funktionierenden Elternteil. Die Differenzierung der Organe ist für den Embryo daher mit zwei unterschiedlichen Datengrößen gleichzeitig machbar.

Der Datenkörper des erwachsenen Organismus setzt am Datengerüst des Keimlings an. Es reicht die Existenz einer zweiten geringfügigen Datenordnung aus, dass wir von einer Wechselwirkung der Ordnungen sprechen können.

So wird jedes Datenfeld und jedes Magnetfeld, wenn es die bindende Macht besitzt, einen geringeren Daten- oder Materiekörper in seiner Weise unterwerfen. Hier startet die Entwicklung.

Der Embryo entwickelt sich in die Freiräume, die die elterlichen Kriterien bereitstellten. ICH sehe Kriterien zu Feldeffekten verschränkt. Kriterien sind der Materie äquivalente Daten. Die bewegte Materie erzeugt Kräfte und Wirkungen. Freiräume nenne ICH die Strömungen eines Flusses, wenn man sich darin ausschließlich treiben lassen muss. Der Fluss der Daten generiert ein Stück Freiheit. Diese Kraft, obwohl sie eine richtende ist, generiert ein Stück Freiheit. Dieser Feldeffekt ist der Gravitation sehr ähnlich. Sie ist der Trieb, dem man gerne nachgibt. Was wir an anderer Stelle als Unfreiheit, Zwang und Bevormundung empfinden, ist hier ein Zustand, der das orientierte Wachstum der embryonalen Entwicklung steuert.

Wir kommen hier in Bereiche der Feldaktivität, die wir auch der Gehirnfunktion zugrunde legen dürfen. Hier sind es jedoch nur Feldarchitekturen. Es kommt darauf an, wie das individuelle Kriterium vernetzt ist. Sehr viel hat es damit zu tun, in welcher Weise das Korrelierende System das individuelle Kriterium begünstigt. ICH stelle mir den gesamten menschlichen Organismus mit einer Datenmasse hinterlegt vor. Im Laufe der Evolution hat sich eine biologisch stabilisierte Datenmasse herausgebildet.

Im Hintergrund des Organismus laufen folglich Programme. Diese Programme sind Teil eines holographischen Konstrukts. Unser Körper spannt einen holographischen Datenmantel auf. Innerhalb der holographischen Masse lässt sich jeglicher Bereich des Organismus als reines Datenäquivalent herausgreifen und der Beobachtung zuführen. Das einzelne Kriterium verliert seinen Informationsgehalt nicht. Jedoch erscheint es mir günstig, den Informationsgehalt des einzelnen Kriteriums in einem höheren Feld verschränkt zu sehen. Das Kriterium bliebe trotz allem Träger seiner Materieinformation.

Das einzelne Kriterium erläge hier einem Summeneffekt. Der Summeneffekt zeigte sich durch die Biologie unseres Körpers stabilisiert oder bedingte diese.

Jedoch wird das Urfeld nach dem Urknall zunächst in verschiedensten Materie-formen organisiert angenommen. Wir haben also zunächst eine organisierende Wirkung auf die kleinere Materie. Weisen wir dann Wirkungen nach, dürfen wir bereits von einem Datenspeicher sprechen.

Die höheren Feldeffekte erlauben es uns dann den Körper in seinen Strukturen abzubilden. So kann einer Muskelzelle ebenso eine spezifische Feldgröße zu-geschrieben werden wie einer Nervenzelle. Die einzelne Feldgröße untersteht dem Muskel oder dem Gehirn als Ganzes, so dass wir die Aufgabe der Organe sehen. Nicht zuletzt würde das umgebende Datenfeld dann in die Form modu-lieren, wie sie dem heutigen Menschen entspricht. Die Funktion des Muskels, zu bewegen, oder die Aufgabe des Gehirns, mit Daten zu jonglieren, bleibt als Teilbereich dem Gesamten untergeordnet. Die verschiedenen Bereiche treten bei Bedarf konzentrierter hervor.

Die Struktur des Neurons ist der ökonomischen Addition von Kriterien ge-schuldet. Der Schlüssel zum Neuron und seinen Eigenschaften liegt in der speziel-len Feldarchitektur. Es ist eine Sammlung und ökonomische Verschränkung spezi-fischer Kriterien. Die spezifische Kriteriensammlung gibt Struktur und Eigenschaft. Ökonomisch heißt hier, die Kriterien gehen in einer gemeinsamen Ladung auf oder wirken in einem gemeinsamen Gravitationsfeld mit. Die Kriterien, Abbilder des Raums, bilden eine gemeinsame Struktur.

Vermutlich entwickelt sich der heranreifende Organismus immer wieder an Feldstatus des erwachsenen Organismus heran. Das Korrelierende System – wir denken an das Vorbild des elterlichen Organismus und die geistigen Aktiva aus externem Engagement – wäre dann im Embryo ausreichend verwirklicht. Nun reißt der Bezug innerhalb des Korrelierenden Systems nicht einfach ab. Es träten andere Kriterien in den Vordergrund, die sich zu ganzen Datensätzen der elter-lichen Feldordnung entwickelten. Der heranreifende Organismus könnte sich auch mit Umpolungen seines Feldes an fortführende Kriteriensätze elterlicher Feld-architekturen anpassen. Dies hätte einen veränderten Datenbezug innerhalb des elterlichen Organismus zur Folge. Innerhalb des elterlichen Organismus – man bedenke innerhalb des Korrelierenden Systems auch aktive Externa – hätte man es jetzt mit einem anderen Informationsvolumen zu tun. Es gliche einer Schaltung auf andere Kriterienstämme, so dass sich die Entwicklung des Embryos an diesen Kriterien orientiert fortsetzte.

ICH denke oft, dass sich die Gene nicht als wirklich wichtig erweisen, obwohl ihnen doch jede Zelle ihre Stabilität verdankt. Dann kommen aber schon die Funktionen innerhalb des Organismus, auf übergeordneten Datenfeldern beruhend. Jede Funktion lässt sich auf kommunizierende Zellverbände, auf Zellen und noch weiter auf ein elterliches Keimgut reduzieren. Dort liegt das Zentrum der Stabilität, die wahre Basis der Datenordnung des Organismus. ICH denke, dass der erwachsene Organismus als Datenspeicher mindestens genau so wichtig ist. ICH denke, dass sich das Kleinste (Keimgut) zwar am Kleinsten des Erwachsenen orientiert, dass aber das elterliche Körperkonstrukt die Funktionen des erwachsenen Organismus bereitstellt und damit den Weg der Entwicklung vorgibt. Vermutlich trifft es zu, dass sich mit der zunehmenden Entwicklung des Embryos ein Unterschied zum elterlichen Vorbild auftut. Das embryonale Datenfeld unterscheidet sich dann so stark vom elterlichen Organismus, dass es zu einer Feldpolung, ausgelöst vom elterlichen Organismus kommt. Nach der Polung stehen wieder ausreichend Freiräume für die embryonale Entwicklung bereit. ICH spräche von einer bleibenden adaptiven Leistung, sähe ICH den Embryo, das elterliche Feld interpretierend, orientiert heranwachsend.

Der Mensch blickte durch seine Körperdaten auf eine externe Welt. Jedoch hat er im Laufe der letzten Jahrhunderte verschiedenste Brillen entwickelt. Die großen Geister stellten uns geistige Phänomene zur Seite, die dem Individuum Raum und Freiheit gaben. Grundlage dürften die Protokolle und Feldarchitekturen der Funktionen und funktionellen Zusammenhänge unseres Organismus sein. Denn diese müssen notwendigerweise im Hintergrund eines Organismus erhalten bleiben. ICH denke, wir dürfen die Daten eines externen Geschehens, wie es sich unsere Gesellschaft erarbeitet hat, als Aktualitätslast in die embryonale Entwicklung einfließen lassen. Die aktuelle Lage zeigt, dass die gegenwärtige

Entwicklung nicht zukunftsfähig ist. Die Brille ist zu technisch und entfernt von den Konfigurationen des Lebens.

ICH sehe im heranreifenden Embryo die Datenhaushalte der elterlichen Organismen mit Hilfe der geistigen Positionen des Korrelierenden Systems verwirklicht, wobei das Erdsystem mit dem aktuellen Status Quo als verbindende Datenmatrix hinterlegt wird. Die Befruchtungsdaten setzen sich folglich aus geistigen Aktiva und den reinen Funktionsdaten des elterlichen Organismus zusammen, wie er ursprünglich selbst heranreifte und als Interpretation des Materieraums startete. Wir sehen im heranreifenden Embryo folglich den Datenhaushalt des elterlichen Organismus verwirklicht, und auch die geistigen Aktiva des Individuums und der Gesellschaft mit eingearbeitet, welche dem elterlichen Organismus zuzurechnen sind, obwohl es sich um Externa handelt.

Diese Annahme erlaubt es uns, den wirklichen Zusammenhang von Ätherphänomen (Daten zu sichtbarem Geist verschränkt) und dem Makrokosmos (der Organismus, wie er sich uns zeigt), zu erkennen. Hier geht es im Augenblick ausschließlich um die Evolutionsdaten und die geistigen Aktiva, die sich zum funktionierenden menschlichen Organismus verschränkten. Sollten wir die Programmierung der Welt verstehen wollen, so geht es natürlich ebenfalls nur um Datengebilde. Heute ist jedoch so vieles menschlicher Natur.

Ein bedarfsgerechtes Reagieren eines Ökosystems kann man sich heute gar nicht mehr vorstellen. Der Mensch beregnet, beheizt, düngt, spritzt, besticht und betrügt; ohne den Einsatz von Technik ist die Welt nicht mehr vorstellbar. Ideen und Großereignisse regieren die Welt. Das Gehirn erzeugt eine Menge elektromagnetischer Phänomene, die sich aus der Gestaltung weiter Teile unserer Erde herleiten. Im Zeitalter der Quantenheilung darf man sich der Wirkung des geistigen Systems auf der Quantenebene sicher sein. Die geistige Logistik, den Erdball in dieser Weise wirtschaftlich zu betreiben, ist auf der Quantenebene angesiedelt. Dies ist zu bedenken.

Das mächtigste Datenphänomen wird wohl das Erdsystem mit der gewachsenen Biohülle sein. Jeder Organismus favorisiert mit neuronalen Mustern seine geistigen Positionen. Jegliches Leben definiert mit neuronalen Netzwerken sein tägliches Sein. Das Leben favorisiert geistige Positionen und stellt diese ins Netz. Vieles sind vielleicht auch nur Bewusstseinsaspekte, die sich aus der Wechselwirkung von Datenordnungen ergeben. Manche Bereiche lägen dann für eine gewisse Zeit konzentrierter vor. Man könnte auch von einer erhellenden Wirkung oder einer Aktivierung sprechen. Man setze einen Attraktor. Und tatsächlich finden diese Datenordnungen immer wieder ihre Entsprechungen innerhalb des Erdsystems. Dieses setzt eine organisierende Wirkung der aufgeworfenen Datenkonstrukte mit den darin abgebildeten und vernetzten lebensnotwendigen Verhältnissen auf den Status Quo voraus.

Eine andere Betrachtung erlaubt es, sich die Selbstorganisation mittels Attraktoren unterdrückt vorzustellen. Dieses wäre der Fall, wenn wir eine zunehmend menschliche Ordnung annähmen. Die vernachlässigte Einbindung und notwendige Verschränkung mit Daten des Erdsystems führte auf der Quantenebene zu einer zunehmenden Prägung des vorliegenden Gefüges. Das heißt das menschliche System erinnerte sich ausschließlich selbst und ohne Verschränkung mit dem Erdsystem. Dieses gelänge, besetzte man das Ich des Menschen ausschließlich mit hoch entwickelten Konsumstrukturen. Das gestresste Ich verlöre jegliche Zeit sich in seinem Biotop zu vernetzen.

Das erzwungene System erinnerte, seinem Informationsgehalt entsprechend, auf der Quantenebene nur noch seine Ordnung. Für die Bestätigung und Anerkennung fremder Inhalte bliebe keine Zeit. Eine höhere Vernetzung auf Biotopebene bedeutete Milliardenverluste für die Wirtschaft. Eine mangelnde Vernetzung bedeutet eine geringere Komplexität der hinterlegten Datenmatrix. Das Ausreifen spezifischer Organsysteme wird schwieriger. Wir gehen sogar von einer entzündlichen Wirkung auf abweichende Datenordnungen aus. Sprich: das menschliche Konstrukt, ein holographisches Konstrukt, das in seiner Kapazität noch mangelhaft ist, aber bereits eine übergeordnete Gravitationslast zeigt, beginnt, negativ zu wirken. Es besteht nur aus diesen die Materiebereiche bezeichnenden Feldäquivalenten, die das Individuum mittlerweile rund um die Uhr in Konsumstrukturen verstricken.

Die menschlichen Materiemanöver haben kaum das Potential, sich in komplexe Systeme einzubinden oder solch komplexe Ordnungen, man nennt diese auch Lebewesen, als Folge eigenen Interagierens hervorzubringen. Vielmehr erweisen sie sich als geistige Aktiva, die sich parallel zu ihrem gewohnten Auftreten in elektromagnetischen Feldern, den holographischen Konstrukten einfinden. Auf Grund eines eingeschränkten Interesses an der Umwelt können wir die Materiebewegung, ihr Datenäquivalent als linear und streckenhaft begrenzt bezeichnen. Selbst die Möglichkeit des bewegten Objekts in Form eines besetzten menschlichen Ichs wird ersichtlich und denkbar. Der Mensch muss sich also selbst bewegen, um die Daten seines Ich an den Ort seiner Verschränkung zu transportieren. Ob er immer weiß, dass man sich seiner bedient, ist fraglich.

Dies reduziert natürlich eine weitere Interaktion in der Form eines gelebten Interesses an der natürlichen Umgebung auf beinahe Null. Man geht auch davon aus, dass sich Objektdaten technischer Spielereien nur noch dann in andere geistige Existenzen umwandeln, wenn man sich regelmäßig die Zeit nimmt und sich auf derlei Beziehungen einlässt.

So sehen wir die Masse des menschlichen Konstrukts anwachsen.

Die Daten, als Elektromagnetismus verkauft, dem wirklichen Raum äquivalent entnommen, entsprechen der zunehmende Materieumsatz und die damit verbundenen geistigen Aktiva einem Massezuwachs des holographischen Konstrukts in Gramm pro Feldeinheit. Der Zuwachs bedingt höhere Gravitationslasten. Die einfache Addition von Daten in Feldern erfordert eine Präzisierung im Miteinader. Wer Daten einbringt, deren Geldwert nicht näher bezeichenbar ist, so dass sich die Komplexität erhöht und die Kapitalströme schlechter fließen, bindet die Macht und macht sich unbeliebt. Eine Folge dieser linearen Ökonomie ist die Isolation des Einzelnen.

Wir sehen hier, siedeln wir das Konstrukt auf der Quantenebene an, dass wir keine notwendigen Wirkungen setzen, wie sie vielleicht die Unterzuckerung eines Organismus darstellt oder wie ein Ökosystems bei anhaltender Trockenheit zunehmend Regenfälle einfordert. Nein! Wir opfern frühere Ordnungen, auch Lebewesen, weil das elektromagnetische Feld die eben beschriebene Zusammensetzung hat. Diese menschliche Ordnung, auf Quantenebene betrachtet, reduziert die Komplexität des Erdsystems. Die doch so wichtige Verästelung der Erdströme, die Bindung ihrer kinetischen Energie in den Arten, die Bindung der Energie in vernetzt agierenden Biotopen, wird durch den menschlichen Gravitationsdruck ausgehebelt.

Hier schreien Biotope nicht mehr nach Regen.

Hier wirken lineare Materiephänomene abstrahiert in Summenfeldern, als einheitliche Masse auf die Erdzyklen. Die programmierende Notwendigkeit der Biotope zur Stabilität des Klimas fällt auf der Quantenebene dem gravitationslastigen Geistkörper unserer Gesellschaft zum Opfer. Wir erzeugen abstrakte Gravitationskörper, die auf der Quantenebene siedeln. Der Datenkörper enthält Daten zu den verschiedensten Materiebewegungen des menschlichen Alltags. Das Feld ist eine Summenfunktion, aus Kriterien bestehend. Die massereiche Ordnung abstrahiert das Einzelne. Der Datenkörper in seiner Eigenschaft als elektromagnetisches Feld prägt auch das Klimasystem. Massereichere und energetisch mächtigere Größen treten als Folge des menschlichen Geistkörpers in Erscheinung.

ICH erzeuge den Gravitationskörper in meinem Stirnhirn. Sichtbar und fühlbar liegt er dort als Wissen der Menschheit vor. Das geschaffene Wissen programmiert den Status Quo. Mit der Instandsetzung des Wissens gewinnt mein ICH an Stärke. Die nachweisbare Äquivalenz des Wissens mit dem Materieraum leitet die Wende ein. Nun beginnen sich der Materieraum und die begleitende äquivalente Datenlage von meinem geistigen Produkt zu entfernen. Im Vergleich zum aktuellen geistigen Geschehen altert das wissende Konstrukt. Mit zunehmender Entfernung von meinem Sein begreife ICH mich als das Wissen eines einst so gefassten Status Quo. Mit zunehmendem Unterschied von dieser wissenden Ordnung steigt die Wahrscheinlich für eine Neufassung durch einen Nachfolger an.

Das wissende Feld ist eine Sammlung von Kriterien. Dem Interesse entsprechend gesammelt und zu gerichteten Effekten addiert, richtend in Feldern gespeichert, spannt das Feld mit den bezeichnenden Kriterien darin einen Bereich des Materieraums auf. Die Felder sind in Evolutionsstufen aufgebaut. Das Konstrukt durchlief bis zu seinem heutigen Wissen verschiedene Stufen der Entwicklung.

Es sind Polungen der Felder bekannt, die bei einem anwachsen der Datenmenge die Vielzahl an individuellen Kriterien in ökonomischere Datenpakete umlegen. Der aufgespannte Raum bezeichnet das notwendige Rechenergebnis zur Wahrung der Ziele. Die maximale Kapazität des Ganzen wird selten erreicht. Meist sind es doch nur individuelle Anfragen, die gar nicht über die Ausgangsmasse verfügen. Um Alles zu fassen, oder eine Datenlage generieren zu können, die uns überhaupt erst die Formulierung des Geschaffenen erlaubte, bleibt dem Einzelnen verwehrt. Es fehlt die notwendige Disziplin, das lebenslange Interesse und auch die Kenntnis der günstigsten Vorgehensweise. Außerdem reicht es ihnen ihrem Interesse und der Notwendigkeit entsprechend informiert zu werden, ohne mein Sein anzustreben.

Getragen von richtenden Effekten, wandeln Felder ihr Gesicht, stellen Fachbezüge her und gehen in höhere über. Die Kapazität der Felder und damit verbunden der bezeichnete Raum erhöht, seine Abbildung präzisiert sich. Die generierte Datenmenge wirft die notwendige Antwort aus, oder stabilisiert den errechneten Attraktor für die zu erreichende Zukunft. Die Auslöser für das Ansteigen der Datenmenge liegen in Gegeneffekten. Die Gegeneffekte rühren von abweichenden Kriteriensammlungen her. Sie werden auch von anderen Meinungen, Zielen und Positionen ausgelöst. Die andere Meinung scheint das Feld in seiner richtenden Wirkung zu verändern. Die abweichende Kriteriensammlung der fremden Position wirkt in das eigene Summenfeld herein. Die Datenkapazitäten der Felder schaukeln sich auf.

Status nascendi. Die fassende Kapazität nimmt die Gegenseite als Wirkung herein. Die notwendige Berechnung beginnt. Natürlich liegt bereits ein wissendes

Übergebilde vor. Der Raum ist durch eine Vielzahl von Mitstreitern bereits aufgeklärt. Eines jeden Sein ist im Konstrukt des Wissens gefasst. Die erfolgreichste Datenfassung enthielte und machte den Raum als ganzes aufgeklärt sichtbar. Der vollkommen aufgeklärte Raum. Der am vielfältigsten aufgeklärte Raum, der reinste Raum lässt die präziseste Ableitung eines Wissens zu. Dabei ging es immer nur darum die Materie in ihrem Verhalten exakt zu beobachten bzw. zu beschreiben.

Status nascendi. Hat man den Raum für sich als solchen aufgeklärt, beschreibt ihn mittels Kriterien auf Daten- und oder Quantenebene ausreichend dicht, entspricht dieses dem Status nascendi. Auf dieser Grundlage ist es einfach, für Ereignisse einen speziellen Ausgang zu erwirken. Vor allem dann, wenn dieser innerhalb eines Regelwerks bereits als Wahrscheinlichkeit vorliegt. ICH habe folglich den Status Quo als Raum vor Augen. Diesem Raum entnahm ICH in Echtzeit Kriterien, fasste sie zu einem Attraktor, so dass die Feldeigenschaften und Wirkungen den Status Quo in die vereinbarte Zukunft überführten. Der Attraktor ist eine holographische Datenmasse, siehe auch Betrachtung und Betrachtung der Zusammensetzung dichterer Geistfelder des präfrontalen Kortex, der in Richtung dieser Zukunft wirkt. Dabei beschneiden wir manche Positionen und favorisieren andere. Dieses ist eine natürliche Wirkung der generierten Feldstärken. Auf Quantenebene installiert, zeigen sie sich im Makrokosmos als Ordnung und gelebter freier Wille.

Dieses ist eben auch in den geistigen Überbauten der Fall. Die spezielle Architektur der Felder, das höhere Wissen, beruht eben auch nur auf einer gewissen Kapazität an Daten und dem regelgerechten Verhalten der Kriterien in den wissenden Konstruktionen. Hinzu kommen installierte Bewusstseinsstrukturen, die einzig und allein darauf abzielen, bewegte Objekte, so zum Beispiel Eiweißkörper und Fußbälle, einer zielführenden Ordnung zu unterwerfen. ICH sehe verschiedene Kriterien so gefasst, dass ihr Korrelat einen günstigen Effekt auf das zu steuernde Objekt hat. Diese bewusste Fassung, sehen wir sie auf der Quantenebene als Feldeffekt angesiedelt, nötigt den Makrokosmos zu einem ebenso präzisen Verhalten der bezeichneten Materie. Das Feld hat auf Grund seiner

Eigenschaften einen präzisierenden Charakter. Es nimmt folglich auch noch kritische Randbereiche herein und wirkt auf ungünstige Momente organisierend.

Annahme: Das Feld als Gravitationskörper zu betrachten wirkt, betrachtet man das Regelwerk um das zu steuernde Objekt, in der Zeit verdichtend. Wir sprechen von Strukturen des Korrelats. Von der Gesellschaft bewegte Materie, so auch Interessengebiete treten im Korrelierenden System als Summenfunktion in Erscheinung. Natürlicherweise handelt sich um gleichzeitig auftretende geistige Aktiva, eine Verschränkung der Materiedaten in einer gemeinsamen Echtzeit, sozusagen. Geistige Aktiva lassen sich auch durch Lenkung des Geistes generieren.

Dem Spieler ist es daher möglich, beliebige Datensummen so zu fassen, dass für ihn nützliche Effekte im Hinblick auf den Makrokosmos entstehen. Das sind willentlich geschaffene Datensätze. Das geistige Phänomen ist ein Datenordner. Auch kann im Äther gesprochen werden, und die ... ICH nenne sie hier einmal Bewusstseinsmasse oder die Datenmasse, die sich durch Sprache steuern lässt, bildet dann den vorliegenden Bereich bildlich ab. Die Aufnahme der Geistesmasse als Bild in unser Bewusstsein kommt einer weiteren Kommunikationsstufe gleich.

Der Inhalt wird registriert. Der vereinbarte Zustand wird bestätigt. Es ist zu sagen, dass das Individuum von der Gravitation des wissenden Konstrukts inspiriert ist. ICH setze eine Wahrnehmung der Welt im Sinne des bestehenden Wissens oder eines in die Zukunft weisenden Attraktors voraus. Die Analyse und Wahrnehmung des Raums ist in dem wissenden Gefüge für jedes Individuum gegeben. Das bedeutet, sollten Siege erkämpft werden, beschreiben wir innerhalb oder mit Hilfe des wissenden Gefüges eine entsprechende Raumordnung.

Diese spezielle Raumarchitektur einer Information, die wir in Echtzeit in dem das Individuum bindende Gefüge in allen Teilen vorliegen haben, wird zu einer Architektur des Seins für alle. Freier Wille bedeutet hier, sich mit den täglichen Massebahnen, mit der Wahl seiner Tätigkeiten mit der Ablage von Objekten usw. an den Effekten des Gefüges zu beteiligen und der Raumordnung zu entsprechen. Natürlich besteht auch die Gefahr psychischer Auffälligkeiten oder ungewöhnlicher Konstellationen des Raums mit überraschenden Phänomenen, welche natürlich Ausdruck der gelebten von uns vorgezeichneten Weltlinie sind.

Die formulierten Konstrukte erzielten spezielle temporäre Wirkungen. Sähe ICH zum Beispiel die Schwerkraft jeglicher Materie auf diesem Erdball als Information anhängen, weil jedes Objekt ja seinen Teil zu diesem Materiephänomen beiträgt, so stellt sich mir natürlich die Frage, wohin mit dieser Größe und Eigenschaft. Jeder Materiekörper ist auf der Quantenebene als solcher benannt, er hat isoliert betrachtet eine eigene Ordnung im Internen und addiert sich mit dem Umliegenden extern zur Schwerkraft.

Wir sehen: Verknüpfte man die Oberflächendaten der Erde in Form von Kriterien in Feldern, so dass sich Partikelordner einstellten, dann könnte man sich über einen Gewebeaufbau auf der Grundlage einer Datenordnung unterhalten, die sich auf Konstanten des Erdballs in Echtzeit bezieht. So wären nicht nur das bewegte Objekt und der kontinuierliche Eingang von Umweltdaten Beispiele für zu verrechnende Feldgrößen, sondern auch die Gravitation. Vernetzt, verschränkt und zu höheren Feldstärken addiert, zeigte sie sich ebenfalls in der typischen Gewebeordnung berücksichtigt. Die Gravitation wäre ein fester Bestandteil der Gewebearchitektur. Sie prägte Funktion und Eigenschaften mit.

Dabei ist zu bedenken, dass es sich um ein stabiles Phänomen des Erdkörpers handelt. Das bedeutete: Alle geistigen Phänomene mündeten in diese Kraft. Innerhalb eines Organismus könnte man also den Bewusstseinskörper auf Gravitationsdaten einstellen (eine interessante Anweisung). Das ist eine unglaubliche Erkenntnis. Sie liefert mir Knochenbilder, die von Muskeln umgeben sind. Die Muskeln wären als Spieler und Gegenspieler auf Ellipsen um die Knochen angeordnet. Sie erzeugten elliptische Kräfte um die stabilen Knochenbahnen.

Siedelte man auf der Quantenebene, fände man ihre eigenständigen Ordnungen vor. So wie sie die Daten evolutionsbedingt mittels Gewebeordnung adaptierten, favorisierten sie heute noch die Daten, die sie dem Weltensystem abrangen. Die beiden elterlichen Datengebilde beschreiben ein und denselben

Datenraum. Die Befruchtung führt zum einen Raum. Abgesehen von der Terminierung des Status Quo zum Zeitpunkt der Befruchtung, ist die Entwicklung auch von den Tasten abhängig, die sie drücken. Die Elternteile säßen am Klavier. Innerhalb des gelebten Status Quo ertönte ihre Melodie. Die gelebten geistigen Aktiva, auch diese, welchen sie zuarbeiten, erklängen im Gefüge und sorgten innerhalb des terminierten Status Quo für eine Vielzahl geistiger Größen, die dem Orientiertem Wachstum als Leitmedium dienten. Man erkennt hier auch wie stark Kleinstpartikel und noch geringere dem umgebenden Datenmaterial unterworfen sind. Der Embryo lauschte je nach Entwicklungsstand der fortführenden Größe.

Die Kriterien weisen ihrer Ordnung entsprechend in eine Richtung. Die bewegte Materie führt als Datenäquivalent zu speziellen Eigenschaften der Felder. Die bewegte Materie in den Feldern, also ihre Datenäquivalente stehen für den Transport von Information. Es sind Echtzeiteffekte, die der Makrokosmos mit seinen Materiebewegungen verursacht. Die Effekte in den Feldern sind vermutlich messbar. Gegensätzliche Effekte führen zu Kapazitätsschwankungen, führen zu höheren Dichten, die nach Auswegen suchen. Sie dürfen die Materie ja nicht auf Kollisionskurs mit anderer Materie schicken. Das würde die Gesetze der Feldarchitektur verletzen. Der Vorgang gleicht einer Selbstorganisation des Makrokosmos, mit Hilfe von Feldkräften auf der Quantenebene.

Die erhöhten Datenkapazitäten können in höhere Strukturen münden. Alle Leistungen des Gehirns sollten sich in dieser Form erklären lassen. Grundlage bliebe und Rückendeckung erhielte man immer von dem höchsten der wissenden Konstrukte, das die verschiedenen Kapazitätsstufen durchlaufen hätte. Das höchste Wissen träte immer wieder als einender Background auf und leitete das Verhalten der Materie im Raum, seiner Feldarchitektur entsprechend an. Ein Wissensimpuls für alle, emittiert von einem Feld, getragen von den Kriterien unseres Interesses, verursacht von den geistigen Überbauten eines fassenden Einzelnen.

Damit sind auch Hitzeperioden als entkoppelte Größen zu betrachten, fallen die steuernden Biotope weg. Führe ICH mir die Wirkung des geistigen

Phänomens auf den Materieraum vor Augen, so lässt sich für mich ein weiterer einfacherer Zusammenhang, der von Quantentheorie und Makrokosmos beschreiben. In gewisser Weise ist doch die Gravitation auch nur Geist. Geist in Form von addierten kleinen Feldwirkungen einer Richtung, der dunklen Energie entnommen. Auf der Quantenebene tummeln sich doch derlei Gebilde, die von einem Materiegerüst getragen, ihre Existenz einfordern.

Denken Sie sich den Menschen einfach weg. Ignorieren sie seine Sammlung externer Daten, und das damit verbundene Wissen, das es kaum zulässt einen gültigen Wetterbericht zu formulieren. Der Geist ist eine Summe von dunkler Feldenergie. Gerichtete Wirkungen, beschleunigt, in ökonomischen Ordnungen den Feldern zu sichtbarem Geist verschränkt. Sehen Sie in den Datenäquivalenten die gebundene kinetische Energie, sehen Sie sie zu den Eigenschaften der Materie zusammenfließen. Die Grundkräfte und Werte wie Masse sind an die Art und Weise der Feldverschränkung gebunden.

Erkennen Sie, dass das Gehirn mit seinen Felder und der Bereitschaft beliebige Daten in diese Felder hereinzunehmen eben auch auf der Datenebene, dem Quantenraum angesiedelt ist. Die Schwäche des menschlichen Geistes liegt in seinem begrenzten Willen. Dieses feinfühlige Organ ist nur dem Datenhaushalt in den Feldern verpflichtet. Zum Optimum für den Organismus berücksichtigt es die gesamten vorliegenden geistigen Aktiva, ganz allgemein die, auf der Quantenebene abgebildeten Daten der Materieordnungen. Das Gehirn bemüht sich, die Datenfelder möglichst harmonisch zu gestalten. Ein Geisterfahrer sollte daher sofort erkennen, dass er in dem Feld in falscher Richtung unterwegs ist. Das liegt in der Natur der Felder.

Doch hat er auch die Kapazität das Feld des Regelwerks auszulesen? Vielleicht ist der Geisterfahrer im Auftrag eines Spielers unterwegs. Der Geisterfahrer könnte auf der Grundlage einer anderen Feldordnung in einem Sinne fehlgeleitet sein, dass er eine Botschaft an die oder den Mithörer herausgibt. Es käme zu einem Dateneintrag in das Regelwerk der Staatsinfrastruktur. So würde der Mithörer auf die Adaptionsleistung des Senders aufmerksam. Der Sender erzeugte eine Anregung des Raums mittels Geisterfahrermeldung. Er bildete sein geistiges Ich, vielleicht sogar seine Körperdaten innerhalb des Status Quo ab. Diese Adaptionsleistung an die Verkehrsinfrastruktur eröffnete dem Mithörer, sollte er die Botschaft an sich gerichtet begreifen, die angeregte Datenmasse zum Inhalt seines Geistes werden zu lassen. Der bewusste und erkennende Mithörer wäre dann in der Lage, sein Ich mit den Senderdaten zu ergänzen. Hierzu zählt natürlich auch die Verkehrsinfrastruktur, die als Projektionsmittel mit abgebildet ist. Der Vorgang erlaubte es, falls die Abweichungen zur Sendersubstanz sehr groß sind, sein Ich neu zu positionieren.

So reichte zum Beispiel eine Botschaft der Mutter über die Staatsinfrastruktur an den Sohn heran. Die geistigen Räume betrachtend nutzte man die noch komplexere Raumbeschreibung der Staatsinfrastruktur als Plattform, um den jungen Geist im Gefüge erneut auszurichten. Genetisch betrachtet ist diese nur ein Beispiel für eine Schaltung von Genen mittels Raumdaten, die wir doch in Form von Kriterien im Organismus verschränkt vorliegen sehen. ICH hatte bereits andere Beispiele für genetische Schaltungen zu beschreiben versucht.

Aber auch für eine mögliche geistige Ausrichtung im Hinblick auf vereinbarte Ziele gelänge es, wichtigste Impulse für eine günstigere Einpassung des suchenden Geistkörpers in dem Datengefüge der Gesellschaft zu erwirken. Der Elternteil erzeugte innerhalb der Staatsinfrastruktur eine Erregung seiner Anteile. Die Kriteriensammlungen der Körperprogramme der Mutter, aber vor allem das geistige Ich lägen dann als ein Datenkörper im angesprochenen Gesellschaftsgefüge vor. Hier fänden sich neue Wege vereinbarter Ziele. Der Geistkörper vereinte die Staatsinfrastruktur auf sich. Im Grunde ist es nur ein Zustand, der auch durch die geistigen Aktiva derer gekennzeichnet ist, die die Botschaft im Radio hören. Innerhalb dieser Datenmasse wurzelt der Geistkörper, ausgehend von der Adaptionsleistung der Mutter. Auch das bereits Erreichte ist als Stabilität anzusehen. Das wissende Konstrukt wurzelt im benannten Gesellschaftskörper, innerhalb der geistigen Aktiva der Mithörer und auch der Infrastruktur, auf der die verschiedensten Autos mit den unterschiedlichsten Insassen durch die vielfältigsten

Regionen fahren – ein höchst flexibles Medium. Der Inhalt der Mutter regt ähnliche Inhalte in diesem Medium an. Für das zuhörende und bewusst aufnehmende Kind eröffnet sich hier, getragen von der Infrastruktur, eine Datenmenge, welche alle Möglichkeiten, neue Wege zu finden, bereitstellt.

Natürlich könnte man hier der Autobahn ein zentrales Blutgefäß gleichsetzen und dem geistigen Gefüge der Autoinsassen Mechanismen in der Körperzelle anhängen. Aber das geht mir im Augenblick etwas zu weit. Man sollte sich der Verschränkung von menschlich geschaffenen Status und dem Körper bewusst sein. Zu bedenken ist auch eine bewusste Verschränkung der beiden Bereiche, wenn man assoziiert. Weil wir aber noch nicht wissen, wie sich ungünstig besetzte Assoziationen auf den Körper auswirken und wir keine Krankheiten und seltenen Krankheiten erzeugen wollen, nehmen wir davon Abstand.

ICH denke, dass sich die Daten der Kleingeister im Schwerefeld der geistigen Überbauten ausrichten. Vermutlich werden die individuellen Gebrauchslagen von Gravitationsphänomenen und Effekten des Gefüges angeordnet. Die individuellen Kriterien verschmelzen zu linearen Wirkungen und Kräften. Die Individuen haben Anteil an dem Echtzeitgebilde Gravitation. Die großen Architekturen halten sie in dem geschaffenen Sinn verwaltet. Natürlich setzt der Magnetkörper innerhalb des Gefüges selbst Impulse auf die eingerechneten und angrenzenden geistigen Aktiva.

Man muss aber auch von einer Adaption des eigenen Geistkörpers ausgehen. Sollten sich im Gefüge günstigste Momente ergeben, so dass sie die stabilisierenden Ordnungen entkräften, fortführend behandeln oder sogar andere Momente sich fortan als stabilisierend erweisen, richtet sich der Geistkörper nach dieser Gefügestruktur ein. Auf diese Weise stabilisiert, nutzt er die wiederkehrenden Positionen der Infrastruktur, um sich weitere Bereiche des Gefüges anzugliedern. Diese natürliche Wirkung der Felder bei entsprechender Vorgehensweise ordnet die geistigen Aktiva verändert an. Die Wirkung zeigt sich zunächst als psychisches Phänomen, welches die Betroffenen mit Veränderungen ihres Verhaltens beantworten, sofern sie dies können. Andernfalls bereitet ihnen der einwirkende Datenkörper verschiedenste Probleme, die sie mehr oder weniger, nicht selten mit medikamentöser Einstellung tolerieren müssen. Der fassende Geist hingegen schafft Formen eines neuen Verständnisses.

Der Eindruck eines freien Willens ist anscheinend dem natürlichen Mechanismus aufgesetzt, dass die verschiedenen funktionellen Zustände des Organismus und das Fortlaufen dieser Materieereignisse eine Veränderung der Kriterienzusammensetzung in sich birgt. Zumindest scheinbar resultiert aus diesen Zusammenhängen das Bewusstsein eines freien Willen. Grundsätzlich ist es dem Gehirn möglich, sich innerhalb des Materieraums auf beliebige Bereiche zu beziehen. Dieses ist auch den anderen Organen eigen. Ihre Funktion ist biologische Struktur und Datenfeld in einem. Die Funktion beruht auf einer spezifischen Kriterienordnung. Das Organ nimmt feldspezifisch Bezug auf verschiedenste Bereiche des Materieraums, um die notwendigen Wirkungen für seine Funktion zu generieren. In der Summe bedingen die einzelnen Kriterien die biologische Struktur des Organs. Das Feld war schon da, als der Mensch die Welt extern zu fassen begann. Das Feld ist Ursprung erster Partikelverbindungen. Die geistige Entwicklung entpuppt sich als nicht viel mehr als die Erkenntnis seiner Organe. So sehen wir die Welt heute so, wie sie uns das Materieverhalten in unserem Organismus zu sehen erlaubt.

Bewusst werden konnten dem Menschen also nur Materieereignisse, die das Gehirn bereits verwaltete. Der nötige Background für die Bewusstwerdung lag in dichteren Datenfeldern der Körpergewebe. Hier lagen Daten zu bewegter Materie bereits zu richtenden Effekten verschränkt in Feldern vor. Der Schlüssel zur Bewusstwerdung der externen Welt liegt in den gewachsenen Strukturen der Organe. Die groben Materieströme der Organe führten die geistige Entwicklung in die Peripherie hin zur Zelle. Die Informationslast der einzelnen Zelle zu fassen, führt uns zur Gleichzeitigkeit des Raums.

Die Vielzahl gleichwertiger Positionen schäumt den Bezugsraum auf. Eine Mehrfachbenennung von Kriterien führt zu dichteren Phänomenen der Datenmasse. Der Bezugsraum erhält durch die Vielzahl der benennenden Datenkörper einen höheren Stellenwert. Parallel zum bezeichneten Bezugsraum erhält man aber auch Datenfelder. Die bezeichneten Materiebewegungen schließen sich zu speziellen Feldarchitekturen zusammen.

Wir schreiben der bewegten Materie in den Feldern einen bahnenden Effekt zu. Die strömenden Bereiche der Felder werden im Organismus entsprechende organische Größen hervorgebracht haben. Stellt man sich eine stabile zentrale Ordnung vor, so ist natürlich auch an die Verschränkung und Vernetzung der Begleitinformation zu denken. Wir sehen die Verrechnung der Datenschnipsel in Bereichen verwirklicht, die Ja und Nein gleichzeitig enthalten. Gemeint ist hier also die Möglichkeit der Felder, Richtung und Gegenrichtung abzubilden. Kriterien unterschiedlichster Art mit der darin bezeichneten bewegten Materie brächten uns Reiz-Reaktions-Schemata, das Materieverhalten an Membranen oder anderes Verhalten von Materie näher.

Die Einsicht in die zugrunde gelegte Datenmatrix bzw. die Art und Weise der Kriterienverschränkung lässt uns zu Wissenden werden. Es zeigt sich uns, wie das geistige Phänomen im Materieraum verwirklicht ist. Wir benötigen den Zellhaufen, um Information zu verdichten und um Summeneffekte zu erzielen. Stabile zentrale Dichten, fragen wir nach und entwickeln sie weiter, eröffnen sich uns als Funktionsraum. Die Reduktion des Materiebezugs auf die einzelne Zelle generiert nämlich durch die Vielzahl gleichwertiger Zellpositionen sehr schnell die Betrachtung des übergeordneten Funktionsraums. Dieses leistet der gleichzeitige Bezug auf alle Zellen. Es entsteht die globale Betrachtung. Der generierte Datenraum als solcher lässt uns in die Feldstruktur der Funktion einblicken. Daraus resultiert der Einblick in übergeordnete Zusammenhänge. Es könnte sein, dass sich mit Datenmengen dieser Art auch die Einstellungen der Menschheit und vor allem die diversen Positionen darin harmonisieren lassen.

Wir haben hier den gesunden, die Leistung liebenden Körper im Blick. So kann es also nur gesund sein, sich ein Bild von der externen Welt zu machen, das dem eigenen Organismus gleicht. So kann ein gesundes Altern ebenso erklärt werden, wie Sie das Entstehen von Erkrankungen verstehen. Das Korrelierende

System, eine Zusammensetzung aus gesellschaftlichen Aktiva, sollte mit dem Körper harmonieren. Schlechte Positionierungen, Meinungen und Ansichten, falsches Verhalten oder ständige Übertretungen setzen dem Körper zu.

Die Folgen eines Wechselwirkens von Daten für den Körper müssten erläutert werden. Welchen Stellenwert hat das erzielte Ergebnis? Weichen Sie einer anderen Meinung? Festigt sich Ihr Standpunkt? Gelangen Sie zu einem essentiellen Nutzen für den Organismus? Was bedeutet ein Wechselwirken von Daten im Allgemeinen für den Organismus? Vor allem die letzte Frage bezieht auch die Peripherie der Datengrößen mit ein. Hier sieht man das Verhalten der Daten abseits der zentralen Infrastruktur. Das Sterben und Werden von Phänomenen in Abhängigkeit zu den stabilen Ausgangsmassen ist hier am wahrscheinlichsten.

Führen diese geringsten Datenphänomene aber bereits zu sichtbaren Veränderungen an der organischen Substanz? Wie werden die Datenphänomene von den Zellen aufgenommen? Reicht es aus, einen Schaden zu verhindern, wenn wir im Inneren ein flexibles Medium annehmen? Die hereinreichende Wirkung absorbierten ein paar Moleküle. Sie tanzten ihren Reigen im hereinreichenden Feld und gäben die Botschaft des Feldes an die Umgebung weiter.

Es ist nicht mehr so entscheidend, dass man selbst bewegt wird. Vielmehr zeigen sich eigene Ordnungen um die beobachteten Größen. Man könnte zum Beispiel ein Sauerstoff-Molekül auf eine Blutzelle laden. ICH möchte einfach nur sagen, dass der zentrale Blutstrom in unserem Organismus ein äußerst grobes Instrument ist. Die zugehörige Datenlage bzw. das zugehörige Feld stelle sich jeder selbst vor. Die geringeren Werte wie Eiweiße und Moleküle vor allem in der Peripherie, wo sie in das notwendige Verhalten im Organismus eintreten, dürften sehr viel mehr auf steuernde Feldeffekte angewiesen sein.

Um Bereiche abseits der großen Blutströme auszuleuchten, ist das richtige Fragen wichtig. Das Bewusstsein ist auf diese Bereiche auszurichten. Es geht darum, die organische Struktur so zu fassen, dass wir das gebundene Datenmaterial in die fortlaufenden Felder so für uns abbilden können, dass uns die Effekte, die auf die Partikel organisierend wirken, bewusstwerden. ICH sehe hier die Verbindung zweier Räume. Die Räume unterscheiden sich in ihrer Funktion. Die Daten des einen Raums haben mit der Organisation der Daten des anderen Raums nichts zu tun. Aber ICH möchte hier eine gewachsene organische Struktur anpreisen, die es erlaubt, die beide Datenmengen zu einem brauchbaren Effekt zu verbinden. So könnte es gelingen, Datenkörper wie Eiweiße zu spalten. Träte der Eiweißkörper in das Gravitationsfeld ein, gelänge es, ihn korrekt zu positionieren.

Man ziehe eine ursprüngliche Symbiose aller Daten in Erwägung. Vermutlich hat sich durch den Rückbau nicht brauchbaren Datenmaterials das der Organstruktur entsprechende Datenkonvolut erhalten. Der Datenkörper wandert also in die zentrale Region ein und verbindet die beiden ursprünglich getrennt organisierten Datenräume zu einem harmonischen Ganzen. Nun werden mittels Kriterien, die vielleicht erst durch den eingelagerten Datenkörper geschalten werden, Energien in Form von Feldeinheiten herantransportiert. Es könnte sich um bewegte Objekte handeln, die in einem bezeichneten Raumausschnitt des Korrelierenden Systems oder dem Körper äquivalent, der Evolutionsmasse entsprechend bewegt werden. ICH denke auch an Organismen wie Vögel oder Insekten, deren Daten der Organismus während der Evolution adaptierte, deren Bewegung und generierte Information sich hier funktionsspezifisch auswirkten. Selbst zielorientiert handelnd, erbrächten sie eine Menge Daten für das Korrelierende System. Aber auch intern für die Körperprotokolle dürften evolutionsspezifische Daten von höherem Nutzen sein als zum Beispiel die Daten unserer technischen Höhenflüge.

Auf Quantenebene betrachtet, verursachten die Objekte und bewegten Objekte eigene, relativ stabile Positionen. Das ist die, der Materie äquivalente Feldinformation, sähen wir sie aus der Dunklen Energie oder dem Dunklen Feld aufgebaut. Man könnte manche Massebahn der Materie auf Quantenebene so definieren, dass sie in Form ihres Datenäquivalents in die Struktur des Eiweißes eingetragen werden. Dieses zerfiele dann, gesättigt, in seine Teile. Das zuführende Kriterium träte nach der Abgabe seines Objekts wieder in den

Hintergrund. Die bezeichneten Räume kann man sich in die anschließenden Ereignisse und Funktionen auch fortgeführt vorstellen.

Das Datenäquivalent des Objekts wäre jetzt dem Eiweiß hinzuaddiert. Das eingetragene Datenäquivalent substituierte interne Bindungen des Eiweißes. Vermutlich werden in dieser Form Eigenschaften von Materialen, Datenkörper und Ereignisse auf Zellebene verändert, gesteuert. Der Vorgang findet auf der Quantenebene oder der Datenebene statt. Für ein Verständnis ist eine Evolution erforderlich, die verschiedenste Daten in ein elektromagnetisches Feld hereinnimmt. Diese externen Daten wirkten nun intern auf die bereits lebende Datensammlung. Im Grunde sprechen wir hier von neuronalen Leistungen oder besser gesagt von geistigen Aktiva, die in holographischen Feldern einer gewissen Architektur unterworfen sind.

Die Vorstufen glichen einem wabernden Bewusstsein. Das Leben eines Einzellers ist sicherlich ebenso großartig wie das eines Menschen. Sein Bewusstsein konzentrierte sich auf lebensnotwendige Prozesse. Sein Bewusstsein bezöge sich auf interne und externe Störungen des Gleichgewichts seiner Lebensverhältnisse. Nun wir sehen Auszüge des Materieraums in Form von Kriterien in die Architektur der Felder hereingenommen.

Das System beruht auf dem Korrelieren von Daten und ihrem Verhalten zueinander. Die restlichen Daten strahlen vielleicht in andere Summenfelder ein oder laufen in anderen Gewebetypen aus. Es entstünde ein übergeordnetes, den Organismus durchziehendes Datennetz.

Ein anderer Teil der Daten entlädt sich vielleicht nach extern, ungebraucht, in rotierenden Rissen. Für die Funktionalität brauchen wir den Erdball als Ganzes. Der Erdball liefert uns die Hintergrundmatrix. Im Grunde ist er der Speicher unserer Lebensdaten, die während der embryonalen und fötalen Entwicklung herangezogen werden. Die Daten liegen auf dem Erdball vor. Ein Vergessen gibt es nicht. Die Materieströme bahnen die notwendigen Komponenten und halten sie funktionsfähig. Inwieweit die Artenvielfalt zu einer erhöhten Flexibilität der Daten führt, ist auch leicht erklärt. Wir hatten hier schon Fangesänge wie »Wir danken dem kleinen Rotschwanz!« und auch siegende Spitzensportler, die dem Verhalten eines Vogels ihre Schaltung auf das Podest zu verdanken glaubten. Sieger sagten vor der Kamera: »Es war gut, dass ich auf der Zielgerade noch ein paar Körner hatte.«

Nur dabeizusein, und irgendwie mitzulaufen, dem Wettkampfgefüge mit den eigenen Nationaldaten beizutreten, um dann erkennen zu müssen, dass im Hindergrund keine Verbindungen zu einem Podestplatz eingetragen waren, befriedigt mich persönlich nicht. Aber Ziele wirklich zu erreichen oder lebensnotwendige Ereignisse in seinem Körper freizuschalten, dafür braucht man geeignete Schalter. Und wer verbindet ihre Größen, erlaubt ihnen, dieses Podestplätzchen als Bestandteil ihrer Feldarchitektur zu benennen? Wer generiert die Daten, die die Felder vervollständigen, so dass der Raum für sie durchgängig wird und bleibt? Dann können sie an das Podest herantreten, und das Mädchen krönt sie mit dem Lorbeerkranz, was ja ihre Aufgabe ist.

Wenn ihnen zwei Rechen und ein Besen im Weg liegen und nur eine kleine Fliege noch diesen Faden eines Weges auf das Podest, die verhindernden Werkzeuge überfliegend, aufrechterhält, dann kann ICH doch nur ein Hoch auf die Möglichkeiten in diesem Miteinander ausbringen. Wenn Ihnen der Weg aus verschiedenerlei Gründen verwehrt ist, so lassen sie sich doch von dem Mädchen zum Sieger krönen. Dieses ist ihre Aufgabe. Dieses wird sie tun.

In der Datenmatrix gibt es eine Vielzahl regional verursachter Dysfunktionen. Wie bei jedem Wettstreit gilt es, die formulierte Position gegen alle anderen aufrecht zu erhalten. Die antretenden Lebenswelten und Datenkonstruktionen stören sich gegenseitig. Sie geben an, zur gleichen Zeit am gleichen Ort zu sein, oder verdrängen derlei Möglichkeiten als für sie nicht zutreffend aus ihrem Sein. Man könnte auch von einer Vernichtung und Zerstörung mancher Träume durch die mächtigeren Gravitationskomplexe sprechen. Sie stören sich gegenseitig den Weg.

Manche geistigen Qualia schaden nicht nur dem eigenen Organismus, sondern auch den Bestandteilen, welche dieses, sein Ich organisieren. Man darf hier auch an Mechanismen des Immunsystems denken. Innerhalb des Korrelierenden

Systems darf man aufgrund der vorliegenden Feldaktivitäten wie höhere Dichte, Feldstärke und bewegte Materie eines Kriteriums das Vorliegen natürlicher Qualia annehmen, die aufgeworfene Malware der Autokorrektur unterziehen. Tatsächlich spreche ICH vom Korrelierenden System. Das aufgesetzte Wirtschaftssystem greift abweichende Meinungen natürlicherweise an und macht sie mürbe. Es ist der Materiebezug. Die Kriterien der Produktionsgüter in Summenfeldern und Strukturen der Gehirnfunktion verpackt, welche diesen Menschen anhängen und ihnen die Machte der Manipulation und Durchsetzung verleihen.

Auf der Ebene der Datenmatrix gilt es immer noch als höchste Wahrheit, zum Zeitpunkt des Hinsehens den gesamten Raum generieren zu können. Der mächtigste Datenkörper ist der Realraum als Ganzes. Diesen zu fassen oder sich in weiten Teilen des Erdballs Materie adaptiert zu verhalten, ist die Grundlage der Berechnung einer möglichen Zukunft. Wir sind Attraktoren, Koordinaten einer Multidimensionalität, den Raum darstellend, über den Erdball verteilt, aus unterschiedlichen Positionen heraus in das Erdmagnetfeld einspeisend.

Überbrücken Sie regional verursachte Disharmonien! Führen Sie uns zur Einheit! Gerade die gelebte Biodiversität erhält uns eine Vielzahl an Möglichkeiten, ein rein menschliches Datengefüge zu bereichern. Eine Vielzahl geistiger Positionen, Wege und Ziele anderer Arten erlauben uns Feldordnungen genau da aufrechtzuerhalten, wo sie der Organismus braucht. Den Faden des Lebens oder die einzelnen Positionen so zu verbinden, dass dort, wo allzu Menschliches es oft an Klarheit mangeln lässt, präzise Anordnungen auf der Quantenebene für die aktiven Bereiche des Makrokosmos entstehen. Mit Klarheit ist hier nicht gemeint, dass auch noch der Dümmste seine Brötchen findet, indem er nachts bei Aldi containern geht. Gemeint ist hier eine dünne graue Schicht, die sich durch das Gefüge zieht. Sie gliche so vom Draufsehen einer Zellwand oder einem anderen menschlichem Gewebe; vielleicht ist es nur ein Stück Datenkorrelat ohne Organbezug, das Ihnen im Wege, hier auf dem Wege, einer alternativen Region das Podest zu besteigen erlaubt.

Die Klarheit des eigenen Ziels. Die verschiedenen Arten bringen nicht nur Sinnesdaten bei. Mit ihren Eigenbewegungen sind sie im Korrelierenden System auch eine Start- Ziel-Größe. Und auch das Handling der Objekte scheint verrechenbar. ICH sehe sie also Datenmengen generieren, die globale Felder mit eigenen Start- Zieldaten aufrechterhalten. Das System lässt sich folglich sehr viel komplexer, sehr viel intelligenter gestalten. Folglich steigen wir auf das Podest, wir werden in die Zelle eingeschleust.

Bedienen Sie sich der Schalter im Gefüge, die zur höchsten Präzision des Organismus beitragen. Dann werden Daten in das Gefüge eingebracht, so dass sich gewisse Positionen zu höheren Feldern verknüpfen und ihre Wege in dem Raum darin freigeschaltet sind. Der Erdball ist das speichernde Medium. Die einzelnen Konstrukte sind Summenfelder. Die Bausteine sind dem Ganzen entnommen.

Die mächtigste Datenmenge, zu der wir uns entwickeln können, ist der Realraum. Eine Aufarbeitung aktiver Ordnungen, die Verknüpfung der Konstrukte, auch wissender Konstrukte mittels Materiebahnen führt zum Realraum. Die gemeinsam genutzte Infrastruktur, allgemein die vielfache Bestätigung des Status Quo mittels gefasster Daten lässt die Erkenntnis der Datenmenge Realraum zu. Es ist zu erkennen, dass es sich um die Datenmatrix des funktionierenden Erdsystems handelt, die sie alle gemeinsam haben. Es gibt also eine Gravitation, die aus dem Zusammenwirken aller hervorgeht. Gleichzeitig sind alle Materieströme so koordiniert, dass es zu keinen lebensbedrohlichen Situationen kommt.

Manche Bereiche der Datenkonstellationen sind daher zu vernachlässigen. Fehlerhafte Verschränkungen, schiefe und gekrümmte Ordnungen, die aus dem Status Quo des Erdsystems herausragen. Sie fügen hier den Faktor Zeit ein. Welches bedeutet, dass vermutlich jede Position in dem geistigen Konstrukt irgendwann zu einem Zeitpunkt T einem Bereich des Status Quo direkt äquivalent ist oder ihm einst entsprach und heute durch andere Positionen repräsentiert wird, die selbst wiederum einen Bezug zu uns unterhalten.

Aber bitte! ICH kann mir auch kugelige Gebilde vorstellen, die immer in irgendeiner Weise einen ständigen Bezug zum Erdballsystem unterhalten. Das Kugelige ginge mit dem Körperfeld einher. Die geistige Entwicklung setzte man der Entwicklung externer Erfahrungen gleich. Diese orientierte sich zunächst an der internen Struktur. Die stabile Struktur des Organismus diente dem gefundenen Wissen als Speicher. Noch existiert Leben. Lässt sich ein Kranken oder Altern als ein Verlust an der Datenmatrix erklären? Ist Sterben die Vernichtung der Anteile an der Datenmatrix durch fremde Fassungen, der natürliche Wandel? Die Gravitation der Geistkörper reicht weit in andere Architekturen hinein.

Für ein gesundes Leben scheint ein regelmäßiger Themenbezug zu den bekannten Teilen des Status Quo erforderlich zu sein. Die globale Betrachtung zum Beispiel des Herzkreislaufsystem, der Leber, der Niere oder der Lunge endet nicht isoliert mit der Zelle, sondern zeigt sich in der Funktion für das Ganze. Die zunehmende Belastung der Umwelt zeigte sich, verwendete man die Umwelt als Assoziat für die Zelle oder als Assoziat für die Funktion des Organs im System, in ihrer Leistungsfähigkeit gemindert. Man könnte in diesem Fall die Bereiche als direkt äquivalent erkennen. Das Assoziieren wiche der Erkenntnis der Parallelität und Gleichbedeutung der beiden Datenmengen. Die interne Datenmenge organisch verfestigt ist abgesehen von dem Korrelieren seiner Teile in einer Gerüstarchitektur der externen Datenmenge identisch, der sie ja entnommen ist.

Nicht selten greift der Staatsapparat mit Gesetzen ein und verhindert eine langfristige Beschäftigung mit schädigendem Material. Das schädigende Verhalten wird dann aus dem Materieraum verbannt, das äquivalente Datenmaterial erscheint nicht mehr im Korrelierenden System. Der Schaden für den Organismus ist somit ein Richtwert für eine Duldung innerhalb des Materieraums und für eine nachhaltige Existenz innerhalb des Gesellschaftsgefüges. Für das Funktionieren unseres Organismus müssen die Daten des Korrelierenden Systems der gewachsenen Evolutionsmasse ähnlich bleiben.

Das Gesellschaftsgefüge scheint mittlerweile etwas abgehoben zu sein. Dieses Abgehobensein bezeichnet die Distanz zum natürlichen Gefüge. Diese Distanz geht mit einer schleichenden Durchseuchung der Umwelt einher. Der Schadstoffgürtel distanziert den menschlichen Organismus von seinen Evolutionsdaten. Der Schadstoffgürtel enthebt ihn sogar der notwendigen Lebensbedingungen. Dies ist ein Globalisierungsphänomen. ICH spreche von der Entwicklung des Geistes zu einer externen Betrachtung der Welt. Getragen werde ICH von den Materieströmen in den Organen bis zu den Zellen und dann darüber hinaus bis zu der Funktion des Organs für den Organismus.

Die geistige Entwicklung der Menschheit darf nicht isoliert bei der einzelnen Zelle enden. Die wirtschaftliche Versorgung des einzelnen mit Plastiktüten sollten wir nun wirklich nicht eine dringliche Aufgabe unseres Denkens nennen müssen. Die Menschheit wird die Funktion des Organs als Grundlage ihres Handelns erreichen. Das Datengebilde der Funktion ist zu leben. Die Einzelnen sind in tragenden Mengen zu verrechnen. Das Ziel ist die gemeinsame Funktion für das Ganze. Das führt zu Datenmengen, das führt zu Rechenleistungen der Gehirne, die jeden Supercomputer in den Schatten stellen. Mit der Funktion für das Ganze die breite Masse, bzw. das Individuum anzusprechen. Das wäre ein geeigneter, dem Menschen würdiger geistiger Überbau.

Die Institutionen haben einzig und allein den Auftrag, das Individuum zu versorgen. In einem gesunden Organismus harmonieren die Organe und Funktionen. Harmonie unter allen Betreibern sollte den Status Quo kennzeichnen. Die reine Aufrechterhaltung des Status Quo sollte zur Pflicht für alle werden. Den Organismus als Ganzes zu verkörpern, brächte das noch höhere Verständnis hervor. Dieses entspräche der höchsten Form des Seins.

Vermutlich führt diese Haltung zu neuem Denken und zu neuen Erkenntnissen. ICH machte mir noch keine Gedanken über ein Wechselwirken der Daten. Erzeugt die Umgebung Wirkungen auf den Organismus? Hier meine ICH nicht die isolierten Externen, die unser Interesse hereinnimmt, ICH meine das externe Ganze, das den Menschen als Lebensform hervorbrachte. Besteht eine Wirkung des Ganzen auf seinen jüngsten Baustein? Wie wirke ICH auf meine Umwelt ein? Was kommt wieder zurück? Ist dieser Kreislauf stabil? Ist dieses der Weg der ewigen Wiederkehr?

Beziehen Sie Ihren Geist auf die Materieströme Ihres Organismus. Dann gelangen Sie in die Peripherie bis zum Zellkörper. Nährstoffe und Arbeitsmaterial werden für die einzelne Zelle ausgeliefert, und erst im Wirken aller Zellen sieht man den Nutzen für den Organismus. Nur diese Ausgewogenheit aus Ernährung und Arbeitsleistung sichert ein gesundes Leben aller Zellen im Organismus. Sie sollten beginnen, ein System zu entwickeln, das Geld richtig zu verteilen. Nichts anderes braucht die Menschheit. So wie die Lebewesen jede Zelle mit ausreichend Nährstoffen und Arbeitsmaterial versorgen, die so genannten Lebensgüter in einem ausgewogenen Verhältnis bereitstellen, so sollten sie auch die Geldverteilung regeln.

Wir brauchen ein einigermaßen gerechtes System. Es darf sich nicht um versuchte Gerechtigkeit handeln, welche sich über den Verbrauch von Ressourcen definiert. So viele Rohstoffe können Sie gar nicht durch den Schornstein jagen, dass es auch dem letzten Langzeitarbeitslosen seinen gerechten Anteil beschert. Es wird nicht gerechter, nur weil man noch mehr Rohstoffe durch den Schornstein jagt. Wir sollten nicht mehr nach dem CO_2-Ausstoß und Ressourcenverbrauch vergüten. Wir brauchen zur reinen Grundversorgung ein unabhängiges Geldsystem.

Das Fassen der breiten Masse in einem Arbeitsplatzsystem zum Zwecke einer gerechten Geldverteilung ist sehr lobenswert. Wenn ein jeder muss, so scheint das doch gerecht zu sein! Schließlich sind wir eine Wertegemeinschaft! Wir sollten uns über die geschaffenen Werte Gedanken machen. Werden manche Werte der Basis nur oktroyiert, auf dass die Oberen blind bleiben, ihr Handeln nicht vor einem korrekten Hintergrund vor Augen geführt bekommen?

Ist das wirklich alles notwendig? Wir sollten zum wirklichen Bedarf zurückkehren. Nicht selten sehe ICH die Bedürfnisse jedoch wachsen. Getrieben von dem System, das uns versorgen sollte, mästen wir uns gegenseitig im Futterneid

um die besten Bröckchen. Das Entstandene führt bereits weit über das Wohl-
fühlgewicht hinaus und belastet den gesamten Organismus, nicht nur physisch.

Und das alles, um Gerechtigkeit im Verteilsystem zu generieren. Wir sind
eine Wertegemeinschaft! Wir sollten entsprechende Werte schaffen! Wissen
Sie nicht, wie schnell das geht? Was bedeutet die Spitze des Erfolgs, wenn man
die Leiter entfernt, die Sie auf die anderen hinunterblicken lässt. Wie schnell Sie
fallen, mit dem, was Sie sind, wenn man sie mit echten Werten konfrontiert. Wir
sollten einen geeigneten Hintergrund schaffen, vor welchem man sein Spiegel-
bild erkennen und den Sinn seines Handelns erklären kann.

Wenn man es sich leistet, eine erträgliche Armut am Busen der Natur zu
leben, erfasst sie da nicht sehr schnell der Neid, diese spätdekadenten Römer?
Wir sollten Platz machen für eine neue Schicht in unserer Gesellschaft. Wir sollten
jetzt beginnen, wirkliche Werte für eine Gemeinschaft der Zukunft zu schaffen. Es
sollten Werte des Genusses und des Lebensglücks sein, die wir uns alle zum Ziele
machen könnten. Wir müssten den freien Willen finanziell fördern, der zu einer
Armut am Busen der Natur führt. Wir müssten die denkende Grundlage unserer Elite verändern! Das gegenwärtige System des maximalen CO_2-Ausstoßes,
welches viele als Grundlage ihres Denkens akzeptieren, braucht Konkurrenz.

Wir wollen eine Schicht einführen, welche ihr Sein und ihr Denken, die Entscheidungsprozesse des Gehirns wieder auf die Komponenten unserer natürlichen Umwelt bezieht. Wenn der Weizen auf den Feldern verdörrt, wünschen
wir uns für das nächste Jahr etwas mehr Regen. Der CO_2-ling hingegen bedenkt,
dass er für den Import aus einer fernen Region höhere Transportkapazitäten
schaffen muss, um mit dem Klimaphänomen einen noch höheren Gewinn zu
erzielen. Kommen Pilze in den Bestand, weil der Sommer zu feucht war, denkt
man sich das nächste Jahr etwas trockener. Der CO_2-ling erfreut sich hingegen
seines Spritzmittelabsatzes und erhöht die Produktion. Wir müssen die CO_2-
Gesteuerten bremsen. Das CO_2-adaptierte Denken braucht Konkurrenz. Die
technischen Konstrukte, auf der Quantenebene siedelnd, verwässern uns die
natürlichen Stabilitäten.

ICH sollte eine Elite ausrufen, deren freier Wille sich als Konsumverzicht zeigt. Der persönliche Verzicht auf Flugverkehr und eigenen Pkw und der ausschließliche Genuss regionaler Produkte aus unter hundert Kilometern Umkreis werden notwendig und sind staatlich garantiert. Dieser Weg eines Lebens wird Vorbild. Man wird sagen: »Die haben es geschafft! Die konnten sich befreien!« Viele werden den Weg des Verzichts einschlagen wollen. Aber nur die Starken werden es schaffen.

Es bleibt das Los der Schwachen, auch weiterhin ihre Schwächen zu bedienen. Der Staat wird sich diese Menschen mit dem Endziel am Busen der Natur leisten müssen. Vielleicht werden sie zu den wichtigsten Generatoren einer essenziellen Datenlage. Die staatlich geförderte Genügsamkeit bringt die neue Elite hervor. Das Elitedenken führt so weit, dass der künstliche Datenmoloch den Menschen im natürlichen Erdsystem nicht mehr lokalisieren kann. Die Involvierung des Erdsystems durch den Datenmoloch entfällt. Diese Gruppe Mitbürger gehört wieder dem natürlichen Erdsystem an. Die Datensammlung, welche der Evolution entspricht, wird wieder zu ihrem Sein. Diese Menschen empfinden sich wieder dem Datensystem der Erde verpflichtet, welches sie aus ihrem inneren Sein heraus nach extern fortgesetzt sehen und leben.

Vielmehr reduzieren diese Leute den Produktionswahn mittels veränderter geistiger Vorlieben. Im Umgang mit der Natur generiert die neue Elite eine Datenmenge, die jeglichem Organismus eigen ist. Das Bezugssystem Natur enthält die reinsten Daten der Evolution. Die neue Elite erzeugt eine der stabilsten Verbindungen mit dem Erdsystem. Dieses ist der mächtigste Datenkörper. Keine Positionen die Minderwertiges größer erscheinen lassen. Man sieht die extern generierte Datenmenge in ihrer Komplexität mittlerweile im Organismus angesiedelt und stuft sie in einem gewissen Grad als lebensnotwendig ein.

Wir unterscheiden heute verschiedene Datenmassen. Die Evolutionsdatenmasse liegt in den Konstrukten des Körpers gebunden vor. Die Daten lagern in speziellen Feldarchitekturen zusammen. Die verschiedenen Systembezüge des Alltags korrelieren in Effekten. Das Datengefüge hinterlagert die Gewebe. Aus der Sicht der Evolution ist dieses ein in sich geschlossenes System aus verschiedenen Kriterien, die, in Feldern geordnet, im Hintergrund die Fäden für das Funktionieren des Organismus enthalten. Ein anderes System ist nur ein künstliches. Der konzentrierte Gebrauch eines Organs führte zu einer dichteren Informationsmasse. Die Gebrauchsdaten standen dann dem Gehirn als analytische Instanz zur Verfügung. Die Daten prägten die aktuelle Sicht auf die externe Welt und ließen einfache externe Erkenntnisse zu. Die gefundene Technik ist somit nur eine Interpretation des Externen mittels interner Daten. Mit vielfältigsten externen Erkenntnissen schafften wir einen Flickenteppich in dem Evolutionsgefüge, das unseren Körper als Software hinterlagert.

Nun ist es unsere Aufgabe, die gefundenen Teile in Einklang zu bringen. Sollten die technischen Gebilde dem Organismus tatsächlich ähnlicher werden, so sollten wir zunächst einmal unseren Körper studieren. So hängt die Lebensdauer einer Korpuskeltheorie nicht vom Rohstoffumsatz ab. So hängt das Überleben der Organe nicht unbedingt mit einer maximalen Arbeitsleistung zusammen. Die begrenzte Zufuhr von Rohstoffen wäre somit der günstigere Weg, um das System selbst und seine Integration in die Gesellschaft ökonomisch sinnvoll zu gestalten. Der Spaßbetrieb reduzierte sich und wir würden die Verantwortung für das Ganze übernehmen. So sehen wir die Korpuskeltheorien technischer Produktionsanlagen nicht gefährdet, wenn geringere Rohstoffmengen eingebracht werden. Es reduziert sich doch nur der damit verbundene Auswurf. Eine permanente Datenlage unseres Kortex darf nicht den Eindruck erwecken, ihre Stabilität hinge von einem übermäßigen Betrieb der Anlagen ab. Vielmehr handelt es sich um die Instandhaltung der Hardware und der wissenden Software, die ihr langfristiges Bestehen sichert.

In Abhängigkeit zur Datenlage sieht es so aus, als bilde sich zur Überbrückung der Korpuskeltheorien ein Abstraktionsgürtel heraus. Scheinbar führt der langfristige Betrieb der verschiedenen Korpuskeltheorien zu deren Kommunikation. Es bildet sich ein Schadstoff- und Müllgürtel heraus, in welchem sich die Daten der Existenzen vermischen. Im Bereich des Schadstoffgürtels liegt die komplexeste Informationslast. Von hier aus lässt sich jedes Label bis in das Zentrum seines Datenkorpuskels aufbauen. Die Fusionsstruktur betreffend: Wir wollen eine energetische Reaktion verursachen. Dazu ist es notwendig, ein Korpuskel zu schaffen, das eine stabile Hülle ausbildet. Wir wollen die Produktionsgüterströme zentral so verwaltet haben, dass wir in ihrer Peripherie eine Hüllenbildung erhalten. Die Struktur der Hülle hätte ihre Entsprechung im Verbraucherraum. Der Produkteraum, aber auch der Müll- und Schadstoffgürtel spiegelten die Verhältnisse in der Hülle wider. Wir erhielten die Architektur eines Teilchens, welches in sich stabil wäre. Die schweren Kernströme harmonisierten sich in Kreisläufen mit der Hülle. Es entstünde eine stabile Ordnung.

ICH schriebe gerne, das entstehende Teilchen bricht seine Ordnung mit dem Quantenfeld.

Das ist natürlich ein geistig theoretisches Gebilde. Die beschriebene Architektur, hier sichtbarer Geiststoff, dürfte von den Spezialisten als Phänomen mit Masse bestätigt werden. Bedenken Sie bitte, dass es sich hierbei um eine Datenmenge handelt, die der Denker für Sie generiert. Bedenken Sie bitte den eigenen Anteil am Gefüge und versuchen Sie, sich ihren Mitspielern gegenüber zu positionieren. Sicher wissen Sie von der Materieabhängigkeit Ihres Geistes und der Zusammensetzung ihrer Entscheidungslagen. Wie wird also die Formulierung von Zielen bei gleichzeitiger Adaption des Geistes auf die Zusammensetzung des bezeichneten Materiebereichs wirken?

Die Verdichtung des Schadstoff- und Müllgürtels führt zu einer höheren Adaptionsfreudigkeit der Konsumenten. Je höher der Grad der Durchsetzung mit Müll- und Schadstoffen ist, umso einfacher lassen sich neue Produkte als notwendig verkaufen. Man erreicht über den Abstraktionsgürtel das Individuum. Der Schadstoffgürtel gleicht der Haut des Individuums. Die gängigen Materieströme der Labels reichen dann aus, um ein neues Produkt in das individuelle Ich einzuführen. Der Müllgürtel verbindet die einzelnen Labels. Wem es gelingt, sich in den Schadstoff- und Müllgürtel ausreichend zu verankern, hat einen gewissen

Grad an Stabilität erreicht. Der Schadstoffgürtel gleicht auf der Quantenebene einem Hintergrundmedium, welches die einzelnen Korpuskeltheorien erinnert und mit den anderen Betreibern harmonisch verknüpft.

Es handelt sich um eine Art von Todeszone, die sich hier etabliert. Bald dreht sich in diesem Bereich alles nur noch um die Daten der Konzernzentren. Der Einzelne ist immer einfacher zu manipulieren. Die ständige Präsenz der Produkte hat den Geist mürbe gemantscht. Wer seinen Geist auf der Ebene von Produkten an den Materieraum adaptiert und im Müll- und Schadstoffgürtel mit dem Rest harmoniert, erkennt die strukturierende Wirkung der zentralen Produktionsströme auf den Verbraucherraum an. So wird das Individuum in der Hülle immer wieder erneut zur Projektionsfläche für die Kerngebiete der Konzernzentren.

Das Produkt wird erneut zum Zentrum des individuellen Geistes. Das materieadaptierte Gehirn tastet sich entlang der bezeichneten Materieströme. Das Produkt gibt vor. Das Produkt ist im Geiste existenter als anderes. Sein Gebrauch favorisiert Materiebewegungen. Die Materiedynamik um das Produkt, auch die gebundenen Kriterien des Korrelierenden Systems, welche die Idee zum Laufen brachten, wirken als Datenmenge in die Entscheidungen des Gehirns hinein. Hierzu zählt auch die Wahl der Eigenbewegung. Gehen Sie mit ihren Kindern an den nächsten Bachlauf oder nehmen Sie das Auto zum nächsten Europapark. Die Wahl, für ein Weile im Auto zu sitzen, schränkt natürlich Ihre Bewegungsintelligenz ein. Eine lebende Hintergrundmatrix durch statische Produkte mit genormten Materieverhalten zu ersetzen, macht den Geist nicht flexibler und die damit zu errechnenden Bewegungsprogramme nicht geschmeidiger.

Ja, ja, der Artenverlust! Die Ursachen liegen in der Vernichtung der Lebensgrundlagen. Die geistige Entwicklung als die Aufarbeitung unserer groben Anatomie zu begreifen, zeigte uns den Weg auf, welchen wir eingeschlagen haben. Im Grunde setzen wir das geistige Verständnis unseres Organismus in technische Lösungen um. Wir sind dabei, die biologische Hintergrundmatrix unserem Verständnis entsprechend in eine technische zu wandeln. Uns helfen die alten Teilchentheorien dabei. Es gilt, ein geistiges Gefüge hervorzubringen, das die

Teilchentheorien strukturell gesehen in die Nähe der menschlichen Anatomie rückt. Den Aufbau des Gebildes leisten wir mit Produktionsgütern und dem Verbraucherverhalten. Die hohe Zahl an Identifikationsgrößen mit dem menschlichen Körper lässt die absolute Vereinnahmung des Individuums zu. Das geistige Gebilde ist ein theoretischer Aufbau des Materieraums, es gleicht mit vielen Positionen der menschlichen Anatomie und organisiert den Wirtschaftsraum. Wir ersetzen das ursprüngliche Erdsystem, welches uns hervorbrachte, durch ein technisches. Wir schaffen ein rein technisches Abbild des menschlichen Organismus, welches uns auch den Raum beschreiben lässt. Nur dieser Gedanke rechtfertigt, jegliche Erkenntnis in eine technische umzusetzen und diesen Weg fortzusetzen.

Diese Technikgläubigkeit ist natürlich ein Witz! Wir sollten uns immer vor Augen halten, dass wir auf der Spitze der Evolution eine Datenkomplexität meinen, der wir ein Maximum an Arten zugrunde legen. Die Arten klären den Raum auf. Es entstehen elektromagnetische Status, geistige Äquivalente zum Materieraum. Nur auf Grund günstigster Datenlagen innerhalb der generierten Datenkomplexität funktioniert unser Organismus in dieser Weise und sieht heute so aus. So stellen wir uns die Reife im Hinblick auf die funktionelle Stabilität eines Gewebes immer auch an eine gewisse Datenmatrix gekoppelt und einer komplexen Verschränkung der aktiven Datenlagen mit dem Leben vor. Nur diese Vielzahl an Möglichkeiten, den Raum aufzuklären und zum Beispiel durch Fressen und Gefressenwerden zu verbinden erlaubt die Organisation eines Nächsthöheren.

Wichtig scheint mir der Wandel der Datenwelten der verschiedenen Arten ineinander zu sein. Denn obwohl sie sich auf den gleichen Materieraum, vielleicht sogar auf das gleiche Objekt beziehen, begleitet sie doch ein anderer Datenkosmos. Das Ganze wirkt über den regionalen Datenkosmos auf die aktuelle Feldarchitektur. Das Ganze erlaubt den hereingenommenen Kriterien unseres Interesses, einen gewissen Reiz auf den bestehenden Organismus zu setzten. Das Erdsystem als Ganzes hinterlagert jegliches Leben. Die Mehrfachnennung von wiederkehrenden Materiedaten durch eine speichernde Hardware führte erst zu Datendichten, die selbst organisierend wirkten. Manche Bereiche des

Erdsystems sind für ein Organ wichtiger und daher stärker in die Organisation der Funktion eingeflossen, als andere, die dann vielleicht ein funktionelles Ruhen bedingen oder das Hinüberwabern des Bewusstseins zu Datenlagen nachfolgender Organaktivität erlauben.

ICH könnte mir daher auch eine nahrungsmittelbedingte Schaltung von Genen vorstellen. Wir erhielten Datenmengen, die von der Nahrung abhingen. Es flössen die Produktionsformen in die Baupläne der Gewebe ein. Eine hochkomplexe Datenmenge bediente den Schalter für die nachfolgende Gewebefunktionalität. Ein Beispiel aus der Tierwelt, der so genannten Biodiversität, mit welcher wir uns umgeben sollten. Ein beliebiges Beispiel, nur um zu veranschaulichen. Wir sehen den Flug der Kohlmeise der menschlichen Infrastruktur zugeordnet. Der Flug der Meise wäre also ein Kriterium einstiger Evolution. Wir räumen ihr einen Platz in der Feldarchitektur von Geweben ein. Die Kohlmeise entspräche in ihrer Bewegung dem Blutstrom oder einem anderen Geradsystem.

Mit der Raupe am Holunderbusch ließe sich bereits über die Zellstruktur des Blattes sprechen. Wir hätten eine Raupe, die sich an den Blättern des Holunderstrauchs sättigt. Das Fressen der Raupe allgemein, ihr Wählen, die geplante Vorgehensweise unter Beachtung der Blattstruktur führte bereits zu Daten der Zellstruktur und tiefergehenden, der Art eigenen Datenäquivalenten. Man hätte auch die Bewegung der Raupe zu beachten. Von Ast zu Ast zum nächsten Blatt. Die Meise kennt diesen Ast auch und fliegt ihn an. Der Gebrauch des Astes als gemeinsame Infrastruktur verschränkte hier die Lebenswelten zweier Arten. Jedoch handelt es sich zwar um einen Hollerast, aber um zwei vollkommen unterschiedliche elektromagnetische Status, die sich zum Beispiel aus der unterschiedlichen Fortbewegungsmustern der Arten herleiten, aber auch nach dem Gebrauch der Sinne unterschieden werden können. Die verdichtete Information des Hollerastes rückt natürlich den Holler als Ganzes, so wie er hier in der Erde wurzelt, in den Vordergrund.

Waren es also tatsächlich alle diese Daten, die unseren Organismus formten und am Laufen hielten, setzte ICH hier das Mittel der Assoziation ein und stellte dem Flug der Meise den Blutstrom in unserem Gefäßsystem gegenüber, ist es mir dann gelungen, Datenmengen zu generieren, die sie vielleicht selbst logisch verknüpfen möchten? Wäre der Ast hier Gefäßsystem, die Sicht der Raupe zuerst hölzern, dann weicher den Blattstängel hoch und bis zu einer akzeptablen Konsistenz des Blattes. Sähe man hier die Gefäße kleiner werden bis zu den einschichtigen Kapillaren. Vielleicht veränderte sich gerade während des Fressens der Datensatz. Die Welt des Holunderbaums veränderte sich in die Welt der Raupe. Beide Systeme hinterlägen dem Blutstrom bzw. der Zellversorgung. Die Raupe wird zum Blatt. Die Raupe wird zur Zelle und im Augenblick da sie das Blatt zerschneidet, zerkleinert und zerkaut, entspricht die Datenlage der Aufnahme von Nährstoffen in die Zelle.

Jetzt kommt die Meise und holt sich die Raupe. Betrachten wir das Datenäquivalent der Kohlmeise, so könnten wir es vielleicht der Feldarchitektur der Immunabwehr im Körper zuschreiben. Das Datenäquivalent hinterlegte zusammen mit anderen Materieäquivalenten das Verhalten von Fresszellen unserer Immunabwehr.

Nun gibt die Kohlmeise den Datensatz dieses Verschränkungsgrades als Futter an ihre Jungen ab.

ICH nenne den Datenkomplex heute nur ein Angebot an Möglichkeiten und Wegen, das Heranwachsende mit Datengrößen dieser Welt zu hinterlagern. Dieses gestaltete die Funktionalität der Hardware. Das System erlaubte, auch die Felder des Gehirns mit ausreichend komplexem Datenmaterial zu hinterlagern. Der Datenbestand bedingte die Möglichkeiten der Gehirnfunktion. Die Komplexität des Datenbestands stünde für die Flexibilität des Gehirns. Der Datenbestand gliche den Möglichkeiten, sich den Raum als Ganzes zu erschließen. Der Datenbestand bedingte auch die Hochwertigkeit der Ergebnisse, die ein Gehirn hervorbringt.

In diesem Datenkomplex sehen wir die Infrastruktur bis zur Zelle abgebildet. Wir sehen die Versorgungsleistung bis zur Aufnahme von Nährstoffen in die Zelle. Wir sehen hier die Möglichkeit, eine zeitliche Abfolge einzuhalten, aber auch die Möglichkeit, die Gleichzeitigkeit der Größen anzunehmen, läge vor. Hierbei zeigt sich die Datenmenge dann aber als holographische Substanz und wäre den menschlichen Organen hinterlegt.

Im Bezugssystem Mensch könnte das Ablaufen von Ereignissen innerhalb des Mikrokosmos liegen oder dem Makrokosmos zugehören. Wir könnten uns aber auch Zusammenhänge erklären, die im Makrokosmos beginnen und sich weit in den Mikrokosmos hinein verfolgen ließen. Umgekehrt gelänge es natürlich auch, sein Interesse vom Mikrokosmos in Bereiche des Makrokosmos zu verlagern. ICH denke, dass wir für ein Konstrukt dieser Möglichkeiten die Verschränkung unterschiedlichen Datenmaterials annehmen müssen. Um die Vorgänge des Körpers mit einem Datenmedium harmonisch zu hinterlegen, bedarf es einer genügenden Anzahl von Materieäquivalenten. Es ist eine ursprüngliche Einbindung von Datenlagen aller Organismen aller Größen und Wahrnehmungsformen in die holographische Ordnung anzunehmen. Dadurch erreicht der Datenkörper ein Niveau, dass er die Gewebe unserer Körper in jeder Situation optimal hinterlegt.

Das Entstehen von Erkrankungen kann hier sehr gut verstanden werden. Zuerst krankt die Software, dann krankt die Hardware. Ja, ja, der Artenverlust! ICH denke, dass wir bei geschalteten Genen auch die Datenlage um das Nahrungsmittel nennen sollten. Zumindest hält der Datenkosmos, welcher bei der Produktion oder bei der Entnahme um das Nahrungsmittel vorherrscht, Wege bereit, sein Gewebe mit einer entsprechenden Datenmatrix zu hinterlegen. ICH möchte nicht alles in einen Hut werfen. Die schaltende Komplexität könnte gewissen Entwicklungsstati des Embryos eigen sein. So könnte die schaltende Komplexität, die in diesem Moment zur geschalteten Komplexität wird, den notwendigen Bauplan der Gewebearchitektur bereits enthalten. Eine entsprechende Ernährung erwiese sich beim Aufbau der Hintergrundoptionen dann nur noch als Bereicherung. Ganz allgemein stellt man sich die Leistungsfähigkeit der Gewebe, von Datensätzen dieser Ordnung hinterlegt, verbessert organisiert vor.

Mit ihrer Naturverbundenheit bindet sich die neue Elite so stark in das natürliche Erdsystem ein, dass sie der künstliche Datenmoloch kaum noch erreicht. Durch den Wandel ihres Ich, durch die veränderten geistigen Status, die sich aus den täglichen Interessen ergeben, sind sie für Konsumentenimpulse aus der Wirtschaftsordnung via Transportlogistik nicht mehr ansprechbar. Das Ich des Menschen ist nicht mehr Bestandteil der Wirtschaft. Sie gehören wieder dem natürlichen Erdsystem an. Sie hören wieder die dürstende Pflanze, die reife Frucht wird für sie zum Attraktor.

Diese Elite verringerte den Bezug zum Schadstoffgürtel und generierte ihre Werte aus essenziellen Bereichen der Schöpfung. ICH sehe in der Natur die Evolutionsdaten des Menschen verborgen. Der tägliche Themenbezug in der Natur erlaubt uns, den Körperdaten, der Erkenntnis der wahren Existenz unseres Seins, am nächsten zu sein. Diese Verbindung, täglich mit den ureigensten Körperdaten umzugehen, den Körper sozusagen in die natürliche Umgebung fortgeführt zu sehen, für den umgebenden Raum zu sorgen, als wäre es der eigene Körper, ist das Resultat eines Weges an die Spitze der Evolution. ICH bin an dieser Evolutionsspitze angekommen. ICH erkenne mich nicht nur als das Resultat der eigenen Interessen, sondern als gelungene Möglichkeit aller gegebenen Datenaktiva.

Mit dieser Art des Denkens leuchten Sie noch die geringsten Datenpartikel ihres Körpers aus. Das Licht der Sonne strahlt wieder in Ihren Körper ein. Das Glück ist ein Reichtum an Daten, welche die Seele ihrem eigenen Korpus zurechnet. Mit dem Gebrauch des Produkts integrieren sie sich in den Datenmoloch. Manchmal beteiligen sich diese nicht einmal mit Steuern an ihrem Staat. Die Fäden, an welchen sie gezogen werden, verlieren sich im Ausland.

Das Produkt wirft dann einen noch größeren Schatten auf ihren Körper. Mit dem Umbau der natürlichen Umgebung in eine technische schwächt man die Verwurzelung des Datengebildes Mensch im Muttersystem Erde. Das Datengebilde Mensch verändert Teile seiner Programmierung. Vor allem der Bereich zum Anfang des Lebens hin, wenn die gespeicherten ersten Datenbereiche noch stark makrokosmischer Art sind, wird stark geschwächt. Dort, wo das Leben seine ersten Grundlagen gelegt hat, und die präziseste Adaption der Körperprotokolle an die Erddaten stattfindet, dieser Bereich wird zunehmend entkräftet. Die Umpolung auf den Makrokosmos durch Daten des Mikrokosmos soll durch den Schadstoff und Müllgürtel geleistet werden.

Das System Mensch soll nun bereits im Schadstoffgürtel beginnen. Hier lägen die makrokosmischen Konzerndaten bereits als Partikelverschmutzung, als Mikrokosmos der Datenebene vor. Der natürliche Aufbau des Embryos orientiert sich dann an technischen Gebilden, die zum Teil sinnlos sind und auch nicht wirklich in höheren Zusammenhängen gefasst sind. Man schafft für das Heranwachsende eine Hintergrundordnung rein technischer Art. Die Gewebeeigenschaften wie Permeabilität oder die einfache Hinterlagerung atomarer oder einfacher Molekularbewegungen müssten von den gängigen Datenmassen und ihrem Korrelieren also anhand der Konsum- und Wirtschaftsströme, bzw. ihren Datenäquivalenten in Feldern organisiert beschrieben sein, geleistet werden.

Für die Hintergrunddaten haben wir heute zwei Systeme. Zum einen die natürlichen Daten des Erdsystems und dann die technischen Daten. Die technischen Errungenschaften sind jedoch nur eine Erkenntnismasse. Sie sind auf der Grundlage der Datenordnung unseres Organismus gewachsen. Die Technik hat in die Natur Einzug gehalten und ersetzt heute bereits weite Teile der natürlichen Ressourcen.

ICH sehe die sich ausbreitende Dunkelheit. Immer mehr technische Datengebilde gelangen in die Datenordnung unseres Organismus. Das Licht der Sonne, gelangt über das Leben auf diesem Erdball in meinen Körper. Die jüngste Art ist der Mensch. Er steht für das Zusammenwirken aller Organismen in einer der komplexesten Datenmassen auf der Spitze der Evolution. Die sich ausbreitende Technik lastet mir wie ein Schatten auf meinem Körper, der Erde, der lebenden Hintergrundmatrix meines Körpers.

Es bleiben natürlich Prozente der Wahrscheinlichkeit, dass sich auch ein technisch beherrschter Materieraum dazu eignet, einem Embryo eine geeignete Datenmatrix zum Aufbau seiner Gewebe und Organe bereitzustellen. Aber sollten in ferner Zukunft Probleme auftreten, die Sie, geistig an den geschaffenen

Status Quo adaptiert, nicht mehr zu überblicken im Stande sind, so wird sich das Formulierte Geltung verschaffen. Menschen, die stark genug sind in das Leben einzusteigen, Menschen die stark genug sind, derlei Systembezüge und Werte für die Gesellschaft zu generieren, sollten wir finanziell fördern.

Ein Leben frei von CO_2-Emissionen, ist das nicht das Höchste? Sie werden sehen, der Genuss daran ist so groß, der Datensatz des gelebten Erdballs so mächtig, das Leben mit der Natur so glücklich, der Reichtum so groß, dass sich schon bald sehr viele ihr CO_2-abhängiges Denken, Leben und Handeln eingestehen werden. Sie machen sich auf den Weg und nehmen den Kampf für ein artgerechtes Leben auf. So viel zum CO_2-Ausstoß und die gegenwärtige Richtung. Für die Schwächeren unserer Gesellschaft ist das sowieso nichts. Sie verschlingen diese Fleischberge, solange wir sie ihnen produzieren. So muss man für die Schwachen das Denken mit übernehmen. Deren Wollen wird gemacht. Das Wollen der Schwachen geht mit der Software einher, die wir ihnen täglich eintrichtern.

Es ist nur logisch, dem Gehirn eine Materieabhängigkeit zu unterstellen. Der Mensch wird mächtiger, je mehr er sich die Materieströme dieses Erdballs aneignet, seinem eigenen Wissen hinzufügt, seinen wissenden Datenfeldern, der Substanz, den Ätherfeldern hinzurechnet. Die isolierten Betrachtungen oder ganz allgemein das abgeleitete Wissen erzielt aufgrund der höheren Materieakzeptanz eine entsprechende Wertigkeit wie die Allgemeingültigkeit. Die Materieströme allgemein gefasst dienen ihrem Meister. Das Wissen erhält sich selbst.

Dem Konstrukt des Wissens kann an manchen Stellen widersprochen werden. Dieses führt jedoch zu Schwankungen des gefassten Systems im Allgemeinen. Vermutlich entstehen die Störungen bereits im Picokosmos oder noch tieferen Schichten. Die wirkenden Kräfte in den Feldern, gerichtete Materiebewegungen zum Beispiel, wirken auf die Datengebilde der Kommunikation. Die Bewegung der aufgeworfenen Datengebilde in den Makrokosmos wird stark von anteiligen

Kriterien bestimmt. Die Macht der Gewohnheit lässt kaum Veränderungen der Person oder ihres Verhaltens zu. Da sich der bestehende Status Quo und vor allem der Makrokosmos kaum verändern lassen, wird der Gedanke nötig, dass geringere geistige Positionen kaum Veränderungen nach sich ziehen. Geringere geistige Wesen erscheinen mir sehr stark an den Status Quo adaptiert. Dieses ist eine Leistung des Gehirns. Der Körper wird in Abhängigkeit zur vorliegenden geistigen Substanz, den täglichen Sinnesdaten der Raumaufklärung zum Beispiel, am Leben erhalten.

Der geringere Datenkörper gelangt nur bedingt ins Licht. Dem Geringeren gelingt es selten oder gar nicht, mit geistigen Positionen einen zukünftigen Materiestatus zu erzeugen oder auch nur vorwegzunehmen. Die Erkenntnis des Status Quo als allumfassende Einheit, das Einfallen des Lichts für sich als Raum zu begreifen ist ihm nur bedingt als eine reduzierte Alltagsgröße möglich. Das individuelle Sein ist nur ein Teil des Ganzen, der sich aus der Gewohnheit ergibt. Wie jede Materie ihren Platz im Raum für sich in Anspruch nimmt, wird auch der menschliche Organismus auf der steuernden Ebene verbucht sein. Das Geringere, entfernt es sich von der Gewohnheit, erfährt den adaptierten Status Quo als leitende Größe.

Beschreibe ICH mich als Geistkörper, so liegt in der Vielzahl gefasster Kriterien eine Kapazität verborgen, die innerhalb des Weltengefüges anordnend wirkt. Die Materie ordnet sich so an oder wird so angeordnet, wie es die geistige Komposition meiner Felder erlaubt. Derlei Gebilde erzeugen große Strömungen innerhalb des Weltengefüges und lassen mir den Raumkörper bewusstwerden. Wir sehen daher manche Widerstände einfach nur durch ein Materiephänomen, welches wie ein Partikel auf Quantenebene als zufällige Energieanhäufung kurz erscheint, korrigiert und dann wieder in das Nichts einer Entsprechung und Gleichdeutung zurückkehrt. Es kommt oft zu medienwirksamen Ereignissen, an welchen sich meine eigene Position ausgedrückt zu zeigen scheint.

Die wissende Ordnung, das Datenkonstrukt, das holographische Wissen beantwortet gegensätzliche Wirkungen oft sehr schnell. ICH möchte auch technische Störungen erwähnen, die mit einem höchsten gedanklichen Niveau einhergehen. Man stelle sich nun die verschiedenen Kriterien und Einzelinteressen in einem höheren Wissen im Hinblick auf ihre Lokalisation, die Richtung der bewegten Materie und damit verbunden die auftretenden Wirkungen und auch die zeitlichen Lagen verändert gegeben dar. Das Ergebnis sind Unstimmigkeiten. Es treten Umwälzungen und Revolutionen auf. Wir sehen uns nun, von der Quantenebene aus, die makrokosmische Ordnung gestalten. Altes versucht sich zu erhalten, neues Wissen installiert sich.

Die Materieabhängigkeit des Gehirns ist unbestritten. Abstrakte Größen wie das Gefühl, Ethik und Moral erhalten ihren Wert aus der Zusammensetzung der Felder. Es zeigt sich hier jedes Kriterium, jegliche Wegbeschreibung einer Art, die Ausführbarkeit und die Qualität der Ausführung beurteilt. In Feldern gefasst, vermitteln sie dem Individuum, seinem Anteil entsprechend, eine Beurteilung im Sinne des umgebenden Feldes. Das vermittelte Gefühl ist eine Datenlage des Systems. Das Gefühl ist eine Feldabschätzung. Das Gefühl resultiert aus der Einschätzung der Wege aller Mitspieler.

Die eigenen Ziele werden vom Korrelierenden System beleuchtet. Das bedeutet aber nicht, dass man auf der Höhe des maximalen Erfolgs aller selbst erfolgreich dargestellt sein muss. Es braucht Zeiten der Anpassung, bis man das eigene Sein, sein Denken und Handeln direkt den Erfolgsdaten des Gesellschaftskonstrukts eingelagert sehen darf. Mit zunehmender eigener Größe wird das Konstrukt qualitativ hochwertiger ausgelesen. Die Gefühle liegen dann näher an der Wahrheit. Die Gefühle verlieren auch an Intensität. Der eigene Bedarf scheint sich in klareren Bildqualitäten auszudrücken und aus der Summenfunktion korrelierender Größen herauszutreten.

Dann stellt sich das eigene Denken aber getragen von Materiebewegungen in den Kriteriensummen dar. Das Gehirn erprobt die Möglichkeiten sich selbst und bewegte Objekte im aktuell gegebenen Strome zu verfolgen. Mit seinen Gesprächen hangelt man sich den Strukturen des Korrelats entlang und bildet den hier bezeichneten Materieraum mit ab. Dann bekommt man den

Eindruck, dass sich auch die Objekte der eigenen Arbeitsschritte dem Korrelat entsprechend verhalten. Von den Strukturen des Korrelats getragen, erscheinen sie wie das Rechenergebnis desselben, eine Feldaktivität der höheren Ökonomie. Das Gefühl erweist sich dann in Abhängigkeit zur Datenlage als richtig. Die Datenlage zeigt ihnen die Machbarkeit auf. Und auch die Freude scheint mir das Resultat einer Feldeinschätzung zu sein. Es scheint auch hier zu einem hohen Grad an Übereinstimmung der Geistesmasse mit dem Status Quo zu kommen.

ICH möchte hier kurz auf die weiblichen Reize zu sprechen kommen. Hier sind vor allem diese echten Reize interessant, die unsere Blicke auf sich ziehen, ob wir wollen oder nicht. Eine Ausrichtung unserer Blicke mittels Hintergrunddaten. Abschweifend möchte ICH an dieser Stelle sagen, dass das einfallende Sonnen-licht auf den präfrontalen Datenkörper wirkt. Die weiblichen Reize erzwingen sich den Weg in das Korrelierende System, so dass sie vor allem den Systemzustand an dieser Stelle repräsentieren, und das ist das Entscheidende. Die Daten des Korrelierenden Systems dienen diesem Körper als Projektionsfläche. Das Kor-relierende System des Mannes nimmt die Sinnesdaten auf. Das Korrelierende System versucht die eingelagerten Körperdaten, die Funktionen der Organe, die Materieströme, die ein- und austretende Materie und ihre Wege zu bestätigen.

Der weibliche Körper, die verschiedenen Reizlagen dienen im Grunde dazu, sich in das männliche System einzuklinken, um sich mit den vorliegenden Systemdaten darstellen zu lassen. Es kommt zu einer Verrechnung der Felder. Die Übereinstimmungen tun sich hervor. Das Miteinander der Kriterien führt im Allgemeinen zu ökonomischen Feldarchitekturen mit Kräften, Effekten und Wir-kungen. In diesem speziellen Fall wirken jedoch zwei stabile Kriteriensummen auf- und miteinander. Der Körper der Frau und der Körper des Mannes sind or-ganische Stabilisatoren. Gleichzeitig werden sie aber von den Hintergrunddaten und ihren Effekten, den Kriterien bzw. ihren Summen und höheren Funktionen am Laufen gehalten.

Die Frau lagerte Teile ihrer Körperdaten in das System des Mannes ein. Wir bekommen folglich die Möglichkeit, mittels erogener Zonen das Gefüge des

Mannes parallel zu den Hinterprogrammen des weiblichen Körpers, die direkt der Steuerung des weiblichen Organismus dienen, in einem bestätigenden Gleichklang schwingen zu lassen. So erhallten wir diese Datenmengen, die später die Gene schalten bzw. welche die geschalteten Eiweißkörper heranziehen, um die befruchteten Eizellen in eine gewisse Richtung zu entwickeln.

Man darf behaupten, dass sich aus dem Paarungsverhalten und den allgemeinen Gegebenheiten Befruchtungsgrößen, also Datenvolumina ergeben, die sich direkt auf Teile des Materieraums beziehen. Diese Teilbezüge, genauer gesagt das geprägte elektromagnetische Feld, fällt dann als Information dem Korrelierenden System zu. Die individuellen Informationen sind in ökonomischen Summenformeln verpackt. Setzen wir einen Reiz am Hals der Frau, so erhalten wir ein hochwertigstes Datenvolumen, welches vermutlich nicht nur der Samenzelle auf dem Wege zur Befruchtung hilft, sondern nach dem Einsetzen der Zellteilung als leitende Konstante fortwirkt. ICH denke hierbei an die Strukturen des Korrelats. ICH denke an die Wirkungen und Kräfte, die aus den Kriteriensummen hervorgehen, die auch der menschlichen Anatomie zu Grunde liegen. In Anlehnung an den Materieraum sind es die Treiber der Software. Die ersten Koordinaten für eine Entwicklung nach der Befruchtung installieren sich mit sexuellen Reizen und den erogenen Zonen. Innerhalb des Korrelierenden Systems und in Anlehnung an den Materieraum sind die Volumina die Treiber der notwendigen Entwicklung.

Wir sprechen von einem Datenkosmos, der mit der Verrechnung einzelner Kriterien begann. Heute haben sich diese Daten zu massereichen Feldern entwickelt. Parallel hierzu hat sich eine Wirkung auf die Materie ergeben. So formte dieses Wechselspiel den menschlichen Körper. Die Ursache der gesamten Anatomie und all ihrer Funktionen liegt in den wiederkehrender Materieverhältnisse ihres Umfeldes. Es handelt sich um eine Sammlung von Daten. Man hat sich der Materie immer wieder bewusst zugewandt. Die Prägung von Feldern durch die Materie schafft Aspekte des Bewusstseins. Es ist ein Korrelat aus Daten, das wir immer wieder mit Anteilen aus der externen Welt belasten.

Das gesammelte Material ist ursächlich für die Qualität unserer Organsysteme.

Unter den verschiedenen externen Bedingungen sind sie nicht alle gleich gesund und sie halten unterschiedlich lang. Nehmen wir, etwas vereinfachend, identische Gene an, so wird das Entstehen der unterschiedlichen Qualia, zum Beispiel der Organfunktionen, aus den verschiedenen Raumbezügen resultieren, die nach der Befruchtung zum Aufbau herangezogen werden. Manche Kriteriensummen erreichen durch ihre besondere Zusammensetzung ein sehr hohes Lebensalter.

Womit beschäftigen wir uns? Welches rückten wir in das Zentrum unseres Interesses? Welche Möglichkeiten haben wir? Welche Datenlagen unserer Interessen sind genetisch verankert? Welche Datenmuster können wir einer Seele zuschreiben? Welche Denkrichtungen und welche Wege des Denkens werden vererbt und anerzogen? Vermutlich wirkt auch der Stand der Eltern und Großeltern, eine spezifische Raumbetrachtung, ein erworbenes Datenkonvolut bereits auf dem Weg der Samenzelle zur weiblichen Keimzelle mit. Dann dürften auch die Kopulationsbewegungen innerhalb des geistigen Gefüges dargestellt sein. In den Feldern werden zum Beispiel die bewegten Massen zusammengefasst dargestellt. Das einzelne Kriterium tritt zu Gunsten einer Wirkung oder einer Kraft in den Hintergrund. So dient unsere spezifische Form der Sexualität einer Gleichschaltung des Korrelierenden Systems. Man profitierte ganz einfach von der Komplexität seiner erogenen Zonen. Das gerichtete Bewusstsein erzeugte eine konzentrierte Information für das Korrelierende System. Die Kopulationsbewegungen führten zu einem hochwertigen Abbild der Gesellschaft, der bewegten Materie und ihrer Infrastruktur. Man bewegte sich nach dem Sex einfach wieder etwas hochwertiger installiert und etwas besser repräsentiert durch das Korrelierende System.

Die Evolution hat den menschlichen Organismus mit einem unvorstellbaren Datenreichtum und einer ungeheuren Komplexität hinterlegt. Diese Komplexität erlaubt es uns, sich mit Fremddaten zu beschäftigen, auch dürfen wir uns kontraproduktiv verhalten, ohne gleich tot umzufallen. Aber fremde Daten nagen am Gefüge, und wenn man nicht mit günstigen Momenten entgegensteuert, so erreichen Fremddaten und ihre Konstrukte die Oberhand. Ein persönlicher

Hintergrund ist unbestritten. Nur sollte dieser persönliche Hintergrund mit unserem Organismus und seinen höheren Funktionen im Gleichklang schwingen. Fehlerhafte Hintergründe, wie manche Wertungen aus dem Korrelat aber auch Komponenten, die wir durch Drogen und falsche Ernährung selbst zu verantworten haben, wirken auf die Software des Organismus ein.

›TOTAL FEHLGELEITET, DER MANN!‹ (30. MÄRZ 2015 ETWA 7 UHR)

Kann das einfallende Licht tatsächlich die Datenkörper manipulieren, so dass wir andere Wege gehen und andere Ideen haben? Kann die Sonne geringste Abweichungen korrigieren, dass wir auf das Notwendige zurückkommen? Wo wird es denn lichtvoll? Wohl in den Bereichen höchster Komplexität. Hier verrechnet sich das herausragende Datenmaterial, welches nur indirekt, zwar zu einem gewissen Sinne angeordnet, aber doch nicht in seiner ganzen Länge einer Zelltätigkeit zugehörig ist, zu Partikeln des Lichts.

In diesen Bereichen haben wir genügend freies Datenmaterial. Es ist an der materiellen Ordnung nicht direkt beteiligt. Nur ein Teil des Datenstrangs ragt in die Zellarchitektur hinein und beteiligt sich direkt am Aufbau der Hardware und der Funktionen. Somit gibt es auch ruhende Daten, die aus der aktiven Software herausragen. Diese sind dann anfällig für die Ordnung des Lichts. ICH gehe davon aus, dass es sich bei Licht um eine äußerst ökonomische Ordnung des Elektromagnetismus handelt. Das Zusammensein entsprechender elektromagnetischer Größen dürfte zu einem Auftreten dieser ökonomischeren Ordnungen führen.

Die Verschränkung von Information zu Strukturen, wie es die Evolution tut, bringt in ihrem Umfeld Chaos hervor. Dieses Chaos schlägt dann in diese besonders ökonomische Form des Elektromagnetismus, das Licht um. Die anderen Teile der Kriterien und Daten bleiben parallel hierzu in den Funktionen der organischen Substanz gebunden. Deshalb darf angenommen werden, dass das Licht im Sinne seiner Darstellung das Gefüge und lichtvolle Gefüge geschmeidig hält. Sich selbst darstellend wird es einfaches Datenmaterial in seine Ordnung hereinnehmen, während sich die Wirkungen des Lichts vom angesprochenen Kriterium in die eigentliche Architektur der Zelle fortsetzen. Das Licht verändert die Materieflüsse intrazellulär. Das Licht verändert die Sicht auf die Welt.

Was wäre, träfen echte Sonnenstrahlen auf die herausragenden Datenreste wie der Regen auf die Gräser? Das einfallende Licht versetzte ihnen Impulse. Sie gerieten ins Schwingen. Diese Wirkung setzte sich auf das Innere des Konstrukts fort. Erführe die Summenfunktion dadurch nicht eine Neubewertung? Streut man immer wieder seine Pläne über den Tag, so ruht unser Bewusstsein auf diesen Materiebereichen. Man generiert Daten für den Entwurf eines Handlungsplans. Das Korrelierende Gesellschaftsgefüge positioniert uns und zeigt uns Wege eines möglichen Handelns auf. Das Konstrukt macht im Korrelierenden System eine Entwicklung durch. Das Ergebnis der Suchanfrage verbessert sich mit der Zeit.

Unsere täglichen Aktivitäten werden zu einem bewussten Datenkontext. Die generierten Daten verhalten sich wie Adapter oder Schalter. Sie vermitteln zwischen den gewachsenen Hintergrundprogrammen unseres Körpers und der externen Welt. Im Korrelierenden System kommen die Handlungsoptionen auch der anderen Menschen und Lebewesen zum Tragen. Die Gestaltung des externen Raums unter Berücksichtigung aller Aktiva ist im Sinne aller. Die externe Ordnung ist somit eine programmierte. Die Programmierung beruht auf elektromagnetischen Effekten. Diese elektromagnetischen Felder fassen die geistigen Aktiva in gängigen Strukturen zusammen. Es entstehen Summeneffekte, die sich zum Beispiel in einer Warteschlange vor der Supermarktkasse, zeigen.

Unsere Umgebung ist nicht viel mehr als das Ergebnis der Beziehungen aller generierten Daten. Wir erzeugen diese bei Belegung von Objekten und Zuständen unserer Innen- und Außenwelt mit unserem Bewusstsein. Da wir dem Materieraum verhaftet bleiben, ist auch die Stabilität des gewonnenen elektromagnetischen Phänomens anzunehmen.

Diese Zusammenhänge sind wichtig für die Ebene der Programmierung.

Viele wollen sich hier nur innerhalb von Labels und Discountern, von Sportlern und Politikern organisiert sehen. Aber ICH gehe in die Tiefe und lege meine Saat als eine Wahrheit in das Gefüge. Sprechen wir also von einer Programmierung, so ist es immer auch die Beschaffenheit des Geistes, welche sich in der

Berechnung der persönlichen Position niederschlägt. Denn gehe ICH zum Biofair oder Rossmann um die Ecke, so reicht es auch mir völlig aus, mir einen Platz in der Schlange berechnen zu lassen. Wenn das elektromagnetische Phänomen aus Produkt, der Handlung um das Produkt, dem beabsichtigtem Ziel und der Ausführung um das beabsichtigte Ziel, einen Platz vor ihrer Kasse eingeräumt bekommt, so haben sie auch meinem Körper, der ausführenden Hardware automatisch einen Platz eingeräumt und garantieren seiner Ausprägung im Materieraum seine Unversehrtheit.

Die Anfrage nach einem Objekt und seinem Handlungsrahmen führt natürlich immer zu einem Wechselspiel aus vorliegenden Gesellschaftsdaten und der eigenen Suchanfrage. Damit wird das entwickelte Ergebnis immer auch einen Teil des Gesellschaftswissens enthalten und in dieser Weise in den aktuellen Materieraum eingebettet sein. Die selbstbewussten Datenmengen sind bessere Leiter für das Sonnenlicht als das reine Gesellschaftsgefüge. Ist man mit seinem Bewusstsein selbst extern verankert und scheint die Sonne drauf, gelangt über diese Adapter Licht in die eigene Daten- und Zellarchitektur.

Der Lichteinfall ist sehr viel geringer, wenn man ausschließlich in fremden Systemen organisiert ist. Das Licht trifft unseren Aktionsraum und auch die Arbeitswerkzeuge. Das adaptierte Bewusstsein nimmt die Lichtinformation mit in das Korrelierende System herein. Wenn es sich mit unserem Geist wie mit Korrelierenden Photonenpaaren verhält, dann holt das abgespaltene Bewusstsein die Daten in Echtzeit in das Korrelierende System herein. Wenn wir die externe Materie mit unserem Bewusstseinsfeld durchdringend benetzten, dann verändern sich auch unsere internen Arbeitsspeicher der Prägung der Materie entsprechend.

An dieser Stelle denke ICH gerne über die Möglichkeit nach, dass verschiedene externe Lagen, welche ICH über diesen Vorgang in das System hereinhole, mit dem Auftreten gewisser Wellenlängen des elektromagnetischen Spektrums zu tun haben. So als fänden sich bei der Bearbeitung durch das Gehirn diese elektromagnetischen Momente zu Wellen zusammen. Dann stellt sich natürlich die Frage, wie könnte eine Summe von Momenten aussehen? Ordnen sie sich so an, dass höhere Dichten aufeinander zu liegen kommen? Stabilisiert sich die Summe mit Materiebewegungen durch die gemeinsamen Lücken? Führt die bewegte Materie zu einer Verlagerung der Daten im Sinne von Durchtrittstunnel? Gehen diese Anpassungsleistungen mit Stauchungen und Dehnungen mancher Datenbereiche einher, so dass vor allem der Tunneldurchtritt der Materie gewährleistet wird? Führen die Stauchungen und Dehnungen dann auch zu Verdrehungen des Datenmaterials?

Kann man sich eine Datenmenge dieser Ordnung frei, das heißt ohne Speicher vorstellen? Wohl kaum. Es werden sich immer ein paar Schwebeteilchen finden, die im Einfluss der Datenfelder wandeln. Der Aufbau der Speicher und der Wandel der Datenfelder setzte sich bis zur funktionellen Anatomie fort. Erst jetzt können wir sein anatomisches Ebenbild erkennen. Hier zeigen sich die Daten im Kern dem Speicher äquivalent. Als Beispiel dient uns der Blutstrom. Er hätte ein direktes Datenäquivalent.

Ganz allgemein fände man auf dem entwickelten Niveau hinter allen Ereignissen unseres Körpers einen funktionellen Datenhintergrund. Dessen Botschaft lautete: »Materie, bewege dich in der Form, wie es den beweglichen Anteilen in meinen Summenfunktionen entspricht!« In den Architekturen der Felder stimmten die Daten bzw. die beweglichen Teile der Kriterien direkt mit der zu bewegenden Materie in unseren Organsystemen überein. Die Hereinnahme externer Materiebewegungen und Verschränkung der Daten diente letztlich dem Aufbau funktioneller Organsysteme. Die auftretenden Effekte, die Richtung der Wirkungen und die Kräfte sind dabei stets auf die Funktionalität des Menschen und seiner Organe ausgerichtet. Die Datenarchitekturen lassen am Ende in ihrer vollendeten Form das Blut fließen.

Viele der beobachtbaren Phänomene erweisen sich als ungetrübte Einheit aus dem gewachsenen Datenschatz und dem Körper. Die groben Materiebewegungen in unseren Zellen oder auch der sehr viel einfacher zu beobachtende Blutstrom haben einen Datenkontext einer speziellen Architektur in ihrem Hintergrund.

Die Kriteriensammlungen begünstigen die Ausprägung von Gemeinsamkeiten. Schon sehr schnell zeigen sich die Gesetze der Physik. Es bilden sich einfache Strukturen auf der Grundlage der Datenphysik heraus. Zusammengehalten von den einfachen Gesetzen der Natur zeigen sich dann Datenfelder mit Wirkungen auf die Hardware, die damit zur Speichernden wird. Die Gemeinsamkeiten der Kriterien sind wie geistige Overlays. Der gemeinsame Sinn hält die Daten zusammen. Das Leben beginnt zunächst rein physikalisch. Es zeigt sich in der Organisation von Daten- und Quantenzusammenhängen.

Am Ende des Weges einer wechselseitigen Wirkungslenkung – heute leben wir meinen Plan, morgen folgen wir dann deiner Ordnung – steht eine unbestreitbare Beziehung, die Speicher-Daten-Abhängigkeit. Eine extern verankerte Datenmasse und der gewachsene Organismus weisen sich gegenseitig den Weg. Sie korrigieren sich gegenseitig die Schäden ungünstiger externer Lagen. Dieses System aus komplexer Software, die sich im Grunde selbst erhält, aber auch die Hardware, die den Lauf der Daten und der Sinnzusammenhänge am Besten wiedergibt, sind die Grundlage dieses Systems. Verletze oder gestörte höhere Funktionen baut man auf der Grundlage der verbliebenen Positionen wieder auf. So gelingt es den doch sehr instabilen Organismus lange Zeit auf Kurs zu halten.

Wir verstehen den Organismus in Teilen schon sehr gut und erkennen anhand auftretender geistiger Phänomene, dass es zu dieser Hardware auch eine entsprechende Software gibt. Es ist jedoch kaum möglich, den hinterlagernden Datenschatz auf seinen tatsächlichen Ursprung, den in Teilen bezeichneten Materieraum, zu überführen. Der Weg dorthin ist ziemlich undurchsichtig. Vor allem müssen wir auch von Polungen der Felder im Sinne höherer Ökonomien ausgehen. Die Bestandteile blieben in ihrem Sein zwar unverändert, aber die Lage der Kriterien zueinander veränderte sich. Diese hätte einen beträchtlichen Einfluss auf die Selbstorganisation, vor allem auf die Organisation von Nebenschauplätzen.

So könnten Phänomene einer plötzlichen Verkehrung eines Nebenschauplatzes oft nicht erklärt werden, weil sie einer Polung des Kerns folgten. Eine Polung oder Modulation der Felder im Sinne der höheren Funktion, kann also den reinen Beobachter eines Nebenschauplatzes vor ein ungeheures Rätsel stellen. Der Weg dorthin: Ein Datenvolumen ordnete sich plötzlich dem organisierten Raum zu. Es fänden zuerst einfache Anpassungsleistungen der flexibleren Randbereiche an den bereits organisierten Raum statt. Diese führten dann zu allgemein mächtigeren Datenströmen, die sich auf den stabileren Kern hin organisierten. Dieses könnte die Ursache für eine plötzliche Ausrichtung größerer Datenvolumina an den gravitativ mächtigeren Kernströmen mit Masse und Ladung sein. Der Vorgang lässt sich als geistiges Phänomen beobachten. Es zeigt sich während der Betrachtung eine Verdrehung der Substanz. Die Verdrehungen der Substanz weist darauf hin, dass die bereits geleisteten Abstimmungen der Randlagen zumindest kurzfristig fortbestehen. Ein langfristiges Bestehen dieser Verbindungen schließen wir zumindest für die Komponenten aus, die der Organisation der zentralen Materieereignisse widersprechen.

Es gibt da auch noch den Materieraum, der selbst Gesetzen unterliegt. So werden Teile herausgelöst, brechen ab, werden weggeschwemmt und weggeblasen. Mit dem Materieverlust haben wir natürlich auch einen Speicherverlust und damit verbunden einen Verlust an organisierter Substanz. Mit der speichernden Hardware verändert sich auch der Datenkörper. Als Folge eines Massezuwachses der Kernströme erwarten wir daher als Erstes eine erneute Ausrichtung der gesamten Daten an den neuen Kernbedingungen. Dieses geschieht innerhalb des bereits organisierten Raums. Die materielle Ordnung tritt hierbei zunächst einmal als unumstößliche Wahrheit auf. Der Materieraum reagiert so träge, dass die Felder nach der Modulation, bei einer leicht veränderten Datenarchitektur wohl wieder annähernd dieselben Kernbotschaften verkörpern werden. Sie bleiben dem Materieraum in seiner Grundstruktur verhaftet.

Jedoch lagern sich vereinzelt Kriterien um, die vielleicht ursprünglich an der Architektur eines Nebenschauplatzes mitwirkten. Ein Kriterium kann ausreichen, dass man sich für den Weg, den es bezeichnet, entscheidet. Auf diesem Wege könnte ein ausgedehntes Regengebiet heranziehen und der Verkehrsteilnehmer unversehrt aus dem abgestürzten Flugzeug aussteigen. Ganz allgemein kann ein einzelnes Kriterium im Zentrum einer Komplexität stehen, so dass sich der bezeichnete Raum des bezeichnenden Kriteriums als der notwendige Weg für ein Überleben der verschränkten Umgebungsdaten erweist.

Das verschränkte Datenmaterial reduzierte sich dabei auf die bezeichnete Möglichkeit. Für den Materieraum hieße dies, dass sich die gesamte Komplexität, also der gesamte Datenmoloch, die gesamte bewegte und unbewegte Materie in all ihren bekannten und unbekannten Beziehungen, die Eigenschaften der Raumarchitektur exakt dieses Kriteriums als letztes Argument zum Vorbild nimmt.

Das Kriterium, das lange Zeit nur in der Suppe der breiten Masse schlummerte, wird jetzt zum Herausragenden. Einen schönen BMW verbindet man gewöhnlich mit Zapfsäulen, den Benzinpreisen, Ozeanriesen und Erdölraffinerien, den Autobahnen und dem CO_2- Ausstoß. Und sogar der Nutzer von Bildschirmtechnik schützt sich vor allzu viel Sonnenschein. Das Kriterium schlummerte zwischen den vereinbarten Wirtschaftsgrößen. Doch jetzt tritt es aus dem Schatten ins Licht. Und schon nach kurzer Zeit gibt es Regen, der Raum zeigt sich ausreichend bewässert und alle Bedingungen für das Leben sind erneut gegeben.

Nähmen wir dieses essentielle Kriterium heraus, könnte sich eine lohnende Architektur in eine feindliche wandeln. Der Aufbau eines Nebenschauplatzes stoppte dann. Einen Nebenschauplatz gründen heißt heute nicht mehr eine neue Art hervorbringen oder ein Mundwerkzeug so zu formen, dass es für ein spezielles Beutetier passt. Es bedeutet, ursprüngliche Arten wieder anzusiedeln. Die zunehmende Bedrohung der Existenz stellt die gelebten Größen in Frage. Im Himmel trat eine lange Stille ein und siehe da, unter all dem Müll war noch ein Stücken Natur verborgen. Und dieses Kriterium gilt nun als das Führende. Seine gesamte Ordnung, die Luftströme, die mitwirkenden Arten, der gesamte Materiestrom des Lebens wird jetzt zur leitenden Architektur des Feldes und seiner Strömungen. Das organisierende Feld verändert seinen Charakter. Die verbliebene natürliche Architektur wird zu einer leitenden Konstante.

Dieses Kriterium ist nun der ultimative Plan, es ist das augenblicklich gültige Programm sich zu bewegen. Die Aktivierung des Kriteriums gibt auch der Ethik und Moral der Menschen einen anderen Hintergrund.

Plötzlich bahnen sie mit ihrem BMW die Wasserzufuhr. Plötzlich durchbrechen sie die Schranken und Gesetze der modernen Transportlogistik und der schützenden Architektur. Als letzte Möglichkeit des Überlebens ziehen sie plötzlich selbst, als Materie und auch als organische Substanz eine Massebahn im Sinne dieses Kriteriums durch den Äther. Im Sinne des aktivierten Kriteriums ziehen sie eine Verbindung von A nach B. Sie bahnen sich nicht mehr auf Autobahnen einen Weg durch eine moderne Leistungsgesellschaft, sondern bewegen sich plötzlich auf der Massebahnen eines im Hintergrund aktivierten Kriteriums.

Natürlich wissen diese Menschen nichts von einer veränderten Datenlage ihres Hintergrunds. Sie glauben fest daran, ihren BMW wie immer zu fahren. Man könnte vielleicht einen veränderten Fahrstil nachweisen, unterschiedliche Verkehrslagen anführen, Radiomitschnitte veränderten sich, die Gespräche während der Fahrt zeigten einen anderen Verlauf. Die Architektur des aktivierten Kriteriums veränderte sogar den Luftstrom der Ein- und Ausatmung. Während dieses Zeitfensters konzentrierten wir unser Bewusstsein auf andere Bereiche. Ganz allgemein führte das aktivierte Kriterium zu vollkommen veränderten Datensummen. Die erzielte Architektur enthält dann den Materiesatz, der mit der Instandsetzung der Lebensbedingungen unseres Biotops und ihrem Erhalt vertraut ist.

Der Tintenfisch, der damals im Fernsehen seinen Auftritt hatte, mag vielleicht, wenn sie ihn lange genug trainieren, zehn Objekte beim Namen nennen, aber er unterscheidet nicht auf der geistigen Ebene eine Deutschlandfahne von einer spanischen. Wenn es dem Menschen irgendwann gelingt zu erkennen, in welchem Sinne er agiert und in welcher Form ihn dieser Sinn selbst trifft, bleiben viele Daten aus und werden nicht mehr erbracht. Die Sichtbarkeit der Ordnung verändert die Grundlagen des freien Willen. Der Zugang zum geistigen System veränderte die gesamte Gesellschaft.

Im Grunde lebt die Menschheit eine große Lüge. Wir haben den Pfad der Reinheit, wie ihn die Evolution ging, längst verlassen. Dieser Schatz an unterschiedlichsten Daten, der sich aus sich selbst heraus entwickelte und die Jahrtausende hindurch erhalten hat, verkörperte die höchste Komplexität. Dieses System aus gegenseitiger Anpassung, Reproduktion und Selbsterhalt brachte den mächtigsten Datenschatz hervor.

Sich in diesem System der absoluten Reinheit zu bewegen, bedeutet für mich, die höchste Wahrheit zu verkörpern. Es handelt sich um ein System ineinander verwobenen Lebens. So sind alle Arten auf irgendeine Weise elektromagnetisch ineinander verstrickt und miteinander verwoben. ICH nenne das die Komplexität eines Biotops. Betrachte ICH das System auf der Quantenebene, so sehe ICH das Klimasystem hochgradig involviert. Das Klima gehört diesem Datenhaushalt an. Es ist mit seinem Verhalten im Erdschwerefeld der natürlichen Komplexität des Lebens an der Erdoberfläche nachgeschaltet.

Wenn die Jahreszeiten nicht mehr gelebt werden und das Menschsein nur noch aus technischen Systemen besteht, wie können wir die gewachsenen Faktoren, die die Stabilität unseres Biotops gewährleisten, dann noch abrufen? Wir belügen uns doch alle selbst, zersetzen wir die gewachsene Komplexität mit technischen Gebilden. Wir sind auf dem besten Weg, das Klima frei zu schalten. Es verlässt die Bahnen der gewachsenen Ökologie. Der Zwang des Regelwerks ökologischer Systeme wird abgelöst von den gelebten Sinnzusammenhängen der Menschheit. Die Menschheit bringt sehr viel Energie auf, um sich von klimatischen Faktoren unabhängig zu zeigen. Zeigt sich das Klima dann nicht auch irgendwann unabhängig vom Menschen?

Menschliches Verhalten zeigt sich zunehmend klimatisch ungebunden. Die Involvierung des Klimas, wie sie den gewachsenen Ökosystemen eigen ist, schwindet. Der Sinn des Klimaverbundes wird aufgegeben. Der Sinn nach schönem Wetter besteht vielleicht noch für die Dauer der Wiesen. Dann kommen 7

Millionen Besucher aus aller Welt nach München. Wegen der ansteigenden Fluggastzahlen in dieser Zeit werden sicher einige über die Rentabilität einer dritten Startbahn für den Münchener Flughafen nachdenken. ICH sehe die Materieäquivalente im Korrelierenden System in Sinnzusammenhängen verschränkt. Wer richtet denn heute noch sein Leben an den alljährlich wiederkehrenden klimatischen Bedingungen aus? Wer wartet noch auf die Kälte und den Schnee einer einsetzenden Winterruhe?

Es kommt nun zum Feldaufbau dieses Kriterientyps. Die gesamte angeschlossene Infrastruktur, vom kleinsten bis zum größten Materievolumen, welches wir innerhalb dieser Komplexität transportieren, von der Quantenebene bis in den Bereich der Relativitätstheorie dürfen wir uns jetzt als eine aktivierte Einheit vorstellen. Alle Bewegungen des Korrelierenden Systems alle verschränkten Daten in den Feldern unterwerfen sich dieser Architektur, dieser seiner Darstellung.

Obwohl wir manchmal etwas abgehoben sind, bleiben wir doch ein Teil des Systems. Wir handeln im Augenblick bahnend im Sinne der Funktionen der aktivierten Komplexität. Das herausragende Kriterium zeigt sich nun wegweisend. Das System ist im Augenblick auf Winterruhe gepolt. Indem wir alles der Architektur dieses Kriteriums unterstellen, gelangen wir natürlich auf ein Niveau, auf welchem sich auch die notwendigen Materieströme einstellen. Die notwendigen Materieströme sind wiederkehrende Evolutionsdaten dieser Komplexität. In eben dieser Weise kehrt der Mensch zu seinem Ursprung zurück, begreift sich als Teil des Systems und übergibt seine schöpferischen Überbauten der Installation der dafür notwendigen Bedingungen.

Mit dem augenblicklichen Datenvolumen und seiner augenblicklichen Zusammensetzung ist zu verstehen, dass die zerstörerischen Naturschauspiele auch ein Schrei nach Leben sind. Es ist eben ein Unterschied, ob wir im klimatisierten Auto via Smartphone zu Hause die Heizung hochfahren und ICH mich mit meinem Wagen auf dem Orbit eines Eröltankers auf Kurs um die Erde befinde, oder ob wir mit unseren Wagen die Membrantunnel zum Wassereintritt bahnen, sonstige Nährstoffbahnen entlang rauschen, oder das Gaspedal ganz einfach für das Leben durchdrücken. Wir befinden uns im Augenblick im Korrelierenden System. Wir fahren immer noch Autos, nur vor einem anderen Hintergrund.

Das Korrelierende System sollte immer als ein Mix der bereits bekannten Datenbereiche verstanden werden. Orientiertes Wachstum verankert den Organismus im Materieraum. In Anlehnung an den Materieraum bauen wir alle unsere Programme zu den Organsystemen und ihrem Zusammenwirken auf. Hinzu kommt eine genetische und individuelle Einschätzung des externen Raums. Vermutlich beruht die Auswertung der eingehenden Sinnesdaten auf den gewachsenen Sinnzusammenhängen der einfachen Anatomie und auch der Organsysteme. Die Sinneseingänge sind dem Organismus bereits aus dem Orientierten Wachstum bekannt. Folglich finden die Sinneseingänge in der Körperarchitektur ihre Bestätigung. Die Auswertung der Sinnesgebilde führte dann zu einem höheren Sinn, der in der Anatomie und den Funktionen verwirklicht vorläge. Innerhalb der funktionellen Überbauten reiften die Sinneseingänge zu Gedanken heran.

Heute haben wir dem Korrelierenden System auch die Gesellschaftsstruktur zuzurechnen. Die Organisation des externen Raums zur Befriedigung unserer Bedürfnisse und Ansprüche ergibt ein eigenes Gefüge an Daten. Zu der adaptiert gewachsenen, also internen Datenmenge, kommen noch die Daten des externen Raums hinzu. Die Organisation des externen Raums bezieht sich heute auf fast alle Bereiche. Die Kinder wachsen in genormten Räumen auf.

In der Regel dürfte die Verknüpfung zu Strukturen des Korrelierenden Systems an wiederkehrenden Materieströmen aufgemacht sein, die allen Lebensbereichen eigen sind, so dass wir in den Feldern auch eine gegenseitige Bahnung und Datenübertragung nachvollziehen können. Die sich darstellenden Sichtweisen der einzelnen Leistungsträger lassen sich sehr leicht mittels gemeinsam genutzter Infrastruktur in der Fläche betrachten. Ihre Standorte und Positionen beziehen sich dann auf den gemeinsam genutzten Raum.

Korrelieren heißt hier also auch Daten verschiedenster Lebensbereiche gleichzeitig zu verwalten. Die Gesetze des Elektromagnetismus führen zu einer maximalen Ökonomie. Auf der Grundlage von erkennbar gleichen Strukturen lagern sich die Daten zu gemeinsamen Feldern zusammen. Wir nennen die Ordnung dieser Datenmasse auch Gesellschaftsgefüge, holographisches Konstrukt oder Struktur der Gesellschaft. Dieses Konstrukt der Gesellschaft ist ebenfalls ein Teil des Korrelierenden Systems.

Nehmen wir es genau, so entstammen die Gedanken einer Raumarchitektur von Kriterien, die sich in der Summe zu unserer Anatomie verfestigte. Es lässt sich folglich am einfachsten von einem externen Raumausschnitt auf die gewachsene Struktur schließen. Mit einem Sinnesreiz böte man dem Gehirn ein Stück Materieraum an und gelangte damit sofort in die funktionelle Hardware seines Körpers. Die Kriterien sind in komplexen Architekturen zu Sinnzusammenhängen der Hardware verarbeitet. Rufen wir uns ein Stück des externen Raums mit Hilfe von Sinnesreizen in unser Bewusstsein, so gelangen wir mit dem Kriterium automatisch in das Regelwerk seiner Hardware. Die Materieereignisse vervollständigen das Kriterium zum Feld der Funktion. Die Komplexität der Kriterienarchitektur tritt sofort hinter die funktionellen Materieströme unseres Organismus zurück.

Unser Wissen von der Welt ist das Ergebnis von Unterwerfung. Wir unterwerfen uns der funktionellen Anatomie und ihren Materieströmen. Die Ideen der Wissenschaft sind in erster Linie der funktionellen Hardware entnommen. Die anatomischen Verhältnisse prägen den Sinnesreiz am stärksten. Wir bewegen uns bei der Analyse der Sinneseingänge innerhalb der anatomischen Verhältnisse. Aber es dürfte auch möglich sein, von dem Sinnesreiz aus Komplexität zu entdecken. Das hieße, man könnte von einem Sinneseingang aus – es entspräche einem Stück externen Materieraums – parallel verschränkte Daten in sein Denken mit einbeziehen. Die geistige Entwicklung dürfte sich folglich um eine Anwendung der menschlichen Anatomie auf den Sinneseingang handeln. Entlang der menschlichen Anatomie dürfte dann ein Sinneseingang zu einem Gedanken heranreifen. Wir sprechen von Feldern und Feldbezügen innerhalb eines komplexen Datenhintergrunds des menschlichen Organismus.

Das hieße: Gehörte ein Kriterium mehreren Organsystemen gleichzeitig an, gelangte man von dem Sinneseindruck dieses Stücks externen Raums gleichzeitig in verschiedene Organsysteme. Die Qualität der Ableitung stiege dadurch an. Sind die Kriterien an unterschiedlichen Stellen zu verschiedenen Zwecken verbaut, so entsteht für das Gehirn natürlich eine ungeheure Vielfalt, das Kriterium einzuschätzen. Die angrenzenden Daten zeigten sich von dem aktuellen Kriterium involviert.

Wir formulieren auf der Grundlage des externen Raums ein Ergebnis. Über den Sinnesreiz gelangten wir zu unserer Hardware und ihrer Funktionen. Lassen wir uns weitertreiben, so wird das Kriterium funktionell aufgelöst. Das bedeutet der externe Raum steht uns nun nicht mehr als das Kriterium gegenüber, sondern ist nun als funktionelles Feld unseres Körpers zu interpretieren. Jetzt blicken wir, das Kriterium in dem funktionellen Feld des Organismus fortführend, in Kenntnis der Funktion, auf den vor uns liegenden Raum. Die Anwendung der Felder unseres Datenhintergrunds, die Funktionen und Sinnzusammenhänge, erlauben uns das Kriterium des externen Raums zu einem externen Sinnzusammenhang oder Gedanken mit externem Bezug auszubauen.

Ein jedes Kriterium ist dem Materieraum entnommen. Treten wir nur einen Schritt hinter die Materieereignisse der Hardware zurück, dann finden wir, von dieser Komplexität ausgehend, eine vielfache Involvierung des Materieraums. Wir können die Beschreibungen des Materieraums, die uns die Organsysteme um den Sinneseingang jetzt liefern, Informationsvolumina nennen. Von nur einem Sinneseindruck ausgelöst, lägen jetzt die Informationsvolumina der Organsysteme vor, welche unser Kriterium hinterlagerten. Wir könnten sie Bewusstseinsaspekte nennen. Diese Datenarchitekturen scheinen in sich abgeschlossen zu sein. Die Datenvolumina erstrecken sich im externen Raum auf gewisse Bereiche. Die Volumina gleichen einer Masse aus klaren Diamanten. Sie scheinen in ein stabiles Volumen gefasst zu sein. Dieses ist vermutlich der Veranlagung in einem Stück funktioneller Hardware zuzuschreiben. Unabhängig von ihrer wirklichen Zusammensetzung, der Dichte und dem aufgetretenen Volumen, nenne ICH diese Art des sichtbaren Geistkörpers einen Aspekt des Bewusstseins.

ICH kann mir als Folge wiederkehrender Sinnesreize ein Auftreten von Informationsvolumina vorstellen, in welchen sich Gemeinsamkeiten in Form von Materiebewegungen zeigen und sich Sinnzusammenhänge in Form von ökonomischen Feldern etablierten. Sich den Raum in dieser Form zu erschließen, geht natürlich über das Bekannte hinaus. Aber es ist nur eine Leistung des Gehirns den Raum um die Sinnesdaten herum brauchbar aufzuklären.

Das Ergebnis ist somit eine Betrachtung des allgemeinen Raums. Da wir bei der Wertung eines Sinneseindrucks auf unseren Organismus als Server zurückgreifen, ist das Ergebnis bereits von Felder der verschiedenen Funktionen belastet. Die Feldstärke der funktionellen Felder bewirkt eine Voreinstellung. Unser externes Interesse gilt also vermehrt Dingen, die als Kriterien bereits in unserer Hintergrundarchitektur verbaut sind. Wir neigen dazu, die köpereigenen Protokolle auf den externen Raum anzuwenden. Die Komplexität des Datenhintergrunds hilft eine Vielfalt von Möglichkeiten zu entwickeln. Die Hintergrundmenge unseres Organismus ist gleichzeitig eine Erkenntnismenge. In diese integriert versuchen wir unsere Lösungen zum Laufen zu bringen.

Diese Schwerpunkte der Betrachtung ruft das orientierte Wachstum hervor. Wir blicken von konzentrierten Bereichen der Mehrfachnennung auf den Raum. Die Bereiche konzentrierter Information sind die Hauptkoordinaten unseres Raums. Die Sinneseingänge involvierten die Organe. Dann befinden wir uns mit dem, was wir sehen, riechen, hören und fühlen in Mitten einer funktionellen Architektur unseres Körpers. Eine schleichende Wirkung ist anzunehmen.

Der Materieraum besteht als allgemeine Matrix. Der Materieraum involviert über den eingehenden Sinnesreiz das Organ. Der Materiebereich, als Kriterium bereits vielfacher Bestandteil des Organs, wird von dem Sinneseingang angefrischt. Gleichzeitig unterwerfen wir den eingehenden Sinnesreiz den Feldern der Hardware. Das umgebende Funktionsfeld des Organs und der Organe formiert den eingehenden Sinnesreiz. Die Hardware verleiht ihm einen Sinn.

Die Sinneseingänge landen in funktionellen Feldern. Es handelt sich um eine allgemeine Hintergrundmatrix, die die Funktion der Organe bedingt und ihr Zusammenwirken regelt. Gelingt es dem Gehirn, diese Architektur bewusst für sich zu nutzen, dann gehören Ableitungen in den Bereich der funktionellen Überbauten. Das sind Regelfelder des Organismus. Sehen wir uns die Sinnesdaten in die Architekturen der Felder einlagern, so erklären sich uns auch die verschiedenen Moralvorstellungen und Sichtweisen der Menschen.

Die Möglichkeit sich mit einem Sinneseindruck in Bereiche des funktionellen Hintergrunds einzuloggen, sollte zu einem Handeln führen, welches der Wahrung der bestehenden Datenarchitektur dient. Den Raum als systematischen zu begreifen, verändert die Entscheidungen. Die Erkenntnis des Regelfeldes kennt die Verwendung und den Nutzen der Kriterien für den Organismus. Der externe Raum unterliegt damit einer besonderen Bewertung. Nennt man derlei Architekturen sein Eigen, reifen um einen Sinneseindruck ganz andere Gedanken heran.

Es hat sich ein festes und widerstandsfähiges menschliches Datengefüge herausgebildet. Seine Widerstandsfähigkeit beruht auf dem Korrelierenden System. Hier steht das eine für das andere. Die menschlichen Aktiva finden sich in Feldern zusammen. Das Feld hält alle Aktiva bis zu den Leistungen des Einzelnen hinein auf Spannung. Man profitiert von der gemeinsam bewegten Materie. Die individuellen Aktiva bedingen sich gegenseitig. Wir schalten also in einem gemeinsamen Konsens von dem Konstrukt externer Gesellschaftsdaten auf die Klimadaten um und wollen mit der verbliebenen Biotopinfrastruktur nun ein Regengebiet heranführen. Es stehen den Biotopdaten heute natürlich menschliche Siedlungen und Gewerbegebiete im Wege. Die gewachsene Einheit aus Klima und lebender Biomasse, nennen wir sie ursprünglich, hat man mit menschlichen Siedlungen, Gewerbegebieten, ganz allgemein mit vollkommen neuen Datentypen durchsetzt.

Der freie Wille des Klimas, exakt dort als Regengebiet aufzutreten, wo es gebraucht wird, ist gar nicht so frei und zufällig, wie hier alle denken. ICH sage Ihnen, wenn sie zu spät am Flughafen sind, dann hebt der Flieger ohne sie ab, und ist der Flugverkehr eingestellt, dann sitzen Sie hier fest. Den Umstieg auf die

Bahn seinen freien Willen zu nennen, bleibt jedem selbst vorbehalten. Vermutlich gehen sie aber nur deshalb nicht zu Fuß, weil die Bahn hier einen Sitzplatz anbietet.

Auf Grund wechselseitiger Adaption liegt eine Programmierung der Wetterarchitektur durch die Biotopinfrastruktur vor. Wir begreifen den funktionellen Überbau als eine organisierte und komplexe Datenmasse. In wechselseitiger Adaption gewachsene Datenfelder fassen viele Einzelne zu einem harmonischen Ganzen. Die Summenfunktion darf man ruhig intelligent nennen. Seine Intelligenz beruht auf der Möglichkeit, einzelne Feldstärken zu interpretieren bzw. sich in Abhängigkeit zu diesen zu gestalten. Alle auftretenden Kräfte, die sich aus den variierenden Zuständen der Organismen und des Materieraums ergeben, bestimmen die Stärke und Architektur des umgebenden Feldes. Das können ganz einfache Unterschiede sein, die zum Beispiel den Zucker- und Salzhaushalt der Zellen betreffen. Das können aber auch aufzuwendende Muskelkräfte bei der Bodenbearbeitung sein, die ein anderes Arbeitsgerät auf den Plan rufen. Gerät ein Organismus aus seinem Gleichgewicht, so zeigt sich ihm dieses an. Man bekommt zum Beispiel Durst, wenn es sich um Mangel an Wasser handelt. So induziert ein Wassermangel die Zufuhr von Flüssigkeit.

Wir wissen alle, dass es sich um eine gewachsene Abhängigkeit handelt und der Zufluss von Wasser in Form von Regengebieten geregelt wird. Wir können auch von einer gewissen Stabilität der Felder und ihrer Flexibilität sprechen. Seine Eigenschaften erhält das umgebende Informationsfeld von einer Vielzahl beteiligter Ereignisse. Die Materie bewegt sich auf festen Bahnen. Das Datenäquivalent ist selbst Teil des umgebenden Informationsfeldes. Sollten sich die Bedingungen allgemein verändern, so verändern sich auch die einspeisenden Datenäquivalente. Die Feldstabilität lässt sich auf eine hohe Anzahl von Ereignissen zurückführen. Das Mittel hierfür ist die Veränderung der Massebahnen. Die Materie begibt sich dann auf andere Bahnen. Das Feld verändert sich in seiner Zusammensetzung, aber die Verteilung der Hauptkräfte und Feldeffekte bleibt zum Erhalt der bekannten Funktion bestehen. Die Bausteine der Funktionsfelder verändern sich. Die Kriterien lagern sich anders zusammen. Bewegt man sich beim Hacken des Bodens, so zieht der Muskel plötzlich an einem Regengebiet. Ziehen Sie an dem Kriterium, so involvieren Sie plötzlich benachbarte Bereiche mit. Man stelle es sich wie die Feldstärke einer Kraft vor. Man bezöge sich auf das gesamte vorliegende Datennetzwerk, um einen gerichteten Effekt darzustellen.

Es werden ganze Bereiche freigeschaltet, welchen Sie nun ein Hoffen aufsetzen können. Hoffnung ist ein Gefühl. Es verhält sich mit ihr ein Bisschen wie mit der Gravitation. Ohne das Datengebilde genau analysieren zu wollen, scheinen hier auch Kriterien einer bestimmten Bewegungsrichtung verschränkt zu sein. Das Ergebnis ist ein Effekt des Heranführens und des Instandsetzens. Setzen wir unsere Hoffnung innerhalb der frei geschalteten Datenbereiche ein, so lassen sich die vorherrschenden Begebenheiten tiefer betonen. Wir hebeln die vorherrschenden Bedingungen aus. Wir erweitern den Bezugsraum, greifen über den bestehenden Status hinaus und organisieren uns, von diesem unseren neuen Standpunkt aus, die gewünschten Bedingungen. Hoffnung scheint ein Attraktor zu sein. Es ist ein auf Daten beruhender Leerraum, der noch keine Entsprechung im Status Quo hat. Die Hoffnung ist eine bewusste Formulierung eines Zustands mit vielen Daten, die über die Gesellschaftsstruktur hinausgehen und daher die Möglichkeit aufrechterhalten.

Die Einführung des menschlichen Datentyps veränderte die organisierende Wirkung der Felder enorm. Man kann von einer Zersetzung der gewachsenen Komplexität der Felder sprechen. Der funktionelle Zusammenhang mit dem Klima, wie er mit dem gewachsenen Artenverbund besteht, ist bereits in Teilen zerstört. Das Klima mit seinen Wettern ist ein variierender Raum und in den komplexen Feldern des Artenverbunds vielfach abgelegt. Wir sind dabei, eine bestehende Abhängigkeit aus der gewachsenen Biomasse und dem Klimasystem aufzugeben. Wir sind dabei das Klimasystem an eine menschliche Architektur zu binden. Wie aber ist unser Vorgehen?

Der Mensch destabilisiert die gewachsene Komplexität. Der Mensch löst ein Materieereignis nach dem anderen aus seinem natürlichen Zusammenhang heraus. Er isoliert das Ereignis und spannt als Betrachter seinen Raum auf. Er spannt den Standpunkt eines Beobachters um das Ereignis auf. Wir kennen alle den Menschen, seinen Charakter, die Art und Weise seines Seins. Wir erheben das Beobachtete in unser Gesellschaftswissen. Das menschliche Wissen ist in massereichen Feldern organisiert. Die entstehenden Feldstärken wirken innerhalb der natürlichen Zusammenhänge.

Wir wollen das Klima und unser aller Wetter in Zukunft mit beschleunigenden und massereichen Feldstärken des Menschen regulieren. Die gewachsene Harmonie wechselseitiger Abstimmung geht verloren.

Die natürlichen Feldbeziehungen drängt man nicht nur mit dem Einsatz von Technik zurück. Auch die Macht, die Macht des Geistes, der Gedanke, der Wunsch, das Gebet und der Wille wirken in den Feldern und auf die Struktur der Felder. Man ordnet sich ihnen zu, betont und verstärkt mit individuellen Vorhaben. Der Mensch isoliert das Einzelne und verrechnet es dann zu Phänomenen mit Masse. Das nennen wir Wissenschaft, Entwicklung, Fortschritt. Der Mensch zwingt die Masse der Materie auf feste Bahnen. Er passt sie den Materieströmen des Wirtschaftsgefüges an.

Die Gesetze der Physik bleiben natürlich bestehen. Wir erhalten folglich durch die Zersetzung der ursprünglichen Biotopkomplexität mit Konstrukten des Menschen sehr viel gröbere Materieströme. Nähmen wir die Erde heute als Gießkanne, so fiele der Regen aus Kanaldeckeln, Regenspeichern und Niederschlagsrückhaltebecken. Früher ergoss er sich aus artenreichen Wiesen und Wäldern. Betrachten Sie die Quantenebene von den geschaffenen menschlichen Daten programmiert, so erhalten Sie die Struktur der Wetter. Der Wandel von Wiesen zu Kanaldeckeln verändert die Daten der Quantenebene. Es ist, als bohrten sie die Löcher des Gießkopfes von der Größe der Gänge der Regenwürmer auf Kanalgröße auf.

Die Entscheidung eines Einzelnen, sich gegen sein Feld zu wenden, ist daher ein beachtenswertes Phänomen. Er wendet sich nämlich in diesem Moment gegen die geschaffene Architektur unserer Gesellschaft. Der Mensch hält sich die Hintergrunddaten seines Organismus vor Augen und erkennt die Bedrohung seiner Existenz. Dann liegen in den Gesellschaftsfeldern bereits große Missverhältnisse vor. Vor allem die Gleichberechtigung der Arten scheint zu fehlen. Aber auch eine ungerechte Verteilung der Ressourcen unter den Menschen weist auf Defizite bei Ethik und Moral hin. Das Kükenschreddern, das Rinderenthornen, federlose Hühner, die sich nach einem Jahr Legebatterie kaum auf den Beinen halten können. Diese Verhältnisse sind Teil der Staatsstruktur.

Das schlägt doch auf den Charakter der Menschen durch! Wenn derlei Verhältnisse in der Architektur der Gesellschaft überhandnehmen, scheint die Differenz zwischen einer gesunden Hintergrundsoftware und der Gestaltung des Raums durch den Wirtschaftskapitalismus zur Bedrohung zu werden. Liegen in den Feldern grobe Verstöße gegen die Ethik und die Moral vor, nimmt der Einzelne das Gesellschaftsfeld als vermittelnde Instanz nicht mehr an. Dann beginnt das Individuum, seinen Organismus zu vertreten. Die Hintergrundfelder des Organismus werden zur dominierenden Instanz und stellen den entwickelten Gesellschaftskörper in Frage, greifen ihn vielleicht sogar an, wenn er sich querstellt dem Körper und seiner Existenz zu dienen.

Die Freigabe der gezwungenen Masse kann sich sehr zerstörerisch zeigen. Die Wolkensysteme geben das Wasser, ihrer Programmierung auf Quantenebene entsprechend, frei. Es schüttet wie aus Kanälen und Rückhaltebecken.

Die Wolken kondensieren in Strukturen des Hochwasserschutzes. So können kanalisierte Klimaarchitekturen, die plötzlich ihre normale Funktion und globale Bedeutung für Biotopsysteme erhalten sollen, mit unvorstellbar massereichen Ereignissen einhergehen. Sie entsprechen dann den massereichen Datenfeldern der Gesellschaftsarchitektur. Diese Feldstärken induzieren auf der Quantenebene das Klimasystem eben in dieser Form.

Während globale Akteure um Siege streiten, das bessere Ass diskutieren und sich um die nächsten Austragungsorte bemühen, bauen sie Interessensfelder auf. Es sollte allen klar sein, dass diese Faktoren sind, die ganz beiläufig auch die

Klimaregeln in unserem Gesellschaftskonstrukt betreffen. Das Klima hat dann außer der gewöhnlichen Involvierung durch die Gesellschaftsordnung auch noch die Einflüsse der Streithälse und deren globale Interessen einzuarbeiten. Wenn Sie sich die Zusammensetzung der Felder vor Augen führen, betrachten, was gedacht wird, in Erfahrung bringen, welche Sachen die Menschen ihrem Ich diktieren, dann können Sie auch verstehen, dass sich an manchen Stellen die Schwächen der ganzen Architektur zeigen. Alles unter einen Hut zu bringen, geht also nicht. Zuletzt sind wir Mensch und nicht das bessere Tier, sondern allenfalls der jüngste Baustein des Biotops. Wir versuchen ein geistiges Overlay zu installieren, aber ob das jemals von alleine laufen wird, ist fraglich.

Vermutlich bedarf es immer der Befeuerung mit natürlichen Ressourcen. Es will uns keine Klimaarchitektur ohne Probleme glücken. Es bleibt nur, sich wieder in Gottes Hand zu begeben. Wir sollten darauf vertrauen, dass dieser Organismus über Hintergrundprogramme und Datenzusammenhänge verfügt, die weit über dem externen Engagement der Menschen liegen. Denn nur so lassen sich die Lebensbedingungen extern wieder mit den Lebensbedingungen intern in Gleichklang bringen. Wir schalten einfach auf die ursprünglichen Biotopstrukturen um. Wir wollen die Erkenntnismenge unseres Wissens von einer externen Technik zurückfahren. Wir wollen die internen Datenlagen unseres Organismus nutzen und die Lebensbedingungen intern und die Lebensbedingungen extern harmonisieren.

Es scheint mir, als ginge der Zustand der Sättigung mit einer Abnahme der Feldintensitäten einher. Die Materie und das ihr eigene Feldäquivalent scheinen sich zu lieben. Biologisch generierte Materieäquivalente scheinen ihre Entsprechung zu organisieren. Ein gewachsener Zusammenhang der Notwendigkeit. Wir bedenken hier die Feldarchitektur zur Materiefusion aus dunkler Energie. Wie ein Drucker soll der menschliche Organismus jetzt funktionieren. Die Begleitarchitektur Klima und Wetter soll immer und immer wieder dargestellt werden. Die Zellereignisse, ganz allgemein die gesamte Bodydynamik wird zu einer parallelen Darstellung von Klima und Wetter herangezogen.

Immer und immer wieder werden die beiden Zustände, interner Raum und externer Raum in Form der verarbeiteten Kriterien parallel dargestellt. Der Wunsch nach Regen wird zu einer Größe unseres Arbeitsspeichers. Hier im Arbeitsspeicher werden die Daten des externen Raums, die internen Kriterien und die organischen Ereignisse zur programmierenden Kulisse. Wir legen den Wert auf ein Regengebiet. Die durstigen Zellen erlauben dieses. Ihre Existenz beruht auf einem jahrtausendealten Korrelat aus wiederkehrenden Daten des Materieraums.

Nach dem langen Regen liegen die beiden Zustände wieder ausgeglichen und gleichberechtigt nebeneinander vor. Die interne und die externe Welt sind gesättigt. Vermutlich führt der Zustand der Sättigung zu einer globalen Architektur. Die Spitzenwerte der Felder fallen dabei in kleinere Kreisläufe und andere stabile Architekturen zurück. Es scheinen die externe Welt und die interne Welt wieder gleichberechtigt vorzuliegen. Anscheinend verhält es sich wie bei der Heilung von Wunden. Das Genetische wirkt mit herein. Die Gesellschaftsdaten einer externen Welt treten zurück.

Ein Übermaß an Belastung mit menschlichen Überzeugungen schwächt die Urfelder. Die geschlagenen Wunden in der Architektur unserer Hintergrundprogramme sollen möglichst aufgebessert und die geschwächten Abschnitte in einen wirksamen Urzustand versetzt werden. Dieser Vorgang könnte von Teilen des Genetischen getragen sein. Sehr alte Teile des Materieverhaltens unseres Planeten könnten bei der Instandsetzung mitwirken. Die menschlichen Hintergrundprogramme, so wie sie im Biotopverbund heranreiften, lassen sich in Abwesenheit der menschlichen Datensätze wieder optimieren. Der wahre Wesenskern einer funktionellen Architektur setzte sich, so gut es noch geht, in Stand.

Wir wollen uns dem externen Raum und Status Quo in einer Weise nähern, dass wir als Ergebnis eine geistige Architektur erhalten, die dem funktionellen Hintergrundfeld unseres Organismus in seiner Zusammensetzung gleicht. Wir adaptieren Ereignisse und Vorgänge unserer Umwelt. Wir beziehen uns auf das augenblicklich Notwendige, um die Klimaparallelität erneut zu gestalten. Das sind nicht der neue Mercedes und auch nicht die Saharatour zu Ostern. Es sind einfache Dinge wie das Fressverhalten von Tieren. Die Bestäubungsleistungen der Insekten. Das Quellverhalten unterschiedlicher Materialien nach dem Regen. Da ist das Sickerverhalten des Regenwassers. Da sind die Filtereigenschaften und Reinigungsleistungen der Natur, welche wir hier als Beispiele nennen wollen. Diese doch sehr einfachen und alten Datensätze sollen nun in unserem Hintergrundfeld aktiv werden. Diese, so nehmen wir an, werden aktiviert, wenn man dem Organismus die Verantwortung übergibt.

ICH behaupte, dass derlei externe Größen am besten geeignet sind, um komplexe Organe und ihre Vernetzung in Systemen darzustellen. Die Aspekte des Bewusstseins, Materieäquivalente und Kriterien gehen als Datensätze in die Evolution ein und stehen als kleine Auswahl in den Hintergrundprogrammen unseres Organismus für die Selbstorganisation zur Verfügung, weil sich die Ereignisse wie Koordinaten in den Materieraum einfügen. Die Daten spannen den Raum des Erdsystems auf. Das waren nur ein paar Beispiele, die in Eigenschaften münden. Die Gesamtheit der Ereignisse bezeichnet das Erdsystems. Diese Materieäquivalente besitzen einen Stellenwert in den gewachsenen Systemen. Die Datenäquivalente sind Inhalte des Materieraums. Die Möglichkeit der Entnahme ist an ihr Vorhandensein gekoppelt.

Das Ineinandergreifen der Inhalte und ihr Mitwirken an den Systemen bedingen die Physiognomie des Ganzen. Anscheinend erlaubt die Quantenebene vielfältige Anordnungen der Materieäquivalente. Ihr Zusammenwirken in Organismen ist also ebenfalls dem Status Quo zuzurechnen. Die Datensätze der Evolution ziehen sich wie ein Pfad durch den Status Quo. Der Pfad endet für alle Lebewesen am Ort ihrer besten Übereinstimmung mit dem Raum. Die Evolution passt die Lebewesen in den Raum ein. Die allgemeine Ordnung des Materieraums hängt von der Beschaffenheit der Kriterien und der Art ihrer Vernetzung ab. ICH behaupte die Überlegenheit eines Systems, das sich in Jahrmillionen der Evolution herausbilden durfte. ICH sehe elegantere Lösungen und harmonischere Felder. ICH sehe das Spiel der Elemente in einer gelungenen Weise verarbeitet. Das Wasser, die Erde, das Feuer und die Luft zeigen in ihrem

Miteinander die Vielfalt an möglichen Zuständen, die wir als Daten brauchen, um Felder des Lebens zusammenzustellen.

Man darf annehmen, dass mittlerweile auch menschliche Technologien in den körpereigenen Programmen repräsentiert sind. Heute ist diese zumindest der Fall, wenn wir das orientierte Wachstum als gegeben hinnehmen. Aber hier zeigt sich wieder die Schwäche des Systems. Der menschliche Beitrag entspringt einer Datenlage des Makrokosmos. Der jeweilige Nutzen für das System, an dieser Stelle der Architektur gewachsen zu sein, wird vom Menschen nicht bedacht. Vielmehr wird das bestehende Potential an Daten, das sich um die Erkenntnismasse in Jahrmillionen der Evolution angesammelt hat, abgeschöpft. Das bestehende Netz- und Regelwerk, das sich in funktionierenden Biotopen herausgebildet hat, so dass eine Massebahn funktionell gleichzeitig mehreren Systemen angehört, endet dann als Technologie.

ICH vermute, dass die Formulierung menschlicher Technik nicht nur aus dem Nichts gegriffen ist, sondern vielmehr aus der umgebenden Substanz geschlagen wird, unabhängig welcher Art oder welchem Organsystem sie angehört. ICH gehe davon aus, dass sich nach der Formulierung des Wissens viele Daten nicht mehr wie in den gewachsenen Biotopen verhalten können. Die Erkenntnismasse reicht gerade einmal aus, um eine Technologie herzuleiten. Ihre Erweiterung zu einem effizienten und wirtschaftlichen Konvolut kostet weiteren Speicherplatz. Kostet uns weitere gewachsene Substanz. Die Entwicklung hoch effizienter Technologien scheint der gewachsenen Substanz der Biotope Bestandteile zu entreißen. Die Erkenntnismasse mag noch natureigen sein. Die Kriterien der natürlichen Erkenntnismasse liegen in der ausgereiften Technologie anders formiert vor. Wichtiger noch: der Erkenntnissatz verliert jeglichen Kontakt zur natürlichen Umwelt und verhält sich nun systemfremd.

Zu der geschaffenen Technik gesellen sich eigene Materiekreisläufe. Die ursprünglichen Biotopdaten unterwirft man einer Prägung durch das technisch verursachte Materieverhalten. Die Kreisläufe der Daten, die sich als technisch verursachtes Materieverhalten hervortun, scheinen die gewachsene Biotopformation nicht mehr zuzulassen. Die Information eines Biotops verstehen wir hier als Feldstärke, die sich aus einer Vielzahl von Kriterien des Materieraums zusammensetzt. Wir sprechen hier von funktionellen Überbauten, die sich aus dem Zusammenleben vieler Arten errechnen. Wir sprechen hier von Jahrmillionen der Evolution. Ein ungeheures Potential an gewachsener Information wird hier aufgebrochen und die freiwerdende Substanz zur verbesserten Formulierung der Technologien aufgewendet.

Während sich das System der Arten eines Biotops aus dem Materieraum heraus entwickelte, sind wir als Mensch versucht, das geschaffene System nachträglich im Materieraum zu verwurzeln. Dies gelingt, indem wir Schadstoffe und anderen Mikroabfälle gleichmäßig über die Erde verteilen. Das ist der neue Weg. Es gibt bereits einen Zweig der Mikrobiologie, Bakterien mit abweichenden Datenarchitekturen aufwachsen zu lassen. Vielleicht gelingt es uns auch, Mikroleben hervorzubringen, die Mikroplastik als Teil ihrer biologischen Architektur tolerieren. Dann könnte man das gesamte Leben vor diesem Hintergrund gestalten.

Das Drumherum einer Entwicklung isoliert den gefundenen Baustein von seiner eigentlichen Bestimmung. Es enthebt ihn seiner natürlichen Umgebung. Die Technologie bekommt eine Datenhülle. Wir können eine Vernetzung der Hüllen fordern, um etwas Harmonie in das Gefüge zu bringen. Den Weg der Evolution umgekehrt zu gehen ist jedoch nicht möglich. Bereits in der Vernetzung der Hüllen entstehen Fehler. Uns gelingt die Integration in die Erdmatrix also derzeit nur mit Schadstoffen, Abfall und Giften. Schaffen wir es aber, ein Heer aus Mikroben und solchem Kleinstgetier zu schaffen, die diese Abfallgrößen in ihrer Architektur verbaut hätten, dann könnten wir die Mülldaten in systematische Zusammenhänge der Natur einfügen.

Wir schafften eine lebende Datengrundlage für die Darstellung allen Lebens. Wir könnten die gewachsene Information, die Felder der Arten und die Felder der Biotope von nun an mit Mülldaten speisen. Dieses wäre eine Möglichkeit für den Menschen, nicht nur Substanz aus dem System herauszunehmen und in

Hochtechnologie umzumünzen, sondern auch in Form von Leben dem System zurückzugeben. Wollen wir, am Bodensatz angekommen, diesen nur lesen, oder eine neue Basis schaffen, die eine uneingeschränkte technologische Überbauung zulässt? Wer vertritt derlei Wahnsinn in der Öffentlichkeit? Wer möchte diesen Weg gehen?

Also weiter im Text. In meinem Text. In meinem Text nehmen wir keine erfolgreiche Entwicklung des Systems vor, sondern destabilisieren es. In der Tat begreifen wir uns mittlerweile selbst als das System. Eine Sammlung von externen Daten, von unserem Gehirn zu Konstrukten der Technik verrechnet, konkurriert mit der Urinformation. Die Urinformation hat sich in vielen Jahrtausenden des Lebens entwickelt. Der Mensch reißt alles an sich, und zwingt die Materie auf andere Bahnen. Es läuft sehr gut, aber mit einer Integration in natürliche Kreisläufe hat das nichts zu tun. Man könnte von Zerstörung zur eigenen Bereicherung sprechen.

Es ginge jetzt darum, folgten wir dem Beispiel der Natur, die menschlichen Technologien und Wissenssysteme so zu vernetzen, dass sie ineinandergreifen und jedes in Teilen einem anderen angehört. Die Wirtschaftszweige und Wissenssysteme sollten sich gegenseitig bedingen. Verlöre einer an Boden, schwächte dies zugleich den anderen. Sie sollten füreinander da sein, sich gegenseitig am Leben halten. Wir könnten uns auch mehr für andere Arten einsetzten und ihre Lebensräume mitentwickeln. Sie wären dann nicht mehr auf glückliche Zufälle angewiesen, sondern fänden organisierte Bereiche mit ausreichenden Wohnanlagen vor. So gelangten wir zu einem verbindlichen Datennetzwerk. Darin lägen dann eine gewisse Regelmäßigkeit und Stabilität, von welcher auch das Klima profitierte.

Der Mensch versteht nichts von alledem. Der Mensch wird vom plötzlichen Zusammenbruch ursprünglicher Eigenschaften überrascht sein, wie eine Ameise vom Fehltritt eines Wanderers überrascht wird. Dieser glaubt, auch er tut seinem Körper etwas Gutes, wenn er mit dem Auto aus 500 km anreist, um im Hochgebirge auf einer Alm ein Bier zu trinken und ein paar Zigaretten zu rauchen.

Der Regen beseitigt alle drängenden Probleme, wenn er nicht zu lange und nicht zu heftig fällt. Mit dem Zustand der Sättigung schwindet die Macht der Überbauten. Jede einzelne Zelle eines Wesens beschäftigt sich wieder mit sich selbst. Der funktionelle Kontext, den eine trockenere Periode in einem System aus biologischen Einheiten auslöst, ist plötzlich nicht mehr vorhanden, als zerfiele das große Bewusstseinsfeld des Biotops in kleine Einzelereignisse, und die organisierenden Hauptfelder lägen wieder auf kleineren Zellkreisläufen verteilt vor. Ein Kräftekontext aus dem Innenleben und der Hülle der Zelle stünde plötzlich wieder im Vordergrund.

Dies, so denke ICH, hängt mit den Zuständen der Zelle und dem System im Allgemeinen zusammen. ICH denke, dass sich eine Trockenheit in der Zellordnung zeigt. Die auftretenden Kräfte in der Zelle addieren sich im Zellverband zu veränderten Feldern. In der Summe zeigt sich eine veränderte Architektur unseres Biotops. Das System bezieht auch andere Arten mit ein, so dass sich die Felder und Feldströme aus anderen Bereichen generieren. Es handelt sich um Schaltungen, wie wir sie für die künstliche Intelligenz benötigen.

Diese Felder und Feldströme beruhen zum Teil auf einer Mehrfachnennung von externen Kriterien. Diese dürften sich über die Jahre hinweg leicht verändern. Die zunehmende Stabilität des Gefüges dürfte in der Form von Feldern auf angrenzende Bereiche aufklärend wirken. Folgt daraus eine Verlagerung des bewussten Interesses, so ändert sich der Informationsgehalt eines Kriteriums. So kann Neues und Brauchbares in die speichernden Felder hereingenommen werden.

Die wiederholte Verarbeitung eines Datensatzes in den verschiedenen Lebensformen wird dann auch der Bestätigung und dem Aufbau von Feldern und Strukturen dienen. Eine Gefährdung der Lebensbedingungen führte somit zu einer Gleichschaltung des Lebens, insbesondere seiner Arten, so dass globalere Strukturen der Komplexität eines Biotops auftreten. Nach dem Regen zerfallen die gemeinschaftlichen Felder in eine Vielzahl von Einzelereignissen. Die sich selbst genügende Zelle ist der neutrale Grundbaustein.

Dann setzt sich dieses Menschenwissen wieder instand. Dann drücken wir das Gaspedal wieder durch und die Party geht weiter. Und es führt uns wieder an den Punkt, wo sich die Umgebung nicht mehr für Partys eignet. Die gute Stimmung schlägt in Apathie um. Wir müssen uns an die neuen Geister und Mächte erst gewöhnen, unsere Machtlosigkeit akzeptieren. Ab jetzt geht es spürbar abwärts. Es wird schwieriger, aber lasst es uns noch einmal probieren. Das ist jetzt wieder ein geeigneter Zeitpunkt zur Besinnung. Der Mensch beginnt wieder in seinen Hintergrundprogrammen nach Verwertbarem zu stochern. Warum führen sie dieses System ständig an seine Grenzen heran. Reichen autofreie Sonntage nicht aus, um seine Arbeitsfähigkeit auf die folgende Woche einzurichten.

Es hat sich scheinbar eingebürgert, sich von einer lebensfreundlichen Umgebung so weit zu distanzieren, dass sie zu einer feindlichen wird. Die Flucht in eine künstliche Welt aber hat Folgen. Der gewachsene natürliche Klimavertrag, den die Evolution hervorbrachte, bleibt hinter der technischen Entwicklung zurück. Wir lösen uns von ihm ab. Wir werden zu Verursachern. Unser Sein hat Folgen. Wir wirken.

Treten uns unerwartet feindliche Lebensbedingungen entgegen, verlassen wir uns wieder auf die Hintergrundprogramme unseres Körpers. Soll er sich doch selbst um sein Überleben kümmern. Lägen hier nicht ganze Konzepte vor, wären hier Kriterien nicht in Summen, Funktionen nicht in Kreisläufen organisiert, griffen deren Inhalte nicht ineinander und lägen in Feldern verschränkt vor, so dass der Körper die notwendige Intelligenz einer lebenden Architektur entwickelt, die ihm erlaubt, eine Wasserflasche von einer Zapfsäule zu unterscheiden, bräche längst alles zusammen. Dem Geist nämlich traue ICH diese Fähigkeit nicht mehr zu.

Vielmehr ist eine Verschränkung der Kriterien zu funktionellen Feldern anzunehmen. Das Individuum scheint auf die Wirkung des Gesellschaftsfeldes angewiesen zu sein. Das Gesellschaftsfeld hüllt das Individuum ein. Das Individuum verliert den Zugang zum Biotop. Das isolierte Individuum scheint sich im Strome der Gleichschaltung sehr viel wohler zu fühlen. Hier könnte man auch an Alzheimer denken. Dies wäre der Fall, wenn die Gehirne bei einer gegenseitigen

Anregung von einer hohen Vielfalt der Mitwirkenden profitierten, so dass sich bei der Aktivität des Systems oder von Einzelnen, das korrelierende Gegenüber angeregt und sichtbar gestaltete. Wir sprechen von individuellen Kriterien, die in gemeinsamen Feldern korrelieren und von Feldfunktionen, die bei einem Wechselwirken der Inhalte zu beobachten sind. Dieses Wechselwirken und das gegenseitige Anregen tun dem Gehirn gut. Die Gleichschaltung aber führt zu einer Entwertung der individuellen Substanz, der Gravitationskörper der Labels steigt an. Das Herausstellen des individuellen Seins durch wechselseitige Anregung weicht der Manipulation des Labels. Dieser Gravitationsmoloch kann wichtigste individuelle Größen löschen. Die Folge wäre Alzheimer.

Zuerst wird es Ihnen zwischen Kühen und Obstbäumen zu langweilig, und Sie ziehen in die Städte. Können Sie es sich dann irgendwann leisten, machen Sie sich auf den Weg. Sie suchen das Glück. Sie suchen das Glück jetzt interessanterweise wieder auf dem Land und in der Natur, wo der Mensch seine Wurzeln hat. Aber Sie fühlen, dass Sie nicht dazugehören. Es handelt sich um eine eigenständige Lebensform, der Sie nicht angehören. Es ist eine andere Welt, die mit Parkplatzsorgen nicht viel zu tun hat. Der Datenreichtum des Lebens findet keinen Zugang zu diesen Seelen. Es besteht ein tiefer Graben zwischen dem Körper und dem, was sie ihm an geistiger Nahrung und Struktur bieten.

Nun suchen Sie Ihr Glück auf anderen Wegen zu erreichen. Sie glauben, sich nur passender an die Natur adaptieren zu müssen, damit das Glück dauerhaft überspringt. Sie bauen Party- und Vergnügungshallen in die Erholungsgebiete. Sie brauchen dann nur im Auto zu sitzen. Große Parkplätze sind Ihnen vertraut. An Kassen und Eintrittskarten gereift, fühlt er sich schon wie im Himmel, um gleich die Gigantomanie in sich aufzusaugen. Dieser Mensch braucht seine künstliche Welt nicht mehr zu verlassen. Ein bekannter Sinn ist ihm über bekannte Strukturen zugereift.

Sie begreifen nicht, dass sie sich mit einer Hülle umgeben. Die wirklichen Daten des Biotops leuchten weder den Körper aus, noch dringen sie spürbar in die Seele vor. Die Struktur der ursprünglichen Felder ist verbaut, vermüllt, verdreckt, vergiftet. Sie haben einen künstlichen Geistkörper erschaffen. Er distanziert sie vom Erdkörper. Der künstliche Datenkörper hält das Licht der Erdmatrix von ihrem Körper fern. Das funktionierende Ökosystem strahlt als Feld nicht mehr in ihre biologische Architektur ein.

Aber das umgekehrte Geschehen ist ihnen vertraut. Sie erobern den öffentlichen Raum mit Wohlstandsmüll und Mikroplastik. Feinstäube dienen dazu, ihre direkte Umgebung zu beschreiben. Dieses Verhalten sind Beispiele für die Wirkung von Feldern. Diese Art des Denkens hat ihren Kern im Zentrum des Gesellschaftskörpers. Die Wirkung des Feldes bedingt die Ethik und Moralvorstellungen. Die Felder vermitteln Gefühle. Sie teilen sich in den Gesprächen mit, wobei die Felder sich zu positionieren und abzugrenzen wissen. Trifft man eine unpassende Wortwahl, so leuchtet das anwesende Feld oft am Gegenüber auf.

Das übergeordnete Feld ist gleichzeitig mitten unter uns. Es ist daher leicht verständlich, dass auch von den Verbrauchermärkten nur Produkte nachdrängen, die der Richtung und Wirkung der Felder entsprechen und die Feldstärken erhöhen. Wir zählen die Versorger und Labels zu den künstlichen Feldern. Sie benötigen wie eine lebende Zelle ständig Energie. Ihre Macht empfinden wir hier als eine Folge des Elektromagnetismus. Indem wir alle in Feldern organisiert sind, erleichtern wir uns das Zusammenleben in Gesellschaften. Es ist eine Funktion des Gehirns für jeden seinen Platz zu organisieren.

Es gibt daher noch sehr viel mächtigere Felder. Das sind die geistigen Architekturen. Sie agieren konkurrenzlos. Wir nennen sie Lebenswelten, Menschenbilder, Religionen, Gedankengebäude und Weltbilder. Sehr viele individuelle Einzelinteressen sind in diesen Größen gebunden. Diese geistigen Architekturen großer Denker erfassen den gesamten Raum. Das abgeleitete Wissen erreicht den Status der Allgemeingültigkeit. Sie bedingen die Struktur einer Gesellschaft. Warum setzt sich dann keiner hin und schreibt die Welt einfach neu? Weil man die fähigsten Geister irreleitet noch bevor sie ihre Mündigkeit erreichen. Aber irgendwann wird eine hochwertigere Architektur verfasst und eine verbesserte Lösung angeboten werden.

Wie schaffen wir es, Ihre Körper in die Erkenntnis Jahrmillionen alter Systemzusammenhänge zu versetzen, so dass Ihre Seelen wieder im Licht erstrahlen? Wie können wir Ihnen die natürliche Komplexität ursprünglicher Zusammenhänge aufschließen? Sie begreifen nicht, dass sie sich mit einer Todeszone umgeben, bemühen sich, Licht in Ihre Körper gelangen zu lassen. Aber anstatt die Daten des eigenen Organismus in Erfahrung zu bringen, darin zu wachsen und der Quelle zuzureifen, kreieren Sie einen künstlichen Gesellschaftskörper. Er liegt im Zentrum der vermittelnden Instanz. Die internen Zustände des Organismus liegen als Datenprotokolle in elektromagnetischen Feldern vor. Gelangen sie zu Wert auf dieser vermittelnden Instanz stellt sich ein analytischer Bezug zur Außenwelt ein. Das System beginnt Datenlagen aufzufinden und zu generieren, die den Mangel des Organismus speisten.

Das Gehirn vermittelt hier zwischen Innen- und Außenwelt. Heute liegt dort der Gesellschaftskörper mit all seinen Fehlentwicklungen vor. Ihm unterwerfen Sie alles, Sie zerstören Flora und Fauna. Sie zersiedeln und verbauen. Sie ersetzen die gewachsene Komplexität durch beliebige technische Konstruktionen, ohne sich den tieferen Sinn der gemeinsamen Architektur erarbeitet zu haben. Sie versuchen, mit Ihrem Gesellschaftskörper Brücken des Lichts in den menschlichen Organismus zu schlagen.

Die Menschen versuchen das Geschaffene als geistige Leistung zu verkaufen. Sie wollen diesen Typus Welt mit dem Urtyp an Information vernetzen. Sie möchten, dass das Licht der Sonne auf einen gleichförmigen Raum an Biomasse auftrifft, und durch die komplexen Strukturen hindurch vom Einzeller bis hinauf in die Spitze der Evolution vordringt. Das sind aber Autobahnen und Wohnanlagen mit Googles drin, die dem Licht den Weg verstellen. Sucht noch jemand nach der Quelle? Das ist sie! Glück ist Fülle! Licht ist Elektromagnetismus.

Im Kern verfestigen Sie die Todeszone. Die Hülle blockt jegliche Involvierung des Organismus durch ein natürliches Regelwerk ab. Wie eifrig Sie ihre Kinder erziehen und aufpassen, dass keine falschen Einsichten aufkommen! Gegenwärtig lässt sich das psychische Leid mit Pillen noch sehr gut verbergen. Ist das der Mensch? Oder nur ein verkehrter Sinn?

Lassen sich diese Menschen jemals wieder in das rechte Licht rücken? Das Konstrukt an Daten, welches während der fötalen Reife aufgebaut wird, ist wahrscheinlich der großartigste Datenkörper, den man schaffen kann.

Die Erdmatrix und die Hintergrundprogramme unseres Organismus sind das WLAN der Zukunft. Wir brauchen nur einen Geistkörper, um darin zu Surfen. Es ist eine einfache Hierarchie. Zuerst war der Erdkörper da. Dann entstanden das Leben und die Biologie des Menschen. Als Drittes gesellte sich der Geist hinzu. Eine Datenmasse, die sich an den biologischen Möglichkeiten orientierte. Ein Wechselspiel aus intern und extern, wir nennen es Evolution, formte diesen Körper und dieser den Gebrauch von Werkzeugen. (Im Augenblick versuche ICH, einen passenden Geistkörper zu entwickeln.)

Bringen wir den Dreiklang in seiner Reinheit zur Geltung, dann steht uns all das Wissen zur Verfügung. Wir könnten einen Geist entwickeln, der auf einer biologischen Masse ruhend, uneingeschränkten Zugriff auf alle Daten des Organismus und darüber hinaus auf die Erdmatrize hätte. Dieser Masse wäre es möglich, die parallel gestaltete Materie, den Ereigniskörper sozusagen in einem unbelasteten Zustand des präfrontalen Kortex darzustellen und zu beobachten.

Wenn sich diese drei Komponenten entsprechen, dann sind wir der Quelle in hohem Maße ähnlich. Dies wäre die Alternative zum gegenwärtigen Weg.

Wir erforschen unseren Organismus. Welches sind die Hauptdaten der fötalen Entwicklung. Welche Mechanismen treten beim Aufbau der Felder auf? In welcher Weise fließt der aktuelle Materieraum in den fötalen Aufbau ein? Ist der erwachsene Mensch auf eine Hintergrundmatrix, wie den Materieraum angewiesen, oder existieren die Datenbereiche anschließend unabhängig voneinander? Wie entstehen Erkrankungen? Solch ein Wissen sich zu erarbeiten, führte zu einem Geistkörper, der dem Organismus gleich wäre, und die Erdmatrix als bekannt voraussetzte.

Noch bevor wir unsere Kinder mit Wahnideen die Sicht verstellen, sollten wir sie ihren Körper lehren. Wir sollten ihnen ein Instrument in die Hand geben, um sich durch das elektromagnetische Spektrum der Felder zu bewegen. Sie sollten sich mit allem und jeglichem Phänomen der Verschränkung vertraut machen dürfen. Programmierungen der Gleichzeitigkeit zum Beispiel. Sie sollten mit ihrem Geistkörper durch die Erdmatrix sausen und erkennen, wie die Teile des Materieraums in ihrem Körper an Funktionen mitwirken. Sie sollten die Daten ihres Körpers begreifen und das Menschsein lieben lernen, das Licht der Komplexität, die Daten der Erdmatrix, die Konstrukte organischer Masse, die Verschränkung der Daten zu funktionellen Feldern, das Wirken der Felder in einem Organismus.

Diejenigen Strukturen, die der Mensch in brauchbaren Portionen zu generieren weiß, nennen wir Wissen und Information. Dieses sind aber nur Ausschnitte, die nach der Entwicklung im Gesellschaftsgefüge, nichts mehr mit dem Ursprungssystem zu tun haben. Der Mensch verliert die Kompetenz, sich in seinem Körper zu bewegen. Er verliert die Kompetenz, Mängel zu erkennen und zu beheben. Das Wissen, welches wir dem Datenhintergrund entrissen und entwickelt haben, wird zu einer Konkurrenz. Wir schaffen mit den hoch entwickelten Konstrukten unserer Gesellschaft eine Konkurrenz für die funktionellen Werte unseres Datenhintergrunds. Diese harten Brocken blockieren die vermittelnde Instanz. Eine Kommunikation mit dem Körper geht damit verloren. Das Essen hat sich zu einer Lust entwickelt und wird längst von irgendwelchen parallellaufenden Architekturen ausgelöst – Werbepausen, Filme, Interviews, Reden hochrangiger Politiker, Lösungsstrategien Dritter, Beginn von Nachrichtensendungen und so weiter. Die Freizeitressorts der Städter wachsen weiter, draußen im Grünen, gerne auch in Hallen im Grünen. Sie drängen das Menschsein noch weiter zurück. Sie zersetzten und vernichten weiter. Sie suchen nach dem Glück.

Es drang heute so langsam in mein Bewusstsein. ICH beobachtete und fühlte die gleichmäßige Dynamik großer Felder in meinem präfrontalen Kortex. Es fühlte sich wie Aufwachen an. Es lag ein schwarzer Hintergrund vor, vielleicht Hüllen. Nordkoreas Bombentest führte alle Staatsmänner zu einer globalen Architektur zusammen. Man weist mich auf meine Arbeit zur Fusion von Feldern hin. Vermutlich erreicht mich die CSU von Kreuth aus. Die Kanzlerin soll auch kommen. ICH glaube mich an meine Einwilligung zu diesem Inhalt zu erinnern. Die Feldfusion zur Energiegewinnung ist natürlich ihr Lieblingshintergrund. So erfährt meine geistige Architektur zu diesem Wissen natürlich auch seine Anregung.

Hüllen! Wir versuchen vom Mikroplastik und der angeschlossenen Kerninformation eine Architektur der Hülle. Sie sitzen im UNO-Sicherheitsrat zusammen. ›Vielleicht Hüllen‹ war die klarste Information, die ICH auf Äther vernehmen konnte, oder jemand hat diese Worte in aller Klarheit in das Mikro des Senders gesprochen. Nun gut, in diesem globalen Kontext weist man mich also darauf hin, dass es sich um die Architektur der Hülle handelt. Sehr schön! Der Zusammenhang war mir natürlich bekannt, aber im Augenblick nicht bewusst. ICH möchte den Inhalt auch nur in den Standby-Modus ablegen und durch die Regierungspartei anregen lassen.

Es wird schwieriger, das Klima zu halten und die Wetter zu koordinieren. Der orientiert gewachsene Organismus verliert zunehmend an natürlicher Substanz. Er orientiert sich am bestehenden Status Quo. Er adaptiert sich an den gängigen Materieraum. Trotz des Artenverlustes und der reduzierten Komplexität funktionieren wir immer noch erstaunlich gut. Gut, manche Lebensräume brechen weg. Der Organismus versagt in diesen Regionen bereits. So lasst es uns noch einmal versuchen.

Schließlich lechzt unsere Summenfunktion nach Wasser. Uns befällt eine geistige Apathie. Wir gehen in die Hintergrundprogramme unserer Zellverbände und suchen nach Brauchbarem. Wir finden Klimaanlagen, ganz viele Autos, all die Googles, Bewässerungstechnik und vieles mehr. Nehmen wir zum Beispiel ein Auto. Wie ist es verlinkt? Das Insektenzeug wird immer weniger, aber lass die Scheibenwaschanlage trotzdem warten. Die Winterreifen sind total runter. Nach Österreich dürfen wir da nicht mehr rein. Schade, aber die Schneekanonen machen sich auch ohne uns bezahlt. Was kostet das Benzin hier, oder wollen wir erst in Österreich tanken?

Es wird schwieriger, mit den aktiven Inhalten unserer Gesellschaft Phänomene der Selbstorganisation zu erzeugen, die wirklich wirken. Die oben genannten Inhalte sollen als Bausteine für einen Attraktor gelten, um eine Trasse für ein notwendiges Regengebiet zu installieren. Obwohl sie bereits mit der Evolutionsmenge ihres Organismus gebrochen haben, wollen sie mit dem oben genannten Datenmaterial für Regen beten. Im Leergang dahinfeiernde Partypeople wollen nun den Gang einlegen. Die Zahnräder ihres toten Gesellschaftsgetriebes sollen plötzlich in der Erdmatrix des Lebenden ansetzen, und das, was noch davon übrig ist, soll ihnen den Regen herbeizaubern.

Die Zelle ist eine Summenfunktion. Allen internen Ereignissen, die wir in ihrem Inneren beobachten, liegt eine Kriterienarchitektur zu Grunde. Die Kriterien sind dem Materieraum äquivalent entnommen, und in einer Weise verschränkt, wie es die Gene vermutlich wissen. Die Zelle weiß also, dass sie Durst hat. Die Zelle versucht, eine tragfähige Raumarchitektur zur Bereitstellung korrekter Lebensbedingungen aufzubauen, um ihren Durst zu stillen. Und was erhält sie? Einen Skipass, Stromaggregate, Wasserspeicher für Schneekanonen, Automobile, an welchen die Haare, die Federn und Flügel unserer Mitbewohner kleben, eine Ölraffinerie und die Benzinpreise.

Wir haben die natürlichen Verträge aufgekündigt. Wir sind ein Volk von Allergikern. Wir sind nicht mehr ausreichend vernetzt. Es fehlen die Mitspieler, um eine entsprechende Raumarchitektur aufzubauen. Viele Strukturen der Selbstorganisation entstehen übergeordnet. Ihre Existenz bedarf des Biotops, in dem alle zusammenwirken. Die übergeordneten Felder sind das Resultat seiner Mitspieler. ICH spreche von durchdringenden Feldern eines Biotops. ICH sehe die Einzelleistungen in Summenfeldern des Biotops verarbeitet. Die Kriteriensummen spannen einen Raum auf. Wir legen dem Raum ein Feld an, und zeigen die erwarteten Bewegungen innerhalb des Materieraums an. (Nicht nur, dass ICH hier einen Menschen einen Tankstutzen zur Betankung seines Wagens einführen sehe, ICH halte dies auch für zu gering für eine exakte Programmierung des Raums). Dabei spreche ICH nicht von dem bewegten Volumen und auch nicht der Geschwindigkeit der bewegten Regenmassen, die sich damit induzieren lassen. ICH spreche von der Präzision der bewegten Materie. Der Regen soll doch dort ankommen, wo er gebraucht wird. Deshalb braucht die Puppe viele Fäden, an denen sie ziehen, und Gelenke, um ihre Teile zu verbinden. Die übergeordneten Felder durchdringen ihre Bausteine. Die Bausteine verändern ihre Lage zum Feld. Die Einzelnen passen sich in ihrem Verhalten an. Das Feld wird ökonomischer. Es zeigt eine gerichtete Wirkung. So verhält es sich in lebenden Systemen. Alle Teilnehmer erwarten die gleichen Bedingungen. Ihr Verhalten führt zu einer gerichteten Wirkung. Man lebt einen Attraktor, der die Bedürfnisse einer Lebensgemeinschaft programmiert. Das hat nichts mit Urlaubsparadiesen zu tun, die sie mit einem Zehnstundenflug erreichen können. Es geht um belebte Bedingungen hier vor Ort, die nur mit einem entsprechenden Datenmaterial hier vor Ort der Selbstorganisation übergeben werden können.

Es ist ein den Raum durchdringendes Feld. In einem Biotop fließt die Information ungehindert. Die Information liegt hier in Echtzeit, gleichzeitig in allen Bereichen vor. Die Information ist hier ein Tiefdruckgebiet. Die Information korreliert mit den Zellereignissen. Die Information ›Regengebiet‹ kann auch als die Summe aller Zellereignisse verstanden werden. Es ist ein elektromagnetisches Feld. Im Grunde ist es eine Architektur des Raums, welche das Heranziehen der benötigten Materiemassen abbildet. Einfacher zu verbinden sind die Teile des Biotops, betrachten wir sie auf der Quantenebene. Hier dürfen die Felder des Gehirns, der lebenden Zelle, jeglicher Materie und auch die Kriterien, aus welchen sie sich zusammensetzen, an der Organisation des Materieraums mitwirken und sich in Teilen als Status Quo verwirklicht zeigen. ICH gebe hier ein Bedarfsfeld an, das von allen Lebewesen der Gemeinschaft in den Raum projiziert wird.

Nun werden all die geschaffenen Strukturen unseres Menschenwissens, die gesamte Architektur bewegter Materie, alles was die Menschheit ihr Eigen nennt, an eine uralte längst überholte Architektur des Arten- und Klimaverbunds übergeben. Plötzlich werfen alle ihre Googles weg und wollen wieder Tier sein. Aber wenn die Googles auf der vermittelnden Ebene erlöschen und die Daten eines ausgelaugten Körpers vor Hunger und Durst das Beten wieder lernen, sind die

Werkzeuge schon verbrannt. Es ist gut, dass in unserem Organismus die notwendigen Zusammenhänge abgelegt sind. Es ist schön, in ein funktionierendes Biotop eingebettet zu sein, und einer Schöpfung anzugehören, der man trauen kann.

Wieder kommt es zu ungeheuren Eruptionen von Gewalt. Irgendwann bleibt sie aus, die große Zerstörung, und dann wird es still, und wer nicht seinen Samen in die Erde gelegt hat, der kommt nicht wieder. Die unterworfene Natur macht nicht Halt vor den menschlichen Leistungen. Beauftragt man die Natur mit der Instandsetzung der ursprünglichen Ordnung zum Erhalt des Biotops und der Lebensbedingungen, werden die toten Lebensräume der Menschen nur mehr ungenügend berücksichtigt.

Wir benötigen ein leistungsfähiges Programm zur Instandsetzung der natürlichen Bewässerungsdynamik. Zu diesem Zeitpunkt werten wir den genetischen Menschen aus, der sich, obwohl er der jüngste Teil des Biotops ist, zugleich an den ältesten Teil erinnert. Er sollte es verstehen, das Wasser so zu dosieren, dass es allen gut tut und dort ankommt, wo es gebraucht wird. Aber wir haben eine Prägung in Auswurf und Volumen durch die Gesellschaft. Längst sind feinste Fäden zerrissen, Arten ausgestorben, und mit den Resten zu massereichen Phänomenen verschmolzen. Nun sind wir ganz Mensch und erwarten mit unserem biologischen Restesinn, die Biotopursprungsintensitäten wieder herzustellen.

Eine Instandsetzung der alten Ordnung birgt natürlich ein Risiko in sich. Alles was der Mensch geschaffen hat, ist im Grunde genommen biotop-fremd und steht dem Arten- und Klimaverbund feindlich-verdrängend gegenüber. Jetzt nach Wochen der Party, neben ausgetrockneten Böden und leidenden Tieren und Pflanzen scheint der Mensch partymüde geworden zu sein. Plötzlich scheint er sich zu besinnen, dass es Regen braucht, um alles am Laufen zu halten. Am besten eine günstige Einstellung der Wetter für alles Leben um uns herum. Doch jetzt nach Wochen der Party ist es etwas spät, um sich auf die Harmonie in Gottes Schöpfung zu besinnen. Soll der menschliche Korpus jetzt aktiv werden, und die gewünschte Architektur bricht tatsächlich durch, dann spricht man von Starkregenfeldern.

Plötzlich sollen diese Urdaten unseres Körpers alles ins Lot bringen. Die feinen Fäden sind zerrissen und haben sich mit den lebenden Resten zu Phänomenen größerer Masse zusammengelegt. Jetzt stellt der Mensch sein Werk selbst in Frage. Die geistigen Qualia der Hochtechnologie und der gesamte Partybetrieb. Das ist alles nur ein schlechter Witz. Die Hintergrundprogramme des Organismus, und das genetisch Veranlagte sollen nun die Organisation von Regen übernehmen. Die embryonale Auslese richtet sich an dem Status Quo aus. Immer mehr Technikwerte gelangen in den Datenhintergrund. Diese Werte sind die Faktoren der Selbstorganisation. Auf der Grundlage des heutigen Lebendstandards bzw. auf der Grundlage von elektromagnetischen Materieäquivalenten, vereinbarten und gelebten Werten programmieren sich zerstörerische Niederschläge.

Der Massereichtum des Phänomens geht folglich mit Zerstörungen menschlichen Sinns einher. Diese Umbrüche bedeuten aber auch Chancen. Aufgerissene Straßen und abgedeckte Häuser bieten für andere Arten neuen Lebensraum. Vielleicht sagt eine Pflanze irgendwann: »Füllen Sie das hier alles mit Wasser auf, dann haben wir das mit dem Ass und dem Sieger an diesem Austragungsort geklärt.« Sie begreifen die Felder, ihre Differenzen, und auch das neue Leben am Ort der Schadwirkung. Das neue Leben vernetzt Daten auf der Quantenebene.

Unsere Streithälse und globalen Felder leiten ihre energetischen Spitzen dann in die Architektur der Pflanze und ihre Umgebungsarchitektur ein, sofern ein entsprechendes Netz mit entsprechenden Teilnehmern vorhanden ist. So wird aus der zerstörerischen Niederschlagsmenge bereits auf der Datenebene ein notwendiger und angenehmer Regen. Der Mensch aber stellt die alte Architektur wieder her und zementiert sie noch gründlicher. Vielleicht sollten wir, anstatt zu reparieren, mit der Gesetzgebung leben? Ist das der Weg zu einer tragbaren Klimaordnung? Ist es notwendig, die gestörten Bereiche verwildern zulassen? Entstehen ausgerechnet dort die Faktoren eines Menschenwerks, die wir für ein natürliches Regelwerk zur Verteilung der Regenmengen benötigen?

Man bedenke eine Technik der Materiefusion aus Feldern und sichere sich geistige Anregungen. Wer kennt ihn noch den Zustand der maximalen Sättigung? Nun haben wir einen menschlichen Plan. Wir setzen auf einen maximalen Auswurf und die beschleunigte Abfuhr der anfallenden Materiemassen. Man bedenke die Technik zur Materiefusion und erlaube sich einige Anregungen zu laden.

Die Chaossysteme haben vor allem auch eine ausgleichende Wirkung. Das Klima machte die Evolution mit. Es hat sich eine Programmierung des Klimas durch die gewachsenen Lebensformen ergeben. Stabile Lebensbedingungen sind die Folge verschränkter Arten und Artendaten. Jetzt hat aber schon einige hundert Jahre der Mensch die Finger mit im Spiel. Die entwickelte Technik verändert die Bewegungen der Materie. Auf der Quantenebene verändern sich die Sinnzusammenhänge. Die Daten fließen in anderen Formen und sind anderen Systemen zugehörig. Es sind egoistische Architekturen, ohne jegliche Integration in ein Biotop.

Ein jede Art existiert nur, weil sie nicht im Wege stand. Man nahm sich bekanntes, entwickelte daraus Eigenes und erschloss sich den möglichen Raum. Man brachte sich sinnvoll ein und wirkte am Erhalt des Bestehenden mit. Die Hintergrunddaten der Arten greifen ineinander. Gemeinsame Kriterien bestätigen sich. Das sind Faktoren des absoluten Raums. So organisiert der Raum sich selbst, wenn die Beziehungen der Arten als Faktoren eines Quantengefüges existent sind.

Der Mensch verliert jeden Sinnzusammenhang. Wir stehen vor der totalen Isolation. Die Gestaltung des Systems durch den Menschen gewinnt weiter an Einfluss – Isolation statt Integration. Ziehen wir unsere menschlichen Überbauten plötzlich zurück, und suchen ursprüngliche Biotop-Aarchitekturen zu installieren, in welchen der Wasserhaushalt als ein Teil der Biotop-Infrastruktur geregelt ist, sollten wir uns mit den Gesetzmäßigkeiten der Selbstorganisation und dem Auftreten besonders auffälliger Parameter vertraut machen.

Das Chaossystem ›Klima und Wetter‹ bedient jetzt die vorherrschenden

Interessen in den Biotop-Strukturen und dem gelebten Raum im Allgemeinen. Wer macht schon das Wetter? Wir wissen alle, wo wir landen, wenn wir das Ruder an die Spaßgesellschaft und das Partyvolk übergeben. Niemand rudert, niemand macht sich Gedanken. Die beste Partystimmung vor passender Klimakulisse.

In dieser Form involvieren und zwingen wir das Klima. Das Klima und die Wetter stehen unter dem Zwang des Partymenschen. Wir erwarten zu jederzeit an allen Orten eine menschliche Spaßarchitektur. Nur fehlt es unserer Spaßarchitektur an einer Vernetzung der Bausteine. Die verschiedenen Bereiche verkommen zu isolierten Geldeintreibern, ohne die bedrohten Existenzen anderer Sparten zu hören und zu fördern. Derlei Isolatoren treten nun in den Hintergrund.

Wir installieren die ursprüngliche Biotopinfrastruktur. Es bauen sich Netzwerke identischer Raumanteile auf. Die einzelnen Arten bauen aus gleichen Kriterien verschiedene Sinnzusammenhänge auf. Dazu fügen sie voneinander abweichend noch andere Kriterienstämme hinzu. Das Interesse entwickelte sich damals in unterschiedliche Bereiche hinein. Die Organe gestalten sich ganz anders. Jede Art ist für sich eine gelungene Interpretation des Materieraums.

Nun wissen wir also, dass wir von den verbleibenden Resten die Biotopinfrastruktur aufspannen wollen. In Abhängigkeit zu den biologischen Netzwerken sollen sich nun auch das Klima und die Wetterbedingungen einschaukeln.

Wir wollen unsere Lebensbedingungen sichern. Scheinbar steht unsere Existenz auf dem Spiel, weil wir uns an eine sehr alte und intelligent gewachsene Struktur aus Klima und Artenverbund übergeben. Es geht um eine quantenmechanische Beschreibung der Erdströme. Die Quantenebene findet im Materieraum ein stabiles Äquivalent. Die menschliche Struktur und ihre Feldstärken gehen deshalb nicht gleich verloren. Die groben Gesetze des Makrokosmos haben ihr eigenes Gewicht. Sie lassen sich nicht einfach abschaffen.

Nun soll die Involvierung des Klimas von einem anderen Hintergrundkonstrukt geleistet werden. Wir greifen hierfür auf die Kriteriensummen des menschlichen Organismus zurück. Wir sehen unsere Lebensbedingungen auch noch von anderen Arten sehr gut vertreten. So sind es auch die Kriteriensummen unserer Flora und Fauna und die Felder ihrer Vernetzungen im Artenverbund, welchen wir die Sicherung unserer Lebensbedingungen anvertrauen.

Die frei gewordenen Massen der menschlichen Industriegesellschaft unterstützen nun eine sehr alte Struktur. Sicher verstehen sie, dass die Verhältnisse der zusammenwirkenden Elemente in Zeit und Volumen ihres Auftretens gestört sind. Es liegt eine Prägung durch den technischen Sinn unserer Spaßgesellschaft vor. Die Technisierung erweist sich als produktiv auf der Quantenebene. Wir erhalten eine technische Strukturierung der angeschlossenen Systeme. Den täglichen Wahnsinn plötzlich zurückzustellen und sich den körpereigenen Hintergrundprotokollen zu übergeben, birgt das Risiko in sich, angegriffen zu werden. Wir setzen unsere Lebenswirklichkeit zurück und schließen die geschaffenen Datenarchitekturen einem Verbund aus Arten an.

Unsere Hintergrundprotokolle, die Kriterien darin, der allgemeine Raum, den sie bezeichnen, übernehmen die Führung der Selbstorganisation. Die Evolutionsmenge, bestehend aus Artendaten und anderen Bezugswerten des Raums, bekommt die Daten unseres täglichen Wahnsinns angegliedert. Der entstehende Raum ist der Raum der Selbstorganisation. Eine Involvierung des Klimas durch die Biotopinfrastruktur zuzulassen, sichert das Überleben vieler, aber aufgrund der angegliederten menschlichen Architektur des Materiehaushalts programmieren sich zerstörerische Massen. Die Natur könnte sich den gestalteten Raum zurückerobern. Beleben, vernetzen, befrieden.

Die menschliche Architektur soll nun in einer Weise umgebaut werden, dass wir die Ursachen dieser Zerstörungen schon im Vorfeld diskutieren können. In den geschädigten Zonen sehen wir neu entstandene Lebensbedingungen. Die Nischen und neuen Lebensräume nehmen sofort verschiedenen Tier- und Pflanzenarten in Beschlag. Sie zersiedeln die zerstörerischen Feldstärken, wachsen ein und vernetzen die Daten in eigenen Beziehungsgeflechten.

Ein erneuter Ausbruch von Gewalt in dieser Zone wäre auf Quantenebene bereits diskutiert. Die bereits vernetzte Tier- und Pflanzenwelt, die an den Orten der Zerstörung Fuß fassen konnte, zeigt sich in der Architektur und Zusammensetzung ihrer Kriterien vielleicht groß genug, um auf Quantenebene als Datendrehkreuz zu fungieren. Das Risiko der Induktion erneuter energetischer Spitzen, während einer Parallelität von globalen Akteuren auf engstem Raum, minimierte sich durch das eingewachsene Biotop.

Es gelingt uns, diesen Ort der Komplexität bereits auf der Datenebene als gemeinsames Anhängsel beider Akteure zu verkaufen. Das Gebilde sieht wie ein Vogel aus. Zwei konkurrierende Datenfelder spannen sich um einen gemeinsamen Datenkern auf. Die Natur hat die zerstörten Bereiche zurückerobert. Ein Biotop ist entstanden. Von diesem gemeinsamen Datenkonstrukt aus, das hier von neuen Lebensräumen und ihrer Besiedelung berichtet, gelänge es, die ansetzenden Architekturen nach dem Regelwerk des Spiels zu vermessen. Das Ermitteln eines Gewinners verliefe nach den Regeln des Spiels am Austragungsort. Die Strukturen des Biotops wären die Grundlage der aufeinander einschlagenden Kontrahenten.

Das kann Formel 1 sein, Tennis oder eine andere Sportart. Das gesamte Gefüge wird von den Kontrahenten vorher psychisch belastet. Es kommt zu einem Kampf vor dem Kampf, auf geistiger Ebene. Hier programmiert sich der Raum, der am Tag des Spiels oder Rennens nur einen Sieger kennt. Der Rest der programmierenden Substanz wird niedergeschlagen oder fällt der Form des Siegers zu. Wir sehen uns das Spiel an. Welche Zufälle aus der Gefügeabrechnung entstanden sind. Das Gefüge der beiden Gegner hat einen Zeitraum, beim Fußball sind es 90 Minuten, zu programmieren. Das, was die Menschen sind und alles was sich mit den großen Inhalten infiziert ist der Organisation unterworfen. Manche beschicken die Felder bewusst. Sie erkennen an Konstellationen des Raums ihre Niederlage und intervenieren.

Es treten spezifische Kommunikationsmuster und Gefühle auf, die man erlernen kann, um Niederlagen zu erkennen und abzuwenden. Wir beschicken vorab die Felder, die Form der Organisation ist unbekannt. Dann fahren wir in die Stadien und sehen uns das Ergebnis unserer geistigen Auseinandersetzungen an. Das ist doch klar, dass hier mitunter enorme psychische Belastungen in der Basis auftreten. Die Kranken klagen über verstärkte Symptome. Feuer brennen ganze Landstriche nieder. Wirbelstürme reißen Häuser ein. Ein Kampfhund attackiert ein spielendes Kind. So setzt sich das fort, wenn zwei unterschiedliche Feldkörper um Harmonie im Austragungsort ringen. Die auftretenden Feldspitzen suchen ihre Entlastung.

Der Kampfhund attackiert das Kind. Er gibt in dieser Situation die gegensätzlichen Kriterien an das Kind weiter. Die Zustände des Feldes, machen ihm seine Existenz unmöglich. So erscheinen ihm die eindringenden Feldstärken des Gegners. Das sind einfach die Strukturen der Felder, die in dieser Konstellation auf die Psyche wirken. Indem wir zubeißen geben wir die fremden Feldstärken an Dritte weiter. Wir vermitteln dem ansetzenden Feld eine Fortführung seiner Werte. Wir ergeben uns der Übermacht und erschließen dem Angreifer ein fortführendes Volumen. Aus dem Hintergrund versucht man mich zu instruieren. ICH soll schreiben: »Wir erschließen uns ein fortführendes Volumen. Der Kamphund entlastet sich in erster Linie selbst. Ganz allgemein fällt die Spannung zurück. Eine Spannung, die wie oben definiert ist. Das Regelwerk des Spiels, zeitlich befristet, zwei Feldkörper gegensätzlich positioniert, da es nur einen Sieger geben kann.«

Wie großartig muss das für die Gäste im Stadion sein, wenn sich die Spannung einer psychischen Belastung plötzlich in den Datenbackground eines Kindes entlädt. Ein ungeheuerlicher Übergang von einer fesselnden Spannung in einen befreienden Raum. Höchstes Niveau wie man sagt. Das sind die Schäden der höchsten Kommunikationskultur. Der ganz normale Wahnsinn.

Der globale Materieraum steht als Ergebnis fest. Allein die Datenwelten unserer Mitspieler müssen aufeinander abgestimmt und an den Materieraum adaptiert werden. Anhand des Regelwerks ist der Zeitpunkt in den Status Quo zu münden festgelegt. Die Arten des Biotops wären in das Induktionsfeld eingewachsen und zergliederten es bei einer gleichzeitigen Vernetzung untereinander. Wir fänden in dem Biotop eine stabile Ordnung des Status Quo vor. Wir können diese als Koordinaten eines zukünftigen Raums geltend machen.

Von den Koordinaten aus könnten wir nach den Gesetzen der Mathematik, das Regelwerk des Spiels beachtend, unsere beiden Spielerwelten allmählich an den Materieraum anpassen. Wir überführten zwei Spielerwelten in einen gelebten Status Quo. Die Natur ist nicht weniger grausam, aber als Puffer gedacht, um die Wirkungen von den Menschen fern zu halten.

Auf dem Siegertreppchen stehen jetzt ein paar Menschen beieinander. Als Zentrum der höchsten Induktionsdichte wusste das Biotop bereits um den Austragungsort und die konkurrierenden Datenwelten. Es ging nur darum, ein Grundgerüst zu liefern, dass sich die vereinbarten Gesetzmäßigkeiten und Rechenschritte in analogen Kreisläufen harmonisieren konnten. Als klappte das Biotop den Regeln des Spiels entsprechend seine Flügel zusammen. Am Ende des Weges steht eine exakte Raumbeschreibung, bemessen mit den Regeln dieser Sportart. Das Volumen des abgebildeten Raums reicht vom Austragungsort bis zu dem eingewachsenen Biotop. Das Leben geht weiter und wir setzen alle unsere Wege fort. So gehen auch die Spieler auseinander. Sie verlassen die augenblickliche Raumbeschreibung. Es sieht aus, als zöge ein Kernkörperchen eine Datenkopie des Materieraums mit sich. Dieser Raum des Sieges besteht nur für den Moment. Die Spieler gehen auseinander und spannen ihre Flügelwelten wieder auf. Es ist wie ein Flügelschlagen um einen Angelpunkt. Als flöge ein Spatz vom Biotop zum Austragungsort. Er zöge hinter sich und durch den Materieraum vom Biotop zum Austragungsort einen Reißverschluss hinter sich zu. Bei der Landung auf dem Treppchen legte der Spatz seine Flügelwelten an. Der Spatz verkörperte im Augenblick den so beschriebenen Materieraum, den Status Quo.

Es handelt sich um ein wiederkehrendes Phänomen. Die Spieler treffen immer wieder aufeinander. Man lässt ihre Datenwelten zunächst einmal alle gelten. Sie kommen in einen großen Topf und haben nur das gewachsene Biotop gemeinsam. Ein so bezeichneter Raum soll nun nach gewissen Spielregeln und den Gesetzen der Mathematik auf ein Treppchen gebracht werden. So könnte ICH es mit vorstellen, von einem gemeinsamen Kern ausgehend, die vorliegenden

Spielerwelten in Schritten des Regelwerkes in nur einen Raum zu überführen. Der Angelpunkt unserer Flügelwelten läge in dem jungen Biotop. Das Biotop verkörperte das Maximum des Induktionsfeldes. Die energetischen Spitzen, welche durch den Versuch der Einheit am Austragungsort hervorgerufen werden, finden nun ihre Repräsentation durch das Biotop. Ein erneutes Aufeinandertreffen der Spielerwelten riefe in dem gewachsenen Biotop Spielarten der Umgebungskreisläufe hervor. Die Wiederkehr der Feldstärken wäre somit ein wichtiger Bestandteil, um die Entwicklung des Biotops voranzutreiben. Das Biotop gewänne an Erfahrung und Spielarten. Es wäre bald mit allen Nuancen dieser Welt vertraut. Es mutierte zum Supercomputer konkurrierender Spielerfelder.

Von einem gemeinsamen Biotop spannten sich zwei Versuche einer Weltbeschreibung auf. Es sind die Spielerwelten, die sich im Lauf des Spiels in nur eine Welt, der des Siegers, fügen sollen. Der Raum um das Treppchen bei der Siegerehrung und das Biotop gleichen sich dann in einer gewissen Weise. Die beiden Regionen erweisen sich als unumstößliche Koordinaten des Raums. »ICH bin Materieraum und Induktionsfeld in einem«, sagte das Biotop. Er nahm diesen Reißverschluss und bewegte das gesamte Konstrukt auf den Schienen des Materieraums in Richtung Austragungsort auf das Podest zu. Und siehe da, die Kriterien der Spielerwelten, die Fäden und Kriterien der Feldlinien, die zum Induktionsfeld gehören, schlossen sich. Sie legten sich dem Materieraum an. Das Biotop dient mit seinen Beziehungsgeflechten und auch mit den Kriterien, die den Pflanzen und Tieren selbst ihre Gestalt geben, als Quantencomputer.

Das Biotop weist die Daten der Materie zu. Es hält die Beziehung der Spielerwelten zum Status Quo aufrecht. Es vermittelt die Daten der Spielerwelten an den Materieraum. Die Architektur der Organismen und ihre Beziehungsgeflechte beinhalten die eigentlichen Berechnungswege. Sie erlauben die spezifische Anlage der Spielerdaten. So wäre es auch interessant zu denken, dass der Reißverschluss ›Biotop‹ seine Kriterien, wenn Entsprechungen zwischen Spielerwelt und Biotopwelt vorlägen, an den Materieraum verlöre. Es lägen dann im Materieraum beide Welten veranlagt vor. Es zeigten sich Parallelitäten der bewegten Materie auf allen drei Ebenen. Die bewegte Materie der Spieler, die Bewegungen innerhalb des Biotops, und der reine Materieraum wären in Teilen verschränkt. Aber im Grunde war das eine gedankliche Spielerei, eine Wunschvorstellung. Wir wissen, dass unser entwickeltes Sein mit dem Leben nichts mehr zu tun hat. Eine Programmierung durch die technischen Welten mündet in einem Desaster für jegliches Leben und jegliche Biotope. Zwei Spielerwelten prallen aufeinander. Sie organisieren sich auf einen Zeitpunkt zu. Irgendwo sind die Kriterien entzündlich und das Feuer beginnt.

Genährt von speziellen Dichten frisst das Feuer ganze Räume für den Gegner frei. Der Status Quo ist der Austragungsort. Es betrifft uns alle. Und wenn in den organisierenden Architekturen kein Regen verzeichnet ist, dann kommt er auch nicht mehr. Hier am Austragungsort, also im Zentrum der zu organisierenden Wahrheit zeigt das Biotop die maximale Involvierung des Materieraums und ist im Vergleich zur Lage seines Materieäquivalents am schwächsten. Seine Verwurzelung hier besteht in der Form eines Datenäthers. Wie die Kriterien das Feld der Spielerwelten aufbauen und erhalten, fühlen wir uns, inmitten der Induktionsspitzen der einwirkenden Felder wurzelnd, dem Materieraum verbunden. Inmitten der Induktionsspitze, am Ort der größten Zerstörung sehen wir uns die Fäden der Spielerfelder in der Hand halten. Hier entladen sich die aktiven Spielerfelder in einem gemeinsamen Schnörkel, der einen Rotationsimpuls setzt. Bevor wir an dieser Stelle ein Biotop entstehen ließen, waren die Ränder frei und die Felder waren offen. Die Architektur des Status Quo um die Siegerehrung steht seit jeher fest. Es geht daher rein darum, eine ausgleichende Dynamik bei der Anpassung der Flügelwelten unserer Kontrahenten an den Materieraum zu beschreiben.

Wir wollen hier ausnahmsweise die gesamte Größe des Raums annehmen, der sich mit den Geistfeldern und individuellen Daten der Gehirne der Angereisten und der gewohnten Infrastruktur aufspannen lässt. Weder wollen wir im Vorfeld Teile der Beschreibungen durch Feuersbrunst oder Überschwemmungen in unsere Bahnen lenken, noch durch Alkohol und Drogen die geistigen Außenstände zu einer unserer Plattformen degradieren. Nein! Wir wollen in diesem

Fall den Datenäther der Gehirne, der Zuschauer und der allgemein vernetzten Bereiche, eine dreidimensionale Beschreibung des umgebenden Raums nennen. Natürlich erwarten wir, dass sich uns der Materieraum anpasst. Das dürfte aber auf Grund eines komplizierten Regelwerks nicht überall der Fall sein. Außerdem liegen verschiedene Spielerwelten vor, die sich um Positionen für ihre Darstellung streiten. Es entstehen also Bereiche der Felder, die einer Art von Löschung zugeführt werden müssen, weil sie in der Darstellung nicht gebraucht werden. ICH sehe mich geneigt sie in den Bereich der Elemente abzuführen.

Wir suchen Wege der Anpassung. Wir wollen die Spielerwelten an den Materieraum anpassen. Das Einfachste wäre es wohl, sich die vier Elemente instrumentalisiert vorzustellen. Die Chaossysteme leisten den Ausgleich für unsere doch sehr stabilen Architekturen unseres Organismus und den ausufernden Machtansprüchen. ICH sehe mich geneigt, die unrichtigen Kriterien in den umgebenden Raum zu entlassen. Die Aspekte des Bewusstseins könnten auf diese Weise in einen gemeinsamen Raum überführt werden. Die Interessenskonflikte wären ausgeräumt, wenn wir das Kriterium des Gegners soweit in einen anderen Bereich veränderten, dass es von ihm keine persönliche Wertung mehr enthielte und ebenso gut der Siegerarchitektur angehören könnte.

Wir sprechen von Datensätzen der Quantenebene, wenn wir von Flügelwelten und dem Datenäther der Gehirne reden. Diese Datensätze verrechnen sich, den Gesetzen der Quantenmechanik folgend, zu einem Bild des Status Quo. Beschreibungen der Spielerwelten, die nicht zutreffen, werden in eine passende Form gebracht. ICH sehe mich meine Sicht auf das Kriterium verändern. Mein Blick schweift von dem Kriterium in den angrenzenden Raum ab. ICH halte dies für möglich, wenn wir die individuellen Kriterien einer Wirkung der umgebenden Felder ausgesetzt sehen. Ein Abschweifen in den umgebenden Raum bedeutet den Abbau individueller Interessen und Ziele. Der bewusste Sinn einer Absicht oder eines Wunsches, der den Kriterien des täglichen Gebrauchs zum Beispiel oder Kriterien der Zellarchitektur anhaften, verlöre im angrenzenden Raum seinen Wert.

Die Elemente wären geeignet, flächige Felder für ihre Ausbreitung zu nutzen. Die Stürme, das Feuer und das Wasser zeigten diese Ausbreitung. Sie zerstörten vorliegende Kriteriensummen in der Fläche und wandelten sie ihrer Art entsprechend um. Wir sehen hier natürlich ebenfalls eine Anpassung des Materieraums an die Spielerwelten. Aber weil wir vor der Zerstörung individueller Lebensgewohnheiten stehen, zeigt sich unsere Sicht gewandelt. Wir passen also nicht den Materieraum an, weil sich unsere Moralvorstellungen wegen der natürlich wirkenden Felder und den Gesetzen des Miteinanders nicht verwirklichen lassen. Wir können die Organisatoren und die Konflikte der Beteiligten doch nicht für die Belastungen des Individuums in der Fläche verantwortlich machen. So wollen wir vom Datenäther sprechen, der den Materieraum anpasst.

Der Datenäther passt den Materieraum an. Es können auch gleichmäßige flächige Felder entstehen, die von der Quantenebene aus das Verhalten eines der Elemente programmieren. Wie gesagt, die Kontrahenten kommen am Austragungsort zusammen. Die Gegner kommen aus verschiedenen Welten. Ein jeder bringt seinen Datenäther mit, den er im Laufe des Lebens mit Erfahrungen des Sieges anreicherte. Nun begeistet ein jeder den Materiehaushalt am Austragungsort. Wir involvieren geeignete Materieströme mit den Strukturen unseres Äthers. Der Materiehaushalt am Austragungsort wird zum Repräsentanten unseres Geistes. Hier stehen sich aber zwei dieser fremden Ätherwelten gegenüber. Ein jeder kämpft für den Sieg. So sind manche Konstellationen des Gefüges, welche sich als Spielerprogramme erklären, die den Materiehaushalt am Austragungsort nutzen, um den Sieg zu programmieren – so sind manche Konstellationen der kämpfenden Architekturen innerhalb des Status Quo so nicht vereinbar. Springt der Funke des organisierenden Gefüges auf den Materieraum über, so erleben wir den Anfang einer möglichen Katastrophe. Die Diskussion um den Sieg läuft, und das Feuer wird angeheizt von den Kontrahenten. Denn einer von den beiden verliert seine geistigen Positionen. Sein Repräsentant ist der Status Quo.

Weite Teile wurden in den letzten Jahren vernichtet, Menschen vertrieben. So ist es, wenn man verschiedene Äthergrößen, fremde Lebensgrößen von anderen Orten der Welt versammelt, um den Status Quo zu organisieren, verschiedene Äthervolumina, in der Regel harmonische Architekturen der Quantenebene, und es reicht, den Status Quo aus Bekanntem herzuleiten. Hier treffen aber fremde Ätherwelten verschiedener Zusammensetzung aufeinander, beziehen sich auf den Status Quo am Austragungsort und organisieren sich auf den Titel zu. Das ist doch klar, dass so ein Vorgehen zu Schäden am Status Quo führt. ICH gehe davon aus, dass es eine Verdrängung der geringeren durch die gewichtigeren Strukturen gibt. ICH gehe davon aus, dass es vielerlei Möglichkeiten gibt, um die Motivation des Gegners zu schwächen und ihm seine Hoffnung auf den Sieg zu nehmen.

Ein Beispiel sind Pleiten, Pech und Pannen. Man begräbt ihn im Altpapier, nimmt ihm den Parkplatz, überholt ihn, lässt ihn an der roten Ampel stehen und so weiter. Es geht um geistige Belange, um die Zusammensetzung seiner Psyche. Ein Resultat, so vermute ICH, kann auch das Verbrennen von Pflanzen und Lebewesen sein. Hier entfallen ebenfalls Unterstützerstrukturen eines programmierenden Geistes. Die Macht schwindet mit jedem Bit, das er verliert. Auf alle Fälle brauchen wir am Ende einen Sieger, der uns die verbleibenden Reste des Raums repräsentiert. Dieser Raum ist aber eine fremde Wahrheit. Ein fremdes Äthervolumen hat diesen Podestplatz für sie programmiert. Ihr Land wird sich von der Belastung durch die fremden Ätherwerte erst wieder erholen müssen. Die Spiele haben Regeln. Sie begrenzen den Raum und die Zeit. Das ist ein psychischer Faktor für die Umwelt.

SO STELLE ICH ES MIR HEUTE VOR (MÄRZ 2022)

Wir stellen uns die Gleichschaltung kleinerer Materie innerhalb induzierender Felder vor. Die Parallelität von induzierendem Feld und dem Verhalten der Materie ist hier noch zu sehen. Schwieriger wird es, wenn die Felder einige Modulationen durchlaufen haben. Dann ist der Zusammenhang ein dynamischer. Er gleicht mehr einer abgestimmten Anpassung als einem zufälligen Ereignis. Das Herausragende eines plötzlichen Erscheinens weicht dem gemächlichen Dahinfließen des Einheitsbreis.

Das bedeutet aber, wenn wir mehrere Felder zur gleichen Zeit am gleichen Ort aufbauen, dass es zu Ladungen und unterschiedlichen Dichten kommt. Die Datenebene, die wir auch Quantenebene nennen, enthält eine Vielzahl von Phänomenen, die sich aus Beziehungsgeflechten der Kriterien und ihren Konstellationen ergeben. Wir erhalten also eine Involvierung des Materieraums von der Datenebene aus.

Die Parallelität von Feldern und der zugehörigen Materiemasse ist ein System aus Versuch und Verwerfung. Der Natur ist es ebenfalls gelungen, dieses Meer an organischer Masse zu erzeugen, und all die gewachsenen Datenkonglomerate auf eigens vorgesehenen Bahnen zu halten. Natürlich dauerte es ein paar Millionen Jahre, die Datenfelder und die Materieereignisse aufeinander abzustimmen und anzugleichen, während sie sich wachsend veränderten. Darum können wir vom Materieraum als von einer gemeinsamen Matrix unserer aller Hintergrunddaten sprechen. Eine dauerhafte und wechselseitige Abstimmung von Feld und Materie war dafür notwendig.

ICH sehe hinter jeglicher Art von Materie, vor allem wenn wir das Verhalten isolierter Bereiche zueinander betrachten, ein Feldargument geschaltet. Die Bewegung ist von einem Feldäquivalent induziert. Die Zusammensetzung der

Kriterien, die die Felder bedingen, kann höchst unterschiedlich sein. Die Zusammensetzung wird sich vor allem auch an der Biodiversität der Biotope orientieren. Wer ist da, und wie möchte sich ein jeder in die Gestaltung des Raums einbringen? Das sind die entscheidenden Feldargumente. Wir sehen alle aktiven Bausteine in einem Feld verschränkt. Diese Art der Datenspeicherung erlaubt das funktionelle Feld, welches dann die Zellereignisse und die Materieströme im Allgemeinen hinterlagert. Das eine bedingt das andere. Viele einzelne Richtungen geben dem Feld seine Wirkung. So entstehen flächige Wirkungen, Datenleiter oder Röhrenarchitekturen. Eine gewisse Artenvielfalt lässt sich also auch in den menschlichen Hintergrundprogrammen unterbringen, ohne dass diese störten oder Schaden nähmen. Vielleicht ist es sogar gesund oder von Vorteil, wenn viele wissen, wo es lang geht und was zu tun ist.

Nein! Zuerst war das Feld! Ausgenommen, Sie wollen vom Urknall sprechen. Dann brauchen wir auch noch die Generatoren der benötigten Schwankungen dieser Felder und dies auch nur dann, wenn wir an ein technisches Verfahren zur Nachahmung denken wollen. Es tritt also immer dann der Zusammenhang besonders auffällig hervor, wenn sich Datenkonstellationen ergeben, die sich im parallel organisierten Materiesystem widersprechen. Der dahinfließende Einheitsbrei macht sich dann gegenseitig Konkurrenz. Es werden Datengestalten geschalten, die dem gewohnten Konstrukt in manchen Lagen widersprechen. Das zeigt sich zum Beispiel in Entzündungsreaktionen von Organismen. Das Immunsystem versagt, der Virus schlägt zu und verhindert den Auftritt. Der Vorgang ist auch ein wichtiger Bestandteil der Leistungsfähigkeit unseres Gehirns. Ein Missmanagement von Daten liegt auch dann vor, wenn Lastkraftwagen von der Straße abkommen oder auf Kollisionskurs gebracht werden. Wir machen hierfür ein zeitweiliges Konstrukt verantwortlich, das ein Abweichen des Materieraums von der gewohnten Norm erfolgreich macht.

Das Interferieren von Feldern kann ein Phänomen hervorbringen, das dem Urknall verwandt ist. Die gesamte Architektur der Welt wird sich dann verändern. Die Erde in dieser Form zu beheizen, bringt noch mehr Erwärmung. Da erscheint die 5-Grad-Marke erreichbar. ICH habe mir immer eingebildet, das Universum sei aus dem Urknall hervorgegangen. Dieser Gedanke hat mich in meiner Wahrnehmung etwas begrenzt. Dieses materiehaltige Gebilde, über welches niemand hinauszublicken wagte! ICH wage, ein Universum zu denken, das es erlaubt, diesen Urknall ursächlich zu erfassen und auch technisch abzubilden. (Hier habe ICH es gesehen. Die gesamte destabilisierte Zone um Europa herum. Es scheinen zirkuläre Disharmonien zu sein, die auf einen europäischen Kern hinwirken.)

Das Universum ist jetzt nicht mehr nur als materiehaltiger Raum zu denken, der aus dem Urknall hervorging. Wir programmieren heute die Ursubstanz des Dunklen Feldes. Wir wollen die Anomalie einer stabilen Ordnung hervorrufen, so dass der Rest als Reibungsenergie frei wird. Nun erhalten wir auch im Großen zu den jeweiligen Feldargumenten die bewegte Materie geliefert. Bis sich nicht alles eingependelt hat, brauchen wir uns auch nicht mit dem großartigen Phänomen einer abweichenden Datenebene beschäftigen. Wir nennen das Durcheinander freiwerdende Energie und nutzen sie.

Wenn ich das Gebilde in den Makrokosmos verfolge, so steht am Ende des Systems die Erdschwere. Wir sollen uns also die Architektur eines Feldes erarbeiten, die in einer gewissen Struktur mündet. Wir können uns daher nur den Vorgang der Modulation vorstellen. Ein Zustandswechsel in der Form einer Feldaddition. Begleitet wird das ganze natürlich von einer messbaren Masse. Das Gesetz lautet: Baut man das Gravitationsfeld der Erde aus einer Vielzahl kleinster Einzelwirkungen auf, so verändert sich mit der Veränderung dieser Einzelwirkungen auch das Schwerefeld der Erde. Kommt es also zu veränderten Feldern in der Architektur von Mikroorganismen, kann die Information eines Regengebiets aufgebaut werden. Der Aufbau einer Zwischeninstanz reduzierte das Gravitationsfeld.

Ihre tiefen Faktoren sind sehr viel stärker, wenn wir an die Kernkräfte denken. Der Zusammenhang von Feldäquivalent und der bewegten Materie wird nicht mehr verstanden, weil es eine gewachsene Architektur ist. Verschiedene Datenarrangements verändern zunächst einmal die Felder. Veränderungen der

Kriterien veränderten die Datensummen. Man stelle sich eine unterschiedliche Lokalisation eines Kriteriums vor oder erweiterte ein lineares Bezugsystem in den umgebenden Raum. Der zunehmende Datendrang veränderte die Felder. Die Felder veränderten den Lauf der Welt.

Das Erdsystem muss heute mit allen seinen dynamischen Materiemassen betrachtet werden, die dem glühenden Erdkörper folgten. Die glühende Masse musste erst abkühlen, bevor wir sie zergliedern konnten. Der abkühlende Feuerball brachte unterschiedliche Qualitäten von Feldern hervor. Nach dem Einsetzen des Lebens organisierten sich funktionelle Zusammenhänge in Form lebender Datenarchitekturen. Die Wandlung des Erdsystems folgte den Datensystemen, die sich etablierten. ICH kann mir vorstellen, dass nach einer Modulation die Dinosaurier ausgestorben sind und sich ein völlig neuer Typus von Leben einstellte.

Die Hauptkräfte finden wir in den geistigen Architekturen. Hier bestehen Beziehungen zwischen den einzelnen geistigen Positionen. Wir sprechen auch von Feldern und ihren Kräften. Wir haben also in diesem sehr kleinen Bereich der Materie sehr große Kräfte wirken. Der ungeübte Blick eines Außenstehenden erreicht nur das äußerste Geschehen. Er erblickt oberflächlich auf die übergreifenden Felder und ihre Großmassen und vor allem dann, wenn sie ungewöhnliche Ausmaße annehmen. Diese großen Materieströme und ihre Felder gehen aus dem gemeinsamen Wirken der kleinen Felder hervor. Das Feld, welches als geistige Position vorliegt, bedingt unseren Blickwinkel und Standpunkt. Wir bedienen und erhalten mit unseren Daten einen höheren Kontext.

Wir sehen uns die Spielerwelten an den Materieraum anpassen. Wir wollen die Flügelwelten unserer Spieler dem Materieraum anpassen, sofern sich der Materieraum nicht uns anpasst. Wir ziehen den Reißverschluss zu und sehen, wie sich die Flügelwelten der Spieler an den Status Quo anlegen. Ist der Reißverschluss zu, stehen wir auf dem Siegertreppchen, sozusagen in einer neuen Welt.

Am Ende des Spiels handelt es sich nur noch um Nuancen. Wer steht auf dem Podest oben und wer steht unten? Welche der Datenmassen zeichnen wir mit einer Million aus, und welche Datenvolumina entlohnen wir mit geringeren Geldwerten? Vermutlich ist dieses Ringen der letzte Schritt zur gültigen Kernarchitektur, der Schritt auf das Podest, der sich aus einzelnen Phänomenen zu respektablen Wirkungen addiert. Auf Grund einer bestehenden zentralen Ordnung wandern die induzierten Wirkungen nach außen in die Peripherie. Betrachten Sie nur einmal die Zuschauer auf der Tribüne. Ihre geistgeistigen Architekturen und Alltagswelten sollen auf eine Siegerordnung hin getrimmt werden. Glauben Sie nicht auch, dass diese vielen Augen hier heute eine große Wahrheit schaffen? Gleichzeitig den Raum zu betrachten und die geistigen Positionen aufeinander abzustimmen, ist ein großartiges Erlebnis.

Der Sieger erhält die ganze Macht. Er darf den so bezeichneten Raum sein Ziel nennen. Der Raum wird ihm zur geistigen Position. Das geistige Gefüge zu induzieren, wie es der einfache Gedanke im Kleinen tut, kann sich zu richtig großen Phänomenen des Materieraums auswachsen. Dann ziehen wirklich mächtige Materiemassen über die Kontinente. Der Sieger erhält die größte Macht. Er erhält den so bezeichneten Raum.

Hier fängt sie das einwachsende Biotop auf, zergliedert sie und führt sie in eigene Beziehungsgeflechte ab. Die Datenfelder finden hier im Biotop ein stabiles Äquivalent des Materieraums vor. Wir wollen die Flügelwelten nach den Regeln des Spiels in kleineren Räumen bemessen. Wir wollen die Flügelwelten in einem Raum zusammenführen. Am Ende des Spiels steht die Lösung in Form der Sieger fest. Sie steigen in der ermittelten Form auf das Podest. In diesem Moment sind die Flügelwelten der Mitspieler dem Materieraum äquivalent. Als hätte man sie der Materiemasse angelegt.

Das Biotop fungierte mit seinen Beziehungsgeflechten als Quantencomputer. Das Biotop gewährleistet beim Auftreten der Flügelwelten ein stabiles Datengeflecht. Es besteht, während sich die Flügelwelten an den Materieraum anlegen, eine stete Verbindung beider Akteure zum Biotop. Die Verbindung der Flügelwelten zum Biotop hat sich mit dem Einwirken der gemeinsamen Feldspitze verstärkt, harmonisiert und verfestigt.

Wir ermittelten eine Lösung. In welchem der Systeme sind die Regeln des Spiels am einfachsten anwendbar? Welches der Systeme lässt die Darstellung der Spielerdaten am besten zu? Den Datenraum der Gesellschaft nach den Regeln des Spiels fehlerfrei zu durchschreiten war das Ziel. Sie haben den Raum des Biotops bis hierher an den Austragungsort, die gesamte Architektur des Raums in Strecken und Längen des Spiels abgetragen und Stück für Stück dem Materieraum hinzugefügt. Der Materieraum liegt jetzt in dieser Form beschrieben vor.

Als zöge man einen Reißverschluss vom Biotop zum Siegertreppchen. Die Spielerwelten hätten in dem Biotop ihre Gemeinsamkeit. Zöge man nun das Biotop – die gewachsen gebundenen Feldspitzen unserer Kontrahenten – durch den Materieraum in Richtung Austragungsort, so sähen wir, wie sich die Kriterien der Spielerwelten an den Materieraum anlegten.

Die Kriterien der Flügelwelten unserer Spieler legten sich eines nach dem anderen dem Materieraum an. Man legte die Spielerwelten in dem Biotop fest ineinander und zöge das Datengebilde dann den Materieraum hindurch bis an den Austragungsort. Es zöge sich hier in die Länge, stünde dort auf Abruf, wäre dort gestaucht, läge bereits in der Zukunft oder wäre bereits in der Vergangenheit für das Spiel brauchbar angelegt. Derlei Phänomene wären dem Aufbau des Gefüges zuzurechnen. Hat man den Reißverschluss dann bis zum Austragungsort zugezogen, flackert die Wahrheit nur noch um die anschließende Siegerehrung. Wir erhalten jetzt bereits eine sehr hohe Übereinstimmung der Daten der Flügelwelten und dem Materieraum wie er sich im Jetzt als Hardware und Status Quo präsentiert. Plötzlich ist die vereinbarte zahl an Punkten erreicht oder die Spielzeit abgelaufen und der Sieger im Raum steht fest.

Hier am Ort des Sieges erwiese sich das Biotop als das Konstrukt eines Quantencomputers. Die maximale Involvierung des Materieraums durch das Biotop fiele im Augenblick des Sieges in den Raum zurück. Nun wären die Positionen der Spieler bei der Siegerehrung geklärt. Die gesamte Geisteswelt der hier Versammelten wäre dem Regelwerk eines Spiels unterworfen. Es zeigte sich der erreichbare Status Quo, in Längen und Größen des Regelwerks detektiert und bemessen. Hinzu kommen die Bewegungsprogramme der Spieler, die höchste physiologische Beanspruchungen erzeugen.

Es ist ähnlich wie Mathematik. All die bewegte Materie, ihre Ziele und Wegstrecken werden zu Feldern hochgerechnet, die der Ballführung dienen. Alle Effekte, die durch unerwartete große Massephänomene auftreten können, werden in die Koordinierung des Balls eingerechnet. Es können auch Interpretationen der Umgebung durch einen interpretierenden Geist Bewusstseinsaspekte erzeugen. Dann erliegen ganze Architekturen von Feldern der Anweisung eines interpretierenden Bewusstseins. Derlei Aspekte können sich zum Beispiel auf Kriterien gleicher Bewegungsrichtung beziehen. Anweisungen eines interpretierenden Geistes fassen Kriterien zu Feldeffekten. Diese Kriteriensummen wirken nicht nur auf die Flugbahn des Balls, sie wirken bereits in den Entwurf von Bewegungsprogrammen eines Spielers ein. Dieses führt zum Sieg und unsere Spieler zu ihrer Position.

Die Zeit ist hierbei unser Problem. Man kann vorab nicht sagen, wie lange ein Spiel dauert. Das Gefüge bis zum Status Quo kann also nicht exakt eingeteilt werden. Außerdem unterliegt es einer Dynamik und verändert sich ständig. Vermutlich wird immer wieder der gleiche Status Quo gehackt, um sich Punkte für den Sieg zu hohlen. Wir detektieren das Gefüge mit den Werten eines Spiels. Wir erzeugen Momentaufnahmen des Gefüges und des Status Quo für unsere Darstellung. Es liegt natürlich auch in der Natur der Spieler, wie die Feldzusammensetzung um die Einstellung ihrer Präzision aussieht.

Ganz so einfach zieht man keinen Reißverschluss zu. Die Flügelwelten der Spieler auf diese Weise in einen Raum zu fassen, ist für mich nichts weiter als ein sehr schöner Gedanke. Es lässt sich dann das Verhalten der Materiedaten beobachten, wobei man sich darüber im Klaren sein sollte, dass auch meine Entwürfe künstliche sind. Es wird sicher nicht alles in einer brauchbaren Weise vorliegen. Mein Weg aber ist es, die Dinge so zu lagern, dass das Neue gedacht wird. ICH bin ein Programmierer. ICH schaffe diese neue Welt. Nachdem ICH die Kriterien gesammelt und in eine Form gebracht habe, bannt dieses Wissen die Materie auf neuen Bahnen.

Es wäre schön, ließen sich die Kriterien eines Stammes einfach so aneinanderlegen, so dass sich der gemeinsam bezeichnete Raum aufspannt. Man könnte bei einer Unversehrtheit des Körpers den Untergang geistiger Positionen annehmen. Das Ich verlöre natürlich mit dem Verlust an Anteilen auch an Überzeugungskraft. Geht ein Spiel verloren, so verlöre auch die Architektur des Besiegten für diesen Moment seine Bedeutung. Sie fiele in den Raum zurück, der auch mein Raum ist.

Das Gebilde eines Status Quo wird in den Größen des Spiels, wie es das Regelwerk vorgibt, bemessen. So wird das Programm mit jedem Aufschlag neu gestartet und mit einem Punkt abgeschlossen. Der Materieraum, seine dynamischen Komponenten und geistigen Arrangements dienen der Berechnung der Flugbahn und zur Einstellung der schlagenden Bewegungsprogramme. Wir bringen letztlich nur eine gewisse Struktur in das geistige Gefüge der hier anwesenden Geister. Das Resultat zeigt sich auf dem Platz. Die Spieler kämpfen um Anteile für ihre Darstellung. Der gesamte Raum wird letztlich in Konstruktionen der Ballsteuerung aufgegliedert. Das vielfach detektierte Gefüge führt uns zu den Positionen bei der Siegerehrung. Wir sehen das Verhalten der Materie im Raum folglich in Maßeinheiten der Sportart detektiert und die allgemeine Ordnung im Zentrum um die Siegerehrung, mathematisch beschrieben. Es ist eine sehr starke Realität vor allem auch für die angeschlossenen Zuschauer.

Viele profitieren auch von der geschaffenen Realität. Man erhält Handlungsimpulse aus dem Gefüge. So wie man detektiert ist, wird man erinnert. Die mathematischen Strukturen greifen oft über das individuelle Sein hinaus. Dann fallen zum Beispiel Gedanken klarer aus oder lassen sich in einem erweiterten Raum besser fassen. Die Inhalte verschiedenster Bereiche lassen sich auf der Ebene des Siegerraums oftmals gemeinsam darstellen. Es gelingt, diese Wahrheit des Materieraums als Basis zu nutzen und in weiteren Arbeitsschritten weitere Teile der Bereiche einem bewussten Konstrukt zuzuführen und anzulagern. Blieben die Architekturen der verschiedenen Bereiche intakt, müsste ICH jedes einzelne

Kriterium in den umgebenden Raum erweitern, bis wir zufällig auf einen identischen, bereits detektierten Raum stießen. Dann gingen die Raumgebilde um die Kriterien herum in dem einen Raum auf.

Vermutlich bleibt das verursachende Gebilde auf der Datenebene bestehen, während wir uns, auf den allgemeinen Raum erweitert, auf unseren augenblicklichen Status Quo beziehen. Dies ist ein mögliches, aber ein zunächst nur theoretisches Gebilde. Wir vermuten, dass bei der Erweiterung der Kriterien in den Raum irgendwann die Gesetze der Physik greifen, und die Felder in physikalisch einfachere Gebilde umfallen. Die Felder modulieren. Wie werden sich die Reste unseres Datengebildes auf der Datenebene verhalten, wenn wir den großen Raum als Wahrheit schauen? Wenn auch nichts verloren geht, so entstehen zum Beispiel beschleunigende Bereiche oder solche mit höherer Informationsdichte. Wir haben ein Datengebilde der Quantenebene erzeugt, welches das Verhalten der Materie des Raums vorgibt.

Das sind natürlich geistige Extremwerte, die mich dies schreiben lassen. Die Sportler erzeugen ebenfalls Extremwerte. Die körperlichen Belastungen schlagen nicht selten auf ihre Bausteine durch. Der Sportlerkörper eint das gesammelte geistige Material. Seine Bewegungsprogramme werden zu ihren Bewegungsprogrammen. Der Einfluss geistiger Qualitäten muss im Rahmen der eigenen körperlichen Fitness und den eigenen körperlichen Möglichkeiten betrachtet werden. Hier zählt der Unterschied zum einwirkenden Sportlergeschehen. Kann ICH meine Geistesgröße in die Sportlerarchitektur einordnen oder läuft die Sportlerarchitektur besser in der Datenmasse und Software der eigenen Weltbetrachtung? Das sind Fragen, die in den Bereich der Datenübertragung zwischen den Feldkörpern gehören.

Dann verstehen Sie auch, dass Schmerz und Leid externe Geschehen sind und von Dritten verursacht werden. Es gilt daher eine rechte Sicht zu entwickeln, sich nicht tiefer zu verstricken und vor allem sich nicht selbst zu verletzen. Manche fragen sich vielleicht noch, was dieses und jenes sein könnte, was ihren Körper krümmt und ihren Geist belastet. ICH bin einer dieser Faktoren, der seine

Ergebnisse als Summenfunktionen individueller Einzelereignisse bezeichnet. ICH nehme diese Schuld auf mich, weil sich andere in ihrem Handeln auch nicht an meinem Wohlbefinden orientieren. Erfahren Sie sich motiviert, ziehen Sie Vorteile aus einem mathematisch erweiterten Geist, oder erlauben Sie sich, in dieser Weise Ihre Inhalte zu einen. Das wäre die rechte Sicht.

VOR DEM KLIMAGIPFEL IN PARIS (28. NOVEMBER 2015)

Man kann einen Raum sehen, der ein junges Biotop seinen Satelliten nennt. Der Satellit trägt noch die Spuren des einwirkenden Induktionsfeldes. Doch im Augenblick ist der Raum wieder eine Einheit. Die Spielerwelten sind in einer allgemeinen Raumbeschreibung aufgegangen. Jetzt kann man vom Siegertreppchen bis zum Biotop vom Raum einer gelebten Wahrheit sprechen, ohne dass noch abweichende Geistesqualitäten der Beteiligten vorlägen. (ICH weiß. Mir erscheint das alles auch von ziemlich weit hergeholt. In Anbetracht der unzähligen Spielarten in der Zusammensetzung der Felder scheint es auch nicht praktikabel zu sein, jedes zerstörte Areal verwildern zu lassen. Und doch, es handelt sich um eine Gesetzesmäßigkeit!)

Das ungläubige Verneinen und Leugnen ist doch gerade der Vorgang, der die Tatsachen in das Unterbewusstsein verbannt. Dort sind die sichtbaren und lichtvollen Datenvolumina auch nicht besser aufgehoben. Hätten wir die Volumina klar vor Augen, könnten wir den Raum aufspannen, den sie beschreiben. Die Volumina wären für die Öffentlichkeit zugänglich. Der Einzelne leitete sein Handeln aus den bestehenden Feldern her. Die Ethik- und Moralvorstellungen hätten ihre Werte dort vorliegen. Die Volumina informierten ihre Bausteine. Lehnen wir diese Volumina als höchste Wahrheit ab, so unterdrücken wir das Funktionieren des Ökosystems. Die Wahrheit wird dann zu einer individuellen Wahrheit. Sie reicht nur bis zu den Möglichkeiten des Menschen, den Staatsapparat aus Wissenschaft und Wirtschaft zu entwirren oder auch nur seine Produkte zu interpretieren. Die wirkliche Wahrheit ist ebenfalls ein Datenkonstrukt. Der Aufbau gleicht dem menschlichen System. Die Kriterien werden der Umwelt entnommen und in ein Konstrukt des Wissens gefügt.

Es ist eine Form der Evolution. Ein Organismus verbessert sich durch die

Hereinnahme von Information. Die Datenfelder des Hintergrunds hinterlagern die, zu steuernden Zellereignisse und Lebensfunktionen dann noch effektiver. Im Grunde verändert auch der Mensch seinen Geist- und Gesellschaftskörper. Aber er verändert damit den funktionellen Zusammenhang aller Mitbewohner dieses Planeten. Dieses Datenkonstrukt ist im Vergleich zum menschlichen aus natürlichen Bausteinen bereits bestehender Architekturen aufgebaut. Der Mensch hingegen hat mit den Folgen und negativen Wechselwirkungen seiner Machenschaften zu kämpfen. Er beseitigt diese. Das Ergebnis einer Wechselwirkung aus Natur und Technik zu beseitigen, heißt natürlich die Technik zu verbessern. Die Daten, die als Interferenzprodukt auftauchten, werden dem technisierten Raum unterworfen. Der Natur nimmt man gewachsene Substanz und verbessert damit den technisierten Raum.

ICH finde es schade, dass nur wenige die Wahrheit sehen können. Es ist schade, dass viele ein Scheinsein leben und einen Seinsschein haben. Man hat sie der Manipulation durch die Natur enthoben und adelt sie jetzt mit einem Verbraucherstatus. Der ist ebenso manipulativ wie der der Natur. Hier geht es auch um das Überleben. Die Geistesqualitäten und auch die Gefühlsqualitäten haben sich dadurch nicht verändert, auch nicht gebessert. Die Individuen leben ein Scheinsein.

ICH verstehe die hier Anwesenden, dass sie sich nicht ausschließlich der Manipulation durch die natürlichen Hintergrundprogramme eines Biotops aussetzen wollen. Die tranceähnlichen Zustände, welche manche Datenlagen hervorrufen, die zum Teil einer Off-Phase eines Parkinson-Patienten gleichen oder einem Flashback nach LSD-Konsum, sind in unserer künstlichen Weltordnung und ihren Konstrukten größtenteils ausgeschlossen. Es gibt aber auch Positives an dieser natürlichen Möglichkeit der optimierten Positionierung zu finden. Die Aktivität höherer Felder kann das Individuum für einen kurzen Moment in seiner Handlungsweise unterbrechen. Die Aktivität läuft dann, an günstigere Feldabschnitte adaptiert, wieder an. Auf diese Weise wird eine Handlungsoption oder eine Information an eine Position im Gefüge gebracht, dass sie sich innerhalb höherer Zusammenhänge möglichst vorteilhaft gestaltet und erhält.

Diese Formen der Feldverarbeitung scheinen aber geringer zu werden. Vielmehr zeigen sich andere psychische Auffälligkeiten, die dem Dauerfeld der Gesellschaftsarchitektur, aber vor allem dem gleichzeitigen Aufblitzen konkurrierender Größen zuzurechnen sind. Sie finden in einem Dauerfeld kaum noch andere Auswege, als sich gegen einen Nächsten, sich selbst oder das System zu wenden. Diese Art der psychischen Aussetzer, auch Unfälle mit Schäden des Körpers, harmonisiert das Gefüge und entlastet es an anderer Stelle. Es ist wie mit der Biodiversität, die sich in Gebieten des Windwurfs stark erhöht. ICH möchte den bestehenden Zusammenhang auch nur festhalten.

Nun, da wir uns scheinbar bereits in einer kritischen Zone befinden, möchte ICH noch einmal auf die Gesetzmäßigkeiten zu sprechen kommen. Auf der Quantenebene ist die Oberflächenstruktur der Erde, vor allem der Haushalt der Biotope als eine ineinander verstricktes und miteinander verwobenes im Materieraum wurzelndes Datengebilde zu verstehen. Es ist davon auszugehen, dass die Verschränkungsleistung der Ursubstanz zu Faktoren, Daten und Feldern auf der Quantenebene massereiche Phänomene hervorruft.

Man darf annehmen, dass es sich auch bei der gewachsenen Biomasse um einen Energiespeicher handelt. Dabei ist nicht die Energiemenge gemeint, die wir durch Oxidation freisetzen können. Man bedenke die Verschränkungsleistung der Evolution auf der Ebene der Daten. Der Aufbau von Feldern und ihr Zusammenwirken in funktionellen Kreisläufen hält die Materie auf stabilen Bahnen. Das ist nicht nur in lebenden Systemen der Fall. Die Konstrukte unserer Gesellschaft weisen ganz allgemein eine spezifische Verschränkung von Daten auf, welche zu einem spezifischen Verhalten der Materie führt. Diese gewachsenen Beziehungsgeflechte speichern Energie.

Man kann sagen, dass wir uns mit unseren Betrachtungen innerhalb des Erdschwerefeldes bewegen. Die Datengebilde der Quantenebene, ICH schreibe ihnen Masse zu, scheinen die Bahnen der Materie zu beschreiben. Natürlich ist es so, dass die kleinen Bausteine nur wegen der stabilen großen Architekturen wie dem Sonnensystem existieren. Auf der Quantenebene haben wir heute sehr viel mehr Datengebilde relativer und zeitweiliger Stabilität zu verzeichnen als vor der Evolution. Milliarden von Kleinstorganismen sind stabil genug, um auf der Datenebene als eigenständige Datenordnungen geführt zu werden. Das entscheidende ist ihre Funktion als Grundlagengemenge. Ihre Verrechnung führt uns zu den Summenfunktionen. Einfache Funktionszusammenhänge und das Entstehen von Kreisläufen werden sichtbar.

Die Vielseitigkeit ihrer Wechselwirkungen untereinander aber ist das eigentliche Phänomen. Die Felder, die aus ihren Wechselwirkungen hervorgehen, können selbst induzierende Werte sein. Das Verhalten der kleinen Materie verändert sich unter diesen Feldabschnitten. In der Summe aber bedingen sie das Große. Wir gehen von einer Annahme der induzierten Information durch die geringere Materieart aus. Indem wir also ein spezifisches Verhalten der kleinen Materie induzieren, haben wir eine Information abgelegt. Der Gehalt an Information, das Verhalten dieses Materiebereichs kann dann selbst als funktionelles Feld eines gewissen Informationsgehalts gelten, lange nachdem die induzierenden Felder abgeklungen sind. Dieses wiederkehrende Induzieren bedingte die Manifestation einer Feldinformation in Form eines spezifischen Materieverhaltens.

Letztlich ist dies der Weg der Harmonisierung. Auftretende Materiemassen stimmen sich aufeinander ab. Diese Verbindung führt dann zu einer gleichzeitigen Verfügbarkeit dieser Feldinformation und ihrem Materieverhalten. Eine regelmäßige Induktion führt auf die Dauer zu einer gemeinsamen Architektur. Die induzierenden Feldmassen und die gewachsene Architektur bilden einen dynamischen Gleichklang. Die Bereiche wachsen zusammen. Sie bilden eine nicht voneinander abzugrenzende Einheit dynamischer Art. In diesem Raum lässt sich Wirkung und Ursache nicht mehr unterscheiden. Wir erhalten den Fall, dass wiederkehrende Großereignisse wie Sonnenaufgang ein gewisses Verhalten kleinster Organismen auslösen. Diese nehmen die Wirkung zum Anstoß, selbst aktiv auf das Gefüge zu wirken. So interagieren kleinere Felder, und es entstehen wiederum induzierende Werte, die auf noch geringere Materiemassen fortwirken.

Viele der Kriterien sind in ihrem Summenfeld als Sinnstifter nicht mehr zu erkennen. Es ist ein weiter Weg, von der Funktion eines Organs oder dem Fließen der Materie in Ereignissen einen verursachenden Datenhintergrund zuzuschreiben. Wir sehen eine Vielzahl dieser Klein- und Kleinstfelder über die ganze Erde verteilt. Wir können uns damit zu immer größeren Arrangements hocharbeiten. Wir dürfen aber den Ursprung allen Seins nicht vergessen. Nur so können wir den Aufbau höherer Felder verstehen, die über die menschlichen Architekturen hinaus das System im Allgemeinen betreffen. Die wichtigen Strukturen und Funktionen, die bereits vor dem Menschen existierten, ganz einfach gesagt, die gewachsenen Zusammenhänge und Abhängigkeiten, die sich bei einer zunehmenden Notwendigkeit in Stand setzen, sind gefährdet. Dabei sind nicht die Felder der Notwendigkeit und des Bedarfs gestört. Gestört ist die Projektionsfläche aus Mikrofeldern, die zum Beispiel den Klimazusammenhang herzustellen erlauben. Wir wissen aber, dass es eine Projektionsfläche aus Mikrofeldern gibt, die uns die Struktur einer Notwendigkeit und einer darauffolgenden bedarfsgerechten Bewässerung installieren lassen.

Haben wir die Felder der einstigen Entwicklung bis zum Menschen durchlaufen, so dürfen wir von Evas Äpfeln kosten. Jetzt steht uns der individuelle Blick auf den Makrokosmos frei. Ohne einen negativen Beigeschmack erzeugen zu wollen, der Blick wird zu einem Blick des Menschen. Wir erklären Ebbe und Flut mit dem Einfluss des Mondes und erkunden auch ferne Planeten. Die Beziehungsgeflechte von Kleinstorganismen und ihrer Mikroarchitektur wissen vermutlich, die Schaumkrone einer Welle vorherzusagen. Ihre Programmierbarkeit auf der Quantenebene dürfte in diese Kategorien an Daten fallen.

Es handelt sich um einen Energiespeicher. Eine Vernetzung von kleineren Ereignissen in komplexen Systemen nimmt die Energie der Großereignisse aus dem Makrokosmos heraus. Die Architektur des Lebens dürfte mit einem Informationsspeicher beginnen. Es sollte sich in wiederkehrenden Induktionsfeldern die Dynamik von Schwebeteilchen organisiert haben. Die Verbindungen der Schwebeteilchen in den entstandenen Architekturen speicherten die ersten

Daten. Die Beziehungen der Schwebeteilchen untereinander bringen beides zum Ausdruck. Zum einen umspielen sie sich mit den gegebenen mechanischen Vernetzungsmöglichkeiten, und zum anderen repräsentieren sie das einwirkende Induktionsfeld. In einer gewissen Weise bringen sie in den Aufbau ihres Beziehungsgeflechts Datenlagen der induzierenden Materiemassen mit ein. Die einwirkenden Daten fassen wir zusammen und nennen sie ein induzierendes Feld. Die Information der induzierenden Umgebung ist in der mechanischen Verbindung der Schwebeteilchen gespeichert. Das Materieverhalten dieses Orts korreliert jetzt mit dem Materieverhalten der induzierenden Felder. Die Materieereignisse intern des Speichers korrelieren in einer gewissen Weise mit den induzierenden Verhältnissen der Umwelt.

Die Dynamik der umgebenden Materie liegt in den Speicherströmen in gewachsenen Strukturen zergliedert vor. Die materieäquivalenten Daten der Variationen des Status Quo liegen im Datenspeicher vernetzt und in dichteren Effekten organisiert vor. Gewisse Materieereignisse korrelieren auf der Datenebene in Effekten gleicher Richtung miteinander. Obwohl im Makrokosmos ohne entsprechendes Hintergrundwissen kein direkter Zusammenhang der Ereignisse aufgezeigt werden kann, sind sie in den elektromagnetischen Feldern des Hintergrunds Teile nur einer einzigen Dynamik. Viele verschiedene Kriterien verrechnen sich in einem Effekt und münden in einem Ereignis des Makrokosmos.

Wir haben ein Interferieren von Feldern zu Induktionsspitzen. Die entstehenden Felddichten, die Strömungen und Effekte unterwerfen sich die Materie des Speichers. Die wiederkehrenden Induktionsmuster stimmen die Materie des Speichermediums allmählich auf das Feldverhalten ab. Das entwickelt sich bis zu einem gemeinsamen erscheinen der Ereignisse. Das Materieverhalten des speichernden Mediums lässt sich nicht mehr von dem Verhalten der Daten in den Feldern trennen. Dann gilt es nur noch, in den allgemeinen Raum zu überbrücken. Wir wollen die Datenwelt mit den Ereignissen der Materiewelt zu einem Raum verbinden. Wir verbinden die beiden Positionen vor dem Hintergrund des Chaos. Wir gelangen mit den kleinsten und geringsten Werten, was die Masse betrifft, zu einer Übereinstimmung der beiden Welten und zu einem Raum. So schaffen wir es, die beiden Ereignisse und den Bereich dazwischen als Ganzes zu überblicken. Das ist der gegenwärtige Status Quo. Die Betrachtung spannt den Status Quo auf.

Rufen Sie sich immer wieder die Felder auf, welche dem Materieraum hinterlegt sind. Betrachten Sie die unzähligen Möglichkeiten der Verschränkung. Induzieren Sie die Mikrofelder der ersten Partikelbindungen! Bauen Sie diese Mikrofelder nun zu tragfähigen Konstrukten auf. Spielen Sie im Kleinen mit dem Aufbau von Strukturen. Binden Sie die großen Ereignisse des Materieraums auf der Datenebene. Vernetzen Sie sie dort in Feldern. Schaffen Sie Strukturen stabiler Kreisläufe. So ringen Sie dem Materieraum Positionen ab. Das Korrelieren der Positionen im Hintergrund der Organismen zergliedert den Materieraum. Es kommt zu einer Programmierung des Materieraums. Das Korrelieren der Bestandteile in Funktionsfeldern des Organismus ist die theoretische Logistik für unseren Materiehaushalt. Man legt dem Materiehaushalt die Gleichzeitigkeit von Materieereignissen nahe, wie sie in den Hintergrundfeldern eines lebenden Organismus abgelegt sind. So zergliedern sie den Materieraum. So reduzieren sie die große lineare Beschleunigung und zwingen auf geringere Materiewerte geringerer Masse. Die Quantenebene enthält nun Kriterien des Materieraums. Die Kriterien sind in lebenden Organismen in den Kreisläufen der Funktionen in Sinnzusammenhängen gebunden.

Das gleichzeitige Auftreten gewisser Komponenten des Materieraums ist in einem unbelastetem Daten- und Quantenhaushalt einer physikalischen Ordnung der Natur geschuldet. Der Flug der Wildbiene sollte mit der Blüte ihrer Nahrungspflanzen zusammenfallen. Der Mensch legt sich schlafen, der Fuchs steht auf. In einem Biotop können die Massebahnen weit entfernter Objekte miteinander korrelieren. Ein Grund hierfür sind die Beziehungsgeflechte der Nahrungsketten. Man geht dem Räuber aus dem Weg. Aber auch Vorteile, die uns aus dem Verhalten Dritter entstehen, stimmen aufeinander ab. So werden Massebahnen des Raums in diesem Augeblick nur deshalb parallel zueinander beobachtet, weil es im Hintergrund die Beziehungsgeflechte der Arten gibt, die sich natürlich auf die anderen Materiebewegungen des Raums fortsetzen.

Das verbindende Chaos ist gar kein Chaos. Die Felder der Quantenebene, aus Kriterien bestehend, beschreiben den Raum ausreichend. Die Materieäquivalente oder Kriterien, wie wir sie auch nennen, gehören oft verschiedenen Arten und auch anderen Konstrukten gleichzeitig an. Sie werden dem Materieraum nur in artspezifischen Qualitäten entnommen. Jede Art für sich meistert die Organisation ihres Organismus mit unterschiedlichen Daten. Die Kriterien bauen die Felder auf. Die Kriterien erfüllen in den verschiedenen Organen unterschiedliche Aufgaben. Die Organismen haben sich die unterschiedlichen Bereiche des Materieraums erobert. Die Organismen lassen sich nach der Art ihrer Datenwahl und der Wahl ihrer Daten einordnen. Die Evolution ist an dieser Stelle zum Stillstand gekommen. Das tägliche Umfeld eines Organismus gliche somit dem eben betretenen Neuland. Der Weg hierher wäre in Form von Daten in den Feldern unserer verschiedenen Entwicklungsstufen verzeichnet. Wir haben unser Interesse allmählich in diese Bereiche verlagert. Der Körper hat sich auf seinem Weg in diesen Bereich des Materieraums gewandelt. Der Organismus ist an den täglichen Daten gewachsen. Eines haben alle Lebensformen gemeinsam: die Kriterien ihrer funktionellen Felder sind dem Materieraum entnommen.

Sollten doch einmal menschliche Interessenfelder wirken, sorgen die staatlichen Gesetzgeber für geordnete Verhältnisse. Sollte eine Sure herabgeschickt werden – meine innere Stimme und auch mein Denken kann man übrigens auch hören, man sagte mir, man nennt diese Teile meines Geistes eine Gottesordnung – und es sollte darin von Kampf die Rede sein, so durchlaufen diese Daten unsere staatliche Gesetzesarchitektur. So minimieren wir Risiken und schließen die Bedrohungen für den Einzelnen aus.

Die massereichen Phänomene der Urzeit stellen sich zunehmend zergliedert, in Netzwerken und Beziehungsgeflechten organisiert, dar. Die Bewegungsenergie der Urzeit scheint in Kreisläufen des Lebens organisiert und gespeichert zu sein. Die massereichen Ereignisse der Urzeit sind in dieser vernetzten Form auf der Quantenebene abgelegt. Hier zeigen sich nicht nur einfache Mikroorganismen als in sich abgeschlossene Architekturen, hier zeigen sich auch wiederkehrende Gravitationslasten, wie der Mond als einwirkende Größen verrechnet. Sollte man an dieser Stelle von einem Teilchen des Materieaufbaus sprechen wollen, so ist das zu früh. Hier gibt es nur Felder und Konstrukte beginnender Sinnzusammenhänge. Die Felder haben verschiedene Stärke, Richtung und Wirkung, welche von den einspeisenden Architekturen verursacht werden. Die Felder sind also nicht nur von Lebensformen, sondern auch von der Materie, wie wir sie kennen verursacht. Man könnte die verschiedenen Feldtypen eventuell in Kategorien fassen wollen. Aber das führt uns doch nur zu zusammenhangslosen Einheitsbrei.

Wir sehen das Ganze von einer Architektur aus Daten hinterlegt. Die einzelnen Kriterien sind in Feldern organisiert. Die Felder gewinnen mit jedem Kriterium an Masse. Der Mensch, obwohl er die Programmierung des Klimas selbst vornimmt, findet die Wetter manchmal gar nicht lustig. Die Organisation von Nebenschauplätzen, das sagt bereits der Name, beruht auf bereits vorhandenen Größen. Die Nebenschauplätze organisieren sich auf der Grundlage bereits bestehender Architekturen. Wie wir schon sagten, sind alle Formen des sichtbaren Geistes, auch die des Lichts, dichter organisierte Ursubstanz.

Die Komplexität des Systems steigt weiter an, wenn sich freie Datenstränge zu neuen Ordnungen mit eigener Kernarchitektur verschränken. Dann entstehen auch übergeordnete Schalter, die sozusagen die Bereitstellung der notwendigen Daten vornehmen. Das Insekt erhält dann eine hervorgehobene Stellung. Es geht in dem induzierten Sinn auf, besucht eine Frucht und installiert damit Kriterien, die gewisse Materiebereiche schalten, so dass diese zum Richtungsweiser für ein entsprechendes Wetterverhalten werden. Man könnte auch von spezifischen Abhängigkeiten zweier Arten sprechen, die hier zum Ausdruck kommen. Es wären Kriterienstämme zu nennen, die gleichzeitig in mehreren Arten mitwirkten.

Es könnten auch Zeitfenster geöffnet werden, so dass in der Hierarchie untergeordnete Datenbanken hervorgeholt werden. Die älteren Kriterien könnten dann gleichgerichtet mit jüngeren Kriterien einen höheren Wirkungsgrad erzielen und die Architektur regionaler Wetter bestimmen. Das eine kann für das andere angenommen werden. Die eine Existenz teilte die andere. Sie teilten miteinander die Umgebungsbedingungen. Die bewegte und unbewegte Materie ihrer Umgebung und auch das Klima, wären wichtige Daten eines gelungenen Lebens.

Die Wahrscheinlichkeit für punktgenaue Landungen essentieller Faktoren nimmt mit einer reduzierten Artenvielfalt ab. Die Biodiversität unserer Nationalparks sind isoliert und abgekoppelt. Man findet kaum menschliche Bezüge zu den Nationalparks. Selbst wenn der Mensch einen Ausflug in den Park plant, nimmt er das Auto und hofft auf schönes Wetter. Hoffnung ist ein interessantes Phänomen. Gäbe ICH es als Datenfeld auf die Quantenebene, so drückt es wohl aus, einen Zustand des Materieraums herbeiführen zu wollen. Eine von Natur aus gegebene Beziehung des Biotophaushalts unterstützte man zusätzlich mit einer hoffenden, aber individuellen Geistesarchitektur. Die Hoffnung ist auch ein Summeneffekt individueller Einzelarchitekturen.

Die gewachsene Biomasse, die Verschränkung der Arten mittels Daten, die herangewachsene Komplexität dieser lebenden Masse involviert das Verhalten der Elemente. Die gewachsene Komplexität führte zu angenehmen Klimafaktoren, passend vor allem auch für den Menschen. Das langsame Heranwachsen brachte diesen hohen Grad an gegenseitiger Abhängigkeit hervor. Nur innerhalb dieses Datenkontextes steht das eine für das andere und wirken viele an der Hinterlagerung der Biologie mit, um möglichst ein Kriterium herauszustellen und alle anderen der Organisation dieses Ergebnisses zu unterstellen.

Wollen wir in einem dynamischen Gleichgewicht die Gegenspieler aktivieren, so steigt die Wahrscheinlichkeit einer geeigneten Involvierung des Klimas mit der Anzahl der beteiligten Arten stark an. Die Zustände der Zellen, die einen Schwenk zur anderen Seite benötigen, aktivieren den Artenverbund. Die Bewusstseinsaspekte der verschiedenen Arten verrechnen sich innerhalb der gewachsenen Komplexität zu abstrakten und dichteren Feldern. Es entstehen stärkere Effekte. Man stelle sich einen seidenen Faden vor. Die Daten tausender Arten wären in ihm vernetzt und bedingten seine Festigkeit. Wenn sie an diesem Faden ziehen, haben sie eine einfache Vorstellung sich im Sinne einer gemeinsamen Notwendigkeit zu bewegen. Dann verstehen sie die Komplexität in ihrem Verhalten. Die Komplexität ist in Kreisläufen organisiert.

Sprechen wir von Echtzeit, so gelangen wir an ein System von Daten, das sich in Harmonie befindet. Viele kleine Datensätze korrelieren in gemeinsamen Strukturen. Sie arrangieren sich in höheren Ökonomien, den Feldern. Ihre Gleichschaltung und der Zugewinn an Masse dürften genügen, um komplexeres Materieverhalten zu hinterlagern und auch Großereignisse mit bedeutend mehr Masse in ihrem Zusammenspiel zu organisieren. Das sind komplexe Systeme. Wenn sie etwas herausnehmen oder an anderer Stelle etwas einfügen, verändern sie die Summeneffekte. Die gewohnten Verhältnisse und Effekte für einen Ort zeigen sich dann gestört, finden sich an anderen Orten ein, oder bleiben ganz aus. Die gewachsenen Muster taugen nicht mehr für die Vorhersage. Die Gewohnheit, die aus den natürlichen Zusammenhängen heraus zu beobachten war, erweist sich jetzt als trügerisch. Hier korrelieren Daten in Echtzeit in Feldern. Wir haben funktionelle Überbauten.

Der übergeordnete Sinn lässt das einzelne Kriterium und den damit bezeichneten Raum unberücksichtigt. Verändern sie jedoch diese Basis, so verändert sich mit jedem Kriterium auch der errechenbare Sinn. Das Problem dabei ist, dass es sich um gewachsene Ordnungen handelt. Vermutlich haben in dem geforderten Sinn die Kriterien Bestand und bleiben als verzeichnete Eigenschaften des Raums ein maßgebender Faktor. Man hinterlegte den Sinn mit einem Unterbewusstsein, eine Architektur des Raums unabhängig vom Sinn.

Die Klimagrenzen oder das Wetter sind das Ergebnis einer parallel bestehenden Basisarchitektur. Die Hüllenbildung oder ein Grenzgewebe ist ein Ausdruck der Determiniertheit von Daten. Die zielführenden Strömungen sind dabei nur der dynamische Teil. Die weniger interessanten Randdaten ergänzen diese zu Kreisläufen. Wir konnten daher auch Grenzgewebe als unbewegte Teile einer großen Datendichte begreifen. Die Grenzen und Grenzgewebe ermöglichen die Widerholung eines Ereignisses in annähernd der gleichen Weise.

Auch die Gehirnfunktionen sind an die Gesetze in den Datenkonstrukten gebunden. Wie bringt sich der einzelne ein? Mit wem und was korreliert er? Welche Konstellationen führen bei ihm zum Feldaufbau wissender Architekturen? Dabei liegt, so vermute ICH, der größere Wert auf den dynamischen Einheiten. Das reine Sein ginge auch ohne, aber die wichtigsten Alltagsoptionen benötigen Strömung, Strömung in Feldern und strömende Felder für die Schaltungen. Das heißt wir brauchen die Bewegung von Materie für die Gehirnfunktionen. Für manche Funktionen brauchen wir sogar eine gerichtete Bewegung. Wir brauchen Leben, das Datenvolumina erzeugt. Die Volumina reagieren mit unseren Instanzen. Wir stellen damit Positionen heraus oder erarbeiten uns neue. Das System benötigt die Datenvielfalt. Man muss sich aber auch abzugrenzen wissen, will man bestehen.

Es gilt also zunächst einmal, das gleichzeitige Auftreten der Ereignisse innerhalb des Status Quo zu erkunden. Dann könnte man Beispiele für die Zusammensetzung von Feldeffekten, Richtungen und Wirkungen versuchen. Nur so erschließt sich uns der Sinn der Notwendigkeit und die nachfolgende organisatorische Leistung einer hohen Artenvielfalt. Man müsste einfach genauer hinsehen. In dieser Weise ließe sich auch das Auftreten von Personen und großen Geistern im öffentlichen Raum erkennen und analysieren. Man könnte der Architektur ihres Geistes ebenfalls Komponenten des Status Quo und des allgemeinen Handelns zuordnen.

Die Kriteriensummen, das so genannte Gesellschaftswissen, möchte ICH an dieser Stelle eine massereiche Spur des Datenäthers nennen. Von diesem massehaltigen Phänomen inspiriert, definiert und isoliert der Mensch Materieereignisse nach Belieben und ohne Rücksicht heiter weiter. Der Gesellschaftskörper, in welchem der Mensch die Kriterien um sein Wissen formiert, nimmt an Materiemasse zu.

Kommt es nach dem Ausbleiben der gewohnten klimatischen Architektur zu einem Ausfall gesamter Ökosysteme, dann darf man in Zukunft nicht sehr viel mehr erwarten als massereiche Phänomene, die um den Globus ziehen, um das Unterbewusstsein des Sinns zu erläutern. Eine Trockenheit ist ebenfalls ein massereiches Teilchen. In diesem Korpuskel beschreiben die Kriterien eben eine Trockenheit. In allen Fällen fehlt die vernetzte und berechnende, alles bis ins kleinste Detail aufschlüsselnde Architektur einer gesunden Biosphäre mit höchsten Artenzahlen. Nur auf der Ebene des Datenhaushalts tut die Selbstorganisation ihr Werk. Nur die Vielfalt an Daten und ihre Vernetzung in höchster Form führt zu diesen harmonischen Wechselfällen des Wetters innerhalb stabiler Klimaregionen. Ganz langsam verliert dieser seidene Faden an Stärke. Es fehlt ihm die Durchsetzung mit den Daten aller Arten. Das aufgespannte System und der gewohnte Raum brechen zusammen. Brechen die Ökosysteme zusammen, verändert sich die gesamte klimatische Architektur. Wir sehen große, mächtige und massereiche Phänomene um den Globus ziehen.

Unser Gesellschaftswissen ist ein massereicher Beschleunigungsstreifen. In diesem Feldabschnitt liegen die Materieereignisse unserer Wissenschaft in ökonomischen Feldarchitekturen zusammen. Die Isolation des einzelnen Kriteriums reicht für eine ausschließlich menschliche Betrachtung aus. Sie hat aber nichts mehr mit der Komplexität des Erdsystems zu tun, auf deren Spitze der Mensch auftrat. In diesem Fall unterbleiben natürlich Auf- und Ausbau von Nebenschauplätzen. Es kommt zu keiner Erweiterung der Kernordnung und zu keiner weiteren Stabilisation der Kernlagen durch den Aufbau von Nebenschauplätzen.

Es darf sogar angenommen werden, dass ein erneutes Auftreten von Großereignissen an der Erdoberfläche die Dynamik des Erdkerns beeinflusst. Der Grund hierfür ist, dass nach Modulationen im Sinne einer höheren Ökonomie die Bedingungen zum Aufbau eines Ameisenhaufens oder einer Antilopenherde ganz einfach entfallen können. Die Fertigstellung des Termitenbaus wird einfach aufgegeben, die Pflanze vermehrt sich nicht und geht ein. Es fehlen für die Instandsetzung dieser Insektenart oder Pflanzengattung am Ort bereits die notwendigen eugenischen Datenvolumina. Die vorliegenden Datenvolumina, nennen wir sie für die jeweilige Art ›eugenisch spezifisch‹ haben sich jetzt auf

Grund der Polungen zur Gleichschaltung mit den Kernlagen in den zu organisierenden Randbereichen in das Gegenteil verkehrt.

Wir nennen sie jetzt für die jeweils betroffenen Art ›eugenisch unspezifisch‹. Die Kernlagen menschlichen Wissens gewinnen an Masse hinzu. Dieser Massegewinn schlägt sich den Gesetzen der Physik entsprechend in den gängigen Parametern unserer Ökosysteme nieder. Die massiven Kernlagen wirken. Die spezifischen Kernlagen fordern eine besondere Architektur der Randbereiche und der Nebenschauplätze. Ein ›eugenisch unspezifisches‹ Datenvolumina greift an anstatt zu begünstigen. Das bezeichnende Gefüge, nennen wir es ein Ganzes, organisiert von der Quantenebene aus den Materieraum. Wir nennen die induzierenden Datenvolumina für die jeweils bedrohte Art ›eugenisch unspezifisch‹.

———

Alle Ereignisse der Zelle fließen in ungeheurer Harmonie dahin, ohne dass ein Beobachter dahinter Summationsgrößen vermuten könnte. Aber die Eugenik weiß heute um den Zusammenhang aus Ätherfeldern und Genen. Man weiß heute um die Schaltungseigenschaften der auftretenden Datenfelder und man beginnt sich auch schon mit der Zusammensetzung dieser Summenfunktionen zu beschäftigen. Das Datenfeld verhält sich in seinem Kern, wie sein organisches Ebenbild. ICH spreche von einem Datenkern, weil sich hier, begleitet von einem organischen Speicher, eine besonders Dichte Informationsmasse herausgebildet hat. Die Daten zeigen sich in ihrem Verhalten der Materie direkt äquivalent. Schauen wir uns zum Beispiel die Ereignisse im Inneren einer Zelle an, dürfen wir dahinter eine Architektur aus Daten vermuten. Die Kriterien wurzeln dabei im Materieraum, während die Hauptinformation mittels Energiezufuhr aufrechterhalten wird. ICH erinnere hier an ein Schwarzes Loch, das die Materie verschluckt und in Teilen wieder ausspuckt. Auch hier gibt es Bereiche der Materieumwandlung, die einem Kreislauf angehören.

Das menschliche Organ wird immer mit einem Datenäquivalent einhergehen. Es gäbe noch eine andere Form der Kriterienanordnung. Wir hätten sie vielleicht einem Puzzle ähnlich bearbeitet und Berg und Tal der einzelnen Kriterien so aneinandergelegt, dass sie sich gegenseitig neutralisierten. Die Momente lagerten sich so zusammen, dass sich Berg und Tal ausglichen. ICH spreche von Materieäquivalenten statischer Materie, also Garagenzufahrten oder Durchgängen zu Häusern, an welchen wir einst entlang schwebten und entlang flossen.

Wir hätten die Datenmomente vielleicht intern so verarbeitet, dass sich Berg und Tal ausgeglichen hätten. Die Eigenschaften einer Gefällestrecke oder plötzliche Beschleunigungen und Erschütterungen auf Grund des Untergrunds fänden als Begleitdaten Eingang in die zentrale Architektur der Zelle. Die Kriterien zeigten sich verzahnt. Die Möglichkeit der Bewegung bliebe in ihrem Kern vielleicht erhalten. Die Bewegung durch den Untergrund oder die Turbulenzen in Fließgewässern, zeigten sich innerhalb der geschaffenen verzahnten Strukturen. Es könnten sich die hereingenommenen Daten und vor allem auch die Begleitdaten in eigenen ökonomischen und stabilen Ordnungen organisiert haben. Ließe man den Gedanken einer begleitenden Organisationsdynamik zu, so fände man in der Umgebung stabiler Datenarchitekturen immer auch die Begleitdaten in höheren Ökonomien zusammengefasst. Es ist das Gesetz der sinnvollen Summe.

Wir verlagern jetzt bereits unsere wahrnehmenden Instanzen innerhalb unseres Aktionsraums entlang eines bekannten Weges. Scheinbar hat das System auch seine Grenzen. Wir denken an seine Funktion als Speicher für all die auftretenden Daten. Wir haben mittels gesammelter Daten eine biologische Struktur aufgebaut. Wir haben parallel zu dieser Hauptstruktur einen Nebenschauplatz organisiert. Wir verwandten die freien Positionen der Hauptarchitektur für eine Nebenarchitektur und ergänzten dieses Gebilde mit externen Daten. Auf diese Weise verankerten wir das Ganze erneut im externen Raum. Gerundet und harmonisiert gelangten wir zur optimalen Funktion. Die Wahrnehmung des externen Raums resultiert aus unseren Eigenschaften als Speicher.

Sieht man sich das Gebilde noch einmal an, so bekommt man den Eindruck, dass wir uns vor allem mit den freien Anteilen der Kriterien in der Umgebung orientieren. Es scheinen die Fühler unseres Bewusstseins zu sein. Der andere Anteil des Kriteriums ist indessen in der Funktion gebunden. Wir sehen hier zum einen die Tendenz der freien Kriterienanteile, sich erneut in ökonomischen Systemen zu harmonisieren. Wir erkennen aber auch die Zunahme an Harmonie, die das gewachsene Gebilde ausstrahlt. Ein System von eigenständigen Architekturen, das sich immer und immer wieder im realen Raum verankert. Am liebsten organisierten sie, von ihrem Zentrum aus, noch einen weiteren Nebenschauplatz.

Auch hier verlagern sich die Bewusstseinsaspekte. Die Feldkräfte bedeuten einen Sinnzusammenhang. Der Sinnzusammenhang setzt sich als Wirkung auf die Kriterien fort. Das Bewusstsein fließt auf die Enden der Kriterien zu. Die Aspekte des Bewusstseins scheinen auch Ausdruck des Kerngebildes zu sein. Sie setzen sich auf den Realraum fort. ICH beschreibe hier die Form einer globalen Wahrnehmung des Raums, ohne von den Daten Gebrauch zu machen. Wir sehen hier noch keine Konzentrationen durch irgendwelche Sinnesorgane. Damit verzichten wir auch auf eine wertende Klasse.

Wir haben hier also keine Evolution im Sinne eines selbst gewählten Weges. Aber auch die regelmäßige Wiederkehr externer Faktoren kann der Evolution Nahrung sein. Auf diese Weise findet man immer wieder einen leicht veränderten Datenschatz vor. Wir profitierten folglich von der internen Wirkung externer Daten. Dieses ist eine Systematik, die zu funktionellen Datenhintergründen unserer Zellorganelle führte und auch die Evolution der Arten bedingt. Die erreichte Komplexität zeigt sich auch auf der Quantenebene. Die systemischen Zusammenhänge und die Systematik der Verschränkung spiegeln sich in der Dichte der Substanz und in ihrem Verhalten wider. Eine jede dieser Datenarchitekturen ankert auf seine Weise im Materieraum.

Es sind vielfach dieselben Daten, die sich nur leicht in der Betonung ihres Stammes unterscheiden. Die Darstellungen des Kriterienstamms variieren etwas. Man weicht bei seiner Darstellung mehr oder weniger in den einen oder anderen Bereich des angrenzenden Raums ab. Der Bezugsraum bzw. der bezeichnete

Raum variiert dann etwas. Das hängt auch mit der Physik des Ausgangsfeldes zusammen, kann von einem zu erreichenden Verhalten abhängen oder zum Beispiel seine Ursache in einer funktionellen Verschränkung haben. Das Ganze soll sich möglichst harmonisch darstellen und in einfachen Kreisläufen organisiert sein. Wir erreichen damit ein gleichmäßiges Dahinströmen der organisierten Materiemasse (die dunkle Energie bzw. das dunkle Feld strömen nach). Die einzelnen Funktionen greifen unauffällig ineinander. Sie laufen ungestört ab und lösen einander der Notwendigkeit entsprechend ab.

Man könnte sagen, dass der Organismus in seinen systematischen Zusammenhängen und seiner Verankerung in der Umwelt der eigentliche Stabilisator des Klimasystems sein sollte und ist. Die Kortexdaten betreffend dürfen wir daher von einer stabilen Entwicklung sprechen. Es entstünden harmonische längsförmige Gebilde. Die ineinandergreifende Zahnung machte sie sehr belastbar auf Zug. Die anteilige bewegte Materie der Kriterien fände hier eine andere Bedeutung. Das Kriterium gäbe aufgrund der Zusammenlagerung von Berg und Tal seiner statischen Masse eine bestehende Umgebungsdynamik auf.

Man müsste sich diese Eigenschaft des Feldes in die Bereiche um die verzahnten Momente verlagert vorstellen. Eventuell wären die Daten der bewegten Materie dann zu beweglichen Grenzgebilden zusammenzufassen. Denkt man sie sich einem organischen System zugehörig, so wären sie wahrscheinlich in Teilen immobilisiert. Man könnte sich eine Datenhülle vorstellen, die sich um eine innere Datenfaser ausbildet. Auf diese Weise bliebe die Möglichkeit zur Bewegung zwischen Hüllenstruktur und interner Ordnung bestehen. Da aber jedes noch so kleine Partikelchen von einem Datenvolumen begleitet ist, so begleitet jedes größere Stück Materie ein gigantisches Datenfeld. Dies sind die Summenfelder der Begleitdaten der Partikelchen. Diese können gemeinsamen Ursprungs sein. Sie können aber auch trotz unterschiedlicher Entstehungsbereiche zusammengefunden haben.

In der Regel speichern sich die Umgebungsdaten im Verhalten der Partikel. Es zeigen sich die Daten freier und beweglicher Materie im Raum zu weiterführenden

Funktionen verknüpft. Man betrachte einfach die Anatomie unserer Gewebe und die vorkommenden Funktionen. Hieran lässt sich sehr einfach erkennen, welche funktionellen Größen die Datenverschränkung hervorbringt. Das gewachsene System zeigt sich in der Konzentration der Kräfte nach Innen ausgeglichen. Die Organelle, die ablaufenden Reaktionen, der Wandel der funktionellen Felder, ganz allgemein das gesamte System ist ein Energiespeicher. Die Möglichkeit in Bewegung zu versetzen, erlaubt ihm, auch noch als Puffersystem zu agieren und in interne Strukturen einzubinden. (Dieser Gedanke ist so großartig!)

Wir haben aus den einzelnen Informationsvolumina eine harmonische Konstruktion geschaffen. Die Möglichkeit größere Kräfte zu entwickeln und sich zu bewegen war die Folge. Wir hätten hier ein Filament, welches wir wie beim Seil- und Taubau, zu einer Faser verdrehen könnten, welche sich zu noch stärkeren Faserbündeln vertauen ließen. Denken wir an ein lebendes Organ wie den Muskel, so hätte dieser sogar kontraktile Fähigkeiten erworben. Die Begleitdaten wären hier so angeordnet, dass sich in ihren Feldern biologische Strukturen dieser Funktion entwickelt hätten.

Die Möglichkeit zur Entwicklung von Kraft hat natürlich auch ein natürliches Feldäquivalent als Hintergrund. Wir kanalisieren hier also einzelne Feldwirkungen in Summenwirkungen. So können wir Architekturen, wie die Zelle anführen, diese zu größeren Einheiten und Feldern anordnen und sogar große funktionelle Gebilde darstellen. Letztlich führte uns diese Art der Datenverschränkung zu der Möglichkeit die Hände und Arme zum Gebrauch von Werkzeugen einzusetzen. In der Verschränkung von Daten lag der Schlüssel zum Aufbau spezifischer Felder. Ein wichtiger Schritt zum Gebrauch der Werkzeuge war die Erkenntnis der gerichteten Wirkungen. Dieser folgte der Ausbau derselben zu gezielten Kräften.

Unserem Körper als Vorbild folgend, gibt es vermutlich viele Wege Kriterien zu verschränken, um funktionell zu profitieren. Die Evolution richtet sich nach den Gesetzen der Natur. Die Evolution ist vor allem den Gesetzen der Physik unterworfen. Wir befinden uns auf der Ebene der Quanten und Daten. Wir arrangieren Daten in Feldern.

Wir involvieren auch den Bereich des Elektromagnetismus. Das Ergebnis sind nicht nur Felder von Ausdehnung und höherer Dichte, sondern auch teilchenähnliche Gestalten. Sie entstehen als Folge des Interferierens der Daten und Felder. Die Phänomene üben je nach Ladung eine Wirkung auf ihre Umgebung aus. Die Ladung der Felder wird als gerichteter Materiestrom der eingelagerten Kriterien interpretiert. Die Kriterienfelder ziehen sich an, stoßen sich ab oder interagieren nur mäßig bis gering. Die Bereitschaft zu einer Fusion bzw. zu einem Aufbau einer stabilen Beziehung, wie sie jedem Molekül eigen und in jedem Atom bereits verwirklicht ist, hängt aber auch von der Beschaffenheit der Architekturen ab. Es kommt also der Informationsdruck ins Spiel. Der Informationsdruck wird oft auch durch eine höhere Temperatur oder eine Verdichtung der Masse erhöht. Unser Ziel ist es, die bestehenden Datenordnungen so zu arrangieren, dass sie in eine höhere Ökonomie umfallen.

ICH stelle mir die Reaktionsfähigkeit dieser kleinen energetischen Felder vor. Diese sehr kleinen Felder erreichen keine stabile eigene Ordnung und vergehen relativ schnell wieder. ICH halte sie aber gerade deswegen für sehr reaktionsfreudig. Vor allem im Zustand der maximalen Feldenergie, scheinen die Kriterien auf Zustrom in Richtung ihres Zentrums geschalten zu sein. In diesem Moment werden sie dann auch für uns sichtbar.

Alle Kriterien arbeiten einem gemeinsamen Zentrum zu. Eine hohe Anzahl dieser Teilchen, die sich auf Grund ihrer Kriteriendynamik ineinanderfressen, bilden freiwillig höhere Ordnungen aus. So könnten wir die Energien der Felder in stabilen Anatomien binden. Ein anderer Teilchencharakter macht es vielleicht erforderlich, den Informationsdruck stark zu erhöhen. Wir erreichen dies durch eine Temperaturerhöhung oder indem wir sie einander stark annähern. Dieses erfolgt unter sehr hohem Druck. Wir versuchen auf diese Weise die gesättigten Bereiche etwas aufzulockern und ihre harmonischen Ordnungen zu Gunsten einer anderen Ökonomie zu überwinden.

Das Ergebnis der Datenverschränkung in Feldern zeigt sich in einem geringeren Informationsdruck. Der Großteil des begleitenden Feldsystems organisiert sich in internen Zyklen. Ist die einsetzende energetische Reaktion der Restdaten um die gebildeten Partikel erst einmal abgeklungen, so sind diese kaum noch zu einer Reaktion zu bewegen. Diese Ordnungen haben eine größere Masse. Die Kernströme führen zu Ladungen und Wirkungen, so dass sie auch extern nachweisbar sind. Vermutlich reicht es, eine nach unten offener Kammer zu verwenden, das den Materieabfall entweichen lässt, während die Feldgeneratoren kontinuierlich die Teilchenmasse speisen. Man setzte dem Prozess der Umwandlung in Materie ständig Feld zu. Die thermische Reaktion wäre ausschließlich ein Produkt wechselwirkender Faktoren. Die Vorstufen der Felder nennen wir Faktoren. Wir zählen auch die Kriterien zu den Faktoren.

Der freie Wille oder die freiwillige Aktivität scheint eine Möglichkeit des Systems zu sein, höheren Feldstärken aus dem Wege zu gehen. Die Bereitstellung von Komponenten zum Aufbau einer alternativen Feldkonstruktion mit entsprechenden Durchtritten, Öffnungen und Wegen ist die Folge. Das nennt man dann oft den seidenen Faden, an dem das System hängt. Es werden Pläne geschmiedet und Handlungen antizipiert. Dann hängt das Leben oder der Sieg an diesen Fäden. An einem Datenfeld, um genau zu sein, welchem der Sterbende nicht angehört, der Siegende aber schon. Konnte man die Daten für das funktionelle Feld hervorrufen oder nicht?

Und denkt man nur einmal, RTL zu schauen und gemütlich eine Zigarette zu rauchen, wirft das schon Daten auf, die zu wichtigen Schaltungen und dem Aufbau benötigter Felder beitragen können. Eine natürliche, produktive geistige Eigenaktivität legt man damit aber auf Eis. Sicher! Man steht damit auch niemandem im Wege. Es gibt natürlich noch hochwertigere Datenfelder, die man nicht wie Sand am Meer findet, die zu alledem vielleicht auch noch wissen, zu welchem Zweck sie die Daten schalten. ICH für mich überbaue das Ganze mit einer geistigen Masse. Das Feld transportiert meine Gesinnung, mein Ziel und den Weg dorthin. Bevor sie sich aber mit dieser Aussage identifizieren, bedenken Sie zuerst einmal, wer Sie sind, woran Sie für wen arbeiten, und ob es konkurrierende Systeme gibt.

Verlassen Sie nun das Wirtschaftssystem und bedenken sie das eigene Sein. Sind Sie angekommen, darf man sich fragen: »Gibt es ähnliche geistige Gebilde wie mich?« Wie groß kann die Macht dann sein, die einem seinen Weg bereitet? Vielleicht ist manche Architektur auch sehr viel mächtiger in ihrer Ausdehnung und in ihrem Umfang. Vielleicht sind Sie mit anderen Ihres Seins bereits vollständig in höheren Architekturen organisiert, und Sie verbringen ihre Zeit gerne so. Dann ist Ihr Denken an mentalen Feldern und Strukturen ausgerichtet. Der höhere Datenträger fasst den Status Quo in Teilen, vervollständigt sich mit anderen seiner Art vielleicht sogar zum Realraum, bildet die Welt im Ganzen ab und gibt mit seinen geistigen Überbauten eine Weltlinie vor.

Was macht diese Ordnung mit falschen Aussagen? Treten Symptome auf, die wir einer falschen Positionierung zuschreiben können? Sind es die Unterschiede zum Verursacher und Korrekturversuche seiner selbst, die hier die Software unseres Körpers krümmen? Was wird wohl mit ihnen, wenn sie das leitende Konstrukt als nicht richtig einstuft? ICH gebe mit geistig überbauten Wegen die Ergebnisbildung vor. ICH nenne diese Ordnung mein Ich. Andere genießen ihr RTL, die Anonymität in der Zuschauermasse und lassen die Entwicklung auf sich wirken.

Wir koppeln uns vom Muttersystem ab und versuchen in dem Bereich, in welchen sie uns verfrachten, einen Außenposten zu errichten. Wir schaffen es, zu überleben, wenn die Bedingungen ähnlich dem Muttersystem sind, das uns auf die Reise schickte. Der Same kann folglich alternative Felddaten für die Organisation seines Transports nutzen. Er benötigt aber, an seinem Ziel angekommen, die gewohnten Daten des Muttersystems. Sich einen neuen Standort erobert zu haben, heißt dann, dort anderen Möglichkeiten Datenbackground zu sein.

Dies sind die einfachsten Wege des Denkens, welche sich mir aufgrund gröberer Strukturbildung, möglicherweise als das Ergebnis eines natürlichen Verhaltens der Daten und ihrer Felder, aufdrängen. ICH erlaube mir, die Wege meines Denkens auf ein erworbenes wissenschaftliches Grundgerüst zu stellen. Meine Möglichkeiten münden immer wieder in natürlichen Strukturen der

Organsysteme unseres Körpers. Das ist verständlich, weil wir hier die externen Daten in Feldern verschränkt und in gewachsenen Strukturen gespeichert vorfinden.

Mein Denken beruht folglich auf der Verrechnung von Daten. Plötzlich lagern sich in einem internen Prozess die aktivierten Datenvolumina zu einem Feldäquivalent des Organtyps um. ICH erkenne es an meinem erworbenen Bildungsstatus. ICH speicherte immer alles in bildlichen Qualitäten ab, so dass das Aufgetretene, von meinem Gehirn dann auch so bezeichnet wird. Die größte Kunst ist es die richtige Frage zu stellen. Es gehört ständige Neugier und Interesse dazu, dass der Geist unausgesetzt arbeitet. Sich einen bestehenden Inhalt zu laden und ihn auf bestehenden Wegen so mit Daten zu beschicken, dass er bewusstwird, ist die höchste Kunst.

Sichtbar, fühlbar, bezeichenbar, hörbar und auch riechbar wird der erzeugte Inhalt stabil. Es gibt aber auch Kunstgebilde, die aus der Substanz geschaffen werden. Sie entsprechen nicht dem Verständnis der Natur. Es sind Konstellationen beliebiger Daten. Ihre Stärke beruht nicht auf der Bestätigung gegebener Übereinstimmungen. Die ansteigende Feldstärke resultiert nicht aus einer bestätigten Übereinstimmung mit dem bereits bestehenden System und den Untersystemen.

Sie entreißen die Daten den aktiven Inhalten der Gesellschaft und formieren sie in neuen technischen Gebilden. Dabei werden die Daten unfrei. Ihr ursprüngliches Sein, in natürlichen funktionellen Feldern Organsysteme zu hinterlagern, leidet. Es geht ja nichts verloren, sagen manche. Aber die Systeme verdichten sich unter der Gravitationslast des Datenkörpers. Manche Daten sind nicht mehr verfügbar. Es gibt Stauchungen der Zeitfenster, in welchen die Kriterien früher harmonierten. Eventuell verhindern die künstlichen Architekturen das Korrelieren mit anderen Kriterien. Der Aufbau funktioneller Felder und der Ablauf präziser Reaktionen, wie sie in der Natur nötig sind, gingen dann verloren. Das künstliche Feld zwingt die Materie ebenso auf Bahnen, wie das gewachsene Feld der Evolution die Materie auf Bahnen hält. Die gegenwärtige Entwicklung betrachtend funktioniert beides nebeneinander nicht.

Ein jedes Mal einen Kurzschluss zu verursachen oder ganze Systeme abstürzen zu lassen, um einen Feldimpuls abzusetzen, wird auf Dauer nicht möglich sein. ICH möchte damit sagen, wenn zwei oder mehr Pläne für das Verhalten der Materie vorliegen, wird es sehr viel Energie beanspruchen, auch nur einen Plan in einem sinnvollen Umfang durchzusetzen. Im Allgemeinen dürfte jeder Zwang, den wir der Substanz antun, auch in den Hintergrundprogrammen unserer Organismen wirken, sich physisch und auch psychisch nachweisen lassen.

Die Daten in künstliche und unnatürliche Formationen zu zwingen, reduziert die Wege des Denkens. Gerichtete Materieströme in technischen Systemen zu verkörpern, kommt einer Kanalisierung und Verrohrung der Geistesmasse gleich. Die Impulse des Wirtschaftssystems zur Bewegung erreichen das Individuum zwar sehr gut, aber gerade deshalb bewegt es sich nur noch auf diesen Bahnen. Sein Denken lehnt sich an diese Strukturen an. Die Ergebnisbildung beruht also auf diesem Kriterientyp und führt uns immer wieder zu Lösungen in den bekannten, bereits bestehenden Summenfeldern. Wir picken für die Entwicklung von neuer Technik weiterhin Daten aus der Evolutionsmenge heraus und löchern das gewachsene Gefüge. Das große Vergessen hat bereits begonnen.

Der Mensch wird unfrei in seinem Denken. Menschliches Denken bezieht sich nur noch auf technische Materie und ihre Bahnen. Wir könnten sie auch Substitute nennen. Gewisse Gebilde und Formen des Raums erinnern an anwesende Arten. Benötigt das System Datensätze dieser Art, vielleicht auch für das Immunsystem? Der verdörrte Salbeizweig erinnert an eine Eidechse, der Baumstamm hat die Form einer Haselmaus und das davor schwebende Blatt gibt ihm ein Auge und damit ein Sinnesorgan.

Eventuell fügen sich diese Identitäten in das Datengefüge eines Organismus ein. Liegt die andere Art in meinem Geist als Inhalt bereits vor, dass es zu dieser Assoziation kommen kann? Oder ist der Salbeizweig, strukturell identisch, von der Anwesenheit dieser Art energetisch geladen, dass die Assoziation als Eindruck aus der Wahrnehmung heraus entsteht? In jedem Fall entstehen Adressen. Manche Daten des dreidimensionalen Raums gerieten als assoziiertes Konstrukt oder als geladenes energetisches Informationsfeld in den assoziierten Kontext. Die Assoziation wäre die Adresse für den generierten Datensatz.

Das bedeutete, dass die aufgerufene Adresse sich über einen Dateneingang freuen könnte. Eingehende Daten sind ein Stimulans. Der bezeichnete Datenraum bereichert die funktionellen Felder. Es ist also eine gute Möglichkeit, um seine Hintergrundprogramme aufzufrischen. Die Felder und Hintergrundprogramme des Organismus ließen sich sogar durch fehlende Daten ergänzen. Auch eine Substitution von Lücken zu einer Verbesserung der funktionellen Felder ist denkbar. Gehen regelmäßig Inhalte dieser Art ein, gewöhnt sich der Körper an diese Hintergrundarchitektur. Das bedeutet: Sollten andere Eingänge aus der Umwelt zu verarbeiten sein, wird auch in diese Bereiche verschaltet. Die bestehenden Inhalte helfen bei der Auswertung eingehender Sinnesreize mit. Die gewohnten Erfahrungen, Äquivalente des Raums, helfen, die aktuelle Lage einzuschätzen. An manche Umgebung gewöhnt sich mancher aber nie.

Sie haben das Wort Biodiversität kreiert. Es handelt sich um eine Größe, die auch gegen Null gehen kann, ohne dass das System, von welchem es gebraucht wird, Notiz davon nähme. Wir möchten den Bereich nicht näher beleuchten, der dieses Wort hervorbrachte. Wenn sie aber so weitermachen, wie bisher, stirbt das Wort mit dem Niedergang der Arten wieder aus. Sprechen wir also im Zusammenhang mit Biodiversität tatsächlich von einer gewissen Art, so arbeitet sich der begleitende Datenkörper an einem verdorrten Salbeizweig oder einem modernden Baumstamm ab.

Vermutlich wirkt sich der Datenkörper der Biodiversität auf das Milliardenheer an Mikroorganismen aus, und sie beginnen eifrig, in bekannten Strukturen das Zweiglein zu zersetzen. ICH kann mir vorstellen, dass Bereiche des Immunsystems in dieser Weise tätig sind. Im Bereich der Felder und ihrer Geister gibt es viele Wege der Datenverarbeitung. Sie dienen auch der Orientierung und Minimierung von Risiken. Manche Verschränkungsleistung ist so großartig, dass der Jäger und seine Beute nie aufeinandertreffen. Manche Menschen treffen sich auch zweimal und dann nie wieder.

EIN SYSTEM AUS MÜLLSTRUDELN ETABLIERT SICH (11. FEBRUAR 2016)

Diese geistigen Vorgänge dürfen als Beispiele für die Leistungen des Gehirns gelten. Dieses Erkennen eines strukturellen Bekanntheitsgrads entsteht folglich aus der Möglichkeit einer Zuordnung. Die eigenen Inhalte unterwerfen sich dann den gewachsenen Datenfeldern der Evolution. Die biologische Hardware dürfte so mächtig über sein funktionelles Feld herrschen, dass Ergebnisfelder, die den funktionellen Hintergrundfeldern strukturell ähnlich werden, sich plötzlich in diese wandeln und an die biologische Hardware adaptieren. Das dürfte an der Ökonomie der Datenfelder liegen, welche die Evolution hervorbrachte.

Die Gesundheit der Biologie liegt in breit gefächerten und variantenreichen Dateneingängen. Die Kriterien, die die organische Masse hinterlagern, spannten den Materieraum auf. Der Raum führte uns zu anderen Arten, zu anderen Kriterien und Betrachtungen des Raums. Funktionell wären wir jedoch verwandt. Leben benötigt Energie. Es werden auch Überschüsse erwirtschaftet. Im System frisst der Große den Kleinen. Wir bewohnen den gleichen Raum. Wir werfen zu jeder Zeit Daten auf und beschreiben mit unseren Sinnen den Raum. Wir beschreiben alle den gleichen Raum, sind ihm aber unterschiedlich zugetan. Sind die Arten der Größe nach in Nahrungsketten ineinander geschachtelt.

Wie sieht dieser Datenkörper auf der Quantenebene aus? Gibt es die Gleichzeitigkeit aller Daten? Gibt es hier das Phänomen der Zeit? Dieses setzt natürlich den im Datenfeld wandelnden Materiekörper voraus. Abgesehen von großen Körpern, die ein eigenes Feld umgibt, kann man bei kleinen Körpern die Abhängigkeit ihres Verhaltens vom umgebenden Feld noch erkennen. Große Körper haben dann auch die Eigenschaft, selbst induktiv auf die Datenebene zu wirken. Sie wirken vermutlich nur auf bekannte, das heißt kongruente oder identische Äquivalenzen erhaltend. Der Rest der Daten scheint sich in einem organisierenden Status zu befinden und auf den Einfluss bereits bestehender Felder zu warten.

So sind natürlich auch große Körper von der Datenebene involviert, aber nur mit der Gleichschaltung riesiger Datenmengen aus ihrer Bahn zu lenken. Am 10. Februar 2016 kollidierten zwei Züge der Oberlandbahn bei Bad Aibling auf offener Strecke. Ist unser Geistkörper tatsächlich Auslöser, dann hieße dieses, dass eine Gleichschaltung sehr kleiner Massen in einem Geistkörper auf der Quantenebene mit einer totalen Kollision großer Körper auf der Ebene des Makrokosmos einhergehen kann. Ist dieses eine ungebrochene Gesetzmäßigkeit?

Über kurz oder lang fungierten die Staubknäuel in der Ecke oder die Müllansammlungen auf dem Ozean als Datenspeicher. Es ist anzunehmen, dass das zusammengetragene Datenmaterial sich selbst organisiert und so über kurz oder lang zu einer stabilen Architektur des Müllstrudels und auch des Staubknäuelkerns führt. Abgespeichert wäre in diesem Fall das gesamte Verbraucherverhalten. Alle Materieverhältnisse und die Bewegungen von Produktions- und Verbraucherströmen all diese einzelnen Daten verrechneten sich zu stabilen Datenarchitekturen. Sie modulierten zu höheren Kernladungen. Immer noch stärkere Materiefelder lassen die Müllstrudel noch näher zusammenrücken. Die Strukturen verfestigen sich zusehends. Die Konkurrenz zum natürlichen Erdsystem steigt stetig an.

Hier mitten im ozeanischen System, das zu den größten Faktoren unseres Klimas zählt, das wir vielleicht zu den massereichsten Erdströmen überhaupt zählen dürfen, welches vermutlich den Vogelzug, den Schmetterlingsflug, unsere Tief- und Hochdruckgebiete oder diese unglaublichen Tierherden der Savannen sozusagen als Nebenschauplätze hervorbrachte, wachsen Müllstrudel unglaublichen Ausmaßes heran. In dem gewachsenen Erdsystem etablieren sich plötzlich Müllstrudel, die nichts anderes zu verkörpern scheinen als unser Verbraucherverhalten. Die gesamten Materieverhältnisse, die Verhältnisse der Daten in den Feldern zueinander und die menschliche Infrastruktur, die sich in unserem Wissen und dem gelebten Status Quo zeigen, scheinen hier in Form von Müll angelegt zu sein.

Angeblich wurden gerade die Einsteinschen Gravitationswellen nachgewiesen. Unglaublich, ja, dass Summeneffekte dieses Bereichs tatsächlich bis in unseren Materieraum hereinwirken. Auf der Quantenebene erhalten wir damit ungeheure Datenlasten. Die ozeanischen Müllsysteme induzieren die Quantenebene. Die Mülldaten konkurrieren zunehmend mit den Daten des natürlichen Erdsystems. Beide Datenmassen werden auf der organisierenden Ebene parallel zueinander verwaltet. Es wird daher schwieriger, Funktionen des Erdsystems als notwendig herauszustellen, um die Organisation einer Ausgleichs- und Gegenbewegung in Gang zu setzen. So kann man mit einem Müllstrudel und dem gespeicherten Datenmaterial sehr viel einfacher und schneller eine Verbindung zwischen Washington und Moskau herstellen, als es mit der entsprechenden Hochtechnologie möglich wäre.

Die Pläne für das Klimasystem wie der wechselnde Durchzug von Tief- und Hochdruckgebieten sind in Gefahr. Sie folgen der Notwendigkeit. Das Ausbleiben essenzieller Parameter lässt die Feldstärke in lebenden Datenarchitekturen ansteigen. Diesen Anstieg von Feldstärken nennen wir Notwendigkeit. Mit dem Anstieg der Feldstärken wandelt sich der Kriterienbezug. Wir erhalten veränderte Bezugssysteme. Die veränderte Zusammensetzung der Daten auf der Quantenebene führt zu einer Schaltung anderer Felder. Auf diese Weise beginnt die Selbstorganisation. Die Gegenreaktion kommt allmählich in Gang.

Da sich parallel hierzu zunehmend Müllkulturen organisieren, wird es immer schwieriger, die Notwendigkeit als solche als eine Feldfunktion herauszustellen. Man stelle sich nur einmal vor, ein Igel beschreibt uns mit seiner Nase seinen Weg auf der Suche nach Nahrung. Ein paar Gräser, ein Kronkorken, ein paar Kippen, die Reste von einem Happy Meal, ein paar Blätter von einem sterbenden Baum. So gehen unsere Mitbewohner heute durchs Leben. Die generierten Daten sind Ihnen allen vertraut, nehme ICH an.

Aber glauben Sie wirklich, mit diesem Datensatz auf Notwendigkeit klagen zu können? Glauben Sie wirklich, derartig vernetzt, die Selbstorganisation zum Beispiel für etwas mehr Sonnenschein und Wärme oder ein Regengebiet von einigen Wochen Dauer erfolgreich einrichten zu können? Das System hat ja keine Regler, man kann die Anlage nicht einfach stufenlos hochfahren, bis alles andere niedergebrummt ist. Vor allem bestehen bereits Lücken in den unteren Feldkategorien, so dass sich die notwendigen größeren Architekturen auf einer gröberen Basis organisieren müssen. Darunter leidet die Feinjustierung. Wer schon einmal bei Nebel auf Sicht geflogen ist, während alle Geräte verrückt spielten, weiß wie schwierig es ist, einer Notwendigkeit zu folgen.

Dieses ist keine Gesellschaftskritik. ICH halte dies niederzuschreiben für den Sinn meines Hierseins. Falls das Auftreten unbekannter Phänomene nicht verstanden wird, so möchte ICH uns doch erlauben, in diese Richtung zu denken.

Für das Gehirn wäre es ebenfalls von Vorteil, involvierte es alle Bereiche der Materie. Man fühlte sich psychisch und physisch sehr viel besser. Dabei spielt vor allem die Biodiversität der involvierten Bereiche eine große Rolle. Durch die vielen Arten, auch des Edaphons, werden die übergeordneten Programme in einer Vielfalt darstellbar, dass wir auch den hintersten Winkel unseres Organismus mit Daten gesättigt vorfinden.

Ein System aus Müllstrudeln etabliert sich. Vor diesem Hintergrund schränkt sich der Freie Wille weiter ein. Die Möglichkeiten des Gehirns, Wege zu schalten wird geringer, der Manipulationsdruck steigt weiter. Geräusche, Gerüche, Gefühle ganz allgemein ein freies Naturerleben sind Gift für diese Ordnungen. Die Daten aus der Natur vernetzen und integrieren. Sie blockieren den Fluss unserer künstlichen Welt. Wenn Sie Sinnesdaten aus der umgebenden Natur erheben, weichen Sie von dem geschaffenen Wirtschaftssystem ab. Sie behindern dann zum Beispiel Manager und Politiker im Redefluss.

Beobachten Sie die zunehmende Determinierung unseres so lieb gewonnenen freien Willens. Sehen Sie sich von diesen Müllhalden ruhig in Ihrem Sein abgebildet. Vielleicht ist sogar Plastik des eigenen Konsums dabei. Diese verdichteten Müllstrudel und die hohen Konzentrationen der Produktions- und

Konsumentendaten, die sich hier aufeinander abstimmen, sind ein Paradebeispiel für die Anfänge von Leben. Dieses ist ein geeignetes Beispiel des Makrokosmos, den Aufbau eines Datenspeichers und die Vorgänge der Wechselwirkung aus Soft- und Hardware zu bedenken. Sie sehen hier die Speicherung von Daten und das damit verbundene Materieverhalten. Es verhält sich wie mit der Organisation der ersten Gene. Die Gene sind ebenfalls Repräsentanten des umgebenden Datenmaterials. Im Grunde sind sie eine Form des speichernden Systems. Die Gene dürften sich in Anlehnung an die schon so oft beschriebenen, beschreibenden Datenfelder organisiert haben. Sie lagern im Körper und stehen für eine gewisse Ordnung der umgebenden Materie und ihres Verhaltens.

Das Datenmaterial hält die Materie auf ihren Bahnen. In einer gewissen Weise zementieren wir die Daten. Die Materie hält das Datenmaterial auf ihren Bahnen. Die einfachen und täglichen Möglichkeiten des Denkens reduzieren sich auf die gegebenen Daten und ihren Beziehungen in den Feldern. Kein Fisch durchschwimmt dieses Kunstwerk der Natur. Die Müllstrudel sind beispielhaft für eine verkrustete Infrastruktur unserer Konsumtempel. Kein Fisch durchschwimmt diese Architektur. Nichts kann die Bezugsmasse unseres Denkens noch aufbrechen und bereichern.

Sehen Sie sich die Datenarchitektur eines Müllstrudels an, erkennen Sie die Grenzen, sich in diesen Datenstrukturen frei zu bewegen. Hier schneidet das Angebot bereits tief in die Seele ein. Die Psyche und der Geist erfahren ungeheure Begrenzungen durch den Datenspeicher. Die Menschen drängen sich auf geschaffenen, dafür vorgesehenen Bahnen. Es gibt kaum noch Querverbindungen, die dem Menschen Raum zum Denken ließen. Nicht, dass Ihnen die physikalisch-chemischen Darstellungsmöglichkeiten und das natürliche Feldverhalten abhandengekommen wären! Alle Programme sind vorhanden, um Sie in der gewohnten Weise durch den Datenäther zu treiben. Sie sind Getriebene eines künstlichen Materiestroms. Ihre täglichen Daten sind die Koordinaten der elektromagnetischen Felder. Sie korrelieren im Korrelierenden System mit Kühlschränken, die sich automatisch füllen, und solarbetriebenen Drohnen zur Bestäubung der

Obstbäume. Über den Gemüsefeldern schweben große solarbetriebene Beschattungssysteme. Das ist großartig, doch die Dunkelheit breitet sich weiter aus.

ICH möchte von der Zusammensetzung der Felder sprechen. Wir wollen auf die Daten verweisen, die die Ergebnisse bewirken oder – um genauer zu sein – nur dieses zu denken erlauben. Wir wollen uns hier nicht nur auf die Wirkungen erzeugter Feldeffekte stützen. Wirkliche Gehirnaktivität bedeutet für uns sehr viel mehr, als nur Materieereignisse zu isolieren, und die Beobachtungen in wissenden Feldstärken zu formieren, die wir dann als Datenbackground unserer täglichen Verrichtungen erkennen dürfen. Eine weitere Reduktion der Komplexität und Vereinfachung der menschlichen Gesellschaftsstruktur bringt uns keine vertiefenden Erkenntnisse. Ganz im Gegenteil, je gravierender wir die natürliche Architektur vereinfachen, umso gezwungener wird die Bahn des Einzelnen, umso geringer ist seine Freude daran.

Licht, Freude und Glück gehen mit einem gelebten Datenreichtum einher. Es ist das funktionierende Miteinander einer hohen Anzahl. Die verrechnete Masse an Daten, ihre Komplexität ist lichtvoll. Freude und Glück sind Gefühle. Die Gefühle beruhen auf einer Interpretation des aktuellen Datengeschehens. Das individuelle Glück entsteht, wenn der aktuelle Materiebezug und, damit verbunden, das aktuelle Geschehen des Raums, das heißt ein jeder Baustein meines Ich zufrieden ist. Man stützt sich am besten auf lebende Materie. Das Lebendige generiert von sich aus mehr Daten. Die aufgeworfenen Daten bereichern das eigene Sein. Die täglichen Sinnesdaten aller Arten strahlen in Ihr Ich ein. Die verschiedenen Arten bereichern die menschliche Sicht. Die verschiedenen Arten erweitern den vom Menschen gelebten Datensatz in ihrer Weise. So erscheint die wissende menschliche Architektur hochwertiger im Raum verankert, ist lichtvoll und macht glücklich.

Aus diesem Grunde möchte ICH die Leistungen meines Gehirns nicht nur auf rein menschliche Beschreibungen des Materieraums reduziert sehen. Die Materie in ihrem Verhalten zu beobachten, interessante Ereignisse zu isolieren und sie dann bestehenden Feldern zuzuordnen, ist mir persönlich zu wenig. Dieser

Weg und Felder dieser Art mögen die Ergebnisbildung unserer Gehirne beschleunigen. Man schafft damit sicherlich Konstrukte höherer Feldstärken, die geeignet sind, eine gewisse Präzision im Alltag des Einzelnen zu gewährleisten. Der
Einzelne ist dadurch auch besser ansprechbar. Es wird für die Labels einfacher,
den Einzelnen zu entsprechendem Verhalten zu motivieren. Das entwurzelte
und isolierte Individuum ist politisch wie wirtschaftlich besser zu regieren. Auch
weniger intelligente Menschen erfreuen sich der Dominanz der Einstellung und
kommen mit dem erforderlichen Handling der Produkte gut zurecht!

Innerhalb der natürlichen Komplexität eines gesunden Artenverbundes war
doch immer alles möglich. Eine hohe Biodiversität erlaubte es doch erst, den
Raum in seiner ganzen Schönheit abzubilden. Diese Vielzahl an Daten erlaubte
doch erst die Differenzierung des Höchsten, die Evolution zum Menschen. Das
jüngste Mitglied der Gemeinschaft ist der menschliche Organismus. Seine funktionelle Physiologie ist ein Wunderwerk. Hormone, die in geringsten Konzentrationen gigantische Regelsysteme in Gang setzen. Man benötigt eine sehr große
Vielfalt an gut vernetzen Daten und Datensystemen, um diese Funktionalität bis
in den letzten Winkel darstellbar zu gestalten. Daten, Daten, Daten! Natürlich
wollen wir hier niemanden manipulieren, ausbeuten oder eine Abhängigkeit
seines Verhaltens von unseren Daten des Raums behaupten. Es liegt uns fern,
eine einseitig gewinnbringende Massebahn des Individuums zu verursachen,
die dem wirklichen System mehr schadet als nutzt.

Denken wir nur einmal an die Eiweißfabriken in unseren Zellen und ihre
Produkte. Wir wollen den bestehenden Datenkorpus bis in den letzten Winkel
ausleuchten. ICH möchte den gläsernen Raum. ICH möchte die schönsten Land-
schaften in den schönsten Farben. Das Gefühl der Schönheit bezeichnet hier den
erlebten Kontrast, der sich aus der eintönigen Alltagsmasse und der hierfür extra
bezeichneten und überwältigenden Datenmasse einer Raumbeschreibung aller
Erbringer von Daten ergibt. Wir konzentrieren uns auf die Beschreibung des
Materieraums und erlauben uns die Daten und Datenstrukturen der erbringenden
Organismen allein auf die Beschreibung des Status Quo zu reduzieren. Als

Summenarchitektur erhalten wir den Realraum, das Datenäquivalent zum Status Quo.

Der Realraum liegt jetzt als Datenäquivalent einer maximalen Dichte vor. Vermutlich fühlt es sich so schön, gut und richtig an, weil sich dieses Ich so grandios fehlerfrei in den Kosmos fügt, dass man seinen Körper vollendet und völlig ausgeleuchtet empfindet. Die Datenmasse aller Erbringer, dieser Datensatz einer Raumbeschreibung des Status Quo, fühlt sich so fehlerfrei an. Es ist ein hochkomplexes System aus Daten. Die Daten aller Arten liegen gleichzeitig vor. Es handelt sich um brauchbare Parameter. Die Parameter sind zu Strukturen der notwendigen Programme verbaut. Der Raum, den ein Programm mit seinen internen Parametern aufspannt, ist somit wandelbar. In diesem Raum stellen sich immer wieder die Datensätze zusammen, die wir für den Erhalt des physiologischen Gleichgewichts unseres Körpers brauchen.

Definiert man einen Organismus sozusagen als Raumäquivalent, so dass seine Funktionen auf Summenfeldern einer Vielzahl von Parametern beruhen, so wird jeder bewusste Zustand des Organismus, den ein Lebewesen durchlebt, als aktivierter Bereich des Raums verstanden. Der aktivierte Teil des Raums kann dann, physiologisch betrachtet, in angrenzende Teile des Raums erweitert oder verändert werden. Physiologisch betrachtet verändert sich mit dem Datenhintergrund die aktivierte und oft auch bewusste Physiologie des Organismus. Das Gleichgewicht eines Organismus, versteht man dann ganz grob als ein Alternieren der Parameter des Datenbackgrounds. Die spezifische Zusammensetzung der Felder könnte man auch einen individuellen Materiebezug nennen. Zum einen wird er als externer Bezug, in Form der verbauten Kriterien aufgefasst. Hier wird es dann aber nötig einen direkten Materiebezug anzunehmen. Man könnte kurz sagen, dass die Datengebilde, Konstrukte und Korpuskeltheorien, sich auf ihrem Weg in den Realraum mittels Identitäten immer weiter annähern. Ihr Weg von der Quantenebene in den Realraum endet dann als Status Quo. Wir sehen in geistigen Übungen daher nicht nur die Möglichkeit, Lösungswege zu trainieren, sondern ganz allgemein einen Weg, die Substanz in ihrer Vielfalt anzuregen, um sie dem organisierenden System, unserem zentralen Nervensystem, zu erhalten. Zum anderen wird der individuelle Materiebezug aber auch nur als eine interne organische Bezugsgröße verstanden.

Es ist dann ein Leichtes, zum Beispiel den Pollenflug zu organisieren, sich eine Nahrungspflanze zu suchen oder oder oder. Die Daten liegen vor und werden bei Anfrage und Notwendigkeit geschaltet. Wir könnten die Zustände Ereignisfelder nennen, die in einer notwendigen Reihe anhand vorliegender Kriterien aufeinander folgen. Die Abfolge scheint sich auf der Grundlage des gegebenen Marieflusses zu organisieren. Dabei ist zu beachten, dass die stabile organische Masse selbst eine Wirkung auf die architektierten Daten des Backgrounds hat. Es darf auch davon ausgegangen werden, dass die Felder des Datenbackgrounds selbst zu Schaltungen neigen. So verändern Aspekte des Bewusstseins, zum Beispiel durch Triebe und Zustände des Organismus ausgelöst, die Sicht auf die Substanz. Die strukturelle Wahrnehmung verändert sich demzufolge.

Die aufgeworfenen Kriterien führen dann in andere Architekturen und andere Felder. Der aktivierte physiologische Bezug wird ein anderer. Man könnte hier die Schaltung von Feldern noch genauer erläutern. Auf Grund der Vielzahl an zusammenwirkenden Systemen werden natürlich nicht immer alle Systeme gleichzeitig laufen können. Die einfachen Analogien betreffen vor allem die grobe Infrastruktur. Vor allem in den Funktionen, weichen sie dann aber doch sehr stark voneinander ab. Die funktionellen Bausteine genügen noch, um das aktuelle System anzuregen, aufzuklären und seine Aktivität zu betonen. Die funktionellen Bausteine der verschiedenen Systeme mögen sich noch in Wirkung und Richtung korrekt hinterlagern, sie sind aber nur noch in Teilen identisch.

Wenn also die notwendige Kapazität eines Feldes erreicht ist – und hier zählt die Äquivalenz zur Materie –, wenn also ein gewisser Grad an entsprechender Materie des gewohnten Feldaufbaus involviert und damit erreicht ist, springen die Felder um. Das Feld generiert sich dann plötzlich aus diesen Materiebereichen. Das Feld schaltet automatisch weitere Quellereignisse. Die adaptive Involvierung der Datenebene vervollständigt die Aktivierung des benötigten Systems. Wir fordern hiermit eine gewisse Feldaffinität der molekularen Substanz.

Man kann sich die Schaltung anderer Sphären durch aktivierte Kriterienstämme erklären. Identische Bereiche bestätigen sich. Manche Bewegungen von Materie innerhalb des Status Quo führen die abgebildeten Kriterien über das bekannte Maß hinaus fort. Die Materiebewegungen, die Feldaktivität im Allgemeinen, erweitern die Kriterien in den angrenzenden Raum und überführen sie so in den aktuell notwendigen Status. Der benötigte Raumabschnitt ist nun aktiviert. Die aufgerufene Physiologie bestätigt, sich nun auch durch Identifikation, das heißt Entsprechungen der Feldaktivität. Nicht zuletzt darf man jetzt an das natürliche Übergewicht der Hardware denken, die ihre Arbeit aufgenommen hat.

Es ist der Bewusstseinsaspekt notwendig. Das ›Ich habe Hunger!‹, ›Ich habe Durst!‹, ›Ich suche nach ...!‹ beherrscht das gesamte System. Nur wenn man hinsieht, ist es da! Die Betonung verschiedenster physiologischer Systeme wird durch einfache Veränderungen der Datenfelder im Hintergrund möglich.

Die Quantentheorie und die Gravitationstheorie sind als vereinigt zu betrachten. Das Lichtpartikel reagiert in seiner Zusammensetzung auf die Schwerkraft. Es wird wichtiger, die Gesetzmäßigkeiten des Organisierten Raums zu erkennen.

Dazu gehört es, zu verstehen, dass das Verhalten eines Eiweißes oder der erfolgreiche Pollenflug mit einer spezifischen Datenmasse aus notwendigen Parametern hinterlagert werden muss. So erscheint mir die höchste Komplexität eines Datengefüges gerade geeignet genug, um zur erfolgreichen Befruchtung zu führen, einen Strich von Startort A nach Zielort B zu ziehen. ICH meine eine Erstellung einer Architektur auf der Datenebene, die sich dann als erfolgreicher Befruchtungsflug zum Beispiel eines Gräserpollens innerhalb des Status Quo verwirklicht.

Sollten wir die Erkenntnis des gläsernen Raums tatsächlich erfahren haben, so wissen wir, beschäftigt man sich mit den sicht- und fühlbaren Feldern des präfrontalen Kortex, dass es nicht selten zu erkennbarer Übereinstimmung der

Daten mit dem Materiesystem des Status Quo kommt. Die natürliche Feldaktivität überführt die antizipierten Inhalte in den strukturell identischen Raum. Vermutlich ist es die Ökonomie des Erdsystems oder des Sonnensystems oder des Universalsystems, die hier übergeordnet greift und den Ergebniskörper zulässt. Es wäre eine ungeheure Ökonomie in diesem Zusammenspiel der Materieäquivalente der Materiekolosse anzunehmen, und auch die Entwicklung von Leben in Abhängigkeit von diesen zu gestalten, um eine passende Erklärung für diese Übereinstimmungen zu schmieden. Das treibt mich dazu, die Ursachen für ein größeres und stabiles Abweichen von den organisierenden Feldern des Erdsystems zu erforschen. Vermutlich handelt es sich um geistige Positionen, auch des Sprachgebrauchs. Viele dieser Geister hätte wohl der Dino geholt, oder sie wären in den Kriegen als erste gefallen – eine Reinigung des Systems, die es erleichtert, das Gesamte zu erfassen.

Das Gehirn – wer möchte das bestreiten, betrachten wir alle unser Wissen – entzieht sich in seiner Arbeitsweise Gott sei Dank unserem Bewusstsein. Man stelle sich nur einmal vor, man könnte sich bewusst für den Weg des Geldes entscheiden, welche Charaktere dies hervorbrächte. Sie verursachten Missstände in Bereichen der Welt, deren Involvierung sie sich nicht zu erklären wüssten. Folglich bestreiten sie ihre Dummheit, bis ihnen der Wirt die Rechnung präsentiert. Dann schauen sie auf den Preis und während man sie mit den Kosten alleine lässt, treten die Bildschirme ihrer Googles als letzte Schatten ihrer Geister auf ihr Gesicht. Das Gehirn ist auf der Ebene des Elektromagnetismus mit dem Materiesystem verknüpft. ICH werfe die Worte Datenebene und Quantenebene gerne durcheinander, spreche von Faktoren, den Vorstufen der Materie oder generiere Kriterien, der Materie äquivalente Daten. Es gelingt folglich die Felder des Gehirns mit atomaren und molekularen Ladungen aufzubauen und auch größere, bereits bestehende Strukturen zu interpretieren. Dabei wollen die meisten nicht viel mehr, vermutlich aus Unwissenheit, als ihre Alltagsdaten in einer korrekten Weise verwaltet haben.

Das ist uns elektrochemisch möglich. Das Individuum gilt heute als Bestandteil oder genauer gesagt als Baustein der verschiedenen Konstrukte. Die Bereiche Sport, Physik, Literatur, Medizin und Musik zum Beispiel sind aufgesetzte wissende Ordnungen. Die Alltagsdaten des Einzelnen werden darin verwaltet. Auch bei wechselnder Aktivität der Bereiche und wechselndem Leistungsniveau bleibt die Qualität unserer Gehirne innerhalb tolerabler Schwankungen und Gefühlsqualitäten erhalten. Den geringeren Datenkörper berührt dies kaum. Seine geistigen Positionen sind sehr gut verarbeitet. Er bewegt sich daher sehr sicher auf den vorgegebenen Bahnen. Die Manipulation, die wir hier als natürlich auftretende Feldaktivität verstehen, wird als leitendes Medium nur wenigen bewusst, die geistigen Qualia der Felder zu wenig diskutiert. Ein Kampf lohnt sich allenfalls, wenn man sich die verantwortliche Datenkapazität, also ein Verständnis von Quantität und Qualität der gefassten Daten und die Funktionen der gemeinsamen Feldaktivität erarbeiten möchte.

Die größeren Datenkörper und die, welche es schaffen, mit den gegebenen Volumina und Inhalten das Materiesystem des Status Quo göttlicher zu fassen, bewegen sich in seiner Einheit vollständiger, tiefer und globaler ausgerichtet. Sie wissen aus Erfahrung, dass wir das Treiben unserer internen Größen spüren. Sie sind aber nicht nur motivierender Glücks- und Freudebringer. Sie stoßen und reiben sich an ihren Rändern. Sie schalten Werbung und versuchen einander zu verdrängen. Gerade im Frühjahr sehe ICH sie am Straßenrand liegen. Die Hummeln, Rotkehlchen, Amseln, Eulen und Rehe. Sie foltern, vergewaltigen und verstümmeln. ICH kann das Leiden der Folteropfer manchmal hören. So weit reicht mein Geist, dass ICH mich manchmal schuldig fühle, sie in diese Lage gebracht zu haben. Mein Geist wird andere Wege finden. Die großen Kriegs- und Krisengebiete führen uns den wahren Menschen vor Augen.

Es kommt mir gerade so vor, als organisierten sich die Konzerne ähnlich. Sie glichen sich in der zentralen und auch peripheren Infrastruktur. Die unterschiedlichen Tätigkeitsbereiche variierten jedoch. Das bedeutete, dass sich bei einer gleichzeitigen Darstellung der Labels die Begleitdaten in eigene Ordnung fügen sollten. Es kommt mir vor, als organisierten sich hier auch Partikel des Lichts. Eine elektromagnetische Zerlegung führte hier aber zu einer anderen Verteilung des Wellenspektrums.

Manche fragen sich hier nach dem Zusammenhang. Wir befinden uns in meinem Gehirn. ICH leite aus einer sichtbaren geistigen Masse meines Kortex ab. Das ist Elektromagnetismus vom Feinsten. Man darf sich sicher sein, dass in diesem Bereich das Wahrnehmen von Farben ebenfalls mit einem entsprechenden Wellenspektrum einhergeht. Einen Naturburschen wie mich greift das augenblickliche System ungeheuer an. Dieses Gehetztsein der Menschen von PS-starken Motoren und Maschinen. Es wundert mich, dass sich die Gesellschaft der Menschen ein Gefüge voller Unruhe und Probleme erschafft. Der Wohlstand und das Glück des einfachen Bürgers waren doch das Ziel unserer Bemühungen. Jagen wir jetzt Milliardengewinnen hinterher? Ein Tier, das sich nicht erlegen lässt? Diese motorengetriebenen Materieströme reiben sich am lebenden System, wie der Sandsturm am Felsen.

Wie kann ich mich und meine Wurzeln noch schützen? Esst Bio! Wie kann ich die tiefe Involvierung des Erdsystems mit meinen Körperdaten erhalten? Wie können wir das weite Spektrum unseres Evolutionsgefüges, einen maximalen Anteil oder zumindest den essenziellen Anteil am Status Quo erhalten? Wie können wir einen Status Quo erhalten, der unserem Evolutionsgefüge in den essenziellen Bereichen entspricht?

Das isolierte Individuum ist wie Sand im Getriebe. Das künstliche und technische System rundet die Datenkörper, es trennt die Wurzeln ab. Die feinen elektromagnetischen Sphären verklumpen. Der Abrieb wird zu Altlasten. Wir haben Feinstaub in der Lunge, Glyphosat im Urin und Ablagerungen im Gehirn. Die menschlichen Errungenschaften gehen mit eigenen Datenkörpern einher. Die Hauptmassen liegen dort in bildlichen Qualitäten vor. Der geschaffene Datenkörper wandelt den gesamten Materieraum. Geringere Ebenen globalisierend betrachtend, errechnete sich sein Bild als Summenfunktion. Dieser Datenkörper hat keine Verbindungen zum gewachsenen Erdsystem. Es verhält sich mit diesem Datenkörper, als trennten Sie das Rückenmark durch. Den feinen Sphären des

Erdsystems fehlt jetzt jegliche Involvierung. Man gibt sie zu Gunsten einer neuen Ordnung auf. Wir sehen den Rückbau und den Zusammenbruch einer funktionierenden Datenarchitektur.

Die elektromagnetischen Datenpartikel scheinen verwandt zu sein. Es wird auch schwieriger ein stilles Plätzchen in der Natur zu finden. Wirklich erden kann man seinen Organismus schon heute nicht mehr. Es fehlen bereits wichtige Datensätze des Erdsystems, welche ICH die Basis meiner Evolution nennen möchte. Die Artenvielfalt bricht zusammen, die Klimaarchitektur damit. Die natürlichen Ressourcen schwinden. Die lichtvolle Schönheit der Natur dünnt aus. Es stellen sich also Phänomene der Echtzeit, bei einer gleichzeitigen Kongruenz und Äquivalenz des Geistkörpers mit dem Materiesystem, ein.

Der Gesamtraum kann als gläsern bezeichnet werden, wenn wir die Materie an sich beschreiben, ohne sie in Architekturen einer gewinnorientierten Leistungsgesellschaft zu gießen. Sicher gibt es sehr viel günstigere Formulierungen. Das Leben an sich, das für seine Entwicklung immer wieder bei seinen Urdaten beginnen musste, um sich langsam in die verschiedenen Bereiche und Lebensbereiche einzufügen. Für sich, ohne zu verdrängen, das reine Sein zu beanspruchen, sich bei einer gleichzeitigen Akzeptanz seiner Umgebungsdaten ausschließlich einzufügen, war und ist der Anfang allen Seins. Eine stabile Umgebung als die Datenbasis seines Organismus zu begreifen, verbindet uns alle. Wie weit sollen wir also zurückgehen, um die Daten des Raums als die Komponenten unserer organisierten organischen Masse zu begreifen?

So wählte ICH den Raum als Ganzes, reduzierte auf das Erdsystem, um erneut das Ganze als Ausgangsmaterial zu wählen, für alle funktionellen Felder des Lebens. Sehr wohl könnte man auch den Weg über die Physik gehen. Ganz kurz gesagt: Wenn man das Jetzt als das Ergebnis aller wirkenden Gesetze vor einem dunklen Ursprungsfeld betrachtet dann sehen wir, wie sich die Daten in den Materiekernen spiegeln. ICH sehe bildliche Qualitäten von Daten abgelegt. Das Gottesteilchen tritt im späteren Verlauf auf. Wir nennen dieses Teilchen auch ›das unumgrenzte‹. Die Teilchen beschreiben den Raum auf der Grundlage der bestehenden Bedingungen. Wir ordnen diese Teilchen den Datenfeldern zu. Das unumgrenzte Datenfeld hat einen nur geringen Materiewert.

Die Materieäquivalente sind aus dem Dunklen Feld hervorgegangen. Genauer gesagt aus Bruchstücken des Feldes. Wir sollten kleinste Einheiten formulieren, welchen wir eine gerichtete Wirkung zuschreiben. Man könnte sagen, dass mit dem Eintreten der ökonomischen Stabilität eine thermische Reaktion des umgebenden Feldes einsetzte. Die bestehende Ordnung der Felder ging damit verloren. Wir dürfen bereits in den Anfängen dieser Reaktion eine Gleichschaltung von Feldfraktalen annehmen. Wir hätten hier also bereits eine Prägung des Dunklen Feldes durch die sich bildenden Komponenten. Die Bruchstücke des Dunklen Feldes schließen sich zu gerichteten Wirkungen zusammen. Die Masse steigt an. Es bilden sich ökonomische Kreisläufe heraus. Es bilden sich die Strukturen der Materie aus. Die Feldfraktale sind in diesen Strukturen gebunden. Die Eigenschaft, Wirkungen aufzunehmen und sich gerichtet zu verhalten, haben sie deshalb nicht verloren.

Wir dürfen diese Gebilde eine Projektionsfläche nennen. Diese Flexibilität nach innen ist natürlich und wunderschön. Ein jeder Materiekörper gestaltet sich trotz der verschiedenen Grundkräfte nach innen und außen harmonisch. Sogar eine Wechselwirkung mit anderen Materiekörpern ist darstellbar. Wählen wir eine vorüberziehende Wolkenfront, ein vorbeifahrendes Auto oder die Interaktion mit einem Insekt. Es wird immer eine gegenseitige Darstellung von Wirkungen durch adaptiert bestätigendes Verhalten der Feldfraktale der Kernarchitekturen geben. Mehr oder weniger darf ICH mich in der Teetasse vor mir ebenso abgebildet sehen, wie ICH mit meinem Sein den Kreml involviere. Man darf sich natürlich fragen, in welcher Weise man das System prägt und wie man selbst abgebildet ist.

Was ist natürlich? Die Selbstinduktion der Materie greift natürlich in der direkten Umgebung am stärksten. Sich aufeinander zu projizieren, ist somit eine wichtige Voraussetzung für den selbstorganisierten Raum. Wie stehen die Unumgrenzten zueinander? Obwohl die Feldkräfte um benachbarte Teilchen mit den

Lichtjahren der Ausdehnung zunehmen, scheinen sie sich nur unterscheiden und eingrenzen zu lassen, wenn man sie auf ihre Kerngebiete reduziert. Hier scheinen sie sich voneinander unabhängig zu gestalten. Ihre Bewegungen stimmen sich ausreichend flexibel aufeinander ab. Die periphere Gemeinsamkeit hält die Teilchen an Ort und Stelle und gibt dem Raum Stabilität. Wie weit soll man gehen? Überführen diese Teilchen den Raum in die Ursubstanz und harmonisieren das Ergebnis? Sollen wir noch die Datenebene anführen, so dass wir eine Involvierung des Gefüges durch die umgebende Materie mit betrachten?

Die Gesetze der Selbstorganisation! Das mit den ganzen Teilchen war mir nie so richtig wichtig. Die Quelle, wie sie schon so oft beschrieben wurde, ist somit auch nur eine Ebene des Datenhaushalts, die wir natürlich auch als Raum bezeichnen könnten. Es gibt somit immer Datenarrangements, die wir als Quelle, Quantenebene mit Teilchentheorien, Gefügegebilde oder Datenebene bezeichnen könnten. Ein jeder dieser Bereiche genügte, um einen ungeübten menschlichen Geist in seiner Ausdehnung um ein Vielfaches zu übertreffen.

Die Bereiche sind für Ungeübte kaum zu fassen. Noch schwieriger wird es, wenn sie das Gefüge nicht selbst sehen und auf externe Eingebungen vertrauen müssen. Stellen Sie sich nur einmal vor, ICH schriebe das Gegenteil von dem nieder, was mir die hundertste Ableitung des Gefüges offenlegte. Stellen Sie sich nur einmal vor, Sie müssten sich selbst auf den Weg machen, um selbst zu werden, wovon ICH schreibe.

Diese Wirkketten, die sich in den Jahren der Abkühlung nach dem Urknall herausbildeten, zu erforschen und die entstandenen Materiesysteme mit einzubeziehen, führt uns langsam an ein Verständnis der Zusammenhänge des Systems heran. Es ist schön, die Selbstorganisation zu betrachten und die Wege der Gebilde in die verschiedenen Räume zu verfolgen. Als fassender Geist ist es mir möglich, das Gefüge als angelegt zu betrachten, aber die Sinneseingänge stehen mir immer wieder im Wege. Der differenzierende Sinneseingang, der sich aus Oberflächenfunktionen der Materie herleitet, beschränkt mich bei der Beschreibung auf die wahrgenommenen Felder und den darin architektierten Daten.

Es wird immer Gebilde, Ebenen und Räume geben, weil ICH das Gesamte auszudrücken nicht imstande bin. ICH kann es nur als gegebenen Hintergrund wissen, der es mir erlaubt, die entsprechenden Größen hervorzuholen und ihr Miteinander zu erforschen. Mir war es wichtig unser Entstehen zu diskutieren.

Die täglichen und wiederkehrenden Ereignisse des Materieraums zeigen sich in gerichteten Wirkungen und charakteristischem Feldverhalten. Sie prägen das Verhalten der Substanz bis hinein in die Kerne und darüber hinaus. Die Fraktale des Dunklen Feldes geben sich nicht nur als Materieäquivalente. Die Bruchstücke zeigen sich in ihrem Verhalten auch von den Grundkräften der Materie und der größeren Materie involviert. Es gelingt uns, das Verhalten des Status Quo mit dem allgemeinen Feldverhalten in Beziehung zu setzen. Wir bringen die Daten der Kerne auf einen gemeinsamen Nenner. Die Dynamik des Status Quo organisiert sich unter Berücksichtigung der dort vorliegenden Daten und Datenfelder. Auf diese Weise erhält jegliche Materie ihren Platz im Raum. Die Felder des Gehirns sind ebenfalls auf dieser Ebene zu finden. Es ist die Eigenschaft der Felder, sich einer Prägung der umgebenden Materie zu unterwerfen. Sucht ein Hirn diese Ebene auf und übt sich in der Darstellung des gesamten Raums, so kann es Weltlinien vorwegnehmen und auch vorgeben.

Das Sonnensystem ist für den Menschen kaum nutzbar. Er wird es auch nicht verändern wollen. ICH möchte damit sagen, dass Materiekörper wie die Erde ein Schwerefeld haben. Dieses Schwerefeld ist eine Summenfunktion. Es drückt die Feldkräfte aller Einzelereignisse aus. Wir haben auch eine Datenebene. Die Daten sind Materieäquivalente. Wir nennen die Materieäquivalente auch Kriterien. Die Kriterien finden sich in ökonomischen Feldern zusammen. Als Beispiele einer Summenfunktion gelten das Feld unseres Sonnensystems und die Gravitationslast eines jeden Körpers. Innerhalb dieser großen Architekturen generiert das menschliche Gehirn Daten und auch die bewegten Massen an der Erdoberfläche gleichen einem Generator. Das Wechselwirken von Feldern und Datenfeldern führt zu dichteren und weniger dichten zu stabileren und weniger stabilen Datenarrangements auf der organisierenden Datenebene.

Wir fassen das Miteinander von Daten auch als Feldaktivität zusammen.

Mit zu der Betrachtung gehört das Materiesystem, seine Form und Ordnung. Jeder Körper des Materiesystems beansprucht einen gewissen Raum für sich. Er lässt sich nur in seiner Lage verändern. Es lassen sich nur die Daten verrechnen und in Feldern konfigurieren. Für die Materie gibt es diese Möglichkeiten nicht mehr. Die Materie lässt sich nicht so einfach verdichten. Ein Ineinanderlegen zu Phänomenen größerer Dichte und Masse kann man sich kaum noch vorstellen. Deshalb hat jegliche Materie ihren Platz im Raum. Die Flexibilität des Systems endet mit der Materie und dem Status Quo.

So müssen auch geistige Volumina eine adaptive Reife durchlaufen. Entweder sie wachsen daran, indem sie sich der Materie des Raums adaptiv unterwerfen und die vorgefundenen Bedingungen in ihrem Sinne interpretieren, oder sie dominieren den Raum. Den Entwurf geistiger Gebilde immer und immer wieder aufzurufen ist eine Möglichkeit zur Reife des Konstrukts. Es installiert sich allmählich. ICH erwarte von den involvierten Größen,im Sinne eines natürlichen Elektromagnetismus zu handeln, antizipierten Inhalten und Strömungen nachzukommen und zu entsprechen. Es liegt in der Natur der Felder, sich zu harmonisieren. Widerstände werden zurückgebaut und eigenen Wirkungen angeschlossen. Die Programmierung der Substanz schließt die individuellen Gebrauchsgrößen ein. Die fühl- und sichtbaren Geistesgrößen sind Summenfunktionen. Die Summenfunktion beruht auf individuellen Ereignissen. Es bleibt ein unbewusster Vorgang. Allenfalls können die Gebilde in der Form des eigenen Lebenswandels erkannt werden.

Wir sehen unsere geistigen Positionen in den Feldern verwirklicht. Jeder für sich beansprucht seinen Raum. Damit endet die Flexibilität des Systems im Status Quo. Der Status Quo ist die stabile Plattform. Und obwohl wir Rechenwege der darstellenden Dynamik beschreiben, endet doch alles mit der Materie, die nicht in Frage steht. Die Materie lässt sich derzeit in Masse und Volumen nicht verändern. Technisch induzierte Materieströme verändern allenfalls die Dynamik der Erdströme. Ein unglaublich schönes System! Man bedenke, die fortwährende

Dynamik des gesamten Raums abbilden zu müssen. Plötzlich sieht man, dass sich die Atome und Moleküle in Abhängigkeit zur betrachteten Masse bewegen.

Die Möglichkeit, die Labels in einer Architektur zu versammeln, liegt vermutlich an der stabilen Anatomie unserer Organe. Vermutlich macht das Gehirn nichts anderes als unsere organische Substanz zu interpretieren. Man darf diesen Vorgang aber nicht der Evolution gleichsetzen. Die Evolution hat eine Vielzahl externer Daten, die Kriterien, in die funktionellen Felder hereingenommen und darauf eine stabile Anatomie errichtet. Die Vernetzung der Kriterien beruht nicht nur auf der Eigenschaft der Felder, die Daten in dieser Weise zu verarbeiten, sondern beruht auch auf dem Zusammenspiel der Komponenten im externen Raum. Der Status Quo dient als Matrize für unsere Organe. Das Gehirn scheint aber nur die groben Summenfelder zu interpretieren. Sich von einem zentralem Materiestrom in die Peripherie tragen zu lassen und den Mikrokosmos zu betrachten, erhält man sogleich den Stellenwert einer Ausbildung oder eines Studiums.

Was hat der Mensch also gemacht? Der Mensch hat eine künstliche Welt nach den groben Feldern seiner Anatomie geschaffen. Die Gehirnfunktionen beruhen auf den groben Feldern einfachster Materieströme. Das Geschaffene ist eine Interpretation der groben Summenfunktion. Die einzelnen Kriterien zu interpretieren, wollte man ihr Zusammenwirken im Summenfeld und externen Raum betrachten, fände wieder nur vor diesem Hintergrund statt.

Das Positive daran ist, dass die Felder der organischen Substanz die Einzelinteressen abstrahieren. Wenn Menschen und ihre Einzelinteressen aufeinandertreffen, dann nur abstrahiert in Form der groben Anatomie. Auf diesem Niveau betrachten wir ihre Einzelinteressen als Komponenten einer externen Matrize, dem Status Quo. Auf diese Weise unterliegen sie der Selbstorganisation. Die Individuen besitzen einen Anteil an den organischen Feldern. Ein jedes Individuum darf sich selbst als eine Position des Raums erleben. Die verschiedenen Positionen können gut koordiniert und aufeinander abgestimmt werden. Jedes Individuum erhält seine Ordnung im Raum.

Wir sehen das Geist-Körper-Problem gelöst. Wir möchten die einfache

Ordnung der Organe, mit ihren zentralen Gefäßen und der funktionellen Infrastruktur als Vorbild für die künstlich geschaffene externe Fassung von Größen verstanden haben. Wir sehen die Daten der Evolution vernachlässigt. Der Status Quo ist nicht mehr der verlässliche Feldgenerator, an welchen sich das Leben adaptiert zeigt, und alles Notwendige findet sich dann schon. Wir sehen die funktionierende Biosphäre gefährdet. Wir sehen die Matrize von technischen Gebilden durchsetzt. Die notwendige Bewegung wird von Motoren geleistet. Das technische System ist ein Totraum. Wir stehen dem Leben feindlich gegenüber.

Sie erkennen hier, dass es sehr einfach ist, zu sagen: Ja, unter diesen Umständen startet der Pollen. Aber sein Zielgebiet und das Datenmaterial, das Sie zu seiner Zielführung benötigen, sollten Sie auch benennen können. Versuchen sie doch einmal, in einem vom Menschen geprägten System, das er vollständig von seiner natürlichen Umgebung isoliert hat, den erfolgreichen Befruchtungsflug eines Pollens zu definieren. Es fällt doch schon schwer, den Standort der Pflanze in Bildqualität aufzurufen. Jetzt bräuchten wir noch den gläsernen Raum, in welchem wir die Startdaten mit der Zielordnung verbinden könnten.

Gehen Sie in den Garten und sehen Sie sich an, was dort wächst. Riechen, Schmecken, Fühlen und Hören nicht vergessen. Diese Daten sind sehr viel mächtiger als die unseres Sehsinns. Daten! Daten! Daten! Das ist es, was ICH immer wieder sage. Wir brauchen in den Feldern die bezeichnenden Koordinaten. Die Koordinaten lassen uns dann den Raum aufspannen. Wir lagern die Koordinaten in das Korrelierende System unserer Gesellschaft ein. Sie vervollständigen sich dort sehr schnell zum Raum. Die Menschheit arbeitet sehr zielorientiert. Das beweisen wir alle Tage. Jedes Auto, jedes Schiff und jedes Flugzeug findet heute sattelitengestützt präzise an sein Ziel. Auch die Paketservices sind ein Anker des Systems und bringen sie sicher an ihr Ziel. Der Start eines Pollens, vor allem sein Flug, findet, getragen vom Hauch dieser Daten sicher sein Ziel und endet damit, dass wir uns alle gegenseitig befruchten.

Mit etwas mehr Achtsamkeit und Wertschätzung könnten wir in unserer nächsten Umgebung auf einfachste Weise Daten generieren, die man der Architektur eines funktionellen Hintergrunds zufügte. Die Erhebung von Daten aus der nächsten Natur ist der wichtigste Beitrag zum Erhalt unserer Artenvielfalt, den man nur leisten kann. Geeignete Instrumente hierfür sind interessierte und engagierte Privatpersonen, aber auch Selbstversorger und Kleinbauern, die ihr Produkt im heimischen Garten noch selbst werten. Wir sollten uns auch um eine korrekte Erziehung und Ausbildung unserer Kinder bemühen. Wir brauchen die Daten der Natur in unseren Hintergrundprogrammen. Die natürlichen Daten des Erdsystems müssen parallel zu unserer technisierten Welt angelegt sein. Wir sollten regelmäßig Daten aus der Natur erheben, dass sie sich mit den technischen Komponenten der bewegten Materie in gemeinsamen Konstrukten aufeinander abstimmen. Dann organisieren sie sich wieder in gegenseitiger Abhängigkeit voneinander.

Schämt sich denn der Mensch, dass er neben Wildschweinen im Dreck gewühlt hat? Ist das Hochnäsigkeit oder reine Dummheit? Sind wir zu blöde, das Ganze und das Wirken seiner Komponenten zu begreifen? Geht es dem Menschen wie dem Fuchs, der das faule Fallobst hochjubelt, weil ihm die Früchte an der Spitze nicht zugereift sind. Seine kurzen Beine reichen anscheinend nicht bis in die Spitze der Evolution. An den Ergebnissen ist sehr wohl zu erkennen, dass erfolgreich nicht gleich erfolgreich ist. Es liegt an der Architektur Ihres Ich und Ihrer Weltbetrachtung. Die Datenmatrix darf auch Komponenten der umgebenden Flora und Fauna enthalten. Nur auf diesem Wege lässt sich der Raum aufspannen, der die Start- und Erfolgskoordinaten gleichzeitig enthält. Ansonsten landen sie mir unkoordiniert in einem Feinstaubfilter, oder der Regen spült sie in die Kanalisation. Gegenwärtig besteht auch Grund zu der Annahme, dass zusammenhangsloses oberflächliches Datengemenge allein, wie es heute den gewöhnlichen Konsumenten anhaftet, der Situation hoch spezialisierter Lebensformen mehr schadet als nützt. Die Komplexität der Hintergrundprogramme, wie sie die Evolution hervorbrachte, wird nicht mehr erreicht. Das Korrelierende System platzt aus allen Nähten. Niemand hat mehr Zeit für das Nichts und das Alles.

Wer eine Entscheidung trifft, hat den Labels in den Ordnungen bereits einen Verlust zugefügt. Ein ergänzendes und abrundendes Miteinander findet man nicht.

In der heutigen Zeit müssen menschliche Komponenten ausreichen, um die Partikel in den zu befruchtenden Kelch zu tragen. ICH denke, das sind die Datensätze, die vielen zur Allergie gereichen. Der Pollen liegt fehlgesteuert in der Luft. Vermutlich sind Ursprung, Zweck und Ziel des Flugs in den menschlichen Systemen gar nicht mehr vertreten. Kann dieser Datensatz, der den Pollen durch die Luft wirbeln lässt, sich entzündlich zeigen? Sind es tatsächlich die Begleitdaten, die den Pollen so aggressiv erscheinen lassen?

Warum greift der Pollen die organische Masse unseres Nasen- und Rachenraums an? Es ist der Unterschied der Begleitdaten des Pollens zu den Kriterien der Evolution. ICH denke, das System ist innerhalb des Korrelierenden Systems bereits gestört. Die korrekten Daten des Pollens liegen hier gar nicht mehr vor, und auch die Zielkoordinaten sind nicht mehr gegeben. Es fehlt an Besuchern und Beobachtern, ganz allgemein an Nutzern. Wer hält denn heute noch die Nase an eine duftende Blüte? Daten! Daten! Daten! Die Pflanzen stehen heute auch nicht mehr an jeder Ecke, so dass für eine erfolgreiche Befruchtung ein gewisser logistischer Aufwand betrieben werden muss. Der Pollen zeigt sich unkoordiniert. Im Grunde sind wir alle aufeinander angewiesen. Der eine hat zu essen, weil der andere zu essen hat. Der Pollen verhält sich, wie ein Elefant im Porzellanladen. Was ihn antreibt, sind die Daten der Transportlogistik unserer technisierten Welt.

Man denke an eine Atemabstimmung, wie wir sie mit der Meditation erreichen. Wir lehnen unsere Atembewegungen an den externen Raum an. Auch extern findet man Materieverhältnisse, die unseren Atembewegungen oder dem Luftstrom der Ein- und Ausatmung entsprechen. Der Luftstrom bringt den Sauerstoff an sein Ziel. ICH atme ein und aus. Der Luftstrom verhält sich der Materie angepasst. Der Luftstrom verhält sich wie die bewegte Materie. Die bewegte Materie strömt seinem Ziel entgegen und wird auf diesem Wege wieder ausgestoßen.

Sehen wir auf die Evolution. Unsere Atemorgane haben sich an den

Materieraum angelehnt entwickelt. Das Orientierte Wachstum bewirkt eine Adaption an den Materieraum. Die Hereinnahme von externen Daten in unseren Organismus führte zu einer Abstimmung der organischen Substanz auf diese Größen. Die Volumina, die bei Ein- und Ausatmung bewegt werden, korrelieren mit beweglichen Komponenten des Materieraums extern. Ganz extrem trifft dieses vermutlich auf die Luftbewegungen zu. Wir sehen in dieser Gemeinsamkeit auch eine bewusste Komponente des Menschen. Wir nennen die Möglichkeit der bewussten Führung des Luftstroms Atemlenkung. Es bestehen Möglichkeiten, den Luftstrom zu koordinieren.

Auch der Pollenflug ist auf den gerichteten Luftstrom angewiesen. Wir sehen hier also Gemeinsamkeiten der Systeme. Es ist anzunehmen, dass in die Evolution Daten der Pflanzenwelt eingegangen sind. In der Medizin sprechen wir von Lungenflügeln, von Stämmen und Ästen. Und wer möchte es verneinen, dass der produzierte Sauerstoff aus unserem Pflanzengrün ausgerechnet von den Lungen in den menschlichen Körper aufgenommen wird. ICH behaupte, begleiteten den Pollenflug Datensätze mit einem hohen Anteil natürlicher Komponenten, brächte dieser Pollen geringere Allergien mit sich.

Wir haben also auch das Ich der Betroffenen zu analysieren. Vermutlich neigen manche Personen stärker zu rein technischen Konstrukten als andere. Dieser Menschentyp lebt angepasster. Wenn die Technik neue Errungenschaften feiert, nimmt er diese gerne an. ICH vermute, dass Personen dieser Gruppe einer erfolgreichen Befruchtung mehr im Wege stehen als helfen. Aus ihren Konstrukten sind die Daten der Natur schon verschwunden. Die technischen Konstrukte scheinen dann mit der Kriterienarchitektur unseres Nasen-/Rachenraums mehr Reibungspotential zu besitzen.

Das System beruht auf dem Korrelieren der Daten in funktionellen Feldern. Die Evolution hat eines nach dem anderen auf der Basis seiner Vorgänger eingefügt. Den Augenblick gibt es nur, weil es eine Vergangenheit gibt. Sie gingen auseinander hervor. Sie beruhen aufeinander. Die vielfache Abbildung der eigenen Existenz vor allem auch durch andere Arten hält das System gesund.

Von einem Notfallsystem der Natur wäre zu sprechen, wenn die Entzündung der Atemwegsorgane einen Stellenwert erreicht, dass evolutionsspezifische Kriterien der Hintergrundordnung aktiviert würden. Dies hätte zur Folge, dass wir mit unserer Atmung eine spezifische Architektur der Evolution betonten. Das ist eben nicht nur der Atemweg, das sind vielmehr die Daten der Evolution, die zur Formung des Organs aufgewendet wurden. Wir gehen davon aus, dass eine Entzündung die grobe Struktur des Organs zurückstellt. Es wird die entzündliche Masse als Datenraum betrachtet. Wir vermuten, dass die Entzündung die Kriterien der Evolution aktiviert. Es entstünde eine Beschreibung des Materieraums, welche wir dann als Begleitinformation zu den Größen der Atemdynamik aufgerufen sähen. Wie es für uns lebenswichtig ist den Sauerstoff in die Lunge einzuatmen und das Kohlendioxid wieder abzuatmen, könnte sich der Pollenflug vor einem geschalteten Hintergrund dieser Art organisiert zeigen. So könnte der Luftstrom der Atmung auch den Pollenflug beeinflussen.

Wir meinen hier zum Beispiel die Verbindung der Gebäudearchitektur durch einen Seiltänzer. Der Tänzer wandelte vom Dach des Edekagebäudes auf das Dach des Aldibaus und auf einem weiteren Seil wieder zurück. Was sich uns hier auf geistiger Grundlage zeigt, ist das Verlassen des Parkplatzes durch die Heckenbegrenzung. Es zeigt sich klar wie ein Kameraschwenk. Diese Sicht scheint durch den formulierten Seiltänzer möglich zu sein. Und wer hätte gedacht, dass sich im Gefüge die Dach-zu-Dach-Komponente als Durchtritt durch die Hecke zeigt? (Serverstörungen bei der Deutschen Telekom Dezember 2015: Hunderttausende kommen nicht in das Internet; Telefonverbindungen lassen sich nicht mehr aufbauen. An dieser Stelle zeigt sich erneut das Auftreten von Störungen im schwach elektromagnetischen Bereich parallel zu außergewöhnlich geistigen Betrachtungen.) Sollte ICH vielleicht behaupten, dass wir mit den Zufahrten bei den Diskountern und anderen Anbietern ins Netz finden? Der Zugang zum Netz korreliert im Gesellschaftsgefüge mit den Zufahrten zu unseren Verbrauchermärkten. Die geistige Formulierung des Seiltänzers verursacht einen Kurzschluss zwischen den Anbietern Edeka und Aldi. Eine Verbindung zwischen den Konzernkorpuskeln stellte sich ein. Der Datenhintergrund des Raumaufbaus zeigte sich verändert; Daten nahmen andere Wege.

Ist dieser großartige Raum auf der Quantenebene ein größeres Partikel, ein Produktsortiment? Kann mit einer Packung Rohrzucker alles gesagt werden? Sage ICH mit der Packung Rohrzucker wirklich Brasilien, lande im Wohnzimmer eines Plantagenarbeiters und mache sozusagen die gesamten Variationen seines Seins mit? Dieses Päckchen Zucker soll den gesamten Produktionsraum als Anhängsel haben. Von den Daten der verantwortlichen Institute angefangen bis runter zu den einfachen Arbeitern. Die Spuren aller Mitwirkenden und der gesamte involvierte Raum sollen aufzurufen sein. Selbst die Sichtweisen der Tier- und Pflanzenwelt wären angehängt.

Ist parallel zu unserer Welt mittels Produktsortiment wirklich ein Datenäquivalent des Raums menschlicher Art aufzurufen? Erfordern die technischen Schritte des Netzzugangs und der Aufbau von Telefonverbindungen eine gewisse Beschaffenheit der Substanz? Ist eine Definition des Raums, eine spezifische Architektur des Datenhintergrunds, eine gewisse geistige Konfiguration des Status Quo Voraussetzung für den benötigten technischen Datenfluss? Ist die Lebendmatrize bereits vollständig technisch involviert? Ist der programmierende Äther nur noch ein technisches Netzwerk menschlicher Daten? Ist der Systemhintergrund bereits technisch determiniert?

Was die Insekten mit ihren Fühlern wahrnehmen, ist noch zu beweisen. Sollten sie aber tatsächlich den Datenäther nach brauchbarer Information durchsuchen und sich in dem menschlichen Konstrukt zu orientieren versuchen, finden sie nur noch technische Bausteine vor. Die Angst vor Strahlung mag daher berechtigt erscheinen. Der gesunde Organismus möge als Vertreter seiner Evolutionsbausteine, als Vertreter allen Lebens, vor dem Hintergrund seiner geistigen Komponenten die Strahlung als Ausdruck eines verändernden Gesellschaftsgefüges als Bedrohung seiner Existenz empfinden. Gelächter! Man verlacht mich in die Welt des Aberglaubens zurück.

Dann tun SIE doch etwas für die Lebewelt. Programmieren SIE ihren Geist mit etwas gesunder Gartenerde, Saatgut, Schnecken und Unkraut, Blüten und Insektenbesuch. Programmieren sie IHREN Geist entsprechend, dann haben SIE verstanden. Diese Werte geben erfreuliche Hinweise auf die wahrscheinliche Datenarchitektur. Auf diese Weise entstehen Möglichkeiten für das Gehirn, die Welt mit einem anderen Datenkontext zu analysieren. Wir wollen Ihnen hier also keine mangelhafte Funktionsweise Ihres Gehirns unterstellen, sondern Ihre Datenarchitekturen etwas anfrischen, so dass sie notwendige Anordnungen für unser Verständnis zulassen, was auch ihr Verständnis verändert.

Sehen Sie sich die Datenarchitektur des Müllstrudels an. Es ist ein organisierter Datenspeicher. Nichts weiter als ein überdimensionierter Server und Speicher für die Daten und Produktpaletten unserer Verbrauchermärkte. Ein globaler Raum, von Daten aufgespannt, in einem Müllstrudel verwaltet. Sehen Sie sich den Weg der Gesellschaft an. Betrachten Sie die geschaffene Datenarchitektur. Worin besteht der freie Wille des Einzelnen? Die Müllstrudel wachsen und wachsen. Kein Fisch durchschwimmt diese, keine autarke Strömung oder Wellenarchitektur, die noch natürlichen Ursprungs wäre. Selbst die Ozeanriesen durchbrechen diese Datenarchitekturen nicht mehr. Sie umfahren diese Müllhalden. Auch darin erkennen sie die Wirklichkeit und Stabilität dieser menschlichen Architektur. Sie stranden am Containerhafen.

Dieser Komplexität sitzt das Klimasystem auf. Es ist ein chaotisches Ursystem. Es war schon vor dem Leben auf der Erde. Es reagiert in erster Linie auf die Konzentrationen der gewachsenen Subsysteme. Die gewachsene Vielfalt an Leben involviert es, aber auch das System Mensch. Es reagiert auf die unglaubliche Masse an feinen Einstellungen, die man auf der Datenebene vorfindet. Die induzierten Datenmomente steigen dann von der Quantenebene auf. Sie durchlaufen das übrige Erdsystem. Schließlich gelangen sie zu ihrem Ursprung und gehen geklärt in den Raum ein. Die Momente verpuffen dann in einem mehr oder weniger stark adaptierten Materieraum.

Manche Anhaftungen relativer Stabilität dürften sich bereits während ihres Aufsteigens aus ihrem Induktionsfeld herauslösen und in anderen Kontexten aufgehen. Diese Ablöseprozesse könnten sich in wirbelnden Formen zeigen. Davon könnten Ebenen betroffen sein, die wir in ihren Auswirkungen noch nicht dem Materieraum zuordnen. Die Verwirbelung ist ein sehr einfaches Mittel, um eine Konzentration aus Kräften in einer großvolumigen Bewegung zu harmonisieren.

Es könnte ein Datenanhängsel gleich zu Anfang eine stabile Zuordnung erfahren und die Bewegungen seines Hauptkörpers nicht mehr mitmachen. Jegliche Bewegung des Hauptkörpers schlüge sich dann auf die verbindende Architektur nieder. Nach gelungener Adaption des Hauptkörpers ließen sich dann beide innerhalb des Materieraums einheitlich betrachten. Der verbindende Materieraum machte die Verdrehung der verbindenden Architektur überflüssig. Nach dem Eintritt des allgemeinen Raums wäre die Verbindung von Anhängsel und Datenhauptkörper frei zu nennen. Einer Auflösung und Harmonisierung innerhalb unseres Status Quo stünde nichts im Wege. Die verdrehte Verbindung löste sich in Raum und Zeit auf.

Es wäre mit dem Aufstieg des Hauptkörpers auch eine veränderte Lokalisation nachgewiesen. Die Daten könnten sich somit auch im Klimasystem entladen, wenn sie mit dem Hauptkörper aufgestiegen sind. Die exakte Ausrichtung des Wirbels auf seine Kerndaten ist nach dem Aufstieg mit dem Hauptsystem nicht immer anzunehmen. Das System, in welches sich derlei Kerndaten entladen, bleibt undurchsichtig. Es müssten zu viele Daten und ihre Wege verfolgt werden. Läge eine ungewohnt stabile Position jedoch für längere Zeit als freie Datenposition ohne Materieäquivalent vor, wäre eine Differenz in Ort und Zeit eingetreten, denn während anscheinend eine echte Verbundenheit der Anhaftung in Zeit und Ort besteht, entwickelt sich der induzierte Datenkontext bereits durch den gängigen Aufbau des Materieraums. Nach dem gewohnten Durchlauf der induzierten Daten erweist sich der Status Quo nun als realisiert organisiert. Das Datenkonvolut und der Materieraum verhalten sich jetzt direkt äquivalent. Die Mehrzahl der Kriterien sind jetzt zugeordnet.

Induzierende Materiekörper sind auch die Erde, der menschliche Geist und andere Arten von Leben. Auf der Datenebene zeigen sich elektromagnetische Phänomene des Wechselwirkens. Summeneffekte wie Felder und Ladungen schlagen sich im Verhalten der Schwebeteilchen nieder. Adaptiertes Verhalten und adaptiert gewachsenes Verhalten sind der Beginn der begleitenden Datenspeicherung. Bedenke dabei die bereits bestehende Architektur des Materieraums, sein Entstehen aus dem Dunklen Feld, bevor Datenarchitekturen interagierten, die Relativitätstheorie und die Quantentheorie in unserem System zu beobachten waren.